“十三五”应用型人才培养规划教材 公共基础

大学计算机基础

（Windows 7+Office 2010版）

黄晓宇 主 编

丁敬忠 肖伟平 副主编

清華大學出版社

北京

内 容 简 介

本书根据教育部非计算机专业计算机基础课程教学指导分委员会对计算机基础教学的目标与定位、组成与分工，在《大学计算机基础》课程教学的基本要求、基础知识的结构所提出的教学大纲和全国计算机等级考试大纲以及我们所编写的基于 Windows XP 版的《大学计算机基础》教材的基础上修改而成。

本书共有 11 章，内容涉及计算机硬件测试、计算机应用软件、Windows 7 操作、Word 2010、Excel 2010、PowerPoint 2010、Access 2010、Internet 应用以及信息安全等 9 个部分。为了配合本书的学习使用，我们还编写了与之配套的实践教程，包括了习题、16 个基本实验和 Office 综合实验。

图书在版编目(CIP)数据

大学计算机基础：Windows 7＋Office 2010 版/黄晓宇主编. --北京：清华大学出版社，2016（2020.8重印）
“十三五”应用型人才培养规划教材. 公共基础
ISBN 978-7-302-44500-5

Ⅰ. ①大…　Ⅱ. ①黄…　Ⅲ. ①Windows 操作系统－高等学校－教材 ②办公自动化－应用软件－高等学校－教材　Ⅳ. ①TP316.7 ②TP317.1

中国版本图书馆 CIP 数据核字(2016)第 171708 号

责任编辑：张　弛
封面设计：牟兵营
责任校对：刘　静
责任印制：刘海龙

出版发行：清华大学出版社
网　　址：http://www.tup.com.cn，http://www.wqbook.com
地　　址：北京清华大学学研大厦 A 座　　**邮　　编**：100084
社 总 机：010-62770175　　**邮　　购**：010-62786544
投稿与读者服务：010-62776969，c-service@tup.tsinghua.edu.cn
质量反馈：010-62772015，zhiliang@tup.tsinghua.edu.cn
课件下载：http://www.tup.com.cn，010-62770175-4278
印 装 者：三河市金元印装有限公司
经　　销：全国新华书店
开　　本：185mm×260mm　　**印　　张**：22.5　　**字　　数**：540 千字
版　　次：2016 年 8 月第 1 版　　**印　　次**：2020 年 8 月第 12 次印刷
定　　价：56.00 元

产品编号：071141-03

前　言

进入 21 世纪以来,随着信息技术的出现和广泛普及、大学新生的计算机知识起点的逐年提高,“大学计算机基础”课程教学的改革近年在全国高校展开。根据 2004 年 10 月教育部非计算机专业计算机基础课程教学指导分委员会提出了《进一步加强高校计算机基础教学的几点意见》(简称“白皮书”),以及全国计算机等级考试大纲的更新,高校的计算机基础教育已经进入软件更新换代、更加符合 21 世纪高校人才培养目标且更具大学教育特征和专业特征的新阶段。这就对“大学计算机基础”课程的教学内容提出了更新、更高、更具体的要求,同时也把计算机基础教学推入了新一轮的信息教育改革浪潮之中。

本书根据教育部非计算机专业计算机基础课程教学指导分委员会对计算机基础教学的目标与定位、组成与分工,在“大学计算机基础”课程教学的基本要求、基础知识的结构所提出的教学大纲和全国计算机等级考试大纲以及我们所编写的基于 Windows XP 版的《大学计算机基础》教材的基础之上,修改编写而成。

全书共有 11 章。第 1 章、第 9 章、第 10 章由黄晓宇编写,第 2 章由肖伟平编写,第 3 章、第 4 章和第 5 章由丁敬忠编写,第 6 章、第 7 章由田嫒编写,第 8 章曹燚编写,第 11 章由王宁编写。为了配合本教材的学习,我们还编写了与之配套的实验指导和习题解答,内容涉及计算机硬件测试、计算机应用软件、Windows 7 操作、Word 2010、Excel 2010、PowerPoint 2010、Access 2010、Internet 应用以及信息安全等 9 个部分,共 16 个基本实验和 Office 综合实验。全书由黄晓宇组织和定稿。

最后,我们要感谢有关专家、老师对我们工作的支持和关心。由于本教材所涉及的知识面较广,要将众多的知识很好地贯穿起来,难度较大,不足之处在所难免。为便于教材的修订,恳请专家们、教师和广大读者多提宝贵意见。

编　者

2016 年 3 月

目　录

第 1 章

计算机概述

电子计算机是 20 世纪的一项伟大发明，它的出现带来了一场新的工业革命，使人类社会进入了信息时代。电子计算机能自动、高速、精确地对信息进行存储、传送和加工处理，它的广泛应用推动了人类社会的发展与进步，深刻影响了人们生产、生活的各个领域。电子计算机简称计算机，其所相关的技术研究成为一门学科——计算机科学，而将计算机科学的成果应用于工程实践所派生的诸多技术性和经验性成果的总和称为计算机技术。本章将介绍计算机系统的基本知识，为后续章节的学习打下基础。

1.1 计算机的发展

根据图灵机理论，一部具有基本功能的计算机，应当能够完成任何其他计算机能做的事情。也就是说，对于设计完全相同的计算机，只要经过相应改装(包括硬件和软件)，就应该可以被用于从公司工资管理到太空飞船操控在内的各种任务。

1.1.1 计算机的发展历程

计算机是 20 世纪 40 年代诞生的精灵，至今已发展了四代，从可以嵌入人体的生物计算机到体积庞大的巨型计算机，为当今人类社会的发展做出了极大的贡献。为个人应用而设计的计算机称为微型计算机，简称微机，我们在后续章节中使用“计算机”一词时就是指此。

英文单词 computer 原意是借助某些计算工具专门从事数据计算的人，目前则专指计算机设备。人类最早的计算工具包括石头、刻痕和我国祖先发明的算盘。1623 年德国博学家 Wilhelm Schickard 率先研制出了欧洲第一台能进行 6 位以内数加减法、并能通过铃声输出答案的“计算钟”。1801 年法国人 Joseph Marie Jacquard 对织布机进行改进，使用一种打孔卡片来作为编织复杂图案的程序，其可编程特性被视为现代计算机发展过程中的重要一步。

20 世纪 30 年代后期，现代计算机的关键特性被不断引入。著名科学家 Claude Shannon 首次提出用数字电子技术来实现逻辑和数学运算，标志着数字电路和逻辑门应用的开始。

1941 年，德国工程师 Konrad Zuse 研制了图灵完全机电一体计算机“Z3”，这是第一台具有自动二进制数学计算和初步可编程功能的计算机，但它不是纯电子计算机。1937—1941 年，艾奥瓦州立大学的 John Vincent Atanasoff 和他的研究生 Clifford Berry 研发了一台使用电子管、二进制数值和可重复使用的内存的电子计算机，因多种原因而未被公认。

1. 第一代电子计算机(1946—1958 年)

世界公认的第一台电子数字计算机是 1946 年面世的 ENIAC,全称为“电子数值积分计算器”。它是由美国宾夕法尼亚大学莫尔电工学院制造的,使用了电子管和磁鼓储存数据。ENIAC 占地面积 170 多平方米,重量约 30 吨,消耗近 150 千瓦的电力,如图 1-1 所示。由此开创了人类电子计算机时代。运算单元采用真空电子管成为第一代计算机的标志。

图 1-1 ENIAC 计算机

2. 第二代电子计算机(1959—1964 年)

1959—1964 年设计的计算机一般被称为第二代计算机,其运算逻辑元件采用晶体管制造,而在程序设计方面开始使用面向过程的程序设计语言,如 FORTRAN、ALGOL 等。晶体管的发明和应用极大改善了电子管元件的缺陷。晶体管不仅能实现电子管的功能,而且具有体积小、效率高、功耗低等优点。使用了晶体管以后,电子线路的结构大大改观,制造高速电子计算机的设想也就更容易实现了。

美国国际商业机器公司(International business machines corporation,IBM)在 1958 年研制了全球第一台全部使用晶体管的电子计算机 RCA501,第二年生产出全部晶体管化的电子计算机 IBM 7090。由于采用晶体管逻辑元件及快速磁芯存储器,计算机速度从每秒几千次提高到几十万次。晶体管电子计算机经历了从印制电路板到单元电路、从磁芯到随机存储器、从运算理论到程序设计语言不断地革新和日臻完善。

3. 第三代电子计算机(1964—1972 年)

1964—1972 年研制的电子计算机一般被称为第三代计算机。其特征是采用中小规模集成电路作为计算机的逻辑器件。集成电路能将多个元件集成到单一的半导体芯片上,使计算机变得更小,功耗更低,速度更快。这段时期的发展还包括使用了操作系统,使得计算机在中心程序的控制协调下可以同时运行许多不同的程序。典型的机型是 IBM 360 系列。

4. 第四代电子计算机(1972 年至今)

(1) 单核 CPU 技术的发展

20 世纪 70 年代,大规模集成电路(LSI)已经可以在一个芯片上容纳几千个元件。1971 年 11 月 15 日,美国 Intel 公司推出全球第一款采用 10μm 制造工艺的微处理器 Intel 4004,其尺寸为 3mm×4mm,包含 2300 个晶体管,能执行 4 位运算,支持 8 位指令集,成本低于 100 美元,但性能已与 ENIAC 计算机相当。1976 年,史蒂夫·乔布斯(Stephen Jobs)和史蒂夫·沃兹尼亚克(Stephen Wozinak)创办苹果计算机公司,并推出世界上第一款个人计算机——Apple Ⅰ,1977 年 5 月又发布了 Apple Ⅱ型个人计算机。

超大规模集成电路(VLSI)在芯片上容纳了几十万个元件,后来的甚大规模集成电路(ULSI)将集成度扩充到亿级。高性能处理器和大容量存储器使得计算机的体积和价格不断下降,而功能和可靠性不断增强。1981 年,IBM 推出性能更好的个人计算机(IBM-PC)用于家庭、办公室和学校。苹果计算机公司也推出了 Apple Macintosh 系列。个人计算机的良性竞争局面由此展开。

1982 年 2 月 Intel 发布了 80286 处理器，每秒执行 270 万条指令，集成了 134 000 个晶体管。1985 年 10 月又推出了 Intel 80386，它首次在 x86 处理器中实现了 32 位系统。1989 年 4 月，更高性能的 Intel 80486 面市。1990 年 11 月，微软发布第一代多媒体个人电脑标准 MPC，从此 PC 处理多媒体信息的能力成为高性能的标志。1994 年 10 月 Intel 发布 Pentium 处理器。1997 年 1 月 Intel 发布 Pentium MMX，对游戏和多媒体功能进行了增强。1998 年，英特尔推出了 Xeon 系列服务器专用的高端处理器。总之，单核 CPU 技术在这段时间内得到了飞速发展，进而带动了计算机技术的快速发展和迅速普及。

(2) 多核 CPU 技术的发展

当集成度达到一个高度后，基于半导体微电子学的物理极限就成为进一步提高集成度的瓶颈。为了提高 CPU 的性能，人们开始研发多内核处理器，也称多微处理器内核。简单说它是将两个以上的处理器核封装在一个芯片上。IBM 于 2000 年发布的第一个双内核模块处理器 POWER 4。美国 AMD(Advanced micro devices)公司于 2005 年 4 月率先发布了双内核的 Opteron 处理器。2005 年 10 月，Intel 发布了其首款双核心 Xeon DP 处理器，并于 2006 年 7 月推出采用全新的 Intel Core 微架构的通用双核 Core 2 微处理器。2006 年 11 月，Intel 发布了面向服务器、工作站和高端个人电脑的英特尔至强 5300 系列处理器，标志着 4 核处理器时代的到来。

2008 年 9 月，Intel 在全球同步发布了采用 45 纳米工艺的 6 核至强 7400 服务器平台，应用于高端服务器。2010 年年初 Intel 发布了面向个人的多核处理器——酷睿 i 系列，采用该处理器的台式或移动计算机拥有智能性能、智能安全、智能管理等特性。目前已经普及了酷睿 i 系列双内核微处理器的应用，而 4 核处理器也已应用于高端台式和移动计算机中。

2010 年 3 月 AMD 正式发布 12 核皓龙 6100 处理器。其主频在 1.7～2.4GHz，具有 16MB 或 18MB 缓存，功耗在 65～105W。

2012 年 Intel 开始生产了 22nm 工艺 Ivy Bridge 架构处理器，14nm 芯片工艺是目前英特尔 Xeon D 处理器、苹果 A9 处理器采用的工艺。2016 年 5 月 ARM 与台积电合作完成了全球第一个基于 10nm 工艺的芯片，从而能使 CPU 在性能、功耗等方面获得最优。

(3) 超级巨型计算机的发展

超级计算机的研制成为国家计算机研究和制造水平的标志，是从实时天气预报到探索太空奥秘、从化学分子模型运算到密码分析等重大科研领域研究的锐器。

TOP 500 是发布全球已安装的超级计算机系统排名的权威机构，以超级计算机基准程序 Linpack 测试值为序进行排名，每年发布两次，其目的是促进国际超级计算机领域的交流和合作，促进超级计算机的推广应用。TOP 500 排名是计算机科学界的奥运会。

2009 年 TOP 500 超级计算机排名首位的是采用 AMD Magny-Cours 六核处理器的、代号"美洲豹"的 Cray XT5 超级计算机(图 1-2)。它以 1.75Petaflop/s 的速度进行运算，超过了 IBM"Roadrunner"超级计算机，后者的运算速度为 1.105Petaflop/s；我国的"天河—1"(图 1-3)以 563.1 Teraflop/s、全系统峰值性能为 1.206Petaflops/s 的成绩排名第五。

图 1-2 Cray XT5"美洲豹"超级计算机

图 1-3 "天河—1"超级计算机

2010 年 11 月的 TOP 500 超级计算机排名中,我国的"天河—1A"名列榜首,其运算速度达每秒 2570 万亿次;排名第二的美国"美洲豹"超级计算机运算速度为每秒 1750 万亿次;第三名是我国的"星云"计算机实测运算速度达到每秒 1270 万亿次。

在 2011 年 6 月的 TOP 500 排名中,日本富士通制造的超级计算机"京"(图 1-4)排名首位,其运行速度为每秒 8.16 千万亿次浮点计算。我国的"天河—1A"排名变成第二位。

图 1-4 日本的"京"超级计算机

2012 年 11 月的 TOP 500 排名中,美国橡树岭国家实验室的"泰坦"超级计算机每秒 17.59 千万亿次的运算速度登上榜首,中国"天河—1A"降至第八的位置。

在 2013 年 6 月,我国的"天河二号"超级计算机,以峰值计算速度每秒 5.49 亿亿次、持续计算速度每秒 3.39 亿亿次双精度浮点运算成绩重新问鼎 TOP 500,比第二名的美国"泰坦"巨型机(图 1-5)快了近 1 倍。至 2015 年 11 月中国的"天河二号"(图 1-6)实现了 TOP 500 的"六连冠"。

图 1-5 美国的"泰坦"超级计算机

图 1-6 中国的"天河二号"超级计算机

1.1.2 摩尔定律

1. 摩尔定律基本知识

集成电路技术的发展极大地影响着微处理器的集成度、成本、性能等指标。1965 年 4

月，Intel公司创始人之一的Gordon Moore提出了著名的“摩尔定律”，其主要内容为：集成电路(IC)上可容纳的晶体管数目，约每隔18个月便会增加1倍，性能也将提升1倍。或者说，当价格不变时，每1美元所能买到的计算机性能，将每隔18个月翻2倍以上。

摩尔定律可延伸为：若在相同面积的单晶硅圆片下生产同样规格的集成电路，每隔1年半，集成电路产量就可增加1倍，换算为成本，即每隔1年半成本可降低一半。

摩尔定律是评估半导体技术进展的经验法则，其重要的意义在于该定律一直成为鞭策IC制造商不断改进技术和工艺、努力达到该定律目标的动力，促进IC产品持续降低成本、提升性能和增加功能。为此，IC制造业不断投入数以千亿美元的科研经费来达到此目标。1971—2008年在微处理器芯片中的晶体管数目的增长曲线符合摩尔定理。摩尔定律为CPU及PC性能的不断提高做出了重要的贡献，预计在未来10～15年仍然适用。

2. 后摩尔时代的计算机技术热点

IBM研究员Carl Anderson在2009年提出“摩尔定律的代就要结束”的观点。他强调一代或者两代的指数式增长将仅仅出现在多核处理器等高级芯片中，而大多数日常应用程序并不需要最新的计算机芯片物理设计，惊人的研究和实验成本必将成为继续前进的一个可怕的障碍。因为能够投资数十亿美元建立和维护的芯片工厂的企业是极少的。

后摩尔时代的计算机技术将在三个技术领域取得重要进展：光互联、三维芯片和基于处理的加速器。图像加速器技术现在已经是一个热门的技术。

1.1.3 现代计算模型

1. 图灵机

图灵机(Turing Machine)又称确定型图灵机，是英国数学家艾伦·麦席森·图灵(Alan Mathison Turing)(图1-7)于1936年提出的一种抽象计算模型，其基本思想是用机器来模拟人们用纸笔进行数学运算的过程。图灵把这样的过程看作下列两种简单的动作。

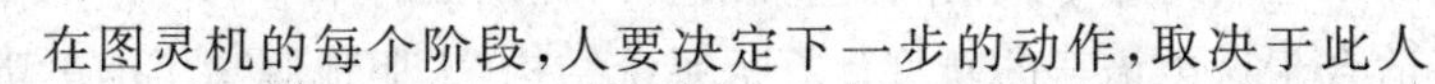
(1) 在纸上写上或擦除某个符号。

(2) 把注意力从纸的一个位置移动到另一个位置。

图1-7 英国数学家图灵

在图灵机的每个阶段，人要决定下一步的动作，取决于此人当前所关注的纸上某个位置的符号和此人当前思维的状态。图灵构想的模拟人类运算的机器将由以下几个部分组成。

(1) 一条无限长的纸带TAPE。纸带被划分为连续的小格子，每个格子上包含一个来自有限字母表的符号，其中一个符号表示空白。所有格子依次被编号为0,1,2,…。

(2) 一个读写头HEAD。读写头可以在纸带上左右移动，以读出当前所指的格子上的符号，并能改变当前格子上的符号(写入)。

(3) 一个状态寄存器。它用来保存机器当前所处的状态。机器所有可能状态数目是有限的，并且有一个特殊的状态，称为停机状态。

(4) 一套控制规则表TABLE。它根据机器当前的状态以及读写头所指格子上的符号来确定读写头下一步的动作，并改变状态寄存器的值，令机器进入一个新的状态。

图灵机是用数学方法精确定义的计算模型。现代电子计算机其实就是一种通用图灵机,它能接受一段描述其他图灵机的程序并运行,以实现该程序所描述的算法。

2. 冯·诺依曼体系结构

早期的ENIAC仅是一种包含固定用途程式的计算机。要改变ENIAC的用途,就必须更改线路和结构,甚至重新设计此机器。针对ENIAC存在的致命弱点,著名美籍匈牙利科学家冯·诺依曼(John von Neumann)(图1-8)于1945年6月发表了一份长达101页的报告,提出了著名的冯·诺依曼结构(程序存储体系结构)。这个体系结构方案包含三个要点:

图1-8 科学家冯·诺伊曼

(1) 采用二进制数的形式表示数据和指令;

(2) 将指令和数据按执行顺序都存放在存储器中;

(3) 由控制器、运算器、存储器、输入设备和输出设备五大部分组成计算机。

其工作原理的核心是"存储程序"和"程序控制"。就是通常所说的"顺序存储程序"的概念。人们把遵循这种结构体系的计算机称为"冯·诺依曼体系结构计算机"。冯·诺依曼提出的体系结构奠定了现代计算机结构理论,被誉为计算机发展史上的里程碑,直到现在,各类计算机仍没有完全突破冯·诺依曼结构的框架。

当然,将CPU与内存分开会导致所谓的"冯·诺依曼瓶颈"。由于存储器存取速度远低于CPU运算速度,而且每一时刻只能访问存储器的一个单元,从而使计算机的运算速度受到很大限制,CPU与共享存储器间的数据交换造成了限制高速运算和系统性能的"瓶颈"。CPU速度与内存访问速率之间相差越大,瓶颈问题越来越严重。

冯·诺依曼体系结构的另一种缺陷是:一个设计不良的程序可能会伤害自己、其他程序甚至操作系统,导致宕机。缓冲区溢位就是一个典型例子。

在CPU与内存之间增加高速缓冲存储器(Cache)能缓解冯·诺依曼瓶颈问题。另外,引入分支预测(Branch prediction)算法也有助于缓和此类问题。

3. 非冯·诺依曼结构

随着计算机发展,人们除了继续对命令式语言进行改进外,提出了若干非冯·诺依曼型的程序设计语言,并探索了适合于这类语言的新型计算机系统结构,大胆地脱离了冯·诺依曼原有的计算机模式,寻求有利于开发高度并行功能的新型计算机模型。

(1) 数据驱动模型:只要程序中任意一条指令中所需的操作数已经齐备,就可以立即启动执行;一条指令的运算结果又流向下一条指令,作为下一条指令的操作数来驱动该条指令的启动执行。在这种计算机中,不存在共享数据,也不存在指令计数器,指令启动执行的时机取决于操作数具备与否。只要有足够多的处理单元,凡是相互间不存在数据相关的指令都可以并行执行,因此能更充分地利用程序中指令级并行性。数据流计算机就是基于"数据驱动"的计算机结构。

(2) 需求驱动模型:在该模型中,一个操作仅在需要用到其输出结果时才开始启动。如果这时该操作由于操作数未到而不能得到输出结果,则该操作再去启动能得到它的各个输入数的操作,也可能那些操作还要去启动另外一些操作,这样就把需求链一直延伸下去,直至遇到常数或外部输入的数据已经到达为止,然后再反方向地执行运算。在这种模型中,计算的进行是由对该计算结果的需求而被驱动的。该结构也取消了共享数据和指令计数器,但其执行操作的次序与数据驱动方式不同,它比数据驱动执行的计算量小。归约机就是基于需求驱动的计算机。

(3) 模式匹配驱动模型:计算的运行是由谓词模式匹配加以驱动的,程序的执行主要适合于求解非数值的符号演算。面向智能的计算机就是基于"模式匹配驱动"的计算机。

这些计算模型能够改善冯·诺依曼模型的缺陷,但往往开销较大,且不能与现有的绝对多数计算机硬件和软件资源兼容,导致了实现和普及的困难。

4. 网络计算

网络计算(Network computing)是把网络连接起来的各种资源和系统组合起来,以实现资源共享、协同工作和联合计算,为各种用户提供基于网络的各类综合性服务。基于此,人们把企业计算、网格计算、对等计算、普及计算和云计算归类为网络计算。

(1) 企业计算:企业计算(Enterprise computing)是以实现大型组织内部和组织之间的信息共享和协同工作为主要需求而形成的网络计算技术,其核心是 Client/Server 计算模型和相关的中间件技术。随着电子商务需求的发展,企业计算面临企业间的信息共享和协同工作问题,面向 Web 的企业计算解决方案成为热点,为此 W3C 提出了 Web Service 技术体系,Microsoft 推出了 .Net 技术,Sun 推出 SUN ONE 架构,企业计算全面进入 Internet 时代。

(2) 网格计算:网格计算(Grids computing)是伴随着互联网而迅速发展起来的,专门针对复杂科学计算的新型计算模式。这种计算模式是利用互联网把分散在不同地理位置的计算机组织成一个"虚拟的超级计算机",其中每一台参与计算的计算机就是一个"节点",而整个计算是由成千上万个"节点"组成的"一张网格"。这样组织起来的"虚拟的超级计算机"有两个优势,一个是数据处理能力超强;另一个是能充分利用网上的闲置处理能力。实际上,网格计算是分布式计算(Distributed computing)的一种。

(3) 对等计算:对等计算(Peer-to-peer,P2P)是在 Internet 上实施网络计算的新模式。在这种模式下,服务器与客户端的界限消失了,网络上的所有节点都可以"平等"共享其他节点的计算资源。所有网络节点上的设备都可以建立 P2P 对话。P2P 的应用主要体现在大范围的共享和搜索的优势上,诸如对等计算、协同工作、搜索引擎、文件交换等。

(4) 普及计算:普及计算(Ubiquitous computing or pervasive computing)强调人与计算环境的紧密联系,使计算机和网络更有效地融入人们的生活,让人们在任何时间、任何地点都能方便快捷地获得网络计算提供的各种服务。

(5) 云计算:云计算(Cloud computing)是一种基于互联网的计算新方式,通过互联网上异构、自治的服务为个人和企业用户提供按需即取的计算。由于资源是在互联网上,而在计算机流程图中,互联网常以一个云状图案来表示,因此可以形象地类比为云,"云"同时也是对底层基础设施的一种抽象概念。

云计算的资源是动态易扩展而且虚拟化的,通过互联网提供。终端用户不需要了解"云"中基础设施的细节,不必具有相应的专业知识,也无须直接进行控制,只关注自己真正需要什么样的资源以及如何通过网络来得到相应的服务,包括存储资源、计算资源、软件资源、数据资源,管理资源为我所用,强调需求驱动,用户主导,按需服务,即用即付,用完即散,不对用户集中控制,用户不关心服务者在什么地方。

1.1.4 我国计算机技术的发展

1. 我国计算机系统和高性能计算机的发展

1956 年 6 月我国制定了“十二年科学技术发展远景规划”，并提出立即筹建研究机构。同年 8 月国务院正式批准成立了以华罗庚为主任委员的中国科学院计算技术研究所。

1958 年 8 月，我国成功仿造苏联 M—3 小型数字电子计算机——“103 计算机”，标志着我国第一台通用数字电子计算机已经诞生，运算速度为每秒 1800 次。

1959 年完成了 104 大型数字电子计算机的研制工作。该机平均运算速度为每秒 10 000 次，完成了我国第一颗原子弹研制的计算任务。同年开始研制 109 型通用计算机，这种采用电子管和晶体二极管构成逻辑元件。

1960 年研制出了我国第一台自行设计的 107 通用数字电子计算机，机器字长 32 位，内存容量为 1024 字节，有加减乘除等 16 条指令，主要用于弹道计算。

1965 年研制成功我国第一台 109 乙型通用晶体管计算机，标志着我国整机研制技术已进入第二代。1970 年我国第一台全晶体管、具有多道程序分时操作系统和标准汇编语言的计算机 441B-Ⅲ型机研制成功。

1973 年由北京大学、北京有线电厂等共同研制的我国第一台百万次集成电路电子计算机——150 机研制成功，该机字长 48 位，存储容量 13KB。

1974 年，启动汉字信息处理工程，最终建立了汉字信息交换码的国家标准——《信息处理交换用汉字字符集(基本集)》(GB 2312—1980)。

1977 年，我国第一台微型计算机 DJS—050 机研制成功。

1983 年，国防科技大学研制成功“银河Ⅰ号”巨型计算机(图 1-9)，运算速度达每秒 1 亿次；同年，大型向量流水并行机 757 型机研制成功，运算速度为每秒向量运算 0.1 亿次。

1993 年，由国防科技大学研制的“银河Ⅱ号”(图 1-10)通过鉴定，每秒运算 10 亿次，使中国成为世界少数几个能发布中期数值预报的国家，为国家经济建设做出了特殊贡献。

图 1-9 “银河Ⅰ号”巨型计算机

图 1-10 “银河Ⅱ号”巨型计算机

1995 年，“银河Ⅲ”型并行巨型计算机通过基准程序的测试，其峰值速度是 130 亿次。同年，“曙光 1000”大规模并行计算机系统研制成功，它的峰值速度达到 25 亿次/秒。

1999 年，“银河Ⅳ”超级计算机系统问世，峰值性能达到每秒 1.0647 万亿次浮点运算。

2000 年 8 月，由我国自主研发的峰值运算速度达到每秒 3840 亿浮点结果的高性能计算机“神威Ⅰ”投入商业运营。我国是第三个具备研制高性能计算机能力的国家。

2001年,"曙光3000"通用超级并行计算机系统研制成功,快运算速度达每秒4032亿次。

2002年,世界上第一个万亿次机群系统联想深腾1800面世。

2004年,"曙光4000A"(图1-11)成功研制,使中国成为继美国、日本之后第三个能研制10万亿次商品化高性能计算机的国家。在当年6月TOP 500中位列第十。

2008年,国产超百万亿次超级计算机"曙光5000A"(图1-12)面世。其浮点运算处理能力可以达到230万亿次,这个速度又使中国高性能计算机再次跻身当时世界前十名。

图1-11 "曙光4000A"超级计算机

图1-12 "曙光5000A"超级计算机

2009年,我国首台千万亿次超级计算机系统"天河—1"诞生,标志着我国超级计算机研制能力实现了从百万亿次到千万亿次的重大跨越,成为继美国之后第二个能研制千万亿次超级计算机系统的国家,以平均563.1 Teraflop/s、全系统峰值性能为1.206Pflops/s,名列2009年度TOP 500的第五名。升级后的"天河—1A"在2010年问鼎TOP 500。

2011年我国自主超级计算机"神威蓝光",其CPU采用我国自己生产的全球第一颗16核CPU(比AMD早6个月)。"神威蓝光"具有水冷设计、省电静音和体积小的特点。

2013年,我国的"天河二号"超级计算机以峰值计算速度每秒5.49亿亿次、持续计算速度每秒3.39亿亿次双精度浮点运算的优异性能位居TOP 500榜首,至2015年11月"天河二号"实现了TOP 500的"六连冠"。尽管美国已宣布建造全新超级计算机"极光"的计划,但即便一切顺利,正式面世也得等到2018年,这几年内"天河二号"的地位很难动摇。

2. 我国的CPU芯片技术的发展

CPU芯片是计算机的核心、信息产业的支柱、知识经济的基石。研制通用高性能处理器是带动整个信息产业发展的重要突破口,我国从2001年开始进行CPU芯片——龙芯的研制。2002年,创建了北京神州龙芯集成电路设计有限公司,通过龙芯产业联盟共同进行龙芯的产业化工作。2002年9月,发布了"龙芯1号"通用CPU芯片。"龙芯1号"CPU采用0.18μmCMOS工艺实现,定点字长32位,浮点字长64位,主频266MHz,实际运行功耗小于0.5W。"龙芯1号"流片成功,表明我国开始掌握通用CPU设计的核心技术。

2006年年初"龙芯2号"芯片(图1-13)成功。该芯片采用90nm工艺,主频达到1GHz,实际性能已相当于中、低档的Intel奔腾4芯片,但功耗只有8瓦左右。

2008年年末4内核的龙芯3A流片成功,采用65nm工艺,主频1GHz,晶体管数目达到4.25亿个。龙芯3号增加了专门服务于Java程序的协处理器,以提高Linux环境下Java

程序的执行效率。“龙芯 3A”实现峰值速度达每秒 160 亿～320 亿次。

2009 年,龙芯 3B 推出,它是首款国产商用 8 核处理器,主频达到 1GHz,支持向量运算加速,峰值计算能力达到 128GFLOPS,具有很高的性能功耗比。我国千万亿次高性能计算机“曙光 6000”:最重要的计算部分采用 8000 颗龙芯 3B 芯片,操作系统部分采用美国公司的处理器。曙光 6000 超级计算机已于 2011 年 11 月在国家超算深圳中心启用。

2010 年上海高性能集成电路设计中心推出了全球第一款 16 核 CPU——“申威 SW1600”(图 1-14),其采用 65nm 工艺和 64 位 RISC 架构及自主指令集。基于该 CPU 的千万亿次超级巨型计算机——神光蓝威已经于 2012 年在济南巨算中心投入使用。

图 1-13 “龙芯 2 号”芯片

图 1-14 “申威 SW 1600”芯片

2012 年 10 月龙芯 3B 1500 流片成功。该处理器采用 32nm 工艺,硅片面积 182.5mm^2。龙芯 3B 1500 集成 8 核向量处理器,峰值运算能力可达 192GFLOPS,功耗约为 40～80W。

2015 年 7 月,龙芯中科技术有限公司正式推出全新一代“龙芯 3B2000”处理器。龙芯 3B 2000 使用全新微架构设计——64 位处理器核 GS464E 项目上研发出来的产品。龙芯 3B 2000 支持双路 8 核以及四路 16 核服务器。同时达到了国际主流高性能处理器水平。

国产 CPU 为提高我国信息产业的自主创新能力、改变我国信息领域核心技术受制于人的被动局面做出了杰出贡献。

1.1.5 计算机语言的发展

计算机语言是人与计算机交流的工具。现代电子计算机的体系结构及计算模型源自冯·诺依曼的体系结构,因此,为了使电子计算机进行各种工作,就需要有一套用以编写计算机指令的数字、字符和语法规划,由这些字符和语法规则组成计算机各种指令(或各种语句)。这些就是计算机(能接受的)语言。基于某种语言且能使计算机完成某种运算的指令或语句的集合称为计算机程序,简称程序。计算机语言的使用人员称为程序员。程序员使用某种计算机语言编写计算机程序的过程称为程序设计。

计算机语言的种类非常的多,总的来说可以分为机器语言、汇编语言、高级语言三大类。

1. 机器语言

机器语言(Machine language)是用二进制代码表达计算机指令的语言,即指令是用 0 和 1 组成的一串代码,它们有一定的位数,并分成若干段,各段的编码表示不同的含义。通常指令的前半部二进制位表示操作码,后半部二进制位表示地址码或操作数。例如某台计算机字长为 16 位,即有 16 个二进制数组成一条指令或其他信息。16 个 0 或 1 可组成多种组合,通过线路变成电信号,让计算机执行各种不同的操作。例如,某种计算机的机器语言指令为 1011011000000000,它表示让计算机进行一次加法操作;指令 1011010100000000 则表示进行一次减法操作。从上面两条指令可以看出，它们只是在操作码中从左边第1位算起的第7和第8位不同。这种机型可包含 $2^8=256$ 个不同的指令。

每台机器的机器语言指令，其格式和代码都是硬性规定的。所以，机器语言是面向机器的语言。它是第一代的计算机语言。机器语言对不同型号的计算机来说一般是不同的。

2. 汇编语言

计算机语言发展到第二代，出现了汇编语言(Assembly language)。汇编语言也是面向机器的程序设计语言。在汇编语言中，用助记符号代替操作码，用地址符号或标号代替地址码。使用汇编语言编写的程序，机器是不能直接执行的，要由一种程序将汇编语言翻译成机器语言，这种软件称为汇编程序。把汇编程序代码翻译成机器语言的过程称为汇编。

第二代计算机语言仍然是"面向机器"语言，但它成了通向高级语言进化的桥梁。

3. 高级语言

高级语言是一类与硬件无关的、近似于人类自然语言的、高效易学的计算机语言。高级语言也经历了从非结构化语言到结构化程序设计语言，从面向过程到面向对象程序语言的不断改进和扩展。高级语言的最终目标应该是发展成为面向应用语言，即能根据需要能自动生成算法、自动进行处理的程序语言。高级语言不是特指某一种具体的语言，而是包括了很多编程语言，主要有以下几种。

(1) FORTRAN语言。1956年，IBM公司编程员约翰·巴科斯(John Warner Backus)(图1-15)开发出第一套FORTRAN语言，成为全球第一种高级程序语言。1966年，ANSI制定了FORTRAN标准，即FORTRAN 66。1976年，ANSI重新对FORTRAN 66进行了评估，并制定了新的FORTRAN标准FORTRAN 77，成为具有结构化特性的编程语言并广泛地应用于科学和工程计算。1991年发布的FORTRAN 90大幅改进了旧版FORTRAN的形式，加入了对象导向的观念和指针，同时加强了数组功能。后来又推出FORTRAN 95和FORTRAN 2008等新版本。

图1-15 约翰·巴科斯

(2) ALGOL语言。1960年1月，图灵奖获得者艾伦·佩利(Alan J. Perlis)发表了《算法语言Algol 60报告》，确立了程序设计语言ALGOL 60。由于ALGOL语句和普通语言表达式接近，更适于数值计算，所以ALGOL多用于科学计算机。ALGOL语言是许多现代程序语言的基础。ALGOL 60引进了许多新的概念，如局部性概念、动态、递归、巴克斯纳尔范式等。ALGOL 60是程序设计语言发展史上的一个里程碑，它标志着程序设计语言成为一门独立的科学学科，并为后来软件自动化及软件可靠性的发展奠定了基础。

(3) COBOL语言。1959年5月，女博士格雷斯·霍波(Grace Murray Hopper)(图1-16)及其领导的一个委员会于1961年公布了COBOL-60语言，它是世界上第一个商用语言。COBOL是一种面向数据处理的、面向文件的、面向过程(POL)的高级编程语言，是一种功能很强而又极为冗长的语言。1963年，ANSI对它进行了标准化。经过40多年的不断修改、丰富完善和标准化，COBOL已发展为多种版本的庞大语言，在财会、统计、计划编制、情报检索、人事管理等数据管理及商业数据处理领域,都有着广泛的应用。目前流行的版本有 COBOL-2002、Visual COBOL。

(4) BASIC 语言。1964 年,两位美国计算机科学家 John G. Kemeny 和 Thomas E. Kurtz(图 1-17)在 FORTRAN 语言的基础上创造了一种新的语言——BASIC(Beginner's all-purpose symbolic instruction code)。BASIC 是一种解释式的编程语言,可逐句解释运行,也将其编译成可执行文件。初期的 BASIC 仅有几十条语句且功能强大,对硬件资源要求不高(可以固化在小容量的 EPROM 中),且容易为初学者掌握,所以它很快从校园走向社会,成为初学者学习计算机程序设计的首选语言。随后,BASIC 的功能被不断扩充,已经发展成为一种功能丰富的编程高级语言。微软将其扩展成可视化 BASIC——Visual Basic 得到广泛应用,并作为其 Office 软件的二次开发语言。2001 年又推出基于 Web 的 Visual Basic .NET。

图 1-16 格雷斯·霍波

图 1-17 BASIC 语言的两位创始人

(5) PASCAL 语言。1968 年 9 月瑞士计算机科学家 Niklaus Emil Wirth 设计了一种命令式和过程化编程语言 PASCAL,为纪念法国数学家和哲学家 Blaise Pascal 而命名。PASCAL 语言强调语言的可读性,至今仍是学习算法和数据结构等软件知识的教学语言。PASCAL 源自 ALGOL 60 语言,引进了新的概念和机制,使得建立诸如 lists、trees 和 graphs 这样的动态和递归数据结构更容易。增加了包括记录、枚举、子范围、使用关联指针、动态分配变量和集合等重要特性。在 1985 年,由 Larry Tesler 定义的 Object Pascal,成为可视化编程环境 Delphi 的使用核心,是当今世界上最快编译器和最先进的数据库技术之一。

(6) C 语言。1970 年,由两名同是操作系统 UNIX 研制者的著名美国计算机科学家 Ken Thompson 和 Dennis Ritchie(图 1-18)在研制出的 B 语言的基础上发展和完善了一种通用的、过程式的编程语言——C 语言。20 世纪 80 年代,ANSI 为 C 语言制定了一套完整的国际标准语法,称为 ANSI C。1999 年国际标准化组织(ISO)修改了原有 C 语言标准,即 C99。C 语言广泛用于系统与应用软件的开发,具有高效、灵活、功能丰富、表达力强和较高的移植性和能直接对硬件操作等特点,备受程序员的青睐。C 语言强调的是语言的简洁性以及高效性,这使得 C 语言的地位已相当于一种“高级汇编语言”。自问世以来 C 语言就成为主流软件开发语言并影响了许多后来的编程语言,如 C++、Java、C# 等。

(7) C++语言。贝尔实验室的 Bjarne Stroustrup 博士(图 1-19)在 20 世纪 80 年代发明

并实现了 C++。最初，这种语言被作为 C 语言的增强版，称为"C with Classes"，意思是包含类的 C 语言。随后，C++不断增加新特性，除继承了 C 语言简洁性和高效性等所有优点外，还引入了面向对象的思想，如类、封装、继承、多态等。C++语言的这些特性使得 C 程序员在学习面向对象思想的同时不必放弃已有的 C 知识和经验，同时面向对象的设计开发方法使得软件的分析、设计、构造更为完美。因此，C++借助 C 语言的庞大程序员队伍，成为主流的面向对象语言。1998 年国际标准组织颁布了 C++程序设计语言的国际标准 ISO/IEC 14882-1998。当然，C++也可以认为是一门独立的语言，它并不依赖 C 语言。在《C++编程思想》一书所述中，C++与 C 的效率往往相差在±5%之间。有人认为在大多数场合中，C++完全可以取代 C 语言。自从 Windows 操作系统出现以来，面向对象的可视化 C++，即 Visual C++已经得到广泛应用。2001 年推出基于 Web 的 Visual C++. NET。2008 年 3 月，在 Visual Studio 2008 内推出 Visual C++2008。

图 1-18　Ken Thompson 和 Dennis Ritchie

图 1-19　Bjarne Stroustrup

(8) HTML 语言。1982 年，有"互联网之父"之称的麻省理工学院教授 Tim Berners-Lee(图 1-20)为使世界各地的物理学家能够方便地进行合作研究，创建了超文本标记语言 HTML。HTML 以纯文字格式为基础，可以用任何文本编辑器编辑，因仅有少量标记(TAG)而易于掌握运用。随着 HTML 使用率的增加，人们不满足只能看到文字，1993 年当时还是大学生的美国网景公司创始人 Marc Andreessen(图 1-21)在他的 Mosaic 浏览器加入<img>标记，从此可以在 Web 页面上浏览图片。此后，HTML 不断地扩充和发展，以满足人们希望可将任何形式的媒体加到网页上愿望。HTML 语言以及 HTML 图文浏览器的出现，使得 Internet 从此得到前所未有的发展。

图 1-20　Tim Berners-Lee

图 1-21　Marc Andreessen

从 HTML 到 DHTML 再到 XML，这种 Web 存储格式语言为信息的发布、信息的交流起了极大的作用。这些 Web 存储格式语言不同于以往的计算机语言，它们是通过标签来标识内容和数据，严格意义上来说，不能称为计算机语言。

(9) Java 语言。20 世纪 90 年代初，由美国 Sun 公司的 James Gosling(图 1-22)等人开发了一种设置在家用电器等小型系统的编程语言，它最初被命名为 Oak，来解决诸如电视机、电话、闹钟、烤面包机等家用电器的控制和通信问题。随着互联网的发展，Sun 公司看到了 Oak 在计算机网络上的广阔应用前景，于是继续改造 Oak，并于 1995 年 5 月以“Java”的名称正式发布。Java 伴随着互联网的迅猛发展而发展，逐渐成为重要的网络编程语言。Java 编程语言的风格十分接近 C++ 语言，它继承了 C++ 语言面向对象技术的内核，而舍弃了 C++ 语言中容易引起错误的指针、运算符重载、多重继承等特性，增加了垃圾回收器用于回收不再被引用的对象所占据的内存空间。Java 不同于一般的编译运行计算机语言和解释执行计算机语言，它首先将源代码编译成字节码(Bytecode)，然后依赖各种不同平台上的虚拟机来解释执行字节码，从而实现了“一次编译、到处运行”的跨平台特性。Java 是一种开放的技术，获得了广大软件开发商的认同。

图 1-22 James Gosling

Java 是真正意义上的面向对象的网络语言，它独特的网络特性包括：平台独立性、动态代码下载、多线程和紧凑代码格式等。Java 程序不需要存储在用户的 PC 上，而是存储在中央网络服务器中。当用户通过浏览器访问到一个带有 Java 小程序的 Web 页面时，Java 小程序就会自动被下载运行。因为 Java 程序通常都很小，因此下载运行很快。可以从任何一台具有 Java 虚拟机的机器上访问任何服务器上的 Java 程序。

随着计算机应用的普及，计算机语言已经成为我们思维的一部分。计算机语言正朝着非过程化方向发展，它的最终目标是成为人类与计算机之间的无障碍的交流工具，使人只要将自己的要求和愿望描述出来，计算机语言就能自动将这些要求愿望转换成计算机可执行的代码并传输给计算机执行，这样的语言可以称为知识语言或者是智能语言。当达到这种境界时，“计算机”这一名称或许会被改成别的什么了，因为它与人类智能的界限已经不那么明显了——这就是人工智能，是人类梦寐以求的最高境界。

1.2 计算机的特点、应用和分类

1.2.1 计算机的主要特点

计算机从发明至今，之所以具有很强的生命力，并得以飞速的发展，是因为计算机本身具有其他设备所不具备的诸多特点。

1. 运算速度快

计算机的运算速度指计算机在单位时间内执行指令的平均速度，可以用每秒钟能完成多少次操作(如加法运算)或每秒钟能执行多少条指令来描述。随着计算机技术的发展，计算机的运算速度已经从最初的每秒千次级发展到亿亿次级，并还在不断提高，这是任何传统的计算工具所不能比拟的。计算机的高速运算，给人们的科学研究、日常生活等都带来了极大的便利，例如十天内的气预报，由于需要分析大量的气象资料数据，单靠手工完成计算是不可想象的，而用超级巨型计算机只需几分钟就可以完成。

2. 计算精度高

在计算机中，数据的精度主要表现为数据表示的位数。通常与计算机CPU的字长（每次能够处理的最大二进制位数）的指标有关，字长越长则精度越高。目前微型计算机CPU字长已达64位，它的计算精度目前已达到小数点后上亿位的精度。

3. 具有“记忆”和逻辑判断功能

计算机不仅能进行计算，而且还可以把原始数据、中间结果、运算指令等信息存储起来，供用户调用。电子计算机的这种“记忆”能力是与其他计算装置的一个重要区别。计算机的存储系统由内部存储器和外部存储设备组成，其内存容量可达千兆字节至几百千兆字节，而外存更是能通过多种技术来构成海量存储。计算机能借助于CPU的逻辑运算功能，在运算过程中实现各种逻辑判断，并根据判断的结果自动决定下一步应执行的命令。

4. 程序运行自动化

计算机内部的运算处理是根据人们预先编制好的程序自动控制执行的，只要把解决问题的处理程序输入计算机中，计算机便会依次取出指令，逐条执行，完成各种规定的操作，不需要人工干预，这也是计算机突出的特点。

5. 可靠性高

随着微电子技术和计算机技术的发展，现代电子计算机连续无故障运行时间可达到几十万小时以上，具有极高的可靠性。例如，安装在宇宙飞船上的计算机可以连续几年时间可靠地运行；互联网上的众多服务器（计算机）都是7×24运行方式，并可实现远程管理，没有极高的可靠性是不可能的。

6. 通用性好

现代计算机采用“冯·诺依曼体系结构”，对于解决不同的问题，只是执行不同的程序，因而具有很强的通用性。用同一台计算机能解决多种问题，应用于不同的领域。

此外，微型计算机除了具有上述特点外，还具有体积小、重量轻、耗电少、维护方便、易操作、功能强、使用灵活、价格便宜等特点。

1.2.2　计算机的应用

计算机具有高速精确的计算能力，以及由此产生的超凡的数据处理能力、逻辑判断能力，决定了计算机的应用相当广泛，涉及科学研究、军事技术、工农业生产、文化教育、日常生活等各个领域。

1. 科学计算

科学计算即利用计算机解决科学研究和工程设计等方面的数学计算问题。科学计算的特点是计算量大，要求精度高，结果可靠。利用计算机高速性、大存储容量、连续运算能力，可以处理人无法实现的各种科学计算问题。在数学、物理学、化学、天文学、航空航天学、建筑学等众多学科的科学研究中，例如在人造卫星轨道计算、宇宙飞船制导、气象预报、水坝建造、桥梁设计、飞机制造等大量工程技术的应用中，经常会遇到许多数学计算问题。在这些问题中，有的因计算量极大或计算过程极其复杂（如求解有成千上万个未知数的方程组、求解结构复杂的微分方程解)等因素,而用一般的计算工具无法很好解决,但现在使用计算机则可以既快又准地得以解决。

2. 信息处理

信息处理也称为数据处理,是指利用计算机对信息进行采集、加工、存储、传递,并进行综合分析,常泛指非科学计算方面的以管理为主的所有应用。例如,财务管理、统计分析、企业管理、商品销售管理、档案管理、图书检索等。信息处理的特点是原始数据量大,算术运算较简单,有大量的逻辑运算与判断,结果要求以表格或文件的形式存储或输出等。目前,信息处理已成为计算机应用的一个最主要的方面,估计约占全部应用的 80%以上。

3. 实时控制

实时控制是指用计算机来实时采集和检测现场数据,并按最优方案迅速对各种相关的自动装置、自动仪表、生产过程等进行自动控制或自动调节控制,也称过程控制。利用计算机进行实时控制,不仅能大大提高控制的自动化水平,而且可以大大提高控制的实时性和准确性,从而达到改善劳动条件、提高质量、节约能源、降低成本的目的。计算机实时控制已在冶金、石油、化工、水电、纺织、机械、军事、航天等许多部门得到广泛的应用。例如,交通运输方面的行车调度,农业方面人工气候箱的温、湿度控制;工业生产自动化方面的巡回检测、自动记录、监视报警、自动启停、自动调控等内容;家用电器中的某些自动功能都是计算机在过程控制方面的应用。

4. 计算机辅助系统

计算机辅助系统有许多种,包括计算机辅助设计(Computer aided design,CAD)、计算机辅助制造(Computer aided manufacturing,CAM)、计算机辅助教学(Computer aided instruction,CAI)、计算机辅助测试(Computer aided testing,CAT)和计算机集成制造系统(Computer integrated manufacture system,CIMS),等等。

计算机辅助制造(CAM)是指利用计算机进行生产设备的管理、控制和操作的过程。众多的自动生产线、数控设备运行等都是 CAM 的典型应用。

计算机辅助教学(CAI)是在计算机辅助下进行的各种教学活动,以对话方式与学生讨论教学内容、安排教学进程、进行教学训练的方法与技术。CAI 为学生提供一个良好的个人化学习环境。综合应用多媒体、超文本、人工智能和知识库等计算机技术,克服了传统教学方式上单一、片面的缺点。它的使用能有效地缩短学习时间、提高教学质量和教学效率,实现最优化的教学目标。

计算机辅助测试(CAT)是指利用计算机辅助进行产品相关性能指标或几何尺寸的测试。主要应用于各种自动化/半自动化生物分析仪、三维坐标激光测试仪、网络通信性能检测设备等领域。

计算机集成制造系统(CIMS)是指利用计算机的软硬件、网络、数据库等现代高技术,将企业的经营、管理、计划、产品设计、加工制造、销售、服务等环节和人力、财力、设备等生产要素集成起来,一方面,能够发挥自动化的高效率、高质量;另一方面,又具有充分的灵活性,以利于经营、管理及工程技术人员发挥智能,根据不断变化的市场需求及企业经营环境,灵活及时地调整企业的产品结构及各种生产要素的配置方法,实现全局优化,从而提高企业的整体素质和竞争能力。例如,要制作一个机器零件,只需将零件制作草图输入辅助设计的计算机，计算机系统随即自动生成加工工艺流程和数控程序，这些信息通过网络传输到生产车间，车间的计算机接到信息后，指挥运货小车自动从仓库运来用于制作零件的毛坯，安装在柔性线上，各种不同类型的设备根据程序井井有条地工作着，生产一个合格零件的时间仅相当于原来人工加工所用时间的 1/10～1/5。

5. 人工智能

人工智能(Artificial intelligence，AI)是指利用计算机模拟人类的智能活动来进行判断、理解、学习、图像识别、问题求解等。它涉及计算机科学、控制论、信息论、仿生学、神经生理学和心理学等诸多学科。目前研究的方向有：模式识别、自然语言理解、自动定理证明、自动程序设计、知识表示、专家系统、数据智能检索等。例如，用计算机模拟人脑的部分功能进行学习、推理、联想和决策；模拟著名医生给病人诊病的医疗诊断专家系统等。

6. 计算机网络通信

利用通信设备和线路将地域不同的计算机系统互联起来，并在网络软件支持下实现资源共享和传递信息的系统。大到遍及全世界的 Internet，小到几台计算机联成的局域网，计算机网络正在普遍应用。

7. 办公自动化

办公自动化是指用计算机或数据处理系统来处理日常例行的各种工作。是当前最为广泛的一类应用，它具有完善的文字和表格处理功能，较强的资料、图像处理和网络通信能力，可以进行各种文档的存储、查询、统计等工作。例如，起草各种文稿，收集、加工、输出各种资料信息等。

总之，计算机已在各个领域、行业中得到广泛的应用，其应用范围已渗透到科研、生产、军事、教学、金融、交通、农林业、地质勘探、气象预报、邮电通信等各行各业，并且深入到文化、娱乐和家庭生活等各个领域，其影响涉及社会生活的各个方面。

1.2.3　计算机的分类

计算机的种类很多，为了区分它们，有多种分类方法。

1. IEEE 分类法

电气电子工程师协会(Institute of electrical and electronics engineers，IEEE)是一个国际性的电子技术与信息科学工程师的协会。1989 年 11 月，IEEE 提出一个分类报告，它根据计算机在信息处理系统中的地位与作用，考虑到计算机分类的演变过程和可能的发展趋势，把计算机分为 6 大类。

(1) 大型主机

大型主机(Main frame)又称大型电脑或主干机，它包括通常所说的大型机和中型机。一般只有大中型企事业单位才可能有必要的财力和人员去配置和管理大型主机，并以这台大机器及其外部设备为基础组成一个计算中心，统一安排对主机资源的使用。目前多采用对称多处理器(SMP)结构，有 2 个、4 个、8 个，甚至 16 个或 32 个处理器，在信息系统中起着核心作用，承担主服务器的功能。美国 IBM 公司是大型主机的主要生产厂家，它生产的 IBM 360、370、4300、3090 以及 9000 系列都曾是有名的大型主机型号。

(2) 超级小型计算机

超级小型计算机(Super minicomputer)又称小型机。通常它能满足部门性的要求,为中小企事业单位所采用。例如,美国 DEC 公司的 VAX 系列、DC 公司的 MV 系列、IBM 公司的 AS/400 系列都是有名的小型机。我国生产的太极系列计算机也属于小型机,它与 VAX 机是兼容的。

(3) 个人计算机

个人计算机(Personal computer)简称 PC,也称个人电脑或微型计算机。这种计算机的用户是面向个人或家庭的,一般家庭或个人在经济上是能买得起的,它的价格与家用电器相仿。个人计算机可分为台式机和便携机两类,后者体积小、重量轻,可不使用交流电源,便于外出使用,性能基本与台式机相当。

(4) 工作站

工作站(Work station)与高档微机之间的界限并不是非常明确的,而且高档工作站的性能也有接近小型机,甚至接近低档大型主机的。它的运算速度通常比微型机快,要配备大屏幕显示器和大容量的存储器,而且要有比较强的网络通信功能。它主要用于特殊的专业领域,例如图像处理、计算机辅助设计等方面。用一个非常专门的术语来说,工作站是建立在 RISC/UNIX 平台上的计算机。工作站又分为初级工作站、工程工作站、超级工作站以及超级绘图工作站等。典型机器有 HP-Apollo 工作站、Sun 工作站等。

(5) 巨型计算机

巨型计算机(Supercomputer)又称超级计算机或超级电脑。人们通常把最大、最快、最贵的主机称为巨型机。世界上只有少数几个公司能生产巨型机。例如,美国的克雷公司就是生产巨型机的主要厂家,它生产的 Cray—1,Cray—2,Cray—3 等都是著名的巨型机。我国研制成功的银河系列和天河系列、曙光系列以及神威蓝光系列计算机也都是巨型机。它们对尖端科学、战略武器、社会及经济模拟等新领域的研究都具有极其重要的意义。

(6) 小巨型计算机

小巨型计算机(Mini supercomputer)是新近发展起来的小型超级电脑,或称桌上超级电脑。它是对巨型机的高价格发出的挑战,其发展非常迅速。例如,美国 Convex 公司的 C 系列、Alliant 公司的 FX 系列就是比较成功的小巨型机。

由于计算机联网使用日益广泛,因此许多计算机应用系统在结构上设计成为基于计算机网络的客户机/服务器模式(Client/Server)。在这种系统中,巨型机、小巨型机、主机均可作为系统的服务器使用,超级小型机及高档工作站则可用作部门的服务器,个人计算机和低档工作站则用作客户机,它们直接面向用户,且通过联网共享后台服务器的数据资源和计算资源。鉴于客户机/服务器系统的盛行,近几年一些计算机厂家专门设计生产了称为“服务器”的一类计算机产品,它们的存储容量大、网络通信能力强、可靠性好、运行网络操作系统、性能/价格比高。其中有一类是由高档 PC 提升而成的,称为 PC 服务器,很适合中小部门的计算机应用系统使用。

2. 按计算机中信息的表示形式和处理方式分类

从计算机中信息的表示形式和处理方式的角度,计算机可分为数字电子计算机、模拟电子计算机和数字模拟混合式电子计算机三大类。

(1) 数字电子计算机(Digital computer)：信息都用由"0"和"1"两个数字构成的二进制数的形式(即用不连续的数字量)来表示，通过数字逻辑电路组成的算术逻辑部件对这些数字量进行算术逻辑运算，从而实现解题目的。数字式电子计算机可达到很高的精度，信息便于大量存储，是通用性很强的高速计算工具，能胜任科学计算、信息处理、实时控制、智能模拟等方面的工作。人们通常所说的电子计算机就是指这一种。

(2) 模拟电子计算机(Analog computer)：信息主要用连续变化的模拟量——电压表示。基本运算部件由运算放大器构成的微分器、积分器、通用函数运算器等运算电路组成。它有专门用来编排解题过程的排题板，板上插孔与机内微分器、积分器等相连。解题时，根据需要对接插线进行编排，实现解题的数学模型。问题不同，接插线要作不同的编排。模拟式电子计算机解题速度极快，但精度不高，编排复杂，信息不易存储，通用性不强。它一般用于求解微分方程或自动控制系统设计中的参数模拟。

(3) 数字模拟混合电子计算机(Hybrid computer)：它是综合了上述两种计算机的长处而设计出来的。它既能处理数字量，又能处理模拟量。但是，这类计算机结构复杂，设计困难。

3. 按计算机的用途分类

计算机按其用途可分为通用计算机和专用计算机两类。

(1) 通用计算机(General purpose computer)：是为了能解决多种类型问题、具有较强的通用性而设计的计算机。它具有一定的运算速度和一定的存储容量，且带有通用的外围设备，配备各种系统软件、应用软件，功能齐全，通用性强。一般的数字式电子计算机多属此类。

(2) 专用计算机(Special purpose computer)：是为了解决某一个特定问题而设计的计算机。它的硬件和软件的配置依据解决特定问题需要而定，并不求全。专用机功能单一，配有解决问题的固定程序，能高速、可靠地解决特定的问题。

另外，某些计算机还具有特殊的功能，可以用于特殊的目的。例如，在一些对可靠性要求极高的场合，计算机应该具备容错的能力，这种计算机称为"容错计算机"；或在恶劣环境中计算机仍能正常运行，这种计算机称为"抗恶劣环境计算机"；或为了减少环境污染和降低能耗而设计的计算机，称为"绿色计算机"。

需要说明的是：随着计算机科学技术的发展，对计算机的分类标准不是固定不变的，而是不断提高"升值"的。现在的高档微型机，其性能指标已超过早期的大型机。

1.2.4　计算机的性能

计算机的性能不仅是由某项指标来决定的，而且是由它的体系结构、指令系统、硬件组成、软件配置等多方面的因素综合决定的。通常，可以从以下几个指标来大体评价计算机的性能。

1. 运算速度

运算速度是衡量计算机性能的一项重要指标。通常所说的计算机运算速度(平均运算速度)，是指每秒钟所能执行的指令数，一般用"每秒百万条指令数"(Million instructions per second，MIPS)描述。该值越大，计算机运算速度越高。同一台计算机，执行不同的运算所需时间可能不同,因而对运算速度的描述常采用不同的方法,其他的衡量计算机运算速度的指标还有 CPU 时钟频率(主频)。一般说来,对于同一类型的 CPU,其主频越高,运算速度就越快。

2. 内核数目

随着 CPU 制造技术的进步,目前在一块 CPU 芯片上已经能够集成多个具有独立处理能力的内核,在硬件和软件的配合下,达到超过单核芯片性能 30%至数倍的提升。因此,多内核 CPU 的研究和发展已经成为当今计算机处理器技术的最重要方向,采用多核处理器来提高计算机的性能也已经成为计算机应用主流。一般地,内核数目越多,性能越高。

3. 字长

计算机中 CUP 每一次能处理最多的二进制位的长度称为该计算机的"字长"。在其他指标相同时,字长越大计算机处理数据的速度就越快,精度也越高。早期的微型计算机的字长一般是 4 位、8 位、16 位和 32 位。最新的英特尔第二代酷睿处理器和即将上市的第三代酷睿处理器均支持 EM64T 64 位扩展技术;AMD 的从 754 接口的 K8 系列开始凡是后面带 64 的都支持 64 位。

4. 内存储器的容量

内部存储器也称主存,是 CPU 可以直接访问的存储器,其中存储了计算机当前执行的程序与需要处理的数据。内存储器容量的大小反映了计算机随机存储信息的能力。随着多任务操作系统的应用、应用软件的不断丰富及其功能的不断扩展,人们对计算机内存容量的需求也不断提高。目前,运行 Windows 7 则一般需要 1GB 以上的内存容量。内存容量越大,系统功能就越强大,能同时运行的程序个数就越多,能处理的数据量就越庞大。

5. 外存储器的容量

外存储器容量通常是指硬盘容量(包括内置硬盘和移动硬盘)。外存储器容量越大,可存储的信息就越多,可安装的应用软件就越丰富。目前,硬盘容量一般为 500GB~1TB,有的已达 2TB 以上。另外,可以通过加装可刻录光盘驱动器和配备可刻录光盘来极大地增加外存储器容量。

6. 图形加速性能

2D/3D 图形加速功能是指用硬件来实现图形的平面/内插着色、深度缓存、表面材质、雾化处理、边缘平滑处理、透明色处理、变形和重建等处理的加速。目前流行的趋势是将图形处理归于专用图形加速处理器(GPU),因此,计算机的图形处理能力就与 GPU、图形内存储器、图像分辨率和帧频等因素有关。图形加速处理器 GPU 的应用极大地改善了计算机的 2D 和 3D 图形的显示功能。通常 GPU 等被设计在图形适配卡上,作为计算机的一种可选扩展卡,以提高计算机图形图像处理的能力。目前 GPU 及图形处理卡生产的两大阵营是 ATI 和 NVDIA。最近,Intel 公司也开始已将 GPU 集成到其主板的控制芯片上,形成"板上图形加速处理"主板。这些硬件技术都将使得计算机的图形处理性能得到较大的提高。当然,Windows 7 能够在 CPU 上运行 Direct 3D v10 和 v10.1,从而在没有专用硬件的情况下将利用 CPU 提供 3D 图形加速功能。常用的图形加速性能测试软件是 3D Mark 06

和 3D Mark Vantage 等，其分值越高，表明计算机的 2D/3D 图形加速性能越好。

7. 联网性能

联网性能是指计算机具备与网络连接的性能，包括网络接口（有线和/或无线）、带宽、模式等。

以上只是一些主要性能指标。除了上述这些主要性能指标外，微型计算机还有其他一些指标，例如，所配置外围设备的性能指标以及所配置系统软件的情况等。另外，各项指标之间也不是彼此孤立的，在实际应用时，应该把它们综合考虑。

1.3　计算机技术的机遇与挑战

1. 传统计算机的软肋

自 1946 年第一台电子计算机诞生至今，已经历了电子管、晶体管、中小规模集成电路和大规模/超大规模集成电路 4 个时代。尽管计算机科学日新月异，但其性能却始终满足不了人类日益增长的信息处理需求，而且，在其发展中存在不可逾越的“两个极限”。

(1) 随着传统硅芯片集成度的提高，芯片内部晶体管数与日俱增，相反其尺寸却越缩越小（如英特尔采用 45nm 制造工艺，在 $143mm^2$ 内集成 2.91 亿晶体管；而 22nm 工艺已经商业化）。根据摩尔定律估算，20 年后制造工艺将达到几个原子级大小，甚至更小，从而导致芯片内部微观粒子性越来越弱，相反其波动性逐渐显著，传统宏观物理学定律因此不再适用，而必将遵循量子力学定理。也就是说，20 年后传统计算机将达到它的“物理极限”。

(2) 集成度的提高所带来耗能与散热的问题反过来制约着芯片集成度的规模，传统硅芯片集成度的停滞不前将导致计算机发展的“性能极限”。研究表明，芯片耗能产生于计算过程中的不可逆过程。根据能量守恒定律，芯片的能耗必然产生热量。

2. 新型计算机的出现

作为以创新为立身之本的计算机技术，目前正面临着众多机遇与挑战：新技术和新应用已经涌现出包括生物计算机、光子计算机、量子计算机等新型计算机；移动通信和嵌入式系统、互联网技术产品和服务、数字娱乐、服务器与开发工具、新兴市场五个领域更是给计算机信息产业带来了商机无限；致力于使未来的计算机能够看、听、学，能用自然语言与人类进行交流则是未来 5～15 年内计算机技术坚实的科研目标。

(1) 生物计算机

生物计算机（Biological computer）的主要原材料是生物工程技术产生的蛋白质分子，并以此作为生物芯片，利用有机化合物存储数据。在这种芯片中，信息以波的形式传播，当波沿着蛋白质分子链传播时，会引起蛋白质分子链中单键、双键结构顺序的变化，例如一列波传播到分子链的某一部位，它们就像硅芯片集成电路中的载流子那样传递信息。运算速度要比当今最新一代计算机快 10 万倍，它具有很强的抗电磁干扰能力，并能彻底消除电路间的干扰。能量消耗仅相当于普通计算机的十亿分之一，且具有巨大的存储能力。由于蛋白质分子能够自我组合，再生新的微型电路，使得生物计算机具有生物体的一些特点，如能发挥生物本身的调节机能自动修复芯片上发生的故障，还能模仿人脑的机制等。

生物计算机的优越性是十分诱人的，现在世界上许多科学家在研制它，有朝一日出现在科技舞台上,就有可能彻底实现现有计算机无法实现的人类右脑的模糊处理功能和整个大脑的神经网络处理功能。

(2) 量子计算机

中科院院士、中科院量子信息重点实验室郭光灿主任将量子计算机与现有计算机作了一个形象对比:“电子计算机出现的时候,人类之前赖以使用的运算工具算盘就显得奇慢无比。与此类似,在量子计算机面前,电子计算机就是一把不折不扣的算盘。”

量子计算机(Quantum computer)是利用原子所具有的量子特性进行信息处理的一种全新概念的计算机。量子理论认为,非相互作用下,原子在任何时刻都处于两种状态,称为量子超态。原子会旋转,即同时沿上、下两个方向自旋,这正好与电子计算机 0 和 1 完全吻合。

量子计算机的信息单元是量子比特,即两个状态是“0”和“1”的相应量子态叠加。量子态叠加原理指出,量子存储器有“0”或“1”两种可能的状态,该存储器将处在“0”和“1”两个态的叠加态,即一位量子存储器可同时存储“0”和“1”两个数据。若有两位量子存储器的话,即可同时存储“00”“01”“10”和“11”4 个数据,远超过半导体存储中的一个数据。不难推导,n 位量子存储器可同时存储 2^n 个数据,而传统计算机存储器依然只能存储其中一个数据。由此可知,量子存储器的存储容量是现有存储器的 2^n 倍。随着存储器的位数 n 指数增长,当 $n=256$ 时,该台小型量子计算机可以存储的数据比现在所知的宇宙中原子的数目还要多。正是基于量子态叠加原理,量子计算机具有巨大存储数据能力,因此,当它完成一次运算操作时,可以同时将其存储的 2^n 个数据变换成新的 2^n 个数据,这就实现了 2^n 位规模的并行运算模式。

此外,量子计算机能做到在输出时处理器能保留一串无用序列,即把现有计算机中的不可逆转换为可逆过程,从根本上解决芯片耗能问题。

鉴于量子计算机的强大功能和特殊重大的战略意义,近 20 年来,相关领域的科学家纷纷投入研制工作,虽然面临重重技术障碍,但取得一些重要进展。作为量子计算机的核心部件,量子芯片的开发与研制成为美国、日本和中国等科技强国角逐的重中之重。美国量子芯片研究计划被命名为“微型曼哈顿计划”,其重要性几乎与“二战”时期研制原子弹的“曼哈顿计划”相当。日本也紧跟其后启动类似计划。我国的固态量子芯片研究被列为国家重大科学研究计划重大科学目标导向项目(又称“超级 973”)给予重点支持。

2009 年 11 月,世界上首台可编程的通用量子计算机在美国面世。不过根据初步的测试程序显示,该计算机还存在部分难题需要进一步解决和改善。

2012 年 8 月,中国科技大学潘建伟院士、中科院上海技术物理研究所王建宇、光电技术研究所黄永梅等组成的联合研究团队,在国际上首次成功实现了百千米量级的自由空间量子隐形传态和纠缠分发。这项实验证明了实现基于卫星的全球量子通信网络的可行性。

2013 年 2 月,由中国科技大学郭国平研究组主持的我国“超级 973”科技专项“固态量子芯片”研究取得重大突破,成功地在“一个电子”上实现 10ps 级(皮秒为时间单位,即 10^{-12}s)量子逻辑门运算,将原世界纪录提高近百倍,为实现基于半导体的“量子计算机”迈出重要一步。

2014 年 4 月,中国开始建设世界上最远距离的光纤量子通信干线——连接北京和上海,距离达到 2000 千米,有望于两三年内投入使用。

(3) 光子计算机

光子计算机(Photon computer)是一种由光信号进行数字运算、逻辑操作、信息存储和处理的新型计算机。光子计算机的基本组成部件是集成光路，要有激光器、透镜和核镜。由于光子比电子速度快，光子计算机的运行速度可高达万亿次级。它的存储量是现代计算机的几万倍，还可以对语言、图形和手势进行识别与合成。目前，许多国家都投入巨资进行光子计算机的研究。随着现代光学与计算机技术、微电子技术相结合，在不久的将来，光子计算机将成为人类普遍的工具。光子计算机与电子计算机相比，主要具有以下优点。

① 超高速的运算速度。光子计算机并行处理能力强，因而具有更高的运算速度。电子的传播速度是593km/s，而光子的传播速度却达 3×10^5km/s。

② 超大规模的信息存储容量。与电子计算机相比，光子计算机具有超大规模的信息存储容量。光子计算机具有极为理想的光辐射源——激光器，光子的传导是可以不需要导线的，而且即使在相交的情况下，它们之间也不会产生丝毫的相互影响。光子计算机无导线传递信息的平行通道，其密度实际上是无限的，大小如一枚5分硬币大小的光通道，其信息通过能力就可以是全世界现有电话电缆通道的许多倍。

③ 能量消耗小，散发热量低，是一种节能型产品。

④ 抗电磁干扰能力强。

目前，光子计算机的许多关键技术，如光存储技术、光互联技术、光电子集成电路等都已经获得突破，最大幅度地提高光子计算机的运算能力是当前科研工作面临的攻关课题。光子计算机的问世和进一步研制、完善，将为人类跨向更加美好的明天提供无穷的力量。

(4) 混合计算机

混合计算机(Hybrid computer)是可以进行数字信息和模拟物理量处理的计算机系统。混合计算机通过数模转换器和模数转换器将数字计算机和模拟计算机连接在一起，构成完整的混合计算机系统。混合计算机一般由数字计算机、模拟计算机和混合接口三部分组成，其中模拟计算机部分承担快速计算的工作，而数字计算机部分则承担高精度运算和数据处理。混合计算机同时具有数字计算机和模拟计算机的特点：运算速度快、计算精度高、逻辑和存储能力强、存储容量大和仿真能力强。随着电子技术的不断发展，混合计算机主要应用于航空航天、导弹系统等实时性的复杂大系统中。现代混合计算机已发展成为一种具有自动编排模拟程序能力的混合多处理机系统。它包括一台超小型计算机、一两台外围阵列处理机、几台具有自动编程能力的模拟处理机；在各类处理机之间，通过一个混合智能接口完成数据和控制信号的转换与传送。这种系统具有很强的实时仿真能力，但价格昂贵。

(5) 智能计算机

智能计算机(Intelligent computer)迄今未有公认的定义。1937年图灵等人提出了关于人的思维能力与递归函数能力等价的假说。这一未被证明的假说后来被一些人工智能学者表述为：如果一个可以提交给图灵机的问题不能被图灵机解决，则这个问题用人类的思维也不能解决。这一学派继承了以逻辑思维为主的唯理论与还原论的哲学传统，强调数字计算机模拟人类思维的巨大潜力；另一些学者则肯定地认为以图灵机为基础的数字计算机不能模拟人的智能，他们认为数字计算机只能做形式化的信息处理，而人的智能活动不一定能形式化，也不一定是信息处理，不能把人类理智看成是由离散、确定的与环境局势无关的规则支配的运算。这一学派原则上不否认用接近于人脑的材料构成智能机的可能性，但这种广义的智能机不同于数字计算机；还有些学者认为不管什么机器都不可能模拟人的智能。但更多的学者相信大脑中大部分活动能用符号和计算来分析。

必须指出，人们对于计算的理解在不断加深与拓宽。有些学者把可以实现的物理过程都看成计算过程。基因也可以看成开关，一个细胞的操作也能用计算加以解释，即所谓分子计算。从这种意义讲，广义的智能计算机与智能机器或智能机范畴几乎一样。

(6) 单片计算机

单片计算机(Single-chip computer)是指将计算机的主要部件制作在一个集成芯片上的微型计算机。单片计算机又称为单片机或微控制器，从20世纪70年代开始，出现了4位单片计算机和8位单片计算机，20世纪80年代出现16位单片机，性能得到很大的提升，20世纪90年代又出现了32位单片机和使用Flash存储的微控制器。由于单片机的集成度高，所以单片计算机具有体积小、功耗低、控制功能强、扩展灵活、微型化和使用方便等优点，被广泛应用于智能仪器仪表的制造，通过构造应用系统应用于工业控制、家用智能电器的制造、网络通信设备的使用和医疗卫生行业。

第 2 章

计算机中信息的表示与运算

信息是客观存在的一切事物通过物质载体所发生的消息、情报或知识，是对客观事物的反映。数据是能够被计算机识别、存储和处理的信息，数据是信息的载体和表示形式，是数字化后的信息。数据反映信息，而信息依靠数据来表达。由于信息与数据的关系如此紧密，因此在计算机环境下，人们并不严格区分"信息"与"数据""信息处理"与"数据处理"这两对概念，在某种意义上认为它们是等价的。

2.1 数制及其转换

因为要用计算机来处理信息，而信息要用数据来表示，所以数据的重要性就不言而喻了。数据由数值型数据和字符型数据等组成。数值型数据在人类发展中起到了十分重要的作用，因此，了解数值型数据的相关知识是我们掌握计算机信息处理技术的首要任务，而数制及其转换则是要掌握的最基础的知识。

2.1.1 数制的概念

"记数"是人类进化的产物，而数学——自然科学之父，起源于用来计数的自然数。底格里斯河与幼发拉底河文化建立了最早的书写自然数的系统——在树木或者石头上刻痕划印。根据《易经》的记载，上古时期的中国人也是"结绳而治"，就是用在绳上打结的办法来记事表数。至迟在商代时，中国已采用了十进位值制，业已从所发现的商代陶文和甲骨文中得到证实。尽管记数文字的形状在变化，但记数方法却一直被沿袭并日趋完善。十进位值制的记数法是古代世界中最先进、科学的记数法，对世界科学和文化的发展有着不可估量的作用。正如著名的英国科学家李约瑟所指出的："如果没有这种十进位制，就不可能出现我们现在这个统一化的世界了。"现通用的印度—阿拉伯数码和记数法源于 7 世纪，大约在 10 世纪时才传到欧洲。

1. 基数

在数学上，基数(Radix)是指集合论中刻画任意集合所含元素数量多少的一个概念。任意一个集合 A 所属的类就称为集合 A 的基数。通常把单元素集的基数记作 1，两个元素的集合的基数记作 2，…，十个元素的集合的基数记作 10，即任一个有限集的基数就与通常意义下的自然数一致。基数用符号 R 表示。

十进制数是{0,1,2,3,4,5,6,7,8,9}十个元素的集合,则十进制的基数为 $R=10$;

二进制数是{0,1}二个元素的集合,则二进制的基数为 $R=2$;

八进制数是{0,1,2,3,4,5,6,7}七个元素的集合,则八进制的基数为 $R=8$;

十六进制数是{0,1,2,3,4,5,6,7,8,9,A,B,C,D,E,F}十六个元素的集合,则十六进制的基数为 $R=16$。

进制数的算术运算可以在基数理论中给出定义,通常表述为"逢 R 进一、借一当 R"。

2. 位权

在任何一种进制中,对于多位数,处在某一位上所表示的数值的大小,称为该位的位权(Position)。例如:$123.45=1\times10^2+2\times10^1+3\times10^0+4\times10^{-1}+5\times10^{-2}$,其中 10^{-1}、10^{-2}、10^0、10^1、10^2 称为位权值。

对于一个有 i 位整数和 j 位小数的任何基数为 R 的数 x,可以用一个通式来表示:

$$x=a_{i-1}\times R^{i-1}+a_{i-2}\times R^{i-2}+\cdots+a_1\times R^1+a_0\times R^0+a_{-1}\times R^{-1}+a_{-2}\times R^{-2}+\cdots+a_{-j}\times R^{-j}$$

其中,$\{a_{i-1},a_{i-2},\cdots,a_1,a_0,a_{-1},a_{-2},\cdots,a_{-j}\}$是对应的进制数元素符号的集合,$i$ 是该数的整数位数,j 是该数的小数位数,R^k 是位权值($k\in\{\{0,1,\cdots,i\}\cup\{-1,-2,\cdots,-j\}\}$)。

3. 常用数制的特点

(1) 十进制数:尽管十进制数是世界上最先进、最科学的进制数方法,但它不适合于电子计算机。这是因为十进制数有十个状态,这会使得相应电子线路制造变得极为复杂,而且,当采用低的电压供电时,十个状态中相邻状态之间的信号电平差最高只有电源电压的十分之一,极容易受到外来和本机信号的干扰,导致数值错误。

(2) 二进制数:二进制数是世界上最简单的进制数方法,是开关信息的描述。二个状态在相应电子线路制造中最容易,并且是所有进制数中抗干扰能力最强的,特别适合于电子计算机。当用二进制数来表示一个很大的数时,相应的二进制数的位数会太多,看起来不直观,也容易出错。

(3) 八进制数:主要为减少二进制数的位数而设立。因为进制越大,数的表达长度也就越短。而且 8 正好是 2 的 3 次方,这样就正好用 1 个八进制数来表示 3 个二进制数。

(4) 十六进制数:主要也是为减少二进制数的位数而设立。与八进制数类似,16 正好是 2 的 4 次方,因此,1 个十六进制数可表示 4 个二进制数。

八进制或十六进制缩短了二进制数的长度,但保持了二进制数的表达特点。

常用数制及其规定如表 2-1 所示。

表 2-1 常用数制及其规定

数制	符号集	基数	位权	运算规则	尾符
十进制	0~9	10	10^i	逢十进一	D 或 10 或无
二进制	0~1	2	2^i	逢二进一	B 或 2
八进制	0~7	8	8^i	逢八进一	O 或 Q 或 8
十六进制	0~9、A~F	16	16^i	逢十六进一	H 或 16

尽管数组成数值的符号和个数相同，但进制不同，则位权值不同，数值也不相同。例如：

$$(1010)_{10} = 1\times10^3 + 0\times10^2 + 1\times10^1 + 0\times10^0 = (1010)_{10}$$

$$(1010)_2 = 1\times2^3 + 0\times2^2 + 1\times2^1 + 0\times2^0 = (10)_{10}$$

$$(1010)_8 = 1\times8^3 + 0\times8^2 + 1\times8^1 + 0\times8^0 = (520)_{10}$$

$$(1010)_{16} = 1\times16^3 + 0\times16^2 + 1\times16^1 + 0\times16^0 = (4112)_{10}$$

2.1.2 数制的转换

1. 十进制转换为非十进制

将十进制数转换为非十进制数时，要对其整数部分和小数部分进行分别转换，规则如下。

整数部分：除基取余逆排列。

小数部分：乘基取整顺排列。

例 2.1 将十进制数 205 分别转换为二、八、十六进制数。

(1) 转换为二进制数

算法：用竖式除法，除 2 取余逆排列。

除数	被除数	余数
2	205	1
2	102	0
2	51	1
2	25	1
2	12	0
2	6	0
2	3	1
2	1	1
	0	

即 $205=(11001101)_2$。

(2) 转换为八进制数

算法：除 8 取余逆排列。

除数	被除数	余数
8	205	5
8	25	1
8	3	3
	0	

即 $205=(315)_8$。

(3) 转换为十六进制数

算法：除 16 取余逆排列，余数大于 9 则须用字母 A～F 代替。

		余数
16	205	13(D)
16	12	12(C)
	0	

即 205=$(CD)_{16}$。

例 2.2 将十进制小数 0.8125 转化为二进制小数。

算法：乘 2 取整顺排列。

```
    0. 8 1 2 5
×            2
--------------
    1. 6 2 5 0   取出整数  1
      0. 6 2 5
×            2
--------------
      1. 2 5 0   取出整数  1
        0. 2 5
×            2
--------------
        0. 5 0   取出整数  0
        0. 5 0
×            2
--------------
        1. 0 0   取出整数  1
```

即 0.8125=$(0.1101)_2$。

同理可得 0.8125=$(0.64)_8$,0.8125=$(0.D)_{16}$。

注意：

① 有的十进制小数不能精确转换为相应的非十进制小数，可根据要求适当取舍，也就是说，十进制小数转换为非十进制小数时可能会产生转换误差。

② 若十进制数既有小数部分，又有整数部分，则须将它们分别转换后再合起来。

2. 非十进制数转换为十进制数

算法：按权相乘相加，即各数位与相应位权值相乘以后再相加即为对应的十进制数。

例 2.3 将二进制数$(10001101.1101)_2$、八进制数$(237.4)_8$、十六进制数$(A85)_{16}$转换为十进制数。

$$
\begin{aligned}
(11001101.1101)_2 &= 1\times2^7+1\times2^6+0\times2^5+0\times2^4+1\times2^3+1\times2^2+0\times2^1 \\
&\quad +1\times2^0+1\times2^{-1}+1\times2^{-2}+0\times2^{-3}+1\times2^{-4} \\
&= 2^7+2^6+2^3+2^2+2^0+2^{-1}+2^{-2}+2^{-4} \\
&= 128+64+8+4+1+0.5+0.25+0.0625 \\
&= 205.8125
\end{aligned}
$$

$$
\begin{aligned}
(237.4)_8 &= 2\times8^2+3\times8^1+7\times8^0+4\times8^{-1} \\
&= 128+24+7+0.5 \\
&= 159.5
\end{aligned}
$$

$$
\begin{aligned}
(A85)_{16} &= 10\times16^2+8\times16^1+5\times16^0 \\
&= 2693
\end{aligned}
$$

3. 八进制、十六进制转换为二进制

由 $2^3=8$ 和 $2^4=16$ 可以得知每 1 位八进制数可用 3 位二进制数表示，每 1 位十六进制数可用 4 位二进制数表示，分别如表 2-2 和表 2-3 所示。

表 2-2　每位八进制数对应的二进制数

八进制数	0	1	2	3	4	5	6	7
二进制数	000	001	010	011	100	101	110	111

表 2-3　每位十六进制数对应的二进制数

十六进制数	0	1	2	3	4	5	6	7
二进制数	0000	0001	0010	0011	0100	0101	0110	0111
十六进制数	8	9	A	B	C	D	E	F
二进制数	1000	1001	1010	1011	1100	1101	1110	1111

根据表 2-2 和表 2-3 可知，只要将八进制数或十六进制数的每一位表示为 3 位或 4 位二进制数，去掉整数首部(最左端)的 0 或小数尾部(最右端)的 0 即可得到二进制数。例如：

$$(53.64)_8=(101011.110100)_2=(101011.1101)_2$$

$$(A85.76)_{16}=(101010000101.01110110)_2=(101010000101.0111011)_2$$

4. 二进制转换为八进制、十六进制

法则：以小数点为中心，分别向左、右每 3 位或 4 位分成一组，不足 3 位或 4 位的则以“0”补足，然后将每组用一位对应的八进制数或十六进制数代替即可。例如：

$$(11101.101)_2=(011101.101)_2=(35.5)_8$$

$$(11101.101)_2=(00011101.1010)_2=(1D.A)_{16}$$

2.2　数据在计算机中的表示

2.2.1　计算机中与数据相关的名词

1. 位

计算机中所有的数据都是以二进制来表示的，一个二进制代码称为一位，记为位(bit)。位是计算机中最小的信息单位。

2. 字节

在对二进制数据进行存储时，以 8 位二进制代码为一个单元存放在一起，称为一个字节(Byte)，记为 Byte。字节是计算机中基本的存储单位。

3. 字

在计算机中，一条指令或一个数据信息，称为一个字(Word)。字是计算机进行信息交换、处理、存储的基本单元。

4. 容量

计算机存储信息的能力称为容量(Capacity)。主要指计算机系统中内部存储器所能存储信息的字节数。常用的容量单位有 B(Byte,字节)、KB、MB、GB、TB、PB 和 EB 等,它们之间的换算关系如下:

$$1\text{KB} = 1024\text{B},\quad 1\text{MB} = 1024\text{KB},\quad 1\text{GB} = 1024\text{MB}$$

$$1\text{TB} = 1024\text{GB},\quad 1\text{PB} = 1024\text{TB},\quad 1\text{EB} = 1024\text{PB}$$

然而,在现实情况中,存储容量单位的倍率并非都是 1024,目前,硬盘和 U 盘的容量均采用 1000 为倍率,即它们的实际容量均小于标称容量。

2.2.2 计算机中数值型数据的表示

1. 计算机中数值型数据的有关概念

计算机的数据包括数值型(Numreic)和非数值型(Non numeric)两大类。数值型数据可以进行算术运算,非数值型数据不能进行算术运算。数值型数据需考虑以下因素。

(1) 数的长度

在数学上,数的长度指的是它用十进制表示时所占用的实际位数,如十进制数 345,它的长度为 3。而在计算机中,所有的数据均被转换成二进制数,其长度按其二进制位(bit)或字节来计算长度,同类型数据的长度是统一的,这样便于统一处理。也就是说,计算机中同类型数据具有相同的长度,而与数据的实际长度无关。

(2) 数的符号

由于数据有正负之分,在计算机中,数的“+”号或“−”号分别用将该数最高位置为“0”或“1”来表示。一般规定:最高位为“0”表示正数,最高位为“1”表示负数。这样,在计算机中,一个带符号的二进制数包含符号位和数值两部分。一个有符号数的绝对值等于除去该数的最高位(符号位)之后,其余各有效位的加权值。

(3) 小数点的表示方法

在数学上,小数点一般用书写一个符号“.”表示。而在计算机中,小数点的表示采用人工约定的方法来实现,即约定小数点的位置,这样可以节省存储空间和便于处理。

2. 定点数和浮点数

(1) 数的定点表示

在定点数的表示方法中,小数点的位置是固定的。一般有两种定点方式:一是将小数点固定在最低数值位的后面,用来表示一个定点整数;二是固定在符号位的后面(左面),通常用来表示一个规范化的定点小数(也称为纯小数),分别如图 2-1(a)和(b)所示。

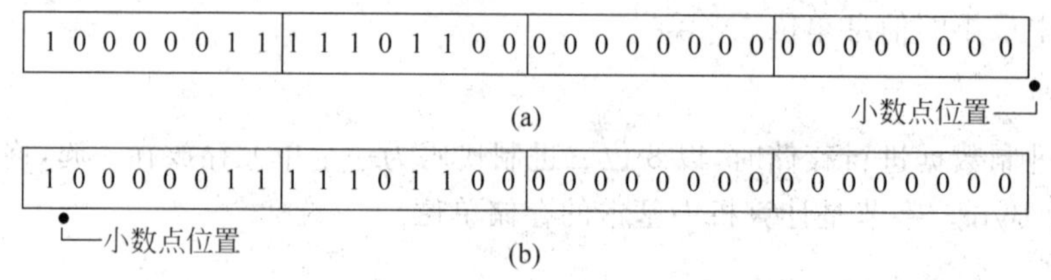

图 2-1 计算机中定点数的表示

(2) 数的浮点表示

用定点法所能表示的数值范围非常有限,在做定点运算时,计算结果很容易超出数据类型的表示范围,所以,当数据很大或很小时,通常用浮点数来表示。浮点表示法与科学计数法相(指数计数法)类似,十进制的指数表示一般形式是: $p=m\times10^n$,其中 p 为一个十进制数,m 为尾数,n 为指数,10 为基数。例如: $0.00215=0.215\times10^{-3}$。

类似地,计算机中二进制数的浮点表示法主要包括两个部分,一部分是尾数,为一定点小数;另一部分是阶码,为一定点整数,基数约定为 2。其中,阶码部分又包括阶码符和阶码,尾数部分包括尾数符和尾数。假定 1 个浮点数用 4 字节来表示,则阶码占用最高的 1 字节,而尾数占用其余 3 字节,且每部分的最高位都用来表示该部分的符号,在机内的表示形式如图 2-2 所示。

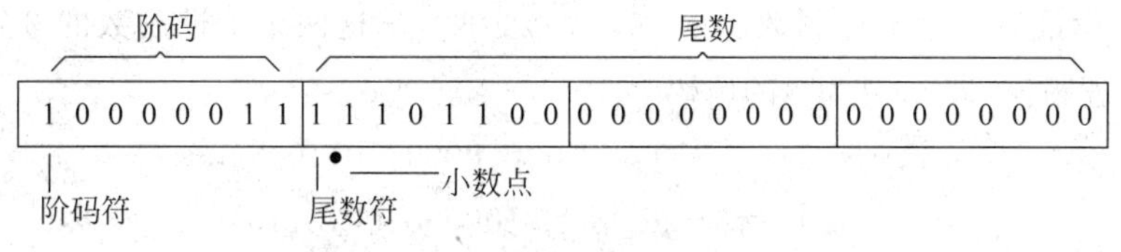

图 2-2　计算机中浮点数的表示

在图 2-2 中所示的二进制浮点数,其值可以表示为: -0.11011×2^{-011},其尾数为二进制的 -0.11011(约等于十进制的 -0.84375),而阶码为二进制的 -011(等于十进制的 -3),基数为 2。所以,这个二进制浮点数的十进制值为

$$-0.11011\times2^{-011}=-0.84375\times2^{-3}=-0.84375/8=-0.10546875$$

浮点数的运算精度和表示范围都远远大于定点数,但在运算规则上,浮点数运算相比定点数运算要复杂得多,比较难以实现。计算机中一般都同时具备这两种表示方法。

3. 负数的运算与存储

由于 CPU 中的算术逻辑部件(Arithmetic and logic unit,ALU)只完成加法运算,因此,其他的算术运算诸如减法和除法都需要转换成加法来实现。那如何用加法来“代替”减法?这就涉及数学中一个重要概念——“模”。

以钟表对时为例,若当前的实际时间是北京标准时间 8 点整,而某钟表却指向 11 点,为了校对钟表,可以采用两种方法:一种方法是作减法将时钟逆时针拨 3 小时(相当于是完成一次 11－3 的运算),让时钟指向 8 点;另一种方法是作加法将时钟顺时针拨 9 小时(相当于是完成一次 11＋9 的运算),因为时钟转一圈会自动丢失一个数值 12,故时钟同样指向 8 点。这个自动丢失的数 12 称为钟表的“模(mod)”,即钟表是以 12 为模的。在这种情况下,“11－3”与“11＋9”是等价的,即(11－3)mod 12＝(11＋9)mod 12,故称 9 和－3 对模 12 互补。也就是说利用 mod 12,“－3”的运算变成了“＋9”,这样就把减法“变成”了加法。

在计算机中,数据需要被符号化处理,称为机器数,即要用数据的补码形式来存放。这种处理的好处是补码可以将符号位和其他位统一处理。而符号化处理需要涉及原码、反码和补码的概念。由此,引出一系列的求某个数的补码运算,以实现数值符号化以及由“减法”向“加法”的转换,同时,可以很容易地通过采用“当两个用补码表示的数相加时舍弃最高位(符号位)进位”的方法来保证运算结果的正确性。

(1) 补码的运算规则

① 补码加法:两个数和的补码等于这两个数的补码的和,即

$$[X+Y]_{补}=[X]_{补}+[Y]_{补}$$

② 补码减法:两个数差的补码等于这两个数的补码的差,也等于一个数的补码加上另

一个负数的补码,即

$$[X-Y]_{补}=[X]_{补}-[Y]_{补}=[X]_{补}+[-Y]_{补}$$

③ 还原计算:补码的补码等于原码。即

$$[[Z]_{补}]_{补}=[Z]_{原}$$

(2) 数的原码

在二进制数中,用最高位表示符号,其余位表示数值有效位,这种带符号数的表示方法称为原码表示法。其中,最高位为“0”表示正数,最高位为“1”表示负数。

例 2.4 设设有两个十进制数 $x_1=90$,$x_2=-90$,求这两个十进制数的 2 字节(数的长度为 16 个二进制位,即 mod 2^{16})的原码。

$$[x1]_{原}=[90]_{原}=(0000000001011010)_2$$

$$[x2]_{原}=[-90]_{原}=(1000000001011010)_2$$

(3) 数的反码

为了求数的补码,引入数的“反码”的概念。反码作为求补码的过渡码,即求数的反码,再求数的补码(这也是二进制数的“模”运算的特有方法)。

反码的规定:正数的反码就是其原码,或者说正数没有反码;负数的反码是其原码除符号位以外其余各位进行按位取反运算后所得到的数(仍是一个负数)。

例 2.5 设有两个十进制数 $x_1=90$,$x_2=-90$,求这两个十进制数的 2 字节(数的长度为 16 个二进制位,即 mod 2^{16})的反码。

$$[x1]_{反}=[90]_{反}=(0000000001011010)_2$$

$$[x2]_{反}=[-90]_{反}=(1111111110100101)_2$$

对比上述求原码的例子,可以很快地得到从数的原码基础上求出其反码的方法。

(4) 数的补码

① 补码的定义。

从校对时钟的例子可知,当“模”确定后,一个正数的补码就是它本身,而一个负数的补码就是该负数加上模数。

一个数的长度为 n 的二进制数 x,它能表示的无符号数最大值为 2^n-1,逢 2^n 进一(即 2^n 自动丢失)。也就是说,在字长为 n 的计算机中,机器数用补码表示,则数 x 的补码以 2^n 为模,即 $[x]_{补}=2^n+x \bmod 2^n$。若 x 为正数,则 $[x]_{补}=x$;若 x 为负数,则 $[x]_{补}=2^n+x=2^n-|x|$。

② 补码的求法。

若 x 为正数,则 x 的补码与其原码相同;若 x 为负,则 x 的补码等于其反码加 1。

例 2.6 设 $x=-90$,求这个十进制数的 2 字节(数的长度为 16 个二进制位,即 mod 2^{16})的补码。

为了求其补码,首先要求其原码,然后求其反码,最后将反码与数值 1 相加,结果就是该负数的补码。即

$$[x]_{原}=[-90]_{原}=(1000000001011010)_2$$

$$[x]_{反}=[-90]_{反}=(1111111110100101)_2$$

$$[x]_{补}=[-90]_{补}=(1111111110100110)_2$$

例 2.7　若计算机中,一个整数占 4 字节。试模拟计算机进行的 27－61 运算。

因为　$[27-61]_{补}=[27+(-61)]_{补}=[27]_{补}+[-61]_{补}$

$[27]_{原}=[27]_{补}=00000000000000000000000000011011$

$[-61]_{原}=10000000000000000000000000111101$

$[-61]_{反}=11111111111111111111111111000010$

$[-61]_{补}=11111111111111111111111111000011$

所以　$[27]_{原}=00000000000000000000000000011011$

$[-61]_{补}=11111111111111111111111111000011$

即　$[27-61]_{补}=11111111111111111111111111011110$

由于所得到的和(11111111111111111111111111011110)是个负数,这表明它是某个负数的补码(因为其最高位为 1),所以还需要对该数进行求补运算,才能得到该数对应的原码,即

因为$[[27-61]_{补}]_{补}=[27-61]_{原}$

所以$[[27-61]_{补}]_{补}=[11111111111111111111111111011110]_{补}$

$=[10000000000000000000000000100001]+1$　//两次逐位取反后再加 1

$=[10000000000000000000000000100010]$

即　$[27-61]_{原}=[10000000000000000000000000100010]$

$=-(1\times 2^5+0\times 2^4+0\times 2^3+0\times 2^2+1\times 2^1+0\times 2^0)$

$=(-34)_{10}$

即　$27-61=-34$

2.2.3　计算机中信息的编码

1. 十进制数的二进制编码——BCD 码

人们习惯用十进制来计数,而计算机中采用的是二进制数,因为十进制数有 0～9 十个数码,通常可以用 4 位二进制数表示一位十进制数——BCD 码。这种编码形式使二进制和十进制之间的转换得以快捷的进行。这种编码技巧最常用于会计系统的设计中,因为会计制度经常需要对很长的数字串作准确的计算。

由于十进制数共有 0、1、2、…、9 十个码符,而 4 位二进制码共有 $2^4=16$ 种码组,在这 16 种代码中,可以任选 10 种来表示 10 个十进制数码,所以,十进制数的二进制编码共有 N＝16! /(10! *(16－10)!)＝8008 种方案。

8421BCD 码是最基本和最常用的 BCD 码。在 8421BCD 码中,每 4 位二进制数为一组,组内每个位置上的位权值从左至右分别为 8、4、2、1,它只选用了 4 位二进制码中前 10 组代码,即用 0000～1001 分别代表它所对应的十进制数,余下的六组代码不用。以十进制数 0～15 为例,它们的 8421BCD 编码对应关系如表 2-4 所示。

注意:一个十进制数的 BCD 码与它对应的二进制数是有区别的。例如,十进制数 16 的 8421BCD 码是$(00010110)_{BCD}$,但它对应的二进制数是$(10000)_2$。

2. 字符的编码

在计算机中,字符型数据是非常普遍的,字符型数据包括各种文字(中文、日文、俄文等)、字母(英文大、小写字母)、数字和书写符号等,它们在计算机中也是用二进制进行编码的,即在计算机内存中存储的不是这些字符本身,而是它们的二进制编码。

表 2-4 十进制数与 BCD 码的关系

十进制数	8421BCD 码	十进制数	8421BCD 码
0	0000	8	1000
1	0001	9	1001
2	0010	10	0001 0000
3	0011	11	0001 0001
4	0100	12	0001 0010
5	0101	13	0001 0011
6	0110	14	0001 0100
7	0111	15	0001 0101

目前最通用的字符编码是美国标准信息交接码(American standard cord for information interchange,ASCII),是由美国国家标准学会(American national standard institute,ANSI)制定的单字节字符编码方案,用于基于文本的数据。它已被国际标准化组织(International organization for standardization,ISO)定为国际标准,称为 ISO 646 标准。

ASCII 码使用指定的 7 位或 8 位二进制数组合来表示 128 或 256 种可能的字符。标准 ASCII 码也称基础 ASCII 码,使用 7 位二进制数来表示(第 8 位为 0),故标准 ASCII 码只有 128 个字符。其中:ASCII 码值为 0~31 及 127(共 33 个)是控制字符或通信专用字符;ASCII 码值为 32~126(共 95 个)是字符:32 是空格符、48~57 为 0 到 9 共 10 个阿拉伯数字、ASCII 码值为 65~90 是 26 个大写英文字母、ASCII 码值为 97~122 是 26 个小写英文字母;其余为一些标点符号、运算符号等。标准 ASCII 码表如表 2-5 所示。

表 2-5 标准 ASCII 码表

$b_6 b_5 b_4$ / $b_3 b_2 b_1 b_0$	000	001	010	011	100	101	110	111
0000	NUL	DLE	SP	0	@	P	`	P
0001	SOH	DC1	!	1	A	Q	a	Q
0010	STX	DC2	”	2	B	R	b	R
0011	ETX	DC3	#	3	C	S	c	S
0100	EOT	DC4	$	4	D	T	d	T
0101	ENQ	NAK	%	5	E	U	e	U
0110	ACK	SYN	&	6	F	V	f	V
0111	BEL	ETB	‘	7	G	W	g	W
1000	BS	CAN	(	8	H	X	h	X
1001	HT	EM	)	9	I	Y	i	Y
1010	LF	SUB	*	:	J	Z	j	Z
1011	VT	ESC	+	;	K	[	k	{
1100	FF	FS	,	<	L	\	l	|
1101	CR	GS	—	=	M	]	m	}
1110	SO	RS	.	>	N	^	n	~
1111	SI	US	/	?	O	_	o	DEL

关于标准 ASCII 码有以下几点说明：

(1) 一个 ASCII 字符占用一个字节(8bit)，其最高位为“0”，需要时可用作奇偶校验位。

(2) ASCII 码字符分为两类，一类是可显示打印字符，共有 95 个；另一类是不可显示控制符，共有 33 个。

(3) ASCII 码字符根据它们在表中的位置都有一个 ASCII 码值，如字母 A 的 ASCII 码值是$(01000001)_2$即$(65)_{10}$，而字母 a 的 ASCII 码值是$(01100001)_2$即$(97)_{10}$，所以 ASCII 码字符都是区分大小的。

3. 汉字编码

英文为拼音文字，所有的字均由 52 个英文大小写字母拼组而成，加上数字及其他标点符号等，共 95 个，所以标准 ASCII 码表足以解决计算机中的英文信息处理。而汉字为象形字，构造复杂，不可能像英文字母那样一字一码，因此汉字编码远比英文编码复杂，要考虑的因素众多，因此，需要在计算机不同的处理阶段采用不同的编码方案。

(1) 汉字信息交换码

1981 年，我国颁布实施了《信息交换用汉字编码字符集·基本集》(代号 GB 2312—1980)，它是中国第一个简体中文字符集的国家标准，所以又称为国标码。它解决了常用汉字的二进制化的问题，为计算机处理汉字制定了国家标准，打下了坚实的基础。此后，中国大陆所有的中文系统和国际化的软件都支持 GB 2312—1980。新加坡等地也采用此编码。

GB 2312—1980 标准共收录 6763 个汉字，其中一级汉字 3755 个(常用字库)，二级汉字 3008 个(不常用字库)；同时，GB 2312 收录了包括拉丁字母、希腊字母、日文平假名及片假名字母、俄语西里尔字母在内的 682 个全角字符。GB 2312—1980 基本满足了汉字的计算机处理需要，它所收录的汉字已经覆盖中国大陆 99.75%的使用频率。

GB 2312—1980 汉字信息交换码是一种 2 字节编码。它将所收录的汉字分为 94 个区，对应第一字节；每个区又分为 94 个位，对应第二字节。两个字节的值分别为区号值和位号值加 32(或 0x20)。

GB 2312—1980 的 94 个区的字符分配情况为：

- 01～09 区为特殊符号；
- 16～55 区为一级汉字，按拼音排序；
- 56～87 区为二级汉字，按部首/笔画排序；
- 10～15 区及 88-94 区则未有编码。

例如：汉字“大”字，它位于 GB 2312—1980 的第 20 区、第 83 位的位置，这样，汉字“大”的第一种编码——区位码为 2083；汉字“大”的汉字信息交换码的字节结构如下：

00110100	01110011

即汉字“大”的区位码为 2083，其汉字信息交换码(简称交换码)值为：0x3473。

(2) 汉字机内码

在使用 GB 2312 的程序中，通常采用 EUC(Extended unix code，是一个使用 8 位编码来表示字符的方法)储存方法，以便与 ASCII 码兼容。例如浏览器编码表上的“GB 2312”，通常都是指“EUC-CN”表示法。该方法采用把汉字国标码的两个字节分别加上 0x80，或是在汉字区位码的两个字节分别加上 0xA0,使得两个字节的最高位均由“0”改为“1”,就得到了汉字的机内码。例如,汉字“大”的机内码,该字在计算机内的存储编码如下:

10110100	11110011

即汉字“大”的汉字机内码(即用 GB2312 之 EUC-CN 表示的)值为:0xB4F3。

汉字机内码解决了汉字编码的存储问题,汉字在内存中不再与英文相冲突了。

(3) 汉字输入码

虽然汉字的非键盘输入(如语音输入、写字板输入等)已取得了一定的发展,但到目前为止,采用英文键盘输入汉字仍是最常用的输入方法。在英文键盘上输入英文时,其输入码与其机内码是一致的,是“一符一码”输入模式。而要在英文键盘上输入汉字,则需进行击键组合(即对现有英文键盘进行编码),采用“一字多码”输入模式(包括区位码、拼音码、五笔字型码等)。众多的计算机工作者在汉字输入这一技术上设计了数以百计的方法。基于英文键盘的汉字输入编码的方案归纳起来,大致有下列几类:

- 等长流水码。等长流水码又称数字编码或顺序编码,该编码用等长的几位(如 4 位)数字表示一个汉字的编码(如区位码、电报码等),其特点是无重码,向汉字机内码转换方便,但难以记忆。
- 音码。音码是根据汉字的发音来确定汉字的编码(如汉语拼音码),其特点是简单易学,但重码太多,输入速度较慢。
- 形码。形码是根据汉字的字形结构来确定汉字的编码(如五笔字型、首尾码等),其特点是重码较少,输入速度较快,但熟练掌握较困难,记忆量较大。
- 音形码。音形码是既根据汉字的发音也根据汉字的形状来确定汉字编码的一种方法,其特点是编码规则简单,重码少。

不同的汉字输入编码其输入汉字的击键规则是不同的,而存储在计算机内存中的每个汉字的机内码是固定的,因此,各种汉字输入编码需要专门的程序将其编码与汉字机内码“对应”,故汉字输入码也称为外码。

(4) 汉字字形码

为了将汉字在显示器或打印机上输出,需要把汉字描述成点阵图并对其点阵图进行编码,就得到了相应的字形码(也称为点阵代码)。其基本思想是:任何一个汉字均在大小一样的由点阵组成的矩阵区域中书写,每个点用 1 个二进制位表示(1/0),有笔画的点为“1”,无笔画的点为“0”。全体汉字的字形码也称为汉字字库。

汉字字形码用于显示和打印。在 Windows 环境下,通常不再区分显示字库或打印字库。汉字有许多种字体(如宋、楷、黑、仿宋等),每种字体又有各自的字库。在显示或打印汉字时需要专门程序将要显示或打印的汉字机内码转换成相应汉字的汉字字形码,才能显示或打印出来。

当汉字点阵确定后,每个汉字所字形码所占字节数就是一个固定值。例如若汉字点阵为 16×16,即每个汉字用 16 行,每行 16 个点表示。该点阵中的每行 16 个点需用 16 位二进制数(即 2 字节)描述,共 16 行,所以需要 16 行×2 字节/行=32 字节。即 16×16 点阵描述一个汉字时,其字形码需用 32 字节。同理,用 24×24、32×32 及 48×48 等点阵表示一个字时，分别需要 72 字节、128 字节和 288 字节。图 2-3 描述了用 24×24 点阵表示汉字宋体“春”字的情况。

至此，我们初步了解了汉字信息数字化的整套方案：该方案以 GB 2312—1980 为标准对汉字进行汉字信息编码；采用 EUC 存储方式将汉字信息编码转换成汉字机内码；通过将汉字输入码向汉字机内码进行转换以确定所需要处理的汉字；将所需的汉字机内码向汉字字形码转换来完成汉字的显示或打印处理。其流程如图 2-4 所示。

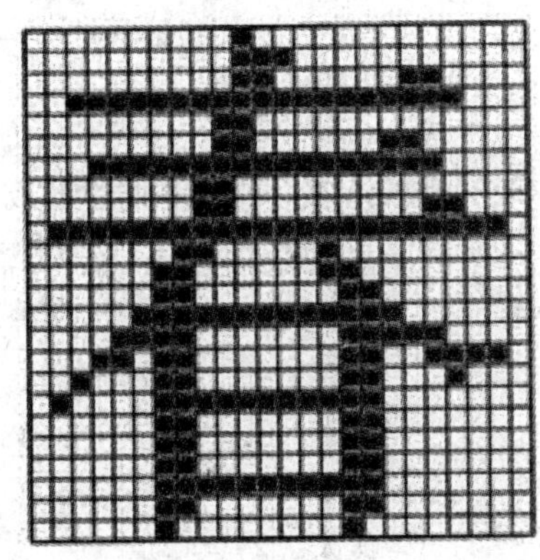

图 2-3 汉字“春”的字形点阵

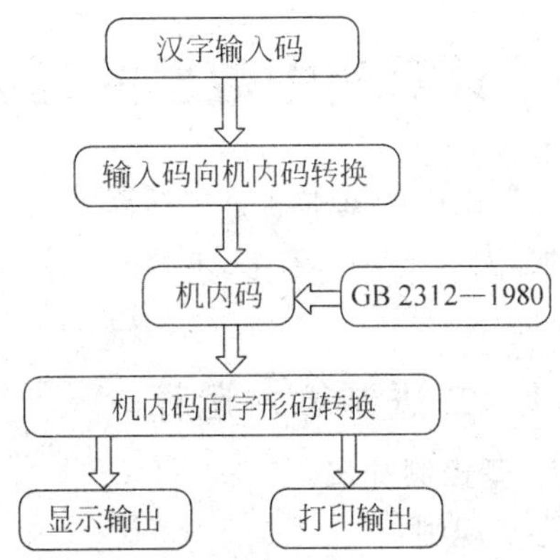

图 2-4 汉字信息处理流程图

(5) 汉字信息码的扩展标准

汉字信息码扩展标准 GBK 是另一个常用的汉字编码标准，1995 年 12 月发布和实施。其中 GB 即“国标”，K 是“扩展”的汉语拼音第一个字母。GBK 规范收录了 ISO 10646.1 中的全部 CJK 汉字和符号，并有所补充。具体包括：共收入 21 886 个汉字和图形符号，其中汉字(包括部首和构件)21 003 个，图形符号 883 个。GBK 向下与 GB 2312 编码兼容，向上支持 ISO 10646.1 国际标准，是一个承上启下的标准。

ISO 10646 是国际标准化组织 ISO 公布的《通用多八位编码字符集》编码标准(即 Universal multilpe-octet coded character set，UCS)，ISO 10646.1 是该标准的第一部分《体系结构与基本多文种平面》。我国 1993 年以 GB 13000.1 国家标准的形式予以认可(即 GB 13000.1 等同于 ISO 10646.1)。

微软自 Windows 95 简体中文版开始，就采用了 GBK 作为汉字信息处理标准，并提供了四种 GBK 汉字输入法。此外，浏览器 IE 简体、繁体中文版内部提供一个 GBK—BIG5 代码双向转换的功能。

(6) 其他汉字规范

GB 18030：国家标准 GB 18030—2005《信息技术中文编码字符集》，是我国目前最新的汉字内码字集。它与 GB 2312—1980 完全兼容，与 GBK 基本兼容，支持 GB 13000 及 Unicode 的全部统一汉字，共收录汉字 70 244 个。GB 18030 主要特点是：采用多字节编码，每个字可以由 1 个、2 个或 4 个字节组成；编码空间庞大，最多可定义 161 万个字符；支持中国国内少数民族的文字，不需要动用造字区；汉字收录范围包含繁体汉字以及日韩汉字。

Big5：又称为大五码，是使用繁体中文社区中最常用的计算机汉字字符集标准，共收录

13 060 个汉字。Big5 属中文内码。Big5 虽普及于台港澳等繁体中文通行区,但长期以来只是业界标准。Windows 等主要系统的字符集都是以 Big5 为基准,有多种不同版本。

CNS 11643:中文标准交换码(Chinese standard interchange code,CSIC),是我国台湾地区为资讯交换而制定的繁体中文标准编码方案。该标准最初的内容包括第一字面、第二字面共 13 051 字,后于 1992 年扩编至第七字面,共 48 027 字,此后陆续充实内容,1992 年版一共十六字面,使用至第七字面;2004 年版一共八十字面,使用至第十五字面。

2.3 计算机中数据的运算

计算机中的基本运算包括算术运算(加、减、乘、除等)、逻辑运算(与、或、非和异或)、关系运算(大于、小于、等于、不等于、大于等于、小于等于)、移位操作和数据传送(输入、输出、赋值)等。

2.3.1 二进制算术运算

1. 二进制加法

运算规则:

0+0=0　　0+1=1　　1+0=1　　1+1=0(进位,逢二进一)

例如:

```
    1001101
+     11001
-----------
    1100110
```

2. 二进制减法

运算规则:

0-0 = 0　　1-0=1　　1-1=0　　0-1=1(借位)

例如:

```
    1001100
-      1001
-----------
    1000011
```

3. 二进制乘法

运算规则:

0×0=0　　1×0=0　　0×1=0　　1×1=1

例如:

```
      1111
×      101
----------
      1111
     0000
    1111
----------
   1001011
```

4. 二进制除法

二进制的除法运算和十进制的类似,也由减法、上商等操作逐步完成。

例如：

```
           000111
    101 ) 100011
           101
          -------
           01111
            101
          -------
             101
             101
          -------
               0
```

其实，在计算机内部，二进制的加法是基本运算，乘、除运算可以通过加、减和移位实现，而减法实际上是加上一个负数，通过补码运算实现。这样可使计算机的运算器结构更加简单，稳定性更好。

2.3.2　逻辑运算

计算机中的另一种主要运算是逻辑运算。在计算机中，使用了实现各种逻辑功能的电路，能利用逻辑代数的规则进行各种逻辑判断，从而使计算机具有逻辑思维能力。逻辑关系是一种二值关系，逻辑运算的结果只有“真”或“假”两个值，计算机中用“1”代表“真”，用“0”代表“假”。

1. 逻辑“与”运算

逻辑“与”运算又叫逻辑乘，用符号“&”或“&&”或 AND 表示。其运算规则为

$$0\ \&\ 1=0 \qquad 1\ \&\ 0=0 \qquad 0\ \&\ 0=0 \qquad 1\ \&\ 1=1$$

只有当 A、B 同时为逻辑“1”时，表达式“A&B”的运算的结果才为逻辑“1”，否则为逻辑“0”。其运算规则可以描述为“全 1 得 1”。

在程序设计中，逻辑“与”运算通常用于变量闭区间或半开区间的判别。例如若分段函数为

$$y=\begin{cases}1 & (x<0, x\geqslant 10)\\ 3x^2-1 & (0<x\leqslant 2)\\ 2x^3-2x-7 & (2<x<10)\end{cases}$$

则用 C 语言编程来计算该函数中后两个分段函数的算法代码段应为

```
…
if(x>0 && x<=2) y=3*x*x-1;
if(x>2 && x<10) y=2*x*x*x-2*x-7;
…
```

2. 逻辑“或”运算

逻辑“或”运算又叫逻辑加，用符号“|”或“||”或 OR 表示。其运算规则为

$$0|0=0 \qquad 0|1=1 \qquad 1|0=1 \qquad 1|1=1$$

只要当 A、B 之一为逻辑“真”时，表达式“A|B”的运算结果就为逻辑“1”，否则为逻辑“0”。其运算规则可以描述为“有 1 得 1”。

在计算机程序设计中，逻辑“或”运算通常用于开区间的判别。例如，计算上述分段函数

在开区间(−∞,0]或[10,+∞)的值的算法C语言代码为

```
...
if(x<=0 || x>=10) y=1;
...
```

3. 逻辑"非"运算

逻辑"非"运算又叫逻辑否定,用变量前加 NOT 变量或上加横线或"!"表示。其运算规则为

$$NOT0=1 \quad NOT1=0$$

只要当 A 或 B 为逻辑"1"时,表达式 NOT A 或 NOT B 的运算结果就为逻辑"0";只要当 A 或 B 为逻辑"0"时,表达式 NOT A 或 NOT B 的运算结果才为逻辑"1"。其运算规则可以描述为"有 1 得 0,有 0 得 1"。

4. 逻辑"异或"运算

逻辑"异或"也称为半加运算,其运算法则相当于不带进位的二进制加法。用符号"⊕"或"^"表示。其运算规则为

$$0 \oplus 0=0 \quad 1 \oplus 0=1 \quad 0 \oplus 1=1 \quad 1 \oplus 1=0$$

只要当 A、B 之一为逻辑"真"时,表达式"A ⊕ B"的运算结果为逻辑"1";若 A、B 均为逻辑"0"或逻辑"1"时,"A ⊕ B"的运算结果为逻辑"0"。其运算规则可以描述为"相反得 1"。

例如:

$$\begin{array}{r} 01011101 \\ \oplus\ 11010011 \\ \hline 10001110 \end{array}$$

2.3.3 移位运算

"移位运算"是在寄存器中对二进制数字进行的平移。按照平移的方向和填充数字的规则分为三种:左移、带符号右移和无符号右移。

对于长度为 32 位的二进制数,在进行循环移位运算时,移位 33 次和移位 1 次得到的结果相同。

三种移位运算符的移动规则和使用如下所示。

1. 左移

运算规则:按二进制形式把所有的数字向左移动对应的位数,高位移出(舍弃),低位的空位补零。

例 2.8 将十进制数 3 左移 2 位。

首先把 3 转换为 32 位的二进制数:

0000 0000 0000 0000 0000 0000 0000 0011

然后把该数字高位(左侧)的两个零移出,其他的数字都朝左平移 2 位,最后在低位(右侧)的两个空位补零。则得到的最终结果是:

0000 0000 0000 0000 0000 0000 0000 1100

则移位后的值为十进制 12。

左移运算的数学意义是在数字没有溢出的前提下，对于正数和负数，左移一位都相当于乘以 2 的 1 次方，左移 n 位就相当于乘以 2 的 n 次方。

2. 带符号的右移

运算规则：按二进制形式把所有的数字向右移动对应的位数，低位移出（舍弃），高位的空位补符号位，即正数补 0，负数补 1。

例 2.9　将十进制数 11 右移 2 位。

首先把 11 转换为二进制数字：0000 0000 0000 0000 0000 0000 0000 1011，然后把低位的最后两个数字移出，因为该数字是正数，所以在高位补 0。则得到的最终结果是 0000 0000 0000 0000 0000 0000 0000 0010，转换为十进制是 2。

例 2.10　将十进制数－14 右移 2 位。

首先把－14 转换为二进制数字：1000 0000 0000 0000 0000 0000 0000 1110

然后先求出－14 的反码：　　　1111 1111 1111 1111 1111 1111 1111 0001

再求出－14 的补码：　　　　　1111 1111 1111 1111 1111 1111 1111 0010

右移 2 位后，得到某个数的补码：　1111 1111 1111 1111 1111 1111 1111 1100

因为该数字是负数（补码），所以在高位补 1。再对该补码求补，以求得该负数的原码：

1000 0000 0000 0000 0000 0000 0000 0100

即－14 右移 2 位后得

(1000 0000 0000 0000 0000 0000 0000 0110)2＝－4

右移运算的数学意义是右移一位相当于整除以 2（其商为整数），右移 n 位相当于整除以 2 的 n 次方。

3. 无符号的右移

运算规则：按二进制形式把所有的数字向右移动对应的位数，低位移出（舍弃），高位的空位补零（不论是正数还是负数）。对于正数来说与带符号右移相同，对于负数来说，与带符号右移不同。

第 3 章

微型计算机硬件系统基础

计算机系统中最基础部分就是构成计算机实体——计算机硬件。自从个人计算机(PC)——微型计算机研发以来,在短短的 30 多年时间里,微型计算机硬件体积越来越小、功能越来越强、价格越来越低、使用越来越方便,新技术新标准快速推广普及。目前,微型计算机已成为国内外应用最为广泛、最普及、更新换代最快的一类计算机。

本章主要内容包括微型计算机硬件系统的组成,微型计算机主机及内部结构,外部存储器、输入设备和输出设备,以及微型计算机的组装等。

3.1 微型计算机硬件系统的组成

目前计算机中发展最快、应用最广泛的是微型计算机。微型计算机仍遵循冯·诺依曼体系结构。以 CPU 为核心,配以内存储器、输入输出(I/O)接口电路和相应的辅助电路就构成了微型计算机的主机部分。在此基础上加配输入/输出等外部设备,则组成了微型计算机硬件系统(俗称裸机)。完整的微型计算机系统是由微型计算机硬件系统和软件系统两大部分组成的,如图 3-1 所示。

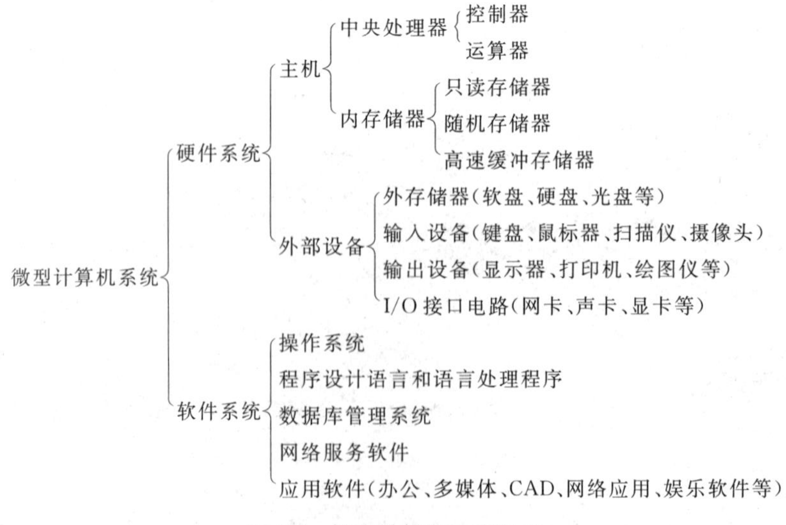

图 3-1　微型计算机系统组成

具体来说，微型计算机的硬件系统是以 CPU 和总线为核心的。CPU 是微型计算机的中央处理部件，它包括寄存器、累加器、算术逻辑部件、控制部件、时钟发生器、内部总线等。微型计算机的硬件系统结构普遍采用总线(BUS)结构来实现各种部件之间的连接。所谓总线，是指计算机内部传输指令、数据和各种控制信息的高速通道(连接线集)，是计算机硬件的一个重要组成部分。微型计算机中的总线有多种类型。CPU 与外部电路(设备)的连接线集称为系统总线，它包括数据总线(DB)、地址总线(AB)和控制总线(CB)三种。CPU 通过系统总线与随机存取存储器(RAM)、外存储设备、输入/输出接口以及其他 I/O 接口相连。微型计算机基本结构如图 3-2 所示。

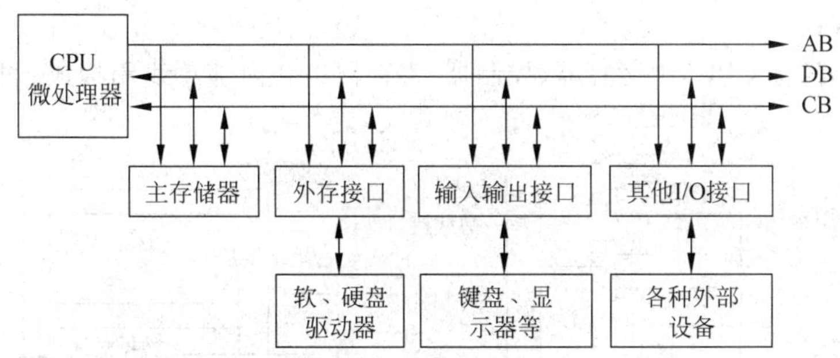

图 3-2 微型计算机硬件结构

世界第一台 PC 由美国 IBM 公司于 1981 年推出。由于该机型具有结构合理、配置齐全、操作方便、软件丰富、容易扩充、价格低等优点，在世界范围内被广泛使用并迅速占领了绝大部分 PC 市场。同时创立了微型计算机总线接口的工业标准，并成为国际标准，为促进微型计算机硬件开发、生产以及微机的迅速普及做出了极大的贡献。

经过 30 多年的发展，微型计算机硬件技术已经发生了极大的发展，其性能已经超过了早年中型机的水平，而且价格在不断地降低，成为普及率最高的电子产品之一。随着计算机硬件技术的进步，微型计算机产品已是枝繁叶茂、种类繁多，部分微机外形如图 3-3 所示。

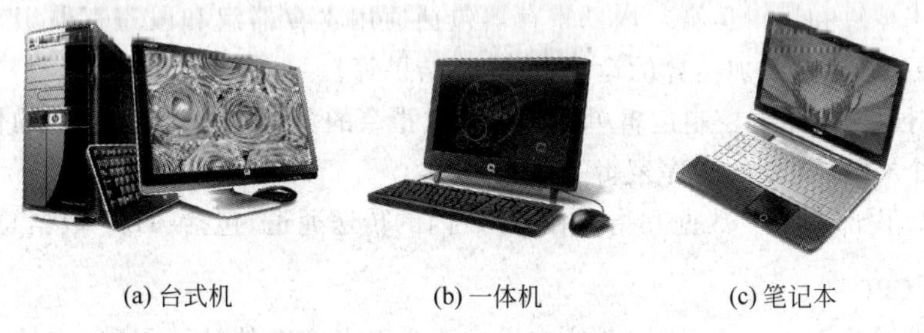

(a) 台式机　　(b) 一体机　　(c) 笔记本

图 3-3 部分微型计算机外观

3.2 主机及其内部结构

通常，微型计算机由主机和外设组成。而主机一般包括中央处理器、主存储器等。

3.2.1 中央处理器

中央处理器(Central processing unit，CPU)是一块超大规模集成电路芯片，通过专门的

CPU 插座安装在主板上,它是整个计算机系统的核心。CPU 主要包括运算器、控制器和寄存器三个部件。其中运算器主要完成各种算术运算和逻辑运算;控制器是指挥控制中心,控制运算器及其他部件工作,它能对指令进行分析,做出相应的控制;寄存器是用来暂时存放运算的中间结果或数据。这三个部件相互协调,便可以进行分析、判断、运算并控制计算机各部分协调工作。

目前的 CPU 有许多型号和类型,其分类方法也有多种。从适用机型的角度可分为台式机 CPU 和笔记本 CPU;从生产商上可分为 Intel CPU 和 AMD CPU、从内核数目上可分为单核 CPU 和多核 CPU、从计算机应用领域上 PC CPU 和服务器 CPU 等。

1. 单核 CPU

单核 CPU,简称 CPU,由运算器、控制器、寄存器组和内部总线等构成。其基本内部结构如图 3-4 所示。

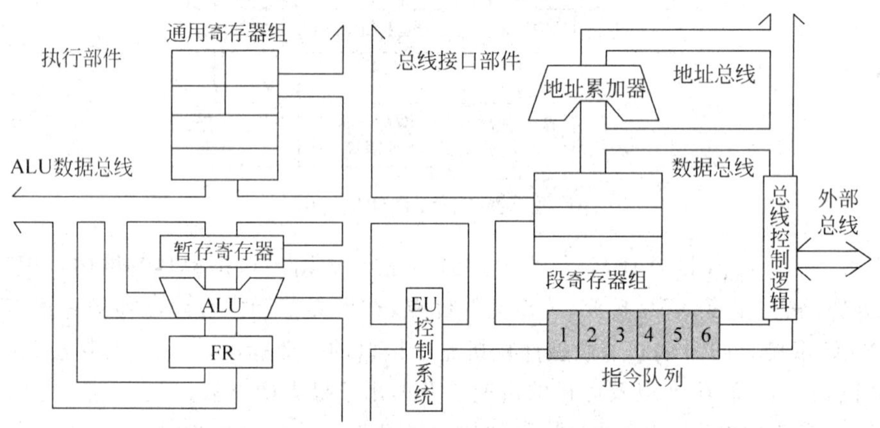

图 3-4 单核 CPU 基本结构

(1) 运算器和内部寄存器。运算器的主要部件是算术逻辑单元 ALU,其核心功能是实现数据的算术运算和逻辑运算。内部寄存器包括通用寄存器组和段寄存器组,其功能是用来暂时存放数据(包括参加运算的运算数、运算结果等)。

(2) 控制逻辑单元。控制逻辑单元主要完成指令的分析、指令及操作数的传送、产生控制和协调整个 CPU 需要的时序逻辑等。

(3) CPU 内部总线。数据和指令在 CPU 内的传送通道,包括 ALU 数据总线等。

2. 多核 CPU

多核处理器是指在一块 CPU 芯片内集成两个以上完整的计算引擎(内核)。多核技术的开发源于工程师们认识到,仅仅提高单核芯片的主频会产生过多热量且无法带来相应的性能改善;提高单核芯片上集成的晶体管数目又将受到半导体材料的物理限制。因此目前的 CPU 主频被限制在 3.8GHz 以下。

采用多核心技术来提高 CPU 的性能的方案,给人们带来了新的希望。尽管早在 20 世纪 90 年代末,就有专家呼吁用单芯片多处理器(CMP)技术来替代复杂性较高的单线程 CPU,但从结构到工艺都有许多的问题需要解决,并非简单的合二为一。直到 2005 年 4 月,Intel 公司才推出双核的“奔腾 D 型”CPU,同年 AMD 公司在之后也发布了双核“皓龙”

(Opteron)和“速龙”(Athlon)64-X2 型处理器。2006 年成为多核 CPU 发展的里程碑，Intel 正式发布了基于酷睿(Core)架构并推出了至强(Xeon)5300 服务器型和酷睿双核、四核至尊版系列处理器。2010 年 3 月，Intel 正式发布了全球第一款针对桌面级用户的 32nm 六核处理器——酷睿 i7 980X Extreme；AMD 也投放了新的 Thuban 六核产品，其内核照片如图 3-5 和图 3-6 所示。至今已经有多达 16 核的服务器 CPU 面市。部分多核 CPU 的外形如图 3-7 所示。

图 3-5　Intel 六核内核照片

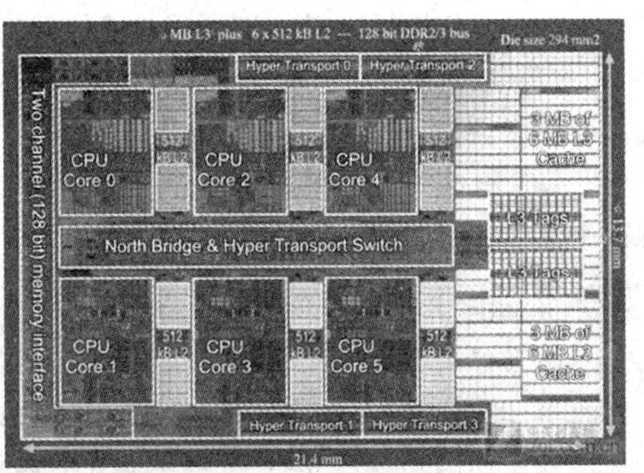

图 3-6　AMD 六核内核照片

图 3-7　部分双核、四核和六核 CPU 的外形

Intel 高级副总裁帕特·基辛格认为，从单核到双核，再到多核的发展，证明了摩尔定律仍是非常正确的，因为“从单核到双核，再到多核的发展，可能是摩尔定律问世以来，在芯片发展历史上速度最快的性能提升过程”。多核技术代表了计算机技术的一次创新，因为多核处理器比单核处理器具有性能和效率优势，多核处理器已经成为被广泛采用的计算模型。在推动 PC 安全性和虚拟化技术的重大进程中，多核处理器扮演中心作用，这些安全性和虚拟化技术的开发用于为商业计算市场提供更大的安全性、更好的资源利用率、创造更大价值。用户从中得到了前所未有的性能，这将极大地扩展其家庭 PC 和数字媒体计算系统的使用。多核处理器具有不增加功耗而提高性能的好处，实现更大的性能/能耗比。

3. CPU 的主要性能指标

(1) 主频：也称 CPU 时钟频率，即 CPU 工作频率，以 GHz 为单位。一般说来，一个时钟周期完成的指令数是固定的，所以主频越高，CPU 的速度也就越快。

(2) CPU 的字长：CPU 在单位时间内能一次处理的二进制数的最多位数叫字长。字长越长，性能越好。当前主流 CPU 的字长为 64 位。

(3) 缓存(Cache):缓存大小也是 CPU 的重要指标之一,而且缓存的结构和大小对 CPU 速度的影响非常大。CPU 缓存的工作频率与 CPU 相同。CPU 缓存可分 L1 Cache、L2 Cache 和 L3 Cache 三级,缓存容量越大,CPU 内部读取数据的命中率越高。

(4) 内核数目:CPU 中包含的处理器核的个数。一般说,内核数越多,性能越高。

(5) 前端总线(FSB)频率:CPU 与内存直接数据交换速度。而数据带宽=(FSB×数据位宽)/8,FSB 越高,性能越高。

(6) 指令执行速度:CPU 每秒能执行的指令数,一般单位为 MIPS(百万次/秒)。

(7) 工作电压:也就是 CPU 正常工作所需的电压。低电压能解决耗电过大和发热过高的问题,这对于笔记本电脑尤其重要。

(8) 制造工艺:现在 CPU 普遍采用了 32nm 和 22nm 的生产工艺,20nm 工艺的 CPU 已于 2014 年年底投入市场。基于 14nm 工艺的 CPU 将进一步提高集成度和工作频率。

3.2.2 图形处理器

图形处理器(Graphic processing unit,GPU),是相对于 CPU 的一个概念。在现代的计算机中,图形处理变得越来越重要。3D 图形处理包括多边形转换与光源处理(T&L)、立方环境材质贴图和顶点混合、纹理压缩和凹凸映射贴图、双重纹理 4 像素 256 位渲染引擎等均涉及大量的计算,因此需要能够从硬件上支持 T&L 图形处理器而不占用 CPU 资源。于是具有硬件 T&L 技术的图形处理芯片——GPU,于 1999 年由 NVIDIA 公司发布。此后,基于 GPU、海量显存和高速接口技术的显示器适配卡(简称显卡)在 3D 图形处理上获得了极大的成功,成为当前高性能微机的重要标志之一。现在市场上的显卡大多采用 NVIDIA 和 ATI 两家公司的图形处理芯片。

1. GPU 的特点

(1) 体系结构:GPU 的体系结构既不同于 CPU 也不同于信号处理芯片 DSP 架构。

(2) 浮点运算:GPU 所有计算均使用浮点算法,没有位或整数运算指令。

(3) 二维存储空间:GPU 存储系统采用二维的分段存储空间,包括一个区段号(从中读取图像)和二维地址(像素坐标)。

(4) 直接写指令:没有任何间接写指令。输出写地址由光栅处理器确定,且不能由程序改变。

(5) 独立执行碎片代码:不同碎片的处理过程间不允许通信,在所有碎片中独立执行代码。

GPU 相当于专用于图像处理的 CPU,处理图像的工作效率远高于 CPU。此外,GPU 还可以高速执行从线性代数和信号处理到数值仿真的多种运算。GPU 开发工具能够让用户编写类似 C 语言的代码,并编译成碎片程序汇编语言用于图形处理或浮点运算。基于 GPU 的运算速度比 CPU 高许多,这使得 GPU 除作为图形引擎外,也会成为 PC 的计算引擎。

2. 基于 GPU 的显示器适配卡

通常 GPU 安装在显示卡上作为 PC 的扩展卡,Intel 则已经把 GPU 集成在控制芯片中。采用了 NVIDIA 的 GeForce GTX 480 型 GPU 的显卡及其结构和安装如图 3-8 所示。

图 3-8 GeForce GTX 480 显示器适配卡及其安装

3.2.3 内部存储器

内部存储器简称内存,又称为主存储器。它是一组或多组具备数据读/写操作和数据存储功能的集成电路。内存的主要作用是用来存放计算机系统执行的程序(指令集)和数据、各种输入/输出数据和中间计算结果,以及与外部存储器交换信息时作为缓冲用。

1. 内存的分类

(1) 只读存储器(Read only memory,ROM)

存储在 ROM 中的数据理论上是永久的,即使断电后,ROM 中的数据也不会丢失。因此,ROM 中常用于存储微型机不可丢失的重要信息,如主板上的基本输入输出系统(BIOS)等。只读存储器分为 ROM、可编程 ROM (Programmable ROM,PROM)、可擦写可编程 ROM(Erasable programmable ROM, EPROM)、电可擦写可编程 ROM (Electrically erasable programmable ROM,EEPROM)和闪存存储器(Flash memory)等类型。

(2) 随机存取存储器(Random access memory,RAM)

RAM 主要用来存放系统中正在运行的程序、数据和中间结果、与外部设备交换的信息等。它的存储单元根据需要可以进行读/写操作,但它只能用于暂时存放信息,一旦断电,其中的数据就会丢失。随机存储器就是我们通常所说的内存条,是最重要计算机部件。随机存储器又分为动态随机存储器 DRAM 和静态随机存储器 SRAM 两大类,而动态随机存储器又可以有 SDRAM、DDR 和 RDRAM 等类型。

同步动态随机存储器 SDRAM(Synchronous DRAM),遵循 PC 100 和 PC 133 规范,其接口为 168 线的双列直插式存储模块(DIMM)封装,最高数据读写速率可达 5ns,带宽 64 位,工作电压 3.3V。SDRAM 要求在一个 CPU 周期内来完成数据的访问和刷新。SDRAM 也采用了多体(Bank)存储器结构和突发模式,能传输一整块而不是一段数据,大大提高了数据传输率,工作频率最大可达 133MHz。

双倍数据传输率 SDRAMDDR(Double data rate SDRAM)存储器,简称 DDR,它是 SDRAM 的升级版本。DDR 采用特殊电路,可以在时钟的上、下沿都传输数据。DDR SDRAM 采用 184 针(PIN),与 SDRAM 模块不兼容。DDR 命名有两种方法:一种是工作频率,如 DDR400;另一种使用实际的峰值数据传输速率来命名,如 PC 1600 和 PC 2100,分别表示其峰值数据传速率为 1600MB/s 和 2100MB/s。图 3-9 为 DDR 400 内存条外形图。

目前,性能更好的 DDR 2 和 DDR 3 型内存已经取代 DDR。DDR 2 型内存每个时钟能够以 4 倍外部总线的速度读/写数据,并且能够以内部控制总线 4 倍的速度运行。DDR 3

图 3-9　DDR 400 内存条

相比起 DDR 2 有更低的工作电压(1.5V),性能更好,每个时钟能够以 8 倍外部总线的速度读/写数据,最高能够达到 2000MHz 的速度。

RDRAM(Rambus DRAM)是一种与 DDR 和 SDRAM 不同的内存,它采用了串行的数据传输模式。RDRAM 的数据存储位宽是 16 位,远低于 DDR 和 SDRAM 的 64 位,但在频率方面则远远高于二者,并且同样也是在一个时钟周期的上升和下降沿各传输一次数据,内存带宽能达到 1.6Gbyte/s。RDRAM 彻底改变了内存的传输模式,但专利费用和制造成本导致了其价格较高,未能形成主流。

(3) 高速缓冲存储器(Cache)

Cache 是一种容量较小、但速度很高的存储器,通常由 SRAM 组成。在计算机中,凡传输速率不同的器件或设备相连,接口处均需要设置一定容量的 Cache 以确保数据传输正确和提高运行速率。例如,在 CPU 内设置 Cache 就能把在一段时间内一定地址范围被程序频繁访问的数据集合,成批地从内存中读到 Cache 中,供 CPU 随时直接采用,而使 CPU 减少或不再去直接访问速度较慢的内存,就可以减少 CPU 的等待时间、加快程序的运行速度。在 CPU、硬盘、软盘驱动器、光盘驱动器、显卡和网卡内均设计了一定容量的 Cache。

2. 内存储器的主要技术指标

存储器容量:存储器容量的基本单位是字节(Byte 简称 B)。存储器容量即存储器中包含的字节数。通常以 KB、MB、GB、TB 为存储器容量单位,以 1024 为倍律。

存储速度:存储器进行一次存取数据所需的时间,单位为纳秒(ns)。目前内存存取周期有 6ns、8ns、10ns 几种,更快的存储器用于显卡,有 2.8ns、3ns、3.5ns 几种。

内存带宽:内存带宽 B=F * D/8,其中 F 表示存储器时钟频率、D 表示存储器数据总线位数。例如 133MHz SDRAM 的内存带宽 B=133MHz * 64bit/8=1064MB/秒。

奇偶校验和 ECC:为检验存取数据是否准确无误,内存条中每 8bit 容量要配备 1bit 作为奇偶校验位,并配合主板的奇偶校验电路对存取的数据进行正确校验。ECC(Error check and correct)是错误检测与纠正,即对 8bit 数据用 4bit 来进行检测与纠错。带奇偶校验和 ECC 的内存稳定可靠,用于服务器。

3.2.4　主板

主板(Mainboard)又称为系统板(Systemboard)或母版(Motherboard),采用开放式结构。它是在多层印制电路板上焊接了主板芯片组、接口芯片、稳压电路、时钟电路等多种器件和接插件的微机主要部件。在它之上,CPU、内存条、显卡等器件和扩展卡及外设可被直接安装或通过电缆连接在一起,组成一套完整的计算机硬件系统。计算机在运行时对系统内的部件和外部设备的控制都必须通过主板来实现，主板既是计算机各个部件连接的支架和物理通路，也是各部件之间数据传输的逻辑通路。因此，计算机整体运行速度和稳定性也在很大程度上取决于主板的性能。

高度集成和高性能是主板发展的必然趋势。现在主板不但可以集成声卡、网卡、磁盘阵列 Raid，而且还可以集成显卡，以及各种新型接口。图 3-10 是一款主板的外形图。

图 3-10　华硕 P6X58D Premium 主板

主板分类有多种方法：从应用角度可分为微机主板和服务器主板两大类；按其支持的 CPU 类型又可分为 Intel 主板和 AMD 主板两大类。

微机主板的特征是：只支持单个 CPU 及相应的芯片组；一般都不支持内存 ECC 校验；提供丰富的输入/输出接口，包括 IDE/SATA 接口、FFD 接口、AGP Pro、PCI-E 2.0 8X/16X 显示卡接口、USB 2.0/1.1、IEEE 1394、COM、LPT、IrDA 等接口以满足用户的不同需求；多数整合 10/100M/1000 网卡；价格便宜等。

服务器主板最重要的是可靠性和稳定性，其次才是高性能，要满足 365 天的满负荷工作要求。服务器主板特点是采用专门的服务器芯片组；支持单个或多个 CPU 和海量内存(一般都能支持几 GB 至上百 GB)；支持内存 ECC 校验等。当然价格也很高。

微机主板上的主要部件说明如下。

1. CPU 插槽

主板上有一个正方形、布满插孔的插座就是 CPU 插槽。不同类型的 CPU 使用的 CPU 插槽结构是不一样的。CPU 插槽在安装形式上主要有 Socket 和 Slot 两大工业标准。与 Intel Core i7 类 CPU 相配套的 CPU 插槽规格是 LGA 1366。CPU 插槽是主板分类的重要标志之一。

2. 内存插槽

在主板上的内存插槽是细长的插槽。目前内存条插槽有 DIMM 和 SIMM 两种类型。

主板上内存插槽的数量和类型直接影响系统内存的扩展能力及工作方式,其插槽的线数常见有 168 线、184 线和 240 线等,主板内存插槽类型决定了微机内存条的类型。

3. 主板芯片组

主板芯片组是焊接在主板上的一组超大规模集成电路芯片的总称,是主板上重要的部件,芯片组的功能在很大程度上决定主板的功能。芯片组控制着主板乃至整个计算机系统的运行,支配并掌握着主板及计算机系统的配置与性能。例如支持多少个扩展插槽、支持哪些 CPU、支持何种内存条、有多少种接口等。主板芯片组的发展一直是与 CPU、内存的发展同步的。

通常主板芯片组由南桥芯片(South bridge chip)和北桥芯片(North bridge chip)构成,而芯片组的名称以北桥芯片的名称来命名。南桥芯片负责 I/O 总线之间的通信,如 PCI 总线、USB、LAN、ATA、SATA、音频控制器、键盘控制器、实时时钟控制器、高级电源管理等。北桥芯片负责与 CPU 的联系并控制内存、AGP、PCI 数据在北桥内部传输,提供对 CPU 的类型和主频、系统的前端总线频率、内存的类型和最大容量、PCI/AGP/PCIE 插槽、ECC 纠错等支持,某些北桥芯片还集成了显示核心。

随着 22nm 的全新 Ivy Bridge CPU 面世,基于 22nm 技术的 Intel Z77 等系列主板芯片组也配套上市,这样能使新型 CPU 完全发挥其性能,使计算机的性能全面提高。

4. 扩展插槽

主板上的扩展插槽是 CPU 通过系统总线与外部设备连接的通道,每种扩展插槽都有其相应的标准。主要的扩展插槽包括显卡插槽、PCI 插槽、IDE 插槽、FDD 插槽、SATA 接口等。主板的扩展插槽越多,系统的功能就越强。目前显卡插槽类型主要有 PCI-E 2.0 8X/16X、AGP Pro 等。IDE 插槽和 SATA 接口用于硬盘、光驱,FDD 插槽用于软驱。

5. CMOS 与 BIOS

CMOS(Complementary metal oxide semiconductor),意思是互补金属氧化物半导体存储器,它是主板上的一块由电池供电的可读写 RAM 芯片,用来保存当前计算机系统的硬件配置和用户对某些参数的设定。即便系统掉电,这些设置的信息也不会丢失。CMOS 中各项参数的设定要通过专门的程序(即 BIOS 设置程序)来完成。

BIOS(Basic input output system),意思是基本输入输出系统,是操作系统的一部分。其内容被固化在主板上的一个 ROM 芯片上,主要包括系统最重要的基本输入输出程序、BIOS 设置程序、开机上电自检程序和系统启动自举程序等。设置参数被储存在 CMOS 芯片中,在开机时可对其进行设置,其主要功能是为计算机提供最底层的、最直接的硬件设置和控制。

目前最新的 BIOS 是 UEFI BIOS,它是按图形化需求重新设计的 BIOS 系统,是一个原生的图形化 BIOS。UEFI BIOS 可以实现鼠标拖动设置启动顺序,具有快速启动、一键优化设定等功能。

3.2.5 计算机电源

微型计算机电源是微机能源的提供者,采用开关电源技术将交流 220V 的电压转换为计算机中所需的±5V、±12V、+3.3V 等各种直流电压。计算机电源可分为二大类。

1. AT 电源

AT 电源是 IBM PC 的标准电源。AT 电源的功率一般为 150～220W，共有 4 路输出（±5V、±12V），另外向主板提供一个 P. G. 信号。输出线为 2 个六芯插座（与主板相连）和几个四芯插头（与外存储设备相连）。AT 电源采用切断交流电网的方式关机。如今 AT 电源随老式主机淡出了市场。

2. ATX 电源

Intel 于 1997 年 2 月推出 ATX 2. 01 电源标准。与 AT 标准相比，其外形尺寸没有变化，主要增加了＋3. 3V 和＋5V StandBy 两路输出和一路 PS—ON 信号，输出的各路电源用一个 20 芯接线插头给主板供电。ATX 电源如图 3-11 所示。

图 3-11　ATX 电源

随着 CPU 技术的不断提高，低电压 CPU 成为主流，3. 3V 供电成为必然。＋5V StandBy 也称辅助＋5V，只要插上 220V 交流电它就有电压输出。PS—ON 信号是主板向电源提供的电平信号，低电平时电源起动，高电平时电源关闭。利用＋5V SB 和 PS—ON 信号，就可以实现软件开关机器、键盘开机、网络唤醒等功能。辅助 5V 始终是工作的，要彻底关机需另加一个开关来切断交流电源输入。

3. PC 电源的技术指标

输出电压的稳定性：电压高低变化将严重影响计算机，重则烧坏主板及附属设备。

输出电压的纹波：要求其交流成分（纹波电压）越小越好，纹波电压高会产生数字电路中不能容忍的杂讯，会让电路做出误动作甚至不工作。

Power good 信号和 Power gail 信号：电源直流输出电压检测信号和交流输入电压检测信号。当电源交流输入电压降至安全工作范围以下时，电源发出 Power fail 信号使系统关机；主板只有接收到 Power good 信号才正常启动。

电源的功率：电源功率从 150～800W 不等，视主机各部件的耗电量而定。

电源的安全认证：电源必须符合某个国家的安全标准并得到其法定部门颁发的证书。比如获得 UL 机构颁发的证书，就称为取得了 UL 认证。中国强制认证机构（China compulsory certification，CCC）是我国的安全认证机构。3C 认证是我国电气设备必须获得的认证，它对电压稳定、抗电强度、漏电流、温度等做出了严格规定。

3. 2. 6　总线、接口与连接电缆

1. 总线

总线是计算机中将各大部件如 CPU、存储器、各种控制芯片和输入输出接口电路芯片等互相物理连接，传输各种数据和控制信息的电路和通道。总线按照层次结构和连接部件的不同可分为：内部总线、系统总线和外部总线。

(1) 内部总线：在 CPU 内，是 CPU 连接各寄存器、运算器和控制器等的总线。

(2) 系统总线：由 CPU 引出。它由地址总线（AB）、数据总线（DB）和控制总线（CB）组成。数据总线是双向的，它是 CPU 与各部分的数据通路，其总线宽度（根数）与微处理器的

字长相对应；地址总线是单向的，负责传送由 CPU 发出的地址编码，到内存单元或外部接口电路，地址总线宽度(根数)与 CPU 寻址能力有关。若地址总线为 32 根，则 CPU 最大寻址能力为 232=4GB；控制总线是双向的，负责传送 CPU 送到内存和接口电路的读写信号、中断响应信号等，也包括其他部件送给 CPU 的信号，如时钟信号、中断申请信号、准备就绪信号、读/写操作等信号。

在主板上，系统总线部分以一些特定的扩展插槽形式对外开放，以便于外部的各种扩展电路板连入系统，所以这些插槽被称为系统 I/O 总线插槽，给扩充系统、增加系统功能提供了极大的方便。I/O 总线插槽有多种标准，如已经淘汰的工业标准结构(Industry standard architecture，ISA)总线、外部设备互连(Peripheral component interconnect，PCI)总线、图形加速接口(Accelerated graphics port，AGP)总线、PCI-E(PCI express)总线等。目前最常见的是 PCI、PCI-E 和 AGP 总线。

① PCI 是一种位于 CPU 和系统总线之间的局部总线，由一个桥接电路实现对 PCI 的管理，并实现上下之间接口协调的数据传送。PCI 插槽是目前微型机最广泛的接口，其主板上都带有 2～6 个 PCI 插槽，可见其应用的广泛性。它的工作频率为 33MHz/66MHz，为显卡、声卡、网卡等设备提供了接口。

② AGP 是一种 3D 标准图像接口，它采用点对点通道方式，以 66.7MHz 的频率直接与访问主存，并用主存作为其高速缓冲。AGP 的数据宽带为 32 位，传输速率可达 PCI 总线带宽的 2 倍。AGP 还采用了一种“双激励的传输技术”，从而推出了 AGP 2X、AGP 4X、AGP 8X 多个版本，最高数据传输速率可 2.1GBps。

③ PCI-E 接口总线按位宽不同而有 X1、X4、X8 以及 X16 模式。短 PCI-E 卡可以插入长 PCI-E 插槽中使用。PCI-E 接口支持热拔插。用于取代 AGP 接口的是 PCIE X16，它能够提供 4GBps 的实际带宽，远远高于 AGP 8X 的 2.1GBps 的带宽。

(3) 外部总线：指主机系统与外部设备之间的总线，例如主机与硬盘设备，主机与显示设备等。常见的外部总线标准有集成设备电路(Integrated drive electronics，IDE)总线、小型计算机系统接口(Small computer system interface，SCSI)和 IEEE 1394 等总线。

2. 接口

接口原是指计算机系统中在两个硬件设备之间起连接作用的电路，是各组成部分之间进行信息交换的功能部件。在此，将接口特指为主机与外部设备之间的接口，称为输入/输出(I/O)接口。计算机的外设多种多样，而且外设与 CPU 的处理速度相差很大，所以需要在系统总线与 I/O 设备之间设置接口，来实现电路连接、数据缓冲和信息传输等工作。外设与主机之间相互传送的信息有三类：数据信息、状态信息(如设备准备就绪或空闲状态)和控制信息(如启动、停止)。各接口中有多个端口(PORT)，每个端口传送一类信息。

接口按信息传送方式可分为串行接口(简称串口)和并行接口(简称并口)两大类。串行接口与外设之间的信息按“位”进行传送，再由接口将“位”转换成“字节”或“字”在系统总线中传送；并行接口与外设之间的信息则是按“字节”进行传送。

(1) IDE(Integrated drive electronics，IDE)接口。现在普遍使用的外部接口，采用 16 位数据并行传送方式，体积小，数据传输快。主要连接最高转速 7200 转的硬盘和光驱。IDE 接口是一种双列直插 40 根针接口。每个 IDE 接口允许连接一组主(Master)设备和从(Slaver)设备。主板上通常设有两个 IDE 接口，最多可以连接 4 个 IDE 设备。

(2) SATA 接口,即串行 ATA 接口。这种新型接口具备了更强的纠错能力,还具有结构简单、支持热插拔的优点。SATA 仅用 4 根引脚,1.0 标准的数据传输率将达到1.5Gbps,而 2.0 标准可以实现 3.0Gbps 数据传输率。SATA 主要连接硬盘和光驱。每个 SATA 硬盘或光盘都独占一个传输通道,不存在主/从控制的问题。

(3) PS/2 接口源于被淘汰的 IBM PS/2 计算机,但 PS/2 接口却被后来计算机所采用。PS/2 连接电缆采用的是圆形 6 孔。PS/2 接口最大好处就是不占用串口资源。通常,主板都配有两个 PS/2 接口,绿色为鼠标接口,紫色为键盘接口。

(4) 通用串行总线(Universal serial bus,USB)接口是最典型的串行接口。该接口提供电源,支持热插拔,具有"即插即用"功能。USB 标准从推出到现在,已经经历了三代,USB 1.0 是在 1996 年推出的,传输速率 1.5Mbps;USB 2.0 则可以达到速度 480Mbps;USB 3.0 更是达到每秒 5Gbps 的传输速度。主要用于主板与 MP3、MP4、DC、DV、打印机、扫描仪、闪存、移动硬盘等设备的连接。

(5) 1394 接口也是一种串行接口的特点是传输速度快。IEEE 1394 传输速率可达到 1.6Gbps,广泛应用于数字摄像机/照相机、电视机顶盒、家庭游戏机、计算机及其外围设备。

主板上集成的各种 I/O 接口外观如图 3-12～图 3-14 所示。

图 3-12　主板上的 IDE 插座

图 3-13　主板上的 SATA 插座

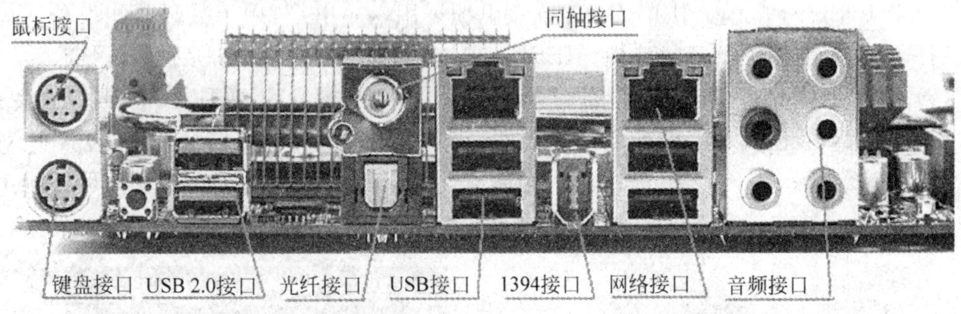

图 3-14　华硕 P6X58D Premium 主板配置的部分接口

3. 常用的数据连接电缆

在微型计算机中,主机是通过各种连接电缆并配合接口与各种外部设备相连的。常用的连接电缆有以下几种。

(1) PS/2 电缆是鼠标和键盘专用电缆。键盘和鼠标通过该电缆将其连接到主板的 PS/2 插座上,从而实现键盘和鼠标与主机的连接,如图 3-15 所示。

(2) USB 连接电缆是为解决 PC USB 接口与各种外设 USB 接口的连接而设计的,有多种插头规格,其目的是使外设都可以连接到统一的 USB 接口上。USB 连接电缆如图 3-16 所示。

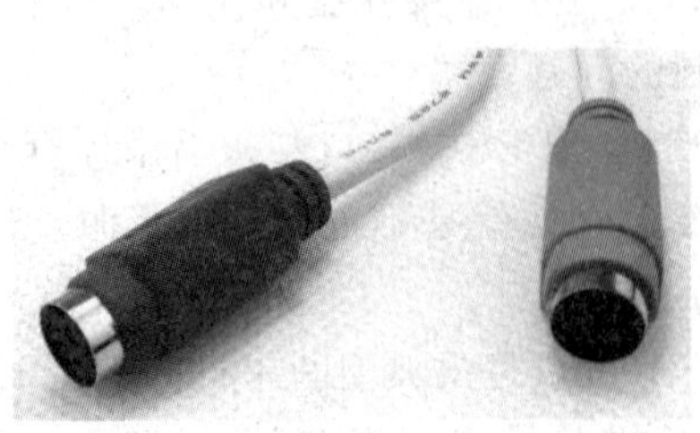

图 3-15 RS/2 连接电缆

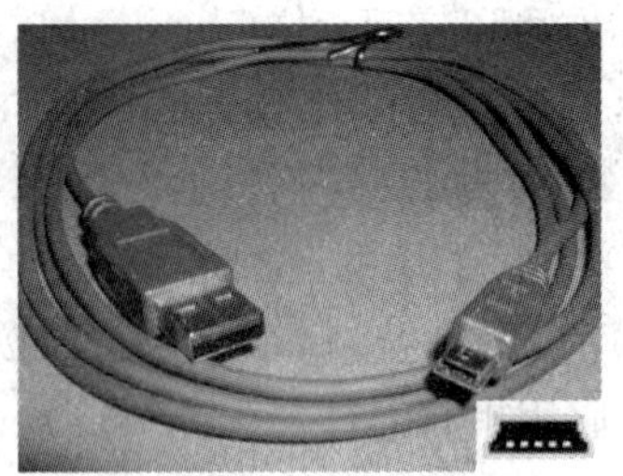

图 3-16 USB 连接电缆

(3) IDE 电缆是一种 40 芯扁平带状电缆,使用该 IDE 电缆(图 3-17)能将 IDE 硬盘或光驱连接到主板的 IDE 接口上。

(4) SATA 电缆如图 3-18 所示,主要用于 SATA 硬盘和光驱与主板的连接。每根 SATA 电缆只能连接 1 个 SATA 外设。

图 3-17 IDE 连接电缆

图 3-18 SATA 连接电缆

(5) IEEE 1394 电缆。IEEE 1394 连接电缆采用六芯电缆,用于数码照相设备、数字摄像机、打印机、扫描仪等设备的连接。IEEE 1394 连接电缆如图 3-19 所示。

(6) 显示器连接电缆。显示器通常有 15 针 D-Sub 和 DVI 两种接口形式,前者也叫 VGA 接口,最早彩色显示器因为设计制造上的原因,只能接受模拟信号输入,包含 R/G/B/H/V(分别为红、绿、蓝、行、场)5 个分量。PC 显卡最普遍的接口为 D-15,即 D 形三排 15 针插口。显示器连接电缆如图 3-20 所示。

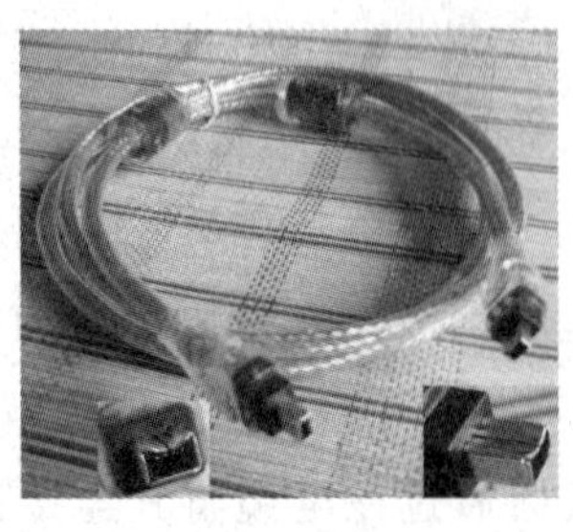

图 3-19 IEEE 1394 连接电缆

图 3-20 VGA 电缆

3.3　外部存储器

外部存储器简称外存，用于存放等待运行或处理的程序或文件，海量和长期保存是它的特点。外存不能直接与 CPU 打交道，外存中的程序必须调入内存方可执行，待处理的数据也只有进入内存方能被程序处理。在微机中使用的外存储器有磁带机、软盘、硬盘、移动硬盘、光盘、U 盘等。目前，磁带机、软盘现在已经淘汰，在此就不做介绍。

3.3.1　硬盘

硬盘存储器也称硬盘，是一种以磁作为介质的外部存储设备，由盘片组、磁头、磁头驱动定位机构、步进电机、读写控制电路等部件构成。硬盘采用了"温彻期特"(Winchester)技术，其特点是：密封、固定并高速旋转磁盘片，磁头非接触悬浮在高速转动的盘片上方，数据存储在多片磁盘片上。这些盘片一般是在以铝质基片表面涂上磁性介质所形成，在磁盘片的每一面上，以转动轴为轴心、以一定的磁密度为间隔被划分成若干磁道(Track)，每个磁道又被划分为若干个扇区(Sector)。数据以扇区为单位存放在硬盘上。在每一面上都相应地有一个读写磁头(Head)，所有盘片相同位置的磁道就构成了所谓的柱面(Cylinder)。

硬盘的第一个扇区(0 道 0 头 1 扇区)被保留为主引导扇区。在主引导区内主要有两项内容：主引导记录和硬盘分区表。主引导记录是一段程序代码，其作用主要是对硬盘上安装的操作系统进行引导；硬盘分区表则存储了硬盘的分区信息。微型机启动时将读取该扇区的数据，并对其合法性进行判断，如合法则跳转执行该扇区的第一条指令。图 3-21 为硬盘示意图。硬盘接口标准有 IDE、SATA 等。

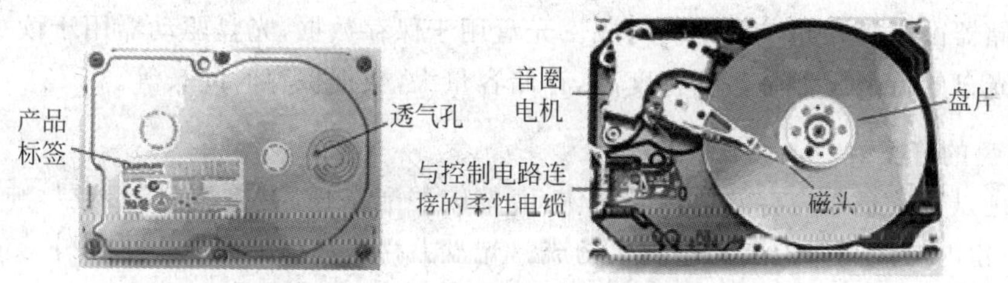

图 3-21　IDE 硬盘正面及反面结构示意图

1. 与磁盘相关的概念

(1) 磁道。在磁盘表面上不同半径的同心圆，每个圆周称为 1 个磁道(Track)。磁道从外向内按 0、1、2、…进行编号，称为磁道号，如图 3-22 所示。

(2) 盘面号。按照磁盘片的面进行编号，依次称为 0 面、1 面、…。每个面都有 1 个读写磁头，用于读写该磁盘片面上磁道的信息。

(3) 柱面。在硬盘中不同盘片相同半径的磁道组成的空心圆柱体称为柱面(Cylinders)。因此，硬盘柱面数等于硬盘的磁道数。

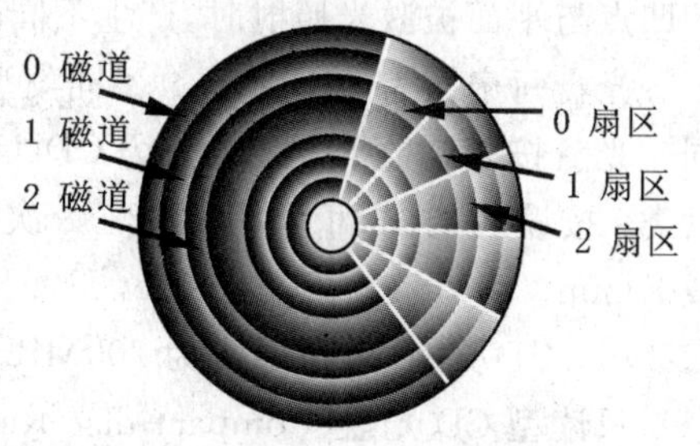

图 3-22　磁盘磁道扇区示意图

(4) 扇区。每个磁道按 512 字节划分成的磁道段称为扇区(Sector)。硬盘上每个磁道上的扇区数相同。

(5) 硬盘存储容量计算公式：硬盘容量=柱面数×面数×每道扇区数×每扇区字节数。

例如，某个硬盘有磁头数 15 个，磁道数(柱面数)8894 个，每道 63 个扇区，每个扇区 512 字节，则该硬盘容量为：15×8894×63×512B=4 303 272 960B≈4.3GB。

2. 硬盘的主要技术指标

(1) 硬盘容量：硬盘最大能存储的数据量，以 GB 或 TB 为单位。该指标越大越好。目前主流硬盘容量为 500GB~2TB。

(2) 平均寻道时间：是指磁头从初始位置移到目标磁道所需的时间。该指标越小越好。

(3) 转速：硬盘转速是指硬盘内驱动电机主轴的转速，转速越高磁盘的传输速率就越快。微机上使用的硬盘的转速一般为 5400/7200RPM(每分钟转数)，高的可达 10 000RPM 以上。

(4) 最大内部数据传输率：它是指磁头到硬盘高速缓存之间的传输速度。硬盘的外部数据传输率远远高于其内部传输率。

(5) 数据缓存：是指在硬盘内部的高速缓冲存储器，目前，硬盘的高速缓存储器最高已达 64MB 以上。

(6) 硬盘接口：目前硬盘的接口主要为 IDE 接口、SATA 接口等。

3.3.2 光盘与光盘驱动器

光存储器由光盘和光盘驱动器构成。光盘用于保存数据，光盘驱动器用于读/写光盘中的数据。光盘的特点是记录数据密度高，存储容量大，数据保存时间长等。

1. 光盘的分类

光盘是以光信息作为存储信息的载体，由聚碳酸酯基板、有机染料记录层、纯银金属反射层、光固化丙烯酸类保护层和印刷层构成。光盘上存放数据的区域由里向外分成三个区：导入区(Lead-in)、数据区(Program)和导出区(Lead-out)。

光盘数据轨道则是一条由里向外，顺时针方向的螺旋线，其轨道的各个区域尺寸和密度都是一样的，称为光盘轨道。用刻录机可以在光盘轨道上刻出一个个极小的凹点，这些不同的凹点与平面被激光照射时，产生不同的反射光，形成对应的数据"0"和"1"信息。

光盘每扇区为 2048Byte。不同类型的光盘有不同的扇区数，存放数据的容量也有所不同。光盘按存储数据方式可分为 CD(Compact disc)光盘和 DVD(Digital video disc)光盘两大类；按读写方式可分为只读、一次可写和可重复擦写等三类；按直径分为 120mm 或 80mm。

(1) CD 光盘，容量通常为 700MB。

只读型 CD 光盘(Compact disc-Read only memory，CD-ROM)：CD-ROM 是一次成型的产品，信息只能读取，不能写入。所存信息可以是音乐、视频、计算机软件等。

可刻录式光盘(CD-R)：允许用光盘刻录机将数据一次性写入 CD-R 中，但是写入后的数据不能更改和删除。其工作原理是利用激光束使激光焦点照射记录层的有机染料产生不可逆的物理化学变化，形成具有凹点的光学反射特性。

可重复擦写式光盘(CD-R/W)：CD-R/W 称为可重复擦写式光盘，光盘上的数据可自由更改或删除，目前使用寿命可达 1000 次左右，使用弹性比 CD-R 更大。

(2) DVD 光盘，容量通常为 4.7GB。

DVD 与 CD 有许多相似之处：其直径为 120mm，光盘数据轨道也是螺旋线，扇区长度为 2048 字节。但 DVD 存储方式与 CD 存储方式有很大区别：DVD 光盘是由两层盘片组成的，每个盘片的两个面都可以用来存放数据。DVD 的存储容量是 CD 存储容量的 7 倍以上。

DVD 的传输速率比 CD 大得多，DVD 1X＝1.35MB/s，而 CD 1X＝150KB/s。目前所有 DVD 驱动器都可以读取 CD 光盘，所以 DVD 终将会淘汰 CD 已是不争的事实。

DVD 光盘也可以分为 DVD-ROM、DVD-R 和 DVD-R/W，其工作原理与 CD 类似。

2. 光盘驱动器工作原理

光盘驱动器简称光驱。光盘驱动器由激光读取头系统、驱动电动机及伺服系统、光头寻道定位系统和控制电路等几部分组成，是集光、机、电技术于一体的精密电子产品。

激光读取头主要负责数据的读取工作。激光读取头由激光二极管、聚焦线圈、棱镜、物镜、透镜以及光电二极管等部件组成，被封装成一个方盒。激光二极管发出激光源，并且能被精确地控制。在光驱读取光盘上的数据时，从激光头发射出的激光束由内到外，即从光盘的导入区引导激光束进入数据区，并被定位于需要访问数据区的位置，再由光盘反射回来，由光检测器捕获信号。在激光头读取数据的整个过程中，寻迹和聚焦是激光头工作时最重要的两个环节。

光盘上有凹点和平面两种状态点。当激光束在这些凹点与平面的区域上移动时，反射的光会有强弱变化(凹点处反射光会散射)。反射信号的差异很容易被光检测器识别出来。如果反射光弱表示 0，反射光强表示 1，则其光电转换部件对反射光进行转换和校验，从而得到所需的二进制数据。然后把这些数据传送到计算机系统中，交由计算机处理。

光驱中一般有三个电机，分别是控制盒仓的进出盒电机、固定光盘并进行旋转的主轴电机和使激光头沿光盘径向运动的进给电机。了解这三个电机的作用，有助于对光驱工作过程的理解。

光盘驱动器的种类如下。

(1) 只读型光盘驱动器(CD-ROM 或 DVD-ROM)，在这类光盘驱动器中只能读取光盘中的信息，不能将信息写入光盘，功能单一。通常 DVD-ROM 可以向下兼容读取 CD 光盘的数据，反之则不行。CD 数据速率最高可为 56X，DVD 数据速率最高一般为 16X。

(2) 只读 DVD/刻录 VCD 光盘驱动器(DVD-ROM/VCD-R/W)，这类光盘驱动器也称为 Comba，可以 52X 读取 CD/VCD 光盘中的信息，并在刻录软件支持下能够以高达 32X 速率将信息刻录到 CD-R 或 CD-R/W 光盘；它可以 16X 的 DVD 速率读取 DVD 光盘中的数据，但不能刻录 DVD-R/DVD-R/W 光盘。

(3) DVD-R/W 光盘驱动器(DVD-R/W)，也称 DVD 刻录机，可读取并刻录 CD、VCD、DVD 等多种格式光盘，同时支持两面刻录，是功能最全的光盘驱动器。

(4) 光驱还可以分为内置型和外置型。

3. 光盘驱动器的主要技术指标

光驱的传输速度：光驱读取光盘数据轨道最外圈数据的速度，以该类型光驱的单倍读取速度的倍数值来表示。例如 50X CD 光驱动器最大传输率为 150KB/s×50＝ 7500KB/s；16X 倍速 DVD 光驱动器最大传输率为 1350KB/s×16＝ 21 600KB/s。用 16X 倍速 DVD 光驱读 CD 光盘时的速度为 7200KB/s，大致相当于 48 倍速 CD-ROM 光驱。

(1) 平均寻道时间，是指激光头定位并读取数据所需的平均时间。是激光头寻找并移动到指定的数据的位置，再发射光波到反射光波经过折射输出到解码电路，最后将数据传送到光驱缓冲区的时间。

(2) 光驱的缓存。增加光驱缓存可以减少光驱对光盘数据的反复读取次数，提高光驱速度。现在的光驱一般都带有 512KB～2MB 甚至更大的高速缓存。

(3) 光驱的纠错能力，是指光驱正确读取光盘数据的能力。纠错能力强的光驱能读取某些因断裂、摩擦痕迹等导致不可正常使用的光盘。

3.3.3 U 盘与移动硬盘

1. U 盘

U 盘或称"闪存盘"，它采用 Flash 芯片为存储介质，通过 USB 接口与计算机进行数据交换。U 盘具有即插即用的功能，只要将它插入 USB 接口，Windows 7 操作系统就可以自动检测并安装其驱动程序。目前 U 盘的接口标准为 2.0 和 3.0，容量在几吉到几十吉，可重复擦写达100 万次，数据至少可以保存 10 年。U 盘的外观如图 3-23 所示。

由于 U 盘具有抗震、防电磁波、工作温度范围大、存储容量大、造型精巧时尚、携带方便、价格低等特点，成为移动办公及文件交换的理想存储设备，受到用户的普遍欢迎。

值得注意的是目前有些不法商人通过改写 U 盘参数将小容量的 U 盘充当大容量 U 盘出售。可使用诸如 MyDiskTest 的软件测试其真假。

2. 移动硬盘

移动硬盘是一种可插拔的外接式硬盘，采用 USB 接口或 IEEE 1394 接口，具有体积小、重量轻、携带方便、存储容量大等特点。移动硬盘的外形如图 3-24 所示。移动硬盘具有以下的特点。

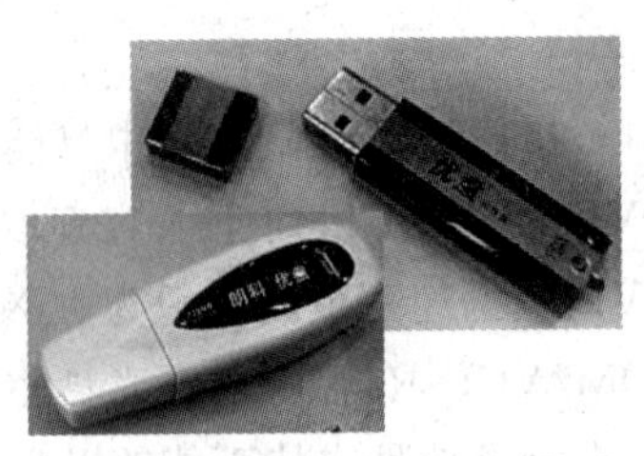

图 3-23 U 盘的外观

图 3-24 移动硬盘的外形图

(1) 容量大：能在用户可以接受的价格范围内，提供给用户较大的存储容量和不错的便携性。目前移动硬盘的容量可达几百吉至几太。

(2) 传输速度高：移动硬盘通常采用 USB 2.0、IEEE 1394 接口，以提供较高数据传输速度。

(3) 使用方便：移动硬盘可直接在 PC 的 USB 接口上使用，具有“即插即用”特性。

(4) 可靠性提升：移动硬盘多采用硅氧盘片，比铝质磁片更为坚固耐用，具有更好的可靠性，能提高数据的完整性。将关键数据存储在移动硬盘上，具有很高的可靠性和保密性。

3.4 输入/输出设备

微型计算机的输入/输出设备又简称 I/O 设备，是实现计算机系统与人之间进行数据交换的设备。通过输入设备可以把数据、程序、图像和语音等信息输入计算机中；通过输出设备，可以将计算机处理的结果显示或打印出来。常用的输入设备有键盘、鼠标器等，常用的输出设备有显示器和打印机等。

3.4.1 输入设备

把外部数据送到计算机中所用到的设备称为输入设备。常用的输入设备有键盘、鼠标和扫描仪。

1. 键盘

键盘是计算机的标准输入设备，由按键、键盘架、编码器、键盘接口及相应控制程序等几个部分组成。键盘通常有几十上百个键，每个键就是一个开关。

键盘有多种类型。按接口可分为 AT 接口、PS/2 接口、USB 接口和无线键盘等；按键的数目又可分为 88 键、104 键等键盘，台式 PC 一般使用 104 键等键盘，而笔记本型计算机上主要使用 88 键的键盘。

键盘工作原理是通过扫描方式确认键盘上哪个键被按下，再由串行数据传送方式把已按键的位置码传送给主机，主机收到位置码后，再由 BIOS 程序将其转换成对应的 ASCII 码。也正是由于键盘是采用扫描方式读取键值的，因此，击键时要“点到为止”，除控制键 Ctrl、Shift、Alt 键外，不要压住某个符号键不放(时间超过整个键盘的扫描周期)，否则将会连续输入多个相同的符号。

键盘主要可以分为主键盘区、数学小键盘区、功能键区和编辑键区 4 个区域。如图 3-25 所示。键盘上常用键的基本功能如表 3-1 所示。

图 3-25　键盘功能分区

表 3-1　键盘常用键的基本功能

键位	名称	功　能
Space	空格键	每按一次产生一个空格
Esc	退出键	Escape 的缩写，主要作用是退出某个程序
Tab	制表键	Table 的缩写，在文字处理软件中用于等距离移动
Shift	换档键	当同时按下 Shift 和具有上下档字符键时，上档字符起作用
Caps Lock	大写锁定键	当按下该键且 Caps Lock 指示灯亮时，为大写字母，若灯灭时为小写字母
Num Lock	数字锁定键	当按下该键且 Num Lock 指示灯亮时，数字小键盘中为数字键，否则为光标定位键
Ctrl	控制键	Control 的缩写，需要与其他键配合使用具有某种控制功能

续表

键位	名称	功　能
Alt	可选键	Alternative 的缩写，需要与其他键配合使用
Enter	回车键	主要是执行某一命令，或起到换行的作用
F1～F12	功能键	Function 的缩写，在不同的软件中，用于定义相应的功能
Print Screen	屏幕打印键	将屏幕上的内容复制到剪贴板中
Insert	插入键	在文字编辑状态下主要用于插入字符
Delete	删除键	用于删除当前光标所在位置的字符
Backspace	退格键	删除当前光标之前位置的字符
End	结尾键	使光标移到本行的末尾
Home	开头键	使光标移到本行的开始
Page Up	向上翻页键	光标定位到上页
Page Down	向下翻页键	光标定位到下页

2. 鼠标

鼠标是图形化界面环境下用于屏幕坐标定位的手持式输入设备，外形如图 3-26 所示。鼠标通过 RS-232C 串行口或 PS/2 口或无线收发链路与主机连接。其工作原理是：当移动鼠标时，它把移动距离及方向的信息变成脉冲信号送入计算机，计算机再将脉冲信号转变为光标的坐标数据，从而达到指示位置的目的。

鼠标若按键数可以分为双键鼠标、三键鼠标等；若按其接口类型则可分为标准串行口、PS/2 接口、USB 接口等；按内部构造可以分为机械式鼠标、光电式鼠标、轨迹球鼠标、无线式鼠标等。机械式鼠标由滚球、辊柱和光栅信号传感器组成。拖动鼠标时，带动滚球转动，滚球又带动辊柱转动，装在辊柱端部的光栅信号传感器产生的光电脉冲信号反映鼠标器在垂直和水平方向的位移变化；光电式鼠标需要一个反光面，发光二极管发出的光被反射面反射，并根据反射光强弱变化判断鼠标的移动和当前位置；轨迹球鼠标器工作原理与机械鼠标类似，主要应用于笔记本电脑中；无线式鼠标器是不需连接线的光电鼠标，其位移信息通过无线电收发器件与主机通信，能在远距离操作主机。在图 3-26 中，左边的为机械鼠标，中间的为光电鼠标，右边的为无线鼠标套件。

图 3-26　鼠标外观图

鼠标的主要技术指标包括以下几项。

(1) 分辨率，鼠标的位移精度，以每英寸测量次数(Count per inch，CPI)为单位，也有用 DPI 的，该值越大越精确。

(2) 采样频率是光学鼠标独有的性能指标，它所指的是感应器每秒钟采集/分析图像的能力，单位为“帧/秒”，一般为 1500～6500 帧/秒。

(3) 响应速度，衡量鼠标快速移动时屏幕上光标及时做出反应的能力。

(4) 使用寿命，使用寿命也是鼠标的一个重要指标。

3. 扫描仪

扫描仪是一种光机电一体化的输入设备，是继鼠标和键盘之后的第三种计算机输入设备，如图 3-27 所示。扫描仪是一种捕获图像像素参数(颜色、坐标)的装置，能将图像转换为计算机可以处理的数字格式。例如将纸质文件、图片和照片扫描后保存到计算机中；将图纸扫描后转换成数字化图纸以产生自动机床加工文件；将纸质文件扫描后通过 OCR 软件变为文本文件进行重新排版、打印，等等。

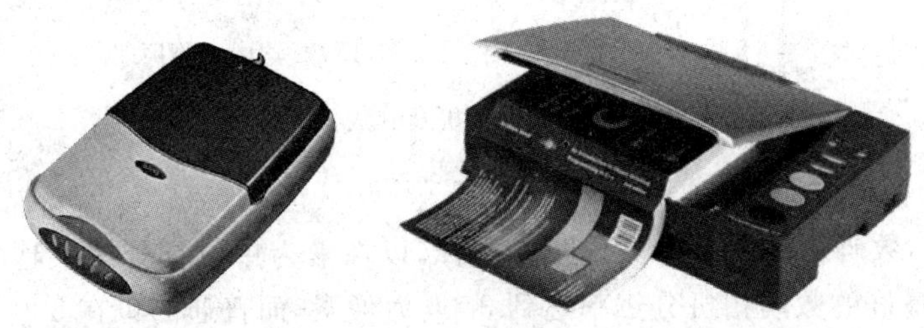

图 3-27　扫描仪

扫描仪的基本原理是通过传动装置驱动扫描组件，将各类文档、相片、幻灯片、底片等稿件经过逐行扫描的光、电转换，最终形成计算机能识别的数字信号，再由扫描软件将这些数据重新组成数字化的图像文件，供计算机存储、显示、修改和转换等。

目前，扫描仪作为计算机的重要外部设备，已被广泛应用于报纸、书刊、出版印刷、广告设计、工程技术、金融业务、海关等领域之中。特别是，扫描仪更能有效地与传真机、复印机、打印机等有效结合，形成所谓扫描、复印和打印一体机或传真、扫描、复印和打印全能一体机，在办公自动化领域起着越来越重要的作用。

扫描仪的主要技术指标有以下几项。

(1) 分辨率，扫描仪对图像像素的辨别能力，决定扫描仪所记录图像的精细程度，单位为每英寸像素数(Pixels per inch，PPI)，目前大多数扫描的分辨率为 300～2400PPI。

(2) 灰度级，扫描仪对图像层次的辨别范围，单位为级。级数越大扫描仪图像亮度范围越大、层次越丰富，目前多数扫描仪的灰度为 256 级。

(3) 色彩数，扫描仪参图像颜色的识别范围，单位为比特，该值越多扫描图像越真实。

(4) 扫描速度，通常用指定的分辨率和图像尺寸下的扫描时间表示。

(5) 扫描幅面，扫描仪最大扫描图稿尺寸有 A4、A1 和 A0，幅面越大价格越贵。

4. 数码相机

数码相机也可以作为计算机的外部设备，它能把静态图像输入到计算机中进行处理。数码相机由镜头、CCD(电荷耦合器件)、A/D(模/数转换器)、MPU(微处理器)、内置存储器、LCD 显示器、存储卡和接口等组成，专业的数码相机的镜头与相机机身是可分离的。

数码相机工作原理如下：当按下快门时，镜头将光线会聚到感光器件 CCD 上，CCD 是半导体器件，其功能是把光信号转变为模拟电信号。这种模拟信号由 A/D 器件来完成模拟电信号转换为数字信号。MPU 对数字信号进行特定的图像格式例如 JPEG 格式的压缩。最后,将图像文件存储在存储卡中。通过 LCD 显示器可查看拍摄到的照片。此外,还提供了连接到计算机和电视机的接口。数码相机成像原理和数码相机外形如图 3-28 所示。

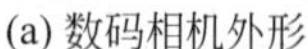

(a) 数码相机外形

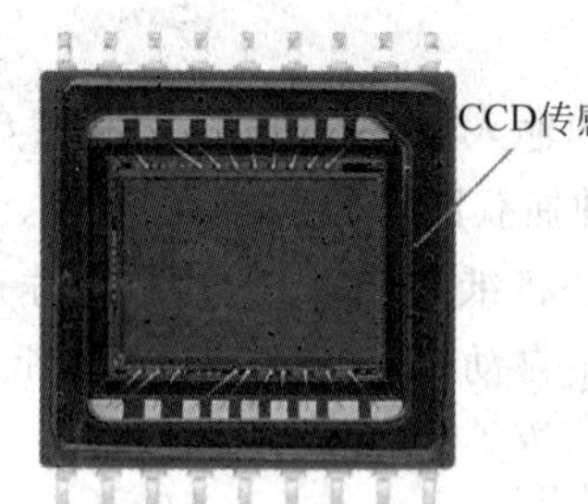

(b) 数码相机成像原理

图 3-28　数码相机及其成像原理

数码相机的主要指标如下。

(1) 分辨率,数码相机的最重要的技术指标,以像素为单位。分辨率越高,放大的效果就越好。目前,最好的数码相机分辨率达到 3500 万像素,而普通的也在 500 万像素左右。

(2) 感光度,数码相机的另一个重要指标,其范围从 ISO 100 到 ISO 25600,感光度范围越宽,照片越细腻、在低照度下照片噪声越少。

(3) 变焦范围,也是数码相机的重要指标,它与镜头性能密切有关,其光学变焦范围从 2～30多倍。

5. 数码摄像机

数码摄像机用以获得视频信息。数码摄像机也称 DV(Digital video),即"数字视频"。DV 也是视频格式标准。数码摄像机具有清晰度高、色彩更加纯正、体积小、重量轻等特点。

数码摄像机的基本原理简单地说就是光—电—数字信号的转变与传输,与数码相机的工作原理相似,只是录像时其快门一直是打开的。其 MPU 按视频制式完成每帧图像,也就是我们看到的动态画面。数码摄像机的感光元件主要有两种:一种是 CCD 元件;另一种是 CMOS(互补金属氧化物导体)器件。图 3-29 为数码摄像机的外观。

图 3-29　数码摄像机

数码摄像机的主要性能指标与数码相机类似:分辨率是数码摄像机的最重要的技术指标之一,数码摄像机有最大像素和有效像素之分,数码摄像机有效像素在 80 万～830 万像素;感光度范围是数码相机的另一个重要指标,越低越好;视频格式决定其视频应用范围,支持全高清应是首选;变焦范围的重要性无须多说,它与镜头性能密切有关,其光学变焦范围从 10～30 多倍。

数码摄像机的存储方式有磁带、硬盘、光盘和存储卡方式，就发展趋势而言，今后的数码摄像机存储方式是以存储卡为主。

目前数码照相机，尤其是专业单镜头反光照相机已经拥有短片拍摄功能，可以拍摄1920×1080 分辨率的高清视频并且允许实时自动聚焦，大有取代数码摄像机的趋势。

3.4.2　输出设备

能够把各种计算结果（数据或信息）以数字、字符、图像、声音等形式表示出来的设备就是计算机输出设备。常见计算机输出设备的有显示器、打印机、绘图仪等。

1. 显示器

显示器是计算机系统中的标准输出设备。显示器的性能好坏直接影响着我们观察计算机输出信息的效果，是一种软输出设备。主要有 CRT（Cathode ray tube）显示器、LCD（Liquid crystal display）显示器、LED（Light emitting diode）显示器、PDP（Plasma display panel）显示器等，部分显示器及构成如图 3-30 所示。

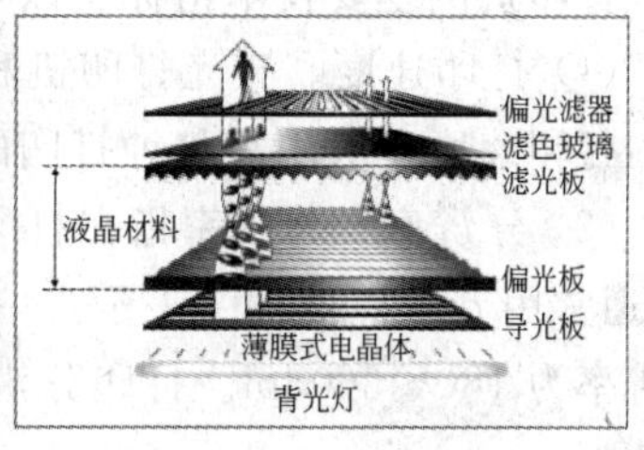

图 3-30　显示器及构成

显示器的主要技术参数如下。

（1）屏幕尺寸（Size），矩形屏幕的对角线长度，以英寸（in）为单位，表示显示屏幕的大小，主要有 14～29 英寸等多种规格。

（2）点距（Dot pitch），屏幕上荧光点间的距离，点距越小越好，现有的点距规格有 0.20mm、0.25mm、0.28mm、0.31mm、0.39mm 等。

（3）显示分辨率（Resolution），显示分辨率指屏幕像素的点阵。通常写成（水平点数）×（垂直点数）的形式。常用的有 800×600、1024×768、1366×768、1600×1200 等，目前 1024×768 较普及，更高的分辨率多用于大屏幕做图像分析。

（4）刷新频率（Refresh rate），每分钟内屏幕画面更新的次数称为刷新频率。刷新频率越高，画面闪烁越小，一般是 50～200Hz。

2. 打印机

打印机是一种能将输出结果打印在纸张上的输出设备，是一种硬输出设备。打印机的种类繁多，工作原理和性能各异。按打印颜色有单色、彩色之分；按工作方式分为击打式打印机和非击打式打印机；一般常用的打印机如图 3-31 所示。

针式打印机的原理是利用机械和电路驱动，使打印针撞击色带和打印介质，进而拓印出带颜色的点阵字符或图形；喷墨打印机的原理是通过将墨水加热成滴喷射到打印介质上来

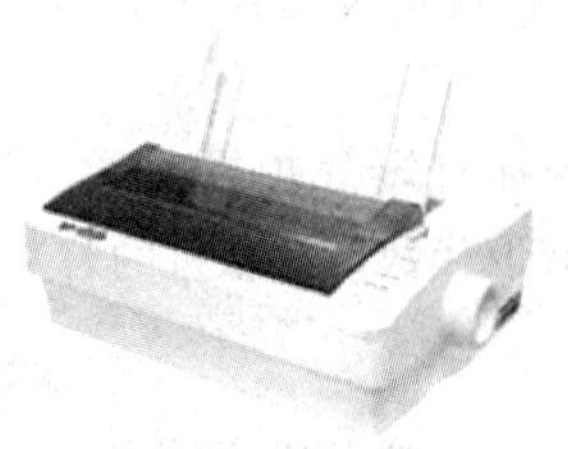

(a) 针式打印机

(b) 激光打印机

(c) 喷墨打印机

图 3-31 打印机

形成文字或图像；激光打印机的原理是利用调制激光束在硒鼓上沿轴向进行扫描，根据点阵组字的原理，使鼓面感光，构成负电荷阴影，当鼓面经过带正电的墨粉时，感光部分就吸附上墨粉，然后将墨粉转印到纸上，纸上的墨粉经加热熔化形成永久性的字符和图形。

打印机的主要技术指标有以下几项。

(1) 打印速度。激光打印机和喷墨打印机的打印速度为 PPM(每分钟页数)，针式打印机的打印速度一般用每秒钟打印的字符数，单位是 CPS(每秒字符数)表示。

(2) 分辨率。分辨率指在打印输出时横向和纵向两个方向上每英寸最多能够打印的点数，通常用 dpi(点/英寸)表示。一般激光和喷墨打印机分辨率为 300～600dpi，针式打印机分辨率为 180～360dpi。打印分辨率决定了打印机的输出质量，分辨率越高，打印的图像就越清晰。

(3) 最大打印尺寸：一般为 A4(21cm×29.7cm)和 A3(29.7cm×42cm)两种规格。

点阵式打印机打印速度慢，噪声大，主要耗材为色带，价格便宜；激光打印机打印速度快，噪声小，主要耗材为碳粉和硒鼓，价格贵；喷墨打印机噪声小，打印速度次于激光打印机，主要耗材为墨盒，价格较贵。

3. 绘图仪

绘图仪是一种将计算机的输出信息以图形的形式绘制输出的设备，也是一种硬输出设备。绘图仪可绘制多种计算机辅助设计系统输出的图形。绘图仪自带有微处理器，可直接使用绘图命令，具有直线和字符演算及自检等功能。绘图仪配有多种与计算机连接的标准接口。

绘图仪由驱动电机、控制电路、绘图台、笔架、机械传动等部分组成。绘图仪还须配备绘图软件和驱动程序。绘图仪的种类很多，按结构可以分为滚筒式和平台式两大类。

(1) 滚筒式绘图仪：当 X 方向步进电机通过传动机构驱动滚筒转动时，链轮就带动图纸移动，从而实现 X 方向运动。当 Y 方向步进电机驱动笔架运动时，就实现了 Y 方向的运动。这种绘图仪为竖型结构，绘图幅面大(理论上 X 方向没有限制)。

(2) 平台式绘图仪：绘图平台上装有横梁，笔架装在横梁上，绘图纸固定在平台上。X 向步进电机驱动横梁(连同笔架)作 X 方向运动；Y 向步进电机驱动笔架沿着横梁导轨，作 Y 方向运动。图纸在平台上的固定方法有三种，即真空吸附、静电吸附和磁条压紧。平台式绘图仪绘图精度高，价格也较高。绘图仪的外观如图 3-32 所示。

绘图仪的性能指标主要有绘图笔数、图纸幅面、分辨率、接口形式及绘图语言等。

图3-32 绘图仪

3.5 计算机硬件的DIY

DIY是英文Do it yourself的缩写，意思是“自己动手做”，即是自己攒机，就是购买微机中的各个部件，并由自己或者是在电脑技术人员帮助下将它们组装成为一台完整的电脑（硬件）。DIY电脑能根据自己的需要来配置，并能根据市场价格，在一定程度上为自己节省费用。对于一个要DIY电脑的用户，首先要搞清电脑装机的流程。

1. DIY的流程

古语说：“知己知彼，百战不殆！”DIY电脑也是如此。首先是要确定自己需要什么性能的电脑，然后了解行情是必要的。计算机零配件的型号、规格、价格是所有工业产品中变化最快的。首先到太平洋电脑网、中关村在线、PCHome、IT168等网站去查寻最新价格，做到心里有数。随后就可以选几家比较大的电脑公司去分别咨询同样配置的报价，相互比较一下，基本做到心里有底，最后选择一家好的公司确定购买。具体流程主要有以下几项。

(1) 确定配置：确定自己需要什么配置的电脑，了解微机各个配件的性能。

(2) 列出电脑配件清单：根据你所买电脑的用途，选择适宜的部件，列出各个部件清单。确定自己所需要的配件档次和价格。

(3) 了解配件信息：上网了解微机各个配件的品牌、售价、服务等准确的信息。

(4) 挑选供货商：买电脑配件一定要挑选有信誉而且正规的供货商，还要考虑售后服务情况。

(5) 取货验货：装机单谈妥以后，就要付款取货了，验货时要对照装机单上的各部件一一核对，包括部件的型号、生产厂家和主要参数。有免费电话的可以打电话核实产品的真假。

2. 安装电脑的步骤

(1) 安装ATX电源到主机箱内。

(2) 安装CPU和CPU风扇。

(3) 安装内存条。

(4) 把主机板安装到机箱内并固定，同时插上ATX电源到主机板上的电源插头。

(5) 安装硬盘、光驱以及各种扩展卡。

(6) 连接机箱面板上的指示灯及各种按钮的插头至主机板上的相应付的位置上。

(7) 连接计算机的外部设备（包括键盘、鼠标、显示器）。

(8) 通电之前仔细检查,确认无误后方可通电试机。

如果自己不动手安装,则一定监督安装人员不要"野蛮安装",安装的全过程一定要参与,防止偷换配件。如果在测试中有发现安装死机、花屏的现象,一定要上前询问情况,落实解决的办法。如果机器运行正常也不要着急走,要用测试软件来测试各主要部件的性能。

3. 电脑 DIY 实例

例如,若想 DIY 一台 3000 元左右台式电脑,通过网络查询和多方考虑后,对所选电脑主要部件及价格列表如表 3-2 所示。

表 3-2 2014 年 7 月 3000 元左右 DIY 台式电脑配置

配　置	品牌型号	数　量	目前单价/元
CPU	Intel 酷睿 i3 4130(盒)	1	699
主板	七彩虹战斧 C. B85AK V20	1	499
内存	金士顿 4GB DDR3 1600	1	220
硬盘	希捷 Barracuda 1TB 7200 转 64MB 单碟	1	355
机箱	游戏悍将刀锋 3 标准黑装	1	199
电源	游戏悍将红警 RPO400	1	199
键鼠套装	雅狐 D500 键鼠套装	1	59
显示器	AOC e2351F	1	959
总计			3189.00

以上配置的电脑基本上能胜任除大型 3D 游戏之外的所有应用。

若想配置一台多核的高性能电脑,主要应用于多媒体系统制作,则可考虑所谓的"I7"系列 CPU,增加内存容量和高档显卡,并配套 DVD 刻录机等。当然,这样的电脑应付大型 3D 游戏是完全能够胜任的。通过网络查询和多方考虑后,对所选电脑主要部件及价格列表如表 3-3 所示。

表 3-3 2014 年 7 月高档 DIY 台式电脑配置

配　置	品牌型号	数　量	目前单价/元
CPU	Intel 酷睿 i7 4770K(盒)	1	2100
主板	华硕 B85-PLUS	1	889
内存	金士顿骇客神条 8GB DDR3 1600	1	499
硬盘	希捷 Barracuda 1TB 7200 转 64MB 单碟	1	355
固态硬盘	金士顿 V300 系列 120GB	1	495
显卡	微星 N660 Gaming 2GD5/OC	1	1399
机箱	游戏悍将刀锋 3 标准黑装	1	199
电源	游戏悍将红警 X4 RPO 400X	1	199
散热器	超频三红海 Mini 静音版	1	45
显示器	Acer S240HLwd	1	999
键鼠装	罗技 MK100 键鼠套装	1	82
音箱	赛达 V-108	1	29
光驱	华硕 DRW-24D3ST	1	110
总计			7400

4. 电脑组装注意事项

(1) 在安装前,先消除身上的静电,比如用手摸一摸自来水管等接地设备。

(2) 对各个部件要轻拿轻放,不要碰撞,尤其是 CPU、硬盘。

(3) 安装主板一定要稳固,同时要防止主板变形,不然会对主板的电子线路造成损伤的。

(4) 各组件安装完成后,应当进行详细全面的检查方可试机。首先检查各个接线有无错接、漏接,接插件是否插接可靠,特别是要检查一下电源供给插件是否插得正确。然后检查主板及各个配件是否有短路及不正常碰接问题,还应检查机内及配件中是否掉有异物,例如金属螺丝、螺母及垫片等。如有上述可能引起电路短路及机械系统运行故障的异物,必须立即清除,否则不能加电试机。还应检查一下主板及各种配件的设置是否正确。

第 4 章

计算机软件系统基础

计算机系统的另一个子系统是软件系统。软件是指为了充分发挥计算机硬件的效能和方便用户使用计算机而设计的各种程序、文档和数据的总和。软件是对硬件功能的体现、扩充和完善,软件的运行最终都被转换为对硬件设备的操作。

本章主要内容包括:计算机软件系统基础、操作系统的基本概念和主要功能;中文 Windows 7 操作系统的基本操作和基本应用;Linux 操作系统简介;常用工具软件使用等。

4.1 计算机软件系统基础

如果说计算机的硬件系统是计算机系统的骨架,计算机的软件系统就是计算机系统的灵魂。自计算机软件出现以来,已经发展成为一门完整的学科。计算机软件系统通常可分为系统软件和应用软件两大类。

4.1.1 系统软件

系统软件是指控制和协调计算机及外部设备,支持应用软件开发和运行的系统,是无须用户干预的各种程序的集合。其主要功能是调度、监控和维护计算机系统;负责管理计算机系统中各种独立的硬件,使得它们可以协调工作。系统软件使得计算机使用者和其他软件将计算机当作一个整体而不需要顾及每个硬件是如何工作的。

系统软件通常包括操作系统、语言处理程序、高级语言系统和各种服务性程序等。

1. 操作系统

操作系统是管理和控制计算机硬件资源和软件资源的软件。它负责对计算机的所有硬件和软件资源进行分配、控制、调度和回收,合理地组织计算机的工作流程,使计算机系统能够协调一致,高效率地完成处理任务。操作系统是计算机的最基础的系统软件,是人机对话的管理者和执行者,对计算机的所有操作都要在操作系统的支持下才能进行。

2. 语言处理系统

要使计算机能够按照人的意图去工作,就必须使计算机能接受人向它发出的各种命令和信息,这就需要有用来进行人和计算机交换信息的"语言"。能够实现计算机自动完成处理任务的"语言"称为计算机程序设计语言,它们是一组记号和一组规则的集合。而具体实现某处理任务的语句(或指令)的集合称为计算机程序,简称程序。编写程序的过程叫作程序设计。程序设计语言的发展经历了机器语言、汇编语言和高级程序设计语言三个阶段。

(1) 机器语言

机器语言是用二进制代码表示的语言，是计算机唯一可以直接识别并执行的语言。人们与计算机交流最初就是将人类的表达方式转换成全部是由0和1两个符号组成的“语言”代码，称为机器语言。机器语言就是二进制代码形式表示的机器基本指令的集合，它具有可以直接执行、容量小、运算速度快等优点。然而，机器语言与硬件高度相关、难记忆、容易错，程序的检查和调试都极为困难。

(2) 汇编语言

为了解决机器语言难于理解和记忆的问题，人们开始用助记符来表示机器语言。由于助记符采用与指令功能十分接近的缩写字符，提高了程序的可读性。这种用指令助记符组成的语言叫作汇编语言，用汇编语言编写的程序称为汇编源程序。然而，计算机不能直接执行用汇编源程序。为此，需要一种软件把汇编源程序“翻译”成机器目标程序。这种“翻译”过程称为“汇编”，相关软件称为汇编程序。汇编语言仍是一种面向机器语言，因此，其可移植性差。

(3) 高级语言

为了解决机器语言和汇编语言的种种缺陷，人们又研发了多种计算机“高级语言”。其目标是实现既接近于自然语言又不依赖硬件的计算机程序编写方式，而计算机则采用两种方式来执行由高级语言编写的源程序：编译方式和解释方式，如图4-1所示。

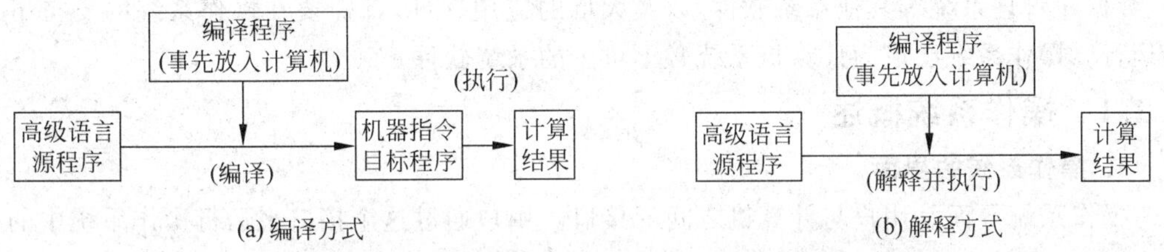

图4-1　高级语言的编译方式和解释方式框图

- 编译方式是采用编译器把高级语言源程序一次性翻译成机器可执行的目标程序，然后再执行这个目标程序。编译得到的目标程序可脱离编译器运行且可移植性好。
- 解释方式是采用解释软件把高级语言源程序逐句地翻译，译出一句立即执行一句，边解释边执行。这种方式较慢且与解释软件相关，但使用比较灵活。

目前，比较流行的计算机高级语言有很多，诸如FORTRAN、COBOL、PASCAL、C、Java、Visual Basic、Visual C++等。

3. 数据库管理系统

数据库(Data base)是以一定组织方式存储起来且具有相关性数据的集合，具有数据冗余小、利用率高和独立于应用程序的特点，可以为多种不同的应用程序共享，成为当代计算机应用的一大领域。数据库管理系统(Data base management system，DBMS)是对数据库资源进行统一管理和控制的软件，数据库管理系统是数据库系统的核心。目前，流行的数据库管理系统有Visual FoxPro、SQL Server、Oracle、Sybase、Access等。

4. 驱动管理

在计算机系统中，各种硬件设备(主板、显卡、打印机、键盘、外部存储设备等)要正常工作、与 CPU 进行数据交换均需要通过相应的接口程序来实现,这种接口程序称为驱动程序。操作系统的设备管理功能就是通过驱动程序实现对硬件管理的。

4.1.2 应用软件

应用软件是在操作系统支持下,针对某个应用领域的具体问题而开发和研制的程序,它具有很强的实用性和专业性。正是由于应用软件的这些特点,才使得计算机应用日益扩展到社会的各个行业。应用软件一般由应用软件包、数据包和用户程序组成。常用的应用软件有以下几类。

(1) 办公自动化软件,如 Word、Excel、PowerPoint 等,我们将在后续章节重点介绍。

(2) 信息管理软件,如各种管理信息系统(MIS)。

(3) 图像处理软件,如 Photoshop、ACDSee、3DMAX 等。

(4) 其他应用软件,如各种计算机辅助教学软件(CAI),计算机辅助设计软件(CAD)等。

4.2 操作系统

操作系统(Operating system,OS)是安装在计算机硬件上的第一层软件,是对硬件系统的首次扩充。操作系统是一组控制和管理计算机软硬件资源、为用户提供便捷使用计算机的程序的集合。它在计算机系统中占据了特别重要的地位,而其他的诸如支撑软件、编译程序、数据库管理系统等其他系统软件,以及大量的应用软件,都需要在操作系统的支持下才能运行。操作系统已成为计算机系统必不可少的系统软件。

4.2.1 操作系统概述

1. 操作系统的界面

操作系统界面是用户与计算机之间的接口。用户通过这个接口来运行操作系统中的各种命令和程序,以实现管理和控制计算机。操作系统界面可以是以下三种。

(1) 命令行方式:在这种界面下,用户须用键盘在操作系统提示符下输入正确的内部或外部命令,否则计算机将不予接收执行。早期磁盘操作系统(DOS)使用这种方式。

(2) 菜单方式:在这种界面下,操作系统已经将其命令按功能分类成一个多类多项的"菜单",用户只需通过光标或鼠标进行选择运行,而无须记住复杂的命令文本。

(3) 图形方式:在这种界面下,操作系统已经将其命令以图形方式显示,用户只需通过鼠标进行选择运行,也无须记住复杂的命令文本。图形界面通常与菜单方式配合使用,发挥各自的长处。

2. 操作系统的作用

操作系统的主要作用体现在两个方面:管理计算机所有资源和方便用户使用计算机。

(1) 有效地管理计算机资源:操作系统合理地组织计算机工作流程,使软件和硬件之间、计算机与用户之间、系统软件与应用软件之间的信息传输和处理流程准确畅通;有效地管理和分配计算机系统的资源。

(2) 方便用户使用计算机:操作系统通过内部复杂的综合处理,为用户提供非常友好、便捷的操作界面,使用户使用计算机变得更为方便、简单。

3. 操作系统的分类

目前使用的操作系统有很多,按照不同的工作模式可以分为以下几类。

(1) 批处理操作系统(Batch processing operating system,BPOS):用户将作业交给系统操作员,系统操作员将许多用户的作业组成一批作业,在系统中形成一个自动转接的连续的作业流,由计算机自动地、顺序地完成作业的系统。最后由操作员将作业结果交给用户。批处理操作系统的特点是:多道和成批处理。

(2) 分时操作系统(Time sharing operating system,TSOS):一台主机连接了若干个终端(用户)。CPU 按照优先级给各个进程/终端分配时间片/内存,采用时间片轮转方式处理服务请求,并在终端上向用户显示结果。每个用户轮流使用一个时间片且互不干扰。相当于多个人同时使用一个 CPU,严格说是多个人在不同时刻轮流使用 CPU。分时系统具有多路性、交互性、"独占"性和即时性的特征。

(3) 实时操作系统(Real time operating system,RTOS):是指使计算机能及时响应外部事件的请求在严格规定的时间内完成对该事件的处理,并控制所有实时设备和实时任务协调一致地工作的操作系统。其主要特点是系统资源的分配和调度优先考虑实时性然后才是效率。其目标是对外部请求在严格时间范围内做出反应,并具有高可靠性和完整性和容错能力。

(4) 网络操作系统(Network operating system,NOS):除对自身计算机进行管理外,还对能管理网络进行管理和控制的操作系统。网络操作系统是按网络体系结构协议标准开发的软件,包含网络管理、通信、安全、资源共享和各种网络应用。其目标是网络中的各计算机之间相互通信及资源共享。其主要特点是与网络的硬件相结合来完成网络的通信任务。

(5) 分布式操作系统(Distributed operating system,DOS):分布式计算机系统是由一组独立的计算机经过互联网络连接而成的系统,而用于分布式计算机系统的操作系统称为分布式操作系统。它在资源管理,通信控制和操作系统结构等方面都与其他操作系统有较大的不同。由于分布式计算机系统的资源分布于系统中不同的计算机上,其操作系统对用户的资源需求需要对系统中各台计算机上搜索,找到所需资源后才可进行分配。分布式操作系统须控制资源的一致性,使得多个用户可同时读一个文件,但任一时刻最多只能有一个用户能修改文件。分布式操作系统的通信机制和网络操作系统也有所不同,它要求通信速度高和并行运算。分布操作系统的结构也不同于其他操作系统,它分布于系统的各台计算机上,因此要充分地体现系统的透明性、可靠性和并行性。其基本功能是:进程通信、资源共享、并行运算和网络管理。

4.2.2 进程与进程管理

1. 进程是什么

进程是操作系统中最基本、最重要的概念。进程是一个具有独立功能的程序关于某个数据集合的一次运行活动。它可以申请和拥有系统资源,是一个动态的概念,是一个活动的实体。它是程序的代码加当前活动,通过程序计数器的值和处理寄存器的内容表示。

在多任务系统出现后,为了描述系统内部出现的动态情况和各个程序的活动规律而引入进程这个概念的。多任务操作系统就是建立在进程的基础上。

2. 进程的组成和特征

进程由程序、数据和进程控制模块三部分组成。进程有 4 个基本特性。

(1) 动态性：进程的实质是程序的一次执行过程，进程是动态产生，动态消亡的。

(2) 并发性：并发性是指系统中可以同时有几个进程在活动，也就是说，同时有几个程序的执行过程。任何进程都可以同其他进程一起并发执行。

(3) 独立性：进程是一个能独立运行的基本单位，同时也是系统分配资源和调度的独立单位，进程获得资源后执行，失去资源后暂停执行。

(4) 异步性：由于进程间的相互制约，使进程具有执行的间断性，即进程按各自独立的、不可预知的速度向前推进。

3. 进程的切换

进程切换就是从正在运行的进程中收回处理器，然后再使等待运行的进程来占用处理器。"从某个进程收回处理器"，实质上是把该进程存放在寄存器中的数据另存，让其他进程使用处理器的寄存器。

4. 进程与程序的关系

程序是指令的有序集合，其本身没有任何运行的含义，是一个静态的概念；进程是程序在处理机上的一次执行过程，它是一个动态的概念。程序可以作为一种软件资料长期存在是永久的；进程是有生命期的，是暂时。进程更能真实地描述并发，而程序不能；一个程序可以有多个进程。

5. 操作系统的运行状态

以 Windows 7 为例，其系统运行状态由任务管理器来管理，用户从中可以观察到应用程序的运行情况和进程列表情况："应用程序"卡中显示正在执行的三个应用程序列表，如图 4-2 所示。"进程"卡中显示当前所有进程情况，如图 4-3 所示。

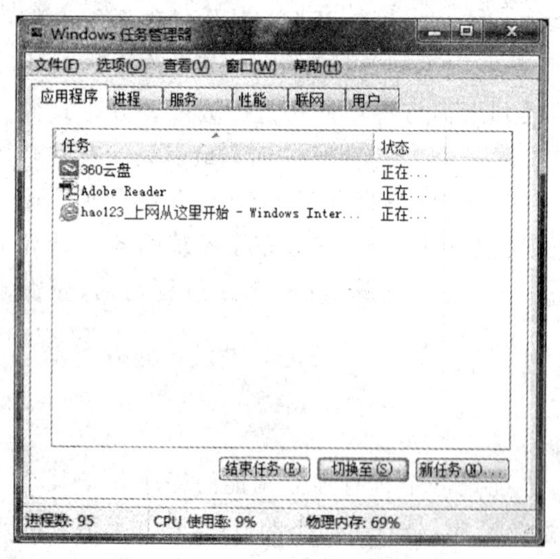

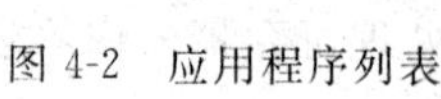
图 4-2　应用程序列表

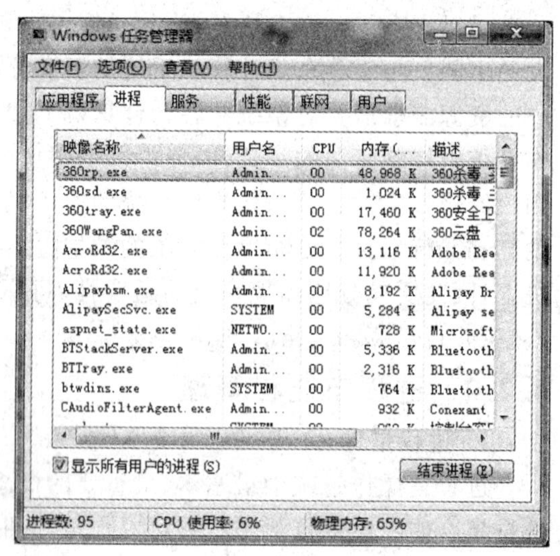

图 4-3　进程列表

4.2.3　操作系统的功能

操作系统必须具有以下功能。

(1) 处理机管理(进程管理)：处理机管理是对处理机(进程)的管理，包括进程控制、进程同步、进程通信和调度。

(2) 存储器管理：在多程序并行执行的系统中，为使内存能为多程序共享，需要对内存资源进行统一管理。内存管理功能包括内存分配、内存保护、地址映射和内存扩充等。

(3) 设备管理：主要任务是完成用户提出的 I/O 请求，为用户分配 I/O 设备，并控制 I/O 的执行。设备管理的功能包括缓冲管理、设备分配、设备处理、设备独立性和虚拟设备等。

(4) 文件管理：主要任务是解决用户文件和系统文件的存储、共享、保密和保护。文件管理的功能包括文件存储空间的管理、目录管理、文件的读/写以及文件的共享和保护等。

(5) 作业管理：作业是指用户在运行程序和处理数据过程中，用户的各种要求。作业管理的主要任务是对进入系统的所有作业进行组织和管理，以提高运行效率。

4.3　中文版 Windows 7

中文版 Windows 7 是微软公司于 2009 年 9 月发布的一款视窗操作系统，包含 6 个版本：Windows 7 Starter(初级版)、Windows 7 Home Basic(家庭基础版)、Windows 7 Home Premium(家庭高级版)、Windows 7 Professional(专业版)、Windows 7 Enterprise(企业版)和 Windows 7 Ultimate(旗舰版)。按此版本排序，越排在后面其系统功能也越强大，当然对硬件的要求也越来越高。

4.3.1　中文版 Windows 7 的安装与运行

1. 中文版 Windows 7 运行环境

最小硬件要求如下。

处理器：1GHz 及以上(32 位或 64 位处理器)；内存：1GB 以上；硬盘：16GB 以上可用空间(64 位要求 20GB 以上)；磁盘格式：NTFS；显卡：有 WDDM1.0 或更高版驱动的显卡 64MB 以上；其他硬件：DVD-R/RW 驱动器或者 U 盘等其他储存介质。

2. 中文版 Windows 7 的光盘安装

Windows 7 多采用光盘启动安装：将 Windows 7 光盘放入 DVD 光驱(BIOS 中设置光盘为第一启动盘)中，打开电源，系统将自动运行光盘的引导程序并启动其“安装向导”程序，显示安装向导界面，选择“安装 Microsoft Windows 7”。然后根据“安装向导”的引导，用户只需要根据提示进行简单的选择和输入相关信息即可顺利完成 Windows 7 的安装。

3. 中文版 Windows 7 的启动与退出

(1) Windows 7 的启动

Windows 7 安装完成后，打开计算机电源，系统完成机器自检后，直接启动 Windows 7；如果在计算机中添加了多个用户账号或设置了密码，则在启动过程中会出现登录界面，需要选择用户并输入正确的密码后才能启动 Windows 7。启动成功后，屏幕将显示如图 4-4 所示的 Windows 7 的“桌面”。Windows 7 要求进行用户注册，否则只能为 30 天试用版。微软提供了多种注册方式：密钥激活、电话激活、KMS 激活、破解激活。

(2) Windows 7 的退出

要正常退出系统，其步骤是：先关闭所有的应用程序，然后单击“开始”按钮，单击开始菜单的“关机”按钮即可。若要实现“关机菜单”的其他功能，则要将鼠标移至“关机”按钮右侧的▶键,系统将弹出其下级菜单,如图 4-5 所示,用户可以从中选择执行。

图 4-4　Windows 7 桌面

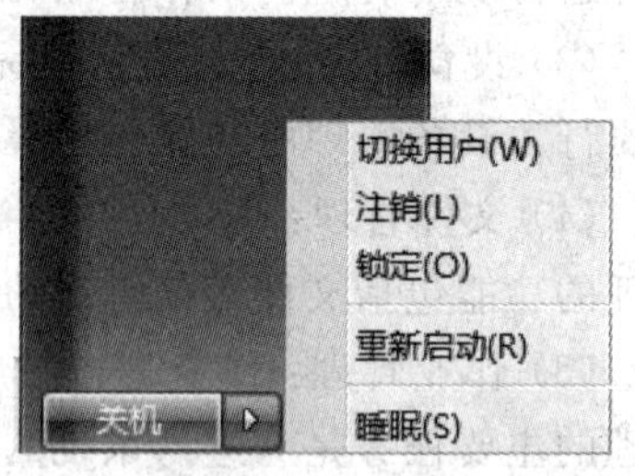

图 4-5　Windows 7 关机菜单

- 切换用户:选择该命令,系统将进入用户选择界面,以选择其他用户登录计算机。
- 注销:选择该命令,系统将注销当前用户(关闭该用户的全部操作),而进入系统的登录界面,允许用户重新登录系统或以其他用户身份登录系统。
- 锁定:选择该命令,系统将锁定当前用户(保持其工作状态),同时允许切换用户。
- 重新启动:选择该命令,系统将重新启动计算机。
- 睡眠:选择该命令,系统进入休眠状态,按任意键即能进入登录界面,唤醒计算机。

4.3.2　Windows 7 的基本知识与基本操作

1. 鼠标的基本操作

- 指向:使鼠标指针移动到某对象之上,以完成选择对象、弹出组合菜单等操作。
- 单击:鼠标指针指向某对象,快速按下鼠标左键并立即释放。常用于“选定”操作。
- 双击:鼠标指针指向某对象,快速按两下鼠标左键。用于启动程序或打开窗口操作。
- 右击:鼠标指针指向某对象,快速按一下鼠标右键。用于打开快捷菜单。
- 拖曳:鼠标指针指向某对象,按住左键并移鼠标至指定位置后释放,用于移动对象。
- 滚动:滚动鼠标滚轮,用来快速查看隐藏在当前窗口中的内容。

2. 键盘的操作

使用键盘操作可以完成 Windows 7 的一些基本操作。表 4-1 中列出了一部分常用组合键及其功能。

表 4-1　常用组合键的功能(其中 Win 代表键盘上 Windows 图标键)

组合键	功能	组合键	功能
Ctrl+A	全选	Ctrl+X	剪切
Ctrl+C	复制	Ctrl+V	粘贴
Alt+F4	关闭当前活动窗口	Esc	关闭对话框
Ctrl+Space	在中英文输入法之间切换	Ctrl+Shift	各种输入法之间切换
Alt+字母	打开应用程序相应的菜单	Ctrl+Esc	打开“开始”菜单
Win+D	最小化/还原所有窗口	Win+F	打开“搜索”对话框
Win+E	打开“计算机”窗口	Win+R	打开运行对话框
Win+P	打开多功能显示板	Win+M	快速显示桌面

3. 中文版 Windows 7 的桌面

桌面是登录到 Windows 7 之后看到的屏幕，它是用户操作计算机的界面。在桌面上可以放置一些常用的图标、文件或文件夹。桌面底部的任务栏显示正在运行的程序或打开的文件夹，并允许在它们之间切换；桌面左下角的“开始”按钮是 Windows 7 菜单的入口。

(1) Windows 7 的桌面的常用图标

“图标”是指桌面上排列的小图像，它包含图形、说明文字和对应程序路径等信息。单击图标将选中该图标；双击图标就可以打开相应的程序/内容；右击将显示该图标的快捷菜单。下面分别介绍桌面上的常用图标。

- “计算机”图标：实现对计算机中的硬盘、光盘、U 盘、移动硬盘、照相机、扫描仪、文件夹和文件的管理和访问。同时也能方便进入管理计算机的其他界面。
- “Administrator”图标是系统默认的文档保存位置，位于 C:\Users。双击它可以管理其下的“我的文档”“我的图片”“我的视频”等文件夹和文件。
- “网络”图标：双击该图标能完成网络连接、共享、安全及网络外设的添加等操作。
- “回收站”图标：双击该图标能从“回收站”中恢复被删除的文件或文件夹，也可以从“回收站”中永久删除文件或文件夹。
- “Internet Explorer”图标：微软 Internet Explorer 浏览器的快捷图标，双击该图标可启动该浏览器来访问 Internet。
- 应用程序快捷启动图标：许多应用程序在桌面上安装快捷启动图标，方便用户点击。

(2) “开始”菜单按钮及其开始菜单

“开始”按钮是 Windows 7 的主菜单入口，单击该按钮将打开如图 4-6 所示的开始菜单，其中包括所有程序、计算机、网络、控制面板和关机等多组子菜单和一个查询框，是 Windows 7 管理下整个计算机系统功能和应用的体现。其左边窗格显示计算机上软件的短列表；左边窗格底部是搜索框；右边窗格提供对文件、文件夹、设置和功能的访问途径。

- 所有程序：该子菜单包含 Windows 7 系统或用户安装的所有程序。
- 控制面板：该子菜单用于整个系统的管理，包括硬件、软件、用户、网络连接、安全、更新等多个方面。
- 计算机：该子菜单用于计算机中的磁盘、移动存储设备、数码影像等文件的管理。
- 运行：在弹出的文本框中输入程序路径和程序名并确认，系统即运行该程序。

图 4-6　Windows 7 开始菜单

- 查询框：在该文本框中输入要查找的程序名或文件名，并单击 🔍 按钮，系统即在整个系统中查找满足查询条件的文件或文件夹。

(3) 任务栏

任务栏位于桌面底部，可分为快速启动工具栏、最小化窗口栏等几部分，如图 4-7 所示。

图 4-7 Windows 7 任务栏

- 快速启动工具栏：提供快速启动应用程序的工具。单击这些按钮可以快速启动程序。
- 最小化窗口栏：此处一个图标与一个已运行的应用程序/窗口对应，单击这些图标，实现应用程序/窗口之间的切换。若用某程序多次打开不同的文档则出现图标相叠，当光标移至此叠图标时，系统将以小窗口形式并列显示之，允许用户点击选择。
- 语言栏：用于选择要使用的语言和汉字输入法并显示所选输入法的图标。
- 通知区域：以图标的形式显示系统的一些驻留程序，如音量控制器、日期时钟等。

4. 中文版 Windows 7 的窗口

窗口是在 Windows 7 下运行一个应用程序时呈现的在屏幕上一个矩形工作区域，运行一个程序即打开一个窗口。Windows 7 是多任务系统，允许用户打开多个窗口，但任何时候只有一个窗口是当前窗口。当前窗口对应的程序称为前台程序，其他程序则自动转为后台程序。

(1) 窗口的组成

在 Windows 7 中，窗口不会完全相同但主要元素是相同的。窗口通常由标题/地址栏、控制按钮、菜单栏、工作区，滚动条和边框等组成，如图 4-8 所示。主要窗口元素介绍如下。

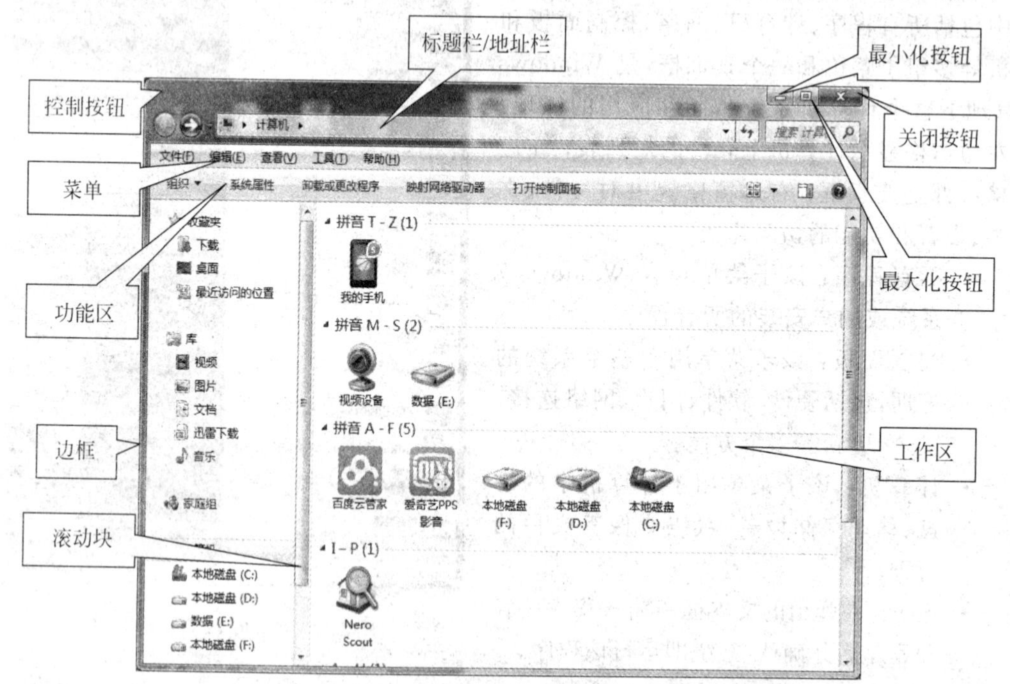

图 4-8 Windows 7 典型窗口

- 控制按钮：位于窗口左上角，有或无图标。单击此处弹出菜单，双击关闭窗口。
- 标题/地址栏：位于窗口顶部，标明该程序生产的文档名、应用程序名或地址。
- 窗口按钮：位于窗口右上角，左起依次为最小化、最大化和关闭按钮。单击 按钮将窗口缩小到任务栏；单击 按钮窗口变为最大化，当窗口最大化后，该按钮变成 按钮，单击 按钮，则恢复到原来状态；单击 按钮将关闭窗口。
- 菜单栏：是应用程序功能的选择区。菜单栏中每个菜单项均包含一个或系列命令。
- 功能区：应用程序功能的分组显示区，用户可直接单击这些按钮实现相关功能。右击某些窗口的功能区，可从其快捷菜单中单击“功能区最小化”来隐藏功能区，去掉“功能区最小化”命令前面的“√”，可重现功能区。当光标移到某个功能按钮并停留片刻，系统将显示该功能按钮的功能提示信息，以帮助用户快速了解其功能。
- 状态栏：在窗口最下方，标明当前有关操作对象的基本状态，如坐标、页面等。
- 地址栏：指定文档的查找位置。也可输入 Web 地址而访问 Internet。
- 工作区域：它是窗口中面积最大的窗格，显示应用程序输入输出信息或文件信息。
- 滚动条：当工作区域的内容太多而不能全部显示时，窗口将自动出现滚动条，用户可以通过拖动水平或者垂直滚动条上的滑块来查看所有的内容。
- 边框：窗口边框构成窗口的大小，用鼠标移动窗口边框可以改变窗口宽/高。

(2) 窗口的基本操作

在 Windows 系统中，可以通过鼠标/键盘来完成窗口的操作：

- 窗口的打开：双击窗口图标；或右击窗口图标，在其快捷菜单中选择“打开”命令。
- 移动窗口：对非最大化窗口，将鼠标指向标题栏，然后拖曳鼠标。
- 改变窗口大小：将鼠标移动到窗口的边框或四个边角上，待鼠标指针变成双箭头形状时，按住鼠标左键，拖动边框或边角到所需位置，然后释放鼠标。
- 窗口切换：可用多种方法：单击任务栏上相应窗口按钮；单击要激活的窗口；Alt+Tab 组合键，再从中选择所需的窗口；Alt+Esc 组合键(对最小化以后的窗口切换无效)。
- 窗口的排列：当打开了多个窗口并要全显时，右击任务栏空白处将提供了三种排列。

5. 对话框及其使用

当程序需要预置参数或选择带有“...”菜单命令时，系统会弹出一个对话框。对话框是应用程序的参数设置界面，是一个不可改变大小的矩形区域。通常由标题栏、选项卡、列表框、命令按钮、单选按钮和复选框等部分组成。典型的对话框如图 4-9 所示。

- 标题栏：左端显示对话框名称，右端只有“帮助”和“关闭”两个按钮。
- 选项卡：用于参数分类放置。
- 列表框/组合框：列出一组由程序提供的参数供用户选择。
- 单选按钮：单选按钮组，每次只能选中一项。
- 复选框：由方框及标签组成，每次可以选择多项。
- 按钮：单击按钮可直接执行该按钮标识的软件命令。
- OLE 框：用于预览设置参数后的结果。

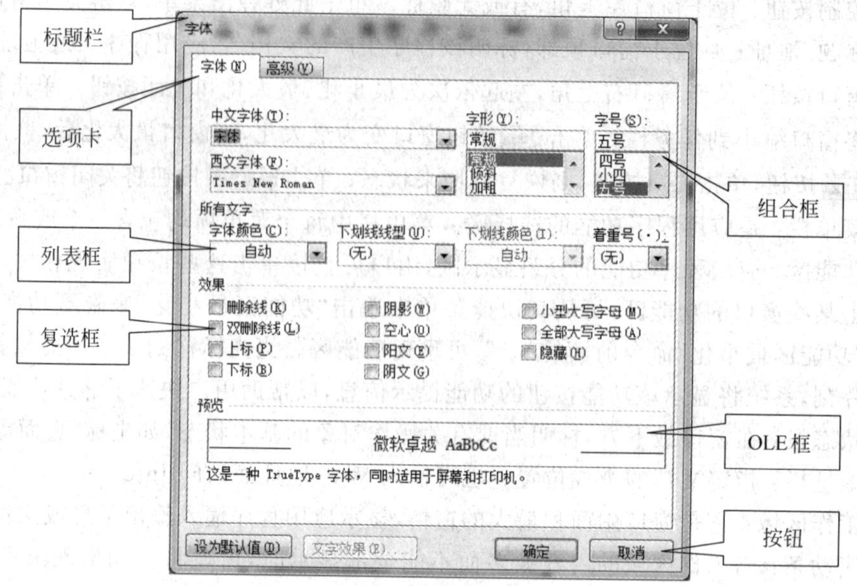

图 4-9　Windows 7 典型对话框

6. 窗口的菜单

在 Windows 7 中，菜单是应用程序功能的集合，而程序功能通过选择菜单命令来实现。每个窗口的菜单栏上都有若干菜单命令，每个菜单命令又包含若干子菜单命令。选择菜单命令名即打开相应的下拉菜单，供用户进一步选择。典型的窗口菜单如图 4-10 所示。对菜单的各种操作只有在当前窗口中有效。

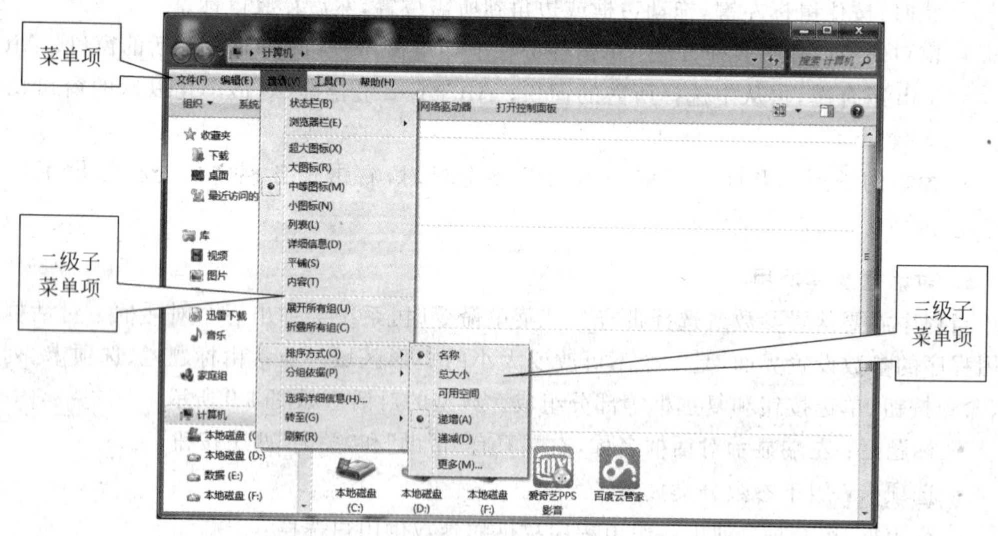

图 4-10　窗口菜单示意图

(1) 菜单命令的标志约定

- 选中标志：命令项前带有正确号“√”(复选)或实心圆点“·”(单选)。
- 灰色标志：命令项字符变灰，表示该命令当前不能使用。

- 快捷键标志：命令项后若为括号中带下横线的字母称为“热键”，显示下拉菜单后，可用热键快捷地选择命令；若为组合键，这就是对应于该命令的快捷键。
- 三角形标志：命令项后带有实心三角形标志，则表示该命令项下还有子菜单。
- 省略号标志：命令项后带有省略号“...”时，表示该命令项将打开一个对话框。

(2) 菜单命令的选择

- 鼠标选择：单击所需菜单命令，即打开一个下拉式菜单，再单击所需命令。
- 键盘选择：同时按 Alt 键和菜单命令后括号中带下划线的字母键，打开这个下拉式菜单，然后用光标控制键选择菜单命令，按 Enter 键即可执行选择的命令。

(3) 菜单命令的撤换

单击菜单外的任何地方或按 Esc 键，菜单将自动撤销。打开一个菜单后，如想切换至另一组菜单，只需单击另一菜单命令名即可。

(4) 快捷菜单

快捷菜单是 Windows 7 中无处不在的一种菜单，它是窗口菜单的一部分，是与鼠标指向对象的操作最为相关的菜单。右击选中对象后即弹出其“快捷菜单”。

7. 剪贴板的使用

剪贴板(Clipboard)是 Windows 7 中文件之间信息传递的临时存储区。剪贴板中的信息可以是文字、图像、声音等。通过剪贴板可以将其中的信息粘贴到另一个文件中，或是作为一个新文件保存。对剪贴板的操作主要有复制、剪切和粘贴三种。

(1) 将信息复制到剪贴板

- 复制选中的对象到剪切板：首先选定要复制的对象，然后选择“编辑”菜单中的“剪切”(Ctrl+X)或“复制”(Ctrl+C)命令。剪切命令是将选定的信息复制到剪贴板上的同时删除被选对象；复制命令则仅将选定的信息复制到剪贴板中。
- 复制整个屏幕或窗口到剪贴板：按下 Print Screen 键，整个屏幕将被复制到剪贴板上。复制当前窗口则要按 Alt+Print Screen 键。

(2) 粘贴剪贴板中的信息

首先将光标定位到要粘贴信息的位置，然后选择“编辑”菜单中的“粘贴”(Ctrl+V)命令即可。剪贴板中的信息允许在不同文件中多次粘贴。

8. 中文版 Windows 7 的联机帮助系统

中文版 Windows 7 的帮助系统需要联网到微软公司的网站上。因此，如果在使用 Windows 7 的过程中需要获得系统帮助信息，用户须能上网。

4.3.3 Windows 7 的“计算机”与资源管理器

在中文版 Windows 7 中，双击“计算机”图标或按 Win+E 组合键，即可打开 Windows 7 的资源管理器。它用于管理计算机所有资源、浏览/管理外部设备，是访问计算机文件系统的窗口；同时也提供“动态功能按钮栏”，实现不同状态下对系统软硬件环境进行设置，如图 4-11 所示。该窗口包含了一个菜单栏、动态的功能按钮、显示计算机的各种存储设备和共享文档等图标的窗格，其中的图标双击即可打开，以便于作进一步操作。

在该窗口中可以浏览磁盘内容；对磁盘中的文件或文件夹进行创建、移动、删除、重新

图 4-11　Windows 7 计算机/资源管理器窗口

命名等操作；对磁盘进行包括格式化和复制以及通过选择“打开控制面板”来对系统中的硬件和软件进行调整和设置等。

1. Windows 7 的文件管理

(1) 文件和文件夹概述

文件是计算机处理数据的集合，是 Windows 7 的文件管理的基本对象。计算机中所处理的各种文档、图形、图像、声音和视频及其合成等都是以文件的形式存储在磁盘上的。

“文件夹”是 Windows 7 的文件管理的另一个对象，用于将相关文件保存在一起。文件夹中还可以包含其他文件夹，又称为子文件夹。

(2) 文件和文件夹的命名规则

文件和文件夹必须命名。文件命名包括文件名和扩展名两部分，文件夹名通常没有扩展名。文件名与扩展名之间用一个圆点隔开。Windows 7 支持长文件名，但其路径和文件名总长度不能超过 260 个字符，文件名中不允许出现?、\、*、<、>、|等符号。

(3) 文件的存储路径

文件的存储路径(简称路径)是文件管理的一大要素。为了保存、运行或打开一个文件，必须指定该文件的存储位置，即文件的路径。路径从驱动器开始称为绝对路径，从当前文件夹开始称为相对路径。例如：C:\Program Files\Microsoft Office\Word.exe 是绝对路径。

(4) 文件类型的约定

文件的扩展名用于表示文件的类型，反映了文件的格式。表 4-2 列出了常见文件的类型。

表 4-2　常见文件类型

扩　展　名	文 件 类 型	扩　展　名	文 件 类 型
.exe，.com	可执行/命令文件	.sys	系统文件
.txt	文本文件	.htm，.html	网页文件
.rar，.zip	压缩文件	.bmp，.gif，.jpg，jpeg	图片文件
.mp3，.wav，.wma，.mid	音频文件	.doc，.docx	Word 文档
.xls，.xlsx	Excel 工作簿	.ppt，.pptx	演示文稿文件
.avi，.mpg，.mov，.rm	视频文件	.ini	系统配置文件

2. 文件和文件夹的基本操作

(1) 文件或文件夹的选择与取消选择操作

- 选择单个文件或文件夹：单击要选定的文件或文件夹。
- 选择多个连续文件或文件夹：按住 Shift 键，然后单击要选择所有项。
- 选择多个非连续文件或文件夹：按住 Ctrl 键，然后单击要选择的每一项。
- 全选：选择“编辑”菜单中“全部选定”命令。或用 Ctrl＋A 命令全部选择。
- 反向选择：选择“编辑”菜单中“反向选择”命令，选择原来未选择的文件。
- 取消选择：单击窗口空白即可。或按住 Ctrl 键不放，单击要取消的文件或文件夹。

(2) 文件或文件夹的打开或关闭操作

- 文件的打开：双击文件名/图标，Windows 7 将启动与该文件相关应用程序并在该应用程序窗口中打开该文件。
- 文件夹的打开：双击要打开的文件夹，在窗口的工作区窗格中显示该文件夹的内容(其包含的文件和子文件夹)。

(3) 创建、复制、移动文件或文件夹

① 文件或文件夹的创建。

Windows 的“文件”菜单的“新建”命令能够新建某些空文件(结构)，但其内容需要在对应的应用程序下才能创建。因此，通常是先启动应用程序再创建文件；创建文件夹，先选中保存文件夹的位置，在“文件”菜单选择“新建”子菜单中的“文件夹”命令，然后输入新文件夹的名字，然后按 Enter 键即可。

② 文件或文件夹的复制。

先单击要复制的文件或文件夹；再选择“编辑”菜单中的“复制”命令；然后定位于目标位置；选择“编辑”菜单中“粘贴”命令完成文件(夹)复制，也可用 Ctrl＋C 及 Ctrl＋V 组合键完成文件(夹)复制。

③ 文件与文件夹的移动。

先单击要移动的文件或文件夹；再选择“编辑”菜单中的“剪切”命令；然后定位于目标位置；选择“编辑”菜单中“粘贴”命令完成文件(夹)移动，也可用 Ctrl＋X 及 Ctrl＋V 组合键完成文件(夹)的移动。

(4) 删除文件或文件夹

- 使用键盘命令删除：先选择要删除的文件或文件夹，然后按 Del 键。
- 使用菜单删除：单击要删除的文件或文件夹，在“文件”菜单中选择“删除”命令。
- 使用快捷菜单：右击删除的文件或文件夹，从快捷菜单中，选择“删除”命令。
- 使用鼠标拖动：直接将要删除的文件或文件夹拖曳到桌面上的“回收站”中。

(5) 重命名文件或文件夹

- 在文件或文件夹名处单击两次(间隔稍长)，在呈现的文本框中改名后按 Enter 键。
- 选择要更名文件或文件夹及“文件”菜单中“重命名”命令，改名后按 Enter 键。
- 右击要更名文件或文件夹，从快捷菜单中选择“重命名”命令，改名后按 Enter 键。

(6) 文件或文件夹的属性与设置

文件或文件夹属性是系统为文件或文件夹保存的目录信息的一部分，文件或文件夹属性对话框中一般可以显示类型、位置、大小、创建时间、占用空间等。图 4-12 和图 4-13 分别是文件和文件夹属性对话框。文件及文件夹的“只读”“隐藏”和“存档”三种属性可根据需要来设置(“存档”属性需要在其高级属性对话框中设置)：

- 只读：设置了“只读”属性后，只能进行阅读操作，而不能修改和删除。
- 隐藏：设置了“隐藏”属性后，该文件或文件夹通常不显示在文件夹内容框中。
- 存档：该文件自上次备份以后被修改过，为一般的可读写文件。

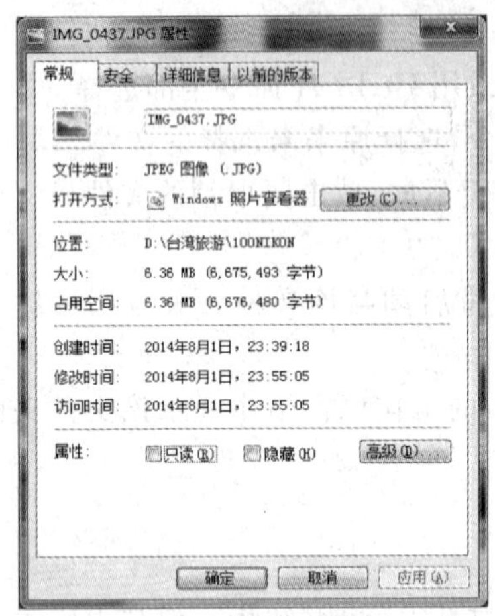

图 4-12　Windows 7 的文件属性对话框

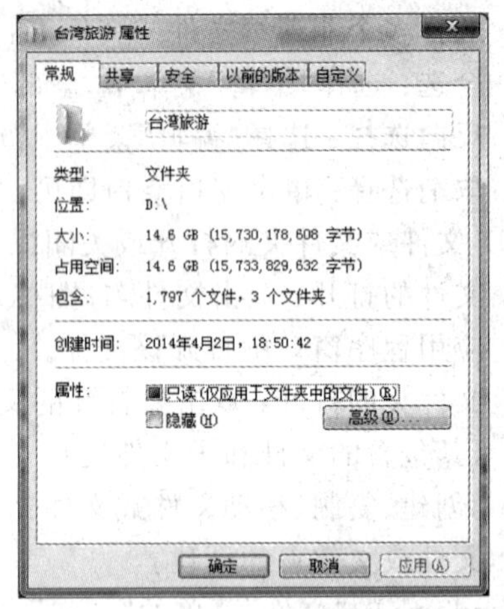

图 4-13　Windows 7 的文件夹属性对话框

3. 回收站

“回收站”是 Windows 7 开辟的一个用来存放用户删除的文件的临时区域。回收站中的文件并没有真正被删除，用户可以随时还原被删除的文件。回收站的主要功能有：保存被删除的文件、永久性删除文件和还原被删除文件。

“回收站”的位置、容量大小、工作模式、显示等属性可以在其属性对话框中设置。方法是：右击“回收站”图标，从其快捷菜单中选择“属性”命令，系统将弹出“回收站 属性”对话框，如图 4-14 所示。可根据实际需要对回收站进行设置。

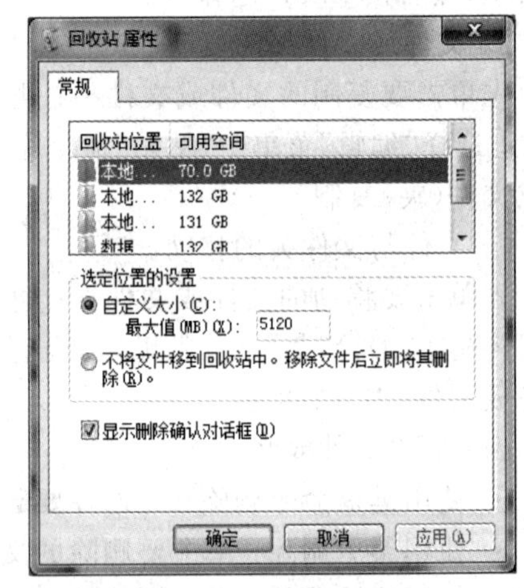

图 4-14　Windows 7“回收站 属性”对话框

4. 磁盘管理

Windows 7 的磁盘管理包括：查看磁盘属性、磁盘整理、创建 DOS 启动盘等。

(1) 查看磁盘属性：打开“计算机”窗口，右击要查看的磁盘图标，在弹出的快捷菜单中选择“属性”命令，将弹出“本地磁盘属性”对话框。其中包括了“常规”“共享”“安全”等 8 个选项卡，从中可以了解和设置磁盘的各种信息和共享等。

(2) 磁盘检查和碎片整理：从其“工具”选项卡中单击“开始检查”按钮，则弹出“检查本地磁盘”对话框，正确选择后单击“开始”按钮即可。碎片整理操作类似。

(3) 磁盘格式化：磁盘格式化是在磁盘驱动器的所有数据区上写 0 的操作过程，同时对硬盘介质做一致性检测，并且标记出不可读和坏的扇区。磁盘格式化操作必须极谨慎，格式后数据无法恢复。具体方法如下：①选定要格式的磁盘(非系统盘)；②打开“文件”菜单，选择“格式化”命令(或右击文件夹窗口磁盘图标，从弹出的快捷菜单中，选择“格式化...”命令)，将出现如图 4-15 所示的“格式化…”对话框。

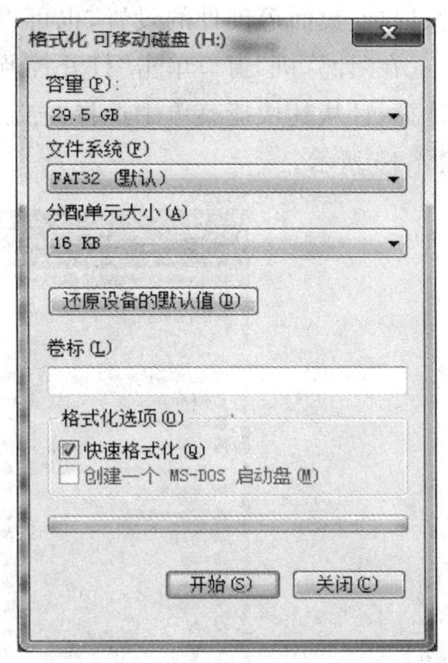

图 4-15　格式化磁盘对话框

在该对话框中，被格式化硬盘的“容量”“文件系统”和“分配单元大小”等信息一般无须改动；用户可由“文件系统”的设置来改变磁盘格式；“快速格式化”功能是重写引导记录、不检测磁盘坏簇、数据区不变，快速格式化后的硬盘可以通过技术手段进行恢复；正常格式化重写引导记录，重新检查标记坏簇，其余表项清零，清空根目录表，对数据区清零。

5. 库及库的使用

库是 Windows 7 操作系统推出的一个有效的文件管理模式。在库中，可以将我们需要的文件和文件夹以链接的形式集中到一起，如同网页收藏夹一样。库中并不真正存储文件，其对象只是相应文件夹与文件的一个快照。

使用库，用户可以不关心文件或文件夹的具体存储位置，只要把它们都链接到一个库中进行管理，使用时单击库中的链接就能快速打开添加到库中的文件或文件夹。

(1) 库的启动

- 单击任务栏中“开始”菜单旁边的文件夹图标启动库；
- 双击“计算机”，在其窗口中单击左侧导航栏中的“库”。

(2) 新建一个库

- 启动“库”后，单击菜单栏的“文件”→“新建”→“库”，即可创建一个库；
- 启动“库”后，右击选择“新建”→“库”，也可以创建一个库；
- 直接对着想要加入库的文件夹右击，选择“包含到库”→“创建新库”也可创建一个库。

(3) 向库中添加文件夹或文件

- 双击打开刚刚新建的库，单击“包括一个文件夹”，再选择想要添加到当前库的文件夹即可；
- 右击库，在弹出的快捷菜单中选择“属性”，再单击“包含文件夹”，选中想要添加到当前库的文件夹即可；
- 右击想要添加某个文件夹，选择“包含到库中”，再选择目标库即可。

(4) 删除库

在“库”窗口中，右击要删除的库，在弹出的快捷菜单中选择“删除”，即可删除该库，删除库对其包含的文件夹或文件没有影响。

4.3.4　Windows 7 的控制面板

控制面板是系统资源管理的工具集。通过它，用户可以根据自己的爱好更改显示器、键盘、鼠标、桌面等硬件的设置,也可以增加或删除软件、对系统进行安全设置等。

在“计算机”窗口单击“打开控制面板”按钮、在“开始”菜单中单击“控制面板”按钮、右击“计算机”从其快捷菜单中选择“控制面板”命令等,均可打开“控制面板”。控制面板窗口如图 4-16 所示。

图 4-16 Windows 7 控制面板窗口

1. 鼠标设置

鼠标是计算机的标准输入设备之一。鼠标性能影响工作效率。双击控制面板中“鼠标”命令,即弹出如图 4-17 所示的“鼠标 属性”对话框。用来设置诸如左/右手型鼠标、鼠标的双击速度、指针方案、可见性和鼠标的移动速度等鼠标参数和特性。

2. 键盘设置

键盘是计算机标准输入设备。双击控制面板中“键盘”选项,将弹出如图 4-18 所示的“键盘 属性”对话框。“速度”选项卡用于设置字符重复延缓时间、重复率和光标闪烁频率等,“硬件”选项卡以查看键盘的硬件情况并进行设置。

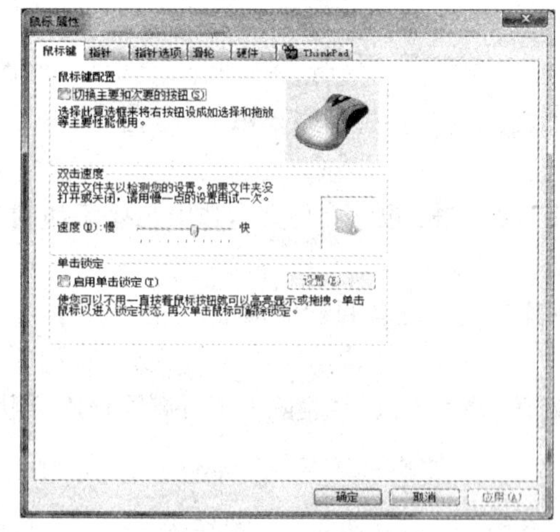

图 4-17 Windows 7 的“鼠标 属性”对话框

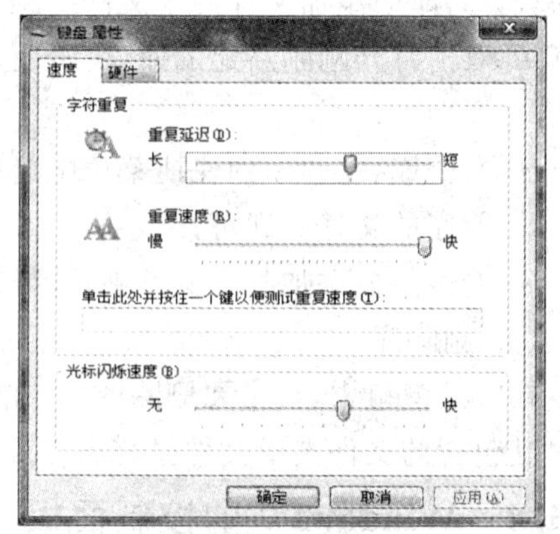

图 4-18 Windows 7 的“键盘 属性”对话框

3. 显示设置

双击控制面板中“显示”选项，将弹出如图 4-19 所示的“显示”窗口，其中左边窗格上部为显示器的分辨率、亮度、校准颜色、更改显示器设置等参数定制的列表，其下部有“个性化”设置选项。显示器的特性都可以通过该窗口进行设置。

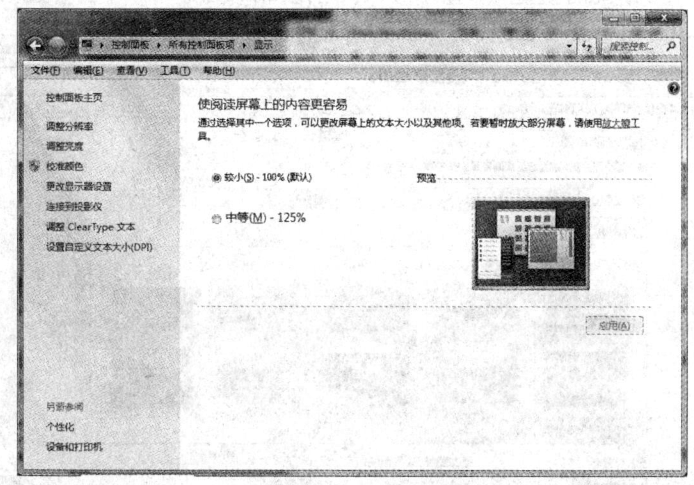

图 4-19　Windows 7 的“显示”窗口

(1) “调整分辨率”命令：实现显示器及其分辨率和方向的设置。

(2) “亮度”命令：用户调整显示器的亮度、电源计划等节能方案等。

(3) “校准颜色”命令：提供一个校准颜色向导，用户可以根据其提示信息逐步完成之。

(4) “个性化”命令：个性化主题是 Windows 7 的重大特色之一。实质是设计一个主题，以把桌面背景改成用户的颜色、图片，并设置屏幕保护等。具体操作如下。

- 准备个人主题：将个人喜欢的图片集中存放到一个文件夹中，作为桌面背景。
- 开启个性化设置：在“显示”窗口中选择“个性化”命令，系统将显示如图 4-20 所示的个性化窗口。

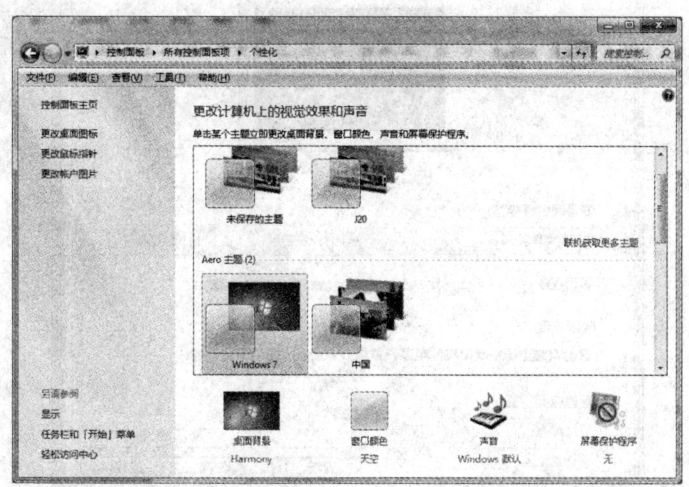

图 4-20　Windows 7 的个性化窗口

• 桌面背景个性化设置：在个性化窗口中选择“桌面背景”命令，系统即打开“桌面背景”窗口，如图 4-21 所示。单击“图片位置”后的“浏览...”按钮，找到事先准备的图片文件夹，然后再单击“全选”按钮以确定将所选的全部图片均作为桌面背景。在确定了图片的位置、图片更换间隔等选项之后，单击“保存修改”按钮，即可将用户的图片文件夹作为“我的主题”并显示在“个性化”窗口中。

图 4-21　Windows 7“桌面背景”窗口

• 设置屏幕保护程序：返回到个性化窗口后，选择“屏幕保护程序”命令，系统将显示如图 4-22 所示的“屏幕保护程序”对话框。用户可以根据需要设置屏保程序。

图 4-22　“屏幕保护程序设置”对话框

- 设置窗口颜色：在个性化窗口中，选择“窗口颜色”命令，系统将显示如图 4-23 所示的“窗口颜色”窗口。用户可按自己意愿为系统窗口设置颜色、浓度和主题。

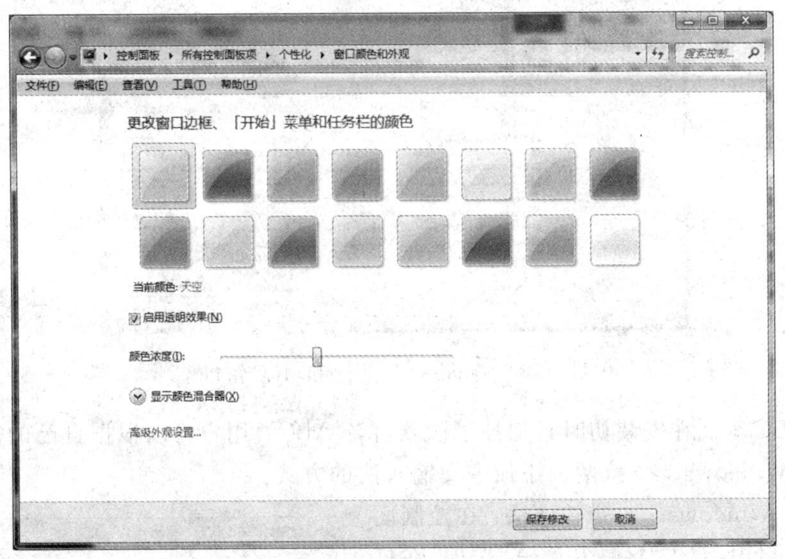

图 4-23　Windows 7“窗口颜色”窗口

- 设置主题声音：在个性化窗口中，选择“声音”命令，系统将显示如图 4-24 所示的“声音”对话框。用户可按自己意愿为系统设置主题声音方案。
- 保存主题：在个性化窗口的“我的主题”区，选择“保存主题”命令，然后在弹出的对话框中输入主题名称，最后单击“保存”按钮即可。

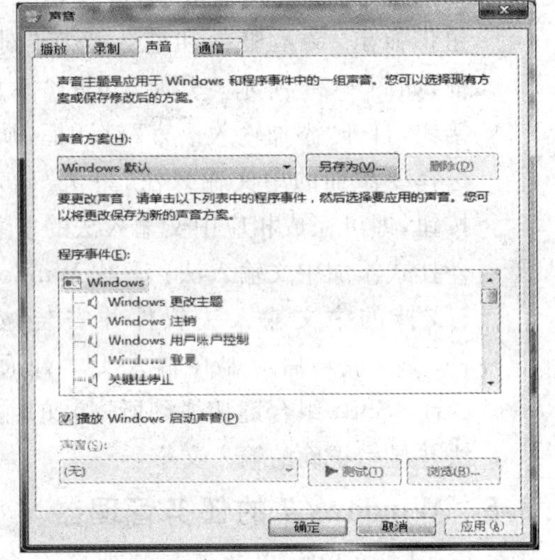

图 4-24　Windows 7“声音”对话框

Windows 7 还可右击桌面空白处，用快捷菜单的“个性化”命令打开个性化窗口。

4. 删除程序

在 Windows 7 的控制面板中，“程序和功能”工具具有保持 Windows 7 对删除/更改程序过程的控制、不因误操作而造成对系统破坏的特点。双击“程序和功能”选项，将弹出如图 4-25 所示的“程序和功能”窗口。

- 删除程序：单击要删除的程序名或图标，该窗口将在其工具栏中呈现“卸载”按钮，然后单击该按钮即进入程序的卸载程序，实现程序的卸载。
- 更改程序：单击要更改的程序名或图标，该窗口将在其工具栏呈现“更改”按钮，然后单击该按钮启动该程序的重新安装程序，实现该程序的重新安装或卸载。

5. 中文输入法的安装

Windows 7 提供了多种中文输入法，包括简体中文全拼、简体中文双拼、简体中文郑码、

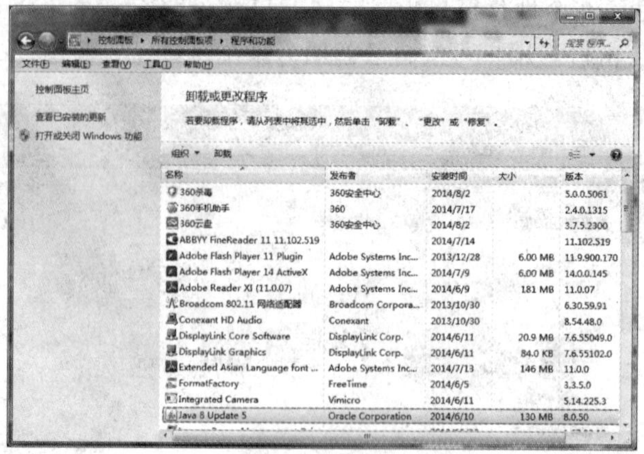

图 4-25 Windows 7“程序和功能”窗口

微软拼音 ABC 等。在安装初时只加挂了微软拼音 ABC。用户可以根据自己的需要添加中文输入法。Windows 7 支持两种添加中文输入法的方式。

- 加挂 Windows 7 自带输入法：在控制面板窗口中，双击“区域和语言”选项，在打开的“区域和语言”对话框中，选择“键盘和语言”选项卡并单击“更改键盘...”按钮将弹出“文本服务和输入语言”对话框，如图 4-26 所示。然后，单击“添加”接钮，打开“添加输入语言”对话框，从中选择要添加的中文输入法，单击“确定”按钮，即可完成相应中文输入法的安装。
- 外挂式添加中文输入法：下载 Windows 7 支持的中文输入法软件并安装该软件，安装成功后应能在输入文本处通过 Ctrl＋Shift 组合键切换到所安装的输入法并显示正确的输入文字。

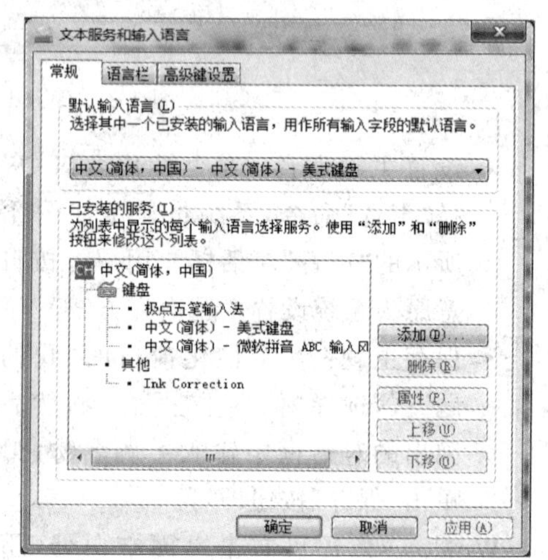

图 4-26 “文本服务和输入语言”对话框

4.3.5 Windows 7 的任务管理器

在 Windows 7 中，启动任务管理器有多种方法：同时按 Ctrl＋Shift＋Esc 或 Ctrl＋Alt＋Del 组合键；右击任务栏空白处并从快捷菜单中选择“启动任务管理器”命令等。任务管理器能够使我们方便地终止或启动程序的运行、监视所有运行的进程、查看计算机的性能等。任务管理器窗口中能实现如下几大管理功能。

1. 应用程序管理

在任务管理器窗口的“应用程序”选项卡，可以根据个人喜好设置视图查看方式、查看当前系统中运行的应用程序情况、结束或启动任务等。如果某个应用程序无法正常退出，可以在该选项卡中单击这个应用程序，再单击“结束任务”按钮。

2. 进程管理

在任务管理器窗口的“进程”选项卡,可以看到当前系统中各个进程的映像名称、用户名、CPU、内存使用等信息,并显示各个进程所占用 CPU 和内存资源情况。在此选项卡中选择“查看”菜单中的“选择列”命令可以对要显示的信息字段进行设置;单击列标题可以对改变显示进程的排序;除 System Idle Process 之外的进程,均可右击进行优先级的设置。

3. 服务管理

在任务管理器窗口中,单击“服务”选项卡,可以查看系统正在启用的服务情况,允许用户根据需要停止或启用所列表的服务,如图 4-27 所示。

4. 性能管理

在任务管理器窗口中,单击“性能”选项卡,可以查看 CPU 实时情况和内存使用情况,如图 4-28 所示。在该选项卡中还可选择“查看”菜单并选择“显示内核时间”命令,可以显示内核的运行情况;双击该选项卡就会进入详细视图,再次双击即可恢复。

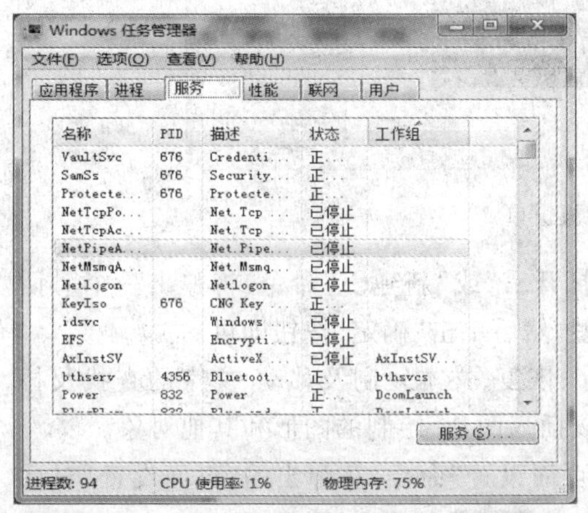

图 4-27 任务管理器的服务选项卡

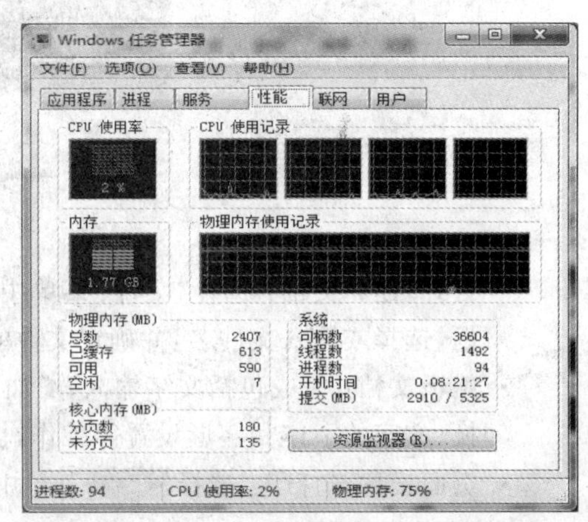

图 4-28 任务管理器的性能选项卡

5. 联网管理

在“联网”选项卡中,通过“选项”菜单中“显示累积数据”命令,可以显示所有通过网络适配器传递的数据;通过“查看”菜单中“网络适配器历史记录”可以查看发送、接收以及总共的字节数;通过“查看”菜单中“选择列”可以设置显示选项。

6. 用户管理

在“用户”选项卡中,会在显示本地用户的用户名、标识、状态等信息。可以通过“查看”菜单中的“选择列”命令设置要显示的信息;选中某个用户,通过单击“发送消息”按钮,可以给此用户发消息。

4.3.6 Windows 7 的附件

中文版 Windows 7 提供了一组实用程序,统归为“附件”文件夹。包括记事本、写字板、画图、计算器、截图工具、Bluetooth 文件传送、命令提示符、系统工具等。下面介绍几种常用的程序。

1. 写字板与记事本

“写字板”是 Windows 7 提供的一个简易文字处理程序。可用于编写文稿、信函、便条，具有基本的图文编辑功能。除具有的文字编辑、查找或替换外，还增加了段落处理、插入图片和对象等功能。“写字板”所创建的文件扩展名默认为“. rtf”。

- 写字板的启动：选择“附件”中的“写字板”命令，将打开如图 4-29 所示的“写字板”窗口。

图 4-29 写字板窗口

- 打开/建立文档：选择“文件”菜单中的“打开…”或“新建…”命令，将弹出一个对话框，选择或输入文件名，并确定文件的类型，然后单击“确定”按钮即可。
- 编辑文档：完成包括文字输入、增加、删除、恢复、文本复制及移动、文字的查找及替换、文字的字体和字形设置等工作，也可以插入图片、绘制的图形和其他对象。
- 页面设置与打印：选择 菜单中的“页面设置”命令，从弹出的“页面设置”对话框中，选择打印纸的规格、设置边距等。选择 菜单中的“打印”命令，可实现文档的预览和打印。

“记事本”是一个纯文本编辑器，它所创建的文件的扩展名为“. txt”，记事本只提供简单的文字编辑功能，它比“写字板”的功能要差很多，在此就不再加以说明。

2. 计算器

Windows 7 提供的“计算器”具有标准型、科学型、程序员型和统计信息型等四种模式，功能远超一般计算器。其科学计算器模式如图 4-30 所示。

- 模式转换：单击计算器窗口“查看”菜单下的相应的计算器类型即可实现模式转换。
- 标准型模式：主要完成最基本的十进制四则运算、平方根、倒数等计算。
- 科学型模式：能实现十进制数常用三角函数和反三角函数、指数和对数等的计算。

图 4-30 科学型计算器窗口

- 程序员模式：能实现逻辑、位移运算以及十进制与二进制、八进制、十六进制的转换等。
- 统计信息模式：能实现求和、平方和、平均值、平方平均值、标准差等统计学计算。

3. 截图工具

在使用计算机时，有时需要将屏幕上显示的运行结果、画面、提示信息原样保存，这就需要"截屏"或"截图"。常见的截图方法就是按键盘上的 Print Screen 键，按一次键就能完成全屏幕的截图，但是这种方法对局部截图无效。Windows 7 在"附件"中提供了一种高效的截图工具。

（1）启动 Windows 7 的截图工具

单击"开始"菜单，打开"所有程序"的"附件"的"截图工具"，即可打开截图工具。当然，也可以通过在"运行"中输入 SnippingTool 命令：来启动截图工具。

（2）Windows 7 截图工具的使用

启动"截图工具"后，系统自动进入截图状态，就可以进行窗口截图。截图方法是直接拖曳！按住左键，拖动鼠标所"绘出"的矩形区域即为所截的图形（存入剪切板）。若要随心所欲地截取自己需要的图形，则应单击"截图工具"窗口中"新建"旁边的列表按钮，在弹出的列表命令中选择"任意格式截图"，如图 4-31 所示，然后按住鼠标左键，在屏幕上拖一个任意形状的封闭区域，然后松开鼠标，任意形状的截图就完成了。

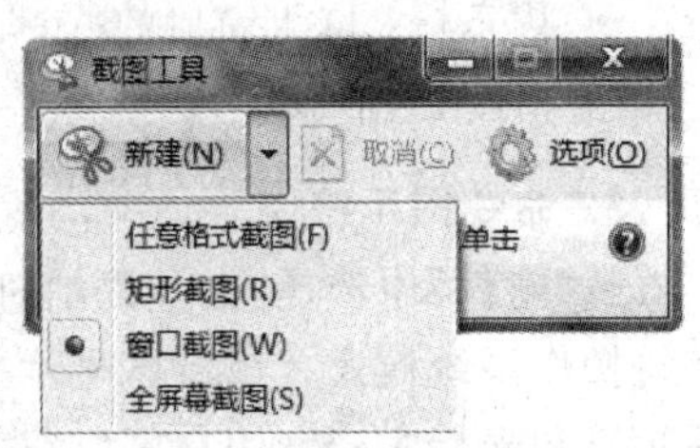

图 4-31　截图工具窗口

4. 画图

"画图"软件既可以产生图像，也可以编辑来自扫描仪扫的图像或其他 Windows 7 应用程序生成的图形。选择"附件"中的"画图"命令，即打开"画图"窗口，如图 4-32 所示。该窗口主要由主菜单、画图区、功能区、工具栏和状态栏 5 部分组成。

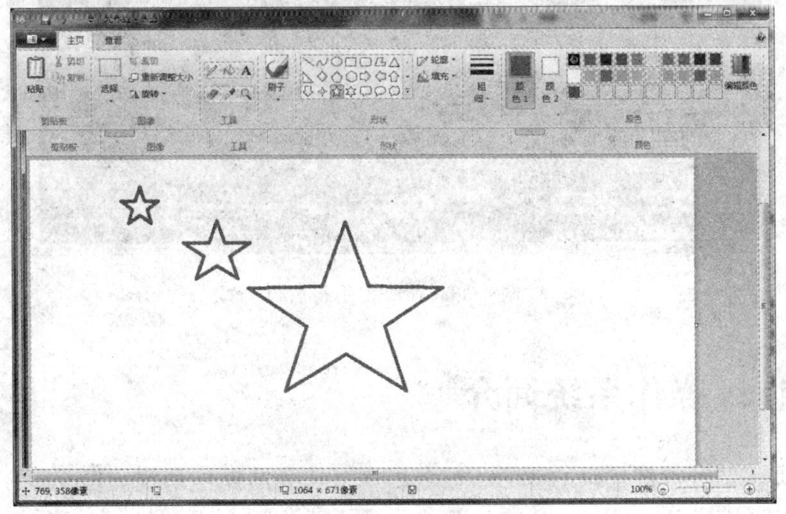

图 4-32　画图窗口

- 主菜单：位于功能区左上角，用[按钮]图案表示。"属性"命令允许在"属性"对话框中设置画布的宽度和高度，度量单位可以为英寸、厘米或像素(默认值为像素)。图形的保存和打印功能也在该菜单下完成。
- 画图区：图形绘制区域，其尺寸允许预先设置或随时改变。
- 功能区：位于窗口上部，分为"主页"和"查看"两选项卡。"主页"选项卡有剪切板、图像、工具、形状、线型和颜色等组；"查看"选项卡有缩放、显示或隐藏、显示等组。颜色 1 和颜色 2 按钮分别设置/显示绘画时的前景色和背景色。单击颜色 1 按钮再单击色盒中的一个色块，该颜色即为前景色并显示在颜色 1 框中；颜色 2 按钮的操作与颜色 1 相同；单击"编辑颜色"按钮，可以改变颜色 1 或颜色 2 的颜色。其他功能按钮均直观、清晰，稍加尝试即可掌握。
- 快捷工具栏：位于窗口左上部，默认工具只有保存[图标]、撤销[图标]、重做[图标]三种，允许单击下拉按钮[图标]从其弹出的下拉菜单中添加所列的其他工具。
- 状态栏：位于窗口的底部。其显示的状态从左至右依次为当前光标坐标、光标移动精度、当前画图尺寸、保存状态和显示比例。其中显示比例允许用户调整。

5. 命令提示符

从"附件"中选择"命令提示符"命令，即可启动"命令提示符"，如图 4-33 所示，系统进入字符操作系统模式。该窗口显示了本机的操作系统版本号、版权等信息和当前路径及命令提示符和光标">"。用户可以在其之后输入 DOS 命令。

```
管理员: C:\Windows\system32\cmd.exe
   连接特定的 DNS 后缀 . . . . . . . :
   描述. . . . . . . . . . . . . . . : Teredo Tunneling Pseudo-Interface
   物理地址. . . . . . . . . . . . . : 00-00-00-00-00-00-00-E0
   DHCP 已启用 . . . . . . . . . . . : 否
   自动配置已启用. . . . . . . . . . : 是
   IPv6 地址 . . . . . . . . . . . . : 2001:0:9d38:90d7:414:24f1:84ba:d577(首选)

   本地链接 IPv6 地址. . . . . . . . : fe80::414:24f1:84ba:d577%113(首选)
   默认网关. . . . . . . . . . . . . : ::
   TCPIP 上的 NetBIOS . . . . . . . : 已禁用

C:\Users\Administrator>ping www.sina.com.cn

正在 Ping newstietong.sina.com.cn [211.98.132.67] 具有 32 字节的数据:
来自 211.98.132.67 的回复: 字节=32 时间=36ms TTL=55
来自 211.98.132.67 的回复: 字节=32 时间=37ms TTL=55
来自 211.98.132.67 的回复: 字节=32 时间=38ms TTL=55
来自 211.98.132.67 的回复: 字节=32 时间=37ms TTL=55

211.98.132.67 的 Ping 统计信息:
    数据包: 已发送 = 4，已接收 = 4，丢失 = 0 (0% 丢失)，
往返行程的估计时间(以毫秒为单位):
    最短 = 36ms，最长 = 38ms，平均 = 37ms

C:\Users\Administrator>_
```

图 4-33　命令提示符窗口

4.4　Linux 操作系统简介

Linux 是一款开放源代码的 32/64 位多用户多任务的操作系统。Linux 的前身是赫尔辛基大学一位名叫 Linus Torvald 的计算机科学系学生的个人项目，目标是想设计一个代替 Minix(一个由 Andrew Tannebaum 教授编写的一个操作系统示教程序)的操作系统，这

个操作系统可用于 386、486 或奔腾处理器的个人计算机上，并且具有 UNIX 操作系统的全部功能，称其为 Linux。Linux 在 1991 年年底首次公布于众。Linux 允许免费地自由运用该系统源代码，并且鼓励其他人进一步对其进行开发。目前，Linux 通过 Internet 广泛传播，一个世界范围内的开发组正在对 Linux 进行坚持不懈的开发。

Linux 运行方式同 UNIX 系统很像，Linux 系统的稳定性、多任务能力与网络功能已达到了商业操作系统的水平，在符合 GNU GPL(General public license)的原则下，任何人皆可自由取得、发布、甚至修改 Linux 源代码。

4.4.1　Linux 的特点与发展

1. Linux 的特点

(1) 它的源代码几乎全部都是开放的。任何人都能通过 Internet 或其他媒体得到它，并可以修改和重新发布。

(2) 采用阶层式目录结构，文件归类清楚、容易管理。

(3) 支持多种文件系统，如 Ext2FS、ISOFS 以及 Windows 的文件系统 FAT32、NTFS 等。

(4) 它可运行于许多硬件平台。不仅可以运行在 Intel 系列计算机上，还可以运行在 Apple 系列、DECAlpha 系列、MIPS 和 Motorola 68000 系列上。支持对称多处理器(SMP)的机器。

(5) 它不仅可以运行许多自由发布的应用软件，还可以运行许多商品化的应用软件。

(6) 具有可移植性，10%的源代码采用汇编语言编写，其余均是采用 C 语言编写。

(7) 强大的网络功能。具有内置的 TCP/IP 协议栈，可以提供 FTP、Telnet、WWW 等服务，可以通过应用程序向 Windows 用户提供类似于网络邻居的文件服务。

(8) 能充分发挥硬件的功能，因而它比其他操作系统的运行效率更高。

(9) 可与其他操作系统如 Windows 等并存于同一台计算机上。

2. Linux 发展方向

Linux 主要被用作服务器的操作系统，以 Linux 为基础加 Perl/PHP/Python、Apache、MySQL 等经典技术组合，提供了包括操作系统、数据库、网站服务器、动态网页的一整套网站架设支持。而面向更大规模级别的领域中，如数据库中的 Oracle、DB2、PostgreSQL，以及用于 Apache 的 Tomcat JSP 等都已经推出了基于 Linux 的应用。

Linux 内核本身的发展方向是硬件支持、嵌入系统和分布式系统这三个方面。提供更多高性能的硬件驱动程序，让更新、更好的硬件迅速在 Linux 系统下工作，是 Linux 普及和广泛应用的基础。此外，Linux 上的图形化桌面系统、应用软件，尤其是软件开发工具也是 Linux 发展的重要方面。

4.4.2　Linux 的使用简介

1. Linux 用户的工作环境

(1) 登录(login)

使用 Linux 系统的第一个步骤是登录。登录就是向系统验证自己是合法用户。系统有两种用户：超级用户 root 和一般用户。错误的用户名或口令，都不被允许进入系统。Linux 系统使用账号来管理特权、维护安全等。

第一次登录 Linux 系统必须以超级用户 root 身份登录，它对系统拥有完全的控制权限，可对系统进行管理及维护，包括建立新的用户账号，启动、关闭、后备及恢复系统等。在输入 login：root(Enter)并在口令提示后输入安装时设置的根口令，然后按 Enter 键。普通用户则在登录提示后输入用户名，按 Enter 键，在口令提示后输入用户口令，然后按 Enter 键。从图形化登录界面登录会自动启动如图 4-34 所示的图形桌面。

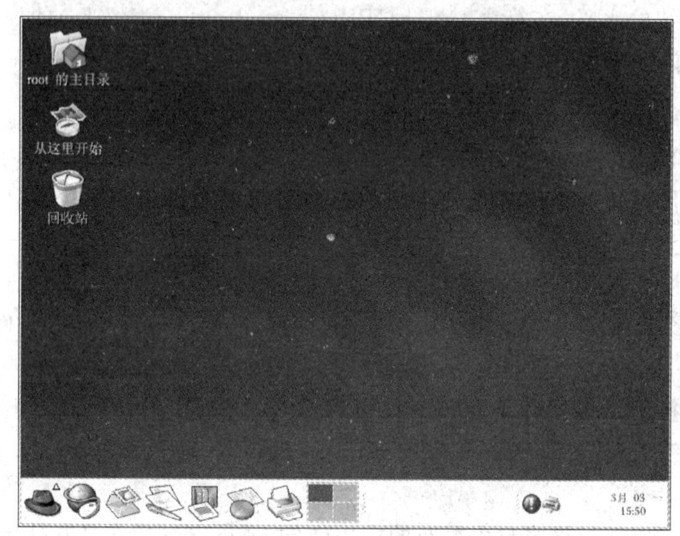

图 4-34　Linux 图形化桌面

(2) 注销(logout)

要注销你的图形化桌面会话，选择“主菜单”中的“注销”命令。当确认对话框出现后，选择“注销”选项，然后单击“确定”按钮。如果你想保存桌面的配置以及还在运行的程序，则选择“保存当前设置”选项。

2. Shell 命令

Linux 的 Shell 是作为操作系统的最外层，也称为外壳。它可以作为命令语言，为用户提供使用操作系统的接口。Shell 也是一种程序设计语言，用户可利用多条 Shell 命令构成一个文件，或称为 Shell 脚本。

Linux 的图形化环境近几年有很大改进。在 X 窗口系统下，用户几乎可以脱离 Shell 而完成全部的操作。然而，许多 Linux 功能在 Shell 环境下要比在图形化用户界面(GUI)下完成得更快。例如，在 GUI 环境下用户要花一定的时间来打开文件管理器、定位目录、再从 GUI 中创建、删除或修改文件，而在 Shell 环境中，只需使用几个命令就可以完成这些工作。Shell 环境类似一种反色的 Windows 的命令提示符窗口，用户在 Shell 提示符下输入 Shell 命令并按 Enter 键，Shell 解释这些命令并执行正确的命令。可以编写 Shell 脚本来实现自动执行。

桌面上也提供了进入 Shell 提示符的方式：选择“主菜单”中的“系统工具”子菜单中的“终端”命令，即打开 Shell 提示；右击桌面并从快捷菜单中选择“新建终端”来启动 Shell。要退出 Shell 提示，在提示中输入 exit，或按 Ctrl＋D 组合键。

Shell 命令有很多，主要有文件操作命令、目录和层次命令、查找命令、目录和文件安全性、磁盘存储命令、进程命令和联机帮助命令，有兴趣的读者可以参考有关资料。

4.5　常用工具软件介绍

4.5.1　数据压缩软件包 WinRAR

1. WinRAR 的特点

WinRAR 是一种功能强大的数据压缩软件。它提供了 RAR 和 ZIP 文件的完整支持，具有包括强力压缩、分卷、加密、自解压模块、备份简易的功能；能解压 ARJ、CAB、LZH、ACE、TAR、GZ、UUE、BZ2、JAR、ISO 等多种格式的文件。

WinRAR 的优点是压缩率大，速度快。具体有：WinRAR 高达 50%以上压缩率，使其成为压缩/解压 RAR 格式的首选软件；WinRAR 可以压缩/解压 ZIP 格式的压缩文件；WinRAR 采用独特的多媒体压缩算法大大提高 WAV、BMP 文件的压缩率；能建立多种方式的多卷自解包，并通过“锁定压缩包”来防止人为的添加、删除等操作，保持压缩包的原始状态；WinRAR 还具有分片压缩、资料恢复、资料加密等功能，并且可以将压缩档案储存为自动解压缩档案，方便他人使用的好用功能。

2. WinRAR 的使用简介

(1) 安装 WinRAR

有许多网站均提供 WinRAR 软件下载。从网站下载 WinRAR 并安装后，“开始”菜单的“程序”子菜单中将增加“WinRAR”子菜单，同时，WinRAR 菜单命令将嵌入文件或文件夹的快捷菜单中。即这两种方法均可以启动 WinRAR。WinRAR 窗口如图 4-35 所示。

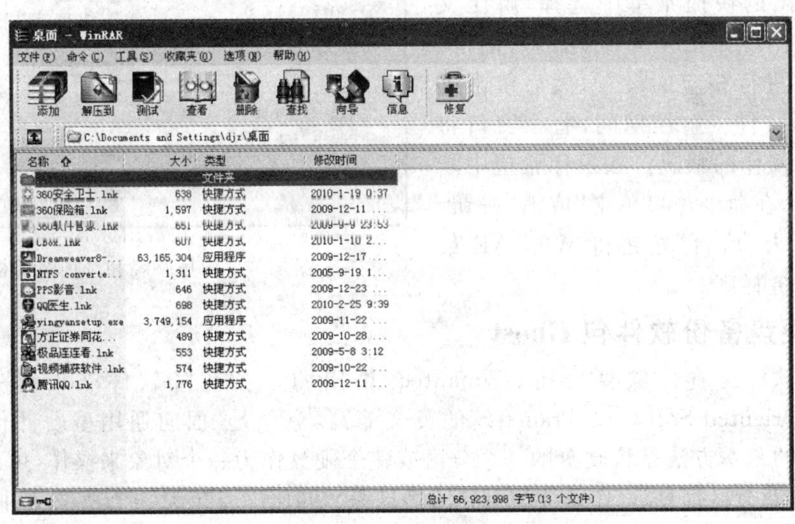

图 4-35　WinRAR 窗口

(2) 文件或文件夹的压缩

默认压缩：右击要压缩的文件和文件夹，在弹出快捷菜单中选择“添加到‘×××.rar’”命令(其中×××表示软件默认的文件名)即可，这是最简单快捷的压缩模式；

选择压缩：先运行 WinRAR，在 WinRAR 窗口的地址栏中选定要压缩的文件和文件夹，然后单击工具按钮，在弹出的“压缩文件名和参数”对话框中作如下选择。

- 在“常规”选项卡中单击“浏览”按钮,从弹出的“查找压缩文件”对话框中选择压缩文件位置并给压缩文件命名;在“压缩文件格式”区确定压缩文件格式;在“压缩方式”区确定压缩方式;选择或输入“压缩分卷大小,字节”值(也可以空缺);在“压缩选项”区确定压缩选项等。
- 在“高级”选项卡中单击“设置密码”按钮并在“带密码压缩”对话框中输入密码;单击“压缩”按钮并在“高级压缩参数”对话框中对压缩参数进行选择。

需要说明的是上述的选择并非要全部都选,只要选择其中之一部分甚至可不作任何选择,应视具体要求而定。尤其是压缩密码特别要记住,一旦忘记则无法解压。

(3) 添加文件和文件夹到压缩文件中

当选择了一个或是多个要压缩的文件后,在 WinRAR 窗口顶端,单击按钮或是按 Alt+A 组合键或在命令菜单选择“添加文件到压缩文件...”命令,在出现的对话框输入目标压缩文件名或是直接接受默认名。再从对话框中选择新建压缩文件的格式(RAR 或 ZIP)、压缩级别、分卷大小和其他压缩参数,最后单击“确定”按钮。

把文件和文件夹添加到压缩文件中更为直接的方法是直接拖曳文件或文件夹到压缩文件上,此时压缩文件图标变成选中状态,而被拖曳的文件或文件夹的图标中出现一个“+”图形,释放鼠标左键后,即自动完成向压缩文件添加文件或文件夹的操作。

(4) 压缩文件的解压

压缩文件的解压非常方便:右击压缩文件,在弹出的快捷菜单中选择“解压文件...”命令,出现如图 4-36 所示的对话框。在对话框中进行相应的设置,然后单击确定就会解压文件。解压期间,有个窗口将会出现显示操作的状况。如果你希望中断解压的进行,在命令窗口单击“取消”按钮。你也可以单击“后台”按钮将 WinRAR 最小化放到任务栏区。

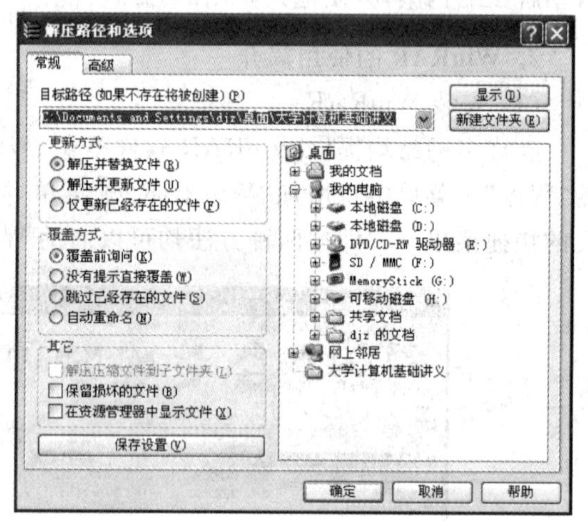

图 4-36 解压路径和选项对话框

4.5.2 硬盘备份软件包 Ghost

Ghost 软件是赛门铁克公司(Symantec)推出的一款克隆软件,Ghost 是“General Hardware Oriented Software Transfer”的英文缩写,意思是“面向通用型硬件传送软件”。Ghost 工作的基本方法是将硬盘的一个分区或整个硬盘作为一个对象来操作,可以完整复制对象(包括硬盘分区信息、操作系统的引导区信息等),并压缩打包为一个映像文件(IMAGE)。在需要的时候,又可以把该映像文件恢复到对应的分区或硬盘中。它的功能包括两个硬盘之间的对拷、两个硬盘的分区对拷、两台计算机之间的硬盘对拷、制作硬盘的映像文件等。

系统分区备份功能是 Ghost 最常用的功能,它能够将硬盘的系统分区压缩备份成映像文件,然后存储在硬盘的另一个分区,一旦系统被破坏,就利用其映像文件去恢复系统分区。

1. Ghost 软件的使用

(1) Ghost 的启动

Ghost 基本上属于免费软件,主文件 Ghost.exe 仅 597KB。双击 Ghost.exe 即启动 Ghost。

(2) 用 Ghost 备份系统分区

在显示出 Ghost 主画面后，依次选择 Local→Partition→To Image 菜单命令，屏幕显示出硬盘选择画面和分区选择界面，然后选择所需要备份的硬盘即源盘和分区名；当屏幕显示出存储映像文件的界面时，选择相应的目标盘和文件名，默认扩展名为 GHO，而且属性为隐含；然后在压缩映像文件对话框中选择 No(不压缩)、Fast(低压缩比)、High(高压缩比)三者之一，应该根据自己的机器配置来决定，在最后确认的对话框中选择"Yes"。

(3) 主分区的恢复

用 Ghost 快速恢复系统的方法是在 Ghost 主界面，依次选择 Local→Partition→From Image 菜单命令，然后确定映像文件及其位置、目标盘(C:)，最后选"Yes"，即开始恢复。恢复工作结束后，软件会提醒用户重新启动计算机。

2. "一键 Ghost 硬盘版软件"的使用

(1) "一键 Ghost 硬盘版软件"的启动

"一键 Ghost 硬盘版软件"的启动有两种方法：一是在 Windows 下启动，单击"开始"按钮，选择"程序"下的"一键 GHOST"；二是开机启动，即打开计算机电源时，当显示如图 4-37 所示的开机菜单时，移动光标键选择"一键 GHOST "并按 Enter 键。

图 4-37　开机启动菜单

(2) "一键 GHOST 硬盘版软件"的应用

一键 GHOST 软件启动成功后，视具体情况不同(映像是否存在)就会自动显示不同的窗口，如图 4-38 所示。该软件主要功能有一键备份 C 盘和一键恢复 C 盘。一键备份 C 盘就是把当前 C 盘的所有系统进行备份后生成镜像文件，一旦系统出问题或启动不了的时候，就可以在开机时选择一键恢复 C 盘。

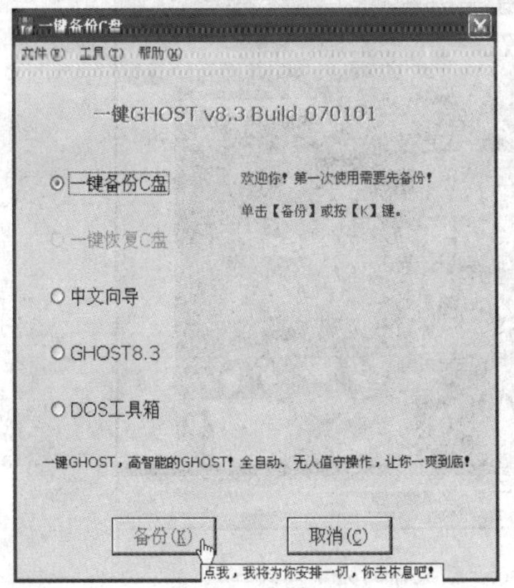

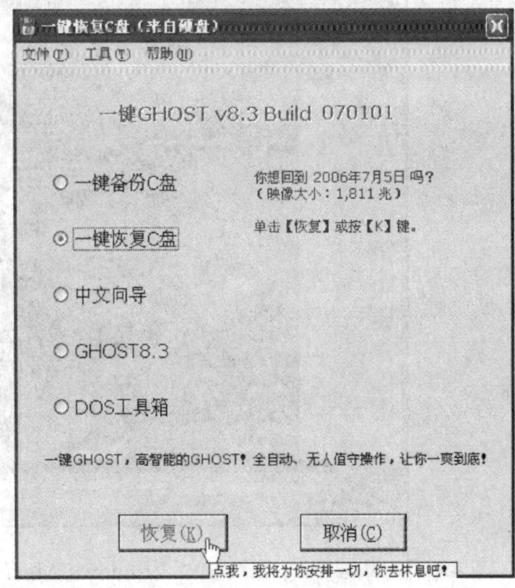

图 4-38　一键 GHOST 软件启动成功界面

4.5.3 媒体播放器 Windows Media Player

Windows Media Player 是微软公司出品的一款免费的播放器，作为 Microsoft Windows 的一个组件，通常简称“WMP”。Windows Media Player 的基本功能包括微软格式的音频和视频播放、Internet 上的数字媒体文件播放、收听全世界的电台广播、播放和复制 CD、创建自己的 CD、播放 DVD/VCD 以及将音乐或视频复制到便携设备(如便携式数字音频播放机 CD)中，并支持通过插件增强功能。

1. Windows Media Player 的主要功能

- 播放各种流媒体文件：可以播放网页中的各种流媒体文件，播放计算机或网络上的音频文件或视频文件，通过输入文件的 URL 来播放 Web 上的文件播放。
- 可以使用 CD、VCD 和 DVD 设备：将音频 CD 或插入 CD-ROM 驱动器时，Windows Media Player 会自动播放该 CD。除播放 CD 外，还可以复制(翻录)和创建(刻录)CD。
- 可以观看 DVD 和 VCD(视频)：除了这些普通的 DVD、VCD 播放机任务之外，还可以从 Internet 上检索有关每张光盘的信息。
- 收听电台：可以在 Internet 上查找电台，播放 Internet 上的电台节目。
- 组织数字媒体：可以很方便地组织媒体库中的各种数字媒体，包括向媒体库添加音频和视频，在媒体库中排序和查找项目，删除编辑媒体信息等。
- 在 Internet 上查找数字媒体：借助“媒体指南”和“精品服务”功能在 Internet 上查找数字媒体。

2. Windows Media Player 的使用

(1) Windows Media Player 播放器的启动

在“开始”菜单中选择“程序”子菜单中的“Windows Media Player”图标就可以启动“Windows Media Player”了，启动成功后，出现如图 4-39 所示的界面。

图 4-39 Windows Media Player 播放器的完整模式

(2) “Windows Media Player”播放器的使用

① 自定义播放器：可以更改播放器的大小、颜色、外观等。

- 完整模式是播放机的默认视图。在完整模式中可以使用全部功能，包括那些在外观模式和最小播放器模式中不可用的功能。
- 外观模式是播放机的一种可选视图，通常小于完整模式，并且使用与完整模式不同的图形主题(例如，基于音乐组合、电影或运动队的主题)。在外观模式中，只能使用与选中外观有关的功能。
- 最小播放器模式是播放机的另一种可选视图。默认情况下，在完整模式或外观模式中最小化播放机窗口时，播放机会最小化为不包含任何播放控件的任务栏按钮。要使用播放控件，就必须还原播放机窗口。
- 更改播放机的颜色。
- 更改播放机的外观。

② 播放各种音频文件和视频文件。

③ 收听广播。

除此之外还可以进行媒体的管理等操作，在此不做详细说明。

4.5.4　PDF 文档阅读器

1. PDF 文件简介

PDF(Portable document format)格式是 Adobe 公司开发的电子文件格式。这种文件格式的一大特点与操作系统平台无关，这一特点使它成为在 Internet 上进行电子文档发行和数字化信息传播的理想文档格式。PDF 格式文件已成为数字化信息事实上的一个工业标准，还具有许多其他电子文档格式无法相比的优点：

- PDF 可以将文字、字形、格式、颜色及图形图像等封装在一个文件中；
- PDF 文件可以包含超文本链接、声音和动态影像等电子信息，支持特长文件，集成度和安全可靠性都较高；
- PDF 文件使用了工业标准的压缩算法，易于传输与储存；
- PDF 文件包含一个或多个“页”，可以单独处理各页；
- PDF 文件还包含文件中所使用的 PDF 格式版本以及文件中一些重要结构的定位信息；
- PDF 文件具有纸版书的质感和阅读效果，可以逼真地展现原书的原貌，而显示大小可任意调节，给读者提供了个性化的阅读方式。

这些优点使 PDF 有利于在计算机与网络中普及。Adobe 公司以 PDF 文件技术为核心，提供了一整套电子和网络出版解决方案，其中包括免费的 PDF 阅读器、用于生成和阅读 PDF 文件的商业软件 Acrobat 以及用于编辑制作 PDF 文件的 Illustrator 等。

2. PDF 文档阅读器简介

PDF 文档阅读器的种类很多，主要有 Adobe Reader、Foxit Reader、Cool PDF Reader、PDF Text Reader 等阅读器。下面我们以 Adobe Reader 为例简单介绍 PDF 文档阅读器的使用。

Adobe Reader 是用于查看、打印和管理 PDF 文件的工具。在 Reader 中打开 PDF 后，可以使用多种工具快速查找信息。

单击“开始”菜单，然后选择“程序”子菜单中“程序”子菜单中单击“Adobe Reader”图标就可以启动“Adobe Reader”了，启动成功后，出现如图 4-40 所示的画面。整个界面包括菜单、工具栏、工作区域等部分。

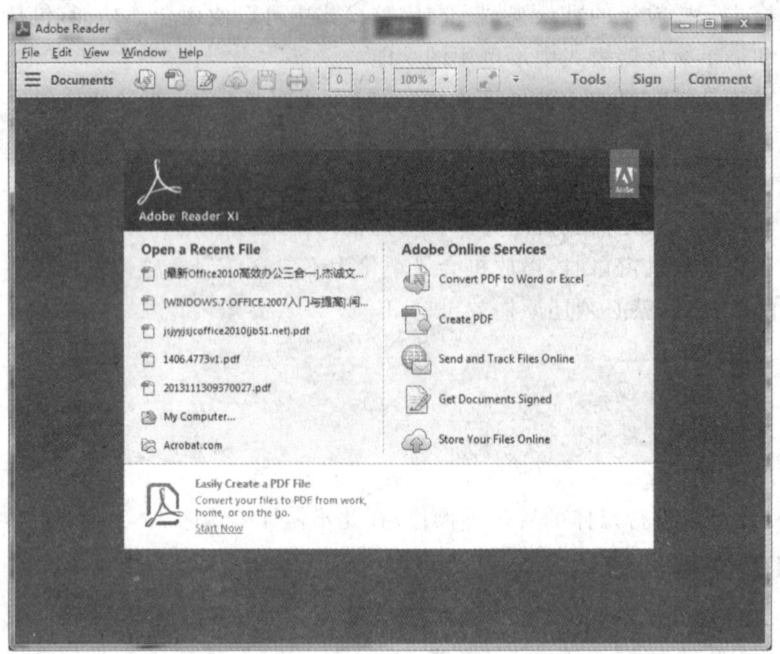

图 4-40　Adobe Reader XI 界面

3. PDF 文档阅读器使用

(1) 打开和保存 PDF 文件

在 Adobe Reader 窗口的"文件"菜单中选择"打开"命令，就可以打开 PDF 文件，若一个 PDF 文件创建完成后就要保存文件，就用"文件"菜单中的"保存副本"命令或"另存为"命令。如果有口令保护的 PDF 文件，则需要使用指定的口令打开文档。某些受保护的文档具有禁止打印、编辑和复制文档中内容的限制。如果文档包含受限功能，则在 Reader 中，与这些功能相关的工具和菜单命令都会变暗，不可选择。如果显示的消息是"一项或多项 Adobe PDF 扩展功能被禁用"，则使用以下步骤解决该问题：打开"控制面板"中的"Internet 选项"，然后单击"高级"标签。选中复选框"启用第三方浏览器扩展"。单击"确定"按钮，然后重新启动计算机即可。

(2) 查看图像

选择"工具"菜单中的"选择和缩放"子菜单中的"快照"工具。围绕要保存的图像拖画一个矩形，然后释放鼠标按钮。所选内容自动复制到剪贴板上，您可以在其他应用程序中选择"编辑"菜单中的"粘贴"命令，将复制的图像粘贴到其他文档中。

(3) 复制文字

选择"工具"菜单中"选择和缩放"子菜单中的"选择工具"命令，这时鼠标指针就变成了一个"I"形，可以按住鼠标拖动就可以选择你所要的文字，然后复制到剪贴板上，就可以把 PDF 中的文字复制到其他应用软件中了。

(4) 阅读 PDF 文档

打开一个 PDF 文件。在 Adobe Reader 窗口中，鼠标的指针就变成了一个手形，按住鼠标向下或向上拖动可以实现翻页，进行阅读。

第 5 章

文字处理基础

文字处理软件是为利用计算机进行文字处理工作而设计的应用软件，是办公自动化的必备工具。文字处理软件 Word 2010 是 Microsoft 公司推出的 Office 2010 的重要组成部分。

本章介绍文字处理软件 Word 2010。主要内容包括：Word 2010 的基本操作、文档的编辑、文档的排版、表格制作、文档的打印、图文混排等内容。

5.1 Microsoft Office 2010 系统及安装

1. Office 2010 简介

微软为电子办公在 Windows 平台上应用所设计的 Microsoft Office 2010 中，包含文字处理软件 Word 2010、电子表格软件 Excel 2010、数据库管理软件 Access 2010、演示文稿软件 PowerPoint 2010、电子邮件软件 Outlook 2010 等十大软件。熟练掌握 Office 2010，可大大提高办公效率、质量和水平。我们介绍 Office 2010 几个主要组件。

(1) Word 2010

文字处理软件 Word 2010 可制作编排出图文表并茂的文档，用于公文、信函、报告、通知、论文、合同等文档处理，成为 Office 2010 中使用最广泛的软件之一。学习 Word 2010 的目标就是要掌握 Word 2010 中的文字、图片、表格、公式等信息进行编辑、排版、修饰等处理的方法。

(2) Excel 2010

电子表格处理软件 Excel 2010 可制作各种报表、图表文档，用于对报表数据进行排序、计算、统计、分析的文档处理。学习 Excel 2010 的目标就是要掌握用 Excel 2010 对工作簿中的表格、图表、公式等信息进行编辑、设置、修饰等处理的方法。

(3) PowerPoint 2010

演示文稿软件 PowerPoint 2010 可制作及播放演示文档，具备处理文字、图像、声音等功能，使演示文稿的内容多彩多姿，广泛用于演讲、报告、介绍和教学等场合。

(4) Access 2010

数据库软件 Access 2010 能够方便设计出多种数据库管理系统，对相关的数据进行系统地管理、加工和查询，并自动地生成各种相关的查询表格，让用户以最简便的方式使用数据库中的数据。

2. Microsoft Office 2010 的安装

(1) 将 Microsoft Office 2010 安装光盘放入光驱,系统会自动运行其安装程序向导。

(2) 当出现产品密钥窗口时,输入软件的序列号,单击"下一步"按钮。

(3) 出现用户信息窗口,输入用户名、单位等个人信息,单击"下一步"按钮。

(4) 出现"最终用户许可协议"界面时,选中"我接受《许可协议》中的条款"选项,单击"下一步"按钮。

(5) 选择安装类型,有典型安装、完全安装、最小安装和自定义安装四种类型、一般选择默认的典型安装或完全安装方式。

(6) 单击"下一步"按钮,出现画面,提示你安装程序准备就绪,将开始安装 Office 2010。

(7) 安装完成后的画面如图所示,单击"完成"按钮即可,无须重新启动系统,就可以开始使用 Office 组件。

5.2 Word 2010 基本操作

5.2.1 Word 2010 的启动、退出与窗口的组成

1. Word 2010 的启动

通常情况下,可以按以下方法之一来启动 Word 2010。

(1) 单击 Windows 系统"开始"菜单下"所有程序"子菜单中的"Microsoft Office "下的"Microsoft Office Word 2010"选项。

(2) 双击桌面上的"Microsoft Office Word 2010"快捷方式图标。

(3) 在桌面的空白处,右击弹出快捷菜单,然后选择"新建",再选择"Microsoft Word 文档"。在输入了文件名后双击该文档。

2. Word 2010 的退出

要退出 Word 2010,可采用以下各种方法之一。

(1) 单击 Word 2010 窗口左上角的 W 按钮。

(2) 单击 Word 2010 窗口右上角的 × 按钮。

(3) 单击 Word 2001 的"文件"按钮,从其下拉菜单中单击 退出 按钮或 关闭 按钮。

(4) 按 Alt+F4 组合键。

如果在退出操作之前,文档已被修改,则在退出 Word 2010 时,系统将会弹出一个对话框,询问用户是否要保存已修改的文档。用户可根据需要来执行相应的操作。

3. Word 2010 窗口的组成

Word 2010 启动后,出现在屏幕上的就是 Word2003 的窗口,它主要由标题栏、开始按钮、选项卡、命令组、编辑区、滚动条、标尺及状态栏等组成,如图 5-1 所示。

(1) 标题栏:标题栏位于窗口的顶部。它包含应用程序名、文档名和控制按钮。首次打开 Word 2010 时,系统默认打开的文档名为"文档 1",第二次新建文件时,默认的文档名为"文档 2",依次类推。Word 2010 文档文件名的默认扩展名为.DOCX。

(2) 选项卡和命令组:Word 2010 的其他功能,是采用图形化分类的方式展现的。为了

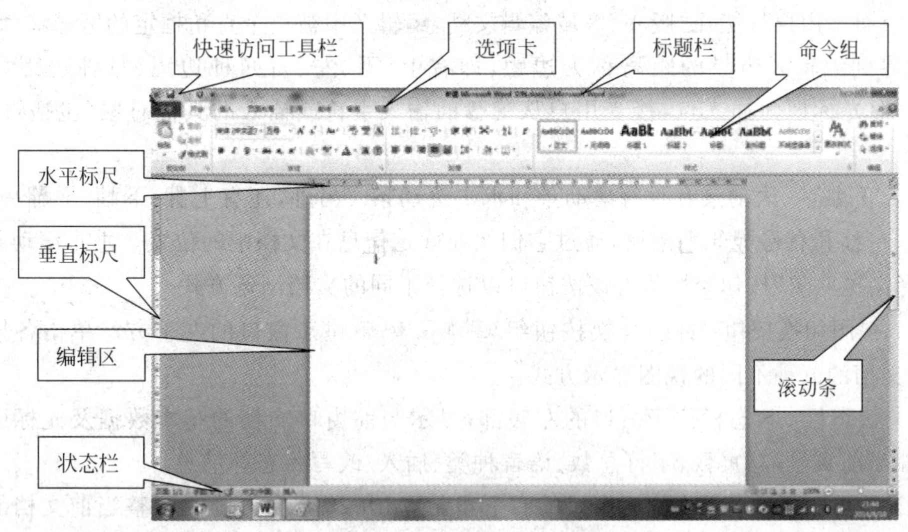

图 5-1　Word 2010 窗口及其组成

便于操作且不占用过多的屏幕区域，Word 2010 的功能围绕特定方案或对象，动态地集合成若干选项卡。例如，“开始”“插入”等选项卡用于常规操作；当用户选中一个图片后，Word 2010 将出现动态的“绘图工具——格式”选项卡。每个选项卡又分成若干命令组，命令组的组名位于命令组的底部，如“开始”选项卡有“剪切板”“字体”“段落”“样式”“编辑”组。每个命令组有若干命令图标组成；某些命令组的右下角还标有一个 按钮，称为“对话框启动器”按钮，单击它将弹出一个对话框，允许用户作进一步的设置，例如，单击“开始”选项卡的“字体”组“对话框启动器”按钮 ，系统将弹出如图 5-2 所示的对话框。命令组中某个图标呈灰色，则该命令在当前状态下无效。

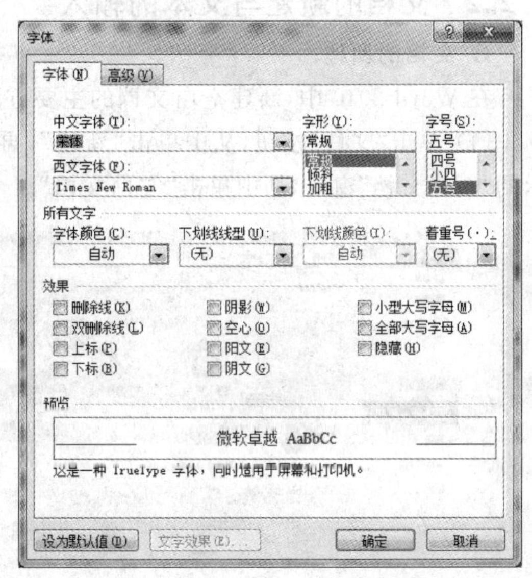

图 5-2　“字体”对话框

(3) 快速访问工具栏：在快速访问工具栏中，默认只显示“保存”“撤销”和“恢复”3 个图形命令按钮。可单击“恢复”图形按键右边的下拉按钮 ，来增加更多的命令按钮到该快速访问工具栏中。

(4) 标尺：Word 2010 提供两种标尺：水平标尺和垂直标尺，以便于用户在编辑时关键位置/点的定位。当然也可以用于段落缩进和文档边距的调整。标尺是可选项，即允许显示或隐藏标尺。例如，要显示标尺，方法是选择“视图”选项卡中“显示”组中的“标尺”命令复选框为“选中☑”。

(5) 编辑区：编辑区就是窗口中的大空白区域，是用户输入、编辑和排版文本的区域，也称为版面。用户只能在"版心"区域编辑文档,编辑区中被 4 个直角框定的区域称为版心。页面边界到编辑区边界的距离称为边距,即有上、下、左、右四种边距,每种边距均可调整。"I"形光标即为插入点,接受用户从键盘的输入字符或插入的其他对象(包括符号、图片等)。

(6) 滚动条:滚动条有垂直滚动条和水平滚动条。另外,还有上翻、下翻、上翻一页、下翻一页、左移和右移等 6 个按钮,通过它们快速确定信息在文档中的位置。垂直滚动条上还有"选择浏览对象"按钮,单击该按钮可以选择不同的文档浏览方式。

(7) 视图切换按钮:视图切换按钮组位于窗口的左下方。单击各按钮可以切换文档的五种不同的视图显示方式。

(8) 状态栏:状态栏位于窗口的左底部,显示当前窗口文档的基本数据及光标所在的位置,如当前页号/总页数、字符总数、语言种类、插入/改写状态等信息。

(9) 显示比例调节器:位于窗口的右下角。Word 2010 允许随时调整当前文档的显示比例。可拖动 100% 中的滑动块来调节当前文档的显示比例。

5.2.2 文档的新建与文本的输入

1. 文档的新建

在 Word 2010 中,新建空白文档的主要方法有以下三种。

(1) 单击"文件"按钮,从中单击"新建",再单击"空白文档"图标,将切换至如图 5-3 所示的"新建文档"窗口,从中单击"空白文档"。

图 5-3 新建空白文档窗口

(2) 单击"快速访问工具栏"中的下拉按钮,从弹出的下拉式工具栏中选择"新建"命令。

(3) 使用 Ctrl+N 组合键,也可以直接打开一个空白新文档窗口。

2. 文本的输入

Word 2010 只能把欲输入的字符输入当前文档窗口中编辑区的"I"形光标处。

(1) 光标定位。“I”形光标(以下简称光标)指定了输入文本时的插入位置。除了可用键盘的光标控制键定位光标位置外,还可以在插入处用鼠标单击一下即可。

(2) 输入法的启动和切换。为了输入中文,要选择中文输入法。采用鼠标和键盘可完成中文输入法的启动和切换。

① 鼠标切换操作:单击 Windows 7 任务栏上的输入法指示器图标,屏幕上就会弹出“输入法”菜单。该菜单列出了当前系统已安装的中文输入法,选择其中一个命令,就可切换到对应的输入法状态。

② 键盘切换操作:按 Ctrl+Shift 组合键实现输入法切换,按 Ctrl+Space 组合键实现中文/英文的转换。

(3) 文本的输入。输入法选定后,就可以在光标位置处开始输入文本。Word 2010 软件的默认输入状态是插入状态(即每输入一个字符,光标以右及其以下的字符均后退一个字符)。按一下键盘上的 Insert 键,文本输入状态变为改写状态(即每输入一个字符,将覆盖光标以右的一个字符),再按一下该键又变为插入状态;也可以通过单击 Word 2010 窗口中的状态栏中 插入 按钮来实现插入/改写状态的切换,如图 5-4 所示。

图 5-4　文本插入与改写的切换

(4) 特殊符号和难检字的输入。如果要输入键盘上无法输入的特殊符号或难检字,要单击“插入”选项卡中的“符号”组中的“插入符号按钮”,在弹出的列表框中选择“其他符号…”命令,在弹出“符号”对话框中选择需要的字符后,并单击“插入”按钮,即可将所选择的字符插入光标所在的位置。例如,要将汉字“燚”插入当前光标位置,先单击“插入”选项卡“符号”组中的“插入符号按钮”,在弹出的列表框中选择“其他符号”命令,在弹出的“字符”对话框中找到“燚”字,单击“插入”按钮,最后单击“关闭”按钮,即完成“燚”字的输入,如图 5-5 所示。

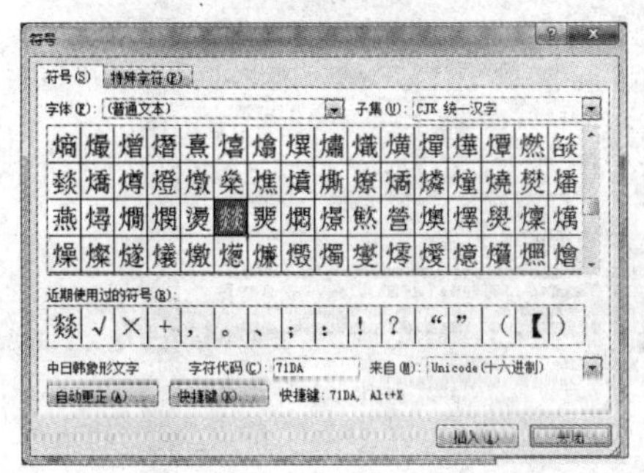

图 5-5　Word 2010 符号对话框

5.2.3　视图方式与显示比例

1. 视图方式

所谓视图,就是浏览文档的方式或文档的显示方式。Word 2010 提供了页面、阅读版式、Web 版式、大纲和草稿五种视图方式。具体介绍如下。

(1) 页面视图:页面视图是 Word 2010 的默认视图,实现文档“所见即所得”效果,如图 5-6 所示。在页面视图下可以编辑页眉和页脚、调整页边距、处理分栏和编辑图形对象等。文档的页与页之间不相连,可看到文档在纸张上的确切位置。

(2) 阅读版式视图:该视图方式最适合阅读文档的多个编辑页。阅读版式将原来的文章编辑区缩小,而文字大小保持不变,通常 2 页/屏。在该视图的快速访问工具栏位于其左上部,其右上部有“视图工具”按钮,单击之将弹出下拉菜单,供用户作进一步的选择。单击右上角的“关闭”按钮即切换到页面视图,如图 5-7 所示。

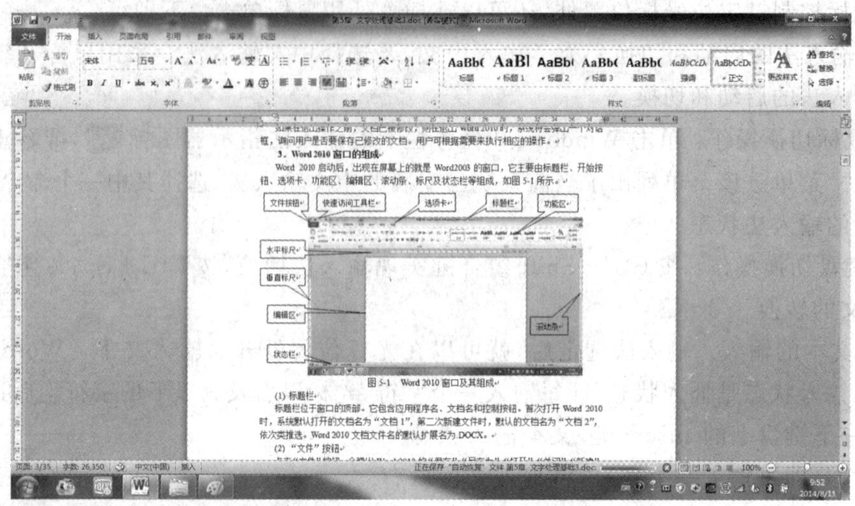

图 5-6　页面视图效果

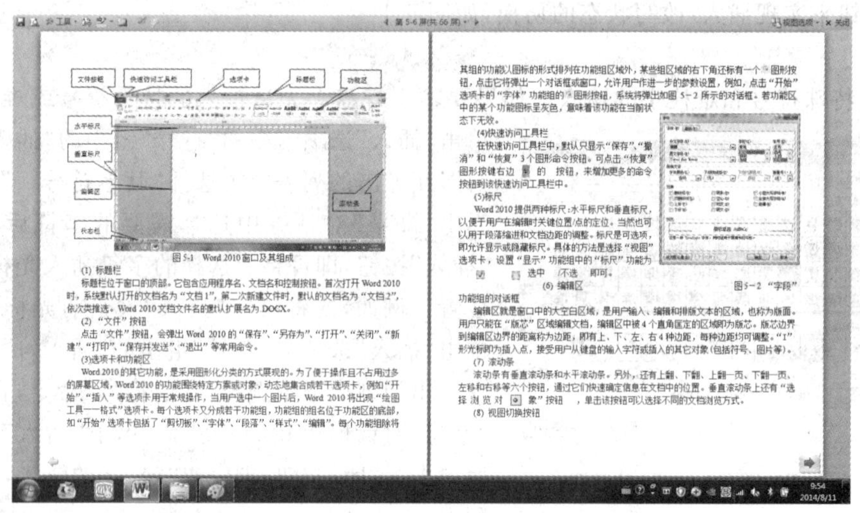

图 5-7　阅读版式视图效果

(3) Web 版式视图:该视图模拟文档在 Web 浏览器上浏览效果。在 Web 版式视图中,可看到文档背景和随窗口大小自动换行显示的文本,且图形位置与在 Web 浏览器中的位置一致,如图 5-8 所示。

(4) 大纲视图:在大纲视图下,编辑几十页乃至几百页长的文档大纲(文档的各级标题)的操作就变得简单了。在大纲视图中,可以查看、移动、复制和重新组织大纲,也可以查看主要标题,或展开文档。大纲视图中不显示页边距、页眉和页脚、图片和背景,但可能会保留原有图片所占用的空间,如图 5-9 所示。

(5) 草稿视图:草稿视图只显示文本格式,可以进行文档的输入和编辑,不显示页边距、页眉和页脚、背景、图形和分栏等信息(不保留图片所占用空间)。当文档满一页时,就会出现一条虚线,该虚线称为分页符。具有占用计算机内存少、处理速度快的特点,适合于输

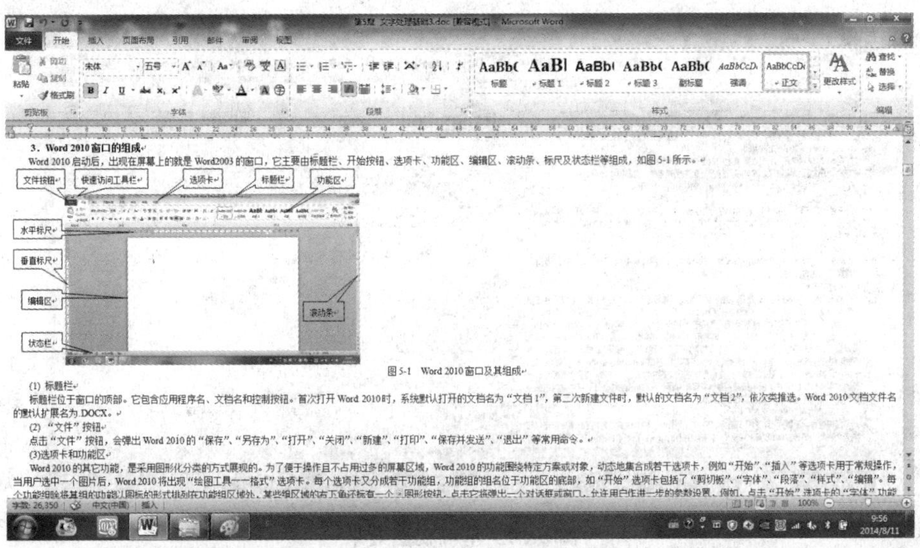

图 5-8　Web 版式视图效果

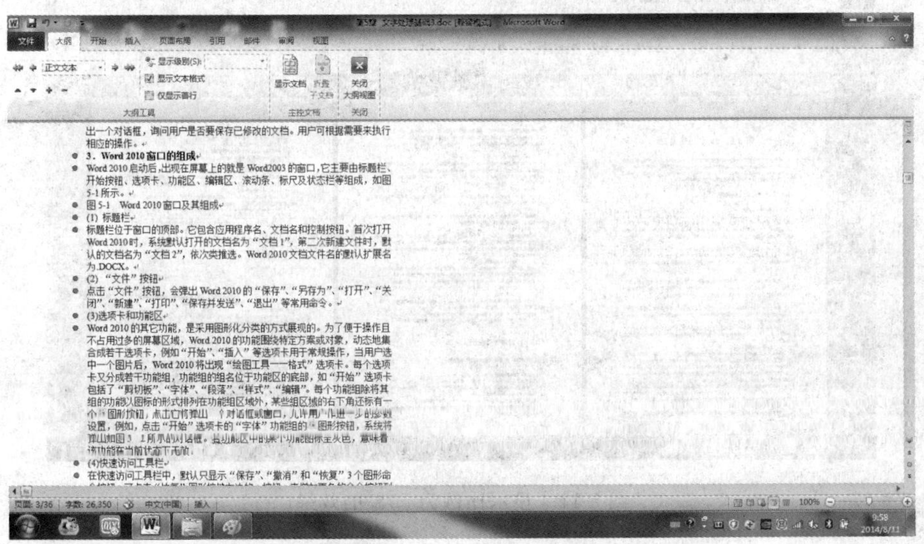

图 5-9　大纲视图效果

入、编辑和设置文本格式，如图 5-10 所示。

图 5-6～图 5-10 显示了在 Word 2010 中同一段文字内容的不同视图方式效果，在实际应用中用户可以根据需要选择不同的视图。位于 Word 2010 窗口左下角的"视图方式按钮组"，与五种视图对应，分别单击某个按钮可以实现视图之间的切换。

2. 设置显示比例

在 Word 2010 中，可以在屏幕上放大文档以便仔细查看文档，或者缩小比例以便集中查看文档的版面效果。通过滑动位于窗口的右下角的"显示比例调节器"中的滑动块来调节当前文档的显示比例。若文档内容有多个版面，则当显示比例小于等于 80%时，系统将自动进入多页显示模式，如图 5-11 所示。

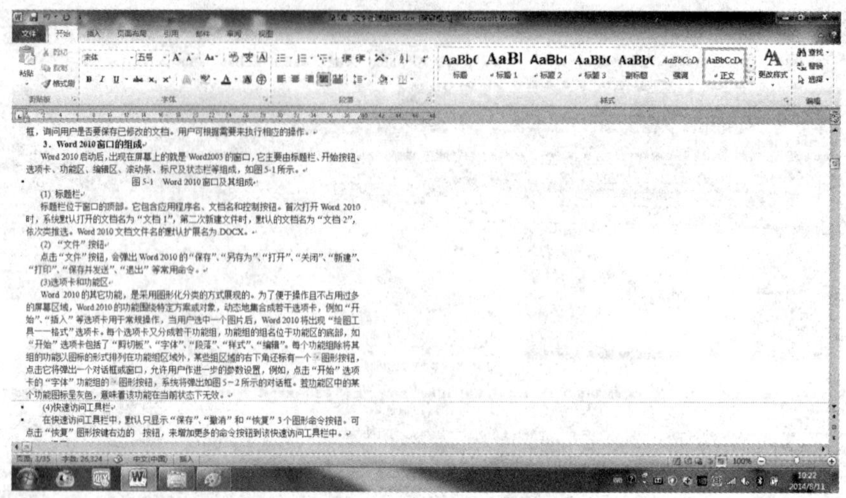

图 5-10 草稿视图效果

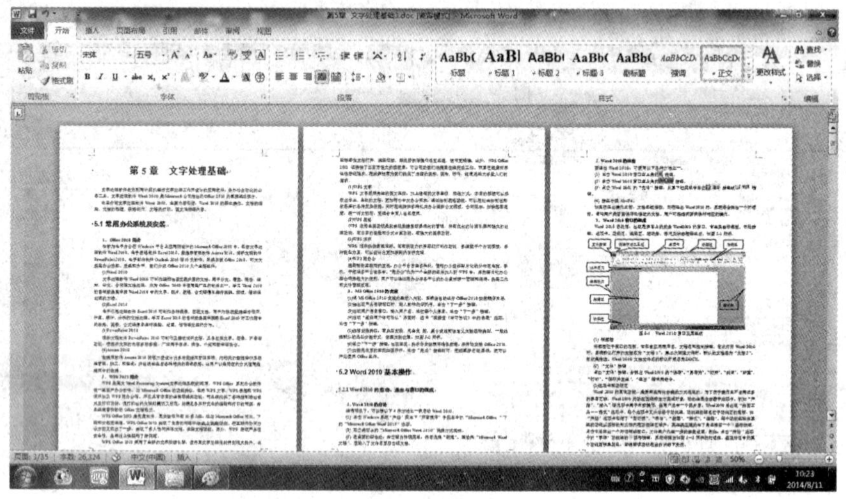

图 5-11 显示比例为 50%的效果

5.2.4 文档的打开、保存与保护

1. 文档的打开

如果要查看或编辑已经保存的 Word 文档,首先需要“打开文档”。打开一个文档是指把磁盘上存储的相应文档调入内存,并显示在工作区中。打开 Word 2010 文档的常用方法有以下几种。

(1) 用“文件”选项卡中“打开”命令打开文档。在 Word 2010 中,切换至“文件”选项卡,选择“打开”命令,系统将弹出如图 5-12 所示的“打开”对话框,然后找到要打开文档的所在位置(磁盘、文件夹),并在其文件列表中选择要打开的文件名,单击“打开”按钮。

(2) 用“文件”选项卡中“最近所用文件”命令打开文档。在 Word 2010 中,切换至“文件”选项卡,选择“最近所用文件”命令,系统将显示如图 5-13 所示的“最近使用的文档”和“最近的位置”等信息,然后找到要打开文档并双击之。

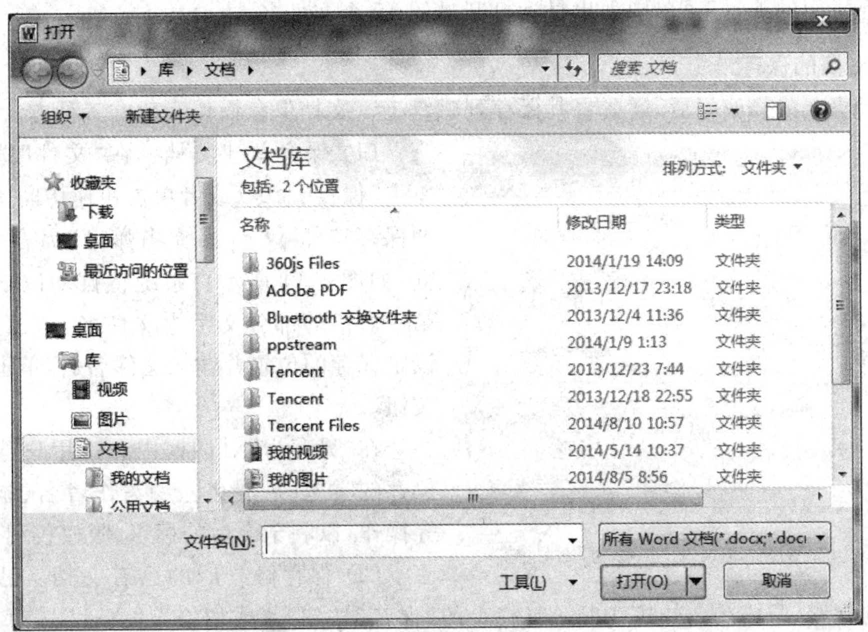

图 5-12　Word 2010 的"打开"对话框

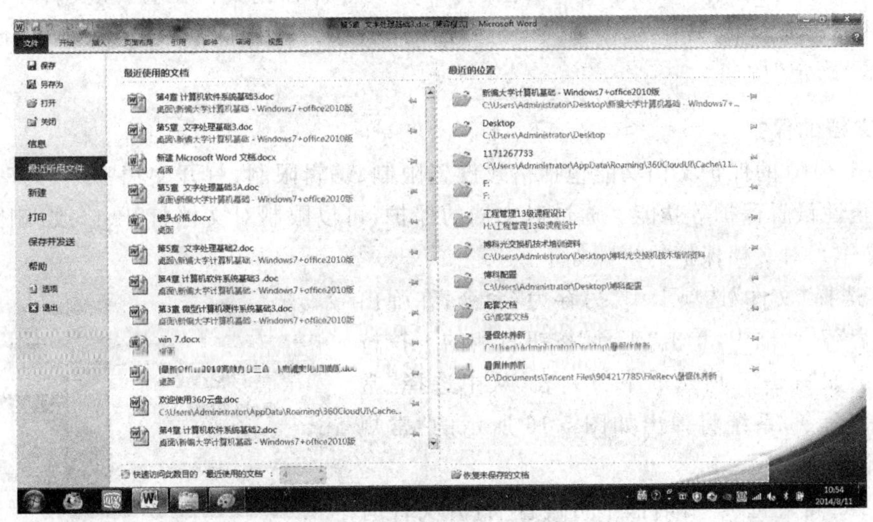

图 5-13　"最近所用文件"窗口

(3) 用工具栏按钮打开文档。在 Word 2010 中，若快速工具栏中已经有"打开文件"按钮的图标，则单击该图标按钮，弹出"打开"对话框，然后选择要打开的文件。

在"打开"对话框中，默认的文件类型是"所有 Word 文档"(扩展名为. docx，. doc，. dot 等)。若要打开其他类型的文件，可在其"文件类型"列表框中选择文件类型。"文件类型"列表框列举了 Word 2010 能打开的文件类型，系统在打开文件时自动将其转换成 Word 文档。

(4) 在 Windows 下打开文档。找到该文档的位置并双击该文档图标。

(5) 用"文件"选项卡中"最近使用的项目"命令打开文档。切换至"开始"选项卡，选择"最近使用的项目"命令，从弹出最近使用的项目列表中单击要打开的文件名。在默认状态下,“最近使用的项目”菜单中列出最近打开过的 15 个文件名。

2. 文档的保存

文档建立或修改好后,需要将其保存到磁盘上。文档保存操作一般有三种方法。

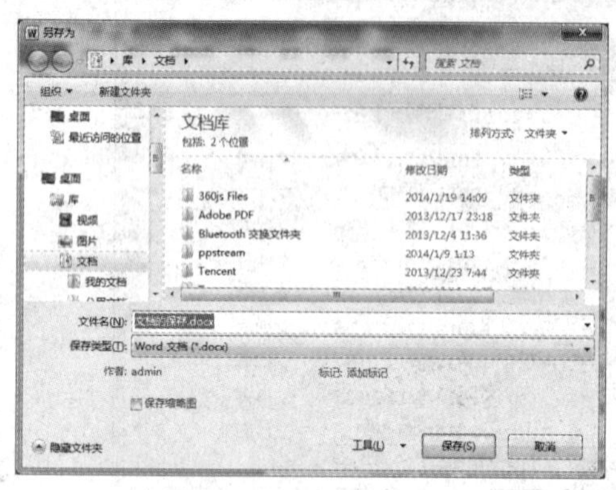

图 5-14 Word 2010 的“另存为”对话框

(1) 保存新建文档。在“文件”选项卡中单击“保存”命令(或者单击快速访问工具栏上的保存按钮),系统将弹出“另存为”对话框,如图 5-14 所示。系统将自动以该文档的第一段落的部分文字为文件名。在对话框中设定保存的位置并输入文件名后,单击“保存”按钮。

在“另存为”对话框中允许用户选择文档保存的类型(扩展名)、编写作者名、添加标记等操作,以利于今后的标识、版权权利等。

(2) 保存修改后的已有文档。已有文档修改后的保存,只需单击快速访问工具栏上的“保存”按钮 或切换至“文件”选项卡,选择“保存”命令,系统将以原路径和原文件名存盘,不再弹出“另存为”对话框。

(3) 文档的另存。Word 2010 允许将打开的文件保存到其他位置,原文件不受影响。选择“文件”选项卡中“另存为...”命令,在弹出的“另存为”对话框中设定保存路径及文件名并单击“确定”按钮。

3. 文档的保护

Word 2010 的保护文档功能包括格式设置限制、编辑限制、打开文档密码、共享打开密码、宏安全性设置保护等功能。通过对文档的保护,可以限制对文档打开、修改、删除、格式设置等操作。对文档保护的步骤如下。

(1) 选择“文件”选项卡中“另存为”命令,在弹出的“另存为”对话框中,单击“工具”按钮右侧的下拉按钮,将弹出如图 5-15 所示的下拉列表,从中选择“常规选项...”命令,系统将弹出如图 5-16 所示的“常规选项”对话框。

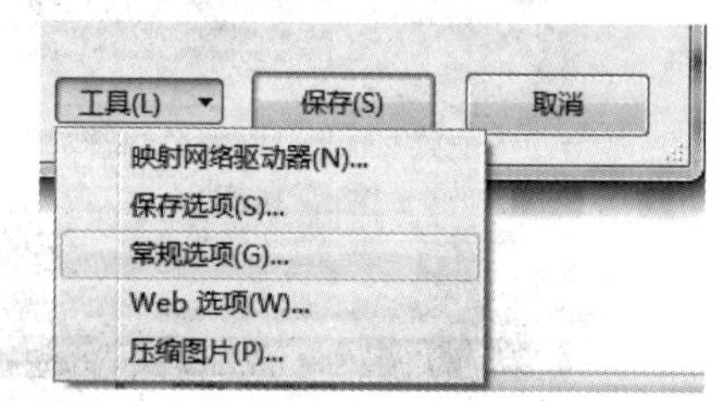

图 5-15 另存为工具菜单

(2) 从“常规选项”对话框中可设置“打开文件时的密码”“修改文件时的密码”,也可设置文件的打开方式。

(3) 单击“常规选项”对话框中的“保护文档...”按钮,将弹出如图 5-17 所示的“限制格式和编辑”对话框(呈现在 Word 2010 窗口的右端),从中可设置“限制对选定的样式设置格式”“仅允许在文档中进行此类编辑”“启动强制保护”等安全措施。

(4) 单击“常规选项”对话框中的“宏安全性...”按钮,将弹出“信任中心”对话框的“宏设置”项,从中可设置对存在宏的文件的多种设置。

需要说明的是:在设置了打开文档密码和修改文档密码后,Word 2010 每次打开该文档时,都必须先输入打开密码才能打开该文档;若对该文档作了修改并试图保存修改后的文档时，也必须输入修改密码，否则不能保存。因此，这些密码必须要记住，否则文件操作就要受到影响。

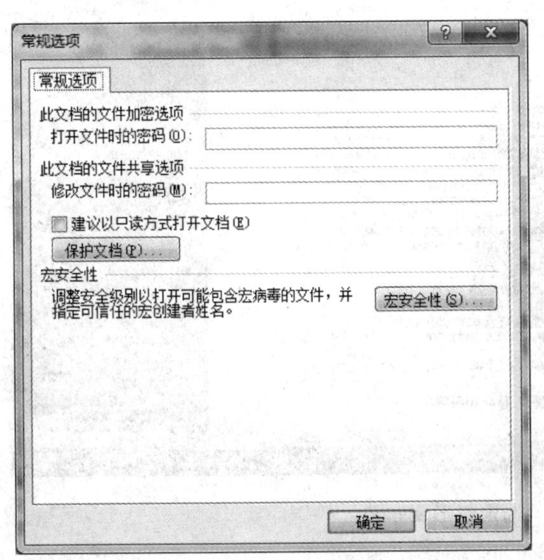

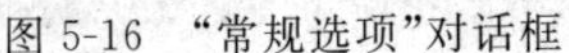
图 5-16　“常规选项”对话框

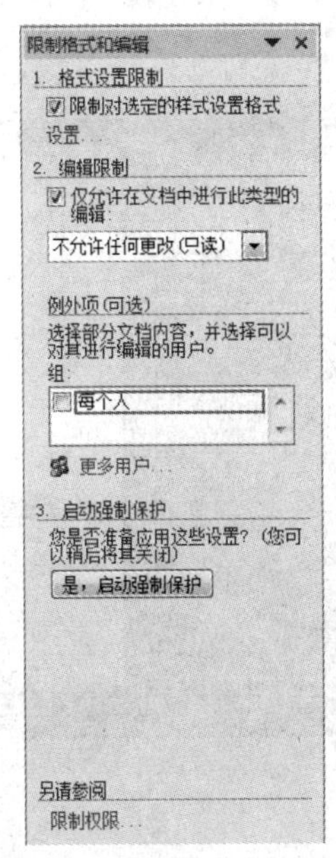

图 5-17　“限制格式和编辑”对话框

5.3　编辑文档

在 Word 2010 中，文档编辑是主要操作。文档编辑主要涉及文本选定、插入、删除、复制和移动、查找和替换等。

5.3.1　文本选定

对编辑区的任何内容进行的编辑操作，都必须先选定。遵循“先选定后操作”的原则。被选中的对象成反显状态。选择文本的方法有多种，主要分为两大类。

(1) 用鼠标选定文本

- 小块文本的选定：按住左键从起始键位置拖动到终止位置，鼠标拖过的文本即被选中。这种方法适合跨页不多的文本。
- 大块文本的选定：先用鼠标在起始位置单击一下，然后按住 Shift 键的同时、单击文本的终止位置，起始位置与终止位置(可跨页)之间的文本和对象均被选中。
- 选定一行：将鼠标移出文本左边界，光标变为↗，单击可以选定所在的一行。
- 选定一段：将鼠标移出文本左边界，光标变为↗，双击可以选定所在的一段，或在段落内任意位置快速三连击可以选定所在的段落。
- 选定整篇文档：鼠标移出文本左边界，快速三连击或按 Ctrl 键的同时单击。
- 选定矩形块：先将光标定位于矩形块的左上角，然后按住 Alt 键，再按下左键并拖动鼠标即可选定矩形区域文本，如图 5-18 所示为选定的矩形文本块。
- 不连续文本的选定：可以按住 Ctrl 键的同时，再用鼠标逐块(非矩形块)选择文本，这样可以把多块不连续的文本都选定，如图 5-19 所示选定的多个文本块。

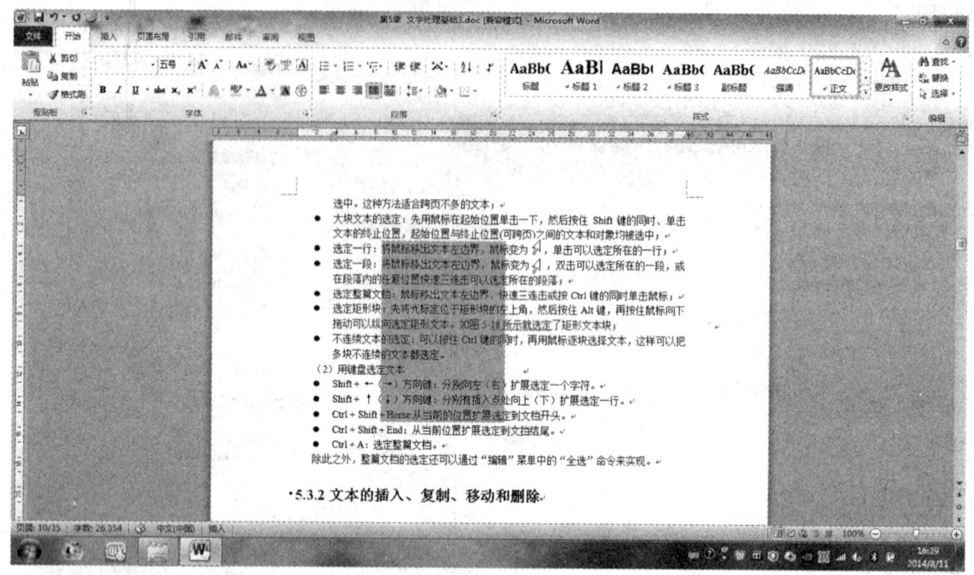

图 5-18 选定矩形文本块

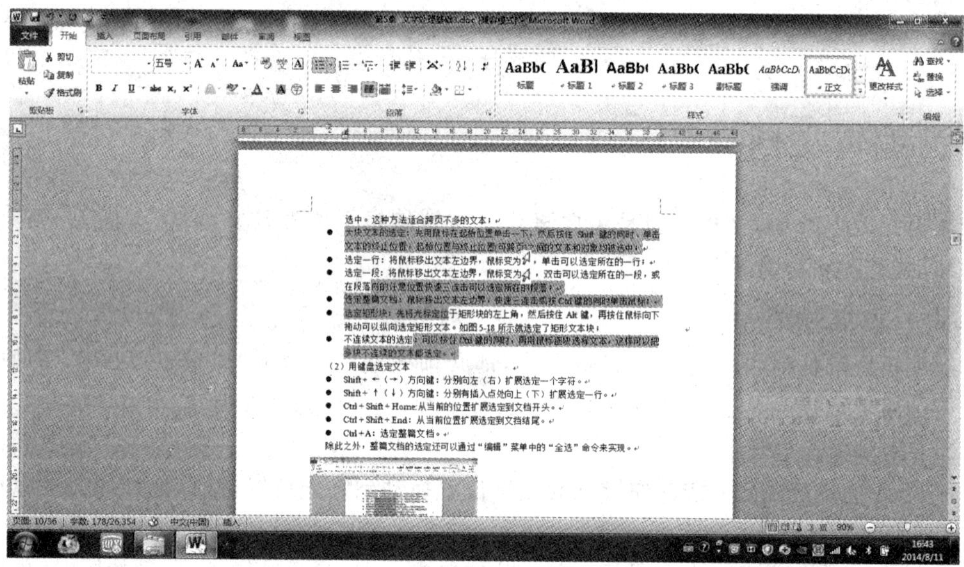

图 5-19 选定多个文本块

(2) 用键盘选定文本

- Shift＋←(→)方向键：分别向左(右)扩展选定一个字符。
- Shift＋↑(↓)方向键：分别有插入点处向上(下)扩展选定一行。
- Ctrl＋Shift＋Home:从当前的位置扩展选定到文档开头，且光标定位在文档开头。
- Ctrl＋Shift＋End：从当前位置扩展选定到文档结尾，且光标定位在文档之末。
- Ctrl＋A：选定整篇文档。

5.3.2　文本的插入、复制、移动和删除

1. 字符的插入

在 Word 2010 中，在文档的任意位置插入字符是编辑文本时常用的操作。在 Word 2010 的插入状态（默认状态）下，将光标定位到想要插入字符的位置，然后输入字符即可将输入的字符插入到光标的左侧，而光标及其右侧的本段落的字符自动后移。若为改写状态（状态栏中的“输入”变为“改写”），则从键盘上输入的每个字符将逐个覆盖光标右边的字符。

2. 文本的复制

(1) 用鼠标拖放复制文本

- 选定要复制文本。
- 鼠标指针指向所选定的文本，并按住 Ctrl 键的同时，按住鼠标左键，鼠标指针尾部出现虚线方框和一个带“＋”号的实线方框，指针前出现一条竖直虚线。
- 拖动鼠标到目标位置，松开鼠标左键即可。

(2) 使用剪贴复制文本

- 选定要复制的文本。
- 单击“开始”选项卡中“剪切板”组的“复制”按钮、或右击选定文本从弹出的快捷菜单中单击“复制”项、或使用 Ctrl＋C 组合键，将选定的文本复制到剪贴板上。
- 将光标定位到目标位置，单击“开始”选项卡中“剪切板”组的“粘贴”按钮；或右击鼠标从弹出的快捷菜单中单击“粘贴”项，或用 Ctrl＋V 组合键，即可将剪切板中的内容复制到光标所在的位置。

3. 文本的移动

在编辑文档时，若要把一片文字移动到另外一个位置，采用文本移动的方法可以快速达到目的。移动文本可使用鼠标拖动或使用剪贴板两种方法。

(1) 使用鼠标拖动的操作步骤如下。

- 选定要移动的文本块并将鼠标指针指向被选定的文本。
- 按住鼠标左键拖曳至目标位置，然后松开鼠标，即完成了移动。

(2) 使用剪贴板进行移动文本的操作，其操作步骤如下。

- 选定所要移动的文本内容。
- 单击“开始”选项卡“剪切板”组的“剪切”按钮；或右击被选中的文本，从弹出的快捷菜单中单击“剪切”项；或使用 Ctrl＋X 组合键，将被选中的文本存入剪切板中。被选中的文本将不会再出现在原位置。
- 将光标定位于要移动的目标位置，单击“开始”选项卡“剪切板”组的“粘贴”按钮；或使用 Ctrl＋V 组合键；或右击鼠标从弹出的快捷菜单中单击“粘贴”项，即完成了移动。

4. 文本的删除

按 1 次 BackSpace 键可删除光标位置之前（左）的 1 个字符或汉字；按 Delete 键可逐个删除光标之后（右）的 1 个字符或汉字。如果要删除大量的文字，则可以先选定所要删除的大量文本，然后采用以下方式之一进行删除。

- 按 BackSpace 键或 Delete 键。
- 单击常用工具栏上的"剪切"按钮,或是按 Ctrl +X 组合键,或是选择快捷菜单中的"剪切"命令,或是单击"开始"选项卡"剪切板"组的"剪切"按钮。

5.3.3 撤销和恢复操作

Word 2010 在输入和编辑文档的过程中,会自动记录下用户最新击键和刚执行过的命令。这种机制提供撤销操作、恢复到之前状况的功能。那就是 Word 2010 的撤销与恢复操作。

1. 撤销

如果完成了一次误操作,可使用以下几种方法之一来撤销该误操作:

(1) 单击"快速访问工具栏"中的撤销按钮 ,每单击一次就撤销一次前面的操作;

(2) 按 Ctrl+Z 组合键。

若单击 按钮右侧的下拉按钮,弹出下拉列表,从中可以看出:最先操作的记录位于最底层,最后操作的记录位于最顶层。允许从该下拉列表中选择所要撤销的步数,系统将撤销从选定位置到最顶层的多个操作。

2. 恢复

在经过撤销操作后, 按钮右边的恢复按钮 将被置亮。恢复是对撤销的否定。如果认为不应该撤销刚才的操作,则可以单击 按钮来恢复。当然,也可以按 Ctrl+Y 组合键来执行一次恢复操作。

5.3.4 查找、替换字符和文档拼写检查

在 Word 2010 中,允许快速查找文档中指定的内容,并允许用新的内容去替换搜索到的内容,还可以快速地定位文档。这种功能在查找、修改、更新大篇幅文档时尤其方便。

1. 查找

查找文本功能可以快速查找文档中是否有指定的文本,若找到即选中该文本,并等待用户的下一个命令。其操作过程如下:

(1) 单击"开始"选项卡"编辑"组的"查找"按钮,或使用 Ctrl+F 组合键,系统将在 Word 窗口的左侧弹出如图 5-20 所示的"导航"窗格。

(2) 在"导航"窗格的文本框内输入要查找的字符,系统将自动查找整个文档,并将文档中的全部匹配处均加黄色荧光标记,而"导航"窗格中标记当前编辑区中显示的第 1 个匹配项为本文档的第 XXX 个匹配项,全部文档中共有 YYY 个匹配项。

当对文档进行输入、修改和删除等操作时,匹配处的黄色荧光标记和导航窗格中的匹配统计信息均自动消失。

2. 替换

Word 2010 提供的"替换"功能,允许用户在编辑文档中,以批量替换的方式修改某些文字,而不必一个一个地手动改写,能节约时间而没有遗漏。例如需要将文中所有的"文档"修改为"Documents",操作步骤如下:

(1) 单击"开始"选项卡"编辑"组的"替换"按钮,或使用 Ctrl+H 组合键,系统将弹出如图 5-21 所示的"查找与替换"对话框。

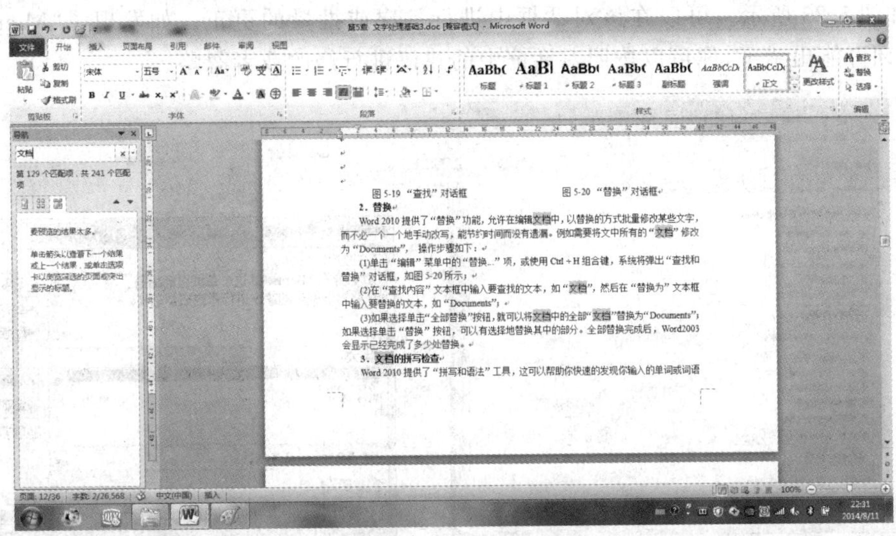

图 5-20　“导航”窗格

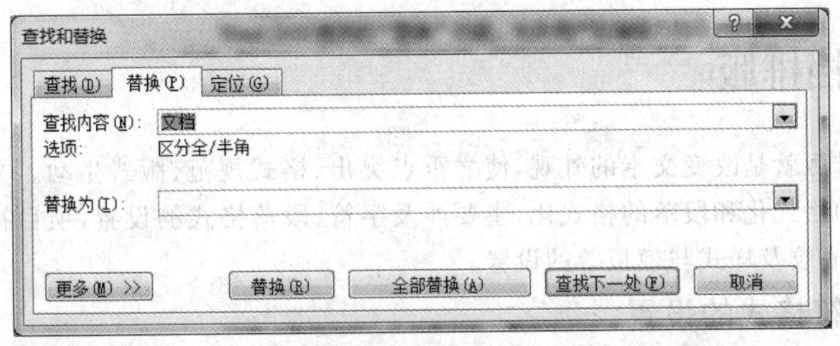

图 5-21　“查找和替换”对话框

(2) 在“查找内容”文本框中输入要查找的文本，如“文档”，然后在“替换为”文本框中输入要替换的文本，如“Documents”。

(3) 如果选择单击“全部替换”按钮，就可以将文档中的全部“文档”替换为“Documents”，全部替换完成后，Word 2010 会显示已经完成了多少处替换；如果选择单击“替换”按钮，则从需要与“查找下一处”按钮配合，从当前光标之后开始逐个查找，有选择地替换。

3. 文档的拼写检查

Word 2010 提供了“拼写和语法”工具，可以帮助你快速地发现你输入的单词或词语的拼写问题和可能的语法问题。文档的拼写检查有两种方法。

(1) 输入字符时系统自动拼写检查

系统默认状态是自动拼写检查，在输入字符同时自动进行拼写检查。用红色和绿色波形下划线分别标识可能的拼写问题和可能的语法问题。可选择“文件”选项卡中“选项”命令，弹出“Word 选项”对话框，在“校对”项中对自动拼写检查功能进行设置，如图 5-22 所示。

(2) 集中拼写检查

为了更正 Word 2010 发现的拼写和语法问题(字符被标记红色波型下划线)，将光标定位于问题处标记处，单击“审阅”选项卡“校对”组的“拼写和语法”按钮，弹出“拼写和语法”对话框,如图 5-23 所示。可以在该对话框中进行一次或批量的更正。如发现了“Microsoot”这个单词可能出错了,你可以按照对话框中的建议进行修改或者忽略。

图 5-22　自动拼写检查功能设置

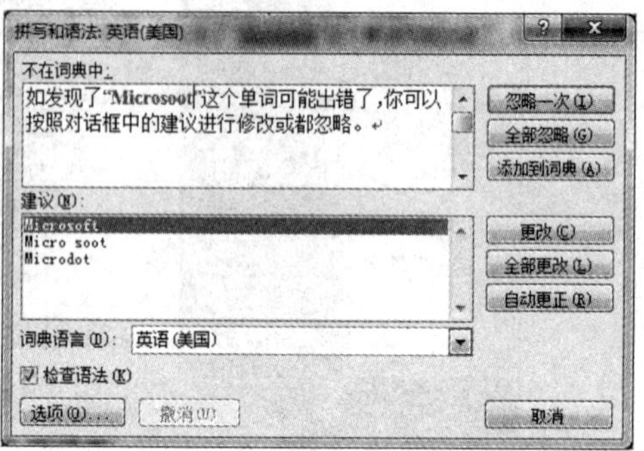

图 5-23　“拼写和语法”对话框

5.4　文档排版

文档的排版就是改变文本的外观,使之重点突出、格式规范、版式生动。文档格式化主要包括字符的格式化和段落的格式化,主要涉及字符、段落格式的设置,项目符号和编号的设置,边框和底纹及样式与模板等的设置。

5.4.1　字符格式的设置

在 Word 2010 中,字符的格式设置操作只对选中的文本有效。若没有选中文本,则所设置的字符格式只对光标处新输入的字符有效。字符的格式包括字体、字符间距和文字效果等。在 Word 2010 中,设置字符的格式可用“开始”选项卡“字体”组的功能按钮及其字体对话框、“剪切板”组的“格式刷”按钮等多种方法。

1. 使用“字体”组的功能按钮设置字符格式

“开始”选项卡中的“字体”组包含常用的字符格式化按钮,有“字体”“字号”“加粗 **B** ”“倾斜 *I* ”“下划线 U ”“边框 A ”“底纹 A ”“缩小 A ”“放大 A ”“字体颜色 A ”“标记 ab ”“对话框启动器 ”等,其中“字体”等 6 个按钮还配有下拉按钮,其他按钮都属于开关性质。具体操作如下。

(1) 选定要进行格式化的字符。

(2) 单击其相应按钮即可改变已选字符的格式,再次单击该按钮则取消相应效果,恢复原来格式。

(3) 按钮可复选,被格式化的字符可以同时拥有多种格式。

2. 使用“字体”对话框设置字符格式

(1) 选定要进行格式化的文本。

(2) 单击“字体”组的“对话框启动器”按钮 或右击选中文本从弹出的快捷菜单中选择

“字体...”,弹出如图 5-24 所示“字体”对话框。

(3) 在该对话框的“字体”选项卡中可以设置字体、字形、字号、颜色、下划线、特殊效果等,设置特殊效果直接单击效果前面的复选框即可,允许同时使用多种文字效果。

(4) 在该对话框的“高级”选项卡中可以设置缩放、间距、位置等,可以使文字之间的距离增加或缩小。

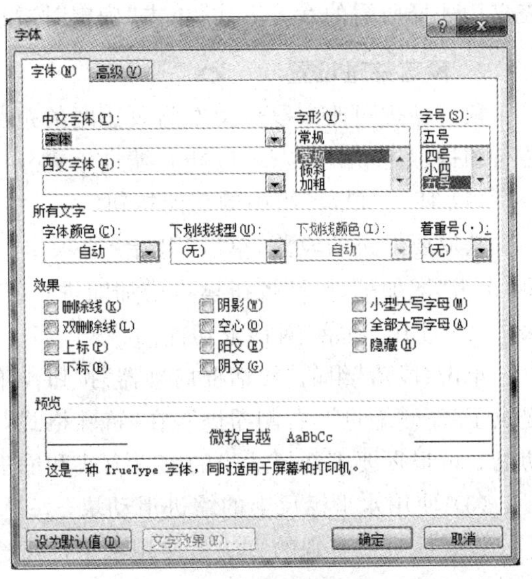

图 5-24　“字体”对话框

3. 利用“剪切板”组中的“格式刷”复制字符格式

在文档编辑排版中,经常遇到需要将不同位置的字符设置为相同的格式,在操作的时候我们可以先将一处位置的字符先设置好格式,然后使用“格式刷”按钮,可将一种文本格式复制到其他字符上,格式越复杂,效率越高。操作方法如下。

(1) 选择先已设置好格式的字符,单击(只能完成一次格式复制)或双击(能完成多次格式复制)“开始”选项卡“剪切板”组的“格式刷”按钮。

(2) 移动鼠标,使指针指向欲排版的文本头,此时鼠标的形状变为格式刷,按下鼠标拖动到文本尾,然后放开鼠标,依次重复,完成复制格式工作。再次单击 格式刷 按钮则撤销。

5.4.2　格式化段落

文档的段落是指文档中按两次 Enter 键之间的所有字符,包括段后的 Enter 键。设置段落格式,可使文档布局合理、层次分明、便于阅读。段落格式主要是指段落中的行距、段落的缩进、换行和分页、对齐方式等。在 Word 2010 中,段落设置使用“开始”选项卡“段落”组的功能按钮来完成。

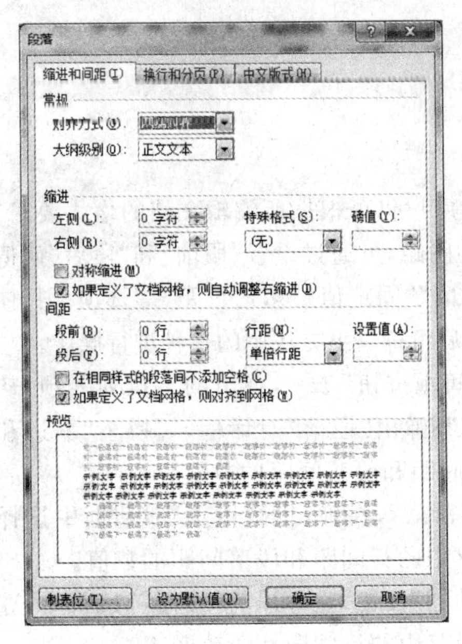

图 5-25　“段落”对话框

1. 段落对齐方式设置

Word 2010 提供了五种对齐方式:左对齐、居中对齐、右对齐、两端对齐和分散对齐。将光标定位在要设置对齐段落的任意位置,或选取多个段落:

(1) 用“段落”组中的 5 个对齐按钮中的合适按钮。

(2) 用键盘命令来设置段落对齐方式,左对齐(Ctrl+L)、居中对齐(Ctrl+E)、右对齐(Ctrl+R)。

(3) 单击“段落”组的“对话框启动器”按钮 或右击选中段落并在弹出的快捷菜单选择“段落...”命令,弹出如图 5-25 所示的“段落”对话框中,切换至“缩进和间距”选项卡,在其中的“对齐方式”下拉列表框中选择所需的对齐方式,单击“确定”按钮。

2. 段落缩进设置

段落缩进可改变段落文本与页边距的距离,使文档段落更加清晰、易读。段落缩进包括首行缩进、悬挂缩进、左缩进和右缩进。Word 2010 提供了多种段落缩进方法如下。

(1) 使用“段落”组中的功能按钮

选取要缩进的段落,单击“开始”选项卡“段落”组的“减少缩进量”按钮将减少缩进量,单击“增加缩进量”按钮将增加缩进量。

(2) 使用“段落”对话框功能

单击“段落”组的“对话框启动器”按钮,弹出“段落”对话框,在“缩进和间距”选项卡中,提供了“左侧缩进”“右侧缩进”,在“特殊格式”列表框中,还列出了“首行缩进”“悬挂缩进”等功能。可根据要求选择适当的缩进方式和缩进量大小。最后单击“确定”按钮即可。

(3) 使用水平标尺上的缩进滑动块

设置缩进最直观的方法是使用水平标尺(如果标尺没有显示出来,可选择“视图”选项卡中的“标尺”选项)上的缩进滑动块。水平标尺上的 4 个缩进滑动块标记如图 5-26 所示。缩进滑动块调整段落缩进的基本操作如下。

① “首行缩进”滑动块:拖动该标记,控制段落中第一行第一个字的起始位置。

② “悬挂缩进”滑动块:拖动该标记,控制段落中首行以外的其他起始位置。

③ “左缩进”滑动块:拖动该标记,控制段落左边界缩进的位置。

④ “右缩进”滑动块:拖动该标记,控制段落右边界缩进的位置。

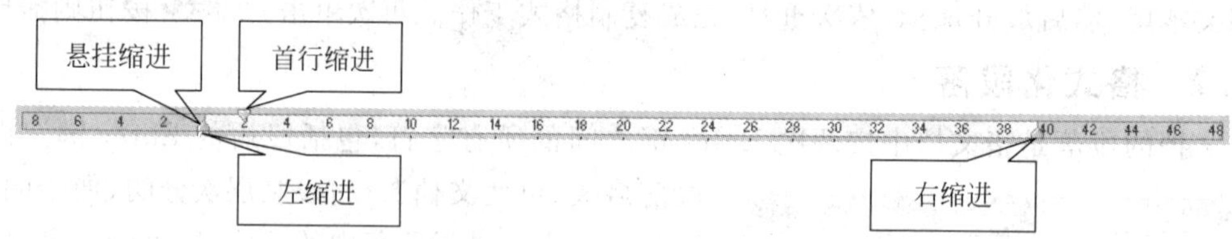

图 5-26 水平标尺及其缩进滑动块标记

3. 调整行间距和段间距

Word 2010 默认间距基本适合编辑文本要求,但用户仍可根据所编辑文档的格式要求,调整文档的行间距和段间距。段落间距是段落之间的间距,可通过设置“段前”和“段后”磅值来实现;行间距用于控制字符行之间的间距,有“最小值”“固定值”“多倍行距”等选项。具体方法是首先选中要调整行间距和/或段间距的段落,然后可按以下方法中的一种进行操作。

- 单击“开始”选项卡“段落”组中的“行和段落间距按钮”,弹出的下拉列表项,从中选择规定的间距倍率,或单击“行距选项...”,弹出“段落”对话框,切换至“缩进和间距”选项卡,在“间距”栏中设置段落中的行间距和段落间距的数值。
- 右击选中段落,在弹出的快捷菜单中选择“段落...”,在弹出的“段落”对话框中选择“缩进和间距”选项卡,在“间距”栏中设置段落中的行间距和段落间距的数值。
- 单击“开始”选项卡“段落”组中的“对话框启动器”按钮,在弹出的“段落”对话框中选择“缩进和间距”选项卡,在“间距”栏中调整段落中的行间距和段落间距。
- 单击“页面布局”选项卡“段落”组的“对话框启动器”按钮,可以完成同样的设置。

图 5-27 说明选中段左、右缩进各 4 个字符的效果，图 5-28 说明选中段行距 1.5 倍、段后间距 2 行的效果，图 5-29 说明选中段首行缩进和悬挂缩进的效果。

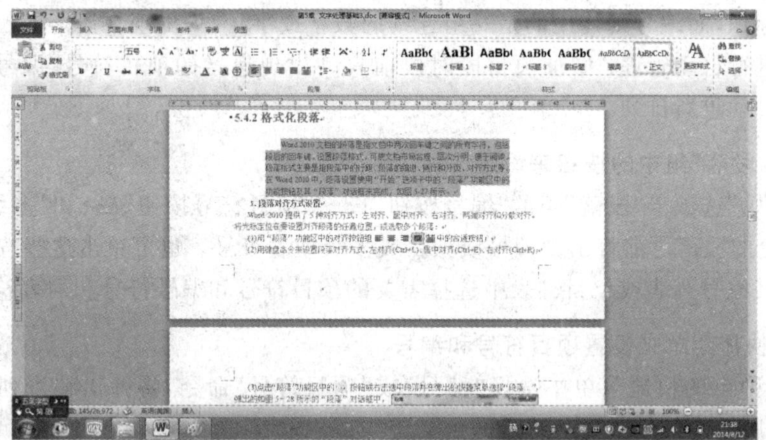

图 5-27　选中段左、右缩进各 4 个字符效果

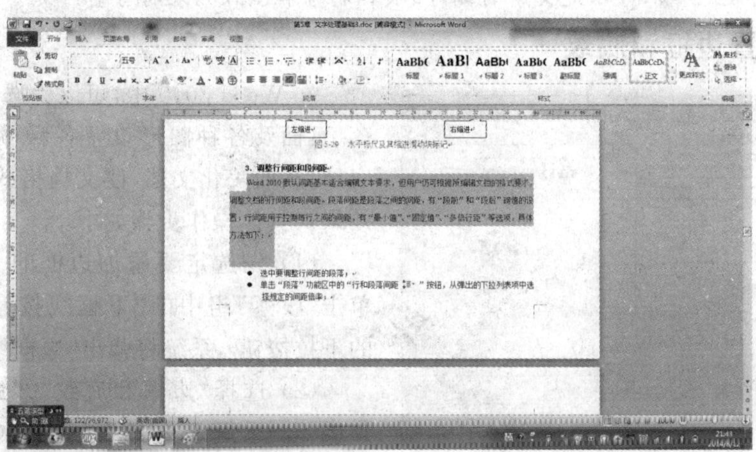

图 5-28　选中段行距 1.5 倍段后间距 2 行

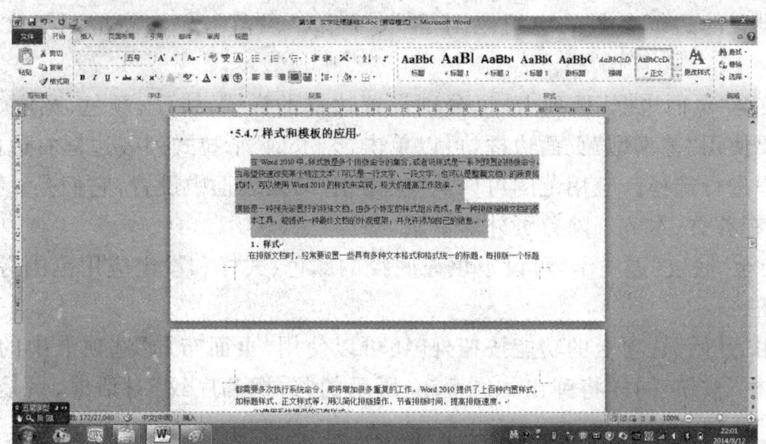

图 5-29　首行缩进和悬挂缩进的效果

5.4.3 设置项目符号和编号

在文档中使用项目符号和编号,可以使文档条理清楚、层次分明、可读性强。项目符号用一些符号标识,而编号则使用的是一组连续的数字或字母,均出现在段落前。系统对项目符号和编号进行自动管理:增加项目段时段前自动出现递增的项目符号/编号;删除项目段时编号会自动重新排列。

1. 通过“段落”组中的按钮来设置

单击“开始”选项卡“段落”组的“编号按钮”、“项目符号按钮”和“多级列表按钮”,在所选定的段落之前将出现编号或项目或多级列表符号。也可单击这些按钮右边的下拉按钮,从其编号列表或项目列表中选择需要的项目符号和编号符号和列表符。

2. 通过快捷菜单来设置项目符号和编号

右击,在弹出的快捷菜单中选择“编号”或“项目符号”命令,将弹出编号列表或项目列表,从中选择所需的编号或项目符号即可。

说明:若单击这些符号库中的“定义新编号格式...”按钮或“定义新项目符号...”或“定义新的多级列表...”项,可以定义新的编号、项目符号和多级列表符号。

5.4.4 设置边框和底纹

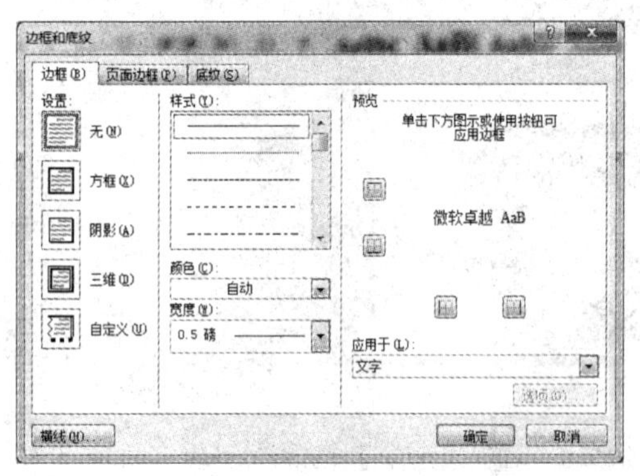

图 5-30 “边框和底纹”对话框

在 Word 2010 中,可以为选定的字符、段落、页面及各种图形设置各种颜色的边框和底纹,从而美化文档,使文档格式达到理想的效果。具体操作步骤如下。

(1) 先选定要添加边框的文字或段落,单击“段落”组中的“下框线按钮”右侧的下拉按钮,系统将弹出“边框线”列表。

(2) 选择“边框和底纹...”命令,系统将弹出如图 5-30 所示的“边框和底纹”对话框。切换至“边框”选项卡中可分别设置边框的样式、线型、颜色、宽度等参数。在“应用于”列表中指定所设置的边框参数的应用范围是“文字”或“段落”,要注意应用于文字与段落的区别。

(3) 切换至“页面边框”选项卡,可分别设置边框的样式、线型、颜色、宽度、应用范围等参数。如果要使用“艺术型”页面边框,可以单击“艺术型”下拉式列表边框右边的箭头按钮,从下拉列表中进行选择。应用范围可以从“应用于”的列表框中设置,它们是:整篇文档、本节、本节—仅有首页、本节—除首页外所有页。

(4) 切换至“底纹”选项卡,可设定填充底纹的颜色、式样和设定应用范围等。最后要单击“确定”按钮。

除了使用“开始”选项卡的功能按钮外,还可以使用“页面布局”选项卡中的“页面背景”组的“页面边框”按钮,同样将弹出如图 5-30 所示的“边框和底纹”对话框,只是被初始定位为“页面边框”选项卡而已。

5.4.5　样式和模板的应用

1. 样式

在 Word 2010 中，样式就是多个排版命令的集合，或者说样式是一系列预置的排版命令。当希望快速改变某个特定文本（可以是一行文字、一段文字，也可以是整篇文档）的所有格式时，可以使用 Word 2010 的样式功能来实现。Word 2010 提供了上百种内置样式，如标题样式、正文样式等，能极大地提高工作效率。

（1）使用系统提供的已有样式

① 利用“样式”组中的按钮来实现。

- 单击要应用样式的段落中的任意位置；
- 单击“开始”选项卡中的“样式”组下拉列表框的按钮，弹出样式列表框，如图 5-31 所示，从中选取所需要样式或命令即可。

② 利用“样式”对话框来实现。

- 单击要设置样式段落的任意位置；
- 单击“开始”选项卡“样式”组的“对话框启动器”按钮，系统将弹出“样式”对话框，如图 5-32 所示。从中选取所需要的样式即可。

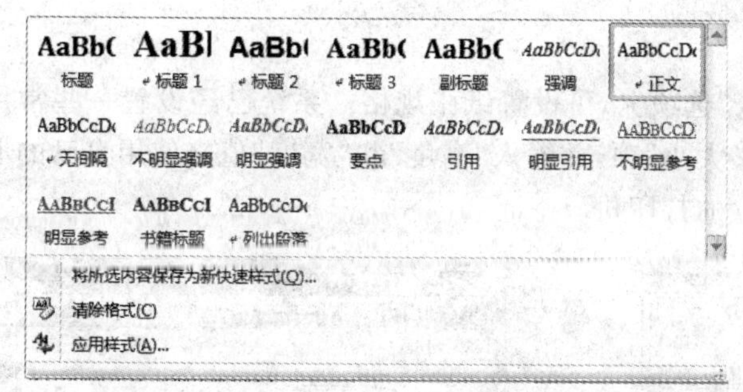

图 5-31　“样式”列表框

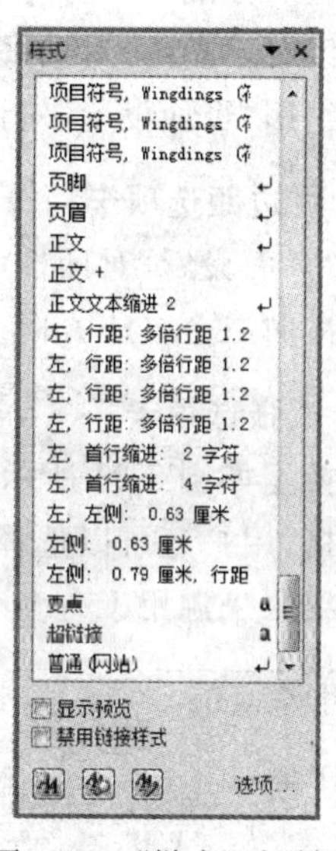

图 5-32　“样式”对话框

（2）创建样式

Word 2010 还允许用户自己创建新的样式，操作过程如下。

① 在 Word 2010 中编辑样式文档内容并选中。

② 单击“开始”选项卡“样式”列表框中的按钮，在展开的“样式”列表框中单击“将所选内容保存为新快速样式...”，在弹出的对话框中输入新样式名并单击“确认”按钮。

2. 模板

模板是一种预先设置好的特殊文档，由多个特定的样式组合而成，是一种排版编辑文档的基本工具，能提供一种最终文档的外观框架，并允许添加自己的信息。

启动 Word 2010 时，实际上已经启用了模板，该模板是系统提供的普通模板（Normal

模板)。系统提供了数以百计的模板(包括来自微软网站的),也允许用户创建自己的模板。

(1) 使用系统模板

执行“文件”选项卡中的“新建”命令,系统将显示两部分的模板:本机模板和 office.com 模板(需要联网下载),从中选择满足要求的模板即可。

(2) 利用文档创建新模板

首先必须排版好作为模板的文档。执行“文件”选项卡中“另存为...”命令,弹出“另存为”对话框,在“保存类型”列表框中选择“Word 模板”、在“文件名”文本框中为该模板命名,扩展名为.dotx,单击“保存”按钮即可。Word 2010 会将用户模板自动保存在当前文件夹中。

5.5 页面设置与文档打印

文档内容编辑排版完成后,还需要设置其页面或版式,以使其满足打印和装订的要求。

5.5.1 页面设置

在“页面布局”选项卡中,“页面布局”组中有“文字方向”“页边距”“纸张方向”“纸张大小”“分栏”“分隔符”“行号”和“断字”等功能按钮且均带有下拉按钮,可列表出多种相关设置。该区右下角的“对话框启动器”按钮可弹出一个如图 5-33 所示的“页面设置”对话框。下面介绍用“页面设置”对话框来进行文档的页面设置。

1. 页边距选项卡

在“页面设置”对话框中,切换至“页边距”选项卡中,可以设置上、下、左、右四个页边距、纵向和横向二个打印方向。

2. 纸张选项卡

切换至如图 5-34 所示的“纸张”选项卡,可设置纸张规格。系统已经设置一些常用标准纸张规格,用户还可以选择“自定义大小”项,并输入“高度”和“宽度”值来使用自己的非标准用纸。纸张来源用于有多个送纸盒的打印机。

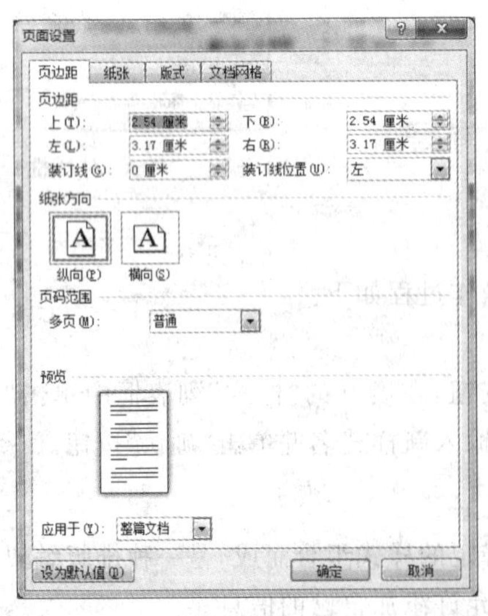

图 5-33 “页面设置”对话框

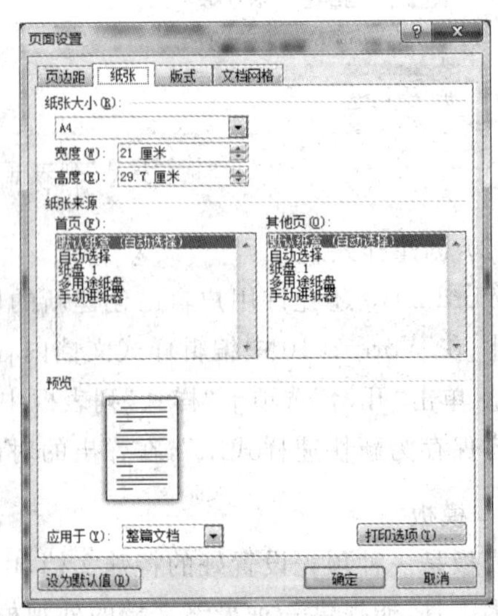

图 5-34 “纸张”选项卡

3. 版式选项卡

切换至"版式"选项卡,可以设置一些页面的高级选项,这些选项包括节的起始位置、页眉和页脚在不同页面的出现方式、垂直对齐方式、行号及边框等。

4. 文档网格选项卡

切换至"文档网格"选项卡,可以设置文字排列方式、分栏数、每行字数、每页行数等。

5.5.2 插入分隔符和页码

1. 插入分隔符

在文档排版时,通常会遇到一些比较复杂的排版问题。例如,对奇偶页不同的版面设置、在某些位置要强行换页、某些版面要进行分栏等,这都需要在相应的位置插入分隔符。插入分隔符的步骤如下。

(1) 将光标定位在所需要插入分隔符的位置。

(2) 在"页面设置"组中,单击"分隔符."按钮,从列表中单击所需的分隔符。

2. 插入分页符

文档编辑时,若要在自动分页的一页未结束时强制分页,则将光标定位在分页处,然后:

- 可按 Ctrl+Enter 组合键。
- 单击"页面布局"选项卡"页面设置"组中"分隔符."按钮,从列表中选择"分页符"命令。
- 单击"插入"选项卡的"页"组中"分页."按钮。

3. 插入页码

通常,文档都需要按页编码。"插入页码"功能可完成这一任务。其操作过程如下。

(1) 单击"插入"选项卡"页眉和页脚"组中"页码"按钮,弹出"页码"列表框,根据文档的要求,从中选择页码的位置和风格。

(2) 再选择列表框中的"设置页码格式..."命令,弹出"页码格式"对话框,如图 5-35 所示,从中设置页码的编号格式和起始页码等。

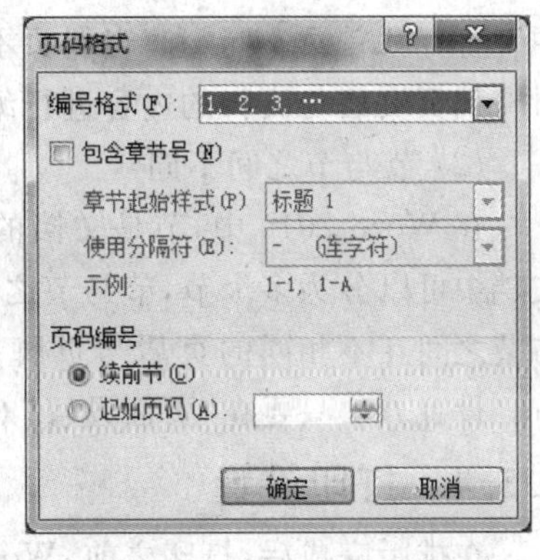

图 5-35 "页码格式"对话框

5.5.3 添加页眉和页脚

页眉和页脚分别位于版心的上方和下方,其内容可以是页码、日期或公司徽标等文字或图标。在文档中既可以设置为相同页眉页脚,也可以设置为不同的页眉页脚。只有在页面视图下才能编辑页眉和页脚,因此,要给文档添加页眉和页脚须切换到页面视图。

1. 设置相同的页眉与页脚

若文档的所有页都设置相同的页眉与页脚,操作过程如下。

(1) 单击"插入"选项卡中"页眉和页脚"组的"页眉"按钮的下拉按钮,将弹出页眉列表,从中选择一种款式后,系统自动进入页眉编辑界面,同时呈现"页眉和页脚工具——设计"选项卡,如图 5-36 所示。

(2) 在页眉编辑区内输入页眉信息(文字或图片),使用页眉和页脚工具栏上的工具按

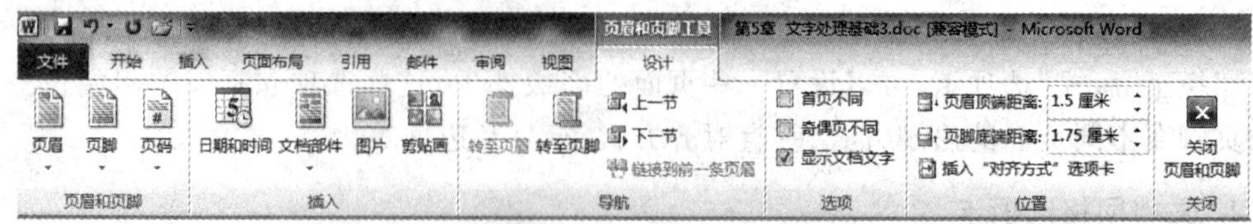

图 5-36 “页眉和页脚工具——设计”选项卡

钮,可以插入页码、图片、时间、日期等,并可以对输入的内容进行格式化。

(3) 单击“页眉和页脚工具”选项卡中的“转至页脚按钮”,切换到页脚,在页脚中输入内容并设置格式。

(4) 单击“页眉和页脚工具”选项卡的“关闭页眉和页脚”按钮,结束编辑状态。

若要编辑修改页眉与页脚,可双击页眉或页脚区域,或从“页眉列表”中选择“编辑页眉”命令,再次进入页眉和页脚编辑状态。删除页眉与页脚则须先全部清除页眉与页脚中的文字。

2. 设置不同的页眉页脚

有时,我们需要在不同的页面设置不同的页眉页脚。具体有如下几种情况。

(1) 首页不同或奇偶页不同

“首页不同”是指文档的第一页与其他页的页眉页脚设置不同,通常第一页不需要页眉和页脚;“奇偶页不同”是指文档中奇数页和偶数页的页眉与页脚设置不同。在 Word 2010 中,编辑页眉信息时可根据要求单击动态呈现的“页眉和页脚工具——设计”选项卡中“选项”组中的“首页不同”和“奇偶页不同”按钮来进行设置。若选择了“奇偶页不同”,需要分别对奇偶页页眉与页脚的内容进行编辑。

(2) 节与节之间不同

在 Word 2010 中,节是文档的一部分,通过分节可以对某些页面进行特殊格式设置。文档中可以分为多个节,节与节之间用分节符隔开,如果文档被分为多个节,就可以设置节与节之间互不相同的页眉与页脚。如果文档没有分节,则 Word 2010 把整个文档作为一节。设置方法只要在“页面设置”对话框中“应用于”列表框中选择“本节”即可。

5.5.4 打印设置

在排版完成后,打印之前,Word 2010 允许人们观察文档的整体效果,也就是实际打印效果,这种功能称为打印预览。Word 2010 将“打印预览”归于打印命令窗口。选择“文件”选项卡中的“打印”命令,即可进入打印窗口,如图 5-37 所示。

1. 打印预览窗格

打印预览窗格位于打印窗口的右侧,其右下角有一个预览比例工具,单击⊕/⊖或移动滑动块可调整预览版面比例;其左下端是页面指示器,标记预览区中第一个页面在整个文档中的页面数及文档页面总数。移动窗格最右边的垂直滑动条,可以预览不同的页面。

2. 打印设置

打印窗口的中间窗格是打印机设置窗格,在此可完成所有的打印设置。

(1) 单击“打印”按钮即从文件首页开始打印一份。若要打印多份,可设置份数值。

(2) 单击“打印机”下的按钮,可完成更换或添加打印机。

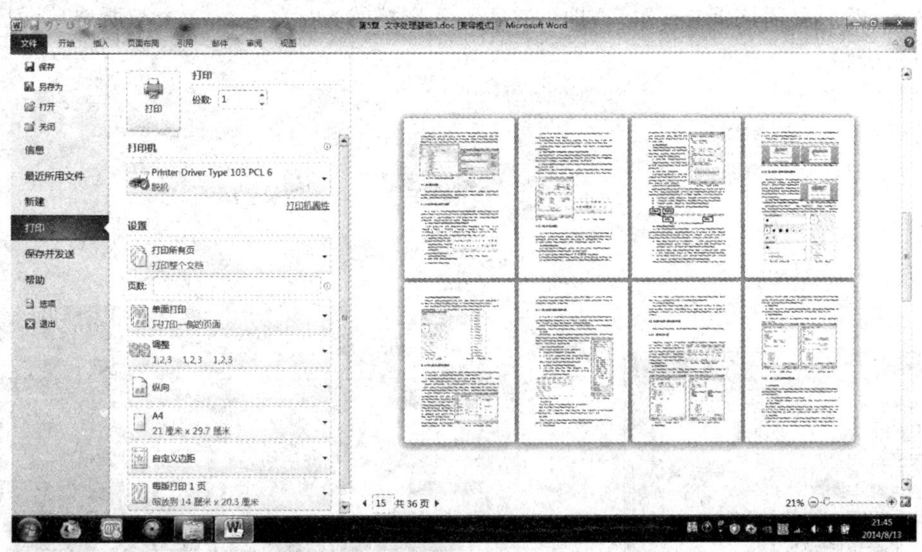

图 5-37　Word 2010 的"打印"窗口

(3) 单击"设置"下的按钮，可完成打印全部文档、打印当前页、打印指定页面范围、打印奇/偶页等设置；

(4) 单击"单面"按钮，可设置单面打印或手动双面打印。

5.6　在 WORD 文档插入表格

表格是数据及其关系的一种简明直观的表现形式，既可与文档混排，也可单独编排。

5.6.1　空表格的制作

Word 2010 具有较强的表格处理能力和多种表格制作方法。具体操作如下。

1. 自动制表

(1) 将光标定位到要建立表格处，单击"插入"选项卡的"表格"组的"表格"按钮，弹出"表格"功能列表，拖动鼠标至"插入表格"项下的空白矩形格上移动，光标处将自动出现行列数相同的空表格，当空表格达到要求时，再单击即可。该方法适合于创建小型表格。

(2) 将光标定位到要建立表格处，单击"插入"选项卡的"表格"组的"表格"按钮，弹出"表格"功能列表，选择"插入表格…"命令，弹出如图 5-38 所示的"插入表格"对话框。根据需要分别输入所作表格的列数、行数，单击"确定"按钮即可。

(3) 将光标定位到要建立表格处，单击"插入"选项卡的"表格"组的"表格"按钮，弹出"表格"功能列表，鼠标停留至"快速表格…"命令，系统将弹出如图 5-39 所示的"表格式列表"窗口。从中选择满足要求或基本满足要求的表格模板，即生成一个与选中模板一致的表格(有原始数据)，用户删除这些数据即可得到与模板一致的空表格。

(4) 将光标定位到要建立表格处，单击"插入"选项卡的"表格"组的"表格"按钮，弹出"表格"功能列表，选择"表格"功能项列表中的"Excel 电子表格"命令，系统将启动 Excel 2010，并为在编文档创建一个空白工作表。用户只需从该 Excel 空白工作表中选择需要的单元区域，然后关闭该 Excel 窗口，即可在 Word 文档的光标处建立一个与所选单元区域一致的空白表格。

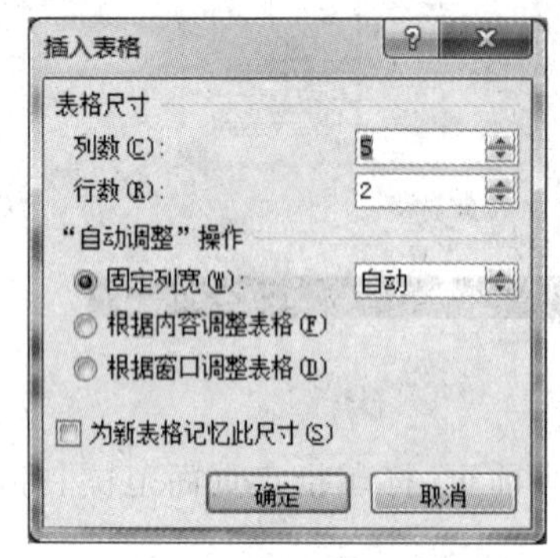

图 5-38 “插入表格”对话框

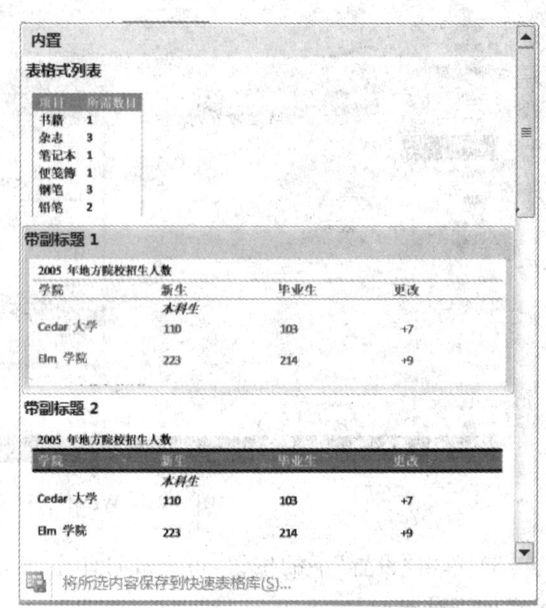

图 5-39 “表格式列表”窗口

需要说明的是，上述 4 种制作表格的方法，无论使用哪种，一旦在页面上出现表格，系统将立即呈现“表格工具——设计”选项卡，如图 5-40 所示，其中将表格工具分为“表格样式选项”“表格样式”和“绘图边框”3 个组。目的是让用户能迅速利用这些工具对所创建的空白表格进行进一步的加工和格式化处理，使之最终完成满足文档的要求。

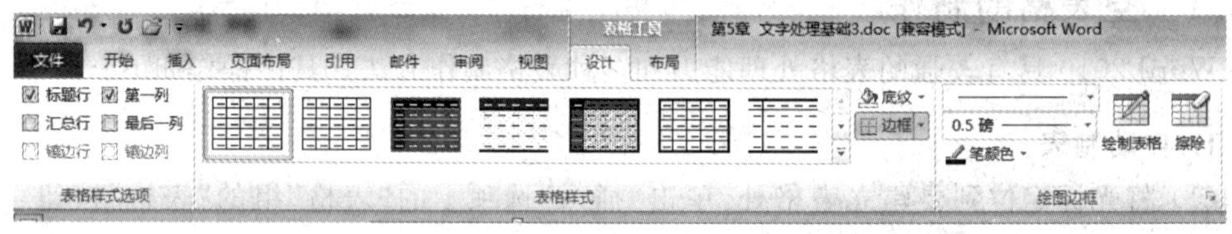

图 5-40 “表格工具——设计”选项卡

2. 手动制表

绘制表格是 Word 2010 的另一种制表方法。这种方法的最大优点是能让用户像使用笔一样地随心所欲绘制出各种不同行高列宽的、复杂的表格。

单击“插入”选项卡“表格”组的“表格”按钮，弹出“表格”功能列表，选择“绘制表格”命令，即进入绘制表格状态。移动鼠标到文档编辑区，光标即变成画笔形状。画笔状移动鼠标到需要制的左上角，拖曳鼠标至表格的右下角后松开，即完成表格外框线的绘制，然后再根据具体要求绘制表格的内格线，直到表格绘制完毕。若需要对所绘制的表格线进行修改，可以单击“表格工具——设计”选项卡中“绘图边框”组中的“擦除”按钮进行擦除。当然，在该组还设置了一组常用的制表工具按钮，包括线型、线宽、颜色、底纹等供用户绘制表格时使用。

5.6.2 编辑表格

最初创建的表格是空的，且不一定能满足要求，需要对表格进行编辑。编辑表格，包括编辑表格的边框线和编辑表格的内容。表格编辑包括行列的插入、删除、合并、拆分和宽度或高度调整等。内容编辑是指表格中数据的输入、格式设置和计算处理。

1. 表格单元及整表的选定

在对表格进行编辑时，首先要选定表格，被选定的部分呈反显状态。具体方法如下。

- 单元格的选定：将光标移到单元格内部的左侧，鼠标指针变成向右的黑色箭头，单击可以选定一个单元格，按住鼠标左键拖动可以选定多个单元格。
- 表行的选定：光标移到页的左选定栏，鼠标指针变成向右的箭头，单击可以选定一行，按住鼠标左键继续向上或向下拖动，可以选定多行。
- 表列的选定：将光标移至表格的顶端，鼠标指针变成向下的黑色箭头，在某列上单击可以选定一列，按住鼠标向左或向右拖动，可以选定多列。
- 表中矩形块的选定：按住鼠标左键从矩形块的左上角向右下角拖动，鼠标扫过的区域即被选中。
- 整表选定：当鼠标指针移向表格内，在表格外的左上角会出现一个按钮 ✥，这个按钮就是"表格全选"按钮，单击它可以选定整个表格。

2. 表格行、列的插入

制作完一个表格后，经常会根据需要在表格中插入整行、整列或单元格等。Word 2010 提供了一种十分人性化的方法：只要将光标定位于表格的任何部位，系统将呈现"表格工具"选项卡，单击其中的"布局"选项卡，即可呈现"表格工具——布局"选项卡的全部功能按钮，如图 5-41 所示。

图 5-41 "表格工具——布局"选项卡

(1) 在需要插入行或列的附近，选定一个或多个单元格(或行、列)，单击"表格工具——布局"选项卡中"行和列"组中的"在上方插入"或"在下方插入"或"在左侧插入"或"在右侧插入"按钮即可完成插入一行或插入一列的操作。

(2) 在需要插入行或列的附近，选定一个或多个单元格(或行、列)，右击，在弹出的快捷菜单中选择"插入"项，从其子菜单中可以选择"行(在上方)"或"行(在下方)"命令插入；如果是插入列，可以选择"列(在左侧)"或"列(在右侧)"命令；如果要插入的是单元格，则选择"插入单元格..."命令，在弹出的"插入单元格"对话框中进行设定，如图 5-42 所示。

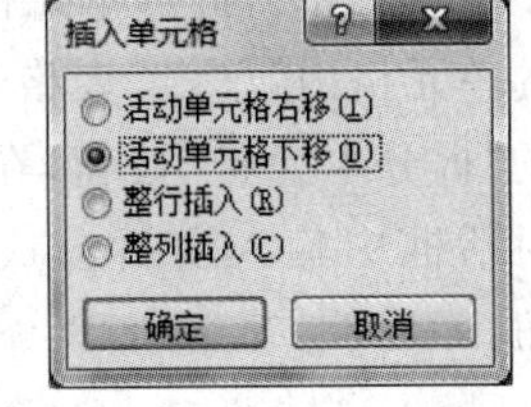

图 5-42 "插入单元格"对话框

3. 表格行、列、单元格的删除

若要删除某些行、列、单元格，先选定要删除的行、列或单元格，再用以下方法来实现。

(1) 在要删除行或列的位置，选定一个或多个单元格(或行、列)，单击"表格工具——布局”选项卡中“行和列”组中的“删除”按钮，在弹出的功能项中选择相应的功能即可完成删除一行或一列，若删除单元格还要在对话框中作进一步选择操作。

(2) 在要删除行或列的位置，选定一个单元格，右击，在弹出的快捷菜单中选择“删除单元格…”项，从弹出的对话框中选择单元格删除或删除一行或删除一列；若选定的是整个表格，右击，在弹出的快捷菜单中选择“删除表格”项，即删除整个表格。

4. 表格高度、宽度的调整

通常情况下，系统会根据表格字体的大小自动调整表格的行高或列宽。当然，用户也可以手动调整表格的行高或列宽。表格高度、宽度的调整可以通过鼠标或菜单来实现。

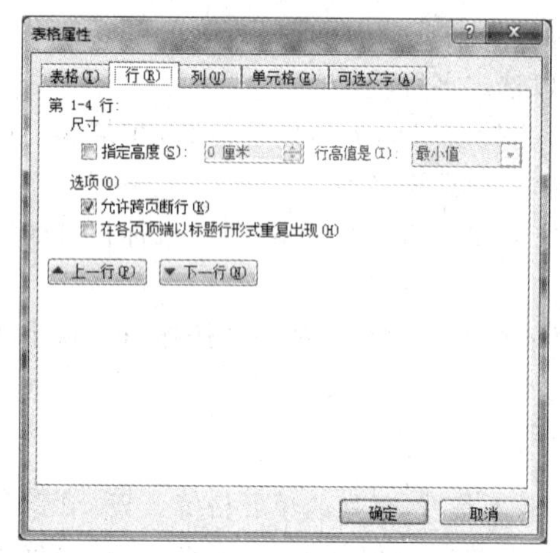

图 5-43 “表格属性”对话框

(1) 用鼠标调整行高或列宽

将鼠标指针移到要调整行高的行线上，按住鼠标左键，鼠标指针变成÷时，同时行边线上出现一条虚线，按住鼠标左键拖至需要的位置即可；将鼠标移到要调整列宽的列边线上，按住鼠标左键，鼠标指针变成 ⫲，同时列边线上出现一条虚线，按住鼠标左键至需要位置即可。

(2) 利用表格属性对话框调整

选中表格，右击鼠标，从弹出的快捷菜单中选择“表格属性…”命令，弹出如图 5-43 所示的“表格属性”对话框。在“表格属性”对话框中的各选项卡中可精确设定高度或宽度值。该方法可以实现表格的精确调整。

5. 表格的合并与拆分

在进行表格编辑时，有时需要把多个单元格合并成一个单元格，有时需要把一个单元格拆分成多个单元格，从而适应不同的数据需要。

(1) 单元格的合并。单元格合并就是把相邻多个单元格合并成一个单元格。首先选定要合并的两个或两个以上连续单元格；然后单击“表格工具——布局”选项卡中“合并”组中的“合并单元格”按钮，则选定单元格被合并为一个单元格。该方法也适合整行(列)的合并。

(2) 单元格的拆分。拆分单元格就是把一个单元格拆分成多个单元格。拆分单元格的步骤是：先将光标定位于要拆分的单元格内，单击“表格工具——布局”选项卡的“合并”组中的“拆分单元格”按钮，在弹出如图 5-44 所示的对话框中；在对话框中输入要拆分成的行数和列数，然后单击“确定”按钮。

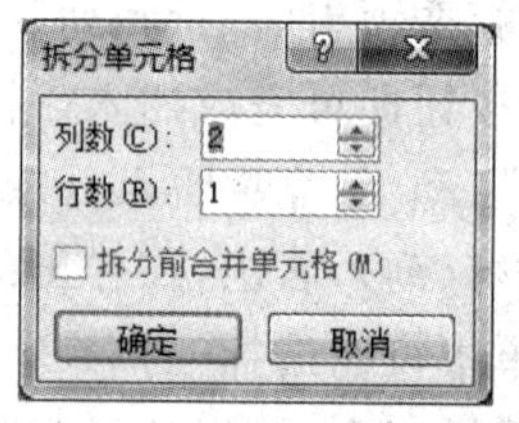

图 5-44 拆分单元格对话框

6. 单元格内容的编辑

完成空表格编辑后，就可以向表格的单元格输入内容了。每一个单元格均可视为独立文档框来输入/粘贴字符或图形，因此单元格内容的编辑方法与文档编辑相同。将光标定位于一个空单元格，输入正确的信息。当光标到达单元格右边界时，插入点光标自动换行(该行变高)，当然，也可以根据需要按 Enter 键换行。一个单元格内容输入完成后可用鼠标单击或通过键盘光标控制键进入其他单元格。

5.6.3　表格格式化

表格格式是指对表格的边框线、底纹、字体等按指定的格式进行修饰，使表格更加美观、醒目，内容更清晰整齐。另外，表格格式还包含了表格与文本的排版位置关系。

1. 自动套用格式

Word 2010 提供了 140 多种表格样式和“表格自动套用格式”功能，能够快速格式化用户制作的表格。具体方法是：将光标定位于表格中的任一个单元格，单击“表格工具——设计”选项卡“表格样式”组中的“下拉按钮”，即可展现 Word 2010 提供的 140 多种表格样式，选择其中一个满足要求的样式，单击鼠标，即可使用户表格样式套用该选中的样式。

2. 边框和底纹的设置

(1) 选择需要进行边框或底纹设置的表格或单元格。

(2) 单击“表格工具——设计”选项卡中“表格样式”组中的“边框”按钮，弹出边框类型列表框，选择其中的“边框和底纹...”命令，系统将弹出“边框和底纹”对话框，如图 5-45 所示，切换至“边框”选项卡，可以设置边框种类、线型、颜色、宽度等。

(3) 单击“表格工具——设计”选项卡中“表格样式”组中的“底纹”按钮，弹出底纹类型列表框，如图 5-46 所示。从中可以设置底纹颜色、图案等；在“边框和底纹”对话框的“底纹”选项卡中也可选择底纹图案、颜色等。

说明：右击，从弹出的快捷菜单中选择“边框和底纹...”项，也可以弹出对话框。

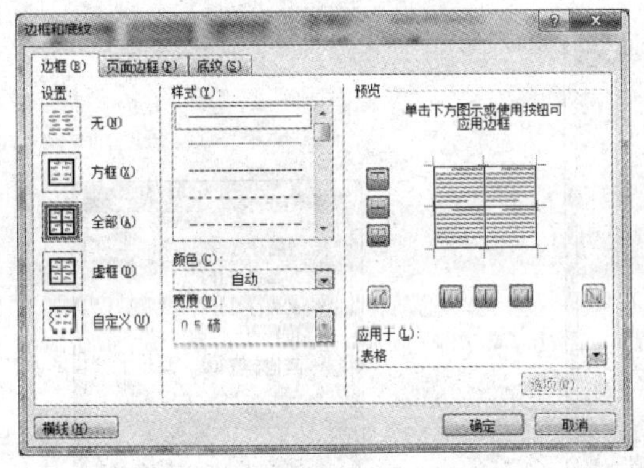

图 5-45　“边框和底纹”对话框

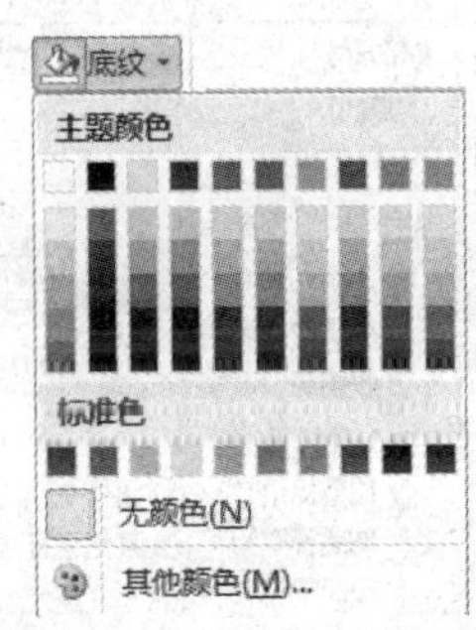

图 5-46　底纹类型列表框

3. 表格的对齐与文字环绕方式

(1) 选定表格后，单击“表格”菜单中的“表格属性...”项，弹出“表格属性”对话框。

(2) 单击“表格工具——布局”选项卡中“单元格大小”组中的“对话框启动器按钮”，在弹出的“表格属性”对话框中的“表格”选项卡中，可选择“左对齐”“居中”或“右对齐”等对齐方式；在“文字环绕”选项区域中可选择环绕方式。

(3) 单击“表格工具——布局”选项卡中“单元格大小”组和“对齐方式”组中的功能按钮，可设置单元格的大小和内容的对齐方式。

4. 绘制斜线表头

(1) 拖动行边框线和列边框线将表头单元格扩大，将光标插入点定位在表头单元格中。

(2) 单击“表格工具——设计”选项卡中“绘图边框”组中的“绘制表格”按钮,用笔型光标在表头单元格直接绘制出左上角到右下角的斜线。

(3) 或单击“表格工具——设计”选项卡中“表格样式”组的“边框”按钮的下拉按钮,从弹出的列表中选择“斜下框线”命令,在表头单元格直接绘制出左上角到右下角的斜线。

然后输入“行标题”“列标题”、设置好字体大小即可。

5. 表格与文字的相互转换

Word 2010 可以将文档中的表格内容转换为由逗号、制表符、段落标记或其他指定字符分割的普通文本。反过来,也能将一些排列规则的文本转换为表格。具体方法如下。

(1) 文字转换为表格的方法

- 选定需要转换的文本,单击“插入”选项卡中的“表格”组的“表格”按钮,从其弹出的功能项列表中的“插入表格...”项,即可将所选文本转换成行数不变的表格。
- 选定需要转换的文本,单击“插入”选项卡中的“表格”组的“表格”按钮,从其弹出的功能项列表中的“文本转换成表格...”项,系统将弹出如图 5-47 所示的“将文字转换成表格”对话框,从中可设置表格的行、列数等参数,最后单击“确定”按钮。

(2) 表格转换成文字

将光标定位在需要转换为文本的表格中,单击“表格工具——布局”选项卡中“数据”组中的“转换为文本”按钮,将弹出如图 5-48 所示的“表格转换成文本”对话框,从中选择合适的文字分隔符来分隔单元格的内容,最后单击“确定”按钮。

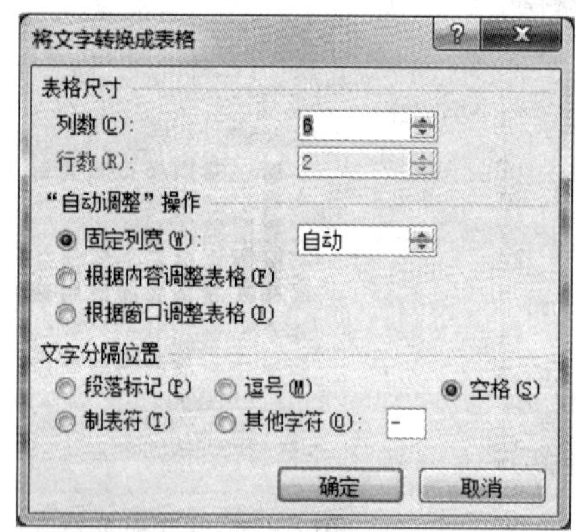

图 5-47 “将文字转换成表格”对话框

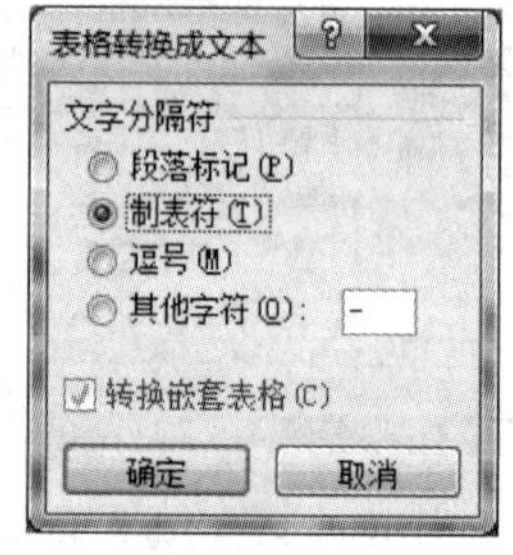

图 5-48 “表格转换成文本”对话框

5.6.4 表格中的数据计算与排序

1. 表格的计算

Word 2010 能对表格中的数值型数据进行计算,如求和、平均值等。具体步骤如下。

(1) 将光标插入点定位到放置计算结果的单元格中。

(2) 单击“表格工具——布局”选项卡中“数据”组中的“fx 公式”按钮,系统将弹出如图 5-49 所示的“公式”对话框。

(3) 单击“公式”对话框中的“粘贴函数”列表框下拉按钮,从中选择相关函数,该函数将出现在“公式”对话框中的“公式”文本框中。

（4）确定本次计算所涉及的数据范围，用 ABOVE、DOWN、LEFT 和 RIGHT 4 个单词来指定。最后，单击“确定”按钮。计算结果即出现在光标所在的单元格中。

2. 表格数据的排序

Word 2010 允许对表格中的数据进行排序，操作步骤如下。

（1）单击“表格工具——布局”选项卡中“数据”组中的“排序”按钮，系统将弹出如图 5-50 所示的“排序”对话框。

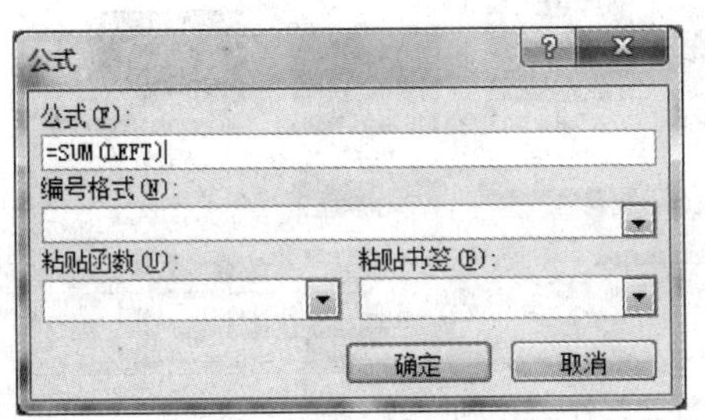

图 5-49　“公式”对话框

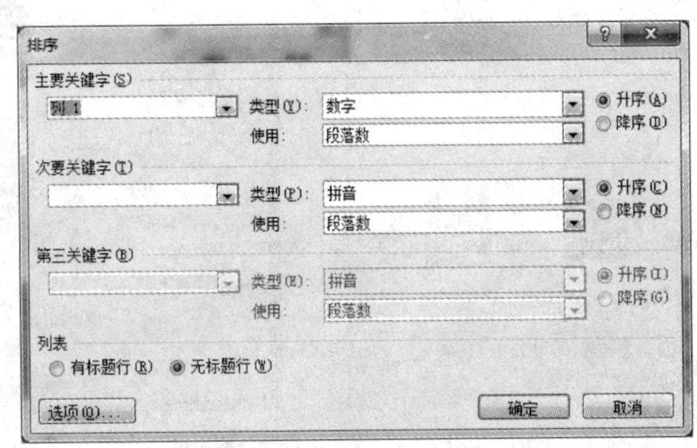

图 5-50　“排序”对话框

（2）在对话框中，选择排序的主要关键字、次要关键字、升降序等，最后单击“确定”按钮。

5.7　插入对象与绘图

Word 2010 提供了强大的图文混排功能，可以在文档中插入各种对象，包括剪切画、图片、形状等，以使文档版面图文并茂，更加生动、更加引人入胜、吸引读者。

5.7.1　插入图片

1. 插入剪贴图

Word 2010 提供的各种剪贴画，扩展名为. wmf，均可插入文档中。操作步骤如下。

（1）确定要插入图片的位置，单击“插入”选项卡中“插图”组的“剪贴板”按钮，系统将在窗口的右侧弹出“剪贴画”对话框，如图 5-51 所示。

（2）在“剪贴画”对话框的“搜索文字”文本框中输入剪贴画文件名并按 Enter 键，或单击“搜索”按钮以浏览方式来查找到所需要的剪贴画，单击该剪切画，即可将剪贴画插入文档。

2. 插入图片

Word 2010 可以直接插入多种格式的图片文件到文档中，操作过程如下。

（1）将光标定位在要插入图片的位置。

（2）单击“插入”选项卡中“插图”组中的“图片”按钮，系统将弹出一个如图 5-52 所示的“插入图片”对话框，从中找到要插入图片的位置并选中图片文件，单击“插入”按钮。

图 5-51　“剪贴画”对话框

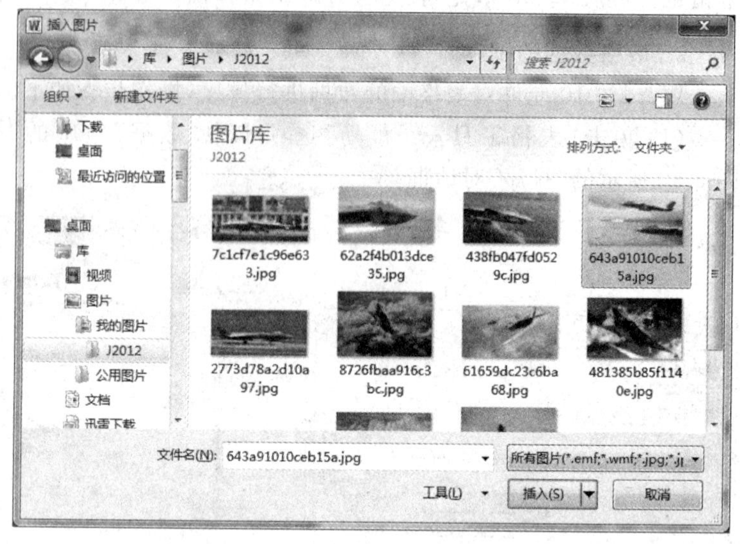

图 5-52　“插入图片”对话框

5.7.2　设置图片格式

1. “图片工具——格式”选项卡

插入文档中的图片,大小、版式、位置和内容等往往不能满足要求,因此,需要调整插入图片的格式,包括颜色和线条、长宽、版式、裁剪等。在 Word 2010 中,选中某个图片,系统将自动呈现“绘图工具——格式”选项卡,如图 5-53 所示,方便对图片进行格式化处理。

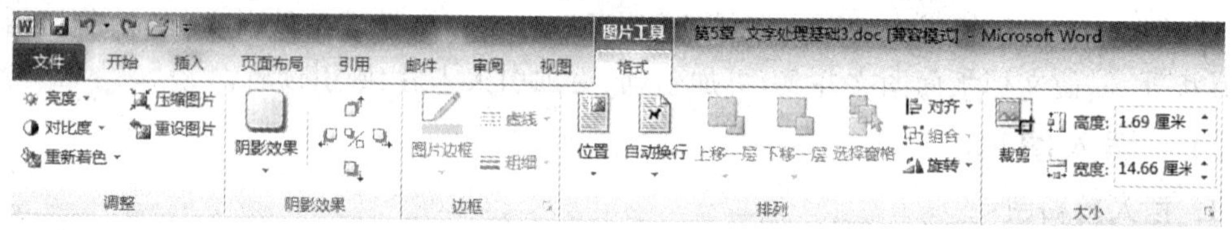

图 5-53　“图片工具——格式”选项卡

2. “设置图片格式”对话框

调整图片格式的另一个利器是图片格式对话框。右击图片,弹出快捷菜单,单击“设置图片格式...”命令;或在“绘图工具——格式”选项卡中单击“对话框启动器按钮”；均可弹出如图 5-54 所示的“设置图片格式”对话框。从中可完成图片所有参数的设置。

3. 裁剪与缩放图片

(1) 当所需要的图形仅为插入图形的一部分时,应进行裁剪图片。其操作方法如下:选取要裁减的图片,单击“绘图工具——格式”选项卡中“大小”组的“裁剪”按钮,被选中的图片即被 8 段黑色线段包围。当鼠标接近 4 个角时也变成折线,拖动鼠标向图片中心移动,图片被垂直裁剪;当鼠标接近 2 个直线段时也变成直线,拖动鼠标向图片中心移动,图片被水平裁剪。当移动鼠标到图片外,单击左键即退出裁剪状态。

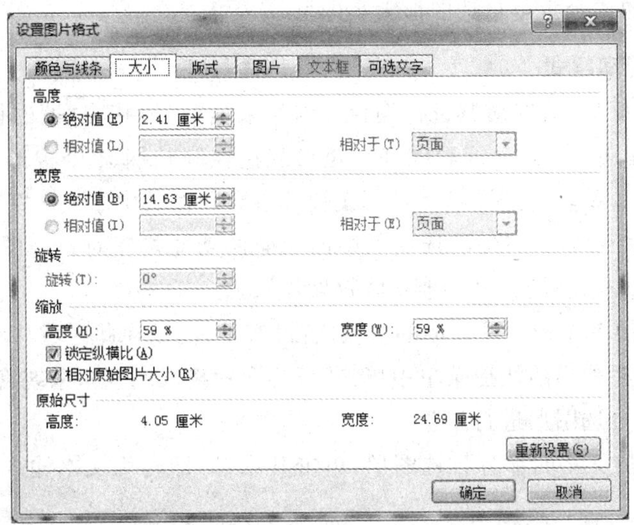

图 5-54 “设置图片格式”对话框

(2) 当所需要的图片大小不适合时，进行图片缩放。其操作方法如下：选中图片，图片四周出现 8 个小句柄，它们是图片的缩放点；将鼠标指向缩放点，当指针变为箭头形状时即可对图片进行缩放。也可以在“设置图片格式”对话框的“大小”选项卡中完成图片缩放。

4. 图片的复制和删除

(1) 图片的复制。复制图片的方法主要有两种：一种是用鼠标拖动对象的同时按住 Ctrl 键，就可以实现对象的复制。另一种方法是利用剪贴板，使用“复制”与“粘贴”的方法实现对象的复制。

(2) 图片的删除。图片被选定后，按 Delete 键即可删除图片。

5.7.3 插入形状

Word 2010 提供了多种简单形状，允许用户插入文档中。

1. 插入形状图案

单击“插入”选项卡“插图”组的“形状”按钮，弹出形状列表框，如图 5-55 所示。单击所需图形，将鼠标指针移至要插入形状的位置，此时鼠标指针变成“+”字形，拖动鼠标到合适的位置即可绘出所选择的形状图案。

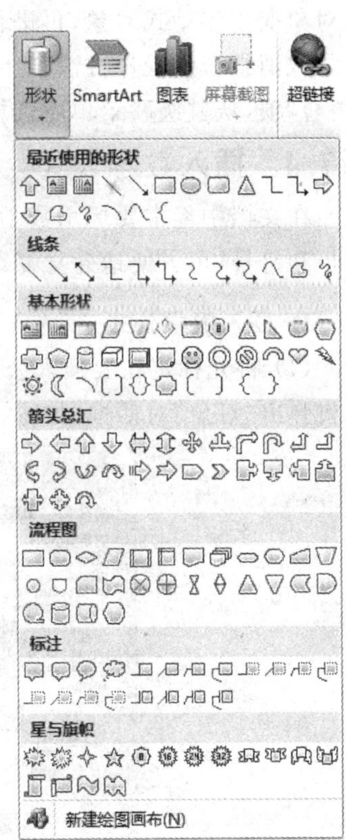

图 5-55 “形状”列表框

当然，可以单击“文件”选项卡，选择“选项”命令，在弹出的“Word 选项”对话框中选择“高级”，然后在“插入自选图形时自动创建绘图画布”选项上打钩，单击“确定”按钮。以后，当插入形状图案时，将自动创建绘图画布。在自选图形设置好后,可移动画布的 4 个角至自选图形大小即可。

2. 编辑形状图案格式

形状图案绘制好后,需要对其进行编辑。因为系统对"形状图案"的初始设置是线条是无颜色的、不创建画布,因此只能看到 8 个矩形灰色控制句柄、1 个棱形黄色控制句柄和 1 个圆形绿色旋转柄。编辑自选图形就是要设置其参数和在其中添加文字等。

(1) 使用"图片工具——格式"选项卡中的相应的功能按钮对自选图形进行设置,包括线型及颜色、字体以及设置阴影、三维立体效果等格式。

(2) 或是右击由 8 个控制块构成的区域(若没有呈现,则在此区域移动鼠标直到光标形状变成"+"字形),在弹出的快捷菜单中单击"设置图片格式..."项,系统将弹出"设置图片格式"对话框,从中对自选图形进行设置。

(3) 对于能添加文字的部分自选图形,单击其中部,即转为文本输入状态,可根据需要添加相应的文字。

3. 形状图案的组合与取消组合

形状图案的组合就是把多个自选图形组合在一起,形成一个图形。组合的步骤如下。

(1) 按住 Shift 键,用鼠标左键逐一单击要组合的形状图案。

(2) 右击,从快捷菜单中选择"组合"命令,再从其级联菜单中选择"组合"命令,系统将所有选中的图形组合成一个图形。注意,在将各种图形组合成一个图形之前,首先要将嵌入式对象变成浮动式对象,再进行组合。

取消组合的操作方法如下:选择要取消组合的图形,右击,在弹出的快捷菜单中选择"组合"项,从其级联菜单中选择"取消组合"命令即可。

5.7.4 插入数学公式

在文档中经常要标示数学公式。Word 2010 的公式编辑器提供了编辑数学公式所需的模板和符号,可方便地建立复杂的数学公式,并将其插入文档中。

1. 插入数学公式

(1) 将光标定在要插入公式的位置,单击"插入"选项卡中"文本"组中的"对象"按钮,系统将弹出"对象"对话框,如图 5-56 所示。

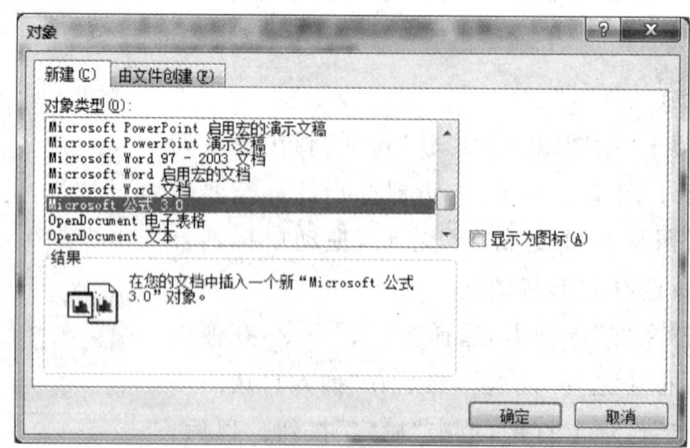

图 5-56 "对象"对话框

(2) 在“对象”对话框的“新建”选项卡的“对象类型”列表框中选择“Microsoft 公式 3.0”项，单击“确定”按钮。

(3) 屏幕上弹出“公式”工具栏和公式编辑区，如图 5-57 所示，用户可以从公式插入点处开始输入数学公式。公式输入完毕，单击公式编辑区外的任意区域，即可退出公式编辑状态返回文档编辑状态。该工具栏提供了 19 大类近 300 种数学符号和公式模板供选用。

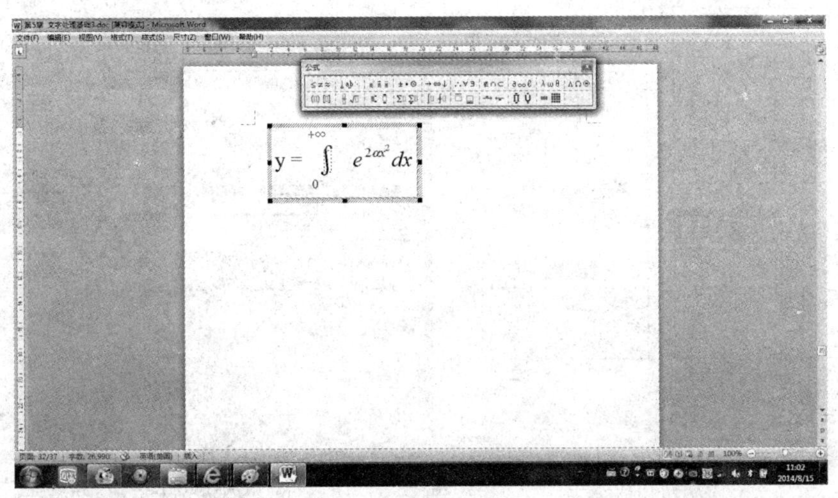

图 5-57　公式编辑器窗口

2. 修改数学公式

插入的公式是一个整体图形对象，单击公式对象可对其进行选定，与图片一样进行复制、删除、移动、缩放操作；双击公式对象则进入公式编辑环境，可重新进行编辑修改公式。

值得注意的是，Word 2010 对 Word 97～2003 文档(＊.doc)是禁止使用公式编辑器的。

5.7.5　插入文本框

文本框是 Word 2010 的一种自选图形，允许添加文字。通过文本框可以把其中的文字放置在文档中任何位置，可以和其他图形产生重叠、环绕、组合等各种效果。

1. 插入文本框

(1) 单击“插入”选项卡“文本”组中的“文本框”按钮，弹出其内置的具有 44 个文本框模板的列表框，如图 5-58 所示。用户可以从中选择满足要求的内置文本框，单击，该文本框即进入当前文档的当前页。

(2) 若用户选择单击“绘制文本框”项，系统立即将光标变成“＋”形状，用户只需要在要创建文本框的位置按住鼠标左键从其左上角拖至右下角，即可获得所需大小的文本框。

2. 设置文本框格式

设置文本框格式有两种方法。

(1) 使用系统呈现的“文本框工具——格式”选项卡中的按钮：单击“形状轮廓”按钮可设置文本框的轮廓线的线型、颜色、宽度等；单击“形状填充”按钮可以设置多种文本框的底纹；文本框的大小可以直接将尺寸值填入“高度”和“宽度”文本框等。

(2) 右击文本框，在弹出快捷菜单中单击“设置文本框格式...”项，系统将弹出“设置文本框格式”对话框。单击“文本框”选项卡,改变“内部边距”中的上下左右四个文本框的数值,可设置文字与边框间的距离,如图 5-59 所示;切换至其他选项卡,分别设置文本框的颜色和线条、大小以及环绕方式等。若不需要边框,就把文本框的线条颜色设置为“无线条颜色”。

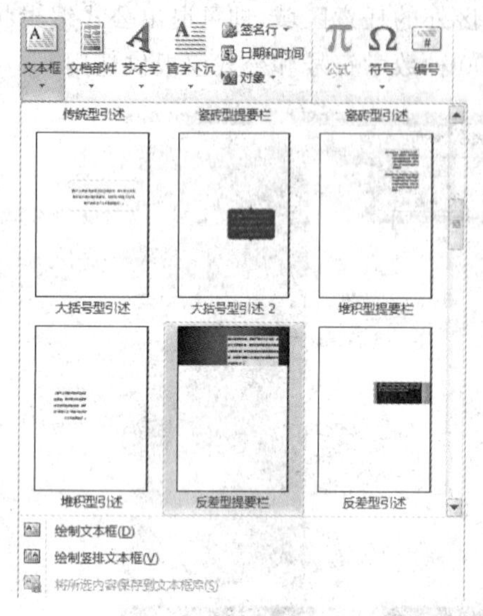

图 5-58 文本框按钮功能列表

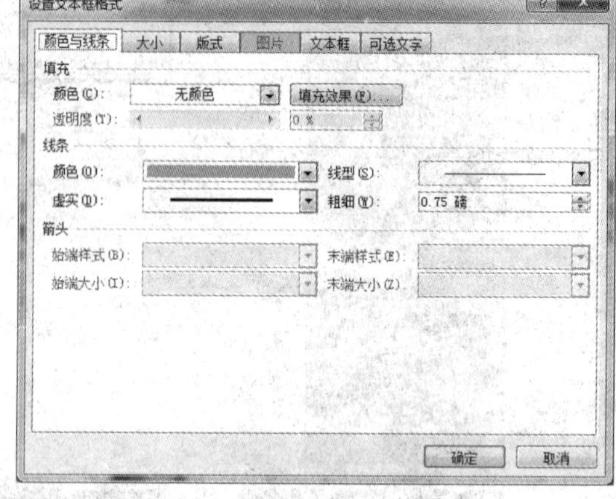

图 5-59 “设置文本框格式”对话框

5.7.6 插入艺术字

艺术字就是具有某种特定艺术效果的文字图片。在 Word 2010 中,可通过插入艺术字这一功能对输入的文字进行各种变形处理,以增强文档的视觉效果。

1. 插入艺术字

(1) 将光标定位在需要插入艺术字的位置。

(2) 单击“插入”选项卡“文本”组中的“艺术字”按钮,弹出“艺术字库”列表框,如图 5-60 所示,从中选择一种艺术字式样。

(3) 在弹出的“编辑艺术字文字”对话框的文本框中输入要转变成艺术字的内容并设置好字体、字号,如图 5-61 所示。单击“确定”按钮即可。

图 5-60 艺术字功能项列表

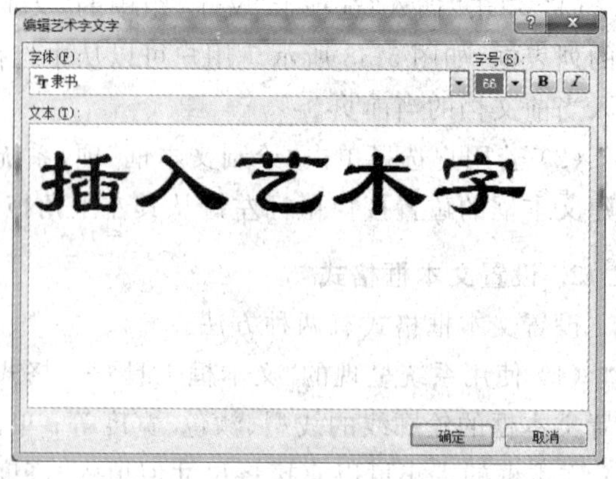

图 5-61 编辑艺术字文字

2. 编辑艺术字

插入艺术字的同时会出现"艺术字工具——格式"选项卡，如图5-62所示，从中可以编辑艺术字的"文字""艺术字样式""三维效果""排列"和"大小"等参数。

图5-62　"艺术字工具——格式"选项卡

(1) 使用"文字"组按钮，可以编辑艺术字内容、间距、对齐、横竖排列等。

(2) 使用"艺术字样式"组按钮可更换艺术字样式、轮廓填充、轮廓线型、更改形状等。

(3) 使用"阴影效果"和"三维效果"组按钮可以增加艺术字的阴影和三维效果。

(4) 使用"排列"组按钮可以设置艺术字的位置、换行、旋转、对齐等。

当然，也可以选择插入的艺术字，右击，从弹出的快捷菜单中选择"设置艺术字格式..."对话框，从中完成相关的设置。用户要自己动手试一试才可以熟练使用。

5.8　邮件合并

"邮件合并"就是在主文档的固定内容中，合并与发送信息相关的一组通信资料(如Excel表、Access数据表等相关信息)，从而批量生成需要的邮件文档，能极大提高工作效率。

5.8.1　使用邮件合并制作信函

下面以打印录取通知书为例，介绍Word 2010邮件合并的操作方法。

1. 准备数据源

数据源就是信函中所有用到的数据。图5-63是一个名为"录取名单.xlsx"的Excel工作簿，包含一个"录取名单"工作表，工作表中有4800条记录。用该工作表作为邮件合并的数据源。

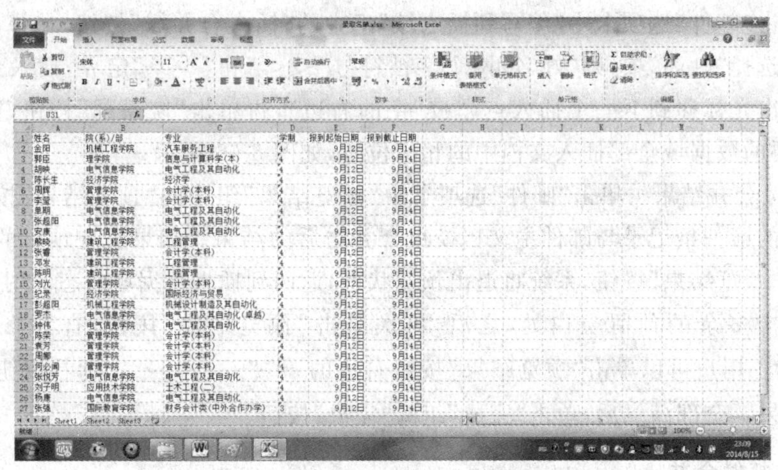

图5-63　邮件合并的数据源文件——录取名单.xlsx

2. 主文档模板准备

主文档模板文件就是即将打印输出的文档模板。图 5-64 是一个名为“录取通知书.docx”的 Word 文档窗口(可临时创建),已经排版完毕,在“同学”之左侧等多处留白。现在需要通过邮件合并,将数据源中的部分数据加入到文档中,即成为正式的录取通知书。

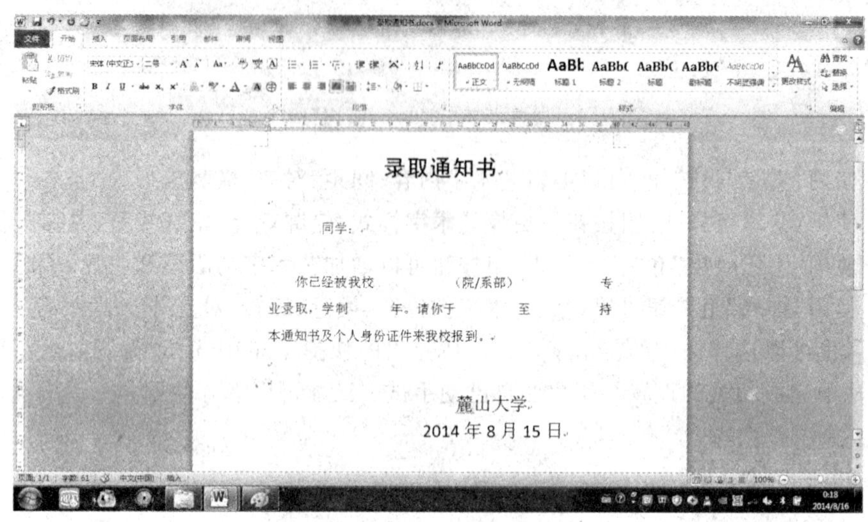

图 5-64　录取通知书.docx

3. 邮件合并

利用 Word 2010 的邮件合并向导,可以很方便地实现“邮件合并”。

(1) 打开主文档模板文件。在本例中是打开名为“录取通知书.docx”的文档。

(2) 单击“邮件”选项卡“开始邮件合并”组中的“选择收件人”按钮,在弹出的功能项列表中选择“使用现有列表...”,然后,在弹出的“邮件合并”对话框中将“录取名单.xlsx”作为数据源文件,并单击“打开”按钮。即可完成邮件合并数据源的装载。

(3) 插入数据库域。先将光标定位到要插入数据的地方(例如文档开头“同学：”之前),然后单击“邮件”选项卡中“编写和插入域”组中的“插入合并域”按钮,在弹出的功能列表项中依次选择“姓名”项,则“姓名”两个字被符号“＜＜”和“＞＞”定界,插入到“同学”之左。然后再次光标移到下一个插入点(“校”字的右边),再单击“院系部”按钮,重复上述操作,直到需要的数据域全部插入文档中的相应位置,如图 5-65 所示。

(4) 预览合并结果。单击“邮件”选项卡中“预览结果”组中的“预览结果”按钮,即可看到数据源中的第一条记录与邮件主文档模板合并之后的结果。如果发现预留的空白太多,可再次单击“预览结果”按钮,系统将退出预览状态,返回到插入数据域状态。用户可以删除邮件主文档中多余的预留空白处,之后,再次单击“预览结果”按钮,查看修改结果,如图 5-66 所示。用户可以单击“预览结果”按钮右边的 |◀ ◀ 1 ▶ ▶| 翻看按钮,查看多个邮件合并结果。全部满意后,单击“完成”组的“完成”按钮。

4. 完成邮件合并

当单击“完成”组的“完成”按钮时,系统将弹出邮件合并完成的去向项功能列表。

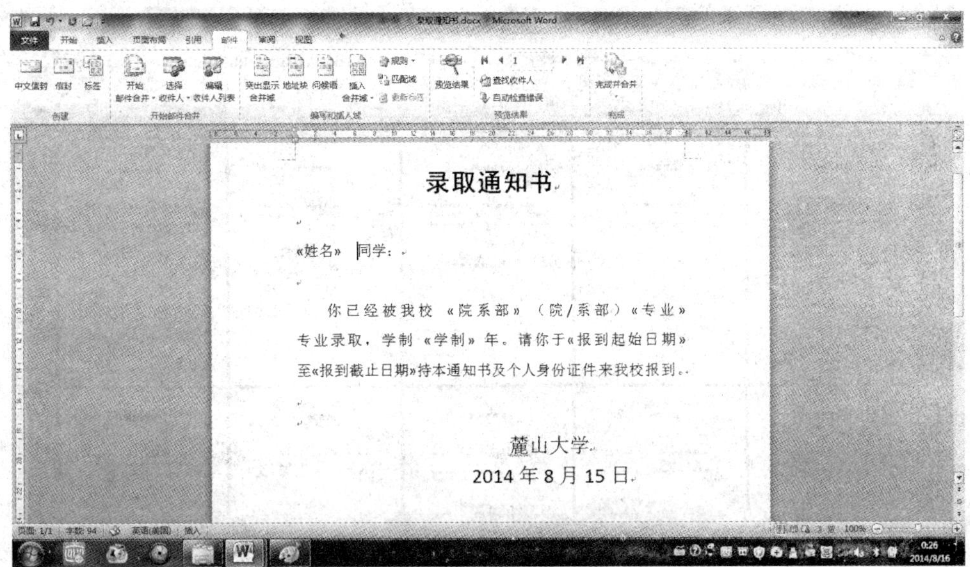

图 5-65　在邮件主文档模板中插入数据域

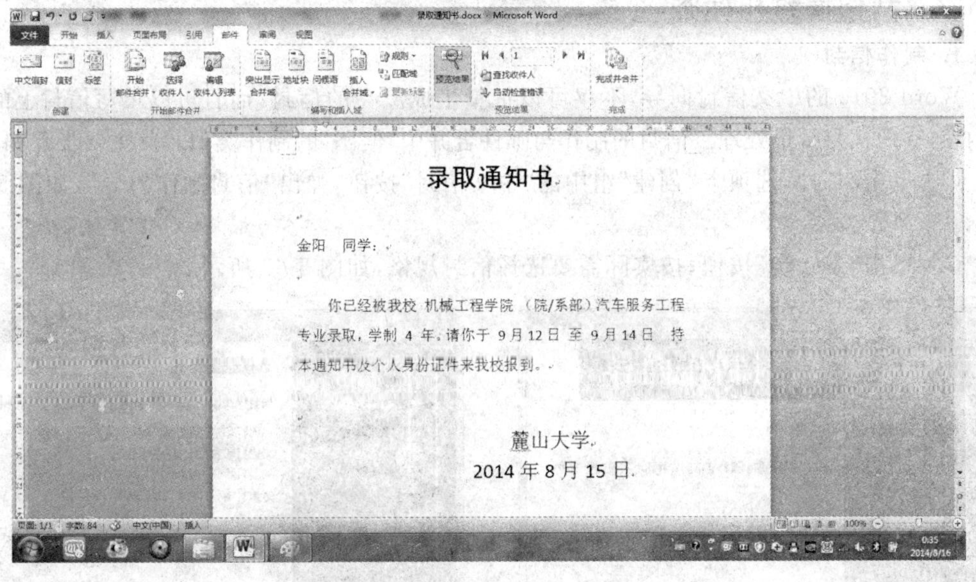

图 5-66　邮件合并预览结果

(1) 若选择“编辑单个文档...”项，系统将弹出一个“编辑文档”对话框，将已经合并生成的内容作为一个文档存盘。在默认选择(全部)并单击“确定”后，系统将自动打开一个名为“信函 1”的文档，即为邮件合并后生成的文档，如图 5-67 所示。

(2) 若选择“打印文档...”项，系统自动将邮件合并生成的文档直接传输到打印机；

(3) 若选择“发送电子邮件...”项，将启动 Outlook 2010，将合并生成的文档作为电子邮件的附件发送出去。

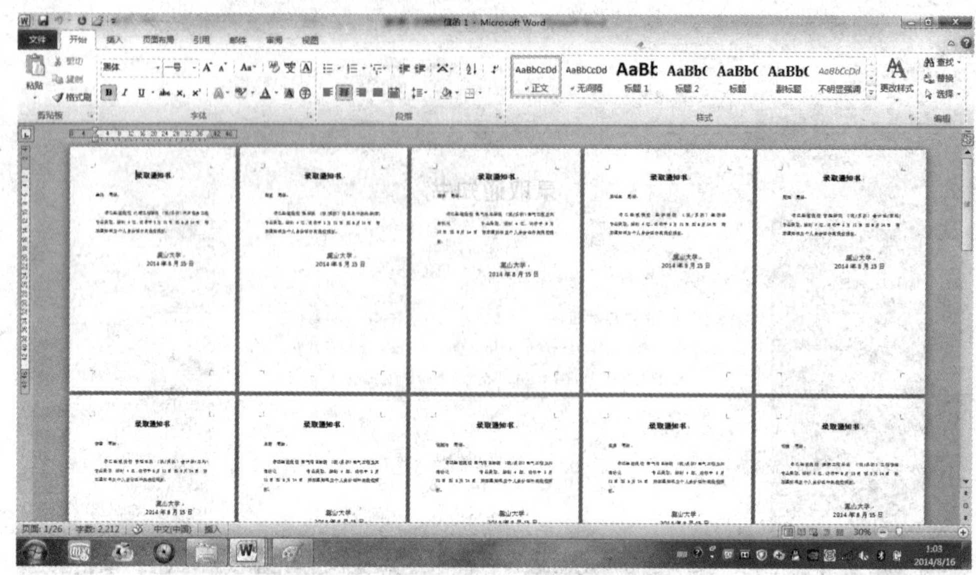

图 5-67 邮件合并成一个新文档的效果

5.8.2 制作信封和标签

1. 制作信封

Word 2010 的中文信封向导,不仅可以批量生成漂亮的信封,而且可以填写信封上的各项内容,实现信封批量处理。信封的制作与邮件合并中“信函”的制作类似。其主要步骤如下。

(1) 单击“邮件”选项卡“创建”组中的“中文信封”按钮,弹出“信封制作向导”,如图 5-68 所示。

(2) 单击“下一步”按钮,按实际需要选择信封规格,如图 5-69 所示。

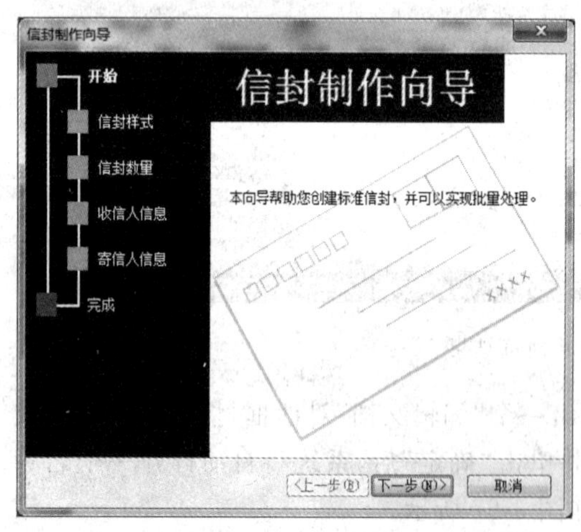

图 5-68 信封制作向导

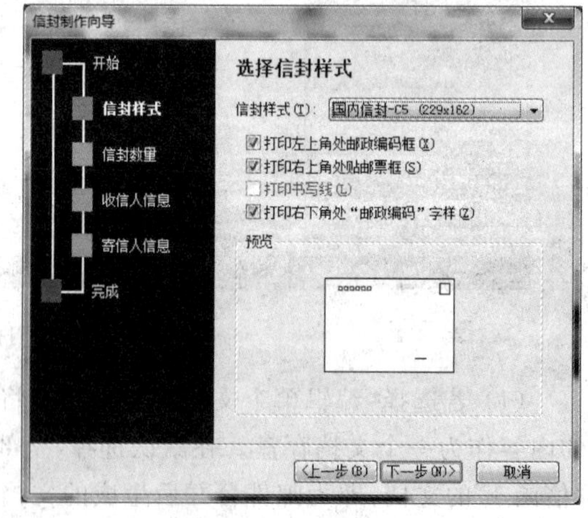

图 5-69 选择信封样式

(3) 单击“下一步”按钮,选择“基于地址簿文件,生成批量信封”项,以批量生成信封的方式,如图 5-70 所示。

(4) 单击“下一步”按钮,在“从文件中获取并匹配收信人信息”步骤,单击“选择地址簿”

按钮，然后，从弹出的“打开”对话框中选择预先准备好的地址簿的文件名和类型，然后，按“匹配收信人信息”列表中的多个收信人的信息与地址簿文档中的字段相关联，如图 5-71 所示。

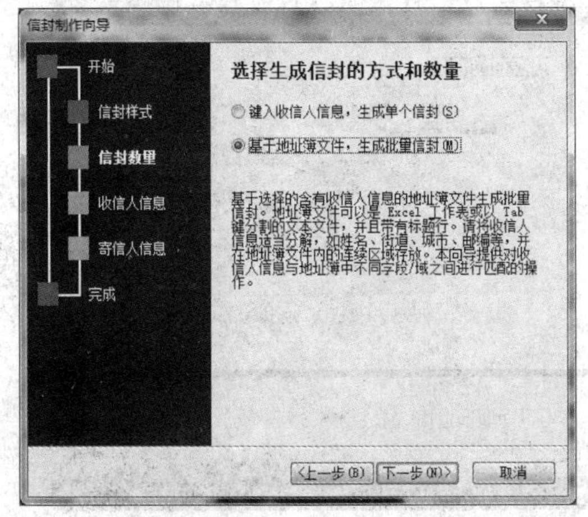

图 5-70 选择生成信封的方式和数量

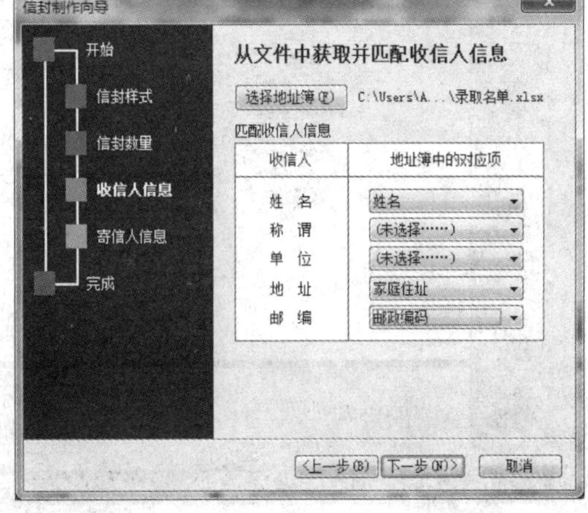

图 5-71 从文件中获取并匹配收信人信息

(5) 单击“下一步”按钮，输入寄信人的信息，如图 5-72 所示。

(6) 单击“下一步”按钮，完成信封制作向导的全部步骤，如图 5-73 所示，最后单击“完成”按钮，系统进入自动生成信封阶段，稍事片刻，系统将显示 1 个名为“文档 1”的新的 Word 文档，即自动生成的中文信封文件，如图 5-74 所示。

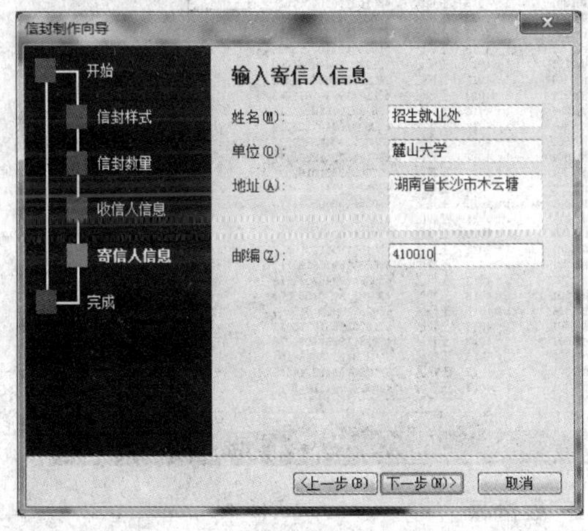

图 5-72 输入寄信人信息

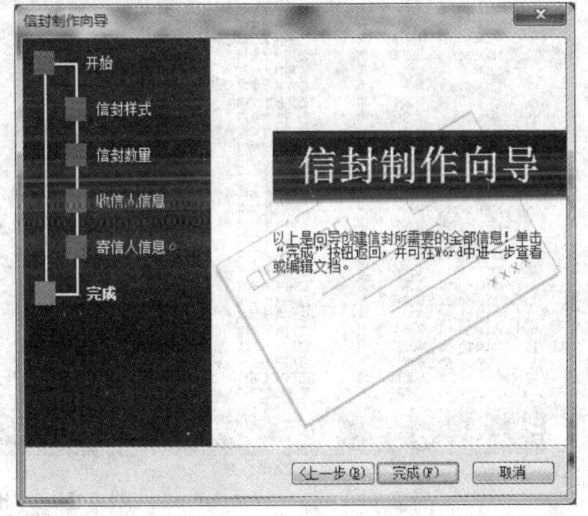

图 5-73 完成信封制作向导

2. 制作标签

标签是信息量和篇幅都小得多的文档，如商品的基本信息、考生座位信息、工资条、成绩单等。标签制作与邮件合并中信函的操作类似，下面就“准考证”制作来介绍其操作过程。

(1) 建立数据源。建立准考证中所需要的数据源。数据源可以是 Word、Excel 和 Access 表。为此先建立一个名为“准考证. xlsx”的数据源，以备后续操作使用，如图 5-75 所示。

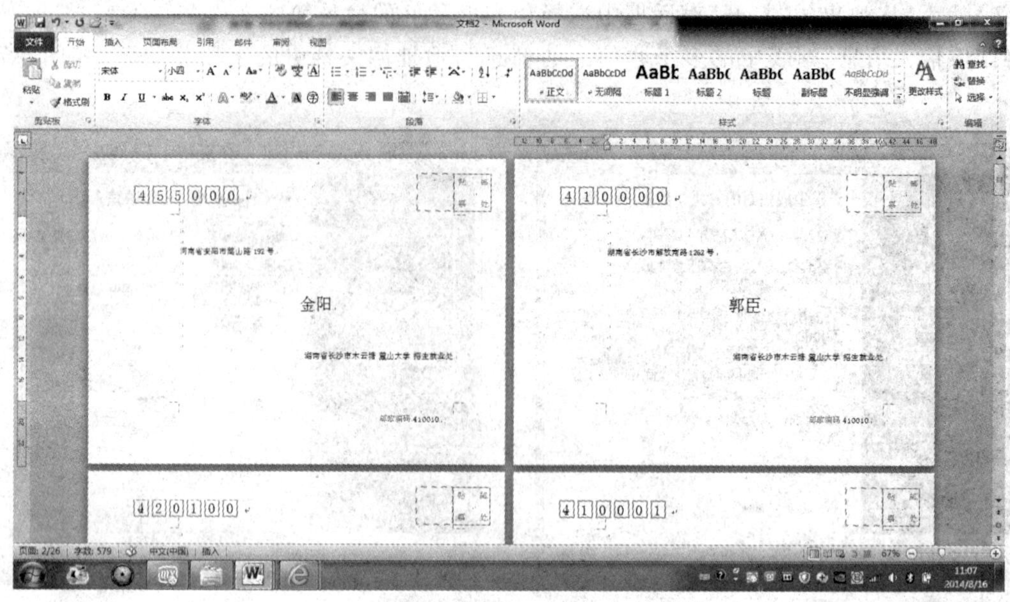

图 5-74 生成的中文信封文档

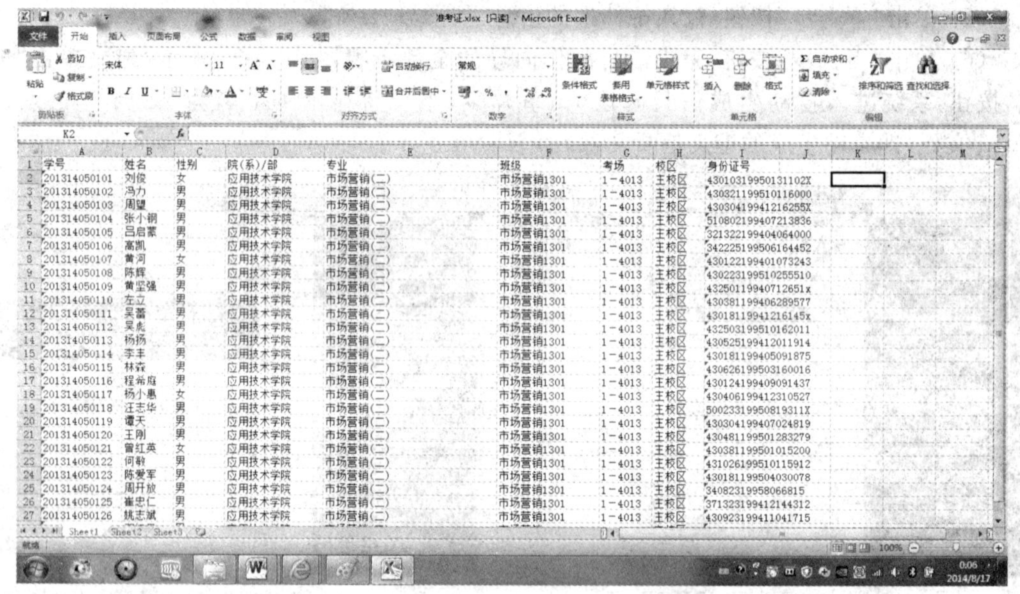

图 5-75 “准考证”数据源

(2) 新建一个文档。在 Word 2010 中新建一个文档,单击“页面布局”选项卡中“页面设置”组的“对话框启动器”按钮里将其 4 个页边距均设置成 1 厘米(要给“准考证”留出足够的空间),并单击该组的“分栏”按钮,选择“两栏”(因为标签较窄分栏打印可节约纸张,A4 幅面,每张纸打印 4 个“准考证”)。然后,在左栏编辑好一个“准考证”的初样,如图 5-76 所示。

(3) 利用“邮件合并”功能。单击“邮件”选项上中“开始邮件合并”组中的“选择收件人”按钮,然后,单击“使用现有列表...”项。从弹出的“选取数据源”对话框中找到“准考证.xlsx”文件,并单击“打开”按钮。

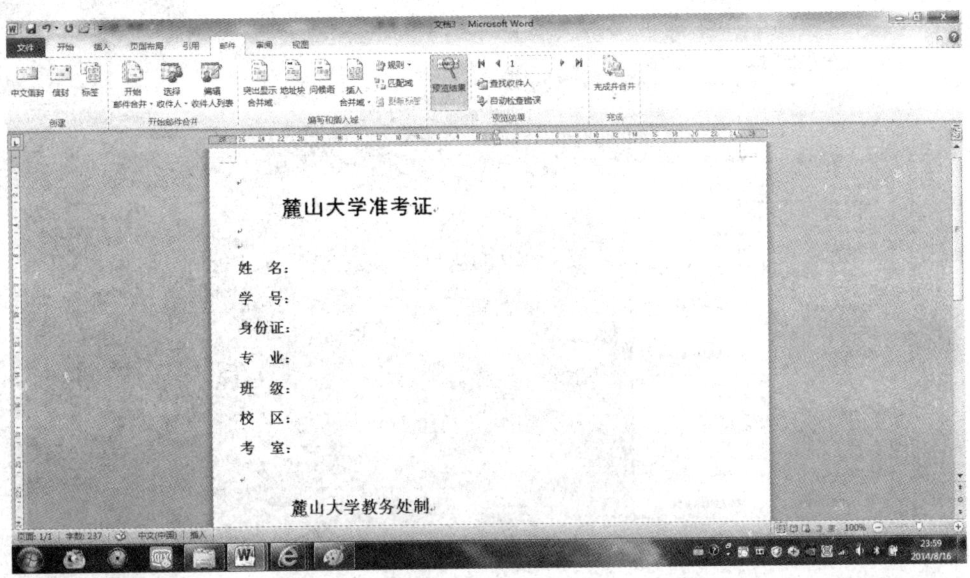

图 5-76　“准考证”初样

(4) 插入合并域。将光标定位在文档中的“姓名：”之右，单击“编写和插入域”组的“插入合并域”按钮，完成第 1 个合并域的插入，后续的插入合并域均如此进行。最后，完成了第一个“准考证”模板的制作，如图 5-77 所示。

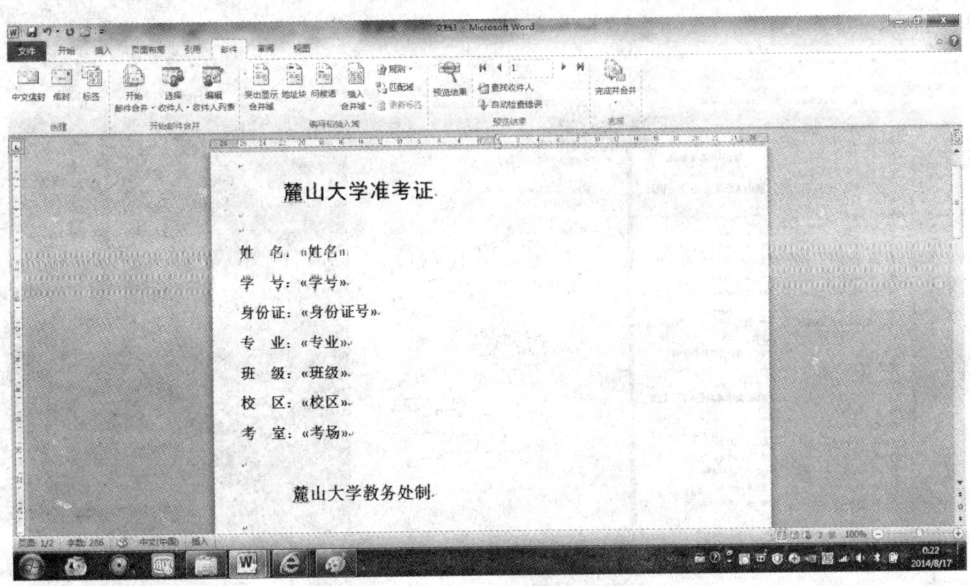

图 5-77　第一个“准考证”模板

(5) 复制“准考证”模板。全部选中“准考证”模板中的内容，采用“复制——粘贴”的方法完成一个幅面上的另外 3 个“准考证”制作，如图 5-78 所示。

(6) 合并。为了使每个“准考证”中的内容都不同(不是同一个学生的信息)，需要从第二张“准考证”开始，在其标题(“麓山大学准考证”)后面插入指向数据源的下一条记录的规则。具体地，就是要从第 2 张“准考证”开始，将光标定位在其标题的后面，单击“编写和插入

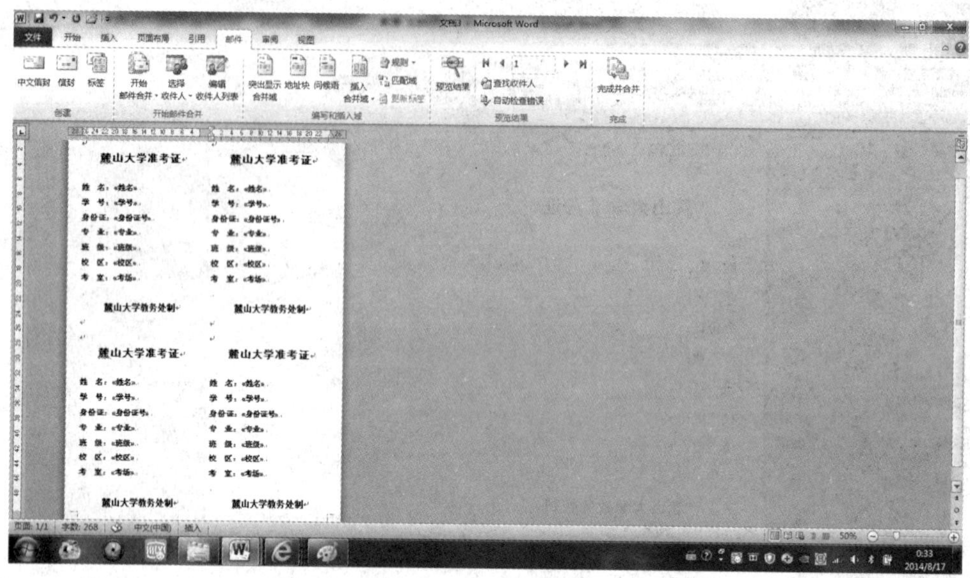

图 5-78　完成的 3 个“准考证”复制

域”组中的“规则”按钮,从中选择“下一记录”。系统将在标题之后插入“＜＜下一记录＞＞”标志,且其字号与标题的字号一致。这种规则的插入会导致文档的排版出现了移动,但不会影响实际的输出结果,如图 5-79 所示。

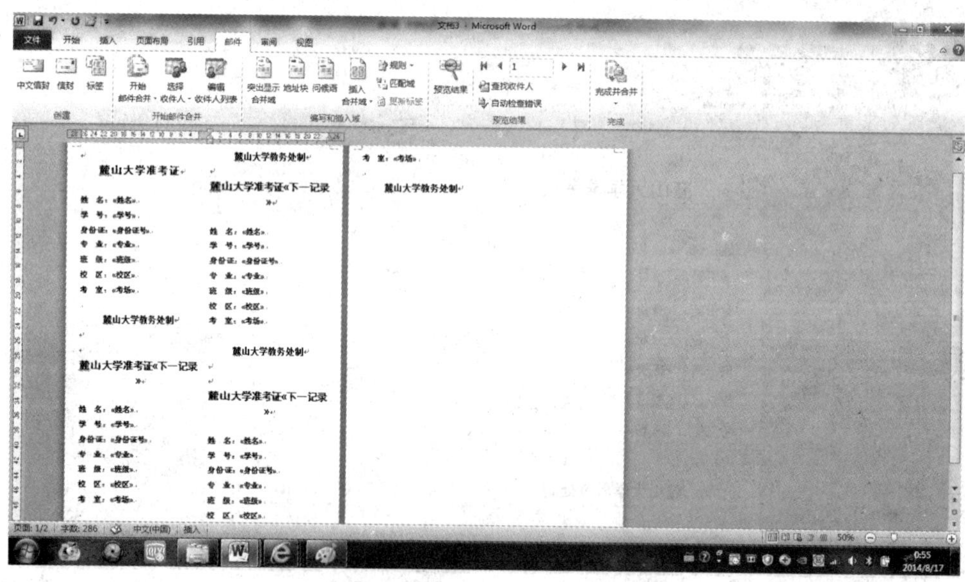

图 5-79　插入了“下一记录”规则

(7) 预览和打印结果。单击“预览结果”组中的“预览结果”按钮,即可得到所希望的每张 4 个学生的“准考证”。这样的文档传输到打印机上,则可在一页纸上就可以打印 4 个标签了,如图 5-80 所示。最后,单击“完成”组中的“完成并合并”按钮,在弹出的功能列表项中选择“编辑单个文档...”项,在弹出的“合并到新文档”对话框中选择“全部”,单击“确定”按钮。

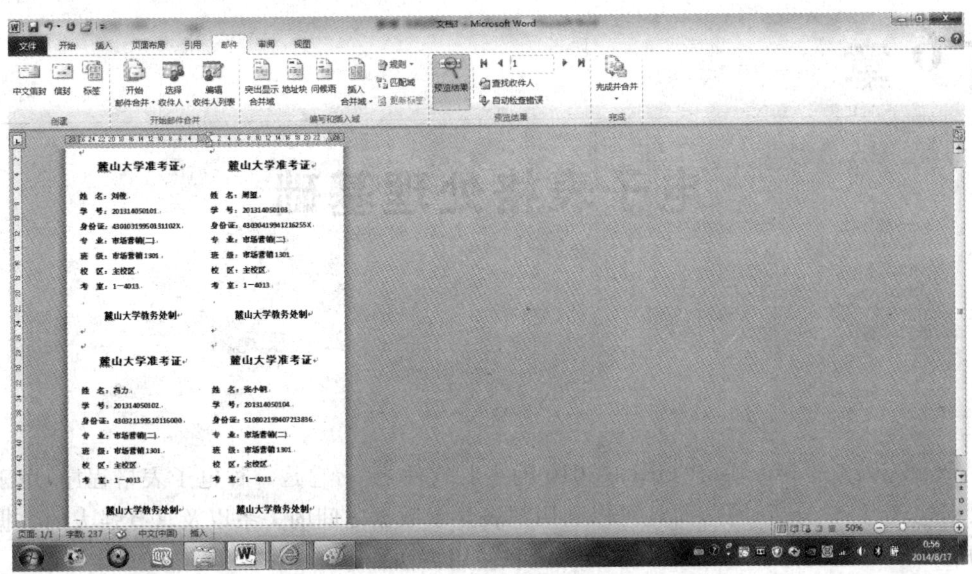

图 5-80　“准考证”预览结果

第 6 章

电子表格处理基础

Excel 2010 是 Microsoft Office 2010 的主要软件之一，它是一种电子表格程序，用于各种数据处理、科学分析计算，而且可以利用图表显示数据之间的关系以及具有强大的数据管理功能。本章主要介绍 Excel 2010 的功能和使用方法。

6.1 Excel 2010 简介

6.1.1 Excel 2010 窗口介绍

Excel 2010 启动和退出方法与 Word 2010 相同。启动 Excel 2010 后窗口主界面如图 6-1 所示，其主要的组成部分说明如下。

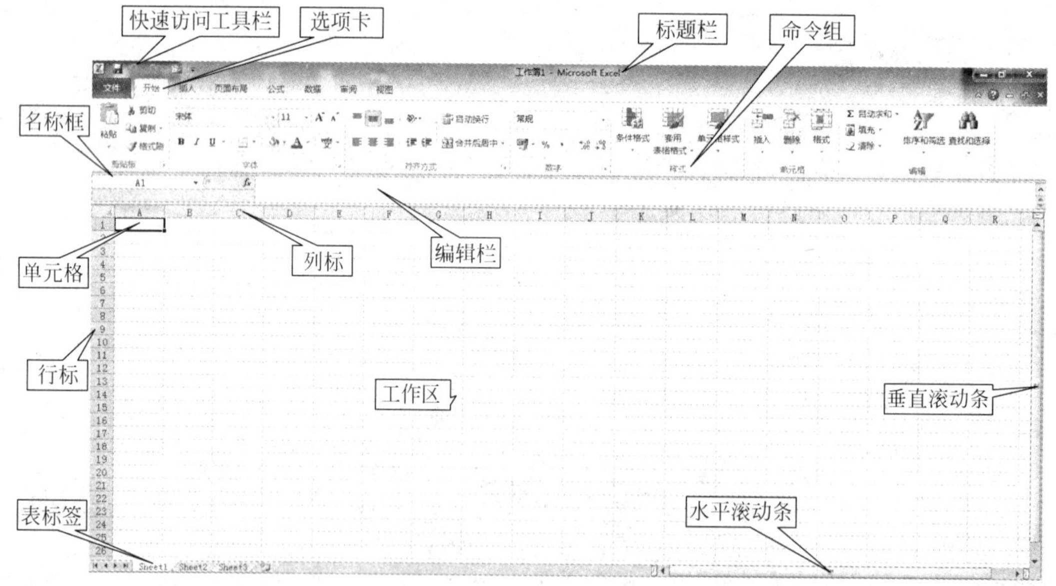

图 6-1 Excel 2010 主界面

(1) 标题栏：用于显示当前使用的应用程序名称和工作簿名称。

(2) 选项卡：它是 Excel 2010 中文版的命令(功能)集合，几乎 Excel 2010 的所有功能都可以从相应的选项卡中选择相应的按钮来执行。

(3) 快速访问工具栏：包含了 Excel 2010 中保存、撤销、恢复、打开文件夹等快捷工具按钮，可以根据实际需要自行定制(通过单击其右边的下拉按钮，从其弹出的工具项列表中选择添加或取消)。

(4) 组：每个选项卡都包含了多个组，它是 Excel 2010 功能分类的细化。每个组通常又包含了多个功能按钮。

(5) 工作区：包括名称框、编辑框、工作表区域等，是 Excel 2010 窗口的主要区域，也是电子表格的数据及运算编辑区域。当启动 Excel 2010 后，系统将自动在其窗口的工作区中创建一个工作簿，它由 3 个空白电子表组成，这 3 个工作表由工作表标签 Sheet1、Sheet2 和 Sheet3 标识。

(6) 工作表由单元格组成，单元格以“列标字母”和“行标数字”组成其名称，并且当该单元格被选中时，其单元格名称将在名称框中显示。

(7) 编辑栏用于编辑当前单元格中的信息，包括文字、数据和公式。

6.1.2　Excel 2010 的基本概念

了解工作簿的组成和结构是学习和使用 Excel 的基础。下面介绍 Excel 2010 的基本概念。

1. 工作簿

在 Excel 2010 中默认创建的文件以.xlsx 为文件扩展名，称为工作簿文件，简称工作簿。一个工作簿文件就像会计业务中的一个账簿。而一个工作簿文件是由一个以上的工作表组成的，工作表则是这个账簿中的账页。系统默认每个工作簿由三个工作表组成，并且允许用户在工作簿中插入新的工作表或删除工作表。可以通过单击“文件”按钮，从其功能项中选择“选项”，来设置新工作簿内的工作表的数目，所设置的数字被限制在 1～255 之内。有实验表明，一个 Excel 2010 工作簿中工作表的最大数目可以增加到 10 000 个以上，取决于计算机的内存等硬件配置。

2. 工作表

启动 Excel 2010 后，映入眼帘的窗口画面主体就是工作表。工作表可以存储包括数字、文本、图表、声音等丰富的信息或数据。系统默认的三个 Excel 工作表分别以 Sheet1、Sheet2、Sheet3 来标识(命名)，允许用户对工作表标识符进行修改。允许用户增加或删除工作表。

任何时刻，只有一个工作表是当前工作表。工作表标识符的背景为全白的工作表即当前工作表。用户只能对当前工作表中的信息进行处理。通过单击工作表标识符即可实现当前工作表与非当前工作表之间的切换。

一个工作表最多包含 $(24*26*26+6*26+4)\times 1\,048\,576=2^{14}\times 2^{20}$ 个单元。每个工作表的列标号由 1 个或多个字母 A，…，Z，AA，…，ZZ，AAA，…，AZZ，…，XFA，XFB，…，XFD 来标识，行标号由数字 1，2，3，…，1 048 576 来标识。

3. 单元格

Excel 2010 中基本的单元是单元格。单元格的名称由“列标行标”来标识，例如 B 列第三行的单元格称为 B3 单元格。任何时刻只有一个单元格是活动单元格，活动单元格的标

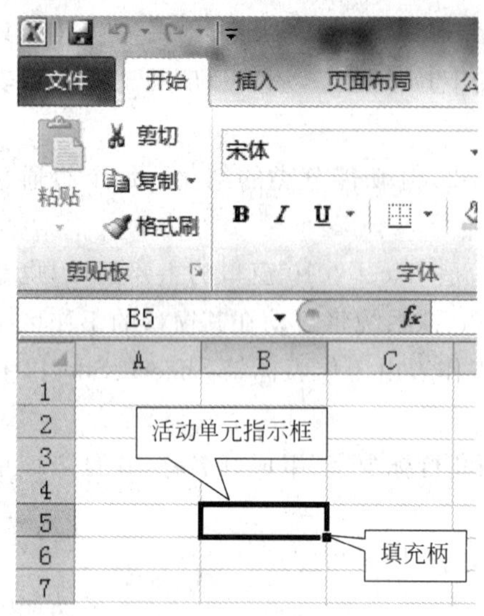

图 6-2 活动单元指示框

识符显示在名称框中,并被非闭合的粗黑色线的指示框所圈定,用户只能在活动单元格里输入、编辑文本、数字、日期、公式等信息。单元格的大小是允许根据其中的内容来调整的。

活动单元指示框是由一个非闭合的粗黑色线的矩形框,外加一个小型黑色矩形块组成,用于标识当前工作表中的活动单元格或活动单元格区域,如图 6-2 所示。活动单元指示框的右下角的黑色矩形块,称为填充柄,可用于数据的填充操作。

4. 单元格区域

单元格区域是指一组被选中的单元格,这些被选中的单元格可以是相邻的,也可以是彼此分离的。可以对单元格区域中的所有单元格进行某些相同的操作。

6.2 编辑工作表

用 Excel 2010 处理数据的第一步,就是要将原始数据输入 Excel 2010 工作簿的工作表中,也称编辑工作表。

6.2.1 操作区域的选定

首先要启动 Excel 2010。在输入数据之前,首先要选定工作表(作为当前工作表),然后需要在该工作表区域中选定所要进行操作单元格或单元格区域,用来作为存放或编辑数据的单元或区域。

1. 选定单元格

被选定的单元格称为活动单元格或当前单元格,在一个工作表中,任何时刻只有一个活动单元格。系统默认将每个工作的第一个单元格(A1)作为该工作表的活动单元格,如果用户需要在其他单元输入数据,则需要选定单元格。键盘上的光标键和鼠标均可用来选择活动单元格,一般来说,在选取单元格时,习惯使用鼠标,比较灵活。可以用下列方式选定单元格。

- 将鼠标移动到想要选定的单元格位置,然后单击;
- 在名称框中输入要选定的单元格名称,按 Enter 键,如图 6-3 所示;
- 使用键盘的 4 个光标键,可使活动单元指示框移动想要选定的单元格位置。

2. 选定整行、整列、整个工作表

(1) 选择整行的方法

- 将鼠标指针移至要选择行的行号数字上,这时光标呈➡状,单击鼠标左键,则选中该行,如图 6-4 所示。
- 也可以在名称框中输入相应的"行号:行号"来选择,例如选择第三行可以在名称框中输入 3:3,然后按 Enter 键。

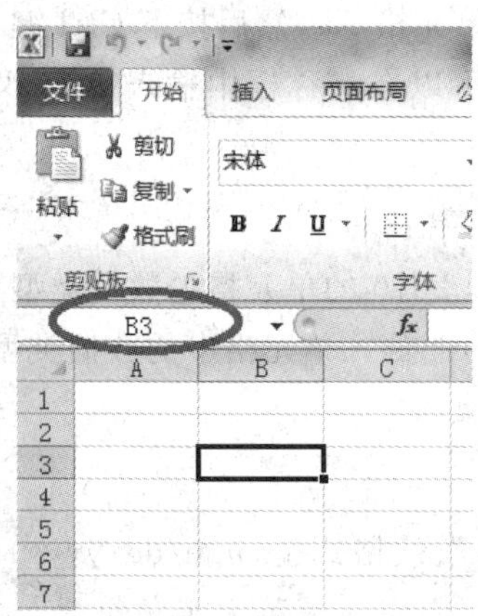

图 6-3　在名称框中定位单元格

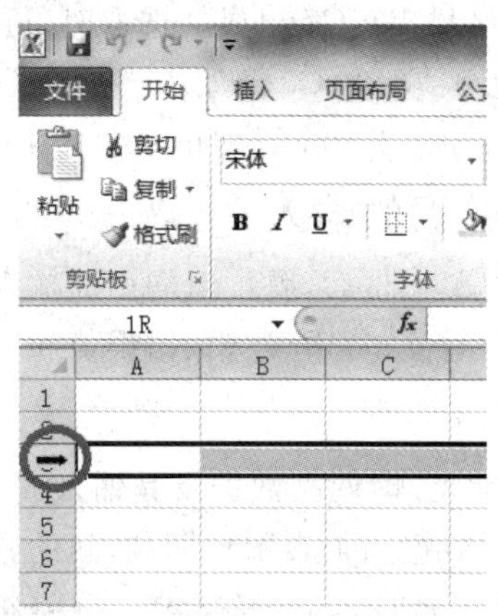

图 6-4　单击行标号选择整行

(2) 选择整列的方法

- 选择整列的方法与选择整行的方法类似,可以将鼠标指针移至某列的列号字母上,这时光标呈 ⬇ 状,单击鼠标左键,则选中该列。
- 也可以在名称框中输入相应的"列标号:列标号"来选择,例如要选择 B 列可以在名称框中输入 B:B,然后按 Enter 键。

(3) 选择整个工作表的方法

单击工作表区的最左上角的"全选"按钮 ,则选中该表。

3. 选定矩形区域

在 Excel 2010 工作表中,矩形区域是由若干个连续的单元格组成的。矩形区域的命名是由其两个对角线上两端的单元格名称来共同确定的,因此,一个矩形单元格区域将有 4 种合法的名称。例如,某个矩形区域的名称为 B2:C6,它可以是 C6:B2,也可以是 C2:B6 或 B6:C2。可以用下列方式选定由相邻单元格组成的区域。

- 选定区域的左上角单元格,按下鼠标左键不放,保持指针形状为 ✚,然后,拖动鼠标到区域的右下角单元格,释放鼠标,则选定了以这两个单元格为对角的矩形区域。例如,选中 B2 单元格,然后压住鼠标左键不放,拖动鼠标到 C6 单元格,则选中了区域 B2:C6。
- 选定区域中的左上角单元格 B2,然后压住 Shift 键不放,移动鼠标到所选区域的右下角单元格 C6,再单击鼠标左键,即选定了以这两个单元格为对角的矩形区域。
- 在名称框中输入相应的"左上角单元格名称:右下角单元格名称"来选择矩形区域。例如,在名称框中输入 B2:C6,或输入:C6:B2,或输入:B6:C2,或输入:C2:B6,然后按 Enter 键,即可选中该矩形单元格。

需要注意的是在名称框中输入的符号,包括字母、数字和冒号都必须是英文半角符号。

4. 选定不相邻区域

不相邻区域是由单元格、行、列和矩形单元格区域组成的不规则单元格区域。可以先按上述"选定矩形区域"的方式选中其中的某个规则区域,然后按下 Ctrl 键不放,再用同样的方式逐个选取其他区域。例如,某不相邻区域由单元格 A1、矩形区域 B2:C3、矩形区域 A5:

C5 和矩形区域 B7:C7 组成。选取时,可以首先单击单元格 A1,然后按下 Ctrl 键不放,再逐个选择矩形区域 B2:C3、A5:C5 和 B7:C7。当然,也可以在名称框中输入 A1,B2:C3,A5:C5,B7:C7,并按 Enter 键即可。

6.2.2 数据的输入

当选定单元格后,就可以向里面输入数据。Excel 2010 的单元格的数据类型包括文本、数值、日期/时间、货币、逻辑、错误值和公式等 6 种,而能输入单元格中的数据类型是除错误值之外的其余五种。

1. 日期型/时间型数据及其输入

日期型数据用来表示日期/时间的数据。日期的默认格式是{mm/dd/yyyy},其中 mm 表示月,dd 表示日,yyyy 表示年;分隔符为“-”或“/”,均应该是英文半角符号。日期/时间型数据能参加部分算术运算,结果为整数或日期型。

(1) 日期/时间型数据的输入

当输入内容为 YYYY-MM-DD、YYYY-MM、MM-DD、DD-MM 等形式时,系统默认为是日期型数据。当然,如果直接在单元格中输入不带引号的“8 月 15 日”,系统也将该输入认定为日期型数据。

(2) 日期/时间型数据显示设置

通常当用户输入了某种形式的日期型数据,系统并不会按照用户输入的样式显示,而是按照系统已经设置的有关日期型数据的显示格式来显示。例如,当用户输入 8/20 或 8-20 时,中文版的 Excel 2010 系统在默认情况下通常显示为“8 月 20 日”。因此,用户常常需要修改系统这种默认情况,以显示出满足要求的日期信息。在 Excel 2010 系统中,可以按照如下方式对日期型数据进行设置。

- 选定要输入或含有日期型数据的单元格区域,单击“开始”选项卡“单元格”组中“格式”按钮,从弹出的功能项列表中选择“设置单元格格式...”。
- 在弹出的“设置单元格格式”对话框中,切换至“数字”选项卡,在“分类”列表框中选择“日期”项,然后在“区域设置(国家/地区)”列表框中选择“中文(中国)”,并在“类型”列表中选择需要的日期格式,如图 6-5 所示。
- 系统还允许将日期型数据按照自定义的方式进行显示,在“数字”选项卡的“分类”列表框中选择“自定义”,在“类型”列表框中输入要显示的格式。如图 6-6 所示。

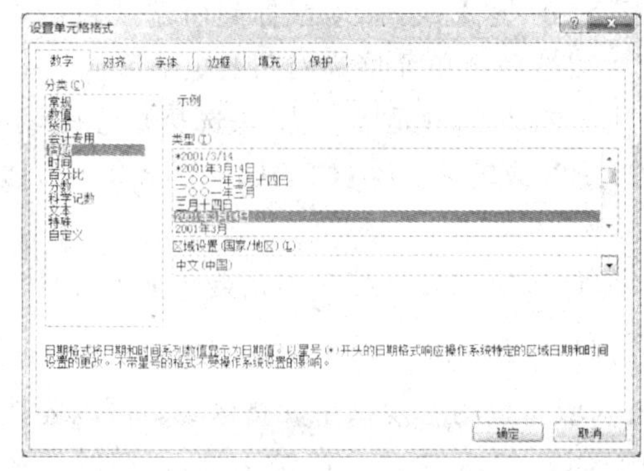

图 6-5 “设置单元格格式”对话框

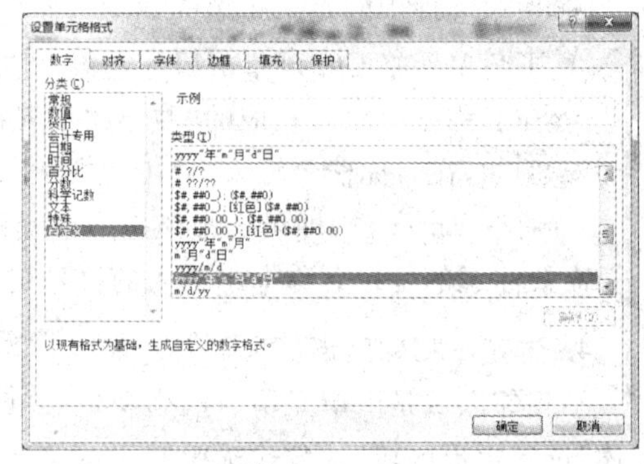

图 6-6 设置“自定义”的日期格式

另外，在选定了要输入或含有日期型数据的单元格区域后，右击，在弹出的快捷菜单中，选择"设置单元格格式(F)..."项，也可以弹出"设置单元格格式"对话框，之后的日期显示格式设置与上述方法相同。

对于日期型数据，系统会自动检测输入的日期是否是合法日期数据。例如，若输入2015/02/30，则系统不会将它作为日期数据处理，但也不会报错，而是把其当作文本型。

时间型数据的格式设置及输入，与日期型类似，可以参照日期型格式的处理方式进行。

2. 数值型数据及其输入

(1) 输入

① 以普通形式输入：按数值常用表示方法输入，可包括正负号(+、-)和小数点。

② 以科学记数形式输入：在数学中科学记数形式 $m\times10^n$ 的数值在 Excel 2010 中要以"mEn"的形式输入，其中，m 称为"尾数"，可以是整数或小数，n 称为"阶码"，必须是整数，而且 m 和 n 的值不能省略；字母 E 不区分大小写。

例如，对于数值 3.2456×10^3，在 Excel 2010 中可以 3.2456e3、32.456E2 等形式输入；又例如，数值 1.0×10^{-4} 可以 1e-4、10e-5 等形式输入，但不能以 e-4 的形式输入。

③ 分数的输入：当输入分数 3/5 时，系统在默认情况下，会显示为"三月五日"。正确的分数输入方式应该是先输入数字 0，再输入空格，然后输入分数。此外，若所输入的分数不是最简分数或既约分数时，系统显示其约分后的最简分数式。

例如，在某个单元格中用正确的分数输入方法输入：0 5/15，在该单元格中显示为 1/3。

(2) 显示设置

① 以普通数值形式显示：选定要输入或含有数据型数据的单元格区域，单击"开始"选项卡中"单元格"组中的"格式"按钮，从弹出的功能项列表中选择"设置单元格格式..."；选择"数字"选项页，然后选中"数值"，可以对小数位数、负数显示格式以及是否使用千位分隔符等参数进行设置，如图 6-7 所示。

② 以科学记数形式显示：选定含有数据型数据的单元格区域，单击"开始"选项卡中"单元格"组中的"格式"按钮，从弹出的功能项列表中选择"设置单元格格式..."；在弹出的对话框中，选择"数字"选项页，然后选中"科学记数"项，即可以对底数 m 的保留小数位数进行设置，图 6-8 所示。

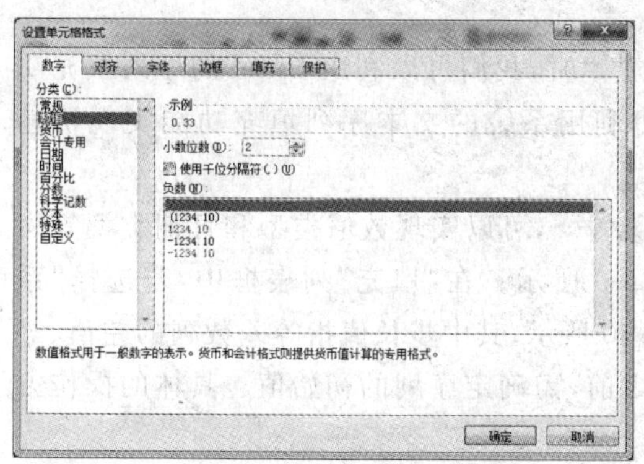

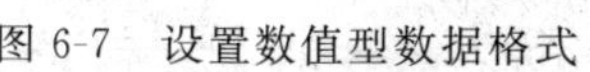
图 6-7　设置数值型数据格式

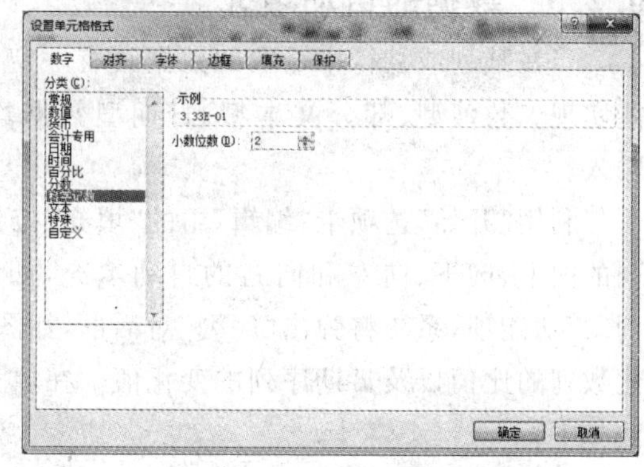

图 6-8　设置科学计数数据格式

当输入数值的总位数(包括正负号及、小数点以及 E)占有的宽度超过单元格的宽度时，实际显示的数据内容会有所变化：当总位数≥12 位或大于单元格的宽度时，数值自动转换为科学记数形式表示，但并不一定是精确表示；当单元格宽度小于能近似表示数值的宽度(通常为 4 位)时，则显示为＃＃＃＃(注意，这种显示不表示数据错误，只要调整单元格宽度即可恢复正常的数据显示)。

对于数值型数据，还可以通过设置显示为货币、分数、会计专用等形式，方法类似。

3. 文本型数据及其输入

文本型数据可以由中文、英文、数字、各种符号组成。当输入含有中文文字或英文字母的内容时，系统默认为文本数据。文本数据单元格的左上角通常呈现绿色三角形。

(1) 基本输入

若要在一个单元格内输入需换行的文本(多行文本)时，在换行处按下 Alt＋Enter 组合键，即可实现一个单元格中的文本信息的换行，同时该单元格及其所在的行的所有单元格的高度都会变大。

当由纯数字符号组成的文本数据需要输入时，需要先输入英文单引号'，然后再输入纯数字符号组成的文本。例如，文本型学号为：20110109022512。要输入该文本型学号时，正确输入格式为：'20110109022512，按 Enter 键后该单元格的左上角将出现绿色三角形。又例如，要输入文本数据：01234，则正确的输入方法是在单元格中输入：'01234，且文本 01234 以左对齐方式显示，符号 0 仍然显示。

(2) 快速输入

当需要在多个单元格中输入相同的数据时，Excel 2010 提供了一种快速的输入方法：首先选中要输入相同数据的这些单元格，然后输入一次某种类型的数据，所输入的数据将显示在该区域的左上角单元格中，然后按下 Ctrl＋Enter 组合键，就可以在该区域中的其余单元格中自动完成相同数据的输入。

4. 逻辑型数据及其输入

逻辑型数据只有 2 个：TRUE 和 FALSE。逻辑数据可直接输入，也可由公式计算得到。

6.2.3 数据的自动填充

当在某列或某行中输入的数据具有一定的规律时，我们可以利用 Excel 的序列填充功能实现。数值型、部分文本型、日期型数据均可利用系统的文本序列填充功能实现快速输入。

利用"开始"选项卡"编辑"组的"填充"按钮 填充 ▾，可以实现数值类型和日期类型等序列的向上、向下、向左和向右的自动填充，如图 6-9 所示。在"填充"列表框中，若选择"系列…"功能项，系统将弹出"序列"对话框，如图 6-10 所示，其中步长值指等差数列的差值、等比数列的比值以及日期序列的变化值。在填充之前，需确定序列的初始值。具体的操作方法如下。

1. 数值序列填充

可以将一组等差/等比数列自动填充到 Excel 2010 的某行或某列中，有下列几种情形。

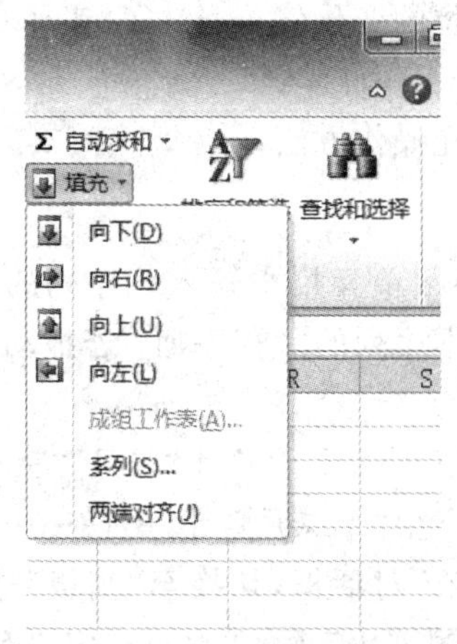

图 6-9　“填充”按钮及其功能项列表

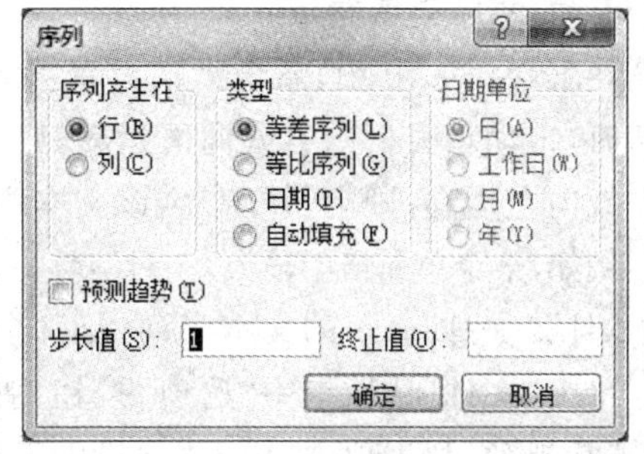

图 6-10　“序列”对话框

(1) 选定某单元格，输入等差/等比数列的初始值，然后选定以该单元格为首的某段列区域或某段行区域，单击“开始”选项卡“编辑”组的“填充”按钮，从弹出的列表框中选择“序列...”命令；在弹出的“序列”对话框中，确定数据序列产生在“行”或“列”、然后确定数据序列的类型(如等差序列)；在步长值文本框中输入步长值(即公差值)，无须输入终止值，最后单击“确定”按钮。则在所选定的单元格区域完成自动填充等差或等比序列。

(2) 若填充的序列所占用的单元格不确定时，需要利用“序列”对话框中的“步长值”和“终止值”两项参数来共同确定。具体的方法是：选定某单元格，输入数列的初值；单击“开始”选项卡“编辑”组的“填充”按钮，从弹出的列表框中选择“序列...”命令；在弹出的“序列”对话框中，确定数据序列产生在“行”或“列”、然后确定数据序列的类型(如等差序列或等比序列)；在步长值文本框中输入步长值(即公差值或公比值)，并输入终值，然后单击“确定”按钮。则在所选定的单元格区域完成自动填充等差或等比序列(自动填充序列的最后一项的值小于预设的终值)。

(3) 对于等差数列的输入，还可以利用“填充柄”来实现。在某行或某列的连续两个单元格输入序列的前两个值，然后选中这两个单元格，当鼠标停留在填充柄时，原空心十字形光标✚会变成实线十字形＋，拖动填充柄向下或向右，则在该行或该列中自动填充等差数列。

(4) 自动加 1 或减 1 的输入。当用户在工作表的某个单元格输入一个数值型数据后，移动鼠标停留在填充柄，按住 Ctrl 键，原空心十字形光标✚会变成双实线十字形╋，然后拖动填充柄向下或向右，可实现输入数据的自动加 1 的输入；若拖动填充柄向上或向左，可实现输入数据的自动减 1 的输入。注意，该输入方法只对单个单元格有效而对单元格区域无效。

2. 日期序列填充

在 Excel 2010 中，日期序列只能是等差序列。初值是日期型数据，差值是日、工作日、月、年。例如，若某个连续单元格区域中填入的日期是 2014-1-30、2014-1-31、2014-2-1，…，则该序列是以“日”为单位的等差日期序列；若某个连续单元格区域中填入的日期是 2014-1-5，2014-2-5，…，则该序列是以“月”为单位的等差日期序列；若某个连续单元格区域中填入的日期是 2010-1-5，2011-01-05，…，则该序列是以“年”为单位的等差日期序列。当选定了日期单位(日、工作日、月、年)后,步长值就指以日期单位的变化值。当选了"工作日"作为日期单位后,则星期六、星期日的日期不会列入序列。

日期序列的填充柄操作方法可以参照数值序列的填充操作方法。

3. 文本序列填充

在 Excel 2010 中,系统默认设置了若干文本序列,当某单元格中输入该序列的其中某个值时,拖动填充柄向右或向下运动,则会循环产生该文本序列的"增"序列;若拖动填充柄向左或向上运动,则会循环产生该文本序列的"减"序列。

例如,某个单元格中输入"一月",然后向下或向右拖动填充柄时,会产生"二月""三月"……"十二月""一月"……的文本序列。而向左或向上拖动会产生"十二月""十一月"……。

单击"文件"选项卡中"选项"按钮,弹出的"Excel 选项"对话框,切换至"高级"选项卡,在其"常规"组列表项中,单击"创建用于排序和填充序列的列表"项的"编辑自定义列表..."按钮,弹出"自定义序列"对话框,如图 6-11 所示,可使用该对话框进行自定义填充文本序列的创建。具体方法如下。

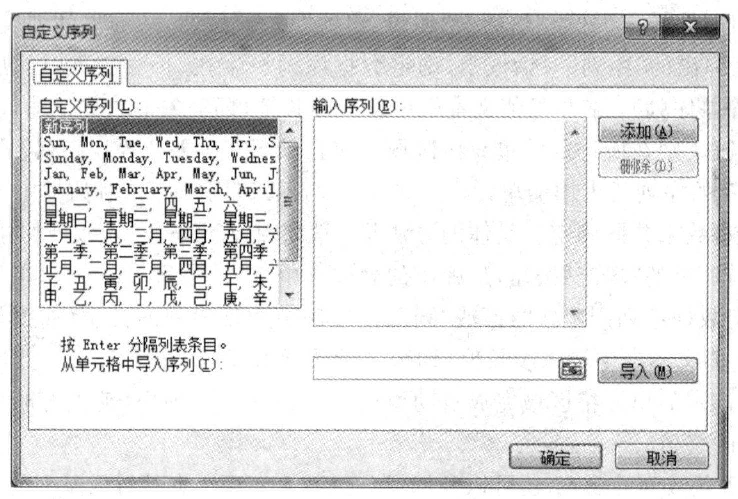

图 6-11 "自定义序列"对话框

(1) 使用"自定义序列"对话框中的"输入序列"文本框:将用户自己定义的填充序列填写在"输入序列"下的文本框中,然后单击"添加"按钮,即可将自定义序列加入"自定义序列"列表框中。需要注意的是,在自定义序列输入时,要采用 Enter 键分隔或半角逗号隔开。最后,单击"确定"按钮即可。

(2) 使用"自定义序列"对话框中的"从单元格中导入序列"功能:先在 Excel 工作表的一个连续的单元格区域中依次填写用户自己定义的填充序列;然后,在如图 6-11 所示的"自定义序列"对话框中的"从单元格中导入序列"对应的文本框中,输入之前输入了自定义序列的单元格区域名称的绝对引用符,然后,单击"导入"按钮,最后再单击"确定"即可。

例如,在 B2:H2 区域填写"赤,橙,黄,绿,青,蓝,紫",作为一个新定义的文本序列,然后单击"从单元格中导入序列"对应文本框右侧的"选择区域"按钮,系统将弹出变扁的"自定义序列"对话框,再从 Excel 工作表中选择 B2:H2 区域,在"自定义序列"对话框中的文本框中即自动填入了“＄B＄2:＄H＄2”之后，单击“区域导入按钮”，如图 6-11 所示；在回到“自定义序列”对话框后，单击“导入”按钮，最后单击“确认”按钮即可。

在设定了自定义的文本序列后，在本机中对其他 Excel 2010 工作簿也有效。

4. 复制式填充

可以用下列方式进行复制式填充。

(1) 选定某单元格，向下或向右拖动填充柄，则会生成由该单元格内容组成的序列。

(2) 选定某单元格，单击“开始”选项卡中“编辑”组中的“填充”按钮，从弹出的列表框中选择“向下”项，系统则会将该单元格之上的相邻单元格的内容复制到该单元格。例如，选中 B4 单元格，经过上述操作，则会将 B3 中的内容复制到该单元格。

6.2.4 数据的插入

在对 Excel 2010 工作表的编辑中，若遗漏了数据或是需要增加数据时，可以通过插入单元格、行、列来对数据进行添加。

1. 插入单元格

若在工作表中某个位置插入一个数据，可以通过插入单元格的方法来实现。其步骤如下。

(1) 选中要插入的位置，使之成为活动单元格。

(2) 单击“开始”选项卡“单元格”组中的“插入”按钮，系统自动将原活动单元格及其以下的单元格下移，插入一个空白的活动单元格。

(3) 或右击，在弹出的快捷菜单中选择“插入...”命令，将弹出如图 6-12 所示的“插入”对话框；选择“活动单元格右移”项，则从该单元格开始所在的同行的单元格都向右移，其他数据不变；若选择“活动单元格下移”，则从该单元格开始所在的同列的单元格都向下移；最后单击“确定”按钮，即可实现插入一个空白单元格。

最后，输入数据到插入的空白单元格，就完成了单个数据的插入。

例如，某工作表如图 6-13 所示，欲在 C3 处插入一个单元格，方法是：首先选中 C3，然后单击“开始”选项卡“单元格”组中“插入”下拉按钮，在弹出的列表框中选择“插入单元格...”命令，弹出“插入”对话框，选中“活动单元格下移”项，然后单击“确定”按钮，即在原工作表的 C3 处插入了一个空白单元表格，而原工作表的 C3 至 C5 的单元格的数据均向下移动一行，如图 6-14 所示。

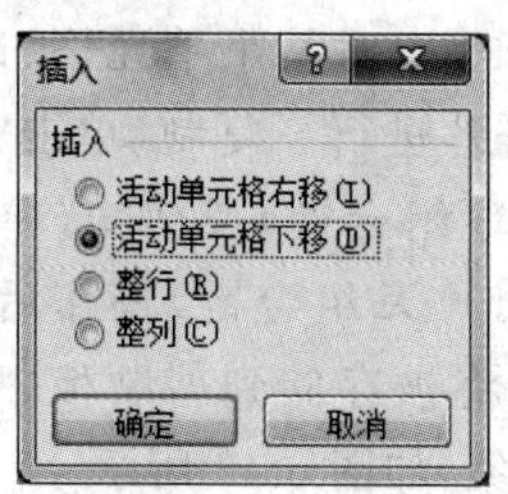

图 6-12　“插入”对话框

C3

	A	B	C	D
1				
2		6	4	2
3		2	3	7
4		5	4	8
5		7	6	9
6				
7				

图 6-13　单元格插入前

C3

	A	B	C	D
1				
2		6	4	2
3		2		7
4		5	3	8
5		7	4	9
6			6	
7				

图 6-14　单元格插入后

2. 插入行、列

用下列方法可以在 Excel 2010 工作表中插入整行。

- 选定欲插入行位置的同行任意一个单元格，单击“开始”选项卡“单元格”组中的“插入”按钮,在弹出的列表框中选择“插入工作表行”命令,如图 6-15 所示,即可在当前行格处插入一个空行,而原活动单元格所在的行以及其以下行的所有数据都下移。

- 选定欲插入行位置的同行任意一个单元格,右击,在弹出的快捷菜单中选择“插入...”命令,弹出“插入”对话框;选中“整行”项,单击“确定”按钮,即可在当前行格处插入空行,而原活动单元格所在的行以及以下行的所有数据都下移。

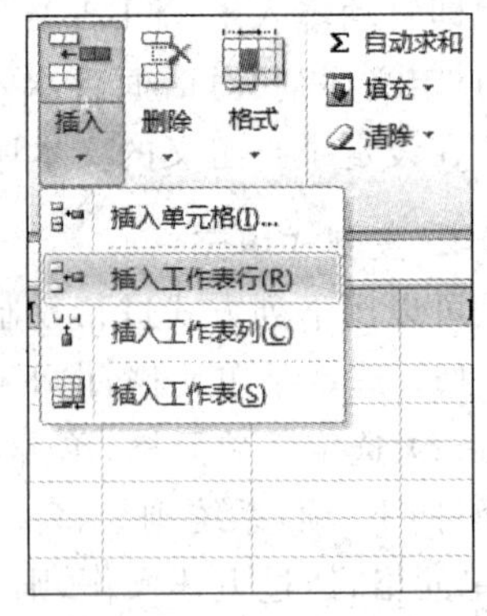

图 6-15　插入工作表行的操作

插入整列的操作与插入整行的操作类似,这里不再赘述。

6.2.5　数据的移动与复制

Excel 2010 提供多种对单元格或单元格区域进行数据移动或复制的方法。Excel 2010 只能对连续单元格区域进行数据的移动或复制,即必须是整行、整列或者矩形单元格区域,才可以进行数据的移动和复制。

1. 用鼠标实现数据移动与复制

(1) 数据移动:首先要选中需要进行移动操作的单元格或单元格区域;然后,将鼠标移至所选单元格或单元格区域的边框上,这时鼠标指针呈形状,压住鼠标左键并拖动鼠标至目标位置即可实现数据的移动。

(2) 数据复制:首先要选中需要进行移动操作的单元格或单元格区域,然后将鼠标移至所选单元格或单元格区域的边框上,这时鼠标指针呈 ✣ 形状,再按住 Ctrl 键不放,光标立即变成 ↖+ 形状,然后拖曳鼠标至目标位置,即可实现数据的复制。

2. 用剪贴板实现

Excel 2010 剪贴板是与其他 Office 组件共用的、用于临时存放信息的特殊内存区域。剪贴板中能够存放 24 次被剪切或复制的对象。单击“开始”选项卡中“剪切板”组中的“对话框启动器”按钮,即在编辑区的左侧弹出“剪切板”对话框,其中列出了已经存放在剪切板中的对象,单击列表中所需要复制的对象即可在当前光标处复制该对象。

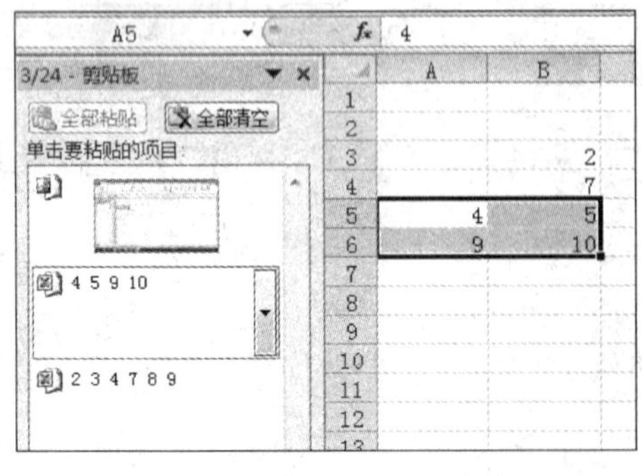

图 6-16　从剪切板中复制数据

当在 Excel 2010 中对某个单元格、连续单元格区域、图表或图片进行了复制(单击“复制”按钮或按下 Ctrl＋C 组合键)或剪切(单击“剪切”按钮或按下 Ctrl＋X 组合键)操作后,所复制或剪切的对象都将被存储到剪贴板中,并允许多次复制这些对象,如图 6-16 所示。

(1) 鼠标实现数据复制与移动。单击“开始”选项卡“剪切板”组的“对话框启动器”按钮以弹出“剪切板”对话框,单击要进行复制的单元格(使其成为活动单元格),再单击剪切板对话框中要复制的对象，即完成数据复制。若剪切板中的对象是被剪切的，即完成数据移动。

(2) 功能按钮实现数据复制与移动。选中要进行移动或复制操作的单元格或单元格区域，单击“开始”选项卡“剪切板”组中的“复制”按钮或“剪切”按钮，再单击目标单元格，单击“粘贴”按钮，即可实现数据的复制或移动。

(3) 菜单实现数据复制与移动。选中要进行移动或复制操作的单元格或单元格区域，右击，从弹出快捷菜单中选择“剪切”或“复制”命令，再选中目标单元格，右击弹出快捷菜单从中选择“粘贴”命令，即可实现数据的移动或复制。

(4) 键盘实现数据移动或复制。选中要进行移动或复制操作的单元格或单元格区域，按下 Ctrl+X 或 Ctrl+C 组合键，再单击目标单元格，按下 Ctrl+V 组合键，即可实现数据的移动或复制。

6.2.6　数据的删除与恢复

1. 单元格数据的删除

首先选中要删除数据的单元格或单元格区域，然后按下 Delete 或 Del 键，即可删除所选单元格或单元格区域中的数据。

2. 单元格的删除

选中要进行删除的单元格，然后单击“开始”选项卡中“单元格”组中的“删除”按钮，在弹出的列表框中选择“删除单元格…”命令，系统弹出如图 6-17 所示的“删除”对话框。从中选择“右侧单元格左移”或“下方单元格上移”，再单击“确定”按钮，即可实现单元格的删除。

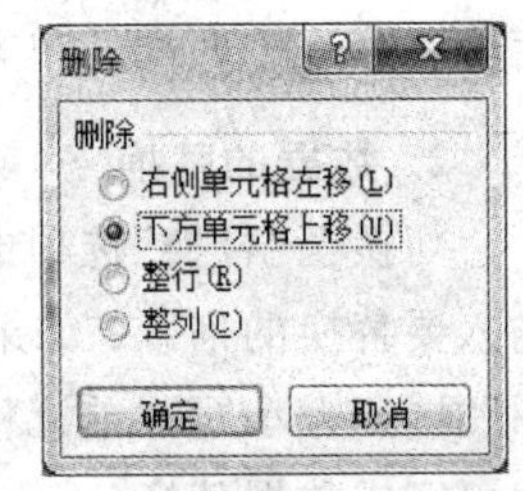

图 6-17　“删除”对话框

3. 整行或整列的删除

选中要进行行或列删除的行或列上的任意一个单元格，然后单击“开始”选项卡“单元格”组中“删除”按钮，在弹出的列表框中选择“删除单元格…”命令，系统弹出“删除”对话框，再选择“整行”或“整列”，单击“确定”按钮，即可实现原活动单元格所在的行或列的删除。

若全部选中某行或某列，并将光标定位在该选中的行或列上，然后右击，在弹出的快捷菜单中选择“删除”命令即可删除所选的行或列。

注意：用 Delete 键或 Del 键不能起到删除单元格或整行或整列的作用。

4. 数据的恢复

在 Excel 2010 中，不论是对数据进行移动、复制和删除等操作，如果出现操作错误，均可以撤销该次以至上几次的操作，进而恢复原有的数据或数据位置。具体的方法有以下几种。

(1) 利用“快速访问工具栏”中的“撤销”按钮来恢复被删除的数据。

(2) 利用 Ctrl+Z 组合键来恢复被删除的数据。

6.2.7　数据的查找与替换

在 Excel 2010 中，单击“开始”选项卡“编辑”组中的“查找或选择”下拉按钮，从弹出列表框中选择“查找…”或“替换…”命令，系统将弹出“查找和替换”对话框，如图 6-18 所示。利用该对话框，可以实现对整个工作簿或当前工作表中数据的查找与替换操作。既可以进行简单数据查找或替换,也可以进行诸如格式、是否区分大小写等的复杂查找或替换。

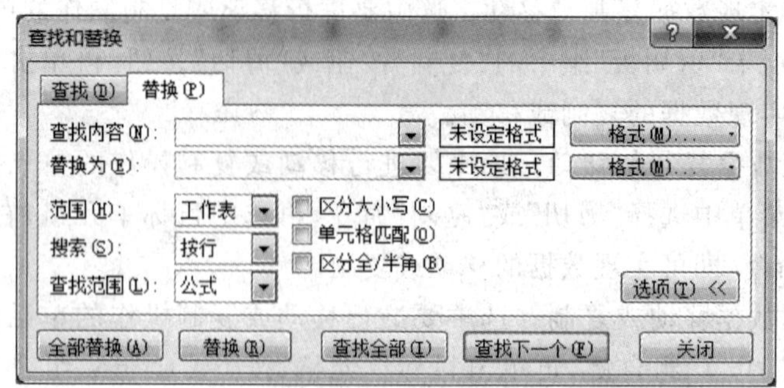

图 6-18 “查找和替换”对话框

1. 数据的查找

在弹出的“查找和替换”对话框中,切换至“查找”选项卡,在“查找内容”文本框中输入要查找的信息,若单击“查找全部”按钮,系统将对当前工作表进行查找,活动单元格指示框定位于第一个匹配的单元格,且“查找和替换”对话框底部增加了一个列表框,其中列出了所有相匹配的信息,并在状态行显示匹配总数;若单击“查找下一个”按钮,则活动单元格指示框定位于第一个匹配的单元格。

2. 数据的替换

切换至“替换”选项卡,在“查找内容”文本框中输入要查找信息;在“替换为”文本框中输入要替换的信息;如果需要精确替换则需要单击“选项”按钮,将在对话框中增加“查找范围”“区分大小写”“单元格匹配”等选项,最后根据需要选择单击“全部替换”或“替换”按钮,即可完成数据替换。

6.2.8 数据的修改

在 Excel 2010 中,有多种方法修改单元格中的数据。

(1) 双击要修改数据的单元格,光标在该单元格中变成了“I”形状,可以对单元格内容进行修改、删除或添加。

(2) 选中单元格后,单击 Excel 2010 的编辑栏,即可以在编辑栏中对单元格内容进行修改、删除或添加。这种方法特别适合于数据长度大的、信息表示较为复杂的单元格的修改。

(3) 通过复制/粘贴操作,将其他单元格的内容通过粘贴来修改指定单元格中的内容。

(4) 选中要修改数据的单元格,直接输入新的内容,可将新数据替换单元格原有内容。

(5) 选中单元格后按 F2 键,可以对单元格内容进行修改、删除或添加。

6.3 使用公式和函数

当 Excel 表格中数据输入完成后,经常需要对数据进行各种计算和统计分析。Excel 2010 提供了丰富的运算符和大量的函数,可以实现很复杂的计算功能。Excel 最值得称道的功能之一即是其灵活方便、功能强大的计算。

6.3.1　运算符

Excel 2010 提供了四种类型的运算符集：算术运算符集、比较运算符集、文本运算符集和引用运算符集。每个运算符集中又包含了多种运算符。所有的运算符必须是英文半角符号。

1. 算术运算符集

算术运算符集包括括号（ ）、加法（＋）、减法（－）、乘法（＊）、除法（/）、百分比（%）、幂运算（^）等运算符。该运算符集的功能是完成数值型数据基本的算术运算。

2. 比较运算符集

比较运算符集包括等于（＝）、不等于（＜＞）、大于（＞）、大于等于（＞＝）、小于（＜）和小于等于（＜＝）等运算符。该运算符集的功能是比较两个数据的大小。根据 MS Office 规定：两个数值型数据的比较即它们的数值的比较；两个字符型数据的比较，对于英文，是它们英文字母 ASCII 码值的比较，对于中文，是它们汉字的拼音序列的比较。如果关系成立，则运算结果为逻辑值 TRUE，否则运算结果为逻辑值 FALSE。

3. 文本运算符集

只有连接运算符（&）。该运算的功能是将两个文本连接成一个文本。

4. 引用运算符集

引用运算符集包括冒号（:）、逗号（,）和空格。

- 冒号（:）称为区域运算符，用于产生对包括在两个引用之间的所有单元格的引用。例如（B5:D15）表示从左上角单元格 B5 到右下角单元格 D15 的单元格区域内所有的单元格，共 33 个。
- 逗号（,）称为联合运算符，其功能是将多个引用合并为一个引用。例如 SUM(B5:B15,D5:D15)表示对从 B5 到 B15 以及从 D5 到 D15 这些单元格的数据的求和。
- 空格，也称为交叉运算符，用于产生对两个引用共有的单元格的引用，例如 SUM(B7:D7 C6:D8)表示真正求和的只是 C7 和 D7 两个单元格的数据。

6.3.2　公式的使用

在 Excel 2010 中，公式是以等号（＝）开始，其后跟由运算符、操作数组成的表达式。公式以等号（＝）开始的另一个目的是使系统能够区分单元格中的内容是字符串还是公式。

在公式中，操作数可以是常量、单元格名称和函数；运算符则可以是四大运算符集中的所罗列的运算符。在 Excel 2010 中，各种运算符也有优先级和结合性。Excel 运算的优先级如图 6-19 所示，各运算符的优先级按此表由高到低排列，引用运算的优先级最高，而比较运算的优先级最低。此外，Excel 2010 优先级还规定，如果公式中包括圆括号，先算括号内层后算括号外层；如果公式包括函数，则先函数后运算；如果公式中包含了多个相同优先级的运算符，则按“自左至右”的结合性原则从左到右进行计算。

以图 6-20 所示的数据为例，要用公式计算出三种产品的总金额，即求出“总计”值，相应的公式输入步骤如下。

（1）选中要输入公式的单元格。如图 6-20 所示，选中 D5 单元格。

运算符	说明
:（冒号）	引用运算符
（单个空格）	
,（逗号）	
-	负号（例如 -1）
%	百分比
^	乘幂
* 和 /	乘和除
+ 和 -	加和减
&	连接两个文本字符串（连接）
= < > <= >= <>	比较运算符

图 6-19 Excel 2010 去算优先级表

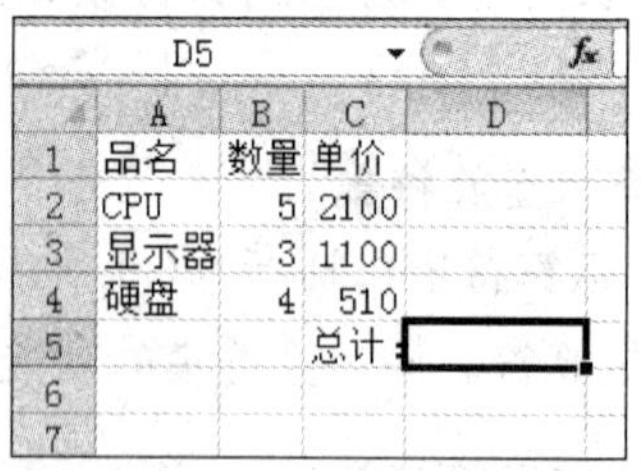

图 6-20 Excel 公式举例数据

(2) 首先输入等号(=),然后再依次输入 B2 * C2+B3 * C3+B4 * C4。在 D5 单元格中显示的公式应为：=B2 * C2+B3 * C3+B4 * C4。

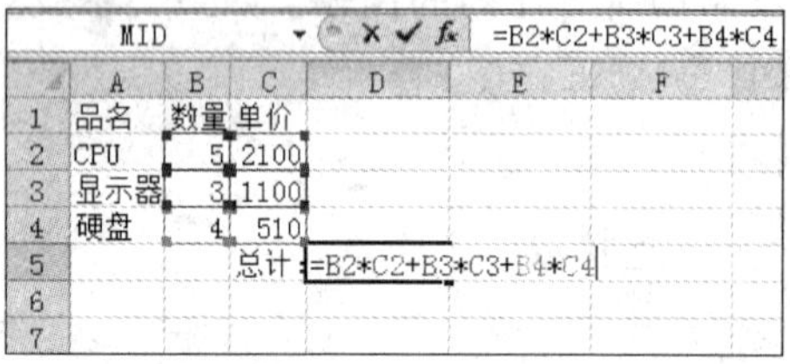

图 6-21 Excel 2010 中的公式编辑举例

当用户在 D5 单元格中输入等号之后,名称框中的信息就由 D5 变成了 MID,同时编辑栏中也同步显示=；当用户输入操作数(单元格名称)B2 之后,除了编辑栏上继续同步显示 B2 之外,对应的单元格也被由 4 个定位块组成的有色定位框定位,所输入的单元格名称 B2 也被改用定位框的颜色显示,如图 6-21 所示。

这种变化告诉用户：操作数(单元格)的输入可以直接输入其单元格名称,也可以通过鼠标单击相应的单元格来选择,但运算符只能通过键盘输入；输入公式既可以在单元格进行,也可以在编辑栏中进行。

(3) 输入公式并检查无误后,按 Enter 键或者单击编辑栏中的 ✓ 按钮,在单元格 D5 中会显示由该公式计算的结果 15840,而不是之前输入的公式。

Excel 2010 的公式中引用单元格名称而不是单元格的值,其好处是若单元格中的数值发生了变化,依据公式所计算的结果将会自动发生相应的改变,而直接使用数值计算的公式是不能做到这一点的。另一个好处是公式编辑更快且不容易出错。

注意：在 Excel 单元格中输入的公式必须是符合 Excel 2010 语法要求的,否则系统将在单元格中显示错误的提示信息。"分母不能为 0""负数不能开平方""0 和负数没有对数"等规则仍然有效。错误的公式必须在编辑栏中更正。

6.3.3 单元格的引用

引用的作用在于标识工作表中的单元格或单元格区域,并指明公式中所使用的数据的位置。通过引用,可以在公式中使用工作表不同部分的数据,或者在多个公式中使用同一个单元格的数值。还可以引用同一个工作簿中不同工作表上的单元格和其他工作簿中的数据。这样就不必把其他位置的数据集中到同一个工作表中。引用不同工作簿中的单元格称为链接。

1. 引用模式

(1) 单元格的引用

要引用当前工作表中的某个单元格,只需在引用处直接输入该单元格的名称(列标行号)即可。例如,要引用列 B 和行 1 交叉处的单元格,则直接输入 B1。

(2) 单元格区域的引用

要引用当前工作表中的某个矩形单元格区域,要求输入:矩形区域的左上角单元格名称、区域运算符(冒号:)和右下角单元格的名称。例如,要引用以 A1 单元格左上角、E5 单元格为右下角的矩形区域中的全部单元格,则要输入 A1:E5。

要引用不连续单元格组成的不规则区域,要求输入其中各个矩形区域的引用并用联合运算符(逗号,)隔开。例如引用(A1,B2:C4,D5:D6)表示引用 A1 单元格、B2 到 C4 组成的矩形区域的全部单元格以及从 D5 到 D6 组成的矩形区域的全部单元格(这些单元格构成了不规则矩域)。

(3) 不同工作表之间单元格的引用

在 Excel 2010 中,可以引用同一个工作簿中的其他工作表中的单元格区域。引用格式为

```
工作表名称!单元格名称
```

例如,在 Sheet1 工作表中要引用 Sheet2 工作表中的 A2 单元格,则引用格式为 Sheet2! A2。

(4) 不同工作簿之间单元格的引用

在 Excel 2010 中,可以引用不同工作簿的某个工作表中的单元格区域。引用格式为

```
[另一个工作簿名.xlsx]工作表名称!单元格名称
```

例如,要在当前工作表中引用名为"工资.xlsx"工作簿中"三月份工资"工作表中的 E2 单元格,则引用格式为[工资.xlsx]三月份工资! E2。如果引用的工作簿是关闭的,则必须在引用时添加完整的路径并用单引号引起来(包括工作表的名称),例如"D:\data\'[工资.xlsx]三月份工资'!E2"。

2. 相对引用

直接引用单元格名或单元格区域名的引用,都是相对引用。相对引用包含着该单元格与公式中所引用的单元格或单元格区域之间的相对位置。如果公式所在单元格的位置改变,则公式中相对引用的单元格或单元格区域的位置也会随之改变,以保持原定的相对位置关系不发生变化。例如,在 E6 单元格中输入公式:=B4+D5,即相对引用 B4、D5。若将此公式被复制到 F6 单元格,则公式将变成:=C4+E5。由于公式从 E6 被复制到 F6,可以看作是向右退了一格,则公式中相对引用的单元格也要后退一格,即从 B4→C4 和 D5→E5。

3. 绝对引用

在行标和/或列标前加上标记"$"的引用,即绝对引用。当公式所在的单元格位置发生变化时,公式中的绝对引用的行或列标保持不变。Excel 2010 有绝对引用行标和列标、单独绝对引用行标或单独绝对引用列标的三种绝对引用形式。

例如,在 E6 单元格中输入公式:=$B$4+$D$5,若将此公式复制到 F6 单元格中,则 F6 中的公式仍为:=$B$4+$D$5。这就是绝对引用行标和列标的一个例子。

又例如,在 A2 单元格中输入公式:=$B3+C5+$D$2+A$3,若将此公式复制到 C4 单元格中,则公式会变成:=$B5+E7+$D$2+C$3。因为在 A2 所输入的公式中引用单元格 B3 的行号、单元格 C5 以及单元格 A3 的列号前都没有加标记"$",即公式中

B3 单元格的行号、C5 单元格和 A3 单元格的列号仍是相对引用,因此,当该公式从 A2 被复制到 C4 单元格时,其列号和行号均发生了变化,导致复制后的公式中的相对引用的列号、行号也相应改变。

再例如,要计算图 6-22 所示数据中每种商品的金额占总金额的百分比。其具体步骤如下。

(1) 首先计算总金额于 D5 单元格,即在 D5 单元格输入=B2 * C2+B3 * C3+B4 * C4 并按 Enter 键,D5 中显示 15840,即总金额;并设置 D2:D4 区域格式为百分数,保留 2 位小数。

(2) 在 D2 单元格输入=(B2 * C2)/ $D$5,计算第一种商品金额占总金额的百分比,在此公式中绝对行列引用 D5 单元格($D$5),以保证复制 D2 单元格的公式到 D3 和 D4 单元格时,计算另外两种商品金额占总金额的百分比的分母仍是 D5。

(3) 复制 D2 到 D3 和 D4 单元格。可对比图 6-23 中的 D2 编辑栏中的公式与图 6-22 中的 D4 编辑栏中的公式。

D4　=(B4*C4)/$D$5

	A	B	C	D	E	F
1	品名	数量	单价	百分比		
2	CPU	5	2100	66.29%		
3	显示器	3	1100	20.83%		
4	硬盘	4	510	12.88%		
5			总计:	15840		
6						
7						

图 6-22　公式复制后的相对和绝对引用

MID　=(B2*C2)/$D$5

	A	B	C	D	E	F
1	品名	数量	单价	百分比		
2	CPU	5	2100	=(B2*C2)/$D$5		
3	显示器	3	1100			
4	硬盘	4	510			
5			总计:	15840		
6						
7						

图 6-23　公式中的绝对引用

值得注意的是,公式中的单元格或单元格区域是与它所在的工作表数据相链接的,当工作表中的数据发生变化,那么公式的计算值也会自动变化。

6.3.4　函数的使用

Excel 2010 提供了大量的标准函数用于数据运算。这些函数其实是一些预定义的公式,它们使用一些称为参数的特定数值按特定的顺序或结构进行计算。Excel 2010 函数一共有 12 类,分别是财务函数、日期与时间函数、数学和三角函数、统计函数、查询和引用函数、数据库函数、文本函数、逻辑函数、信息函数、工程函数、多维数据集函数和兼容性函数。

1. 函数的语法及结构

函数是由函数名、括号以及参数名表构成。即

函数名(参数名表)

函数名由系统规定,不能改变。函数名与括号之间不能有空格。函数名通常是以相关运算的英文单词、缩写、前几个字母等来命名的,多数情况下看到函数名就能猜测到函数的功能。不同的函数,其功能和返回值类型是不同的。引用这些函数时,函数名不区分大小写。

参数名表是函数自变量的集合。函数不同,其参数名表中参数的个数、类型也不同。参数名表中的各参数之间要用英文逗号(,)隔开。参数可以是常量、公式或其他函数,不区分大小写。当函数作为参数使用时,它返回值的类型必须与参数规定的数值类型相同。

函数返回值类型决定了函数能否用于后续的公式计算以及计算结果是否正确。函数的返回值的类型可以从函数的功能帮助信息中获得。

例如，某个单元格中的公式为"＝SUM(A1,B2,C3:D4)"，这表明，公式使用了 SUM 函数，括号里面是参数名表，实现对 3 个参数（A1、B2 以及从 C3 到 D4 单元格区域）所指定的所有单元格中的数据求和，其返回值的类型是数值型。

2. 函数的输入

对于常用的熟悉函数，例如 SUM()、AVERAGE()等可以像输入普通公式那样，在公式中直接输入函数名称及其参数。更多情况下，是通过系统提供的"插入函数"对话框来输入函数的。一是因为 Excel 函数众多，难以记全；二是因为系统在"插入函数"对话框中提供了函数的分类和功能、参数的选取、返回值的类型以及计算结果等多种帮助信息。利用"插入函数"对话框来输入函数的基本步骤如下。

（1）选中要输入公式的单元格。

（2）弹出如图 6-24 所示的"插入函数"对话框，以便输入函数。Excel 2010 提供三种打开"插入函数"对话框的方法：

① 单击编辑栏中的 fx 按钮。

② 在"公式"选项卡中的"函数库"组中，单击"插入函数"按钮。

③ 在"开始"选项卡中的"编辑"组中，单击"自动求和"下拉按钮，在弹出的功能项列表中单击"其他函数..."项。

（3）选择函数。先从"或选择类别"列表框中选择所需要函数的类型，再从"选择函数"列表框中选择所需的函数。例如计算需要求平均值函数，则选择"常用函数"类别中的 AVERAGE 函数，系统将在"选择函数"列表框的下方显示 AVERAGE 函数的格式及功能提示信息，然后单击"确定"按钮。

（4）设置函数的参数。在弹出如图 6-25 所示的"函数参数"对话框，供用户设置参数。方法有两种。

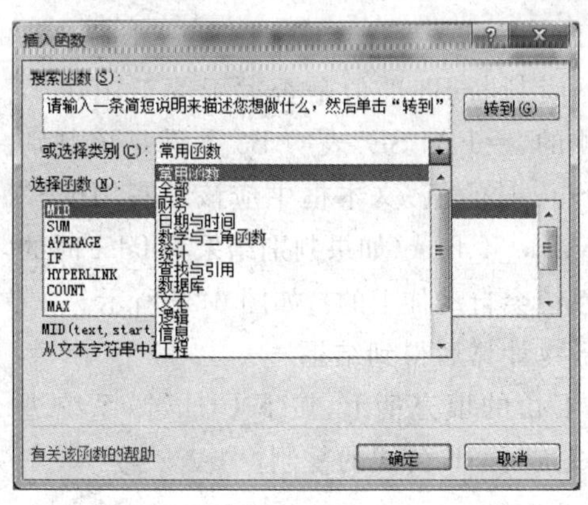

图 6-24　"插入函数"对话框

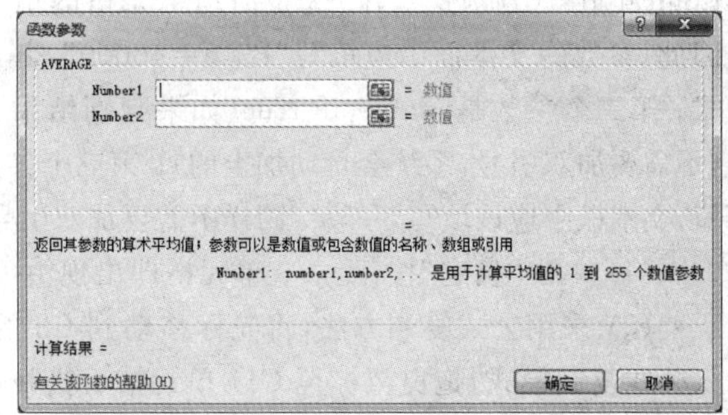

图 6-25　"函数参数"对话框

① 可以直接将参数表输入到参数文本框中。

② 可以依次单击按钮来选择单元格或单元格区域作为该函数的参数，自动填充到参数文本框中。

(5) 单击“确定”按钮,即完成该函数的编辑。

若公式较复杂,包含多个函数以及运算符,则可以在编辑栏中进行编辑,继续输入公式的其他部分即可。

3. 移动和复制公式

移动公式的操作与移动单元格的方法相同,拖动公式所在单元格的“活动单元格指示框”的边框,就可实现公式的移动。移动公式时,其内容不会变化,不论是不是绝对引用。

复制公式的操作也与复制单元格的方法完全相同,即鼠标指向公式所在单元格的填充柄,压住鼠标左键不放,拖动鼠标,就可以实现公式复制。复制公式时,若公式中采用的是相对引用,则公式中相关单元格名称会自动变化,若公式中采用的是绝对引用,则公式中相关单元格名称不会变化。

4. 公式与函数应用举例

例 6.1 某公司销售人员业绩表如图 6-26 所示。要求利用函数来计算业绩评价,大于等于 40000 的业绩评价为“优秀”,否则业绩评价为“一般”,并统计表中业绩“优秀”和“一般”的人数,结果存放在单元格 C13、C14 中。

C3

	A	B	C
1	销售员业绩评价表		
2	姓名	销售额	业绩评价
3	秦如汉	23945	
4	马依丽	48938	
5	叶有扬	98232	
6	白清风	49586	
7	冷如雪	69074	
8	方有圆	14273	
9	胡江海	49568	
10	陶李白	30220	
11	赵前方	26890	
12			
13	统计结果	优秀	
14		一般	
15			

图 6-26 公式应用范例数据

解题思路:为了计算出每个销售人员的业绩评价值(文本型“优秀”或“一般”),需要判断他的业绩数值。逻辑类(具有判断功能)中的条件函数——IF 函数可以用于此计算;而统计“优秀”或“一般”的人数,可在每个人的业绩评价求出后,用统计类函数中的条件统计函数 COUNTIF 来计算。

解题步骤如下。

(1) 单击 C3 单元格。

(2) 单击编辑栏左侧的 fx 按钮,在弹出的“插入函数”对话框中选择“逻辑”类型中的 IF 函数,单击“确定”按钮。

(3) 在弹出的“函数参数”对话框中,可以看出,IF 函数需要 3 个参数。其第一个参数是 Logical_test(判别式),在 C3 是活动单元格的情况下应判断 B3 的值是否大于等于 40000,因此,参数的文本框中应填写“B3＞＝40000”,其右侧的“＝FALSE”表明 B3 不满足该判别式;第二个参数是 Value_if_true(如果判别结果为 true 时的值)文本框中应该填写“优秀”(不需要加双引号,系统会自动加上的);第三个参数 Value_if_false(如果判别结果为 false 时的值)文本框中应该填写“一般”(同样不需要加双引号,系统会自动加上的),如图 6-27 所示。

(4) 单击“确定”按钮。C3 单元格即出现由 IF 函数计算后得到结果——“一般”。

(5) 采用公式复制方法,将光标移动到 C3 的右下角的填充柄上,按下 Ctrl 键,系统进入公式复制模式,拖曳鼠标至 C11 单元格后松开,即完成了 IF 公式的复制。

(6) 单击 C13 单元格确定为活动单元格。

(7) 单击编辑栏左侧的 fx 按钮,在弹出的“插入函数”对话框中选择“统计”类型中的“COUNTIF”函数,单击“确定”按钮。

(8) 在弹出的“函数参数”对话框中,可以看出,COUNTIF 函数需要 2 个参数。第一个参数是 Range(指定统计范围),在本例中应该是 C3:C11,因此,Range 文本框中应该填写

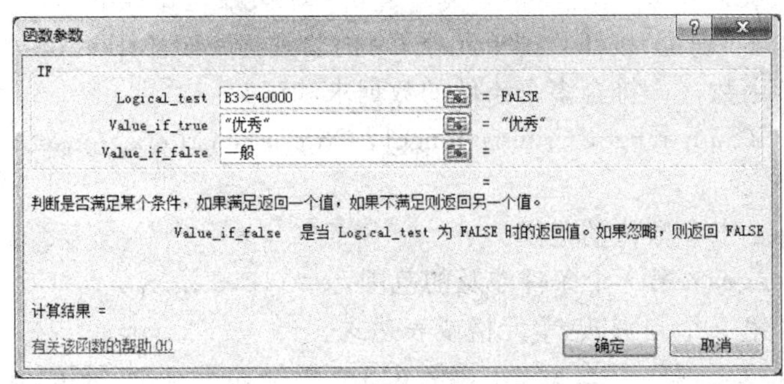

图 6-27　设置 IF 函数的参数

C3:C11；第二个参数是 Criteria(判别式)，在 C13 为活动单元格的情况下，Criteria 文本框应该填写"优秀"，以统计评价为"优秀"的个数。最后，单击"确定"按钮，如图 6-28 所示。

(9) C14 单元格的公式与 C13 一样选择 COUNTIF 函数，只是第二个参数 Criteria 文本框应该填写"一般"。

最后，工作表中显示的结果如图 6-29 所示。

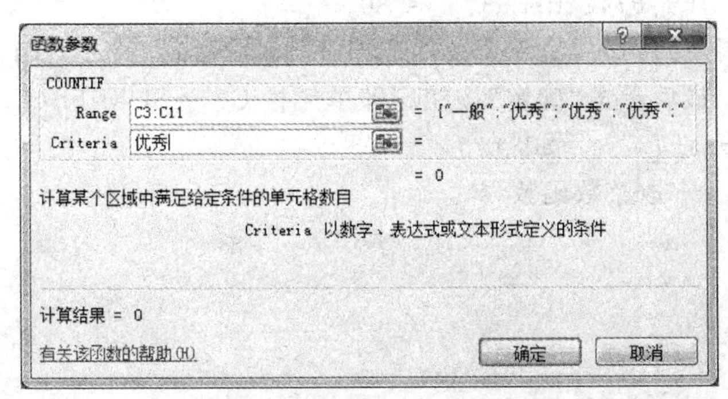

图 6-28　设置 COUNTIF 函数参数

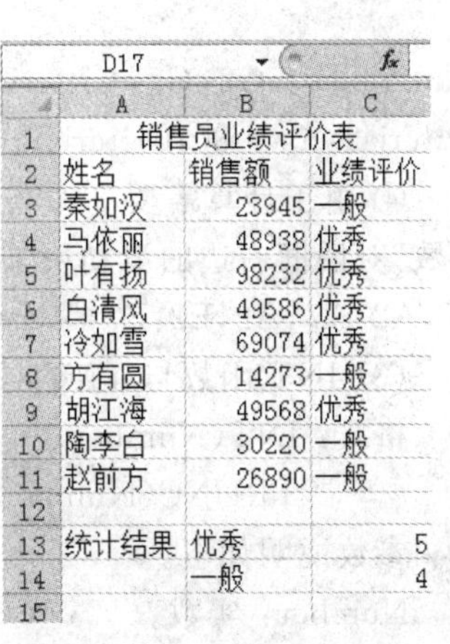

D17

	A	B	C
1	销售员业绩评价表		
2	姓名	销售额	业绩评价
3	秦如汉	23945	一般
4	马依丽	48938	优秀
5	叶有扬	98232	优秀
6	白清风	49586	优秀
7	冷如雪	69074	优秀
8	方有圆	14273	一般
9	胡江海	49568	优秀
10	陶李白	30220	一般
11	赵前方	26890	一般
12			
13	统计结果	优秀	5
14		一般	4
15			

图 6-29　公式应用举例结果

5. 函数的高级应用

(1) SUMIF 函数——单条件求和函数

格式：SUMIF(Range, Criteria, Sum_range)

参数说明如下。

① Range：条件涉及的范围。

② Criteria：条件判别式、单元格或表达式。

③ Sum_range：求和数值的范围。

例 6.2　数据如图 6-30 所示，要将 1 班的成绩求和于 C9。具体操作步骤如下。

	A	B	C
1	班级	姓名	成绩
2	1班	张三	87
3	2班	李四	92
4	1班	王五	61
5	3班	刘六	73
6	1班	陈七	51
7	2班	周八	81
8			
9		1班总分	C2:C7)

图 6-30　SUMIF 函数应用举例

① 单击 C9 单元格，再单击编辑栏中的 f_x 按钮，系统将弹出"插入函数"对话框。

② 在"插入函数"对话框中的"数学和三角函数"类别中选择 SUMIF 函数。

③ 在弹出的"函数参数"对话框中作如下选择 Range：A2:A7，Criteria：A2，Sum_

range：C2:C7。单击“确定”按钮。即单元格 C9 的公式为＝SUMIF(A2:A7,A2,C2:C7)。

(2) SUMIFS 函数——符合多个条件的数据求和函数

格式：SUMIFS(Sum_range, Criteria_range1, Criteria1, Criteria_range2, Criteria2,...)

参数说明如下。

① Sum_range：求和数值的范围。

② Criteria_rangex：第 x 个条件涉及的范围，x=1,2,3...。

③ Criteriax：第 x 个判别式、单元格或表达式。

	A	B	C	D	E	F	G
1	班级	姓名	数学	语文	英语	计算机	总分
2	1班	张三	87	91	90	85	353
3	2班	李四	92	77	82	80	331
4	1班	王五	61	78	81	80	300
5	3班	刘六	73	67	73	68	281
6	1班	陈七	51	61	66	80	258
7	2班	周八	81	75	72	88	316
8							
9							

图 6-31 SUMIFS 函数应用举例

例 6.3 数据如图 6-31 所示，在 C9 中求英语和计算机成绩均大于等于 80 分的 1 班同学总分之和。其操作步骤如下。

① 单击 C9 单元格，再单击编辑栏中的 *fx* 按钮，弹出“插入函数”对话框。

② 在“插入函数”对话框中的“数学和三角函数”类别中选择 SUMIFS 函数。

③ 在弹出的“函数参数”对话框中作如下设置：Sum_range：G2:G7，Criteria_range1：A2:A7，Criteria1：A2，Criteria_range2：E2:E7，Criteria2：>=80，Criteria_range3：，F2:F7，Criteria3：>=80。

④ 由于计算需要 3 个条件范围及判别式，第 3 个条件范围及判别式要通过拖动“函数参数”对话框右边的滑动块来呈现。最后单击“确定”按钮。即单元格 C9 ＝SUMIFS(G2:G7,A2:A7,A2,E2:E7,">=80",F2:F7,">=80")。

(3) INT 函数与 TRUNC 函数——取整数函数

格式：INT(Number)

TRUNC(Number)

参数说明如下。

Number：实数。

区别：INT(Number)取不大于原数的整数，TRUNC 函数只取整数部分。

例 6.4 TRUNC(－8.6)的结果为－8，INT(－8.6)的结果为－9。

(4) ROUND 函数与 ROUNDDOWN 函数——舍入数字函数

格式：ROUND(Number, Num_digits)

ROUNDDOWN(Number, Num_digits)

参数说明如下。

① Number：实数；

② Num_digits：要保留的小数点位数。

区别：ROUND 为四舍五入，ROUNDDOWN 为全舍。

例 6.5 ROUND 函数与 ROUNDDOWN 函数的区别，操作如图 6-32 所示，请读者自己总结。

	A	B	C	D	E
1	数值	公式1	结果1	公式2	结果2
2	123.456	=ROUND(A1,-1)	120	=ROUNDDOWN(A1,-1)	120
3		=ROUND(A1,0)	123	=ROUNDDOWN(A1,0)	123
4		=ROUND(A1,1)	123.5	=ROUNDDOWN(A1,1)	123.4

图 6-32 ROUND 函数与 ROUNDDOWN 函数的区别

(5) LOOKUP、VLOOKUP、HLOOKUP 函数——在给定一个查询区域中查找想要的值

格式：LOOKUP(Lookup_value，Lookup_vector，Result_vector)

VLOOKUP(Lookup_value，Table_array，Col_index_num，Range_lookup)

HLOOKUP(Lookup_value，Table_array，Row_index_num，Range_lookup)

参数说明如下。

① Lookup_value：指定的查找的内容或单元格引用，即查找目标。

② Lookup_vector：指定要查找的已升序排序的单行或单列的单元格区域。

③ Result_vector：只包含单行或单列的单元格区域，大小与 Lookup_vector 相同。

④ Table_array：指定查找的区域，即到哪里查找。可以从本表的一个单元格区域中查找，也可以从另一个表中的单元格区域中查找。该查找范围要符合以下条件：

- 查找目标一定要在该区域的第一列；
- 该区域中一定要包含要返回值所在的列。

⑤ Col_index_num：返回值的列号，即"返回值"在第二个参数给定的区域中的列数。注意，该列数不是在工作表中的列数，而是在查找区域的第几列。

⑥ Row_index_num：返回值的行号，即"返回值"在第二个参数给定的区域中的行数。

⑦ Range_lookup：精确或模糊查找方式的确定。精确即完全一致，模糊即包含的意思。该参数为 0 或 FALSE 就表示精确查找，为 1 或 TRUE 则表示模糊。

这三个函数的功能类似，都是用于从给定单元格区域中查询想要的数据。但是从查询区域、查询方式上有所区别：Lookup 将要查询的数与已升序排序的一行或一列数据依次进行比较，发现匹配的数值后，将另一组数据中对应的数值提取出来，是模糊查询；VLookup 允许将要查询的数与一个"表"进行对比，并且可选择采用精确查询或是模糊查询方式；HLookup 与 VLookup 的区别是 HLookup 从行查找，而 VLookup 从列查找。

例 6.6　根据图 6-31 所示的工作表中的数据，查询名为"刘六"的学生的总分，存放在 D9 单元格中。其操作步骤如下(见图 6-33)。

① 对工作表中的数据，以"姓名"为关键字按升序排序。

② 选中 D9 单元格，再单击编辑栏中的 fx 按钮，弹出"插入函数"对话框，选择"查询与引用"类别，从"选择函数"列表框中选择 LOOKUP 函数。

③ 在弹出的"函数参数"对话框的 Lookup_value 文本框中输入"刘六"、在 Lookup_vector 文本框中输入 \$B\$2:\$B\$7、在 Result_ vector 文本框中输入 \$G\$2:\$G\$7，单击"确定"按钮。

例 6.7　从如图 6-34 所示的表 1 数据中，查找表 2 所列姓名对应的总分。其操作步骤如下。

D9　fx　=LOOKUP("刘六",$B$2:$B$7,$G$2:$G$7)

	A	B	C	D	E	F	G	H	I
1	班级	姓名	数学	语文	英语	计算机	总分		
2	1班	陈七	51	61	66	80	258		
3	2班	李四	92	77	82	80	331		
4	3班	刘六	73	67	73	68	281		
5	1班	王五	61	78	81	80	300		
6	1班	张三	87	91	90	85	353		
7	2班	周八	81	75	72	88	316		
8									
9				281					
10									

图 6-33　Lookup 函数范例

	A	B	C	D	E	F	G
1	表1						
2	**班级**	**姓名**	**数学**	**语文**	**英语**	**计算机**	**总分**
3	1班	张三	87	91	90	85	353
4	2班	李四	92	77	82	80	331
5	1班	王五	61	78	81	80	300
6	3班	刘六	73	67	73	68	281
7	1班	陈七	51	61	66	80	258
8	2班	周八	81	75	72	88	316
9							
10	表2						
11	姓名	总分					
12	李四	, 0)					
13	陈七						

图 6-34　VLOOKUP 函数的应用举例数据

① 选中 B12 单元格，再单击编辑栏中 fx 按钮，弹出“插入函数”对话框。

② 在“插入函数”对话框中的“查询与引用”类别中选择 VLOOKUP 函数。

③ 在弹出的“函数参数”对话框中设定：Lookup_value 文本框中输入“A12”、Table_array 文本框中输入 B3:G8、Col_index_num 文本框中输入 6、Range_lookup 文本框中输入 0。

④ 公式＝VLOOKUP(A12,B3:G8,6,0)。

需要特别指出的是，若要在表 2 正确复制该公式，需要对第 2 个参数使用绝对引用。即将 B12＝VLOOKUP(A12,B3:G8,6,0)改为 B12 ＝ VLOOKUP(A12, $B$3: $G$8,6,0)以确保查找区域在公式复制时不会改变。

(6) SUMPRODUCT 函数——计算多个区域的数值相乘之后再求和

格式：SUMPRODUCT (Array1,Array2,Array3,...)

参数说明如下。

Array1,Array2,Array3,...为 2～30 个数组，其相应元素需要进行相乘并求和。数组参数必须具有相同的维数，否则将返回错误值#VALUE!。若 Array 为非数值型的数组元素则作为 0 处理。

该函数功能强大，可以派生出多种计算。以下仅对其应用作简单的介绍。

① “＝SUMPRODUCT(A2:B4, C2:D4)”——表示两个数组的所有元素对应相乘，然后把乘积相加。相当于＝A2 * C2＋B2 * D2＋ A3 * C3＋B3 * D3＋ A4 * C4＋B4 * D4。

② “＝SUMPRODUCT((条件 1) * (条件 2) * (条件 3) * ...(条件 n))”——统计同时满足条件 1、条件 2、... 条件 n 的记录个数。例如，公式＝SUMPRODUCT((A2:A51＝"女") * (B2:B51＝"副教授"))的功能是统计性别为“女”且职称为“副教授”的职工人数。

③ “＝SUMPRODUCT(条件 1＋条件 2＋条件 3...＋条件 N)”——满足其中任一条件的记录个数。这里，加号“＋”相当于逻辑或的功能。

④ “＝SUMPRODUCT((条件 1) * (条件 2) * (条件 3) * ...(条件 n) * 某区域)”——同时满足条件 1、条件 2... 条件 n 的记录的指定区域数值的汇总。例如，公式＝SUMPRODUCT((A2:A51＝"女") * (B2:B51＝"副教授") * G2:G51)的功能是计算性别为“女”且职称为“副教授”的职工工资总数(G 列为实发工资)。

例 6.8　从如图 6-31 所示的数据中，统计出数学、英语和计算机三门课程的成绩均在 80 分以上的人数，结果放在 D9 单元格中。其操作步骤如下。

① 选中 D9 单元格，再单击编辑栏中 fx 按钮，弹出“插入函数”对话框。

I6　=H6/SUMPRODUCT(1*($C$3:$C$21=G6))

表1

学号	姓名	性别	专业	高考分数
201304030101	陈海峰	男	信息管理	619
201304030102	朱敏	女	工业工程	670
201304030103	周洋	男	工业工程	582
201304030104	李海军	男	工业工程	675
201305010105	陈秋水	女	计算机科学	511
201305010202	陈招弟	女	计算机科学	521
201305010203	孙权平	男	计算机科学	526
201305020102	孙平	男	信息管理	501
201305020103	朱玲	女	信息管理	534
201305020201	卢秀秀	女	信息管理	535
201307010103	邓平	男	市场营销	654
201307010104	王燕	女	市场营销	523
201307010106	周艳	女	市场营销	500
201307020202	赵晏晏	女	会计学	652
201307020203	赵超	男	会计学	684
201307020204	王燕	女	会计学	546
201307030103	邹辉	男	企业管理	625
201307030104	杨帆	女	企业管理	633
201307030105	杨阳	女	企业管理	687

表2

性别	总分	平均分
女	6312	573.82
男	4866	608.25

图 6-35　SUMPRODUCT 函数应用的举例数据

② 在“插入函数”对话框中的“数学和三角函数”类别中选择 SUMPRODUCT 函数。

③ 在弹出的“函数参数”对话框中只要设定 Array1 文本框中的参数：(C2:C7＞＝80) * (E2:E7＞＝80) * (F2:F7＞＝80)，单击“确定”按钮。

④ 即公式：＝SUMPRODUCT((C2:C7＞＝80) * (E2:E7＞＝80) * (F2:F7＞＝80))，结果为 2。

例 6.9　根据如图 6-35 所示的数据，计算男、女生的高考成绩总分和平均分。其操作步骤如下。

① 首先选中 H5 单元格，再单击编辑栏中 fx 按钮，弹出“插入函数”对话框。

② 在“插入函数”对话框中的“数学和三角函数”类别中选择 SUMPRODUCT 函数。

③ 在弹出的“函数参数”对话框中只要设定 Array1 文本框中的参数：(C3:C21=G5) * (E3:E21)，单击“确定”按钮，即计算女生高考成绩总分为 6312。为了复制公式计算男生总分时单元格区域不变，应在参数中作绝对引用，即公式：=SUMPRODUCT(($C$3:$C$21=G5) * $E$3:$E$21)，计算结果不变。

④ 拖曳 H5 单元格的填充柄至 H6，完成公式复制，计算出男生高考成绩总分为 4866。

⑤ 选择 I5 单元格，输入公式=H5/SUMPRODUCT(1 * ($C$3:$C$21=G5))，并按 Enter 键，即可计算出女生高考成绩平均分为 573.82。拖曳 I5 单元格的填充柄至 I6，完成公式复制，结果为 608.25。

(7) RANK 函数——区域内名次排位函数

格式：RANK (Number, ref, order)

参数说明：

① Number 为需要求排名的那个数值或者单元格名称；

② ref：为排名的参照数值区域；

③ order：排序方式，0 为降序、1 为升序。

例 6.10　对如图 6-36 所示的数据，求出每个姓名的总分排名。操作如下。

① 单击 H2 单元格，再单击编辑栏中的 *fx* 按钮，系统将弹出“插入函数”对话框。

② 在“插入函数”对话框中的“全部”类别中选择 RANK 函数。

	A	B	C	D	E	F	G	H
1	班级	姓名	数学	语文	英语	计算机	总分	排名
2	1班	张三	87	91	90	85	353	:7,0)
3	2班	李四	92	77	82	80	331	2
4	1班	王五	61	78	81	80	300	4
5	3班	刘六	73	67	73	68	281	5
6	1班	陈七	51	61	66	80	258	6
7	2班	周八	81	75	72	88	316	3

图 6-36　RANK 函数的应用举例数据

③ 在弹出的“函数参数”对话框中的 Number 文本框输入 G2、ref 文本框输入 G2:G7、order 文本框输入 0，最后单击“确定”按钮。即单元格 H2 =RANK(G2,G2:G7,0)。为了保证公式复制时不会改变 ref 单元格区域，第 2 个参数也应改为绝对引用，即 H2=RANK(G2,$G$2:$G$7,0)。

6.3.5　公式的显示

在 Excel 2010 中，通常情况下，若公式有效，则单元格中仅显示该公式的计算结果。在某些情况下，如果需要对所使用的公式进行审核，以验证公式使用的正确性，包括函数的功能性、参数的正确性等，就需要显示出这些公式。

为了显示单元格中的公式，可以单击“公式”选项卡“公式审核”组中“显示公式”按钮，即可显示单元格中的公式而不是该公式计算的结果，如图 6-37 所示。该种方式的工作表不但可以用于显示，还可以打印，以便于更进一步审核。如果需要返回到显示结果，只需要再一次单击“显示公式”按钮。

6.3.6　条件格式

在 Excel 2010 中，在输入或计算数据时，可以对于满足一定条件的数据加用一些特殊的格式，以便突出该类数据。方法是：首先选中需要增加特殊格式的单元格或单元格区域，然后单击“开始”选项卡“样式”组的“条件格式”按钮，系统将弹出“条件格式”列表框，接下来，再进行如下选择。

(1) 选择“突出显示单元格规则”项，再从弹出的下级功能项列表中根据需要来选择“大

C14 　=COUNTIF(C3:C11,"一般")

	A	B	C
1		销售员业绩评价表	
2	姓名	销售额	业绩评价
3	秦如汉	23945	=IF(B3>=40000,"优秀","一般")
4	马依丽	48938	=IF(B4>=40000,"优秀","一般")
5	叶有扬	98232	=IF(B5>=40000,"优秀","一般")
6	白清风	49586	=IF(B6>=40000,"优秀","一般")
7	冷如雪	69074	=IF(B7>=40000,"优秀","一般")
8	方的圆	14273	=IF(B8>=40000,"优秀","一般")
9	胡江海	49568	=IF(B9>=40000,"优秀","一般")
10	陶李白	30220	=IF(B10>=40000,"优秀","一般"
11	赵前方	26890	=IF(B11>=40000,"优秀","一般"
12			
13	统计结果	优秀	=COUNTIF(C3:C11,"优秀")
14		一般	=COUNTIF(C3:C11,"一般")

图 6-37　显示工作表中的公式

于”“小于”“介于”“等于”“文本包含”“发生日期”“重复值”“其他规则”按钮之一。

(2) 系统将弹出类似如图 6-38 所示的“等于”对话框，并在其“为等于以下值的单元格设置格式”下的文本框中输入或选择相应的阈值。再单击“设置为”文本框右侧的列表按钮，从弹出的“格式设置”项列表中选择需要的格式，例如，选择“红色文本”格式。最后单击“确定”按钮。当单元格的数值满足该种关系时，则会应用所选择的格式进行显示。

例如，若要将图 6-29 所示的表格中的 C3:C11 单元格区域中业绩优秀的数据格式显示为“红色文本”。首先选择 C3:C11 单元格区域，然后单击“样式”组中的“条件格式”按钮，然后在弹出的功能项列表中，选定“突出显示单元格规则”项，再从弹出的下级功能项中单击“等于”按钮，系统将弹出如图 6-38 所示的“等于”对话框，并在其“为等于以下值的单元格设置格式”下的文本框中输入“优秀”，再单击“设置为”文本框右侧的列表按钮，从弹出的“格式设置”项列表中选择需要的格式，选择“红色文本”，最后单击“确定”按钮。工作表的“业绩评价”列中的“优秀”值显示呈红色文本。

以上的例子只列举了条件格式的最基本的应用。如果要用多个条件来控制单元格的格式，或者是自己定义控制条件，则可以单击“条件格式”按钮下的“管理规则...”项，系统将弹出如图 6-39 所示的“条件格式规则管理器”对话框，从中可以新建规则、编辑规则和删除规则。限于篇幅，在此就不再展开讨论具体的操作了，读者可以自行试验其功能。

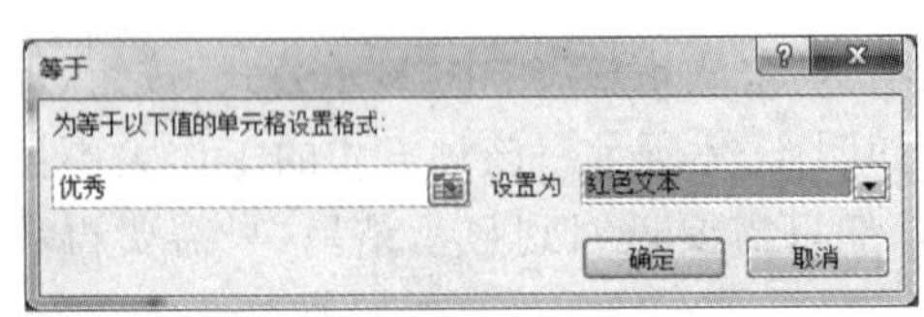

图 6-38　“等于”对话框

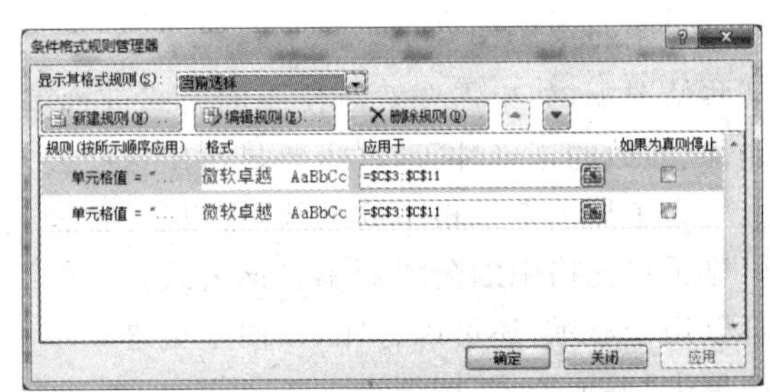

图 6-39　“条件格式规则管理器”对话框

6.4　格式化工作表

Excel 2010 工作表的格式化包括对单元格字体格式、单元格内容对齐方式、表格边框和背景、表格的行高和列宽、工作表重命名、建立工作表副本等方面的设置。

6.4.1　字体格式

选中单元格或单元格区域，单击“开始”选项卡“字体”组中的各功能按钮，基本上可以满足工作表的单元格中数据字体的格式设定。当然，还可以单击“开始”选项卡中“字体”组的“对话框启动器”按钮，系统将弹出的“设置单元格格式”对话框，切换至“字体”选项卡，如图 6-40 所示，就可以通过对其对单元格字体格式的相关参数包括字体、字号、字形、颜色、特殊效果等项进行设置，还可以预览设置效果。对单元格字体格式设置的内容可以参照 Word 2010 中的字体格式方法来进行。

6.4.2　设置对齐方式

所谓“对齐方式”是指单元格或单元格区域中的数据位于单元格的方位的设置。对于单元格中的数据而言，可分为有水平对齐方式、垂直对齐方式等二大类对齐方式，而每类对齐方式下又有多种方式，若再将水平和垂直对齐方法进行组合，则可以组合更多的对齐方式。

为了实现单元格或单元格区域的对齐设置，首先，选中要进行对齐设置的单元格或单元格区域，然后单击“开始”选项卡中“字体”组中的“对话框启动器”按钮，系统将弹出的“设置单元格格式”对话框，从中再单击“对齐”选项卡，如图 6-41 所示，就可以通过对其对单元格或单元格区域中的内容进行对齐设置。

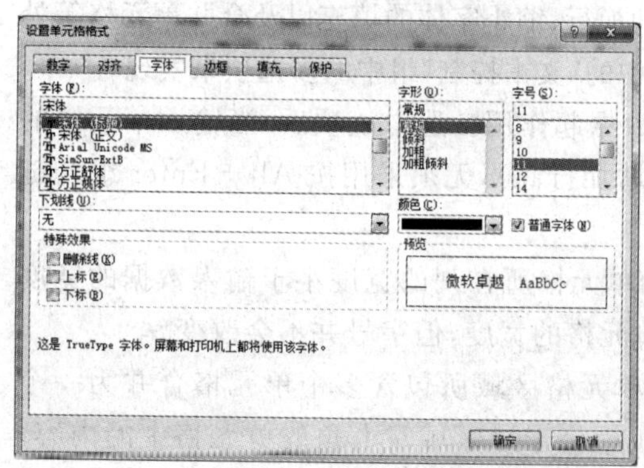

图 6-40　“设置单元格格式”之“字体”选项卡

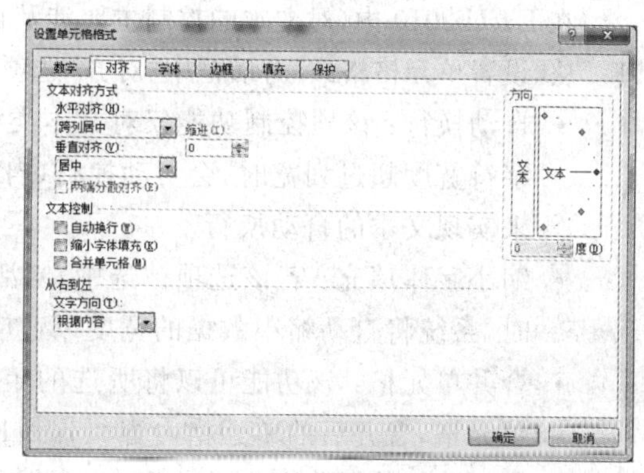

图 6-41　“设置单元格格式”之“对齐”选项卡

1. 文本对齐方式

(1) 水平对齐

水平对齐是已选单元格或单元格区域中的数据在每个单元格中水平方向上的对齐方式。常用的对齐方式包括靠左、居中、靠右、两端对齐、分散对齐，其中两端对齐和分散对齐主要是针对文本型数据的。下面介绍水平对齐中两种特殊的对齐方式。

- 填充对齐：是指将单元格的内容复制来填充该单元格的一种对齐方式。例如，活动单元格的内容为 abc，若选择填充对方方式，则该单元格最终显示的内容将依据单元格的宽度由若干个 abc 组成。
- 跨列居中：当单元格所在行的右方若干单元格内容为空，选中这些单元格，选择“跨列居中”，则可以实现首个单元格内容在所选区域中的水平居中。表面上，“跨列居中”与“合并且居中”的作用相同，实质上，“跨列居中”没有合并所选区域的单元格，只是将最右端单元格中和内容移到区域的中间来显示，其值仍属于最右端单元格，而该区域的其余单元格仍然存在,只是单元格边界线不显示而已。

(2) 垂直对齐

垂直对齐指选定的单元格或单元格区域中的内容在每个单元格中垂直方向上的对齐方式。包括靠上、居中、靠下、两端对齐、分散对齐,后两种对齐方式主要针对多行文本数据。

需要指出的是,水平对齐方式与垂直对齐方式并不冲突,设置方法相似,且可通过不同组合选择来控制单元格中内容的不同的对齐方式,以获得理想的数据对齐效果,例如,可以实现数据的"水平靠左"且"垂直居中"的对齐效果。

	A	B
1	abc	中国
2	12	123.10
3	1/2	2001-12-8

图 6-42 改变文字方向

2. 数据的方向设置

Excel 2010 允许改变单元格中各种类型数据的文字方向。具体的方法是:选中要进行方向设置的单元格或单元格区域,在"设置单元格格式"对话框中,切换至"对齐"选项卡,然后,在其"方向"刻度盘上通过鼠标拖动指针方向来实现,当然也可以通过设置文本的旋转"角度"来实现。图 6-42 列举了部分改变文字方向后的效果。

3. 文本控制

在 Excel 2010 中,对文本的控制主要涉及自动换行、缩小字体的填充以及合并单元格等处理。从"设置单元格格式"对话框中"对齐"选项卡中的"文本控制"组中的多选项来实现。

- 自动换行:该项控制功能仅对文本类型数据起作用。选中该项后,当输入单元格的字符宽度超过列宽时,会自动换行(自动增加行高),无须采用按 Alt+Enter 组合键来实现文本的自动换行。
- 缩小字体填充:若该选项被选中,当活动单元格所在列的宽度小于输入数据的宽度时,系统将自动缩小数据的宽度以适应单元格的宽度,但字号并不会改变。
- 合并单元格:该功能可以将所选的矩形单元格区域所包含多个单元格合并为一个单元格,合并后的单元格内容只保留区域中位于该区域左上角的单元格中的内容。利用该功能可将多个单元格合并成一个单元格,用于斜线表头或分栏处理。

4. 文字阅读方向设置

该项控制功能能够改变文字的阅读方向,可以通过选择"从左到右""从右到左"或者"根据内容"来实现文本的阅读方向控制。

6.4.3 设置行高和列宽

在 Excel 2010 中,工作表中的行标号和列标号的分隔线称为"行边框线"和"列边框线",它们共同决定了单元格的尺寸(高和宽)。可以用下列两种方法来设置行高和列宽。

1. 鼠标调整

将鼠标移动到工作表的行边框线上,压住鼠标左键并拖动鼠标以改变单元格所在行的行边框线来调整整个行的行高;同样的方法,可以拖动单元格所在列的"列边框线"来调整整个列的列宽。该方法的特点是调整过程直观,但是不能达到精确调整的效果。

2. 精确调整

精确调整分为行调整和列调整两种。

(1) 行调整。单击某行标号，以选中该行，右击鼠标以弹出快捷菜单，从菜单项中选择“行高...”命令，然后在弹出的对话框中输入该行所需的高度，并单击“确定”按钮即可。

(2) 列调整。单击某列标号，以选中该列，右击鼠标以弹出快捷菜单，从菜单项中选择“列宽...”命令，然后在弹出的对话框中输入该列所需的宽度，并单击“确定”按钮即可。

6.4.4 设置边框、底纹和表格背景

通常情况下，工作表中显示的表格线是灰色的，而这些灰色的表格线在默认设置下是不会被预览和打印出来的。若想预览和打印出表格线，则需要给工作表添加边框线。此外，还可以给单元格添加底纹、给整个表格添加背景等，以增强数据或表格的重要性、可读性和专用性。

1. 边框和底纹

选中需要添加表格线的单元格或单元格区域，单击“开始”选项卡“字体”组的“对话框启动器”按钮，弹出“设置单元格格式”对话框，切换至“边框”选项卡，如图 6-43 所示，就可以通过对其对单元格或单元格区域的边框进行设置，包括选择线条的样式、边框框种类和颜色，单击“确定”按钮后即可显示和打印出表格线。

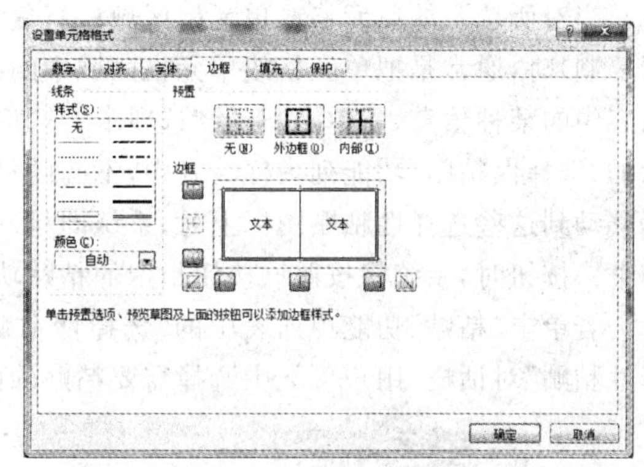

图 6-43　“设置单元格格式”之“边框”选项卡

在“设置单元格格式”对话框中切换至“填充”选项卡，如图 6-44 所示。可以选择多种底纹颜色和多种纹理，单击“确定”按钮后即可显示和打印出底纹。

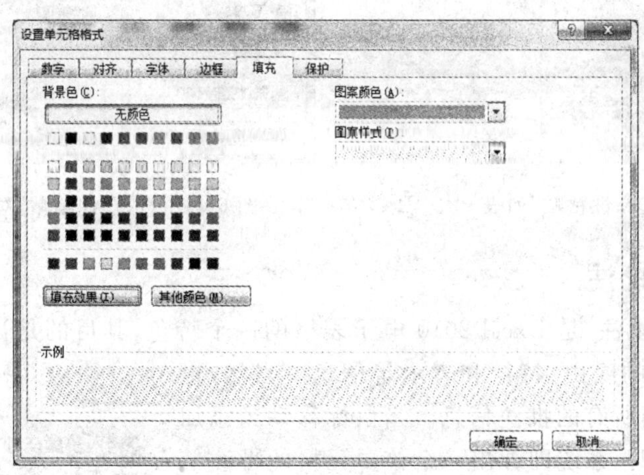

图 6-44　“设置单元格格式”之“填充”选项卡

2. 表格背景

工作表的背景只限于在当前工作表中显示所选择的作为背景的图片，不能够打印出来，而且在同一工作簿中的其他工作表中也没有该背景。

背景设置方法是：先将需要设置表格背景的工作表设置为当前工作表，单击“页面布

局”选项卡“页面设置”组的“背景”按钮，弹出“工作表背景”对话框，从中选择作为背景的图片文件，然后单击“打开”按钮，所选择的图片将作为整个表格的背景出现。同时，“背景”按钮被更名为“删除背景”按钮，其功能不言而喻。

6.4.5 选择性粘贴与清除

在 Excel 2010 工作表中，一个单元格中所包含的内容不仅仅是组成数据的数字或符号，还包括了与该数据密切相关的格式、公式、单元格的宽度、批注等信息，因此，对单元格进行复制和删除时，可以根据不同的需要来针对相应信息进行选择性操作。

当对所选定的单元格或单元格区域进行复制(如使用“复制”按钮或 Ctrl＋C 组合键进行复制)时，通常是把单元格或单元格区域中的所有信息都进行了复制。为了仅粘贴所复制内容中的某种信息，需单击“开始”选项卡“剪切板”组中“粘贴”下拉按钮，弹出如图 6-45 所示的“选择性粘贴”功能列表框。其中，不同的粘贴图标对应不同的选择性粘贴功能。当光标移动到这些选择性粘贴图标上时，系统即呈现其对应选择性粘贴功能。当用户单击其中的某一按钮时，系统将按照该按钮指定的粘贴功能复制相应的内容而不是全部。

若单击“粘贴”功能项列表中的“选择性粘贴...”命令，系统将弹出如图 6-46 所示的“选择性粘贴”对话框，用户可从中选择需要粘贴的内容项。

图 6-45 “选择性粘贴”列表

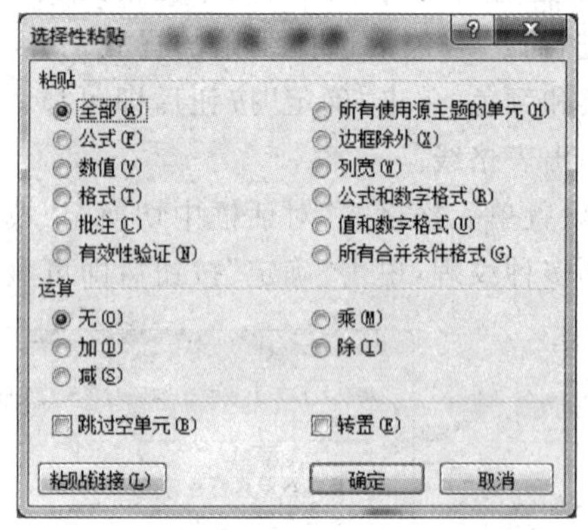

图 6-46 “选择性粘贴”对话框

6.4.6 单元格批注

给单元格添加批注，是 Excel 2010 电子表格的一个特色，其目的是让使用者能够更好地了解单元格数据的缘由、特征和表示等信息。当然，也允许同时查看/打印所有的批注信息。当鼠标移动到添加了批注的单元格上时，系统即弹出一个该单元格的批注信息框。

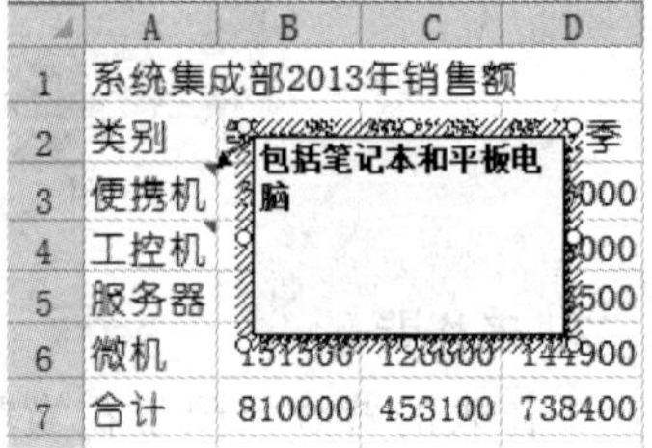

图 6-47 添加批注信息

1. 添加批注

右击需要添加批注的单元格，在弹出的快捷菜单中选择“插入批注”命令，系统将弹出批注编辑框，删除系统默认的信息并输入需要插入的信息，如图 6-47 所示。单击批注编辑框外的任意单元格，即完成批注信息的编辑。添加了批注的单元格的右上角将出现一个红色的三角形。

2. 编辑批注

若需要修改批注内容，右击已添加批注的单元格，从弹出的快捷菜单中选择“编辑批注”命令，在修改了批注编辑框中的内容后，单击该编辑框外任意一个单元格，即完成修改。

3. 设置批注格式

在批注编辑框中，可以对批注文本进行字体、字号、加粗、倾斜和下划线以及对齐的格式设置。

4. 显示/隐藏批注

所谓显示批注，是让批注一直显示在表格上(遮盖其他单元格)，而隐藏批注是系统默认状态。右击添加批注的单元格，若弹出的快捷菜单中是“显示/隐藏批注”命令，单击则显示批注；若弹出的快捷菜单中是“隐藏批注”命令，单击则隐藏批注。

5. 删除批注

右击需要删除批注的单元格，在弹出的快捷菜单中选择“删除批注”命令即可删除批注。

6.4.7　自动套用格式

Excel 2010 提供了 60 种表格样式，它们均包括了对表格中的列名、数字、字体、对齐、边框、图案、列宽、行高、字段排序等设置，可以实现诸如“数据透视表”等表格格式。利用已有的表格样式，还可以快速设置表格格式。其操作步骤如下。

选择单元格区域，单击“开始”选项卡“样式”组中“套用表格格式”下拉按钮，弹出套用表格格式的列表框，从中选择所需的表格样式图标，系统将弹出“套用表格式”对话框，允许用户修改单元格区域以及是否包括表标题行，最后单击“确定”按钮，所选择单元格区域将自动转变成所选表格格式，单击其单元格会新增“表格工具——设计”选项卡。

6.4.8　工作表的重命名及位置调整

Excel 2010 创建工作簿时，默认包括了 3 个工作表，分别被标识为 Sheet1、Sheet2 和 Sheet3。新增加一个工作表则是以 Sheet4 命令，后续增加的工作表是以 SheetX 或 SheetXX 或 SheetXXX(其中 X 表示 1 位数字符)等来命名的。为了使工作表命名更加清晰，查找数据更加快捷，系统允许对工作簿中的工作表重命名。

1. 工作表重命名

在 Excel 2010 中，工作表重命名的方法是双击工作表标识符区，工作表标识符呈现反白状，即为编辑状态；输入更改的工作表名后按 Enter 键即可。当然，也可以右击工作表标识符区，从弹出的快捷菜单中选择“重命名”命令，工作表标识符呈现反白状，输入新表名即可。

2. 工作表位置调整

在 Excel 2010 中，工作表的顺序是可以调整的。方法是将光标移动到某工作表标识符区域，按下鼠标左键 1s 左右，系统将在光标下层呈现一页纸的图标，同时，在工作表标识符的左边线的上方出现一个倒黑三角，即表明该工作表可以进行移动了，同时该工作表即转变成当前工作表。拖曳鼠标向左或向右移动,就可以将当前工作表的位置向前或向后移动。

6.4.9 创建工作表副本

Excel 2010 允许用户复制工作表副本。复制工作表副本的目的是既要保留源工作表中的数据、格式,又要能在原始数据的基础上作其他的处理,还要快速建立与源工作表一模一样的工作表。尽管可以用先插入一个新工作表,然后采用"复制——粘贴"的方法来获得原始工作表,但在源工作表进行了多种格式设置后,采用"复制——粘贴"的方法得到的目的工作表会改变部分格式设置。工作表越大、设置得越多,恢复原状就越困难。

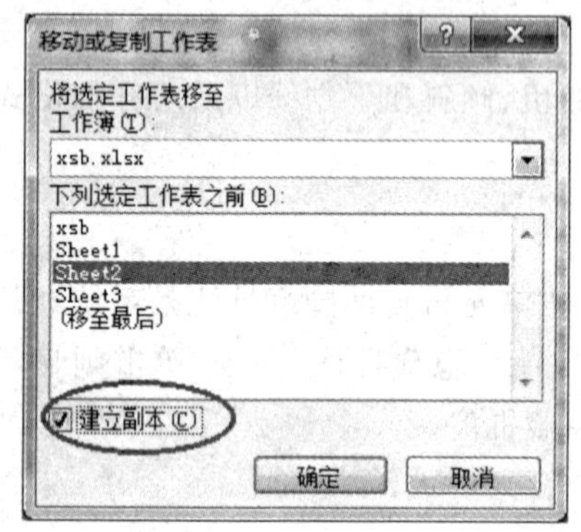

图 6-48 "移动或复制工作表"对话框

创建工作表副本的方法如下。

(1) 选择要创建工作表副本的源工作表。

(2) 右击源工作表的工作表标识符区域,在弹出的快捷菜单中选择"移动或复制..."命令,系统将弹出"移动或复制工作表"对话框,如图 6-48 所示。

(3) 在"下列选定工作表之前"列表框中,选定工作表副本的插入位置。如图 6-48 中的选择是将源工作表的副本插入 Sheet2 表之前(也就是 Sheet1 表之后)。

(4) 勾选"建立副本"多选框,否则不能复制副本,单击"确定"按钮。系统将在 Sheet1 之后插入了源工作表的副本,并被命名为"源工作表名(2)"。当然,可以对所复制的副本重命名。

6.5 数据处理及图表的使用

Excel 2010 不仅可以进行简单的数据计算,而且还具有数据库管理的部分功能。Excel 2010 可以检验工作表中数据的有效性,以及对数据进行排序、筛选、分类汇总等操作。

6.5.1 数据的有效性

在 Excel 2010 中,可以进行相关的设置,使得在输入数据时系统自动检验其是否满足设置的条件,若不满足则输入无效,需重新输入,以保证数据的有效性。设置数据有效性的方法具体如下。

(1) 选定单元格或单元格区域,选择"数据"选项卡"数据工具"组中的"数据有效性"按钮,系统将弹出如图 6-49 所示的"数据有效性"对话框。

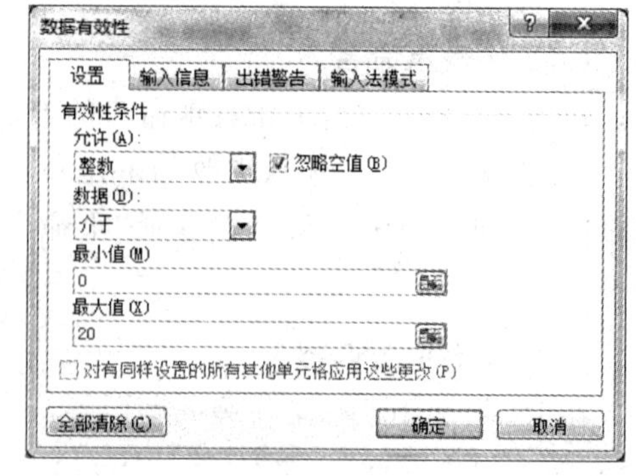

图 6-49 "数据有效性"对话框

(2) 切换至"设置"选项卡,在"允许"列表框中选择要输入的数据类型,再根据提示输入数据范围。

(3) 切换至"输入信息"选项卡,设置在输入数据之前给用户的提示信息。

(4) 切换至"出错警告"选项卡,设置在输入数据超过设定范围时，系统给出的警告提示信息。

（5）切换至“输入法模式”选项卡，设置在输入时的模式，如“中文”“英文”模式。

（6）最后单击“确定”按钮，即完成所选单元格或单元格区域的有效性规则设置。

6.5.2　数据排序

在 Excel 2010 中，应用了许多数据库管理系统的技术，下面介绍一些基本知识。

1. 数据清单

在 Excel 2010 工作表中，一个矩形区域称为数据清单，类似于数据库技术中表的概念，规定在该矩形区域中的第一行为标题行，并将第一行的每一个单元格的内容或“列 列标号”作为字段名，其余每一行看作是一条记录。

2. 关键字段

在 Excel 2010 中，关键字的定义没有数据库严格，它允许关键字段的内容有重复信息。

（1）主要关键字：指记录的主要排序依据。

（2）次要关键字：当某些记录的主要关键字段内容相同时，则需要通过次要关键字段来确定这些记录的顺序。在一次排序中允许多个“次要关键字”。

Excel 2010 可根据一列或多列关键字对数据清单（工作表）进行排序。具体方法是：

① 首先选中要进行排序的数据区域，然后单击“数据”选项卡“排序和筛选”组中“排序”按钮，系统将弹出如图 6-50 所示的“排序”对话框。

② 在“列”区的“主要关键字”列表框中选择排序的主要关键字。

③ 在“排序依据”区列表框中选择排序的依据。

④ 在“次序”区列表框中确定升序或降序。

如果需要次关键字，则要单击“添加条件”按钮，以弹出次要关键字列项，之后的选择与主要关键字操作相同。如果要强化排序细节，则要单击“选项...”按钮，系统将弹出如图 6-51 所示的“排序选项”对话框，接着，根据需要再选择区分大小写、排序方向以及排序方法。最后，单击“确定”按钮，即可实现对所选择的单元格区域的数据按指定的关键字段及排序顺序进行的排序。

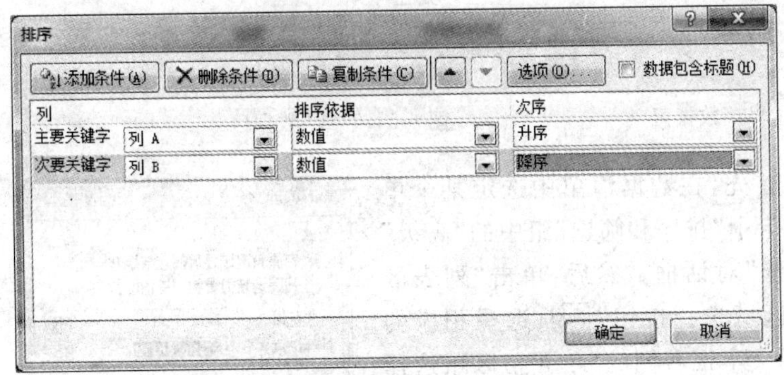

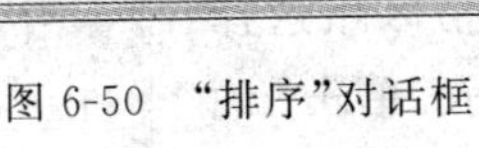
图 6-50　“排序”对话框

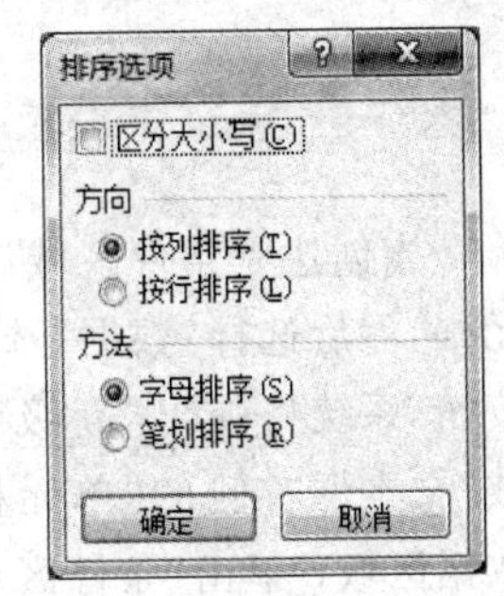

图 6-51　“排序选项”对话框

6.5.3　数据筛选

数据筛选是指在 Excel 2010 工作表中只显示数据清单中满足条件的数据，而隐藏不满足条件的数据。当取消数据筛选后，被隐藏的数据又会显示出来。下面介绍 Excel 2010 提供的“自动筛选”和“高级筛选”两种数据筛选模式。

1. 自动筛选

在数据清单中选定某个单元格，单击“数据”选项卡中“排序和筛选”组的“筛选”按钮，即在数据清单中的标题行的每个字段名的右侧会出现下拉筛选箭头按钮。单击某个字段名的筛选箭头按钮，即可弹出该字段的排序和筛选功能项列表，如图 6-52 所示。为了使系统将只显示符合该条件的记录，先要去掉“全选”的勾，再勾选要显示的项。此外，该功能项列表中提供了以该字段为关键字的排序功能。

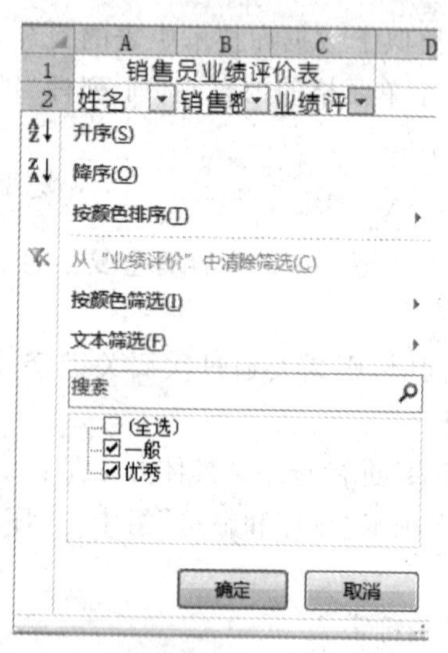

图 6-52 “自动筛选”功能项列表

再次单击“筛选”，则取消自动筛选功能，系统将显示数据清单中的所有的记录，但经过排序后的数据不会恢复到之前的情况。

自动筛选功能只能进行单字段的筛选，不能进行满足复合条件的筛选。

2. 高级筛选

高级筛选可以实现对数据清单多字段复合条件的筛选。

在进行高级筛选之前，首先需要另外创建一个独立于原数据清单的“条件区域”。在该“条件区域”中的第一行是条件所涉及的字段名，第二行或第三行为条件值。条件值在同一行上的条件关系为逻辑“与”关系，例如，图 6-53 表示的复合条件是“性别＝‘男’且年龄＞20”；条件值在不同行上的条件关系为逻辑“或”关系，例如，图 6-54 表示的条件是“性别＝‘男’或年龄＞20”。

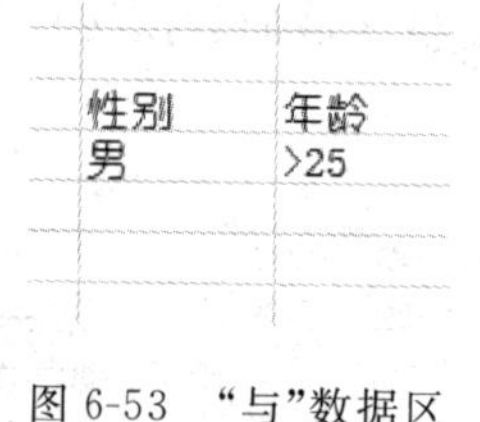

图 6-53 “与”数据区

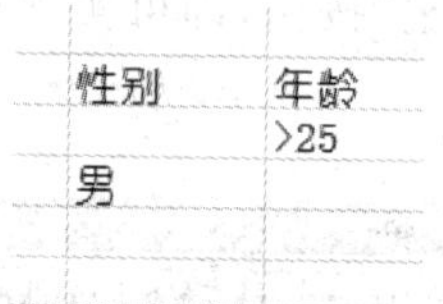

图 6-54 “或”数据区

当创建完条件区域后，首先，在数据清单中选定某个单元格，然后选择“数据”选项卡中“排序和筛选”组中的“高级”按钮，系统将弹出“高级筛选”对话框。然后，单击“列表区域”文本框右侧的“单元格区域选择按钮”，选择相应的数据区域；单击“条件区域”文本框右侧的“单元格区域选择按钮”，选择相应的条件区域，如图 6-55 所示，单击“确定”按钮即可显示只满足条件的记录。若勾选了“选择不重复的记录”选项，则不会显示相同的记录。如果单击“数据”选项卡中“排序和筛选”组中的“清除”按钮，则取消高级筛选。

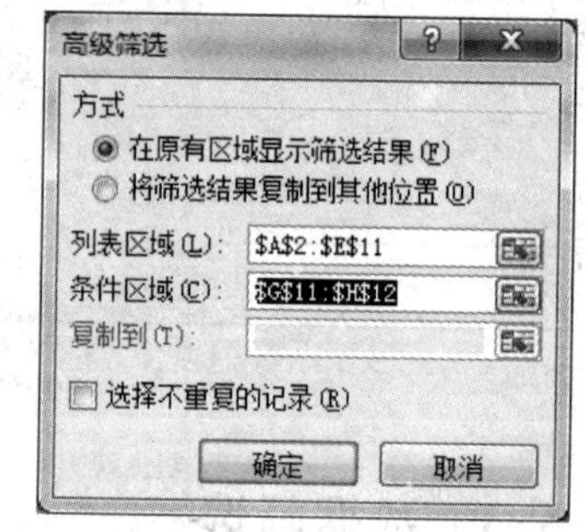

图 6-55 “高级筛选”对话框

Excel 2010 允许将筛选出的记录复制到其他区域(同一工作表或其他工作表)。

6.5.4　分类汇总

分类汇总是对数据清单按某个字段进行分类,将该字段值相同的连续记录作为一类,继而实现求和、平均、计数等汇总计算。在进行分类汇总之前,需先对数据清单按照分类字段进行排序,使得分类字段值相同的记录成为相邻记录,否则分类没有意义。

选择排序后的数据清单,单击“数据”选项卡中“分级显示”组的“分类汇总”按钮,系统将弹出如图 6-56 所示的“分类汇总”对话框,在该对话框中要进行如下设置。

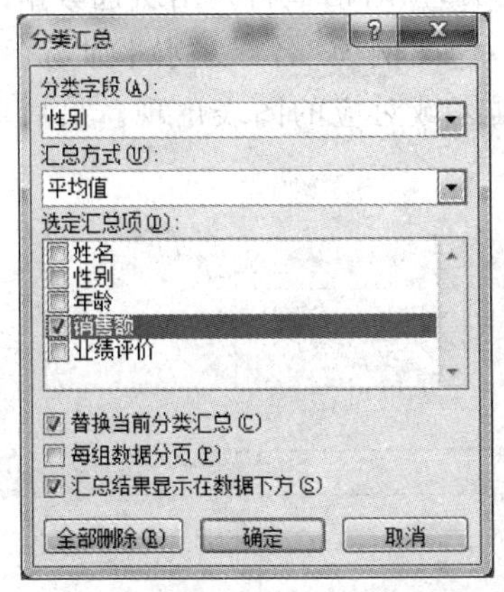

图 6-56　“分类汇总”对话框

(1) 在“分类字段”列表框中选择分类字段,也就是排序关键字段。

(2) 在“汇总方式”列表框中选择具体的汇总计算方式,如求和、求平均值、计数,等等;

(3) 在“选定汇总项”列表框中选择要进行汇总计算的字段,若选择多个字段,系统将按字段分别汇总。

(4) 若仅要保留最后一次分类汇总的结果,则要选择“替换当前分类汇总”选项。

(5) 单击“确定”按钮即汇总结果。

如果要取消分类汇总,须再次单击“分类汇总”按钮,弹出“分类汇总”对话框,单击“全部删除”按钮即可。Excel 2010 也不对进行过“套用表格格式”的数据清单进行分类汇总。

6.5.5　图表的创建与编辑

图表具有较好的视觉效果,能使人们直观地查看数据的差异、量值和预测趋势。另外,图表与生成它的工作表数据相链接,当工作表数据发生变化时,图表也将自动更新。

1. 创建图表

Excel 2010 提供了强大的创建图表功能,能够快速方便地根据已有数据清单制作多种类型的图表,所创建的图表作为嵌入对象,呈现在工作表中。在 Excel 2010 中创建图表有多种方法。例如将如图 6-57 左边所示的销售数据用图表表示,可以有如下两种方法。

	A	B	C	D	E
1	系统集成部2013年销售额				
2	类别	第一季	第二季	第三季	第四季
3	便携机	515500	82500	340000	479500
4	工控机	68000	100000	68000	140000
5	服务器	75000	144000	185500	375500
6	微机	151500	126600	144900	181500
7	合计	810000	453100	738400	1176500
8					

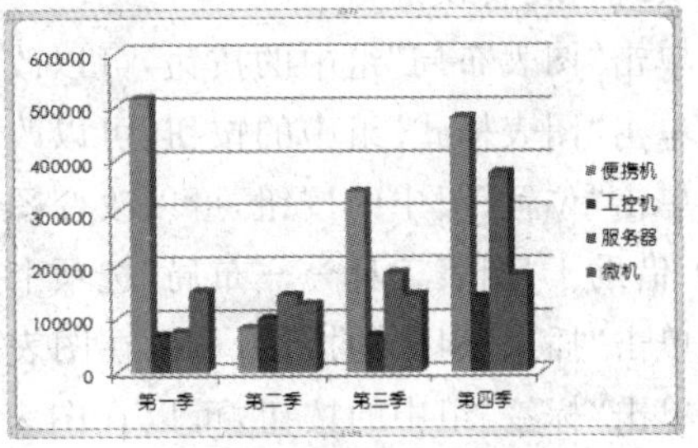

图 6-57　某公司 2013 年销售数据及其销售数据图表

(1) 先选择数据区域再创建图表。首先选择创建图表所需要的数据区域,然后单击“插入”选项卡中“图表”组中“柱形图”“折线图”“饼图”等诸多图表下拉按钮中的一个按钮,在弹出的列表框中选择所需的图表命令,系统即在当前工作表中创建出相应的图表。图 6-57 说明了根据左边数据区创建的“柱形图”图表。

(2) 先确定图表类型再确定数据区域。首先单击“插入”选项卡中“图表”组中诸多按钮中的一个按钮,例如“柱形图”下拉按钮;在弹出的列表框中单击“三维簇状柱形图”项,系统即在当前工作表中创建出一个空白图表,同时呈现“图表工具”选项卡(它有设计、布局和格式三个子选项卡)。然后,单击“图表工具——设计”选项卡中“数据”组中的“选择数据”按钮,系统将弹出“选择数据源”对话框。当选择好数据区域之后,该对话框将列出所选数据的基本信息,如图 6-58 所示,允许用户做进一步的修改,包括对“图例项”名称、“水平轴标签”名的修改(单击各自区域的“编辑”按钮)。同时,与所选数据区域对应的图表出现。最后单击“确定”按钮。

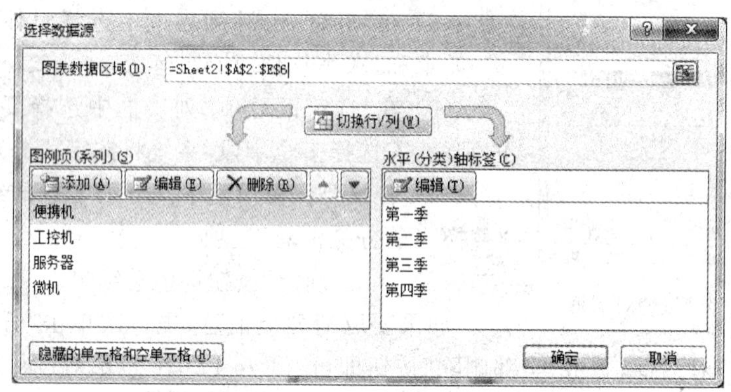

图 6-58 “选择数据源”对话框

2. 编辑图表

Excel 2010 提供了大量的工具,用于对图表后期编辑。对于已创建的图表,如果需要增加或修改其中的信息、位置等,可以通过编辑图表来达到目的。

(1) 借助于“图表工具——设计”选项卡中的工具按钮,可以进行相应的设置:

- 单击“类型”组中的按钮,可以更改图表的类型;
- 单击“数据”组中的按钮,可以改变图表中关联的数据区域、图例名称、水平轴名称、实现行列转换等;
- 单击“图表布局”组中的按钮,可以改变图表中各部件的位置、增加图表标题等;
- 单击“图表样式”组中的按钮,可以改变图表的样式、图表中各图例的颜色搭配;
- 单击“位置”组中的按钮,可以改变图表的插入方式。

(2) 借助于“图表工具——布局”选项卡中的工具按钮,可以进行以下设置:

- 单击“插入”组中的按钮,可以在图表中插入图片、形状和文本框;
- 单击“标签”组中的按钮,可以在图表中插入图表标题、坐标轴标题、数据标签、改变图例的位置、显示模拟计算表等;
- 单击“坐标轴”组中的按钮,可以改变图表坐标轴的显示模式、加挂网络线等;
- 单击“背景”组中的按钮,可以在图表中添加图表背景墙、三维旋转等;
- 单击“插入”组中的按钮,可以在图表中插入图片、形状和文本框。

(3) 借助于“图表工具——格式”组中的按钮，可以进行以下设置：

- 单击“形状样式”组中的按钮，可以为图表选择系统给定的多种形状样式、形状填充和形状轮廓；
- 单击“艺术字”组中的按钮，可以为图表中的文本符号设计艺术字、改变文本符号的效果、填充和轮廓；
- 单击“排列”组中的按钮，可以为工作表中多个图表排列、对齐等处理；
- 单击“大小”组中的按钮，可以改变图表高度和宽度。

(4) 单个图表对象的修改。

图表中的每一项诸如横/纵坐标轴、图例、标题、绘图区等，都是图表中独立的对象，双击这些对象，系统将弹出相应的对话框，可以独立地对其进行修改。

此外，图表类似于 Word 中的图片，通过拖动图表上的句柄点即可改变其大小，在图表中拖动鼠标可以移动图表。

6.6　打印工作表

工作表的打印，是 Excel 2010 电子表格处理的重要一环，涉及页面设置、打印预览和打印机设置等环节。

6.6.1　页面设置

在表格打印之前应当先设置页面。所涉及的参数包括纸张大小、页边距、纸张方向、打印区域、打印标题、背景和分隔符等。其目标是数据齐全、突出重点、大小适宜、便于装订。

1. 使用页面设置工具按钮

Excel 2010 在“页面布局”选项卡中“页面设置”组中，提供了多个功能按钮，可用以来帮助用户设置表格打印中所涉及的页面参数。

基本方法是：根据需要设置的参数，单击与所设参数对应的功能按钮，均会弹出其功能项列表，从中选择需要的设置功能项，进行参数设置即可。

2. 使用“页面设置”对话框

对于一个全新的工作表格，页面设置所涉及的众多参数几乎全部要设置。这时采用集中式参数设置则比较方便，这就是系统设置“页面设置”对话框的目的。具体方法：单击“页面布局”选项卡中“页面设置”组中的“对话框启动器”按钮，系统将弹出如图 6-59 所示的“页面设置”对话框，允许用户进行下面的设置。

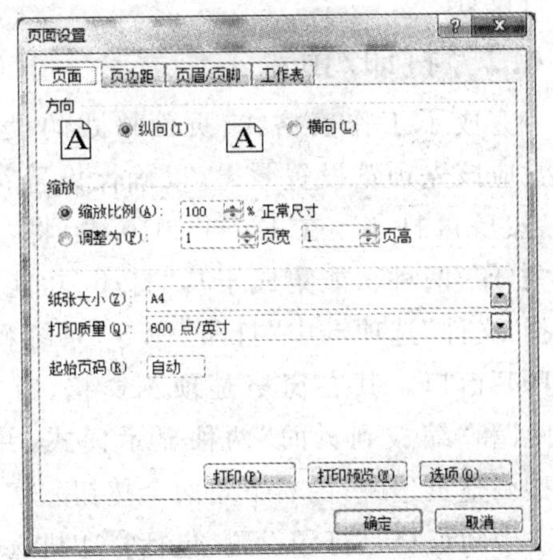

图 6-59　“页面设置”对话框之“页面”选项卡

(1) 页面设置：切换至如图 6-59 所示的“页面”选项卡中，可完成下列设置。

- 纸张大小：选择例如 A4、A3 纸等标准纸型，但不能自定义纸张。若单击“选项...”按钮，然后选择“页面”，则可以设置更多的纸型包括自定义纸张大小。

- 方向：确定纸型的方向，纵向或横向。对于较宽的表格，宜选用横向打印。
- 缩放：可以将工作表按所选要求进行缩放。
- 起始页码：当在页眉、页脚中添加页码时的起始页码。

（2）页边距设置：切换至如图 6-60 所示的“页边距”选项卡中，将完成设置上、下、左、右的页边距、页眉/页脚的距离以及所选数据的居中方式。

（3）页眉/页脚设置：切换至如图 6-61 所示的“页眉/页脚”选项卡中，既可以在页眉和页脚列表框中选择相关内容，也可以自定义页眉/页脚的内容。还可以设置奇偶页不同、首页不同、随文档自动缩放、与页边距对齐等参数。

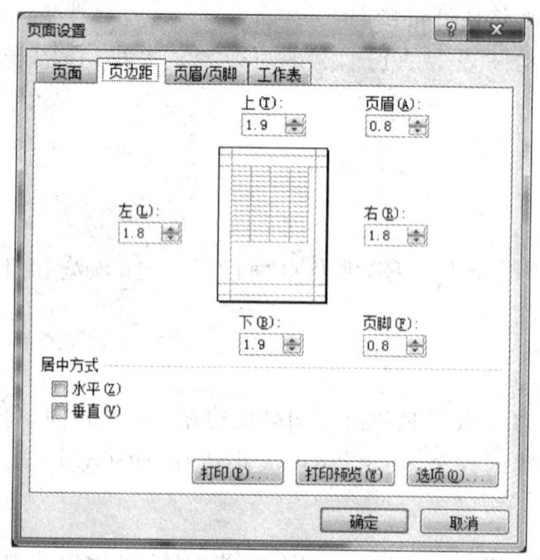

图 6-60 “页面设置”对话框之“页边距”选项卡

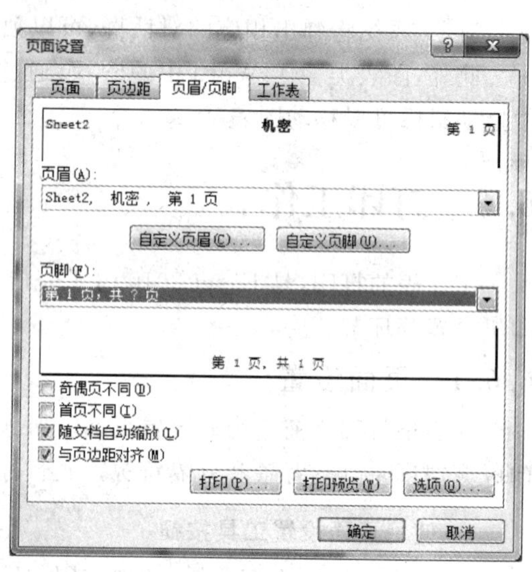

图 6-61 “页面设置”对话框之“页眉/页脚”选项卡

（4）工作表设置：切换至如图 6-62 所示的“工作表”选项卡中，允许对要打印的工作表的打印区域、打印标题、打印模式和打印顺序等进行设置。

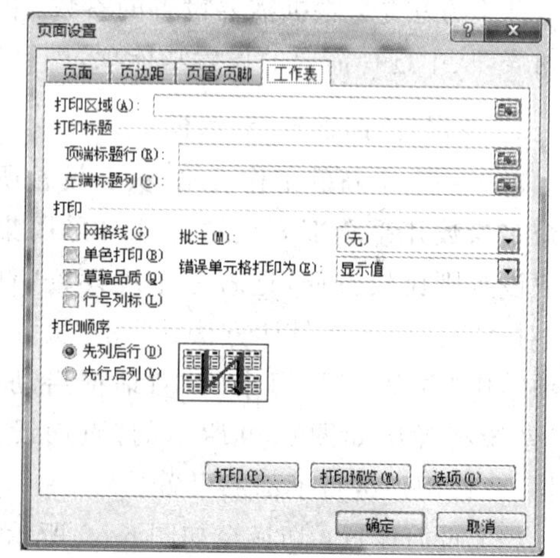

图 6-62 “页面设置”对话框之“工作表”选项卡

6.6.2 打印/预览工作表

完成了工作表格式、页面格式的设置后，通常应该先预览设置效果，以确保设置符合要求，然后再打印。在 Excel 2010 中，将“预览”和“打印”两种功能集成于其“打印”功能之中。选择“文件”选项卡中“打印”命令，系统将打开“打印”窗口。其右窗格是预览窗格，有“显示边距”和“缩放到页面”两种显示模式，并允许直接调整页边距，由右下角两个按钮来实现。

中间窗格是打印设置，包括打印机选择、打印工作表选择、打印页数/份数、纸张大小和方向、工作表缩放等参数的设置。最后，单击“打印”按钮即完成工作表打印。

第 7 章

演示文稿制作基础

PowerPoint 2010 与 Word 2010 和 Excel 2010 等软件一样，都是 Microsoft 公司推出的 Office 2010 系列产品。PowerPoint 2010 主要用于教学演示、会议报告、广告宣传、产品展示的电子版幻灯片制作。利用 PowerPoint 2010 制作的演示文稿不仅可以通过计算机屏幕或者液晶投影机播放，还可以在互联网上召开面对面会议、远程会议或在 Web 上给观众进行展示。具有功能强大、制作方便、应用广泛等特点。随着办公自动化的普及，PowerPoint 2010 的应用变得越来越广泛。本章介绍 PowerPoint 2010 的基本知识和应用技巧。

7.1 PowerPoint 2010 基本操作

7.1.1 PowerPoint 2010 窗口简介

启动 PowerPoint 2010 后，出现如图 7-1 所示的 PowerPoint 2010 窗口。PowerPoint 2010 窗口与 Word 2010 和 Excel 2010 窗口类似。除标题栏和功能选项卡外，最重要的区称为"幻灯片窗格"，一个"所见即所得"的幻灯片编辑区，用以完成演示文稿的创建和编辑；幻灯片窗格左侧是一个可关闭的"大纲窗格"，它有两个选项卡：一个是幻灯片选项卡，以列表所编辑的演示文稿，另一个是大纲选项卡，实现幻灯片视图切换的同时还可以进行幻灯片的快速选择；"幻灯片窗格"下方是"备注窗格"，一个能为当前幻灯片增加备注信息的编辑区。

7.1.2 创建演示文稿

1. 幻灯片制作及版面的基本概念

一个 PowerPoint 2010 演示文稿由若干张幻灯片组成，文件扩展名是.pptx。为了掌握 PowerPoint 2010 演示文稿的制作方法，下面介绍有关幻灯片制作及版面的一些基本概念。

- 版式。版式指的是幻灯片内容在幻灯片上的排列方式。不同的内容需要用不同的方式加以演示说明。有时需要文字、图片、表格共同来说明，这就使得用户在制作幻灯片时要根据需要来安排这些对象的位置、格式、占用面积以及展示效果。PowerPoint 2010 提供了 11 款版式供用户选用，以快速、方便地与用户的展示内容结合生成生动的展示效果。版式由占位符组成，而占位符可以放置文字（如标题和项目符号列表）和幻灯片对象（如表格、图表、图片、形状和剪贴画）。
- 占位符：一种带有虚线或阴影线边缘的框，并标记"单击此处添加标题""单击此处添加文本"字样或半隐形的对象图标按钮（单击此图标插入相应的对象）。在这些框

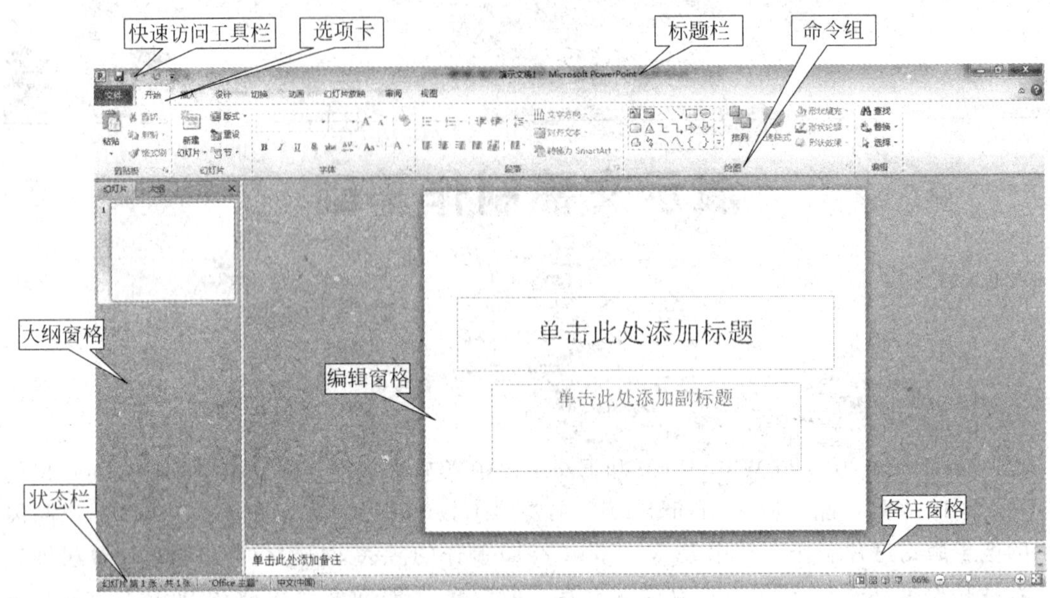

图 7-1 中文版 PowerPoint 2010 窗口

内可以放置标题及正文,或者是图表、表格和图片等对象。

- 母版:母版存储了构成幻灯片的字形、占位符大小和位置、背景设计和配色方案信息。母版不能独立存在,它总是保存于文件中。PowerPoint 2010 提供多种母版,包括幻灯片母版、讲义母版和备注母版。母版的设计类似于普通幻灯片。采用幻灯片母版可以使幻灯片具有统一的背景图案。
- 配色方案:以八种谐调色为一组,用于幻灯片背景色、线条和文本等各种对象的颜色设置,以使幻灯片更加鲜明易读。配色方案可用于幻灯片、备注页或讲义。
- 设计模板:设计模板是一种包含演示文稿样式的文件,扩展名为.potx。PowerPoint 2010 提供了丰富的设计模板,同时,用户也可以自己创建专用的模板。模板文件也可以当普通演示文稿使用,当将其当幻灯设计模板使用时,主要用到的是该文件中所包含的母版。PowerPoint 2010 的模板文件中可以包含多母版。
- 播放:当制作好演示文稿后,演示文稿的播放就成为信息展示的另一个重要环节。PowerPoint 2010 提供"从头开始""从当前页开始""广播幻灯片""自定义播放"等播放方式。设置好播放参数和方式,才能让演示文稿流畅自如地演示。
- 页面:在 PowerPoint 2010 中,"幻灯片页面"由其尺寸、方向、编号起始页等参数构成。PowerPoint 2010 幻灯片默认尺寸是"全屏显示(4∶3)",宽 25.4、高 19.05,这种页面的幻灯片在 16∶9 屏幕上播放会出现左右黑边。PowerPoint 2010 允许用户根据实际情况设置幻灯片页面参数,如"全屏显示(16∶9)",以获得更好的播放效果。

2. 新建幻灯片文稿

启动 PowerPoint 2010,即创建了一个名为"演示文稿 1"的空白文档,如图 7-1 所示。PowerPoint 2010 提供了多种新建幻灯片文稿的方式。在 PowerPoint 2010 窗口中,选择"文件"选项卡的"新建"命令,系统将在其右边弹出的"新建窗格",如图 7-2 所示。用户从中可以采用多种模板来新建演示文档。

(1) 创建空白演示文稿

“空白演示文稿”是 PowerPoint 2010 创建演示文稿的默认模式。用户可以按自己意愿对“空白演示文稿”设计其内容、版式、背景等。若再选择“文件”选项卡中“新建”命令，并在“可用的模板和主题”栏中选择“空白演示文稿”项后，再单击右侧的“创建”按钮，即创建另一个名为“演示文稿 2”的新演示文稿，如图 7-2 所示。

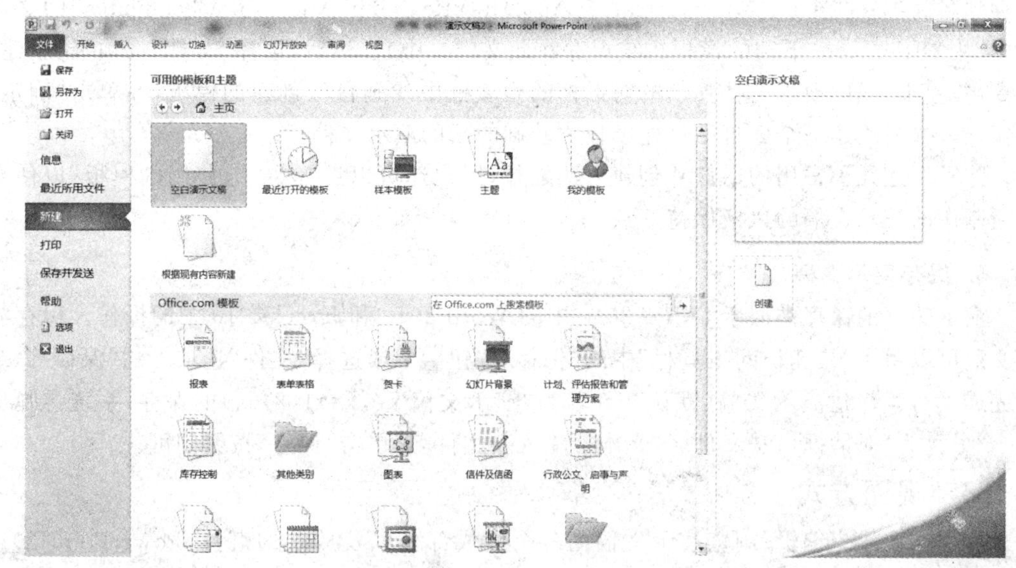

图 7-2　新建演示文稿窗格

(2) 根据样本模板创建演示文稿

在 PowerPoint 2010 窗口的“文件”选项卡中选择“新建”命令，并在“可用的模板和主题”组中单击“样本模板”按钮，系统弹出样本模板选项列表，从中选择适用的 1 个，然后单击右边窗格的“创建”按钮，即可创建一个与模板一致的、命名为“演示文稿 2”的演示文稿。用户可按自己意愿来修改它的文本内容、图片、背景、切换效果等。

(3) 根据 Office. com 模板创建演示文稿

“Office. com 模板”是微软公司为正版软件用户提供的 Microsoft Office 软件包的网络下载模板，需要联网下载到本机上才能使用。由于网络资源极为丰富，用户可以选用的 Office. com 模板难以计数。选择“文件”选项卡“新建”命令，并在“可用的模板和主题”区域的“Office. com 模板”组下打开合适类型的文件夹继续向下查找或在其“搜索文本框”中输入模板名称后单击右侧的“开始搜索”按钮 ➔ ，以找到想要的 Office. com 模板，然后，单击右窗格中的“创建”按钮，即可下载。Office. com 模板下载后将自动打开。

例如，单击“Office. com 模板”窗格中的“行政公文、启事与声明”按钮，系统会显示其包含的模板列表，从中选择“实验报告”，然后，单击右窗格中的“创建”按钮，系统立即下载该“实验报告”演示模板，并打开。用户可以按自己意愿来修改它的文本内容、增加数据和图片、更改背景和切换效果等。

(4) 根据主题创建模板

PowerPoint 2010 在本机上驻留了数十个主题。选择“文件”选项卡“新建”命令，并在

"可用的模板和主题"组中单击"主题"按钮,系统将弹出主题列表项,用户可以从中选择一种主题,然后单击右窗格中的"创建"按钮,即可创建一个新的演示文稿。与模板不同的是,用"主题"创建的新演示文稿只有一页幻灯片。

(5) 根据自己定义的模板创建演示文稿

用户可以根据需要,对一些常用的、已经编好的演示文稿另存为模板(.potx 或.pot),保存到名为"C:\Users\Adiministrator\AppData\Roaming\Microsoft\Templates"的文件夹中(从 Office.com 下载的模板也被保存在此文件夹中)。然后,选择"文件"选项卡"新建"命令,并单击"我的模板",从弹出的对话框的列表框中找到自己创建的模板,并单击"确定"按钮。系统将创建一个以自己创建模板为基础的新的演示文稿。

除了上述几种常用的幻灯片创建方法之外,用户还可以选择"最近使用的模板"以使自己所制作的演示文稿的风格保持一致。

3. 保存演示文稿

演示文稿的保存类似于 Office 2010 中的 Word 2010 和 Excel 2010 中的操作。保存演示文稿可以单击"快速访问工具栏"中的"保存"按钮;或选择"文件"选项卡的"保存"命令来完成。对于新建演示文稿(默认文件名为"演示文稿 x",x=1,2,…)的保存,系统会弹出一个"另存为"对话框,在"文件名"文本框输入新文件名,单击"保存"按钮即可。

7.1.3 视图方式

为了方便用户编辑、浏览演示文稿的各个组成部分以及放映幻灯片,PowerPoint 2010 提供了四种视图:普通视图、幻灯片浏览视图、阅读视图和备注页视图。可以通过单击"视图"选项卡中"演示文稿视图"命令组中的四种功能按钮来选择不同的视图模式。也可以通过单击位于 PowerPoint 2010 窗口的左下方中相应的 4 个视图按钮进行切换。

1. 普通视图

普通视图是 PowerPoint 2010 启动后的默认视图,如图 7-1 所示。在此视图下,能够同时查看演示文稿的大纲、当前的幻灯片内容及其备注信息,用于撰写、设计演示文稿的各种信息。该视图有三个工作区域:左侧为"大纲窗格",允许用户在幻灯片的文本大纲("大纲"选项卡)和幻灯片缩略图("幻灯片"选项卡)之间进行切换;右侧为"幻灯片窗格",以视图方式(所见即所得)显示当前幻灯片的信息;底部为"备注窗格",用于编辑当前幻灯片的备注信息。普通视图中的主要对象有以下几个。

(1) 幻灯片窗格:显示演示文稿中的当前幻灯片,是 PowerPoint 2010 主要工作区。可以输入文本,插入图片、表格、图表、文本框、电影、声音、超链接和动画。

(2) 大纲窗格:位于 PowerPoint 2010 窗口左侧,包括"幻灯片"和"大纲"两个选项卡。如果想关闭窗格,可以单击"大纲窗格"区域右上角的"×"按钮。

- 大纲选项卡:单击"大纲"选项卡,显示演示文稿的全部文本,即各张幻灯片的文本内容,图片等不能显示(但会留出一定的空白行)。
- 幻灯片选项卡:单击"幻灯片"选项卡,以缩略图形式显示演示文稿中的幻灯片。缩略图能快速浏览各幻灯片设计效果,也可以重新排序、删除或插入幻灯片。

(3) 备注窗格:用户可以在此直接添加与当前幻灯片有关的一些备注文字以及信息。若要在备注内容中含有图形,需切换到备注页视图下进行。

通过拖动各个窗格的边界可以调整其大小，以便突出显示某部分内容。

2. 幻灯片浏览视图

在该视图下只有一个窗格，通过调整该窗格右下方的“显示比例控制器”上的滑动块，可以改变幻灯片显示比例进而改变同时显示幻灯片张数，如图 7-3 所示。在该视图下，可以移动、添加、删除幻灯片，以更好地从全局上调整、设计演示文稿。

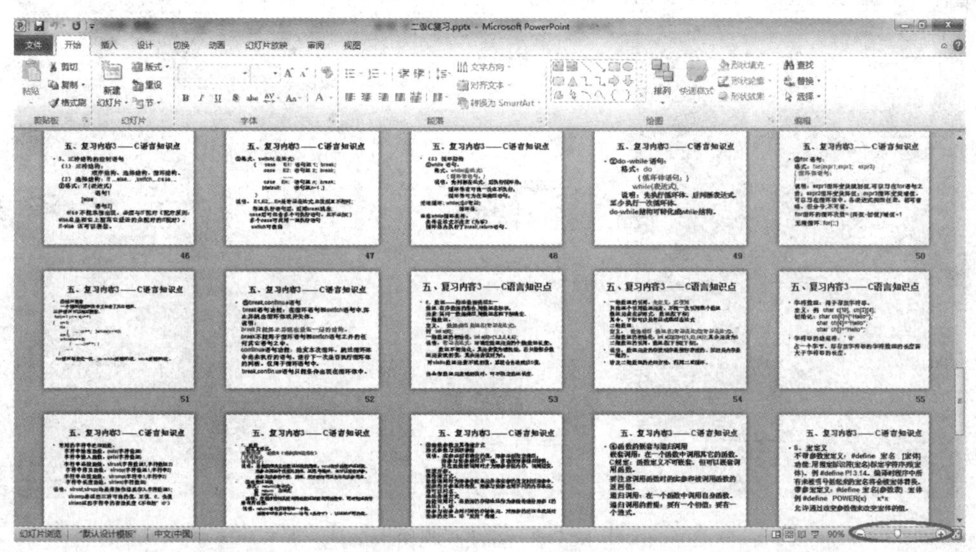

图 7-3　幻灯片浏览视图

3. 阅读视图

在该视图下，单张幻灯片占满整个计算机屏幕，在页面上单击鼠标即可切换到下一页或下一个动画，就像对演示文稿在进行真正的幻灯片放映，如图 7-4 所示。

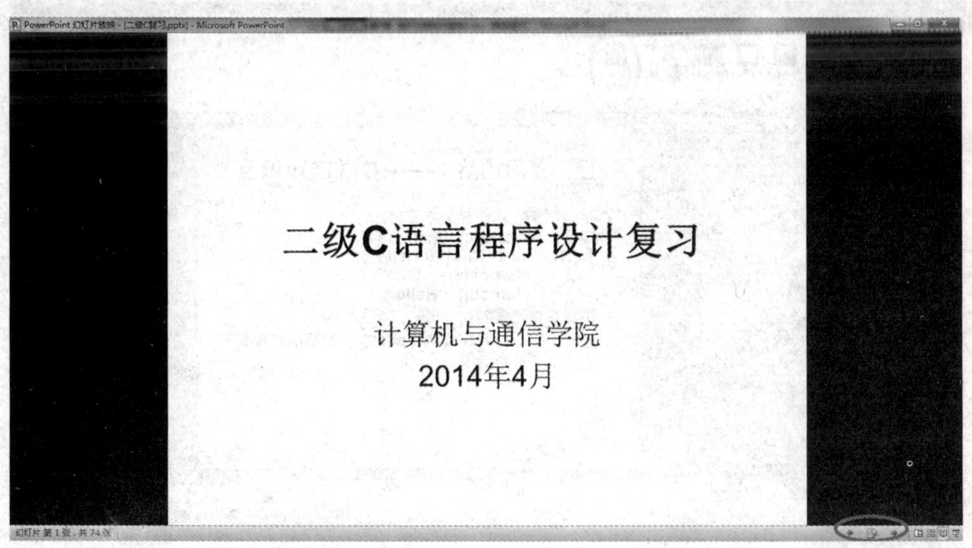

图 7-4　阅读视图

4. 备注页视图

在该视图下，工作区域分成了两个部分：上半部显示当前幻灯片而下半部是它的备注占位符，如图 7-5 所示。在该备注占位符中可以编辑当前幻灯片的文字、图片等备注内容。备注占位符中的图形和图片只能在该视图下显示出来。

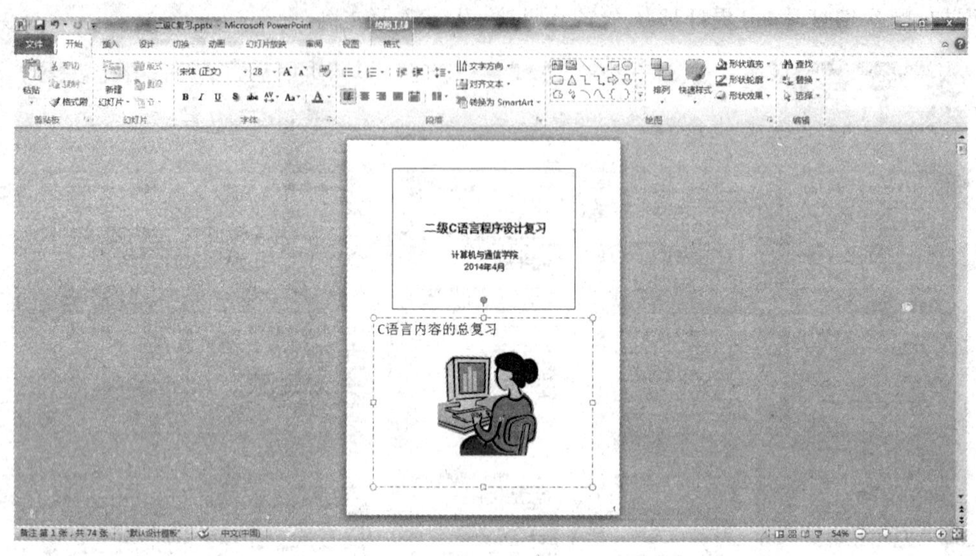

图 7-5　备注页视图

另外，Excel 2010 还提供了一种“黑白模式”视图，用于将彩色的幻灯片转换成黑白预览功能，以灰度或黑白模式显示幻灯片。转换方法是：选择“视图”选项卡中“颜色/灰度”命令组中的“黑白模式”按钮或“灰度”按钮，系统即把彩色幻灯片转换为“黑白模式”或“灰度”模式。单击“返回颜色视图”按钮，即可回到彩色视图方式，如图 7-6 所示。

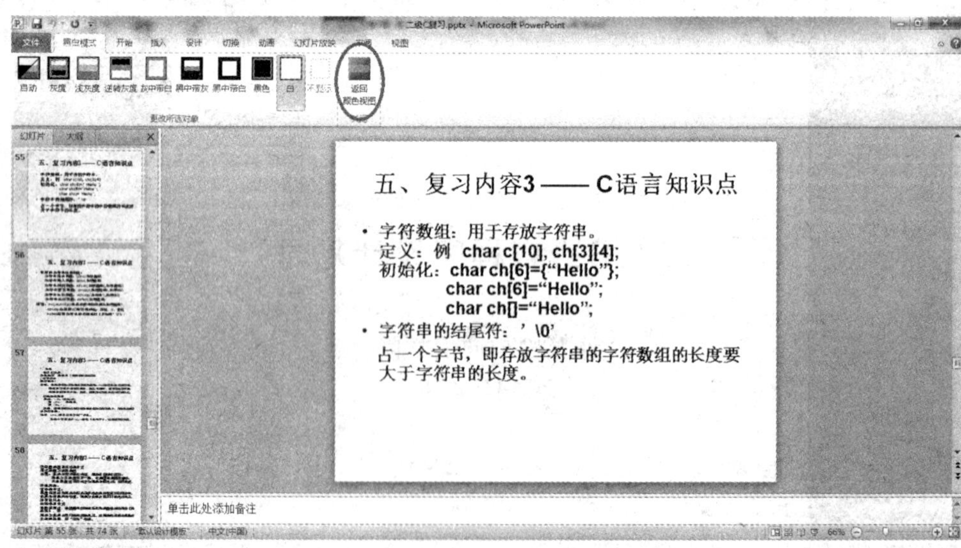

图 7-6　“黑白模式”视图

7.2　编辑幻灯片

7.2.1　幻灯片的插入、复制、移动、删除

演示文稿是由 1 张以上的幻灯片组成的。幻灯片编辑成为演示文稿的常用操作。

1. 插入幻灯片

PowerPoint 2010 提供了多种插入幻灯片的方法，以增加演示文稿中的幻灯片。插入的新幻灯片的版式原则为：若是在“标题幻灯片”之后插入，则新幻灯片的版式为“标题和内容”，否则，新幻灯片的版式与当前幻灯片版式相同。插入新幻灯片的方法有：

- 在普通视图中，单击“开始”选项卡“幻灯片”组的“新建幻灯片”按钮，即在当前幻灯片之后插入一张新的空白幻灯片。
- 可以用 Ctrl＋M 组合键快速在当前幻灯片之后插入一张新的空白幻灯片。
- 在大纲窗格的“幻灯片”选项卡中，首先选中当前幻灯片，按 Enter 键，即在当前幻灯片之后插入一张新的空白幻灯片。
- 在大纲窗格的“幻灯片”选项卡中，选择当前幻灯片，右击鼠标，从弹出的快捷菜单中选择“新建幻灯片”命令，即在当前幻灯片之后插入一张新的空白幻灯片。

2. 删除幻灯片

如果需要删除演示文稿中的幻灯片，也可以有多种方式：

- 在普通视图中，可以在“大纲窗格”的“幻灯片”选项卡或“大纲”选项卡中选定要删除的幻灯片，然后单击 Del 键或 Delete 键，即可删除当前幻灯片。
- 在幻灯片浏览视图中，可以直接选中要删除的某个幻灯片，再按 Delete 键或 Del 键可以删除该张幻灯片。
- 在“幻灯片”选项卡、“大纲”选项卡中选择要删除的幻灯片，右击鼠标，从弹出的快捷菜单中选择“删除幻灯片”命令，即可删除当前幻灯片。
- 在“幻灯片”选项卡、“大纲”选项卡和幻灯片浏览视图中也可以按下 Ctrl 或 Shift 键一次性选中多张幻灯片进行删除。

3. 复制和移动幻灯片

幻灯片的复制、移动类似于 Word 2010 中文字的复制和移动。在幻灯片缩略图、大纲视图、浏览视图中选中一张或多张幻灯片，再选择“开始”选项卡“剪切板”组、快捷菜单中的“复制”或“剪切”命令对所选的幻灯片进行复制或剪切，然后将鼠标光标定位到目标位置，用相似的方式在选择“粘贴”项即可。

幻灯片的复制、移动同样也可以采用 Ctrl＋C 或 Ctrl＋X 组合键对所选定的幻灯片进行复制或剪切，然后将鼠标光标定位到目标位置，用 Ctrl＋V 组合键进行“粘贴”。

7.2.2　幻灯片版式与选择

通常，一个好演示文档应当具备重点突出、主题鲜明、动作流畅、色彩鲜艳、内容丰富等特点。要达到这个目的，每张幻灯片中内容的组织、位置的设定、颜色的搭配、字符的大小等

都是重要的因素，这就是所谓的“版式”。尽管PowerPoint 2010允许用户在幻灯片制作中可以自由发挥、白纸作画，但对于基本应用及初学者而言，设计版式既没有必要也不容易，为此，PowerPoint 2010提供了11种版式(包括空白版式)，并以不同的版式名称标识，以供用户在创建演示文稿的幻灯片时选择。选择幻灯片版式的操作如下。

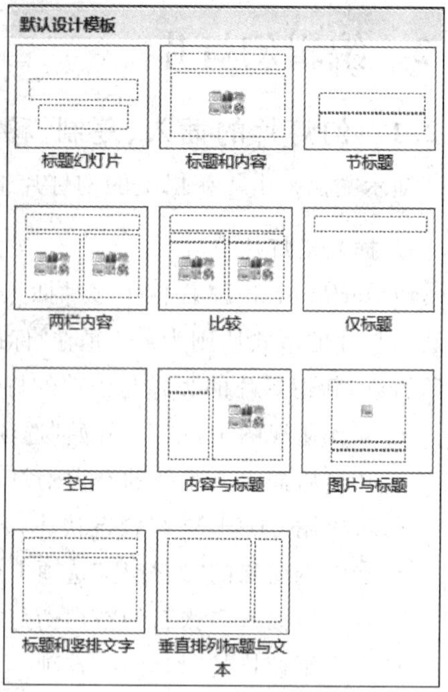

1. 插入幻灯片时选择版式

在普通视图中，单击“开始”选项卡“幻灯片”组的“新建幻灯片”下拉按钮，系统将弹出如图7-7所示的下拉列表框，然后，在列表框中单击所需要的幻灯片版式，即在当前幻灯片之后插入一张所选定版式的空白幻灯片。

2. 改变当前幻灯片的版式

(1) 选择要改变版式的幻灯片。

(2) 单击“开始”选项卡“幻灯片”组的“版式”按钮，弹出“默认设计模板”项列表。

(3) 从该列表中选择合适的版式，即可将当前幻灯片的版式更改为所选版式。

默认设计模板

标题幻灯片 标题和内容 节标题

两栏内容 比较 仅标题

空白 内容与标题 图片与标题

标题和竖排文字 垂直排列标题与文本

图7-7 “默认设计模板”项列表框

7.2.3 幻灯片内容的编辑

无论是启动PowerPoint 2010时得到的还是插入指定版式的幻灯片均是空白的(只有占位符)。需要用户添加文本、图片和艺术字、图形、表格、图表、文本框和组织结构图等对象，成为有内容的幻灯片。

1. 文本占位符与插入文本框

在PowerPoint 2010中，文本占位符是一种能够填充文字信息的图形对象，在幻灯片中展示的文字信息几乎都是通过它来接收的。因此，系统中除空白幻灯片板式之外，其他所有的幻灯片版式中均包括了至少一个文本占位符。文本占位符被清晰地用虚线框标识，单击文本占位符，即进入文本输入模式，用户可以输入要展示的文本。

(1) 文字输入与编辑。文字是PowerPoint 2010最基本的对象之一，只能在普通视图和备注页视图中处理文字，普通视图是最常用的文字处理环境。

- 在文本占位符区域内编辑幻灯片的文本。若输入的文字超出了占位符区域，它会自动换行。可通过调整文本占位符边框上的控制点来调整其区域的大小。
- 各种幻灯片版式的文本占位符中，已经对其中字符的字体、字号、颜色、粗细等进行了预先设置。如果用户不满意，可对输入文本的字体、字号、颜色和粗细等进行修改。在文本框中修饰文字的方法与Word 2010中的操作方法相同。
- 允许用户输入的字符超出幻灯片版式中预定的文本占位符底线。当然也允许调整预定文本占位符的大小来完全容纳要输入的文本符号。

(2) 插入文本框。允许用户可以根据需要插入新文本框。单击“插入”选项卡“文本”组的“文本框”下拉按钮，从弹出的功能项列表中，选择“水平文本框”或“垂直文本框”，然后，在幻灯片合适位置向右下方拖动鼠标使之达到适当的大小，即在当前幻灯片中插入一个水平或垂直的文本框。“水平”和“垂直”是指的文本框内文字的排版方向，水平即横向排版，垂直即纵向排版。注意，在新插入的文本框中输入文字，文本框的长度不会随着输入文字的增加而自动增长，而是会自动换行，这与在预置的文本占位符中输入文字时一样。

在备注页视图中，允许用户在文本占位符中输入当前幻灯片的备注文字和形状。

(3) 输入字符的大纲化处理。在 PowerPoint 2010 提供的多种版式中，预置文本占位符的文本模式为大纲模式。文本大纲化的处理，会使得文本的条理清晰、层次分明。PowerPoint 2010 提供“提高列表级别”和“降低列表级别”两个按钮，以实现输入文字的降级、升级等处理。具体操作如下。

- “提高列表级别”按钮：将选定文本的缩进量提升一个级别，同时文字向右侧移动，字号变小。
- “降低列表级别”按钮：将选定文本的缩进量降低一个级别，同时文字向左侧移动，字号变大。

(4) 设置文本占位符格式。文本占位符或文本框格式的设置包括其中文字的行距和分栏及对齐方式等、边框的相关参数设置。具体操作如下。

① 设置行距：选中要进行设置的文本框，单击“开始”选项卡“段落”组的“行距”按钮，在弹出的行距列表框中选择合适的行距值，或是选择“行距选项...”命令，在弹出的“段落”对话框的“缩进和间距”选项卡中输入需要的行距值。

② 设置分栏：选中要进行设置的中文本框，然后单击“开始”选项卡中“段落”命令组中的“分栏”按钮，在弹出的分栏项列表中选择合适的分栏数值即可。

③ 设置对齐方式：选中要进行设置的中文本框，然后单击“开始”选项卡“段落”组中的对齐按钮组 中合适的对齐方式即可。

④ 设置文本框参数：选中要进行设置的中文本框，然后右击鼠标，在弹出的快捷菜单中选择“设置形状格式”项，系统将弹出如图 7-8 所示的“设置形状格式”对话框。

图 7-8 “设置形状格式”对话框

- 可对文本框的边框颜色、线型、填充、颜色、阴影、尺寸、三维格式、三维旋转等设置。
- 选择"设置形状格式"对话框中的"文本框"选项卡,可以对文本框中文字的内部边距、文字版式等进行设置。例如,若选中"文字方向"列表框的"竖排",可以实现文本框"水平"向"垂直"排版的转换。
- 选择"设置形状格式"对话框中的"大小"选项卡,可以对文本框中文字的大小、旋转角度、缩放比例等进行设置。当然,拖动文本框的句柄点也可改变文本框的宽度或高度。

2. 图片的插入与编辑

精心组织的图片对于演示文稿而言,有与文本同等重要的地位。因此,插入图片、设置图片的位置、编辑图片参数等成为演示文稿编辑的主要内容之一。PowerPoint 2010 允许将位于本机硬盘上、互联网上、数码相机及扫描仪上的图形图像文件插入到幻灯片中。

(1) 插入图片

单击"插入"选项卡"图像"组的"图片"按钮,弹出"插入图片"对话框,找到了要插入的图片后,单击"插入"按钮,即可将选定的图片插入到当前幻灯片中。

插入剪切画和形状图案的方法与 Word 2010 相同,在此不再赘述。

(2) 编辑图片

单击已经插入的图片,图片的四周即出现 8 个尺寸控制点,同时系统也呈现"图片工具—格式"选项卡。可以利用其中的"调整""图片样式""排列""大小"命令组中的各功能按钮,对图片进行编辑,以获得要求的效果,如图 7-9 所示。主要的图片编辑包括以下几项。

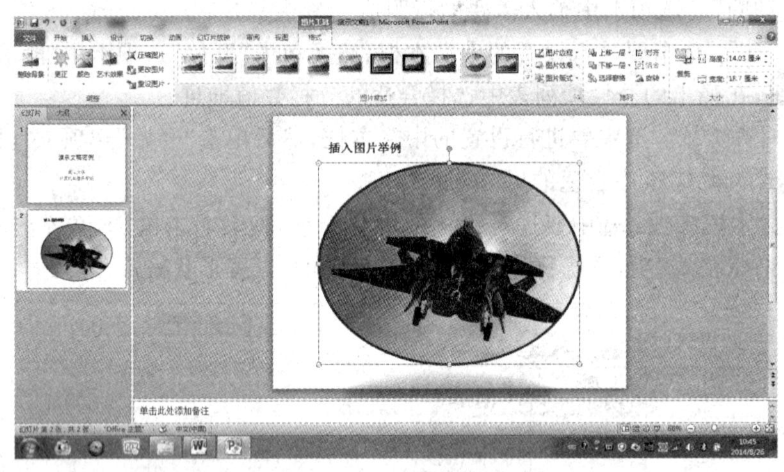

图 7-9 编辑图片

- 图片的"更正"—由"图片工具—格式"选项卡"调整"组的"更正"下拉按钮来实现,以改变图片的亮度、清晰度和对比度;
- 图片的"颜色"—由"图片工具—格式"选项卡"调整"组的"颜色"下拉按钮来实现,以预置图片的颜色饱和度、色调和重新着色,例如,图片的"冲蚀"等;
- 图片的"裁剪"—由"图片工具—格式"选项卡"大小"组的"裁剪"下拉按钮来实现,以选取图片中希望得到的部分;
- 图片的"样式"—由"图片工具—格式"选项卡"图片样式"组的多个按钮来实现,以预置图片的多种样式。

要对图片做更全面的编辑，可选中图片，右击鼠标，从弹出的快捷菜单中选择“设置图片格式...”命令，弹出与图 7-7 相似的“设置图片格式”对话框，从中实现图片的编辑。

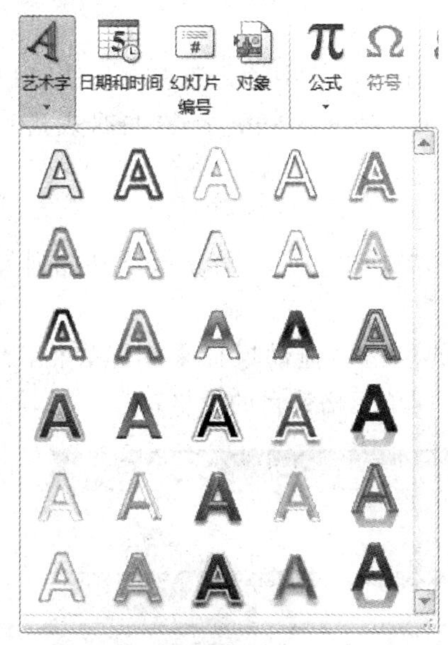

图 7-10　艺术字样式列表框

3. 艺术字的插入与编辑

艺术字是 Microsoft Office 中一种特殊的图片，在 Word 2010 及 Excel 2010 已经介绍过，它对 PowerPoint 2010 尤其重要，在幻灯片中插入艺术字可丰富版面效果且处理简单方便。

(1) 插入艺术字

单击“插入”选项卡“文本”组的“艺术字”下拉按钮，在弹出的列表框中单击适合的艺术字样式，如图 7-10 所示，即在当前幻灯片中出现带有“请在此放置您的文字”提示信息的文本编辑框。直接输入作为艺术字的文本信息，即可获得所选样式的艺术字图片。

(2) 编辑艺术字

单击已经插入的艺术字，在艺术字的四周即出现 8 个尺寸控制点和 1 个旋转控制柄，PowerPoint 2010 即呈现“绘图工具——格式”选项卡，为用户提供编辑艺术字的工具：

- 利用“插入形状”组的按钮，可在幻灯片中插入形状、文本框；
- 利用“形状样式”组的按钮，可对艺术字主题、形状轮廓和填充效果等进行设置；
- 利用“艺术字样式”组的按钮，可更改艺术字样式、设置艺术字文本的填充、文字轮廓颜色、文字效果(包括转换样式)等；
- 利用“排列”组的按钮，可设置艺术字的对齐方式、旋转角度、层次关系等；
- 利用“大小”组的按钮，可设置艺术字的高度和宽度。

最终获得所要求的效果，如图 7-11 所示。当然，也可以右击插入的艺术字，在弹出的快捷菜单中单击“设置形状格式...”命令，系统将弹出如图 7-8 所示的“设置形状格式”对话框，从中完成艺术的编辑。

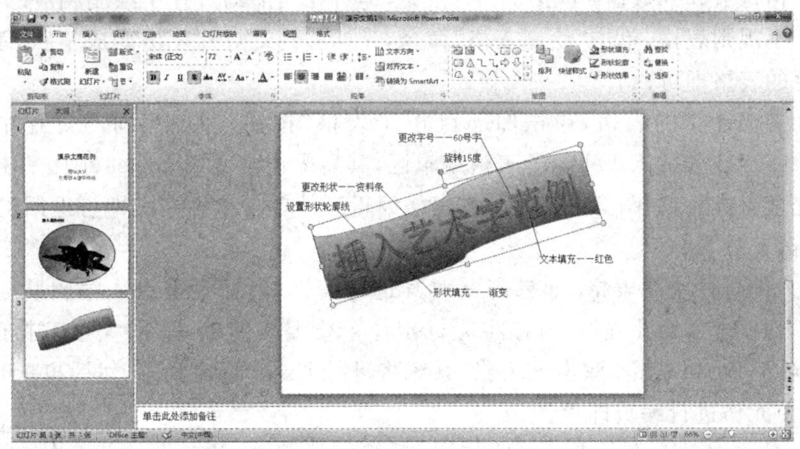

图 7-11　艺术字编辑范例

需要指出的是，艺术字与一般图片不同的是：艺术字中文本的大小不随艺术字的形状轮廓尺寸大小改变，只能通过改变其字号来改变。

4. 插入表格和图表

表格和图表是也是 PowerPoint 2010 中的重要对象，在幻灯片中插入表格和图表可以达到简化文本描述、数据清晰明了的效果且处理简单方便。PowerPoint 2010 自带表格和图表制作工具，可独立表格和图表的插入、编辑工作。

(1) 插入表格

单击“插入”选项卡“表格”组的“表格”按钮，即弹出与 Word 2010 一样的表格功能列表框，创建表格的方法与 Word 2010 一样。

- 对于小型表格(10×8 以内)，在“插入表格”下的空格区拖动鼠标来创建表格，如图 7-12 所示，即可在当前幻灯片中同步绘制出相同单元格数目的表格；

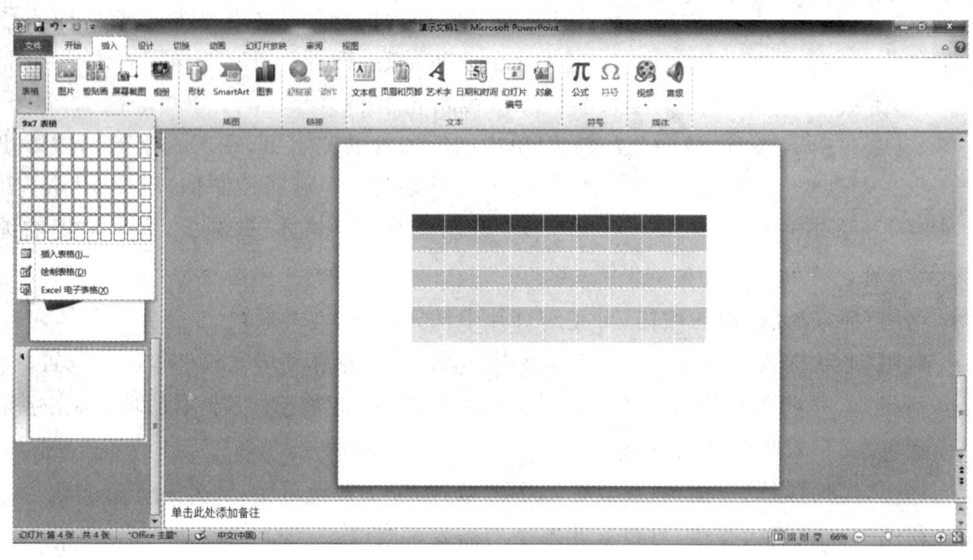

图 7-12　拖动鼠标绘制表格

- 对于大中型表格(10×8 以上)，单击“插入表格...”命令，弹出“插入表格”对话框，输入表格行数和列数值，单击“确定”按钮，即可在当前幻灯片中绘制相应的表格；
- 对于不规则表格，单击“绘制表格”命令，光标移到幻灯片窗格变成笔状，手工绘制出需要的表格即可；
- 对于需要计算的表格，单击“Excel 电子表格”按钮，即在当前幻灯片中出现只有 Sheet1 工作表的 Excel 电子表格编辑区，其后操作与使用 Excel 2010 一样。数据计算处理完成后，如图 7-13 所示，在表格编辑区外单击鼠标左键即可返回幻灯片。

(2) 编辑表格

对于插入幻灯片中的表格，如果需要对其进行编辑，可使表格进入编辑状态再进行编辑。具体说，对于非 Excel 表格，直接将光标定位于要编辑的单元格上，对其中的数据进行编辑即可；对于 Excel 表格，双击该表格，系统将进行 Excel 编辑状态，然后再把光标定位到需要编辑的单元格进行编辑即可。

其实，一旦选中要编辑的非 Excel 表格，系统将呈现“表格工具—设计/布局”选项卡；

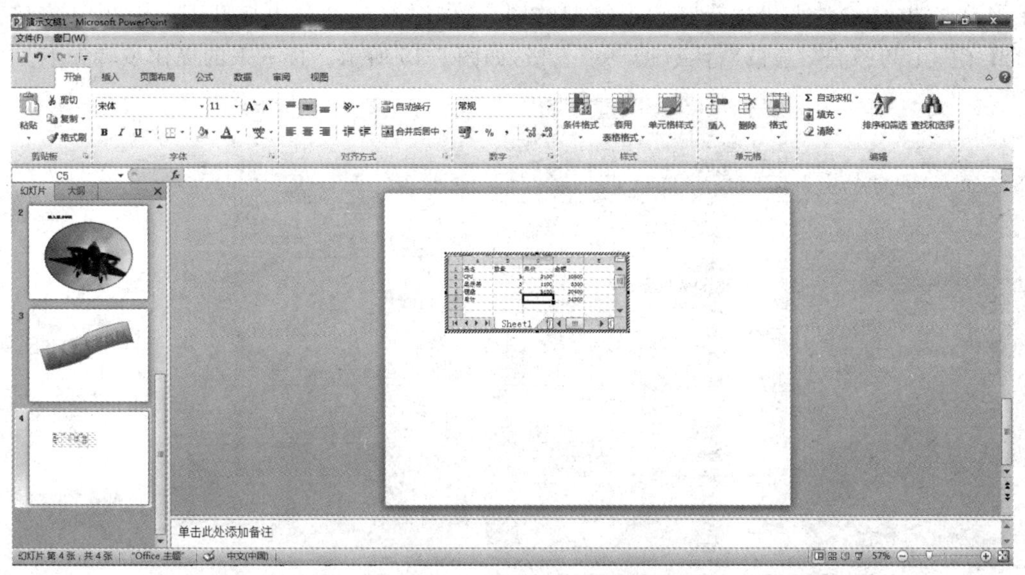

图 7-13 插入一个 Excel 表格

若选中要编辑的 Excel 表格，系统将呈现“表格工具——格式”选项卡，以帮助用户对幻灯片中插入的表格进行编辑。

- 利用“表格工具—设计”选项卡“表格样式”组的按钮，可以设置表格样式、表格的底纹、表格边框以及表格外观效果等；
- 利用“表格工具—设计”选项卡“绘制边框”组的按钮，可以擦除或绘制表格线，包括表头斜线等；
- 利用“表格工具—布局”选项卡“行和列”组的按钮，可以在表格中插入或删除一行或一列以及删除整个表格；
- 利用“表格工具—布局”选项卡“合并”组的按钮，可以实现合并单元格或拆分单元格；
- 利用“表格工具—布局”选项卡“单元格大小”组的按钮，可以设置单元格的高度和宽度、表格的平均分布高度和宽度；
- 利用“表格工具—布局”选项卡“对齐方式”组的按钮，可以设置单元格的对齐方式、文字方向等；
- 利用“表格工具—格式”选项卡“形状样式”组的按钮，可以设置 Excel 表的底纹、边框等；
- 利用“表格工具—格式”选项卡“大小”组的按钮，可以设置 Excel 表的高度、宽度等。

当然，也可以右击插入的表格，弹出快捷菜单，单击“设置形状格式...”命令（对非 Excel 表格）或单击“设置对象格式...”命令（对 Excel 表格），系统将弹出如图 7-7 所示的“设置形状格式”对话框或类似的“设置对象格式”对话框，从中完成表格的编辑。

（3）插入图表

单击“插入”选项卡“插图”组的“图表”按钮，系统将弹出如图 7-14 所示的“插入图表”对话框，从中选定的图表的类型后，单击“确定”按钮，系统即把 PowerPoint 2010 缩小一半位于屏幕左边，幻灯片上出现选定图表类型的图表，同时在屏幕右边打开 Excel 2010 窗口且打开了一个与图表对应的默认数据电子表格，如图 7-15 所示。接下来的操作步骤如下。

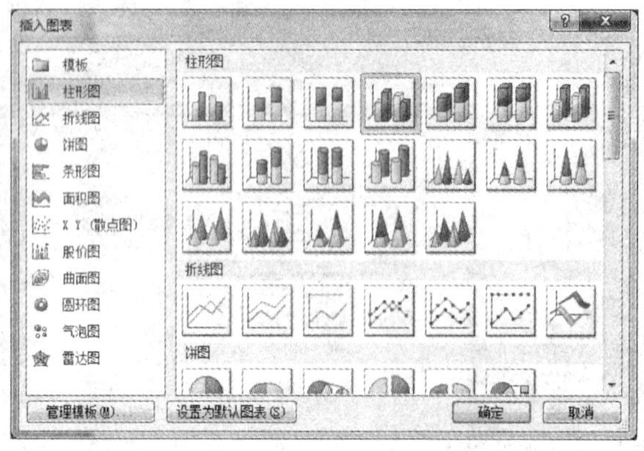

图 7-14 “插入图表”对话框

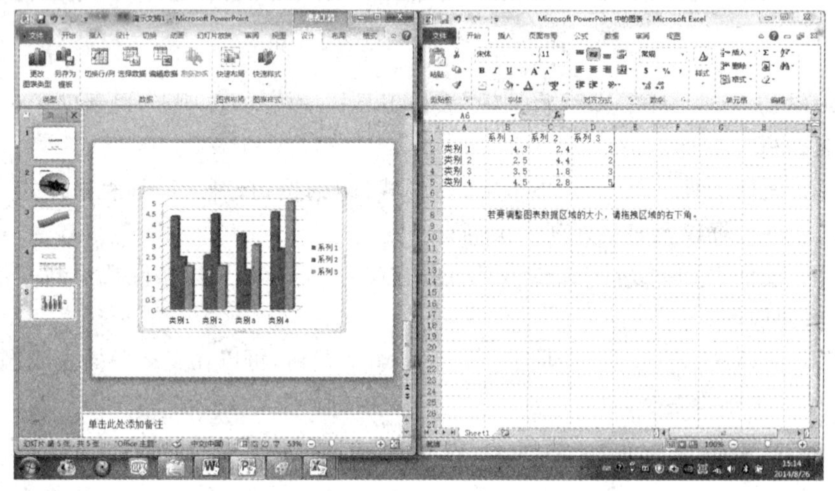

图 7-15 在幻灯片中插入图表

- 修改/编辑右窗口中 Excel 电子表格中的数据，左窗口中幻灯片中的图表随之变化；
- 编辑完成后，单击 PowerPoint 2010 窗口中的空白处，即完成图表的插入；
- 关闭 Excel 窗口，继续编辑幻灯片。

(4) 编辑图表

若要编辑插入幻灯片中的图表，则单击图表。系统呈现“图表工具—设计/布局/格式”3 个选项卡，对图表的编辑与 Excel 2010 完全相同，图表中每一种对象均可以进行编辑。

5. 插入组织结构图

组织结构图是由一系列的图框和连线组成的自上而下的树型结构图表。使用组织结构图可以将要说明对象的逻辑、从属关系直观地呈现在用户面前，具有清楚明了、易见易懂的特点，是演示文稿中经常采用的对象。

(1) 插入组织结构图

单击“插入”选项卡“插图”组的“SmartArt”按钮，系统将弹出“选择 SmartArt 图形”对话框，然后选择“层次结构”选项卡，出现如图 7-16 所示的组织结构图列表。从中选择“组织结构图”，并单击“确定”按钮，即可在当前幻灯片中插入组织结构图，系统呈现“SmartArt 工具—设计/格式”二个选项卡，接下来的操作步骤如下。

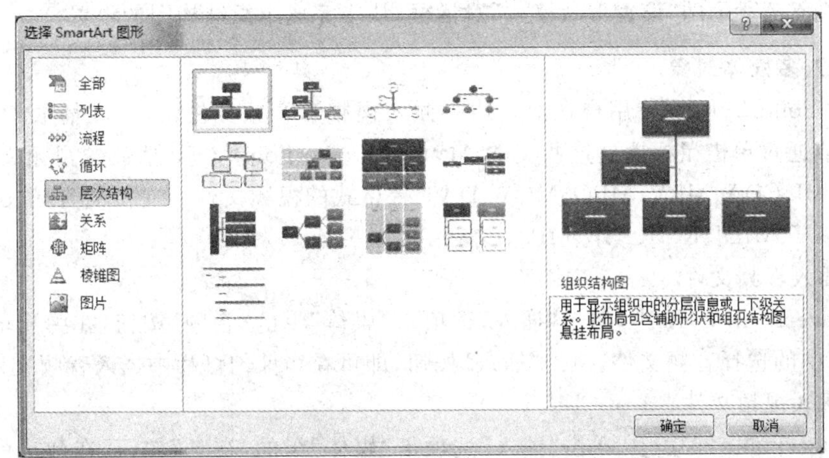

图 7-16　“选择 SmartArt”对话框

- 单击其中的某个形状，可以输入文本到形状中；
- 选中某个形状，按下 Del 键或 Delete 键，可以删除该形状；
- 选中某个形状，单击“SmartArt 工具—设计”选项卡“创建图形”组的“添加形状”下拉按钮，从弹出的列表框中分别选择“在后面添加形状”和“在下面添加形状”命令，即可添加部门和下属。随着层次的增加，其形状及文本自动变小，如图 7-17 所示。

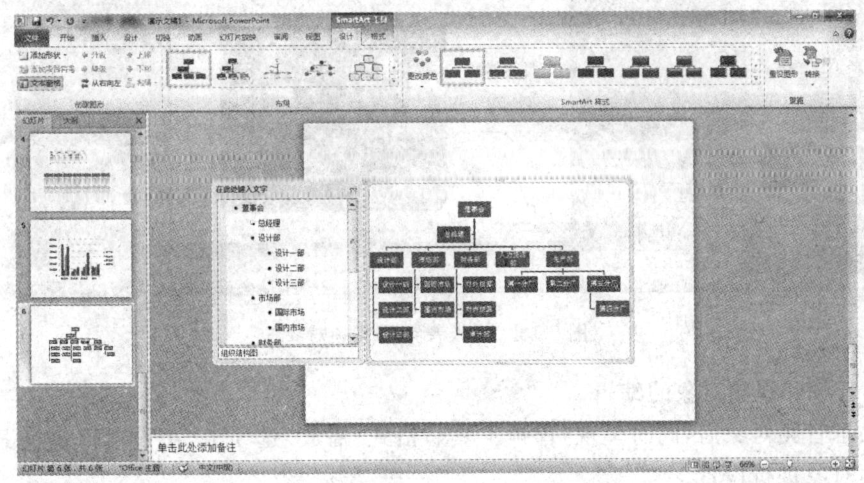

图 7-17　在幻灯片中插入组织结构图

（2）设置格式

- 单击“SmartArt 工具—设计”选项卡“SmartArt 样式”组的按钮，可以改变组织结构图的样式；
- 单击“SmartArt 工具—格式”选项卡“形状样式”和“艺术字样式”组的按钮，可以改变形状的样式以及文本的样式。

对于结构图中的形状、连线的边框和颜色等格式都可以进行设置,其设置方法与 Word 2010 图形的格式化设置方法相同。

当然,也可以右击插入的组织结构图,弹出快捷菜单,单击“设置对象格式...”命令,系统将弹出如图 7-7 所示的“设置形状格式”对话框,从中完成组织结构图的设置。

6. 插入多媒体对象

PowerPoint 2010 允许用户在幻灯片中插入视频和音频文件,使得在播放幻灯片时能自动播放或通过单击鼠标播放这些文件。能够在 PowerPoint 2010 播放的视频文件主要包括 ASF、AVI、CDA、MLV、MPG、MOV、DAT 等格式的视频文件。支持的音频文件格式主要包括 WAV、MIDI、RMI、AIF、MP3。

(1) 插入音频文件

在 PowerPoint 2010 中,单击“插入”选项卡“媒体”组的“音频”按钮,在弹出的“插入音频”对话框中的选择音频文件,单击“插入”按钮,即可在当前幻灯片中插入音频文件。

(2) 插入视频文件

在 PowerPoint 2010 中,单击“插入”选项卡“媒体”组的“视频”按钮,在弹出的“插入视频文件”对话框中的选择视频文件,单击“插入”按钮,即可在当前幻灯片中插入视频文件。拖动其尺寸控制点,将视频窗口调整到适当的大小,如图 7-18 所示。

图 7-18 插入音频和视频对象

(3) 音频和视频对象的编辑

插入了音频对象后,同时呈现“音频工具—格式/播放”选项卡,用户可以借助其功能按钮对音频对象进行设置。

- 放映时不出现音频对象图标:勾选“音频工具—播放”选项卡“音频选项”组的“放映时隐藏”复选框;
- 放映全程播放背景音乐:单击“音频工具—播放”选项卡“音频选项”组中“开始”的右侧下拉按钮,在弹出的列表中选择“跨幻灯片播放”命令;
- 放映时重复播放音频:勾选“音频工具—播放”选项卡“音频选项”组的“重复播放,直到停止”复选框。

视频对象插入后，也同时呈现"视频工具—格式/播放"选项卡，从中可以进行视频剪裁、全屏播放、自动播放等设置。

当然，右击音频或视频对象，在弹出的快捷菜单中选择"设置音频格式"或"设置视频格式"项，即可弹出相应的设置对话框，如图 7-19 所示。

7. 超链接

在 PowerPoint 2010 中，超链接功能允许从一个幻灯片到另一个幻灯片、自定义放映、网页或文件的连接。允许用户为幻灯片中的文字、图片、图形、形状、艺术字、Excel 表格等对象添加超链接。为幻灯片中的文字等对象添加"超链接"的方法如下。

右击幻灯片中需要超链接的文字或某个对象，从弹出的快捷菜单中选择"超链接..."命令；或单击"插入"选项卡"链接"组的"超链接"按钮，系统都将弹出如图 7-20 所示的"插入超链接"对话框。

图 7-19　"设置视频格式"对话框

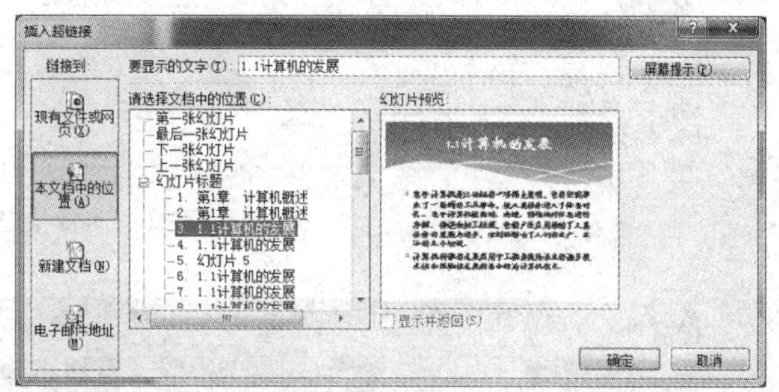

图 7-20　"插入超链接"对话框

在"超链接"对话框左侧"链接到"列表框中，包括了"现有文件或网页""本文档中的位置""新建文档"和"电子邮件地址"四种链接类型，根据需要，单击其中一个按钮，该对话框将做出相应的改变，再按其中的设置要求进行相应的设置，最后单击"确定"按钮即可。从图 7-20 可以看出，为当前幻灯片中的"1.1 计算机的发展"文字建立的超链接目标是"本文档中的位置"的、"请选择文档中的位置"为"幻灯片标题"是第 3 张幻灯片(其标题是："1.1 计算机的发展")。当播放到当前幻灯片并将光标移到"1.1 计算机的发展"文字上时，光标即变成指向状，单击该文字，系统切换至本演示文稿的第 3 张幻灯片播放。

如果要某个对象的修改超链接，首先右击该对象，从弹出的快捷菜单中选择"编辑链接..."命令；或单击"插入"选项卡"链接"组的"超链接"按钮，系统都将弹出与图 7-20 类似的"编辑超链接"对话框。然后，根据要求对超链接进行修改即可。

7.3　格式化幻灯片

为了使幻灯片更加亮丽夺目，在 PowerPoint 2010 中可以通过更改幻灯片的主题、背景、母版等来格式化幻灯片，使之拥有相同的风格或独特的背景效果或特殊的结构。

7.3.1　设置幻灯片主题

幻灯片主题是一种贯穿整个演示文档的模板，以统一的风格和独特的设计模板来装饰幻灯片背景以及各对象。PowerPoint 2010 提供的数十种内置主题，并允许增加来自 Office.com 的主题。选择主题的原则应当使主题风格与演示文稿内容相匹配。设置幻灯片主题的方法是：单击演示文稿的某页幻灯片，单击“设计”选项卡“主题”组中“其他”按钮 ，系统将弹出主题列表框(每个主题都有主题名)，如图 7-21 所示。单击某个主题按钮即可修改当前演示文稿的主题。图 7-22 表示选择“波形”主题的幻灯片风格。

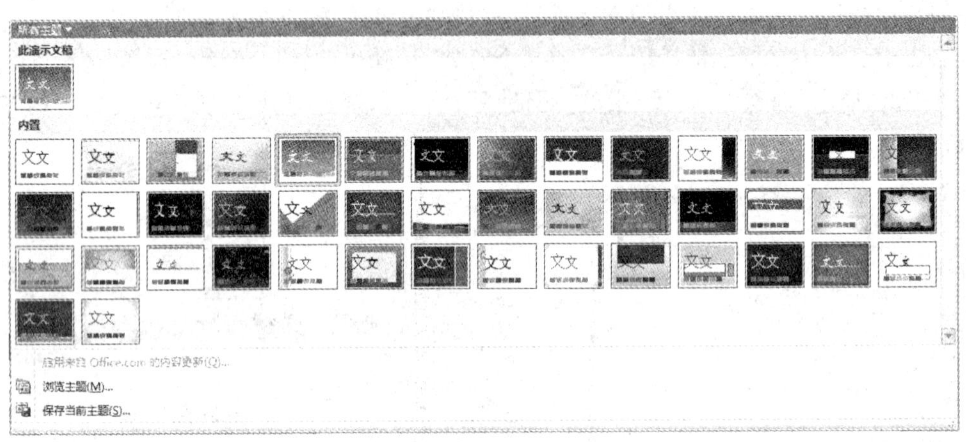

图 7-21　内置主题列表

图 7-22　采用“波形”主题的演示文稿

PowerPoint 2010 还提供了一组工具来修改内置主题的颜色、字体和效果。这组工具按钮即是位于“设计”选项卡“主题”组右侧的“颜色”“字体”和“效果”3 个下拉按钮，而每个按钮都携带数十种功能项列表，这样可以最终组合的主题风格数目将多得惊人。另外，若在“颜色”列表框中选择一种主题颜色组合后右击，并在弹出的快捷菜单中选择“应用于所选幻灯片”项，则只对当前幻灯片的主题颜色进行变更；若在弹出的快捷菜单中选择“应用于所有幻灯片”项，则对当前演示文稿的主题颜色进行变更。

7.3.2 设置幻灯片背景

幻灯片背景既可以针对某张幻灯片，也可以贯穿整个演示文档。具体的方法是单击需要设置不同背景的幻灯片，然后单击“设计”选项卡“背景”组的“对话框启动器”按钮，系统将弹出如图 7-23 所示的“设置背景格式”对话框，从中可以完成如下的背景设置。

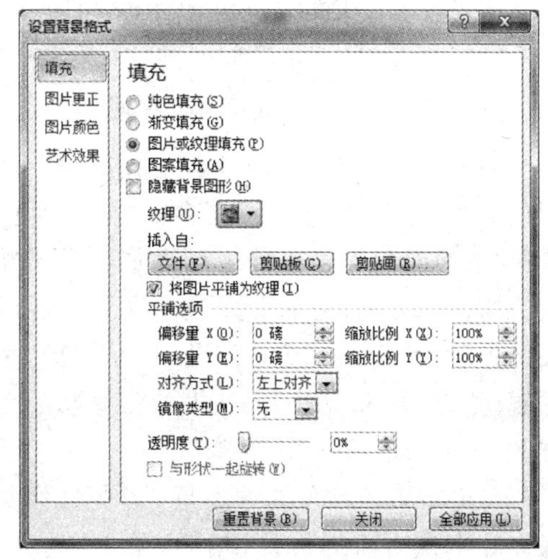

图 7-23　“设置背景格式”对话框

1. “填充”选项卡

背景填充物可以是纯色、渐变颜色、图片或纹理、图案等。

- 若选择“纯色填充”并单击“颜色”下拉按钮，则可用“主题颜色”“标准颜色”或“其他颜色”为幻灯片设纯色背景，并可以调节其透明度等参数；
- 若选择“渐变填充”并单击“预设颜色”下拉按钮，可在其列表框中选择一种渐变预设效果（如彩虹出岫），则可将背景以“彩虹出岫”的渐变颜色填充，并且可以调节其类型、线性、方向、角度等参数以改变填充效果；
- 若选择“图片或纹理填充”并单击“纹理”下拉按钮，可在其列表框中选择一种纹理（如画布），则可将背景以“画布”纹理填充，并且可以调节其偏移量、缩放比、对齐方式、透明度等参数；
- 若选择“图案填充”并单击其列表框中选择一种图案（宽下对角线），则可将背景以“宽下对角线”图案填充，并且可以调节其前景颜色和背景颜色等参数；
- 若复选“隐藏背景图形”项，则将当前幻灯片中母版中的预设的背景图形隐藏起来，成为一张只有插入对象和设置背景的幻灯片。

2. “图片更正”选项卡

对充当填充物的图片、纹理或图案作进一步的处理，包括“锐化和柔化”“亮度和对比度”的设置，以增强背景图片、纹理和图案的效果。

3. “图片颜色”选项卡

对充当填充物的图片、纹理或图案作进一步的处理，包括“颜色饱和度”“色调”的设置，以增强背景图片、纹理和图案的效果。

4. “艺术效果”选项卡

若单击“艺术效果”，并单击“艺术效果”按钮，在其功能项列表中选择一种艺术效果（如影印），则可将背景图片、纹理等以其“影印”效果填充，并且可以调节其透明度和细节等参数。

5. “全部应用”与“重置背景”按钮

若单击“全部应用”按钮,则所选背景将贯穿整个演示文稿,否则仅当前幻灯片有效。若单击“重置背景”按钮则消除已设置的背景。

需要说明的是,在 PowerPoint 2010 中,对于纯色、渐变、纹理、图案、图片的背景设置,是不能重叠的,只能是最后一种设置有效。

7.3.3 自定义主题颜色方案

在 PowerPoint 2010 中,“主题颜色”方案是 8~12 种颜色为一组、用于演示文稿主题的颜色方案。一个主题可以有多种“主题颜色”方案,每种主题颜色都有其特定的用途。适当选择“主题颜色”,可以使主题更加适宜于相应的场合和环境、更加彰显演示文稿播放的效果。PowerPoint 2010 预设了 40 多种“主题颜色”方案,并允许用户自定义主题颜色方案。

自定义主题颜色的方法是:首先选择某张幻灯片为当前幻灯片,然后,单击“设计”选项卡“主题”组的“颜色”下拉按钮,在弹出的列表框中选择“新建主题颜色...”命令,系统将弹出“新建主题颜色”对话框,如图 7-24 所示。在该对话框的左窗格列出了新建主题中文字、背景、超链接等幻灯片对象的调色下拉按钮,单击它们并从弹出的列表框中选取所需要的颜色,最后给自定义主题颜色命名后,单击“保存”按钮即可。

图 7-24 “新建主题颜色”对话框

7.3.4 母版的功能与修改

1. 母版的功能

在 PowerPoint 2010 中,所谓“母版”就是一种特殊的幻灯片,用于存储有关演示文稿的主题和幻灯片版式的信息,包括背景、颜色、字体、效果、占位符的大小和位置等。每个演示文稿至少包含一个幻灯片母版。使用母版可制作统一标志和背景内容、设置默认版式和格式(包括文本的字体、字号、颜色和阴影等特殊效果、页脚、日期和编号等占位符及项目符号样式),无须在多张幻灯片上输入相同的信息。PowerPoint 2010 提供了幻灯片母版、讲义母版、备注母版等 3 种母版,其功能和作用如下。

(1) 幻灯片母版:默认 11 张(对应 11 种版式),含有标题及文本的版面配置区,它包括 5 个占位符,分别是标题占位符、文本对象占位符、日期占位符、页脚占位符和数字占位符,对母版进行更改和设置将应用于当前演示文稿中的所有幻灯片中。

(2) 讲义母版:讲义母版用于控制幻灯片的讲义打印格式,即在一页打印纸版面中放置 1 张或 2 张或 3 张或 4 张或 6 张或 9 张幻灯片的版面设置,并可设置页眉和页脚内容,以方便用户打印后装订成讲义使用。

(3) 备注母版:备注幻灯片用于控制备注中有幻灯片的缩略图和用于添加参考资料等

备注的文本占位符，允许输入关于该幻灯片的备注信息，并可进行打印输出。

2. 修改母版

修改幻灯片母版的主要优点是可以对演示文稿中的每张幻灯片（包括以后添加到演示文稿中的幻灯片）进行统一的样式更改。由于幻灯片母版影响整个演示文稿的外观，因此，对幻灯片母版的任何修改，只能在“幻灯片母版”视图下进行操作。单击“视图”选项卡“母版视图”组的“幻灯片母版”按钮，即呈现演示文稿的“幻灯片母版”视图，如图 7-25 所示。在该视图下，可对母版进行设计与修改。

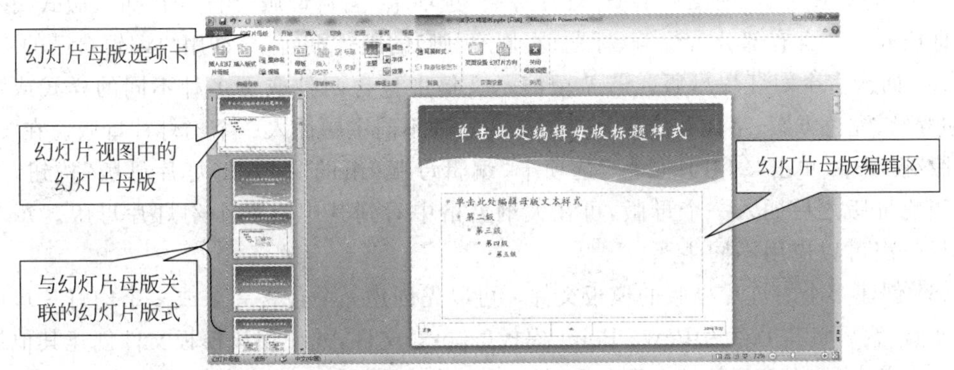

图 7-25　幻灯片母版视图

在“幻灯片母版”视图下修改、删除和增加一个或多个“幻灯片”，实质上是在修改、删除或增加该演示文稿中幻灯片的一个或多个版式。尽管每个幻灯片版式设置的内容、位置和方式均有所不同，然而，同一演示文稿（幻灯片）母版中相关联的所有版式均包含相同主题（配色方案、字体和效果）。幻灯片母版常用的修改有以下几种。

(1) 更改占位符的参数、页眉和页脚。占位符就是为幻灯片中的文本框、图形、图表等对象规定的一个固定位置。在幻灯片中单击占位符，即可在里面添加相应的内容。占位符起到了规划幻灯片结构的作用。在幻灯片的不同版式中有不同对象的占位符。

在母版视图中，选中要修改的占位符，单击“绘图工具—格式”选项卡“形状样式”组的“对话框启动器”按钮；或右击要修改的占位符，从弹出的快捷菜单中单击“设置形状格式...”命令，均弹出“设置形状格式”对话框，从中可修改其颜色、线条、大小和位置。

选中要修改的占位符，然后单击“开始”选项卡“字体”组中的“字体”“字号”“颜色”“加粗”等按钮、“段落”组中的“对齐”“项目”按钮等对占位符中内容进行设置。

在母版视图中，可以在页眉/页脚的占位符中加入特定的相关信息，但是在给幻灯片母版中加入的页眉/页脚信息，需要与打印设置功能中的“编辑页眉和页脚”功能设置结合才能在幻灯片普通视图中看到页眉和页脚的信息，具体操作将本章的 7.5.2 节中介绍。

需要说明的是，在 PowerPoint 2010 中，可以利用系统提供的各种版式来修改幻灯片，或者用户手动添加、删除各种对象来丰富幻灯片内容，因而幻灯片母版中标题和文本占位符的设置与修改就显得不是那么重要了。

(2) 插入固定文字、图片、图案等。有时需要在多张幻灯片上的相同位置显示同样内容，如单位名称、徽标或其他的图案等，此时应用母版则可以方便地实现。

切换到母版视图下，可以在与幻灯片母版相关联的幻灯片版式页中进行插入诸如固定文字、徽标或其他的图案等对象。将该母版应用于幻灯片制作时，这些对象或文字都会原样显示，而且不能在普通视图中修改。

(3) 改变主题和背景方案。对幻灯片母版主题和背景的设置方法与对幻灯片的操作相同。将修改后的母版应用于幻灯片制作时，它的背景和配色方案也都是可以更改的。若已对单张幻灯片的背景和配色方案已经做了重新设置，则母版中新的背景和配色不会影响该幻灯片。

(4) 插入一个新版式。如果要在幻灯片母版中插入一个新的版式(系统默认 11 种版式)，单击“幻灯片母版”视图中的“幻灯片母版”选项卡“编辑母版”组中的“插入版式”按钮，系统即插入一个含有部分占位符(标题、页眉/页脚)的版式页面，允许用户编辑自己的版式。

(5) 插入多个幻灯片母版。若希望演示文稿中包含两种或更多种不同的样式或主题(例如背景、配色方案、字体和效果)，则需要为每种不同主题插入一个幻灯片母版。在“幻灯片母版”视图中，单击“幻灯片母版”选项卡“编辑母版”组的“插入幻灯片母版”按钮，系统即在当前母版之后插入一个母版，可在大纲窗格中看到其中有两个幻灯片母版。每个幻灯片母版都可以应用不同主题。

(6) 创建多个幻灯片母版的模板文件。可以先创建一个包含一个或多个幻灯片母版的演示文稿，然后将其另存为 PowerPoint 模板(.potx)文件，并使用该模板文件创建其他演示文稿。注意，应该在开始构建各张幻灯片之前创建或修改幻灯片母版，而不要在构建了幻灯片之后再创建母版。

备注母版和讲义母版的修改更为简单，在此不赘述。

7.4 设置幻灯片放映效果

在 PowerPoint 2010 中，可以通过对幻灯片之间的切换、隐藏以及幻灯片上各个对象的动画进行设置，使得幻灯片的放映效果更加生动精彩、引人入胜。

7.4.1 设置动画效果

PowerPoint 2010 提供了动画设置技术，能为幻灯片上每一个对象，包括文本框、图片和艺术字、图形、表格、图表和组织结构图、段落文字等，均可以自定义播放时的动画效果，以突出重点、控制播放顺序，同时增加演示文稿的趣味性。PowerPoint 2010 的动画效果分为“进入”“强调”“退出”“动作路径”四大类，用户可以根据需要选择其中的一种或多种来为所选对象设置动画效果。

1. 为对象添加动画效果

选中幻灯片中要设置动画效果的对象，然后单击“动画”选项卡“动画”组按钮展示区右侧的“其他”按钮 ，弹出动作按钮列表框，如图 7-26 所示。从中选择所想要动画按钮，即可为幻灯片中所选择有对象设置动画效果，并完成一次与按钮规定的动作一致的动画预览。这种预览功能可以让用户更准确、更快捷地预览所设置的动画效果。

- 进入类动画效果：设置对象进入放映屏幕的某种动画效果。图 7-26 所示的列表框中“进入”窗格只列出了进入类动画效果的一部分。单击“动画效果列表框”中的“更多进入效果...”命令，系统将弹出如图 7-27 所示的“更多进入效果”对话框。所选对象可任选其中一种进入动画效果。

- 强调类动画效果：设置对象在放映屏幕上展现某种强调或突出的动画效果（对象之前已经出现在放映屏幕上了）。图 7-26 中“强调”窗格只列出了强调类动画效果的一部分，单击“动画效果列表框”中的“更多强调效果...”命令，系统将弹出与图 7-27 类似的“更多强调效果”对话框。所选对象可任选其中一种强调动画效果。
- 退出类动画效果：设置对象在放映屏幕上消失的动画效果。图 7-26 中“退出”窗格只列出了退出类动画效果的一部分，单击“动画效果列表框”中的“更多退出效果...”命令，系统将弹出与图 7-27 类似的“更多退出效果”对话框。所选对象可任选其中一种退出动画效果。
- 动作路径动画效果：设置对象以某种指定的模式移动的动画效果。图 7-26 中“动作路径”窗格只列出了动作路径类动画的一部分；单击“动画效果项列表”中的“其他动作路径...”项，系统将弹出与图 7-27 类似的“更改动作路径”对话框。所选对象可任选其中一种动作路径动画效果。

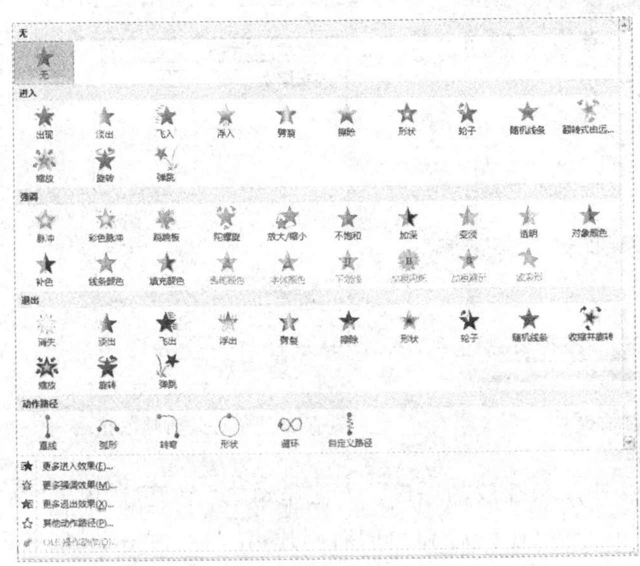

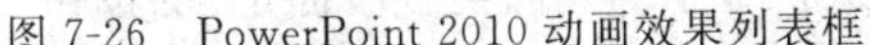
图 7-26　PowerPoint 2010 动画效果列表框

图 7-27　“更多进入效果”对话框

在设置动画效果类型的同时，还可以对动画效果中的触发方式、速度、方向、尺寸、数量、路径、声音、动画播放次数等参数进行详细设置。当然，不同的动画效果，会出现不同的选项参数设置。主要设置参数包括以下几个。

方向：设置动画对象在屏幕上移动的方向（只有部分动画）。由“效果选项”按钮设置。

开始：设置动画启动的方式，如“单击时”“上一动画之后”等。由“开始”列表框设置。

持续时间：设置动画的快慢，持续时间短的速度快，反之亦然。由“持续时间”列表框设置。

延迟：设置动画滞后动作时间，即上一个动作完成后，到本次动作启动的时间间隔。由“延迟”列表框设置。

声音：设置播放动画时的伴音效果。在“效果选项”对话框中的“效果”选项卡中设置。单击“动画”选项卡“动画”组的“对话框启动器”按钮，弹出“效果”选项对话框，如图 7-28 所示。实际上,动画参数均可以在"效果"选项对话框中设置,适合作详细设置。

注意:当选中除文本框之外的其他对象时,动画播放时对象作为一个整体来播放。若选中的是文本框,则可以进行更加详细的设置,使得文本框内部的文字按字、词、段落进行动画播放。若选择某些文字进行动画设置时,该文字所在段落将作为一个整体进行动画播放。

2. 设置动画播放顺序

在 PowerPoint 2010 中,一个对象可以设置多种动画效果,但必须使用"动画"选项卡中"高级动画"组的"添加动画"按钮来设置。每一种动画设置就是一个事件。当为幻灯片中的对象设置了动画后,在对象的左侧会标记其播放的序号,在图 7-29 所示的自定义动画窗格中会按播放顺序显示动画设置序列。PowerPoint 2010 事件的播放顺序将按照此序列进行。

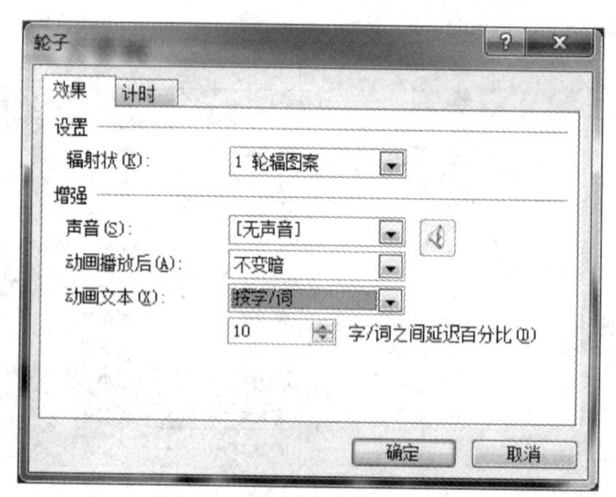

图 7-28 显示其他效果对话框

图 7-29 自定义动画窗格

PowerPoint 2010 允许手动修改这些动画播放的顺序。方法是单击"动画"选项卡"高级动画"组的"动画窗格"按钮,即在 PowerPoint 2010 窗口的右侧弹出"动画窗格"对话框,从选中某个动画事件,然后单击该窗格下方"重新排序"的"向上"或"向下"的按钮,即可使所选对象的位置在播放队列中发生变化,进而改变其播放顺序。

3. 修改或删除动画

在"动画窗格"对话框中,右击某个动画事件,即可弹出其快捷菜单,若单击其中的"删除"命令,即可删除为该对象添加的动画控制信息,但不会被删除相关的对象;若单击快捷菜单中的其他命令,则可修改该动画事件的控制信息。

7.4.2 设置幻灯片切换效果

幻灯片的切换效果是指在放映演示文稿时,整张幻灯片出现时的动画效果。它有别于幻灯片插入对象的动画效果。即使幻灯片中各插入对象均未设置动画效果,该幻灯片仍然可以设置其切换效果,以达到播放新颖、趣味无穷的效果。电子相册采用的就是这种效果。

选中某个幻灯片,单击"切换"选项卡"切换到此幻灯片"组中所列的某个功能按钮,系统将预览与该切换功能按钮的功能对应幻灯片切换效果。若单击"切换到此幻灯片"命令组中按钮展示区右侧的“其他”按钮，即可弹出如图 7-30 所示的切换功能项列表，从中可以选择更多的幻灯片切换效果。另外，切换效果还可以进行以下方面的设置。

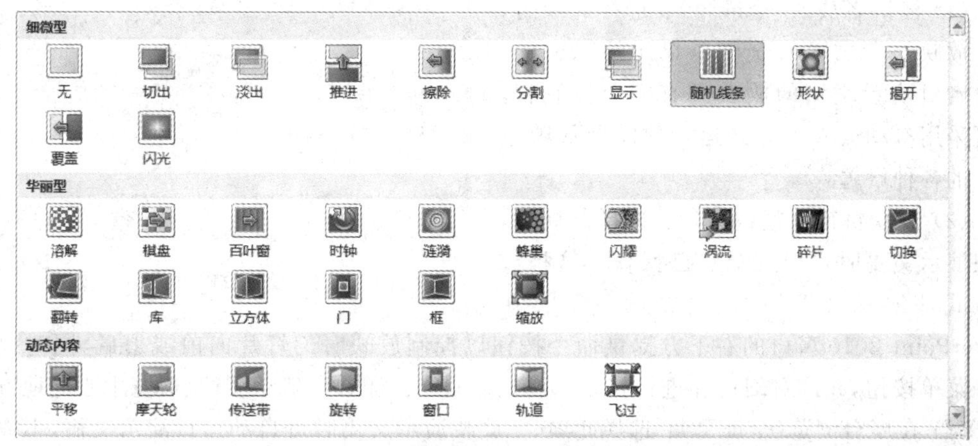

图 7-30　幻灯片切换效果项列表

(1) 效果选项：设置幻灯片切换时的动画增加效果。每种切换都有两种以上的方向性增加效果。单击“切换到此幻灯片”组的“效果选项”按钮，即弹出效果选项列框，从中选择适宜的效果选项即可。

(2) 持续时间：设置切换动画播放的时间。单击“计时”组的“持续时间”列表框中设置持续时间即可。

(3) 声音：设置切换动画播放时的声音。单击“计时”组的“声音”列表框中的下拉按钮，从弹出的声音选项列表框中，选择适宜的音效选项即可。

(4) 换片方式：若勾选“单击鼠标时”复选框，则当该幻灯片上的动画事件播放完毕后单击或者按下任意键才切换到下一个幻灯片；若勾选“设置自动换片时间”复选框，并设置一个时间值，则当该幻灯片内的动画自动播放完毕后，延迟指定的时间后，自动切换到下一个幻灯片。

(5) 全部应用：单击“全部应用”按钮，则所选择的幻灯片切换方式被应用于整个演示文稿，否则只应用于当前幻灯片。

7.4.3　隐藏幻灯片

在放映演示文稿时，若某些幻灯片没必要放映，但又不想删除它们，则可以隐藏这些幻灯片，使得在播放时不出现这些幻灯片。具体方法是在普通视图或幻灯片浏览视图中，选中要隐藏的幻灯片或幻灯片缩略图，单击“幻灯片放映”选项卡“设置”组的“隐藏幻灯片”按钮，即可隐藏所选幻灯片，同时在被隐藏的幻灯片缩略图的编号上被加上一个“⧅”标志。若要恢复幻灯片的放映，则选中被隐藏的幻灯片，再次单击“隐藏幻灯片”按钮即可。

7.4.4　幻灯片放映设置

演示文稿制作完成后，若想得到满意的放映效果，还须进行演示文稿的放映设置。

1. 放映类型

单击“幻灯片放映”选项卡“设置”组的“设置幻灯片放映”按钮，将弹出如图 7-31 所示的

“设置放映方式”对话框，从中可以选择 PowerPoint 2010 提供的三种放映类型。

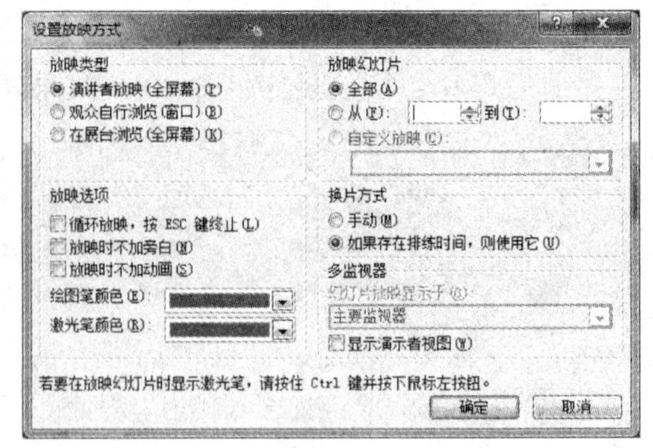

图 7-31 “设置放映方式”对话框

(1) 演讲者放映(全屏幕)：选择此项时，则在放映演示文稿时全屏幕显示演示文稿，演讲者对演示文稿的放映具有完全控制权，并可采用自动或人工方式运行放映及放映过程中的各种设置。

(2) 观众自行浏览(窗口)：选择此项时，放映演示文稿时可由观众自己操作。这种放映方式即演示文稿的“阅读视图”模式，在 PowerPoint 2010 窗口的右下方提供命令按钮以控制放映时幻灯片向前或退后，同时提供一个菜单按钮，允许对幻灯片进行移动、编辑、复制和打印。一般于会议、展览中心等地方。

(3) 在展台浏览(全屏幕)：选择此项时，放映演示文稿时可自动运行演示文稿，不需要专人播放。当然，演示文稿的各幻灯片应设置“设置自动换片时间”。若最后一张幻灯片也设置自动换片时间，则它自动重新开始播放。用户可以使用鼠标控制超链接和动作按钮，但不可以改变演示文稿内容。

2. 放映选项设置

在图 7-31 所示的“设置放映方式”对话框中，可以对放映时的动画、旁白、屏幕指针颜色进行设置。另外，还可以指定要放映的幻灯片内容是演示文稿的全部或是其中的一部分；还允许对多显示器放映、分辨率、显示演示者视图等进行设置。

设置好之后，选择“幻灯片放映”菜单中的“观看放映”项(或按 F5 键)，PowerPoint 2010 将按照所设置的某种放类型对当前演示文稿进行播放。

3. 设置排练计时

设置排练计时以记录演示文稿中每张幻灯片上的每个动作发生和持续的时间，在以后的播放中，可以按这些时间进行自动播放，而无须手工控制。其操作步骤如下。

(1) 在“大纲窗格”中单击演示文稿的一张幻灯片缩略图。

(2) 单击“幻灯片放映”选项卡“设计”组的“排练计时”按钮，系统进入全屏放映模式，并弹出“录制”对话框，如图 7-32 所示，同时记录此张幻灯片的放映时间，供以后自动放映用。

4. 设置动作按钮

在 PowerPoint 2010 演示文稿的链接功能，还可借助“动作按钮”功能来实现。将动作按钮添加到幻灯片上的具体操作步骤如下。

(1) 单击要插入动作按钮的幻灯片。

(2) 单击“插入”选项卡“插图”组的“形状”按钮，从弹出的列表框的最下方单击“动作按钮”组中所需要的按钮，如图 7-33 所示，此时，光标变成“＋”形状。

图 7-32 “录制”对话框

图 7-33 “动作按钮”组列表

(3) 在当前幻灯片的适当位置拖曳出一个适当的矩形框，释放鼠标后即显示相应的动作按钮，同时系统弹出“动作设置”对话框，如图 7-34 所示。

(4) 切换至“动作设置”对话框的“单击鼠标”选项卡，单击“超链接到”选项右侧的下拉按钮，从弹出的下拉列表中，选择要超链接的幻灯片或 URL 地址或其他文件，单击“确定”按钮即可。

(5) 右击所添加的动作按钮，弹出快捷菜单，从中选择“添加文本”命令，并输入所需的文本，设置好文本的字号、字体、颜色等属性，即可在使所添加的动作按钮成为文本型按钮；再切换至“绘图工具——格式”选项卡，可以调整该动作按钮的大小、样式、艺术字等；最后，将其定位在幻灯片中合适的位置上即可。

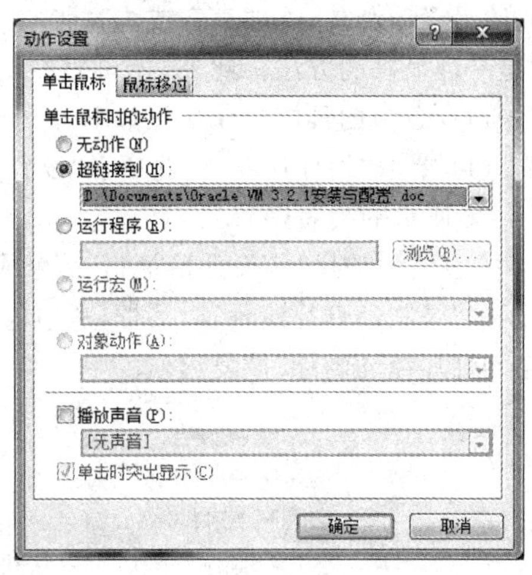

图 7-34 “动作设置”对话框

5. 自定义放映

在 PowerPoint 2010 中，自定义放映模式可以实现演示文稿最灵活的播放形式，允许针对不同的演讲对象将同一个演示文稿创建不同幻灯片播放序列，以求获得最佳演讲效果。

单击“幻灯片放映”选项卡“开始放映幻灯片”组的“自定义幻灯片放映”按钮，从弹出的列表框中选择“自定义放映...”命令，系统将弹出“自定义放映”对话框，从中单击“新建”按钮，即可弹出如图 7-35 所示的“定义自定义放映”对话框。在“幻灯片放映名称”文本框中输入自定义幻灯片名，然后，依次将左窗格中需要播放的幻灯片添加到右窗格，即形成用户自定义的幻灯片放映序列，单击“确定”即以输入的自定义幻灯片名为该播放序列命名出现在“自定义幻灯片放映”按钮对应的列表框中。单击“自定义幻灯片放映”列表框的该项命令即开始自定义放映。同一个演示文稿可以建立多个播放序列。

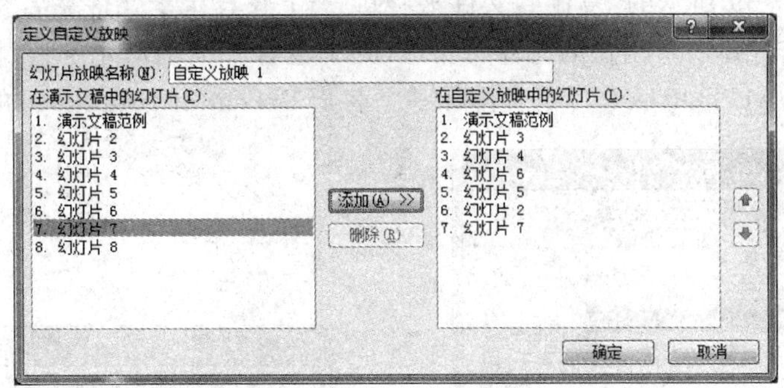

图 7-35 “定义自定义放映”对话框

6. 记录声音旁白

加入音频旁白可使幻灯片在自动播放时声色并茂。另外，若希望用演示文稿来创建视频,除设置动画外,添加声音或为每张幻灯片添加解说可使视频更生动,而使用记录声音旁白是一种很好的方法。此外,还可以在幻灯片放映期间将旁白和激光笔的使用一起录制。记录声音旁白的具体操作步骤如下。

(1) 单击"幻灯片放映"选项卡"设置"组的"录制幻灯片演示"下拉按钮,系统将弹出如图 7-36 所示的列表框。

(2) 从中选择"从头开始录制"命令或"从当前幻灯片开始录制"命令,将弹出如图 7-37 所示的"录制幻灯片演示"对话框,从中勾选"旁白和激光笔"复选框。可根据需要选中或取消"幻灯片和动画计时"复选框。

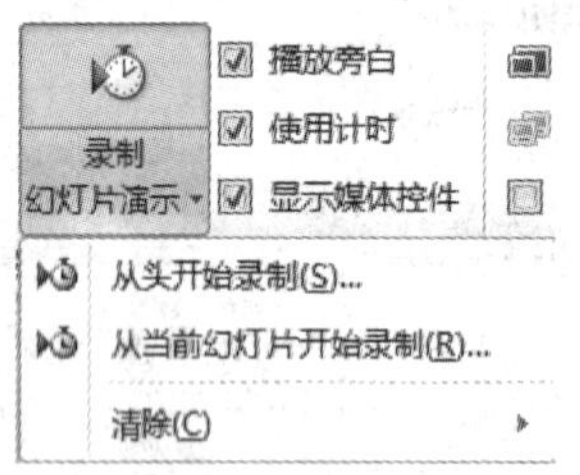

图 7-36 "录制幻灯片演示"功能项

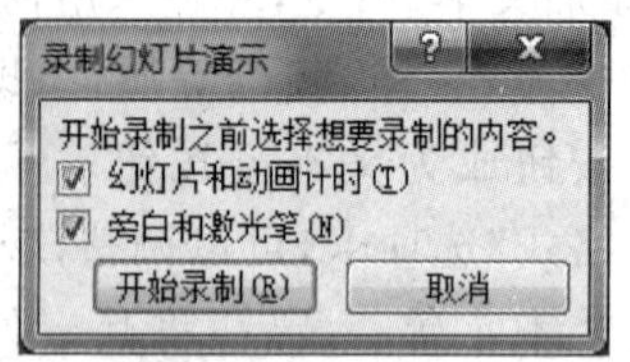

图 7-37 "录制幻灯片演示"对话框

(3) 在计算机配置话筒后,单击"开始录制"按钮,就可以为幻灯片添加旁白,同时幻灯片开始放映并自动计时。

(4) 若要结束幻灯片放映的录制,可右击幻灯片,单击"结束放映"按钮。

7. 演示文稿的打包

打包是指将演示文稿和与其相关的文件打包成打包文件,使其能在没有安装 PowerPoint 软件,或没有安装使用字体的任何一台 Windows 计算机上正常放映。操作步骤如下。

选择"文件"选项卡"保存并发送"命令,再从弹出的列表框中选择"将演示文稿打包成 CD"命令,单击"打包成 CD"按钮,系统将弹出如图 7-38 所示的"打包成 CD"对话框。

若在"要复制的文件"列表框中选择当前演示文稿,然后单击"复制到文件夹..."按钮。系统将弹出如图 7-39 所示的"复制到文件夹"对话框;在设定了文件夹名和位置之后,单击"确定"按钮,系统将弹出新创建的文件夹窗口,其中包含了当前演示文稿、演示文稿中幻灯片超链接的文档、AUTORUN. INF 文件和一个名为 PresentationPackage 的文件夹。

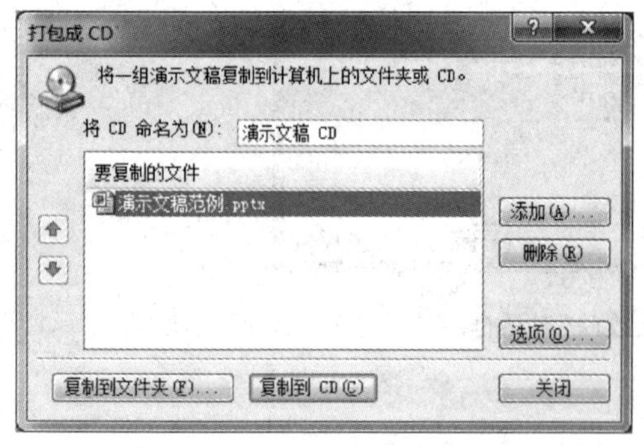

图 7-38 "打包成 CD"对话框

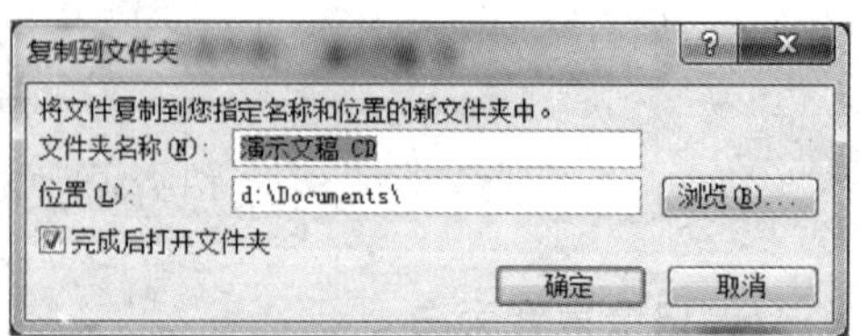

图 7-39 "复制到文件夹"对话框

若在“打包成 CD”对话框中单击“复制到 CD”按钮，系统将弹出 DVD 刻录机的仓门，用户需要装入一个空白的 DVD/RW 光盘后，即可制作成光盘，其中包含了当前演示文稿、演示文稿中幻灯片超链接的文档、AUTORUN. INF 文件和一个名为 PresentationPackage 的文件夹。

7.5　打印演示文稿

建立好的演示文稿，还可以以多种形式将它们打印出来。在打印之前需要进行纸张页面、打印内容以及其他打印参数的设置。

7.5.1　页面设置

单击“文件”选项卡“打印”按钮，系统将弹出如图 7-40 所示的列表列框。

(1) 单击“设置”区域的“打印全部幻灯片”下拉按钮，可以设置打印幻灯片的范围；

(2) 单击“整页幻灯片”下拉按钮，可设置打印模式，包括打印版式、讲义版式打印及其他相关设置，等等；

(3) 单击“灰度”下拉按钮，可设置幻灯片的彩色打印、灰度打印或黑白打印。

说明：在进行页面设置的同时，“打印”选项卡右侧的预览窗格会“实时”地显示所设置的打印效果预览。

7.5.2　设置页眉与页脚

在介绍幻灯片母版时，已经指出在母版上的页眉/页脚文本、页码、日期信息还不能直接在幻灯片普通视图中显示，必须要在如图 7-41 所示的“页眉和页脚”对话框中进行设置后才能在幻灯片普通视图中显现。在幻灯片中显示页眉和页脚的具体操作如下。

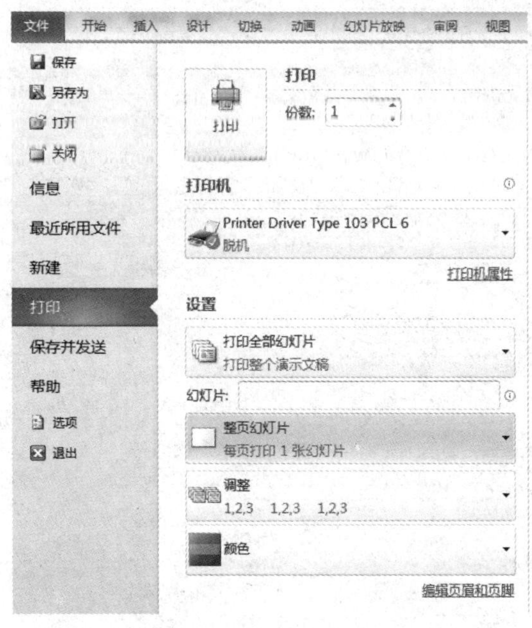

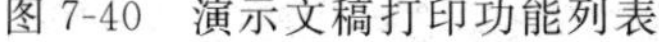
图 7-40　演示文稿打印功能列表

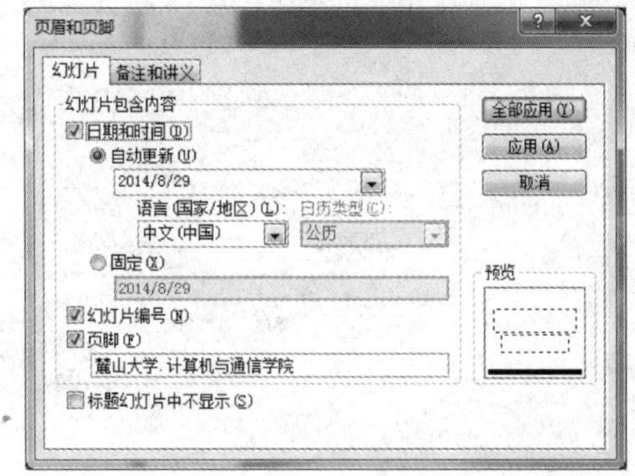

图 7-41　“页眉和页脚”对话框

(1) 选择“文件”选项卡中的“打印”命令,在弹出的列表框中选择“编辑页眉和页脚”命令,系统将弹出“页眉和页脚”对话框。

(2) 切换至“幻灯片”选项卡,勾选“日期和时间”复选框。

(3) 单击“固定”选项,在其下的文本框中输入幻灯片创建日期(若在母版中已经设置了日期则会自动显示),即可在幻灯片的右下角显示该日期。

(4) 勾选“幻灯片编号”复选框,即可在幻灯片的中下部显示幻灯片编号。

(5) 勾选“页脚”复选框并在其下的文本框中输入页脚信息,即可在幻灯片的左下部显示幻灯片页脚。

(6) 勾选“标题幻灯片中不显示”复选框,即可使幻灯片第 1 张(封面)不显示以上信息。

(7) 若单击“全部应用”按钮,即页眉和页脚信息贯穿整个演示文稿,若单击“应用”按钮则页眉和页脚信息只在当前幻灯片中显示。

说明:备注和讲义的页眉和页脚的设置与幻灯片相似,只是多了“页眉”信息输入和设置。

7.5.3 打印预览和打印

在正式打印之前,为了确保打印的效果,可以单击预览窗格左下方的翻页按钮,以逐页浏览欲打印的幻灯片;也可以滑动预览窗格右下角的“显示比例”滑动块,通过放大幻灯片显示比例来预览幻灯片的细节。

在预览结果满意后,即单击“打印”列表框中的“打印”按钮,完成演示文稿幻灯片/讲义的打印。

第 8 章

计算机网络与 Internet 基础

计算机网络技术已经渗透到社会的各个领域，给人们的生活方式和思维方式带来了很大的冲击，Internet 成为当今计算机网络的代表。计算机网络是一个复杂的系统，它是计算机技术和通信技术相互渗透共同发展的产物。本章介绍计算机网络的发展、计算机网络的组成、网络体系结构和网络协议的概念、计算机局域网、网络操作系统以及 Internet 等基本概念。

8.1 计算机网络概述

8.1.1 计算机网络的发展

计算机网络的雏形出现在 20 世纪 50 年代中期，美国的半自动地面防空系统（SAGE）将远距离的雷达和测控设备的信息经过通信线路汇集到一台 IBM 计算机上进行处理和控制，被认为是计算机技术和通信技术相结合的最初尝试。1969 年由美国国防部高级研究计划署（Advanced research project agency，ARPA）主持研制的第一个远程分组交换网 ARPANET 的诞生，标志着计算机网络时代的真正开始，也是 Internet 的起源。

计算机网络的形成与发展大致经历了以下 4 个阶段。

（1）面向终端的计算机网络，又称为远程联机系统。典型代表就是 SAGE。主机作为网络的中心和控制者，输入和输出终端分布在各地并与主机相连，用户通过本地的终端使用远程的主机。

（2）初级计算机通信网络。这种系统最大特点是完成了计算机网络体系结构与协议的基本研究，实现了计算机与计算机之间的互联通信，是真正意义上的计算机互联。典型代表就是 ARPANET，为 Internet 的形成和发展奠定了基础。

（3）开放式的标准化计算机互联网络。这种系统建立在计算机系统互联、计算机网络协议标准之上，允许不同的计算机系统和网络系统互联，实现开放的通信和交换。Internet 形成并飞速发展。

（4）下一代高速信息网络。Internet 用户与应用的急速增加，需要发展新一代计算机网络以满足高速、大容量、安全性、多媒体信息传递等需求。

8.1.2 计算机网络的定义与组成

计算机网络，是指将地理位置不同的具有独立功能的多台计算机及其外部设备，通过通信线路连接起来,在网络操作系统,网络管理软件及网络通信协议的管理和协调下,实现资源共享和信息传递的计算机系统。

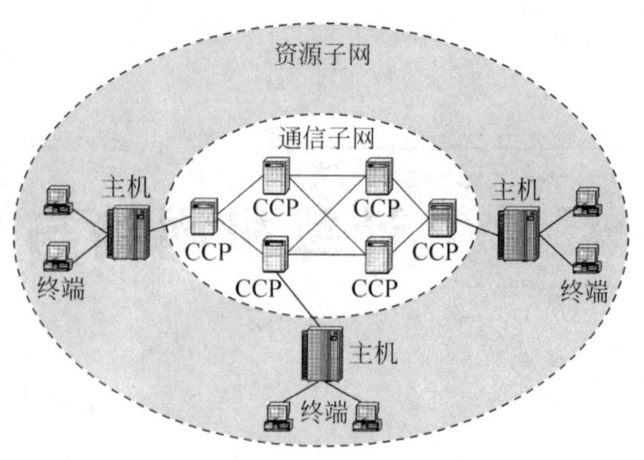

图 8-1 计算机网络的构成

计算机网络是由资源子网(Resource subnet)和通信子网(Communication subnet)构成的,如图 8-1 所示,资源子网负责信息处理,通信子网负责全网中的信息传输。资源子网包括提供资源的主机(Host)和请求资源的终端(Terminal),它们都是信息传输的源节点和终节点,也称为端节点(node);通信子网主要由通信控制处理机(Communication control processor,CCP)和通信链路组成。CCP 称为转接节点或中间节点,其作用是控制信息的传输和在端节点之间转发信息。通信链路即传输信息的信道,它们可以是有线的也可以是无线的。

8.1.3 计算机网络分类与网络拓扑结构

1. 按网络覆盖范围分类

按网络覆盖范围,可以将计算机网络分为三大类。

(1) 局域网(Local area network,LAN)是指范围在几米到十几千米内办公楼群或校园内的计算机相互连接所构成的计算机网络。采用局域网技术(IEEE 802. x),具有数据传输率高、延迟小和误码率低的特点。

(2) 城域网(Metropolitan area network,MAN)覆盖范围一般是十几千米到 160 千米。城域网既可以支持数据和话音传输,也可以与有线电视网络相连。其特点是采用分布式队列双总线(Distributed queue dual bus,DQDB)技术(IEEE 802. 6),数据传输速率中等。

(3) 广域网(Wide area network,WAN)所覆盖的地理范围可以达到几千千米,如一个大洲和国家。广域网包含很多用来运行用户应用程序的主机。把这些主机连接在一起的是通信子网。具有数据传输距离远、延迟大和传输速率较低的特点。

2. 按拓扑结构分类

引用拓扑学的方法,把网络中的计算机和通信设备均抽象为一个点,把传输介质抽象为一条线,这样的几何图形即计算机网络的拓扑结构,它反映了网络中各个实体间的连接关系。

(1) 总线型结构(Bus):如图 8-2 所示,将网络中所有节点都连接到公共总线上,节点之间按广播方式通信:一个节点发出的信息,总线上的其他节点均可“收听”到。该结构的优点是结构简单、布线容易、易于扩充,缺点是故障诊断困难。以太网(Ethernet)是总线型结构。

(2) 星形结构(Star):如图 8-3 所示,是以中央节点为中心,分别与外围节点连接的结构。其优点是与中央节点的连线可集中放置,便于提供服务和重新配置;每根连线只与一个节点相连,当某节点出现故障时易于检测和隔离故障。缺点是电缆需要量大、过于依赖中央节点。

(3) 环形拓扑(Ring)：如图 8-4 所示，各节点通过通信线路组成闭合回路，环中数据只能单向传输。优点是结构简单、可使用光纤、传输延迟确定。缺点是灵活性差、增加新节点困难、非集中式管理、故障诊断较困难。著名的环形拓扑结构网络是令牌环网(Token ring)。

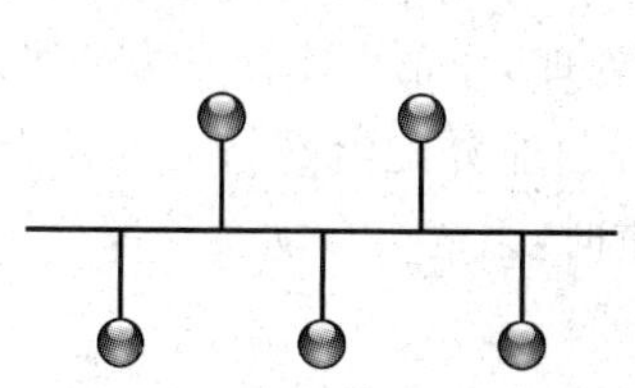

图 8-2　总线型拓扑结构

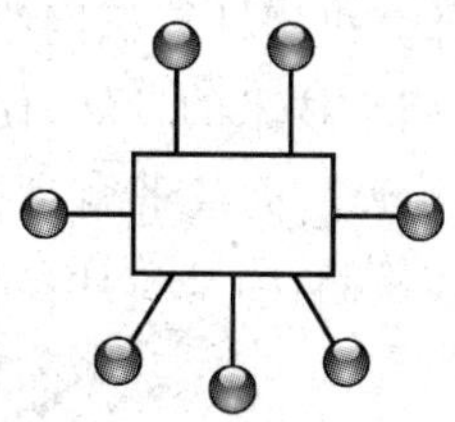

图 8-3　星形拓扑结构

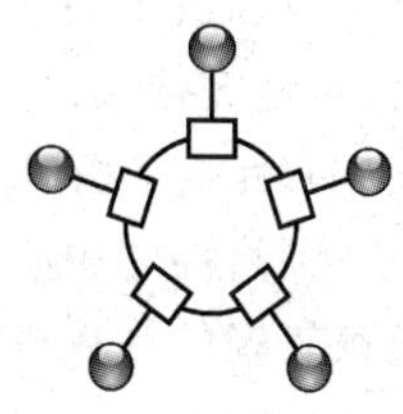

图 8-4　环形拓扑结构

(4) 树状拓扑(Tree)：如图 8-5 所示，是一种层次结构，节点按层次联结，信息交换主要在上下节点之间进行，相邻节点或同层节点之间一般不进行数据交换。树状拓扑的优缺点与总线型拓扑相似。其特点是易于扩展、易于故障隔离。树状拓扑的缺点是对根的依赖太大，如果根发生故障，则整个网络不能正常工作。这种网络的可靠性方面与星形拓扑结构相似。

(5) 网状结构(Mesh)：如图 8-6 所示，网络的每个节点之间均有点到点的链路连接。这种连接不经济、结构复杂，每一节点都与多节点进行联结，因此必须采用路由算法和流量控制方法。优点是系统可靠性高，容错能力强，比较容易扩展，是目前广域网采用的拓扑结构。

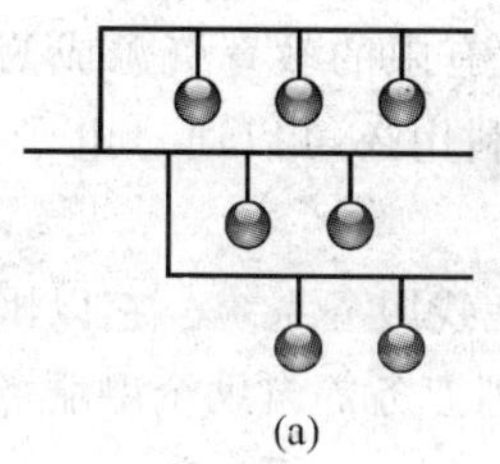

图 8-5　树状拓扑结构

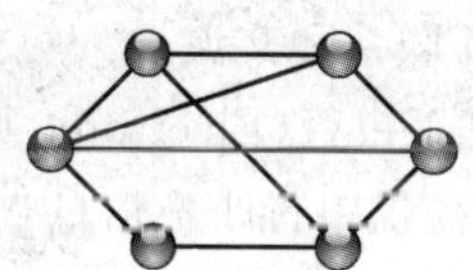

图 8-6　网状拓扑结构

8.1.4　计算机网络的功能及应用

1. 计算机网络的功能

(1) 数据通信(Data communication)。数据通信即实现计算机与终端、计算机与计算机间的数据传输，是计算机网络最基本的功能，也是实现其他功能的基础。如电子邮件、传真、远程数据交换等都属于数据通信。

(2) 资源共享(Resource sharing)。计算机网络的主要目的是共享资源。在网络上，任一用户使用远程的设备、程序和数据就像使用本地的一样。网络中可共享的资源有硬件资源、软件资源和数据资源。

(3) 远程传输(Remote transmission)。计算机已经由科学计算向数据处理方面发展、由单机向网络方面发展。分布在很远的用户可以借助计算机网络互相传输数据信息，互相交流，协同工作。

(4) 集中管理(Centralized management)。计算机网络技术在现代办公、电子商务等方面的应用越来越广。目前,这些系统已经实现日常工作的集中管理(由网络服务器来实现),提高了工作效率,增加了经济效益。

(5) 分布式处理(Distributed processing)。分布式处理是指将不同地点的或具有不同功能的或拥有不同数据的多台计算机用计算机网络连接起来,在控制系统的统一管理控制下,协调地完成信息处理任务。网络技术的发展,使得分布式处理、分布式计算成为可能。

(6) 负载平衡(Load balancing)。负载平衡是指工作被均匀地分配给网络上的各台计算机。网络控制中心负责分配和检测,当某台计算机负载过重时,系统会自动转移部分工作到负载较轻的计算机中去处理。

2. 计算机网络的应用

计算机网络的应用已经深入涉及了社会生活的各个方面。几种主要网络应用包括:

(1) 办公自动化(Office automation,OA)。网络化办公系统的主要功能是实现信息共享和公文流转,包括电子签名、公文处理、日程安排、会议管理、档案管理、财务报销、信访管理、信息发布等。这种系统应该简单、可靠、安全、易用、容易安装和普遍适用。但缺乏统一的标准和规范是影响 OA 的主要因素。

(2) 电子数据文换(Electronic data interchange,EDI)。EDI 是一种新型的电子贸易工具,是计算机、通信和现代管理技术相结合的产物。它通过计算机通信网络将贸易、运输、保险、银行和海关等行业信息表现为国际公信的标准格式,实现公司之间的数据交换和处理,并完成以贸易为中心的整个交易过程,也称为“无纸贸易”。

(3) 远程教育(Distance education)。远程网络教学是利用因特网技术,与教育资源相结合,在计算机网络上进行的教学方式。远程教育是可以使有限的教育资源成为不受时空和资金限制的、人人可以享受的全民教育资源。网络教学利用还可以通过电子邮件、BBS 等建立交互联系和交流。

(4) 电子银行(Electronic banking)。电子银行是一种在线服务系统。它以因特网为媒介,为客户提供银行账户信息查询、转账付款、在线支付、代理业务等自助金融服务。这种系统安全性和保密性是重中之重。

(5) 证券和期货交易(Securities and futures)。证券和期货市场通过计算机网络提供行情分析和预测、资金管理和投资计划等服务。管理员、经纪人和交易者可以利用多种通信设备直接进行交易。

8.2 数据通信基础

8.2.1 数据通信系统的组成和信号

1. 数据通信系统的组成

数据通信系统由信源、信宿、信道、变换器、反变换器和噪声源 6 部分组成。

(1) 信源(Signal source):在通信系统中,产生和发送信息的一端称为信源。可以是人、机器、自然界的物体等,所产生的信息包括语言、文字、图像和数据等。

(2) 信宿(Signal receiver):在通信系统中,信宿即信息的接收者,可以是人、机器或计算机。

(3) 信道(Channel)：信源和信宿之间的通信线路称为信道。信道从形式上可分为有线信道和无线信道两类；从方式上又可以分为模拟信道和数字信道两类。

(4) 变换器(Converter)：将信源发出的信息变换成能在信道上传输的信号的装置。

(5) 反变换器(Anti-converter)：将从信道上接收的信号变换成信宿可处理的信息的装置。

(6) 噪声源(Noise source)：通信系统的噪声可能来自于各个部分，包括发送或接收信息的周围环境、各种电子器件、信道外部的电磁场干扰等。

2. 信号的分类

通信系统的信道上传输的信号可分为模拟信号和数字信号两大类。

(1) 模拟信号是其幅值随时间连续变化的信号，其主要参数有幅度、相位和频率；

(2) 数字信号是不连续的跳动信号，其特点是只有有限个离散值，数字信号之间的转化几乎是瞬时的。

3. 信道的带宽

我们用带宽表示网络的通信线路所能传送数据的能力。模拟信道的带宽定义为信道能通过的信号的最低频率与最高频率之差；数字信道的带宽定义为信道中能不失真地传输的脉冲序列的最高速率。为了使信号传输中的失真小些，信道要有足够的带宽。

8.2.2　数据传输介质

计算机网络中可以使用多种传输介质来组成物理信道。这些传输介质的特性不同，因此使用的网络技术不同，应用的场合也不同。

1. 双绞线电缆

双绞线电缆(Twisted pair)由不同颜色的(橙/绿/蓝/棕)4 对双绞线组成，每对相互绝缘的铜导线绞扭在起组成，以减少线对之间的电磁干扰。双绞线电缆分为屏蔽双绞线和非屏蔽双绞线，如图 8-7 所示。国际电气工业协会(EIA)定义了双绞线电缆的多种型号及性能。双绞线电缆适用于短距离(100m 内)室内结构化综合布线。

2. 同轴电缆

同轴电缆(Coaxial cable)的芯线为铜质导线，外包一层绝缘衬料，再外面是由细铜丝组成的网状导体，最外面加一层塑料保护膜，如图 8-8 所示。同轴电缆具有高带宽和极好的噪声抑制特性。

图 8-7　双绞线电缆

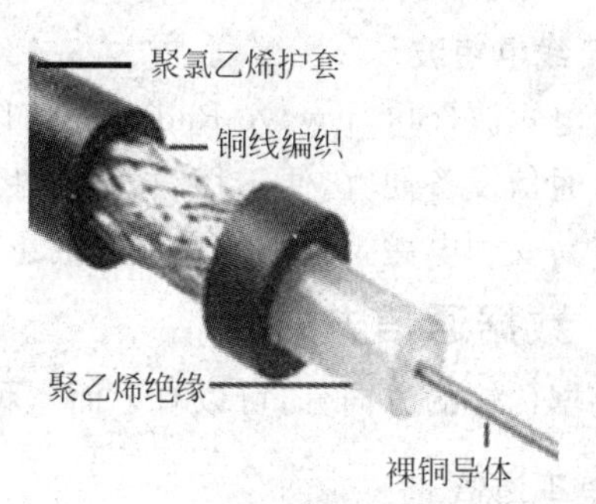

图 8-8　同轴电缆

在局域网中常用的同轴电缆有两种,一种是特性阻抗为 50Ω 的同轴电缆,用于传输数字信号,例如 RG-8 或 RG-11 粗缆和 RG-58 细缆。粗缆适用于大型局域网的主干和室外部分,细缆则适宜于室内安装;另一种同轴电缆是特性阻抗为 75Ω 的 RG-59 电缆,该种电缆带宽在 750MHz 以上,多用于 CATV,可分别传输 Internet 数据、电话语音和电视信号,实现"三网合一",是我国大力发展的一种宽带网络技术之一。

3. 光纤

光纤(Optical fiber)也称光缆,其核心是由石英玻璃或特种塑料拉成细纤芯,再由纤芯和包层构成双层光纤,将数根至数百根光纤用塑料外层包装并嵌埋钢丝绳,就构成了光缆。光纤具有频带宽、传输速率高、传输距离远、抗干扰性好、数据保密性高、误码率低等优点。

光在光纤中传播可以有多种模式。多模光纤传输示意图如图 8-9(a)所示,它的纤芯中折射率随着半径的增加而减少,可获得比较小的模态色散,因而频带较宽,传输容量较大。单模光纤的纤芯直径很小(4~10μm),此时光纤就成为波导,光波在其中无折射地沿直线传播,如图 8-9(b)所示。单模光纤完全避免了模态色散,使得传输频带很宽,传输容量很大,适用于大容量、长距离的通信,是未来光纤通信与光波技术发展的必然趋势。

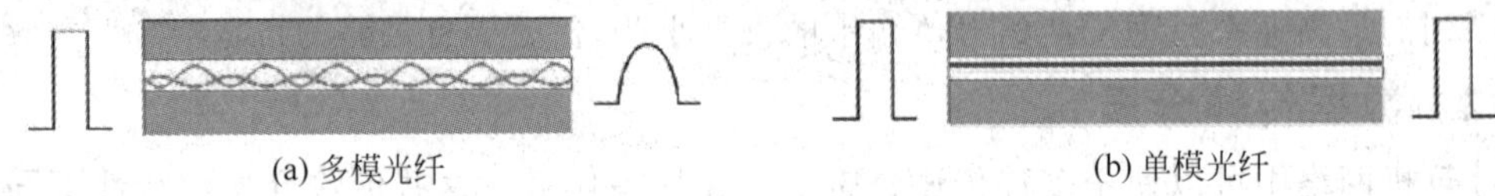

(a) 多模光纤　　(b) 单模光纤

图 8-9　多模光纤与单模光纤

4. 微波

微波(Microwave)通信的波长为 1mm~1m,通信距离一般为 40~50km。微波通信具有容量大、质量好的特点。在超远距离通信时,须采用中继方式。用于传输数字基带信号的系统称为数字微波通信系统。卫星通信的频率段一般在 1~11GHz,属于微波频率,也有它自己的特点。卫星通信是指利用人造地球卫星作为中继站,转发或反射无线电波,在两个或多个地球站之间进行的通信,具有带宽高、容量大、便于安装和移动的特点。

5. 红外线

红外线(Infrared)传输系统则利用墙壁或屋顶反射红外线从而形成整个房间内的广播通信系统。这种系统采用红外光发射器和接收器,价格便宜、带宽高,但传输距离有限,而其易受空气状态(例如烟雾)的影响。

6. 无线电短波

无线电短波(Short-wave Radio)通信以直线方式在视距范围内传播但带宽比微波通信小。短波通信设备便宜、便于移动、方向性不强,加上中继站可以传送很远的距离。但是短波通信容易受到电磁干扰和地形地貌的影响。

8.2.3 数据通信方式

按数据传输的方向分,可以有下面三种不同的通信方式。

1. 单工通信

在单工信道(Simplex communication)上信息只能在一个方向传送。发送方不能接收,接收方不能发送。信道的全部带宽都用于由发送方到接收方的数据传送。无线电广播和电视广播都是单工通信的例子。

2. 半双工通信

在半双工信道(Half duplex communication)上,通信双方可交替发送和接收信息,但不能同时发送和接收。在任一时刻,信道的全部带宽用于一个方向传送信息。多数对讲机就是以这种方式通信的。

3. 全双工

全双工(Full duplex)是可同时进行双向信息传送的通信方式,如网络通信。全双工不但要求通信双方都有发送和接收设备,而且要求信道能提供双向传输的双倍带宽。计算机通信多采用全双工。

8.2.4　数据传输技术

1. 调制和解调(Modulation and demodulation)

调制(Modulation)就是用原始的数字信号控制载波的若干个参数(如幅度、频率、相位等),使这些参数按原始数字信号的规律发生变化。通过调制,可以使数字信号转化为模拟信号并在载波上传输。而解调(Demodulation)就是接收端将收到的已调制的模拟信号复原成数字信号的过程。能实现调制和解调过程的设备称为调制解调器(Modem)。

2. 基带传输技术(Baseband transmission technology)

未经调制的数字信号占据信道的全部带宽,称为基带(Baseband)信号。在近距离范围内,这种信号不会衰减太多,无须调制解调设备。所以局域网系统大多采用基带传输方式。

3. 频带传输技术(Band transmission technology)

如果要将数字信号传输到较远的地方,就要使用频带传输技术。如果调制后的模拟信号频率超出音频范围,则称为宽带传输或载波传输。宽带传输是广泛采用的频带传输方式。

4. 信道复用技术(Channel multiplexing)

在计算机网络通信中,为节约成本,多采用共享信道技术,即网络中多个节点共享同一信道,都可以通过该信道发送信息,称为信道复用。常用的信道复用有以下三种方式。

(1) 频分复用(FDM):按频率划分的不同信道,用户分到某个频带后,在通信过程中始终占用这个频带。频分复用系统中的所有用户在相同的时间占用不同的带宽资源。

(2) 时分复用(TDM):按时间划分成不同的信道,每个用户在每一个 TDM 帧中占用固定序列号的间隙。时分复用系统中的所有用户是在不同时间占用同样的频带宽度。

(3) 码分多址(CMDA):系统中的每一个用户可以在同样的时间使用同样的频带进行通信,由于各用户使用经过特殊挑选的不同码型,因此各用户之间不会造成干扰。

8.2.5　数据交换技术

数据交换是指在数据通信时利用中间节点将通信双方连接起来,中间节点负责执行接收和传送数据,直至目的地。整个数据传输的过程称为数据交换。数据交换方式有以下三种。

1. 线路交换

线路交换(Circuit-switched)是在相互通信的站点之间先建立物理连接再传输数据。特点是独占性、实时性好、数据传输透明，但线路利用率低。大致的过程包括以下几步。

(1) 建立线路：发起方站点对响应方站点发送一个请求，该请求通过中间节点传输；如果中间节点有空闲的物理线路可以使用，则接收请求、分配线路并将请求传输给下一中间节点，整个过程持续进行，直至终点。线路一旦被分配，在未释放之前，其他站点将不可使用。

(2) 数据传输：在建立物理线路的基础上，站点之间进行数据传输。

(3) 释放线路：当站点之间的通信完毕，即执行释放线路的动作。该动作可以由通信双方中任何一方发起，释放线路请求通过途径的中间节点送往对方，释放整条线路资源。

2. 报文交换

报文交换(Message switching)也称存储-转发交换。其原理是：中间节点由具有较大存储能力的计算机承担，目的是让中间节点能暂时保存用户传输的信息。报文交换无须同时占用整个物理线路，如果一个站点希望发送一个报文，它需要将目的地址附加在报文上，然后传递给中间节点；中间节点暂存报文，并根据地址确定输出端口和线路排队等待，当线路空闲时转发给下一节点，直至终点。

报文交换的特点是采用“接收-存储-转发”数据、不独占线路、支持多点传输、中间节点可进行数据格式的转换、有一定的差错检测功能、数据传输延迟大等。

3. 分组交换

分组交换(Packet switching)是对报文交换的改进，是目前应用最广的交换技术。它结合了线路交换和报文交换两者的优点。分组交换类似于报文交换，但它规定了交换设备处理和传输的数据长度(称之为分组)，将长报文分成若干个固定长度的小分组进行传输。不同站点的数据分组可以交织在同一线路上传输，提高了线路的利用率。由于分组长度的固定，系统可以采用高速缓存技术暂存分组，以提高转发的速度。

8.3 计算机网络体系结构

8.3.1 计算机网络体系结构基本概念

为了解决计算机网络互联问题，人们提出了网络分层的概念，采取“分而治之”的方法：把计算机互联的功能划分成定义明确的层次，规定了同层次进程通信的协议(标准)和相邻层之间的接口服务，这些通信协议及接口统称为网络体系结构。因此，网络协议就是为实现网络中的数据交换而建立的规则、标准或约定。计算机网络中存在多种协议，每一种协议都有其设计目标、需要解决的问题和使用的限制。

8.3.2 ISO/OSI 开放系统互联参考模型

ISO 提出了开放系统互联参考模型(OSI/RM)，如图 8-10 所示，它定义了第一个被广泛接受的网络体系结构。下面简要介绍 OSI/RM 的划分与功能。

1. 物理层

物理层(Physical layer)规定通信设备的机械、电气、功能和过程特性，用以建立、维持和释放数据链路实体间的连接。

2. 数据链路层

数据链路层(Data link layer)的功能是建立、维持和释放网络实体之间的数据链路，这

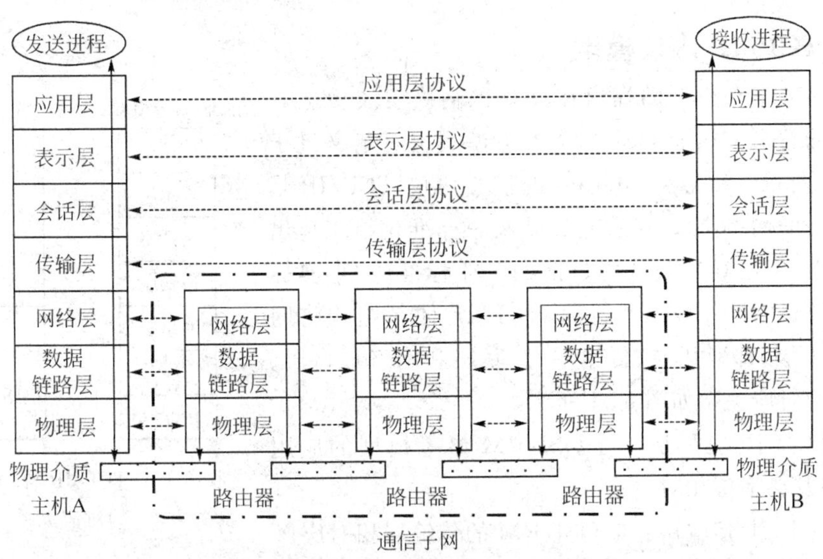

图8-10 ISO的OSI/RM网络参考模型

种数据链路对网络层表现为一条无差错的信道。数据链路层还实现流量控制和差错控制。

3. 网络层

网络层(Network layer)通过网络连接交换传输层实体发出的数据，把上层来的数据组织成分组在通信子网的节点之间交换传送。所要解决的关键问题是选择路径、防止网络中出现局部的拥挤或阻塞。此外，网络层还提供根据通信过程中文换的分组数(或字符数、比特数)收费的功能。

4. 传输层

传输层(Transmission layer)在低层服务的基础上提供一种通用的传输服务，采用多路复用或分流的方式优化网络的传输效率。传输层的服务既可提供一条无差错按顺序的端到端连接，也可提供不保证顺序的独立报文传输或多目标报文广播。

5. 会话层

会话层(Session layer)利用传输层提供的端到端数据传输服务，具体实施服务请求者与服务提供者之间的通信。它提供的会话服务可分为两类：把两个表示实体结合在一起，或者把它们分开，称为会话管理；控制两个表示实体间的数据交换过程称为对话服务。

6. 表示层

表示层(Presentation layer)的用途是提供一个可供应用层选择的服务的集合，可以根据这些服务功能解释数据的含义。与其下各层只关心如何可靠地传输数据不同，表示层关心所传输的数据的表现方式、它的语法和语义。表示服务包括统一的数据编码、数据压缩格式、加密技术等。

7. 应用层

应用层(Application layer)是直接面向用户的一层，是用户使用OSI/RM功能的唯一窗口。应用层提供完成特定网络服务功能所需的各种应用协议。应用进程借助于应用实体(AE)、使用协议和表示服务来交换信息。

8.3.3 TCP/IP 协议模型

OSI/RM 参考模型的提出在计算机网络发展史上具有里程碑的意义。然而 OSI/RM 参考模型也有定义过于繁杂、实现困难等缺点。Internet 的核心协议 TCP/IP 是目前最流行的网络协议,尽管它不是某一标准化组织提出的正式标准,但已经被公认为目前的工业标准或"事实标准"。与 OSI/RM 参考模型不同,TCP/IP 体系结构将网络划分为 4 层,即应用层、传输层、互联层和网络接口层。两种模型的对应关系如图 8-11 所示。

OSI参考模型	TCP/IP参考模型
应用层	应用层
表示层	
会话层	
传输层	传输层
网络层	互联层
数据链路层	网络接口层
物理层	

图 8-11 TCP/IP 与 OSI/RM 的对应关系

(1) TCP/IP 应用层:与 OSI/RM 参考模型的应用层、表示层及会话层相对应;

(2) TCP/IP 传输层:与 OSI/RM 的传输层相对应;

(3) TCP/IP 互联层:与 OSI/RM 的网络层相对应;

(4) TCP/IP 网络接口层:与 OSI/RM 的数据链路层及物理层相对应。

TCP/IP 协议的特点:TCP/IP 体系结构并未对网络接口层使用的协议做出强硬的规定,以允许主机连入网络时使用多种现有协议;互联层的功能提供无连接网络服务;传输层的主要功能与 OSI/RM 模型的传输层相似;应用层与 OSI/RM 模型中的高 3 层的任务相同,都是用于提供如文件传输、远程登录、域名服务和简单网络管理等。另外,TCP/IP 协议簇允许同层的协议实体间互相调用,从而完成复杂的控制功能。

8.4 局域网技术

局域网(Local area networks,LAN)是分组广播式网络。即所有的工作站都连接到共享的传输介质上,任何站发出的数据包其他站都能接收。共享信道的分配技术是局域网的核心技术,而这一技术又与网络的拓扑结构和传输介质有关。

8.4.1 局域网概述

局域网是在一个较小的范围内利用通信线路将众多计算机及外设连接起来,实现数据通信和资源共享的网络。局域网被广泛应用于办公自动化、企业管理信息系统、生产过程实时控制、军事指挥和控制系统、辅助教学系统、医疗管理系统、软件开发系统等方面。

1. 局域网的特点

(1) 较小的地域范围,其范围没有严格的定义,一般认为距离在 25km 以内。

(2) 高传输速率、低误码率:传输速率为 10~1000Mbps,误码率在 10^{-9}~10^{-11}。

(3) 局域网为一个单位建设、控制、管理和使用。采用双绞线、光纤等建立内部专线。

2. 局域网的关键技术

决定局域网特征的主要技术为连接各种设备的拓扑结构、数据传输介质及介质访问控制方法,这三种技术决定了传输数据的类型、吞吐量、利用率以及网络的应用环境。

(1) 拓扑结构:局域网具有几种典型的拓扑结构:星形、环形、总线型和树状。

(2) 传输介质：局域网常用的传输介质包括双绞线、同轴电缆、光纤、无线介质等。

(3) 介质访问控制方法：关键的问题是当信道的使用产生争用时如何分配信道的使用权。解决方案是采用载波监听多路访问/冲突检测(CSMA/CD)协议。

CSMA/CD 的基本原理是计算机在发送数据之前，先监听信道上是否有别的计算机发送的载波信号。若有，说明信道正忙；否则信道是空闲的。然后根据预定的策略决定：若信道空闲，是否立即发送；若信道忙，是否继续监听。

即使信道空闲，若立即发送仍然会发生冲突：一种情况是远端的计算机刚开始发送，载波信号尚未传到监听计算机，这时若监听计算机立即发送，就会和远端的计算机发生冲突；另一种情况是虽然暂没有计算机发送，但碰巧两个计算机同时开始监听，如果它们都立即发送，也会发生冲突。所以，控制策略就是想要避免虽然稀少但仍可能发生的冲突。若信道忙时，如果坚持监听，发送的计算机一旦停止就可立即抢占信道。但是有可能几个计算机同时都在监听，同时都抢占信道，从而发生冲突。控制策略的另一个要点就是进一步优化监听算法，使得有些监听计算机或所有监听计算机都后退一段随机时间再监听，以避免这种冲突。

8.4.2　局域网体系结构及主要标准

IEEE 对于 IEEE 802 标准不断扩充，现已覆盖了所有线和无线局域网。目前 IEEE 802 也成为国际标准。IEEE 802 标准只相当于 OSI/RM 参考模型的最低两层。高层功能往往与具体的实现有关，包含在网络操作系统中，而绝大部分网络操作系统的功能都是与 OSI/RM 和 TCP/IP 协议兼容的，所以几乎所有局域网均可实现互联。

8.4.3　局域网组成

一般来说，局域网主要由网络服务器、工作站和通信设备 3 部分组成。

1. 网络服务器

网络服务器是局域网的核心，一般由专用服务器或高档的微机来担任。局域网中至少应配置一台服务器。服务器为网络用户提供服务并管理整个网络。服务器的主要作用有：通过网络操作系统控制、协调和管理各工作站提出的网络服务请求；存储和管理网络中的共享资源和软件系统。各种共享的数据库、系统文件、应用程序等软件资源可存储在服务器中，由网络操作系统对这些资源统一管理。根据提供的服务的不同，服务器的类型有文件服务器、通信服务器、邮件服务器、备份服务器、打印服务器等。

2. 工作站

工作站是网络的窗口，用户通过工作站来访问网络的共享资源。在局域网中，工作站由计算机担任，也可以由输入输出终端担任。

3. 通信设备

局域网中的通信设备，主要包括网卡、传输介质和网络互联设备等。

(1) 网络接口卡(Network interface card)，又称为网络适配器(NAC)，简称网卡，如图 8-12 所示。网卡是工作在物理层的网络部件，安装在服务器和工作站的主机箱内，是服务器和工作站必备的网连接设备。网卡实现工作站与局域网传输介质之间的物理连接和电信号匹配，负责帧的发送与接收、帧的封装与拆封、介质访问控制、数据的编码与解码以及数据缓存等。目前的计算机主板上集成了 10/100/1000Mbps 自适应以太网卡，故只有在特殊需要时,才需要另外选购网卡。应根据网络的类型和传输介质来选择网卡,即网卡接口必须要与网络类型一致。常见接口有 RJ-45 接口、同轴电缆 BNC 接口和光纤接口等。

(2) 调制解调器(Modem),是利用通信线路联网所必需的物理层网络设备,如图 8-13 所示。调制解调器用来实现计算机中的数字信号与通信线路上信号的转换。在信号发送时,将数字信号调制通信线路信号;在接收信号时,将通信线路信号解调成数字信号。根据 Modem 类型和安装方式,目前有卡式 Modem、ADSL Modem、Cable Modem 和光纤 Modem 等。

图 8-12 网络接口卡

图 8-13 调制解调器

(3) 交换机(Switcher)。交换机就是一种在通信系统中完成信息交换功能的设备,是数据链路层设备,如图 8-14 所示。它集中继器和集线器的功能于一体,采用高带宽的背部总线和内部交换矩阵,能在同一时刻进行多个端口对之间的数据传输。每一端口都可视为独立的网段,与它连接的网络设备均享有全部的带宽,是局域网连接和扩展的最常用联网设备。

(4) 路由器(Router),是网络层设备,如图 8-15 所示。路由器是实现网络互联的枢纽,它会根据信道的情况自动选择和设定路由,以最佳路径,按前后顺序发送信号;路由器能将不同协议的网络进进行互联、实现不同协议数据的转换,并强化网络间的管理。目前路由器最典型的应用是实现 LAN 与 WAN 连接;路由器能识别网络层地址,能很好地控制拥塞、隔离子网,已经广泛应用各种骨干网内部连接、骨干网间互联和骨干网与互联网互联业务。

图 8-14 交换机

图 8-15 路由器及其模块

路由器在互联网中有着举足轻重的地位,是计算机网络之间互联的桥梁。通过它不仅可以连通不同的网络,还能选择数据传送的路径,并能阻隔非法的访问。

8.4.4 无线局域网

无线局域网英文简写为 WLAN,由无线网卡、访问控制器设备(Access controller,AC)、无线访问点(Access point,AP)和 WLAN 终端设备组成。其拓扑结构基于 IEEE 802.11

标准，允许使用 2.4GHz 或 5GHz 射频波段进行无线连接。达到“信息随身化、便利走天下”的理想境界，成为家庭、企业和 Internet 接入的热点。

1. 无线局域网的标准

目前，无线局域网常用的标准主要有：IEEE 802.11 系列协议族、HomeRF（家用射频）、Bluetooth（蓝牙）以及欧洲的 HiperLAN2 协议。其中，IEEE 802.11 系列协议族以距离适中、传输速率高、采用 ISM 免费频段、支持 MESH 组网等特点而成为 WLAN 的主导标准。

IEEE 802.11 系列标准主要用于解决办公室局域网和校园网中用户与用户终端的无线接入、传输速率、工作频率、多路复用等技术。2009 年推出的 802.11n 标准，传输速率由 802.11a/g 提供的 54Mbps、108Mbps，提高到 350Mbps 甚至高达 475Mbps。新一代的标准是 802.11ae。

WI-FI 是 Wireless Fidelity（无线保真）的缩写，是 WLAN 技术的一种，使用 IEEE 802.11b 规范和 2.4GHz 波段，与 802.11a/g 网络兼容，但并不完全一致。

WAPI 是我国自行研制的、在 WLAN 领域唯一获得批准的一种技术，同时也是中国无线局域网安全强制性标准。与 WI-FI 的单向加密认证不同，WAPI 采用更为先进的双向认证加密技术，从而保证 WLAN 中数据传输的安全性。

蓝牙（Bluetooth）是一种短距离（最长 10m）无线通信技术，使用 2.4GHz 的 ISM 频段，通过低带宽电波实现点对点，或点对多点连接之间的信息交流。其网络模式也称为私人空间网络（Personal area network，PAN），由多个微网络或蓝牙主控器/附属器构建的迷你网络为基础。蓝牙计划的目标就是要确保任何带有蓝牙标志的设备都能进行互换性操作。

2. WLAN 网络模式简介

WLAN 的网络模式分为两大类：独立型网络模式和基础结构型网络模式。

独立型网络模式（也称无中心对等网 Ad Hoc）主要特点是无须无线 AP 支持，站点之间可相互通信，但通信距离有限、管理性较差，如图 8-16 所示。

基础结构型网络模式又可分为基础结构型 BSS 和扩展服务集合 ESS 两种。基础结构型 BSS 的特点是站点之间不能直接通信，依赖 AP 进行数据传输，而 AP 提供到有线网络的连接，并为站点提供数据中继功能，如图 8-17 所示；扩展服务集合 ESS 的特点是构成了一组通过分布式系统（DS）互连的具有相同 SSID 的 BSS，如图 8-18 所示。

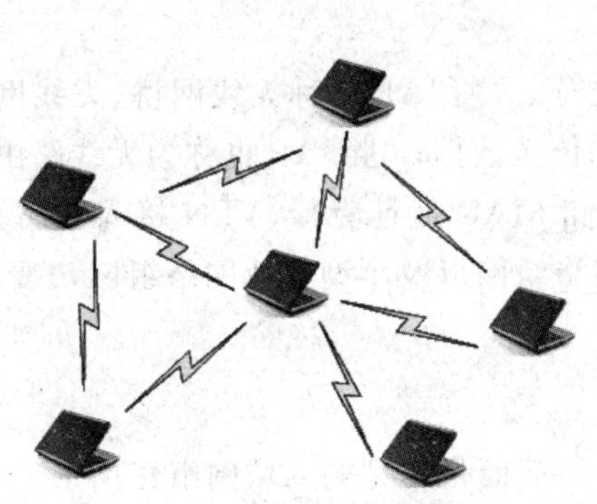

图 8-16　独立型网络模式

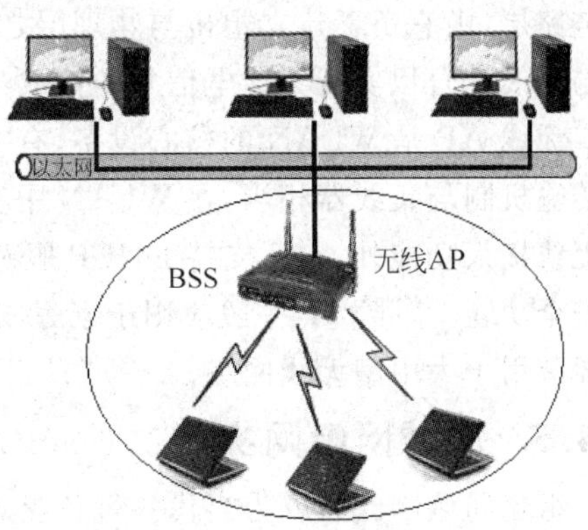

图 8-17　基础结构型 BSS

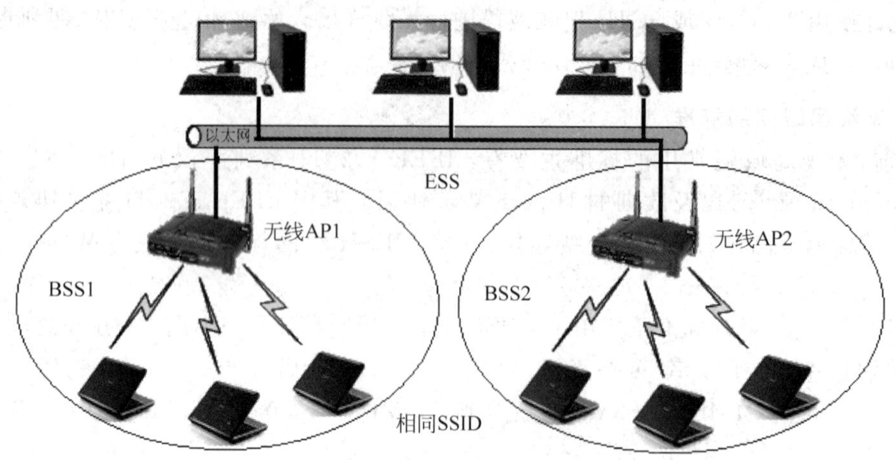

图 8-18 扩展服务集合 ESS

3. WLAN 工作原理

WLAN 的基本元素是：SSID 和 BSSID。SSID(Service set identifier)是一个 ESS 的网络标识。BSSID 是一个 BSS 网络的标识，其实质就是 AP 的 MAC 地址，用来标识 AP 管理的 BSS。在同一个 AP 中，SSID 和 BSSID 一一对应；在一个 ESS 内 SSID 是相同的，但每个 AP 与之对应的 BSSID 是不同的。在无线网卡中设置不同的 SSID(最多 32 个字符)，可以进入不同的 WLAN。SSID 通常由无线 AP 或无线路由器广播出来，通过站点操作系统自带的扫描功能即可看到当前区域内 WLAN 的 SSID。若出于安全考虑 AP 禁止广播其 SSID，客户端则需要手动设置 SSID，才能进入相应的 WLAN。

WLAN 的工作方式与 CSMA/CD 相似：当客户端要发送信息时，主机先将待发送的信息传送给 NIC 单元，由 NIC 单元首先监测信道是否空闲，若空闲立即发送，否则暂不发送，并继续监测。当客户端要接收信息时，扩频通信机通过天线接收信息，并对该信息进行处理，判断是否要发给 NIC 单元，是则将信息帧提交给 NIC 单元，否则丢弃；若扩频通信机发现接收到的某信息帧有错，则通过天线发送给发送端一个出错信息，申请重发此信息帧。

4. WLAN 设备

无线网卡主要由网卡(NIC)单元、扩频通信机和天线三个单元组成。NIC 单元属于数据链路层，由它负责建立主机与物理层之间的连接；扩频通信机与物理层建立了对应关系，再与天线配合以实现无线电信号的接收与发射。

无线 AP 是 WLAN 的核心设备，有“胖”“瘦”之分。“瘦”AP 也称无线网桥、无线网关，其传输机制与集线器相当，在 WLAN 中实现接收和传送数据；“胖”AP 也称为无线路由器，除无线接入功能外，它还支持 DHCP 服务器、DNS 和 MAC 地址克隆、VPN 接入和防火墙等安全功能。“胖”AP 一般应用于家庭或 SOHO 网络组网以及小型企业网络组网，“瘦”AP 一般应用于大中型无线网络。

8.4.5 局域网组网实例

组建局域网已经成为当代各行各业必不可少的。下面是常见的局域网组建例子。

小型局域网的规模一般在 200 用户以内，目标是为企业提供企业内部的数据交换和数据访问以及打印机等硬件设备的共享。规划小型局域网方案时，重点是服务器和核心交换的选择，以保证网络带宽并为接入 Internet 提供空间。快速星形以太网结构是小型局域网的首选，网络中各工作站通过交换机连接，各节点以星形分布。采用双绞线作为传输介质，具有容易实现、节点扩展方便、容易维护、传输速率高等优点。网络拓扑结构如图 8-19 所示。

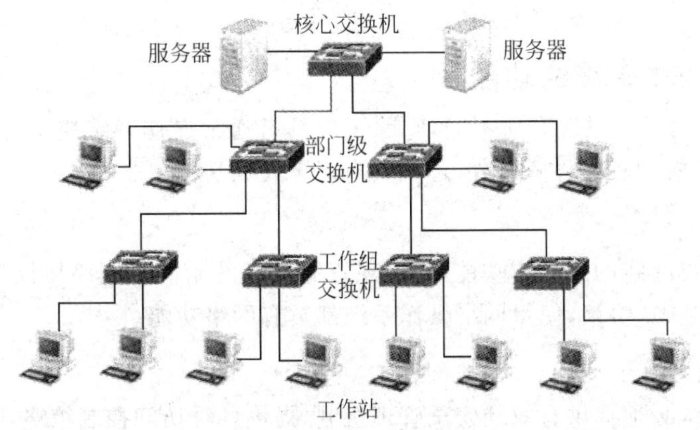

图 8-19　小型局域网结构

8.5　网络操作系统

8.5.1　网络操作系统概述

网络操作系统(Net operating system，NOS)是网络的心脏和灵魂，是网络上各计算机能方便而有效地共享网络资源、为网络用户提供所需的各种服务的软件和有关规程的集合。主要的 NOS 有以下几种。

1. Windows Server 系列

微软在 NOS 中也占有一席之地。图形操作环境是它的优势，它对服务器的硬件要求较高、价格较贵。在局域网中，服务器采用的 NOS 主要有：Windows Server 2003/2008/2012 等，工作站系统可以采用个人操作系统，如 Windows XP/Vista/7 等。

Windows Server 2008 是专为强化下一代网络、应用程序和 Web 服务的功能而设计，它支持服务器群集、虚拟化和高性能计算等，共有 8 种版本。最新的 Windows Server 2012 增强了存储、网络、虚拟化、云等技术的易用性。

2. NetWare 系列

NetWare 是对网络硬件要求较低的 NOS，在网络对拷、网络恢复方面仍有一定的市场，具有相当丰富的应用软件支持、技术完善、可靠等特点。没有直接采用 TCP/IP 网络协议是导致它市场占有率下降的主要因素。

3. UNIX 系列

UNIX 是目前系统最稳定、安全性能最好的 NOS，一般用于大型的网站或大型的企、事业局域网中。目前常用的有 UNIX SUR、HP-UX、Solaris 8.0 等。功能强大、性能稳定是它的优势;价格昂贵且为文本界面、难于掌握是它的不足。

4. Linux

Linux 是一种源代码开放的 NOS。目前也有中文版本的 Linux(如 REDHAT,红帽子),红旗 Linux 等。它由 UNIX 派生,主要体现在它的安全性和稳定性方面,在国内外均得到了用户充分的肯定和支持。极低成本和稳定性能是目前在专业人员中最受欢迎的原因。

8.5.2 网络操作系统的功能

NOS 与通常的操作系统有所不同,它除了应具有通常操作系统应具有的处理机管理、存储器管理、设备管理和文件管理外,还应具有以下几大功能。

1. 网络通信

通信是计算机网络的最基本功能,是实现资源共享的基础。网络协议通常被设计到操作系统中,如 TCP/IP 协议,使得网络操作系统都具有网络功能。

2. 资源管理

网络操作系统必须提供有效的安全管理机制,提供各种访问控制策略,既保证计算机网络在实现资源共享,也必须提供有效的安全控制和管理机制,保证数据访问可控性和安全性。

3. 网络服务

服务是网络建立的主要形式。因此,NOS 必须提供各种网络服务功能,以确保其灵活性和可扩展性。大部分网络服务功能通常是通过 NOS 内置组件或者第三方的服务组件实现的,如:Web 服务、ftp 服务、E-mail 服务、DNS 服务和打印机共享服务。

4. 网络管理

NOS 是通过访问控制来保证数据的安全性、通过容错技术来保证系统出现故障时候的数据安全性。另外,NOS 还应能监视网络性能,实现网络使用情况统计和记账等功能。

8.5.3 Windows 中的常用网络命令

1. ping 命令

ping 的功能是用于确定本地主机是否能与另一台主机交换(发送与接收)数据报。根据返回的信息,就可以推断 TCP/IP 参数是否设置得正确以及网络是否通畅。

例如:

```
ping www.baidu.com -t       //检查与百度网站的连接情况
ping 127.0.0.1              //检查本机 TCP/IP 的安装或运行存在是否有问题
ping IP 地址 -t              //检查本地网络中的网卡和载体运行是否正确
```

2. ipconfig 命令

ipconfig 命令用于显示当前手动设置或自动分配的 TCP/IP 设置信息,以检查这些信息是否正确。

例如:

```
ipconfig                    //显示本机的 IP 地址、子网掩码和默认网关
```

```
ipconfig  /all          //显示本机所有的网络设置
```

3. nslookup 命令

nslookup 命令用来诊断域名系统(DNS)基础结构的信息。TCP/IP 协议下才有效。

例如：

```
nslookup www.sina.com       //显示指定域名服务器及其 IP 地址
```

4. tracert 命令

tracert 命令来检查到达的目标 IP 地址的路径并记录结果，显示用于将数据包从计算机传递到目标位置的一组 IP 路由器，以及每个跃点所需的时间；如果数据包不能传递到目标，tracert 命令将显示成功转发数据包的最后一个路由器。

例如：

```
C:> tracert IP address
C:> tracert IP address  - d
```

5. telnet 命令

telnet 命令允许用户与使用 Telnet 协议的远程计算机通信。运行 telnet 时可不使用参数，以便输入由 Telnet 提示符(telnet>)表明的 telnet 上下文。可从 Telnet 提示符下使用下列命令管理运行 Telnet Client 的计算机。

例如：

```
telnet \\RemoteServer(指定要连接的服务器的名称)   //远程登录服务器
```

8.6 网络互联与 Internet

8.6.1 网络互联

网络互联(Interconnection)是指在网络协议控制下，通过通信设备和线路来实现地理位置不同的计算机网络之间的连接，以实现计算机网络之间的数据通信和资源共享。

所谓"互联"，是指两个要互联的计算机网络之间至少要有一条在物理上连接的线路(有线或无线的)，它作为两个网络之间的信息交换的传输媒介。另一个重要条件是这两个网络的通信协议必须是相互兼容的(逻辑上的连接)。计算机网络互联主要有两种连接方式。一种是通过中继设备实现网络互联，另一种是通过 Internet 进行网络互联。

8.6.2 Internet 的发展

1. 第一代互联网的发展

1960 年美国国防部建立的 ARPA 网成为互联网发展的起源和基础。1973 年 ARPA 网扩展成互联网，英国和挪威成为其第一批接入的用户。1974 年两位著名科学家鲍勃·凯恩和温登·泽夫提出了 TCP/IP 协议，并于 1983 年将 ARPA 网的网络协议改为 TCP/IP 协议。

1991 年 8 月，Tim Berners-Lee 在瑞士创立超文本标记语言 HTML 和超文本传输协议

HTTP,并为欧洲粒子物理实验室设计了网页,并发布第一个 Mosaic 网页浏览器版本。

目前,电子邮件、即时消息、视频会议、网上购物、企业对企业(B2B)与企业对客户(B2C)等平台的电子商务以及电子政务等网络应用正在为人们创造了更加方便、快捷的生活和工作环境,同时也极大促进了网络技术的飞速发展。国际电信联盟发布的报告显示,2014 年全球互联网用户数量较 2013 年增长了 6.6%,其中,发展中国家增长了 8.7%,发达国家增长了 3.3%,全球互联网用户也由 27 亿人增至 30 亿人。

2. 第二代互联网的发展

目前广泛使用的互联网是基于 IPv4 的第一代技术,其所能提供的 IP 地址资源已近枯竭,此外,第一代互联网的传输速度、数据安全性等也日益成为其进一步发展的软肋。

1996 年美国政府就启动了"下一代互联网 NGI"研究计划。同年,亚太地区先进网络组织 APAN 成立。2002 年,多国发起"全球高速互联网 GTRN"计划,积极推动下一代互联网技术的研究和开发。"更大、更快、更安全"成为第二代互联网的目标。

光纤通信技术、无线宽带技术、卫星通信技术等成为第二代 Internet 传输的主要支持技术。光纤到户(FTTH)、无线宽带城域网、家用宽带卫星通信等也成为其预期的目标。

第二代互联网的核心协议是 IPv6,它采用 128 位编码的网络地址,即所提供 IP 地址数目为 2^{128},即第二代互联网能让所有用户都将有自己唯一真实的 IP 地址,"端到端"直通将成为现实,为互联网的高速和安全提供坚实的基础;下一代互联网的传输速度可以达到每秒 10G 以上;下一代互联网在制定基础协议时就进行了充分的安全考虑。

(1) IPv6 的地址编码加长为 128 位,相当于有 128 位密匙,要想突破密码变得非常难;

(2) 端到端连接模式减少了大量的中转环节,自然大大降低了信息外泄的风险;

(3) 采用 64 位以上的先进数据加密算法,以确保互联网上传输的信息的安全性;

(4) 下一代互联网很可能不再由一个国家垄断,即使出现最恶劣状况,一个国家和外界的联系也不会被敌对国家强行切断,这也是安全中极为重要的一方面。

3. 中国 Internet 的发展

1987 年中国科学院高能物理研究所开始通过国际网络线路接入 Internet。1994 年 5 月,开始在国内建立和运行我国的域名体系。到 1997 年年底,我国有以下四大 Internet 主干网。

(1) 中国公用计算机互联网 ChinaNET

原邮电部与美国 Sprint Link 公司在 1994 年签署 Internet 互联协议,开始在北京、上海两个电信局进行 Internet 网络互联工程。ChinaNET 由骨干网和接入网组成。骨干网连接各直辖市和省会网络接点,包括 8 个地区网络中心和 31 个省市网络分中心;接入网是由各省内建设的网络节点形成的网络。目前已成为我国国际出口带宽最大的 Internet 互联网。

(2) 中国科技信息网 CSTNet

中国科学技术网 CSTNet 是国家科学技术委员会联合全国各省、市的科技信息机构,采用先进信息技术建立起来的信息服务网络。CSTNet 是利用公用通信网为基础的信息增值服务网,覆盖全国各省市,联结各部、委和各省、市科技信息机构,同时也是国际 Internet 的接入网。CSTNet 的 Internet 功能则为主要服务于专业科技信息服务机构。

（3）中国教育科研网 CERNET

1994 年开始由原国家教委主持建设和管理。CERNET 已建成由全国主干网、地区网和校园网在内的三级网络结构，其网络中心和地区主节点分别设在清华、北大、上海交大等 10 所高校，负责网的运行管理和规划建设。CERNET 也是我国开展下一代互联网研究的试验网络，建立了全国规模的 IPv6 试验平台。1998 年 CERNET 正式参加下一代 IP 协议（IPv6）试验网 6BONE 并成为其骨干网成员。CERNET 是我国第一个实现与国际下一代高速网 Internet 2 互联的网络。目前，国内仅 CERNET 用户可以直接访问 Internet 2。

（4）中国国家公用经济信息通信网络 CHINAGBN

CHINAGBN 是建立在金桥工程的业务网，支持金关、金税、金卡等"金"字头工程的应用。它是覆盖全国，实行国际联网，为用户提供专用信道、网络服务和信息服务的基干网，CHINAGBN 由吉通公司牵头建设并接入 Internet。

目前，我国政府推进通信业转型发展，经过合并重组，形成中国电信、中国联通、中国移动、中国科技网、中国教育科研网和中国国际经济贸易网等 6 大主干网络。中国互联网信息中心 CNNIC 于 2015 年发布了《第 35 次中国互联网络发展状况统计报告》，据此，截至 2014 年 12 月，我国 IPv4 地址数量为 3.32 亿；".CN"域名总数年增长为 2.4%，达到 1109 万，在中国域名总数中占比达 53.8%；网站总数为 335 万个，年增长 4.6%；手机网民规模达 5.57 亿人，较 2013 年增加 5672 万人；国际出口带宽为 4 118 663Mbps，年增长 20.9% 。

8.6.3 IP 地址

1. IPv4 地址

互联网上的每个接口必须有一个唯一的 Internet 地址。根据 IPv4 协议，IPv4 地址（简称 IP 地址）主要由两部分组成：网络地址和主机地址。IP 地址长 32bit，即 4 字节。为了方便记忆，IP 地址通常写成 4 个十进制的数，每个数对应一个字节，这种表示方法称作"点分十进制表示法"。例如，某 IP 地址为 11001010 11000101 11110000 00000110，其对应的点分十进制表示方式为 202.197.240.6。

IPv4 协议将 IP 地址空间划分为 A、B、C、D、和 E 5 个类别，其中 A、B、C 三类是基本类型，D 类是多址广播地址，E 类是实验性地址，如图 8-20 所示。同时 IPv4 规定了一些特殊的地址不能分配给网络或主机，如表 8-1 所示。

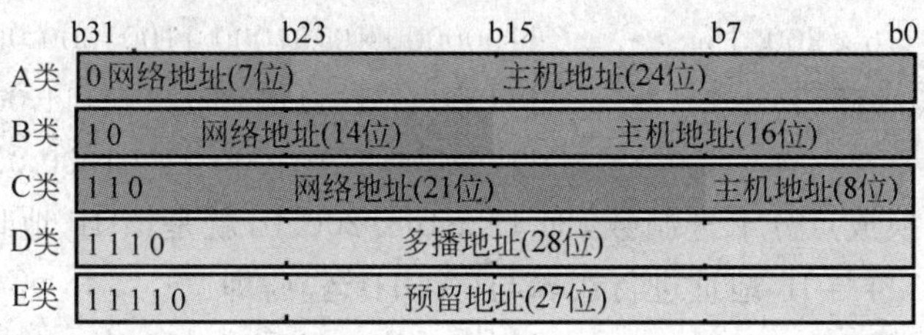

图 8-20　IPv4 地址的分类

A 类地址的最高位（b_{31}位）为"0"，网络地址空间占 7 位，允许最大网络个数为 $2^7-2=126$，每个 A 类网络最大提供的主机地址数目为 $2^{24}-2=16\ 777\ 214$ 个。

B 类地址的高 2 位（$b_{31}b_{30}$位）为"10"，网络地址空间占 14 位。允许最多 $2^{14}=16\ 384$ 个 B 类网络存在，每一个 B 类网络的最大可用主机数目为 $2^{16}-2=65\ 534$。

表 8-1 特殊的 IPv4 地址

地址名称	定 义	描 述	范 例
回送地址	最高 8 位为 01111111 的 IP 地址	向该类地址发送数据,TCP/IP 立即将数据返回,不作任何传送	127.0.0.1(本机回送地址)。如:ping 127.0.0.1
子网地址	主机地址全为 0 的 IP 地址	当前所在的子网号	202.197.220.0
广播地址	主机地址全为 1 的 IP 地址	向子网的每台主机发送广播信息	202.197.220.255

C 类地址的高 3 位($b_{31}b_{30}b_{29}$位)为“110”,网络地址空间占 21 位,允许 $2^{21}=2\,097\,152$ 个的 C 类网络存在,每一个 C 类网络最大可用主机数是 $2^8-2=254$。

在 Internet 中,网络地址由因特网权力机构分配,目的是保证网络地址的全球唯一性。主机地址由网络管理员统一分配,以确保网络中每个用户的主机地址的唯一性。因此,网络地址的唯一性与网络内主机地址的唯一性确保了 IP 地址的全球唯一性。

2. 子网掩码

为了减少网络地址,IP 网络地址的多重复用技术应运而生。通过复用技术,使若干物理网络共享同一个 IP 网络地址,以减少网络地址数。子网编址(Subnet addressing)技术是最广泛使用的 IPv4 网络地址复用方式,是 IPv4 地址组成的一部分。子网编址技术将 IPv4 地址的主机地址进一步划分为“子网络号”和“主机号”两部分,其中“子网络号”部分用于标识同一 IP 网络地址下的不同子网络,称为子网掩码,不同的子网就是依据子网掩码来识别的。

IPv4 规定,每一个使用子网的主机都设置一个与 IPv4 地址相似的 32 位子网掩码,若其中某位置 1,则 IPv4 地址中对应的某位为子网地址中的一位;若其中某位置 0,则 IPv4 地址中对应的某位为主机地址中的一位。IPv4 默认子网掩码分别为:A 类——255.0.0.0、B 类——255.255.0.0 和 C 类——255.255.255.0。

将子网掩码与 IP 地址进行逻辑与(AND)运算,可以区分出一个 IP 地址的网络号;若将子网掩码取反后,再与 IP 地址进行逻辑与(AND)运算,结果即为主机号。

例如:有一个 C 类地址为:192.168.200.15,它的子网掩码为:255.255.255.0,则

IP 地址:192. 168.200.15 → 11000000 10101000 11001000 00001111

子网掩码:255.255.255.0 → 11111111 11111111 11111111 00000000

逐位相“与”得: → 11000000 10101000 11001000 00000000

所得的二进制数转换成点分十进制数,即 192.168.200.0,就是该 IP 地址的网络地址。而将子网掩码取反后,再与 IP 地址进行逻辑与(AND)运算,即

IP 地址:192. 168.200.15 → 11000000 10101000 11001000 00001111

子网掩码的取反: → 00000000 00000000 00000000 11111111

逐位相“与”得: → 00000000 00000000 00000000 00001111

所得的二进制数转换成点分十进制数,即 0.0.0.15,即为该 IP 地址的主机号。

3. 默认网关地址

默认网关地址指定了本地子网中路由器的 IP 地址。在 IPv4 中,默认网关地址也是 32

位的。当发送数据的计算机发现目的地地址不在本地子网内，就将数据发送给默认网关，而不是直接向目的计算机发送。当一个路由器用于连接两个不同的网络时，它应有两个网络接口和两个 IP 地址，以实现两个网络之间的连接，其两个 IP 地址分别是所连接的两个网络的网关地址。

4. 子网划分

将一个网络划分成多个子网，是网络管理的重要工作之一。关键就是要确定这些子网的子网掩码和 IP 地址中的网络号和主机号。子网划分的步骤如下。

(1) 将要划分的子网数目转换为 2 的 m 次方。如要分 8 个子网，$8=2^3$，则 m=3；如果子网数目不是 2 的整数次方，按取大为原则，如要划分 6 个子网，则仍取 m=3。

(2) 将 m 按高序占用主机地址 m 位后，转换为十进制。如 m=3 表示主机位中的高 3 位被划为"网络标识号"占用，因网络标识号应置"1"，所以主机号对应的字节段为 11100000，再将其转换成十进制数 224，这就最终确定的子网掩码。对于 C 类网，则子网掩码为 255.255.255.224；若是 B 类网，则子网掩码为 255.255.224.0；如果是 A 类网，则子网掩码为 255.224.0.0。

例如，要将网络号为 192.168.200.0 的 C 类网络划分为 4 个子网，其步骤如下：

划分子网数为 $4=2^2$，则表示要占用主机地址的 m=2 个高序位，即为 11000000，转换为十进制为 192。这样就可确定该子网掩码为：192.168.200.192。4 个子网的 IP 地址的划分是根据被网络号占住的两位排列进行的，这 4 个 IP 地址范围分别为：

第 1 个子网 IP：192.168.200.1 ～192.168.200.62。对应子网掩码为 255.255.255.0。

第 2 个子网 IP：192.168.200.65 ～192.168.200.126。对应子网掩码为 255.255.255.64。

第 3 个子网 IP：192.168.200.129～192.168.200.190；对应子网掩码为 255.255.255.128。

第 4 个子网 IP：192.168.200.193 ～192.168.200.254；对应子网掩码为 255.255.255.192。

8.6.4 Internet 域名及域名服务

Internet 上的主机都有一个唯一的 IP 地址，然而，即使采用点分十进制格式也难以记忆。于是，人们采用一套域名(Domain name)地址，简称域名，也称为网址，来代替 IP 地址。例如，访问"百度"网站，不是在浏览器的地址栏输入百度服务器的 IP 地址 202.108.22.5，而是输入 baidu.com。所以，百度网站的域名就是 baidu.com。

1. 域名

域名由计算机名、组织机构名、网络类型名、最高层域名等构成。其格式如下：

计算机名.三级域名.二级域名.顶级域名

域名通常不超过 5 级。域名中的各分量代表不同级别的域名，级别最低的域名写在域名的最左边，级别最高的域名则写在域名的最右边。域名长度不能够超过 255 个字符。

Internet 提供了一套域名服务系统，它由若干级的域名服务器 DNS(Domain name server)组成，用来完成从域名到 IP 地址的解析工作。各级域名由各自的上一级域名管理机构管理，而最高级的顶级域名则由因特网权力机构管理。大多数根域名服务器("."

DNS)负责基本的查询域名 IP 地址以及所有者等信息的传输协议(WHOIS),由国际互联网域名与地址管理机构(ICANN)维护,而 WHOIS 的细节则由控制那个域的域名注册机构维护。顶级域名.cn 域名则由中国互联网络信息中心(CNNIC)管理。ICANN 颁布的顶级域名有两种:通用顶级域名和国家及地区顶级域。部分通用顶级域名及用途见表 8-2,部分国家及地区顶级域名见表 8-3。

表 8-2 部分通用顶级域名及其用途

顶级域名	用　　途	顶级域名	用　　途	顶级域名	用　　途
.int	国际组织	.com	商业组织	.art	文化和娱乐实体
.edu	教育组织	.gov	政府组织	.web	与 www 相关实体
.mil	军事组织	.org	非商业组织	.info	提供信息服务的实体
.net	网络组织	.firm	商业公司	.aero	航空公司及相关产业
.store	商品销售	.nom	个体或个人	.pro	医生,会计师

表 8-3 部分国家及地区顶级域名

顶级域名	国家及地区	顶级域名	国家及地区	顶级域名	国家及地区
.us	美国	.au	澳大利亚	.jp	日本
.cn	中国	.uk	英国	.de	德国
.ca	加拿大	.fr	法国	.ru	俄罗斯
.hk	中国香港	.tw	中国台湾	.kr	韩国

CNNIC 负责运行和管理国家顶级域名.cn、中文域名系统及通用网址系统,以专业技术为全球用户提供不间断的域名注册、域名解析和 WHOIS 查询服务。以 CNNIC 为召集单位的 IP 地址分配联盟,负责为我国的网络服务提供商(ISP)和网络用户提供 IP 地址和 AS 号码的分配管理服务。CNNIC 规定了.cn 下的次高层域名,如表 8-4 所示。

表 8-4 部分.cn 的次高层域名

顶 级 域 名	用　　途	顶 级 域 名	用　　途
.edu	教育机构	.com	公司
.gov	政府机构	.org	非营利组织
.ac	大学、研究所内的学术机构	.bj	北京地区
.sh	上海地区	.js	江苏省

CNNIC 对 Internet 的最大贡献在于开设了中文域名根服务。中文域名是含有中文的新一代域名,同英文域名一样,中文域名全球通用,具有唯一性。中文域名解决了繁简体等效互通问题,其注册与管理标准已经成为国际标准,并已获得全球互联网行业主流厂商的支持。

中文域名有两种形式:中文通用域名和国际中文域名。中文通用域名提供全中文域名服务,注册一个简体中文域名,自动获赠繁体中文域名。例如,若现在成功注册一个名为"万网.CN"的域名,即自动获得"万网.CN""萬網.CN""万网.中国""萬網.中国""万网.中國"和"萬網.中國"的中文域名;国际中文域名则是由国际上最大的域名注册机构美国 VeriSign 公司提供国际中文域名.com/中文域名.net 注册,遵守中文域名标准规定。若现在成功注册一个名为“万网. com”的域名,即同时获得“萬網. com”的域名。

以“. 中国”为代表的非英文域名的国际申请和全球部署将正式进入“快车道”,“. 中国”有望成为世界首个纯中文全球顶级域名。

2. 域名系统及其服务

Internet 域名管理方式是层次式的,某一层的域名需向上一层的域名服务器注册,该层以下的域名则由该层管理。域名系统是一个 Client/Server 架构的分布式主机信息库。

当用浏览器上网,需要将一个主机域名映射为 IP 地址时,就调用域名解析函数,解析函数将待转换的域名放在 DNS 请求中,以 UDP 报文方式发给本地域名服务器。本地域名服务器查到域名后,将对应的 IP 地址放在应答报文中返回。若本地域名服务器不能回答该请求,则本地域名服务器就暂时成为 DNS 中的另一个客户,向根域名服务器发出请求解析,根域名服务器一定能找到下面的所有二级域名的域名服务器,这样以此类推,一直向下解析,直到查询到所请求的域名。图 8-21 描述了一个域名解析的全过程。

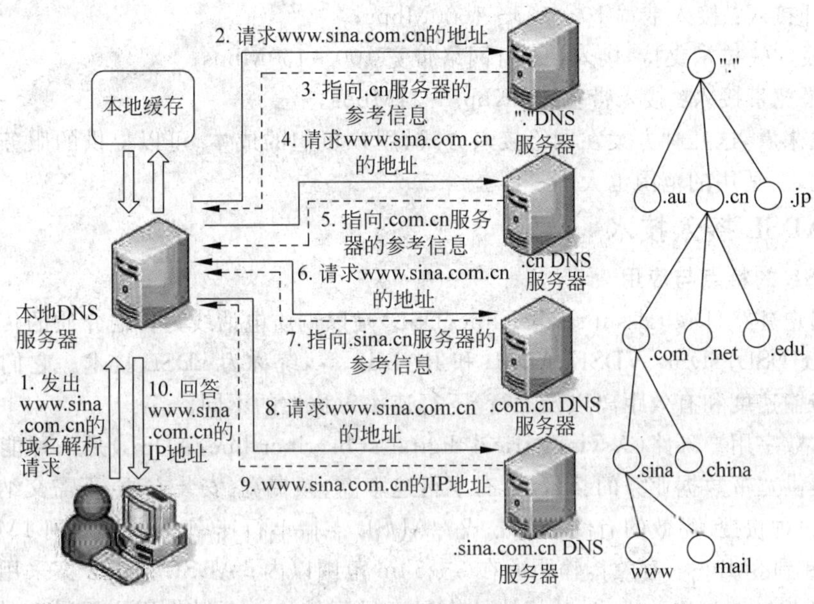

图 8-21　域名解析过程示意图

域名已经为单位或企业的网络商标,是重要的无形资产和战略品牌资产。

8.7　Internet 接入技术

Internet 接入技术是用户与 Internet 间连接方式的总称。任何连接到互联网的计算机必须通过某种方式与互联网进行连接,以解决连接 Internet 的“最后一千米”问题。

8.7.1　Internet 接入技术概述

Internet 接入方式的分类:根据网络带宽可分为宽带接入和窄频接入;根据网络连接介质上可分有线接入和无线接入;根据连接规模又可分为单机接入和局域网接入等。

1. 民用窄频接入

民用窄频接入技术主要有电话拨号接入、窄频 ISDN 接入、GPRS 手机上网、UMTS 手机上网、CDMA 手机上等。随着技术的进步,电话拨号接入、窄频 ISDN 接入和 GPRS 手机上网已经淡出市场。

通用移动通信系统(Universal mobile telecommunications system,UMTS)是当前最广泛采用的一种第三代(3G)移动电话技术,它使用 WCDMA 技术,支持 1920Kbps 的传输速率(实际大约只有 384Kbps)。WCDMA、CDMA 2000 和 TD-SCDMA 都是我国采用的 3G 标准,是目前手机上网的主要技术之一。

2. 民用宽带接入

目前,常见的民用宽带接入技术主要有以下几种。

- ADSL 接入:接入带宽上行速率(最高 640Kbps)和下行速率(最高 8Mbps);
- 有线电视上网(通过有线电视网络)接入:接入带宽 3~34Mbps;
- 光纤接入:接入带宽 10~100~1000Mbps;
- 无线(4G 技术支持)接入:下行网络带宽 100~150Mbps;
- 卫星宽带接入:接入带宽 400Kbps~24Mbps。

从实践来看,这几种方案在网络接入方式、用户负担的成本、可以提供的服务内容等方面不尽相同,所适用的范围也大不一样。

8.7.2 ADSL 接入技术

1. ADSL 的特点与应用

数字用户环路(Digital subscriber line,DSL)是以铜质电话线为传输介质的传输技术组合,它包括 HDSL、SDSL、VDSL、ADSL 和 RADSL 等,统称为 xDSL 技术。它们主要的区别是信号传输速度和有效距离以及上行/下行速率对称性的不同。

非对称数字用户环路(Asymmetrical digital subscriber line,ADSL)是一种能够通过普通电话线提供宽带数据业务的技术,具有下行速率高、频带宽、安装方便、不需交纳电话费等特点,成为一种快捷、高效的有线接入方式。ADSL 支持上行速率 640Kbps 到 1Mbps,下行速率 1Mbps 到 8Mbps;有效传输距离在 3~5km 范围以内;ADSL 接入方案采用每个用户单独与 ADSL 局端相连的模式,其拓扑结构属于星型结构。可以为用户提供多种业务:高速数据接入、视频点播、网络互连业务、家庭办公、远程教学和远程医疗等。

ADSL 的基本原理是:采用离散多音频(DMT)技术,将原来电话线路 0kHz 到 1.1MHz 频段划分成 256 个带宽为 4.3kHz 的子频带。其中,0~4kHz 频段用于传送语音电话业务,20~138kHz 频段用来传送上行信号,138kHz~1.1MHz 的频段用来传送下行信号。

其工作流程是:经 ADSL Modem 编码后的信号通过电话线传到电话局后再通过一个信号识别/分离器,若是语音信号就传到电话交换机上,若是网络信号就接入 Internet。网络信号并不通过电话交换设备,减轻了电话交换机负载,且不需要拨号,属于一种专线上网方式。

2. ADSL PPP 接入业务模型

ADSL 能提供 PPPoE(以太网上的点对点协议)、PPPoA(以太网上的点对点协议但不支持个人虚拟连接)等多种接入业务模型。ADSL PPPoE 接入方式的 PPP 包在用户端 PC 上发起,在宽带接入服务器(BRAS)上端接入。要求用户在接入 Internet 时要单击启动程序发起连接,输入用户名和密码。这是一种“虚拟拨号”入网方式。在首次设置时将用户名和密码保存在其中,以后只要 ADSL Modem 通电即自动完成“虚拟拨号”。在 PPPoE 方式下,IP 地址动态分配,提高了 IP 地址利用率,适用于个人用户。

3. ADSL 宽带接入范例

例 8.1 小型家庭有线 ADSL 接入网

这是最简单的 ADSL 宽带接入模式。需要一台 ADSL MODEM;一条连接计算机的双绞线网线。只要将电话线连上话音分路器,并与 ADSL MODEM 之间用一条两芯电话线连上,ADSL MODEM 与计算机的网卡之间用一条双绞线连通即可完成硬件安装,如图 8-22 所示。

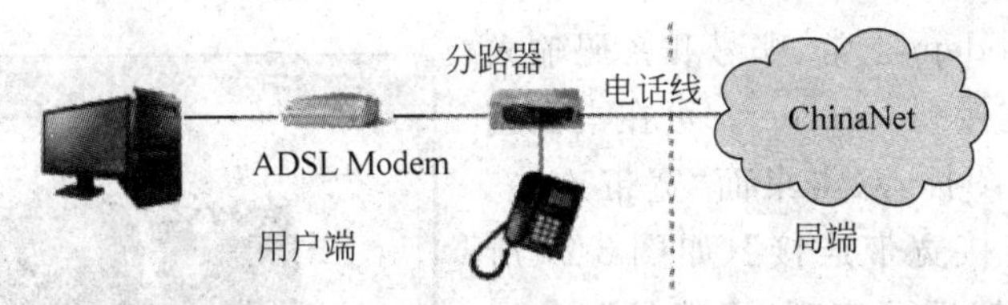

图 8-22 最简单的 ADSL 接入

先将计算机的 IP 地址设置为自动获取方式。再设置其“宽带连接”。基本操作步骤如下。

① 右击 Windows 7 桌面的“网络”图标,在其快捷菜单中选中“属性”,将弹出“网络和共享中心”窗口,如图 8-23 所示。

② 在其“更改网络设置”区单击“设置新的连接或网络”项,系统将弹出“设置连接或网络”对话框,如图 8-24 所示。然后,单击“下一步”按钮。

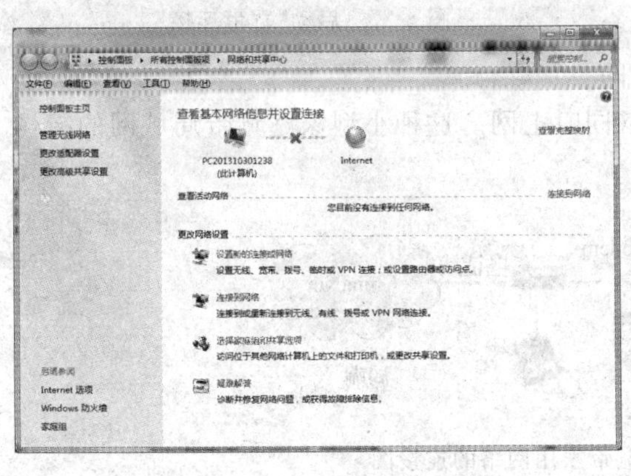

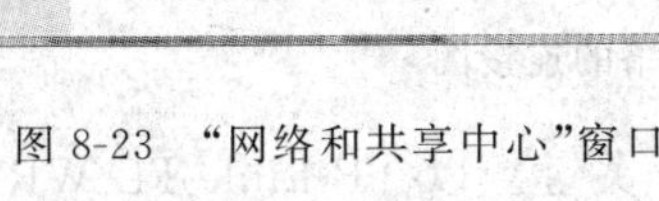

图 8-23 “网络和共享中心”窗口

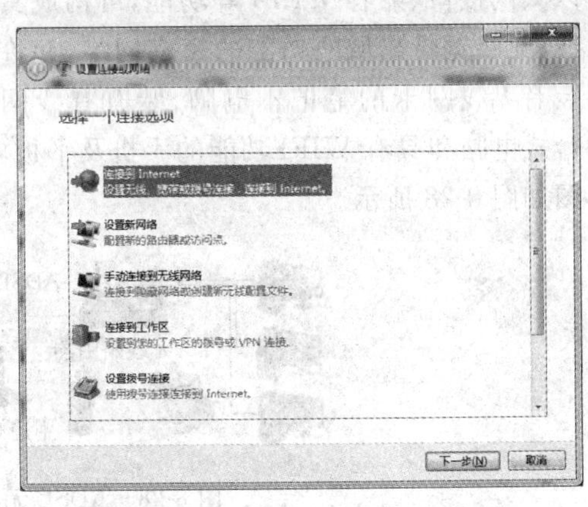

图 8-24 “设置连接或网络”对话框

③ 在出现如图 8-25 所示的“连接到 Internet”对话框中,单击“宽带(PPPoE)(R)”项,然后,单击“下一步”按钮。

④ 在如图 8-26 所示对话框中输入 IPS 为用户分配的用户名和密码,单击“连接”按钮。

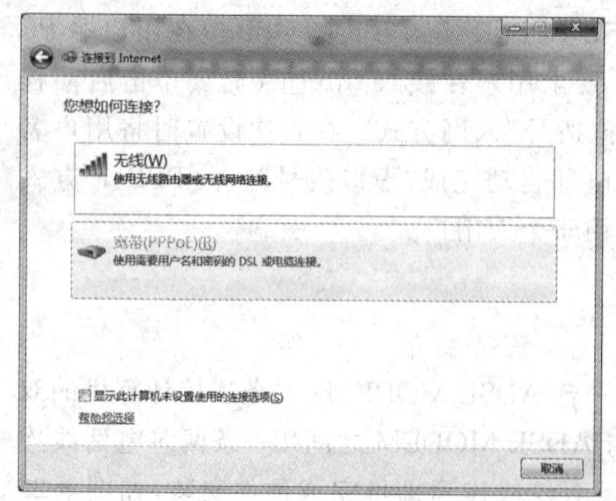

图 8-25 “连接到 Internet”对话框

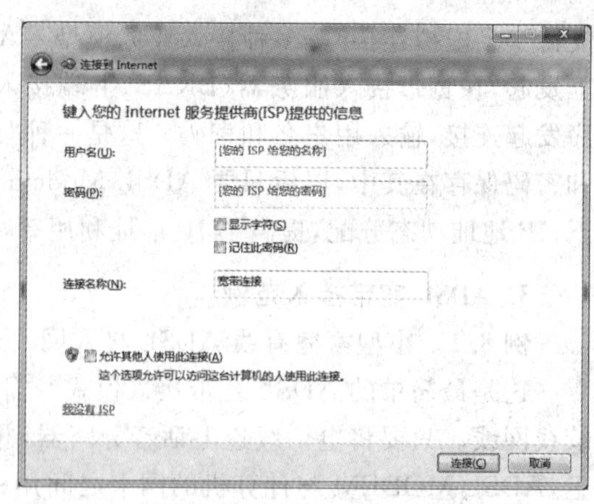

图 8-26 输入用户名和密码

只要 ADSL Modem 正常、账号和密码输入正确,即可以正常连接到 Internet。可在桌面创建“宽带连接”快捷图标,双击桌面“宽带连接”快捷图标,启动“连接宽带连接”,如图 8-27 所示。单击“连接”按钮即可实现“虚拨号”方式,通过 ADSL 与 Internet 相连,打开浏览器就可以上网了。

图 8-27 启动“宽带连接”

例 8.2 小型家庭宽带 WLAN

若在 ADSL Modem 的基础上,再加配无线宽带路由器,则可以扩展家庭接入互联网的功能。由于无线宽带路由器自带 4 个端口的有线以太网接口、兼容 WI-FI 等功能,可构成具有有线、无线宽带局域网功能的家庭网络,允许多台装有无线网卡的笔记本电脑、装有有线网卡的台式电脑和具有 WIFI 功能的手机及平板电脑同时上网。这种小型家庭宽带局域网的结构图如图 8-28 所示。

图 8-28 ADSL 无线宽带家用网络的连接图

当硬件连接好之后,无线宽带路由器的设置就成了关键。以 TP-Link TL-WR740N 型无线宽带路由器的设置为例,介绍其主要设置方法。

① 首先将计算机的 IP 地址设置为自动获取方式。然后从中选一台与无线宽带路由器用网线相连的计算机启动 IE 浏览器,在地址栏输入 192.168. 1.1 并按 Enter 键,将出现如图 8-29 所示的登录界面。输入用户名和密码(默认值均为 admin),单击确定按钮。

② 浏览器会弹出设置向导页面。单击“下一步”按钮后，进入如图 8-30 所示的上网方式选择页面。选择 PPPoE 方式后，单击“下一步”按钮。

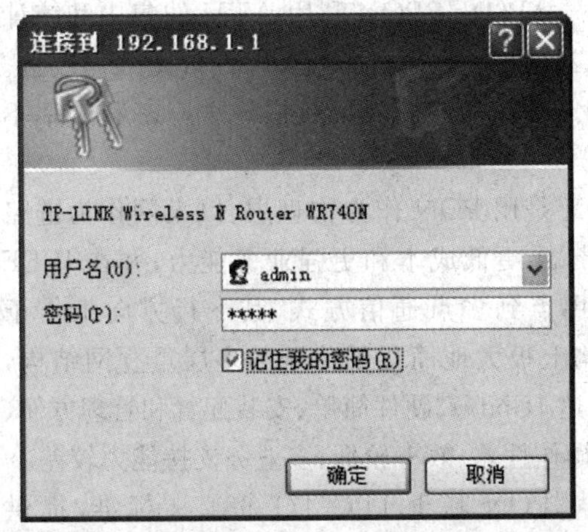

图 8-29　登录界面

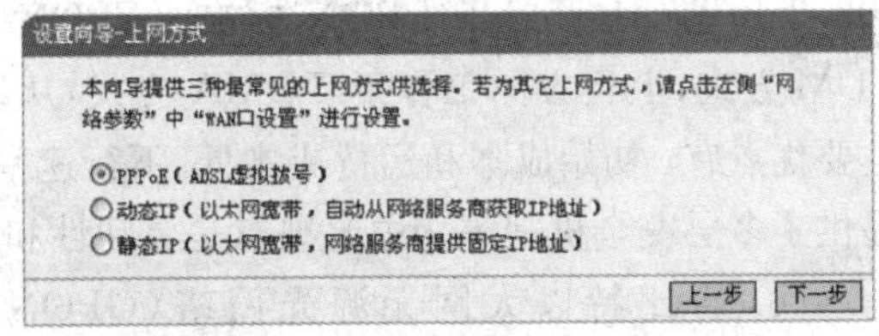

图 8-30　上网方式选择

③ 在弹出的如图 8-31 所示页面中输入 ISP 提供的上网账号和号令后，单击“下一步”按钮(ADSL“虚拨号”任务从此交给了无线路由器，用户直接启动 IE 即可上网)。

④ 在如图 8-32 所示的基本无线网络参数设置页面中设置无线加密方式和密码。然后单击“下一步”按钮。在设置向导完成的提示页面中，单击“重启”按钮即完成对无线宽带路由器的基本设置。更详细的设置可参考产品的详细配置指南。

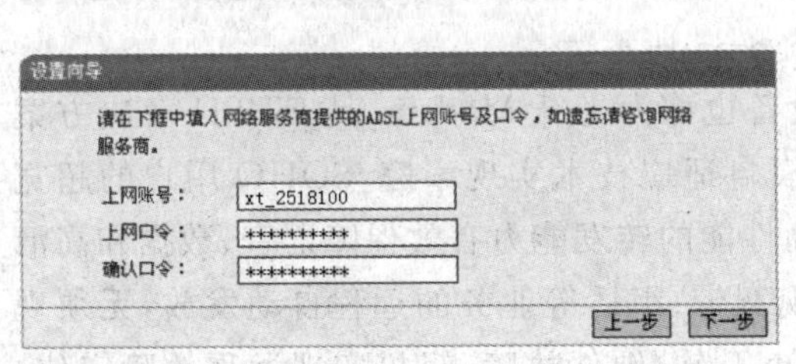

图 8-31　上网账号与口令设置

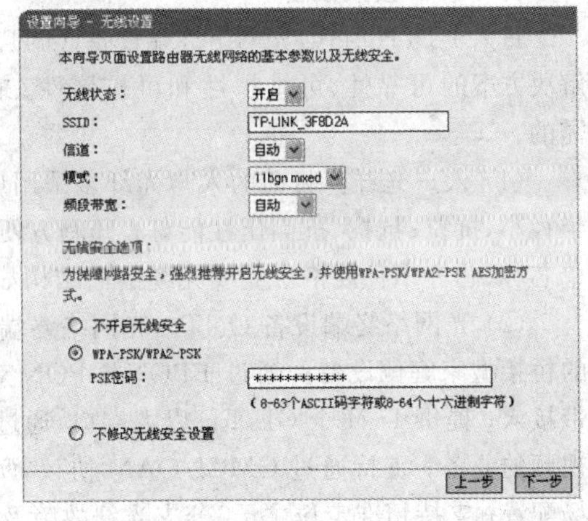

图 8-32　无线加密方式选择及密码设置

8.7.3　光纤到户(FTTH)接入技术

光纤到户(Fiber to the home，FTTH)是将光纤直接接到用户家中，其带宽、波长和传输技术种类都没有限制，适于引入各种新业务，是解决“最后一千米”的最终方式。

1. 主要的 FTTH 宽带光纤接入技术

(1) 无源光网络(PON)。PON 是一种纯介质网络，有 ITUFSAN(全业务接入网络)和 IEEE 两大类标准。其优点是抗干扰性强、可靠性高、供电配置和网管简单、运行与维护成本低、业务透明性较好和带宽宽；其缺点是一次性投入成本较高、光纤和分路器等无源基础设施须一次性到位。

(2) ATM 化的无源光网络(APON/BPON)。APON/BPON 利用 ATM 的集中和统计复用技术，再结合无源分路器对光纤和光线路终端的共享作用，使 FTTH 性价比大为改进。APON/BPON 的缺点是业务适配提供很复杂、业务提供能力有限、数据传送速率和效率不高、成本较高，由于 ATM 的衰落而黯淡。

(3) 以太网化的无源光网络(EPON)。EPON 是用 PON 作为物理层、以太网作为链路层协议而构成的结合体。EPON 可以提供更大带宽、更低成本和更强业务能力，并在 IEEE 802.3ah 基础上形成了 EPON 标准。EPON 采用点到多点通信方式，其下行方向工作于 TDM 方式，上行方向工作于 TDMA 方式，从结构上极大地简化了传统的多层重叠网结构，主要优点有：初始成本和运行成本低、下行速率可达 1Gbit/s、硬件简单、安装配置和管理方便、提供了多层安全机制等。主要缺点是灵活性和互操作性差、效率较低、多业务支持能力较差。

(4) 吉比特以太网无源光网络(GPON)。GPON 基于 ITU-TG. 984. x 标准，提供 1.244Gbit/s 和 2.488Gbit/s 的下行速率，传输距离大于 20km，系统分路比可以是 1∶16～1∶128，在速率、速率灵活性、传输距离和分路比方面比 EPON 更有优势。此外，GPON 支持端到端的定时和其他准同步业务，特别是可以直接高质量、灵活地支持实时的 TDM 语音业务，延时和抖动性能很好。在网管方面，GPON 能实现带宽授权分配、动态带宽分配、链路监测和各种告警功能。GPON 不仅可以提供高速业务，还可以提供 VLAN 业务和语音业务。其主要缺点是设备成本较高、成熟度不够。

2. FTTH 接入设备

进入 FTTH 时代，光网络终端设备(ONT)成为 FTTH 建设的重要的一环，直接影响整个解决方案的可靠性、可维护性和可扩展性。而价廉物美的入户光纤也是 FTTH 建设所必需的。

(1) 入户光纤。目前的入户光纤多采用皮线光缆，其特点是光缆直径小、重量轻；弯曲半径小，抗拉、抗扰、抗侧压性能好；开剥方便，便于敷设、穿管；具有低烟无卤阻燃特性；有单芯、双芯等多种规格。皮线光缆剖面结构如图 8-33 所示。

(2) 光网络终端设备 ONT。光网络终端设备也称为光纤 Modem，是 FTTH 解决方案的桥接型家庭侧设备。通过 EPON/GPON 双模自适应技术实现家庭/SOHO 用户的超宽带接入；提供 1～4 个 GE/FE 以太端口，通过高性能的转发能力有效保障语音、数据和高清视频的业务；支持通过 OMCI/OAM 协议，实现宽带、组播等业务的远程自动发放，无须现场配置；支持精准定位主干/分支光纤故障及 ONT 软/硬件故障，轻松实现远程故障定位。常用的 ONT 外形如图 8-34 所示。

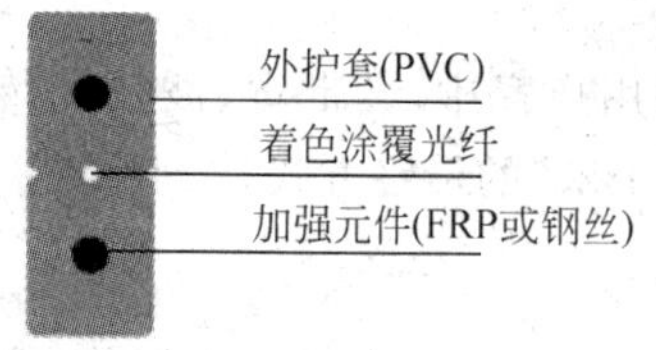

(a) 单芯皮线光缆

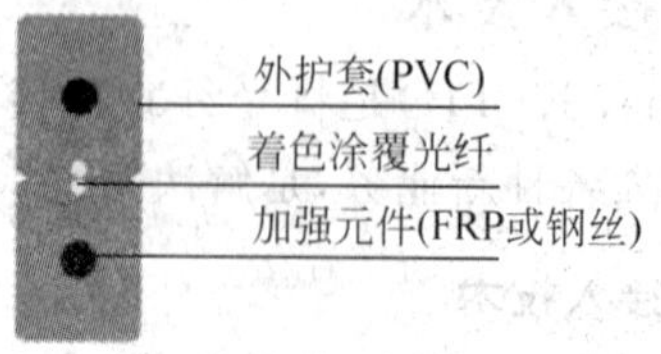

(b) 双芯皮线光缆

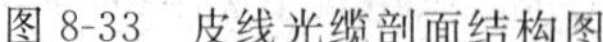

图 8-33 皮线光缆剖面结构图

图 8-34 华为 HG813 型 ONT

3. FTTH 家庭光纤宽带网络范例

典型的 FTTH 接入方式为：入户光纤＋ONT＋网线＋无线路由器，典型结构如图 8-35 所示。

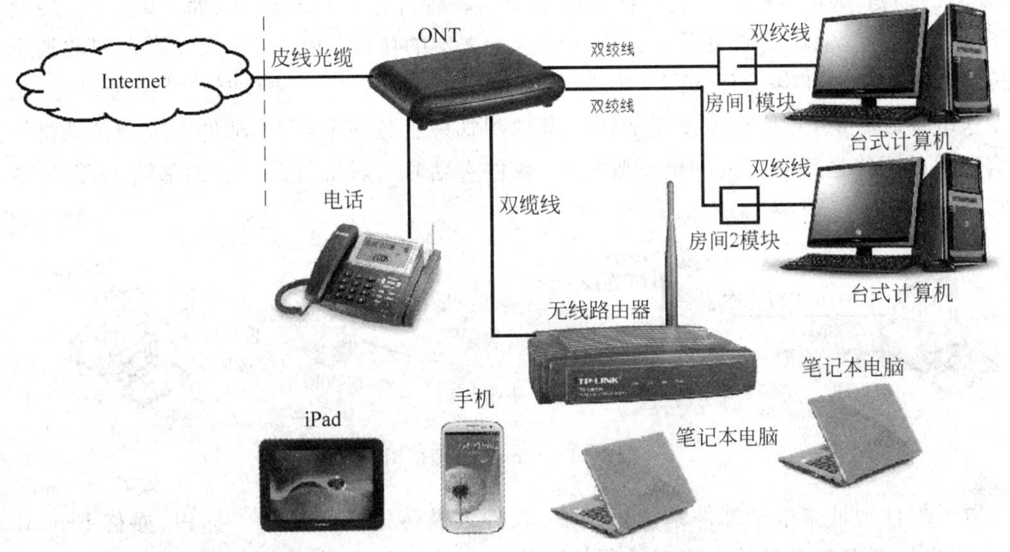

图 8-35　典型 FTTH 家庭光纤宽带网络结构

8.8　Internet 提供的服务

8.8.1　Internet 服务

Internet 通过各种服务器为网络用户提供信息资源访问服务。这些服务分为以下两大类。

(1) 基本服务：是指 TCP/IP 协议所包括的基本功能，包括万维网 WWW、电子邮件服务 E-mail、文件传输服务 FTP、远程登录服务 Telnet 及网络新闻服务 Usenet。

(2) 扩展服务：是指在 TCP/IP 协议基本功能的支持下，由某些专用的应用软件或用户接口提供的接口方式，主要有电子公告板(BBS)、新闻群组(News group)、电子杂志(Electronic journal)以及索引服务 Archive、Gopher 等。

1. WWW 服务

WWW(World wide web)提供了一种友好的信息查询接口，它是用户向服务器提交请求并获得网页页面的技术总称，其工作模式是服务器/客户端模式。用户只需提供查询要求，而到何处查询以及如何查询，则由 WWW 自动完成。WWW 服务除了可浏览文本信息外，还可以显示与文本内容相配合的图像、影视和声音等信息，是 Internet 上最热门的信息源。

WWW 核心技术包括：超文本传输协议(Hypertext transfer protocol，HTTP)与超文本标记语言(Hypertext markup language，HTML)。其中，HTTP 是 WWW 服务使用的应用层协议，用于实现 WWW 客户机与 WWW 服务器之间的通信；HTML 语言是 WWW 服务的信息组织形式，用于定义在 WWW 服务器中存储的信息格式。

2. 电子邮件服务 E-mail

电子邮件服务 E-mail 是目前世界上使用最广泛的网络应用工具,其工作模式是服务器/客户端模式。电子邮件服务协议主要有简单邮件传输协议(SMTP)和邮局协议版本 3(POP3)。通过 POP3,用户就能够在本机上使用各种邮件客户端软件(如 Outlook 等)收发电子邮件,支持"离线"邮件处理; SMTP 是基于文本的协议,用于邮件服务器之间的消息文本传输。电子邮件工作原理如图 8-36 所示。电子邮件服务是一种存储转发服务,用户给某人发送电子邮件时,只要将欲发送的信件发送到邮件服务器上,电子邮件系统会自动将用户的信件通过网络送到收件人的电子邮箱中,收件人随时可联机打开自己的邮箱,查阅所收到的邮件。

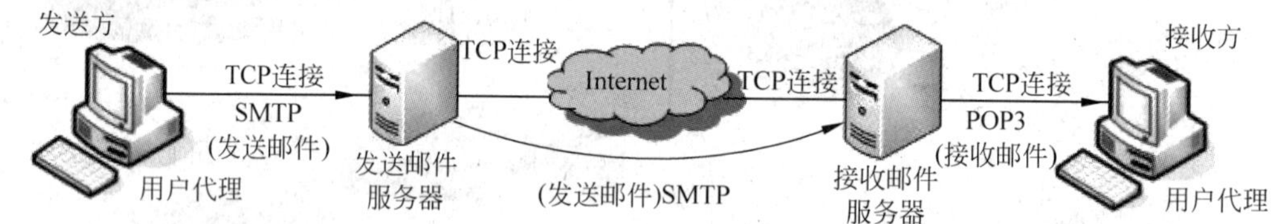

图 8-36 E-mail 原理框图

电子邮件地址是电子邮件系统识别发、收件人及传送邮件的唯一标识,亦称 E-mail 地址,由用户注册名与服务器主机名及所处网络域名的组合而成。E-mail 地址格式为

用户名@邮件服务器主机名.网络域名

例如某人 E-mail 地址为 xyz@hnie.edu.cn,则表示此地址是在网络域名为.edu.cn 网络中、邮件服务器主机名为 hnie 上的注册用户 xyz 的 E-mail 地址。任何一个 E-mail 地址都是全球唯一的。使用邮件客户端软件(Outlook 等)来发送/接收电子邮件之前,需要指定 POP3 和 SMTP 协议的服务器地址等信息;采用基于 Web 的免费电子邮件系统,用户只需要注册后就可以正常使用,为电子邮件的应用和普及做出了极大的贡献。

3. 文件传输服务 FTP

FTP(File transfer protocol)是 Internet 的基本服务之一。FTP 使计算机文件能从一台计算机复制到 FTP 服务器上,不管这两台计算机的距离有多远。用户可以把自己的文件送到远程 FTP 服务器中相应的文件夹中,也可以从 FTP 服务器中取得允许用户获取的任何文件。

FTP 有两种使用模式:主动和被动。主动模式要求客户端和服务器端同时打开并且监听一个端口以建立连接。在这种情况下,客户端由于安装了防火墙会产生一些问题;被动模式只要求服务器端产生一个监听相应端口的进程,以绕过"客户端安装防火墙"的问题。

大多数网页浏览器和文件管理器都能登录 FTP 服务器。登录 FTP 的格式为

ftp://<服务器地址>或 ftp://<login>:<password>@<ftp server address>

浏览器要求使用被动 FTP 模式,然而并不是所有的 FTP 服务器都支持被动模式。

4. 远程登录服务 Telnet

Telnet 同样是 Internet 的一项基本服务,是远程登录 Web 服务器的标准协议和主要方

式。它为用户提供了在本地计算机上完成远程主机工作的能力。在终端,用户使用 Telnet 程序来连接到服务器。在 Telnet 程序中输入命令,这些命令会在服务器上运行。要开始一个 Telnet 会话,必须输入用户名和密码来登录服务器。

Telnet 所传输的信息不加密,这意味着所有操作的数据,包括账号及密码等,可能会遭窃听,因此也成为黑客和木马程序特别关注的方面。因此,绝大多数的服务器会关闭 Telnet 服务,改用更为安全的 SSH(建立在应用层和传输层上的安全协议)服务。

Telnet 也是目前多数纯文字式电子公告牌系统(BBS)所使用的协议,部分 BBS 还提供 SSH 服务,以保证安全的资讯传输。全世界许多大学的图书馆都通过 Telnet 对外提供联机检索服务,某些政府部门、研究机构也将它们的数据库对外开放,供用户通过 Telnet 查询。

5. Archie 信息查询服务

Archie 是所有搜索引擎的鼻祖,是第一个自动索引互联网上匿名 FTP 网站文件的程序,但它还不是真正的搜索引擎。如果知道文件全名,通过 Archie 很快可以查到它的存放地点;如果不知道它的文件全名,也可以通过只提供部分文件名、扩展名加通配符的方法或其他更灵活的方式,查到符合要求的文件及其存放地点。

目前,在 Internet 上约有 30 多个 Archie 服务器,覆盖了遍布在 1200 个 FTP 服务器中的文件。使用 Archie 寻找文件主要有三种方法。其一是用 telnet 访问 Archie 服务器;其二是安装 Archie 客户程序;其三是用 E-mail 来查找文件。

6. Gopher 信息查询服务

Gopher 是基于菜单驱动的 Internet 信息查询工具,它可将用户的请求自动转换成 FTP 或 Telnet 命令,在菜单的导引下,用户通过选取自己感兴趣的信息资源,对 Internet 网上的远程联机信息系统进行实时访问。Gopher 可以访问 FTP 服务器、检索学校图书馆馆藏目录等任何基于远程登录的信息查询服务。

用户可以下载并运行 Gopher 客户端程序,以用户的名义与 Gopher 服务器联系以获得信息。同时也可以从 Gopher 客户端转向另一种 Internet 服务。

7. 网络新闻组服务

网络新闻组(NewsGroup)是一种供用户自由参与的活动,可通过 Internet 随时阅读新闻服务器提供的分门别类的消息。要获取网络新闻必须要有一台连接到 Internet 上的新闻组服务器,用户可以通过终端仿真到服务器主机上使用字符方式的新闻组阅读器,或者以 SLIP/PPP 的方式,使用基于 Winsock 的新闻组阅读器来阅读其上的内容。

8.8.2 统一资源定位符

统一资源定位符(Uniform/Universal resource locator,URL)也称为网页地址,是 Internet 上标准的资源地址。现在它已经成为 Internet 标准 RFC1738。URL(见表 8-5)的一般格式为

```
protocol :// hostname[:port] / path / [;parameters][?query] # fragment
```

其中,方括号[]为可选项,其中的字符有大小写之分,各组成项说明如下。

protocol:指定使用的传输协议,可以是表 8-5 列出了的某一个,如 http、ftp 等。

hostname:是指存放资源的服务器的域名系统(DNS)主机名或 IP 地址。在主机名前

也可以包含连接到服务器所需的用户名和密码(格式：username:password)。

port：端口号。省略时使用方案的默认端口，如 http 的默认端口为 80。

path：由零或多个"/"符号隔开的字符串，一般用来表示主机上一个目录或文件地址。

;parameters：用于指定特殊参数。

? query：用于给动态网页传递参数，可有多个参数，用"&"符号隔开，每个参数的名和值用"="符号隔开。

fragment：信息片断，字符串，用于指定网络资源中的片断。例如一个网页中有多个名词解释，可使用 fragment 直接定位到某一名词解释。

表 8-5　URL 可指定的部分应用协议及其使用的格式

Protocol	应用协议描述	格　式
File	资源是本地计算机上的文件	file://
ftp	通过 FTP 访问资源	FTP://
http	通过 HTTP 访问该资源	HTTP://
https	通过安全的 HTTPS 访问该资源	HTTPS://
MMS	通过支持 MMS(流媒体)协议的播放该资源	MMS://
ed2k	通过支持 ed2k(专用下载链接)协议的 P2P 软件访问该资源	ed2k://

8.9　网页浏览器

8.9.1　网页浏览器概述

网页浏览器是一种显示网页服务器或档案系统内的文件，并让用户与这些文件互动的一种客户端程序软件。它用于迅速及轻易地浏览 Internet 网或局域网中的文字、图片、视频等信息，这些信息可以是连接其他网址的超链接。网页一般是超文本传输协议(HTML)的格式，但有些网页是需使用特定的浏览器才能正确显示。

微软在众多网页浏览器软件争夺战中获胜。按照 2014 年 2 月的市场占有率依次是微软的 Internet Explorer(58.19%)；Mozilla 基金会的 Firefox(17.68%)位居第二；之后依次是 Google 的 Google Chrome(16.84%)、苹果公司的 Safari(5.67%)和 Opera 软件公司的 Opera(1.23%)。

目前，在 Windows 7 中自带浏览器的版本是 Internet Explorer 11(简称 IE 11)。IE 11 采用 GPU 以本机方式实时对文本呈现和 JPG 图像进行解码，因此页面加载速度更快、内存占用更少，从而降低功耗、延长电池使用时间；IE 11 中定义了 WebGL 接口，允许把 JavaScript 和 OpenGL ES 2.0 结合在一起，以提供硬件 3D 加速渲染。

8.9.2　Internet Explorer 11 设置

IE 11 浏览器的相关设置主要有以下几方面。

1. 设置默认浏览器

若要获得全新触摸浏览体验，须将 IE 11 设为默认浏览器，否则只能在 Surface 上使用桌面版 IE。设置默认浏览器的方法如下。

(1) 单击"开始"按钮，在"搜索程序和文件"文本框中，输入"默认程序"；

(2) 在搜索结果中单击 默认程序；

(3) 在弹出的"默认程序"窗口中点击"设置默认程序"，然后单击"Internet Explorer"；

(4) 单击"将此程序设置为默认值"，然后单击"确定"按钮。

2. 更改浏览器设置

若要更改浏览器设置，单击 IE 11 窗口右上角的按钮，然后从弹出的功能项列表中单击"Internet 选项"。系统将弹出如图 8-37 所示的"Internet 选项"对话框。该"Internet 选项"中的参数被分为在"常规""安全""隐私""内容""连接""程序"和"高级"选项页。常用的设置项有以下几个。

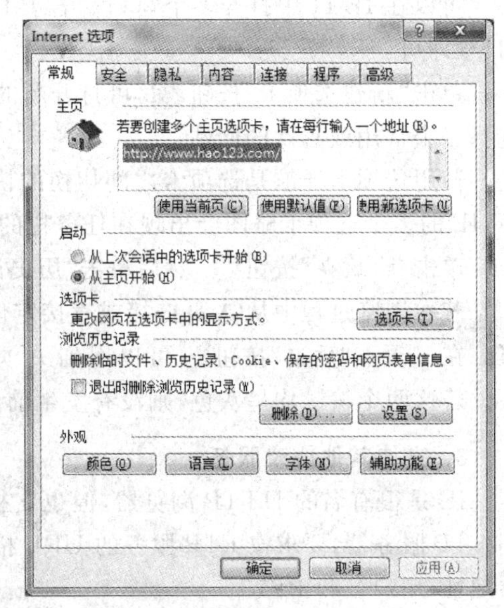

图 8-37　"Internet 选项"对话框

(1) 主页设置——选择启动浏览器时首先浏览的主页。可以在此设置经常要访问的网页，也可以设置空白页。方法是在"Internet 属性"对话框的"常规"选项卡中的地址栏输入网页地址或单击相应的按钮。

(2) 浏览器外观设置——在"Internet 属性"对话框的"常规"选项卡中，单击"颜色"按钮可设置浏览器窗口的显示背景色、显示色、超链接颜色等项目；单击"字体"按钮可设置文本的显示字体。

(3) 高级选项设置——选择"高级"选项卡，用户可取消 IE 中播放动画、播放声音、播放视频、显示图片等项，只显示网页中的文本信息。

(4) 隐私选项设置——选择"隐私"选项卡，然后清除"启用弹出窗口阻止程序"复选框，可关闭弹出窗口阻止程序。

(5) 局域网选项设置——选择"连接"选项卡，然后单击"局域网设置"按钮，可设置代理服务器的 IP 地址和端口号或设置为"自动检测设置"模式。

8.9.3　浏览 Web

启动 IE 11 浏览器后出现浏览器的主窗口，其菜单和工具按钮部分如图 8-38 所示。

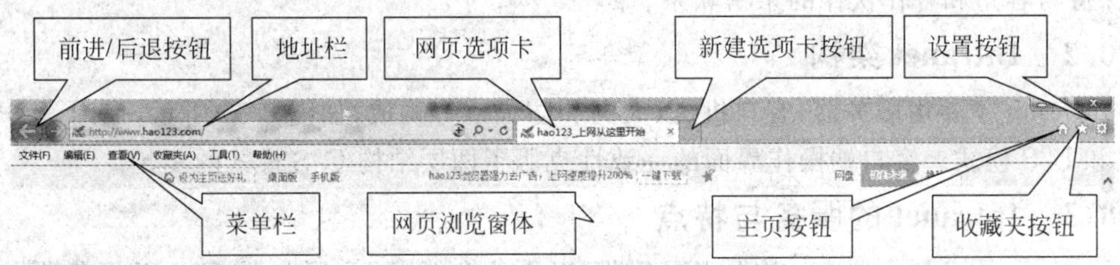

图 8-38　IE 11 浏览器主要组成部分

在地址栏输入要浏览的网址并按 Enter 键，IE 11 将在网页选项卡中显示该网页；

将光标定位在地址栏上然后向下拖曳鼠标，或点击地址栏右侧的 按钮，地址栏下方会显示经常访问过的网站。

单击“收藏夹”按钮或“主页”按钮，可在收藏夹和选项卡之间快速切换。在出现的“收藏夹”窗格中，点击“收藏夹”选项卡，可在所收藏的网站之间切换显示。可以将当前选项卡的网址保存到“收藏夹”中。

可以在 IE 11 中打开多个窗口。若要打开一个新窗口，单击“文件”菜单中的“新建窗口”项即可。

单击“新建选项卡”按钮，可打开新的浏览器选项卡。然后输入 URL 或搜索词，或者选择一个常用或喜欢的网站。

使用选项卡导航是选项卡之间切换的快捷方法，可将鼠标移动到桌面任务栏上的 IE 图标，IE 的多个选项卡略图会出现在任务栏的上方，从中单击浏览器窗口可以切换。

单击“收藏夹”按钮，然后单击“历史记录”选项卡，可查看浏览器历史记录。

若在浏览过程中从 A 页链接或直接定位到 B 页，则 A 是 B 的前一页，而 B 是 A 的后一页。在 B 页点“后退”按钮可以回到 A 页，而回到 A 页后可用“前进”按钮再进入 B 页。若这两个按键均呈灰色，则没有发生前、后页浏览顺序。

3. 支持其他协议服务

IE 是很有名的 HTTP 浏览器，但也支持多种协议，例如，FTP 文件传输协议。为了访问 FTP 服务器，要求按 FTP 服务的 URL 格式在 IE 地址栏处正确输入要访问的 FTP 服务器地址、用户名和密码。

8.10 Intranet 网络

8.10.1 Intranet 概念

“Intranet”译为“内部网”，是特指将 Intranet 的概念和技术应用到企业内部信息管理和办公事务中的企业内部网。Intranet 是由 Internet 发展而来，其特点是：在企业内部网络上采用 TCP/IP 协议，以 Web 概念与技术为标准平台，通过防火墙把内部网络与 Internet 隔开。

采用 Intranet 技术，各企业在建立起适合自己规模的内部网的同时，也与互联网之间架起一座桥梁：对内可提供一个灵活、高效、宽松、可靠的办公环境，利于信息交流，信息共享和企业管理，提高工作效率及企业竞争力；对外可全面展示企业形象，宣传和发布产品信息，保持与客户和合作伙伴的亲密联系。

8.10.2 Intranet 架构

Intranet 主要由服务器、客户机、以太网和防火墙等构成，如图 8-39 所示，采用 TCP/IP 协议和 B/S 模式。客户端操作界面的一致性克服了两层结构 C/S 模式的不足。

8.10.3 Intranet 的服务与特点

Intranet 服务器主要有：数据库服务器、Web 服务器、FTP 服务器、E-mail 服务器、域名服务器、代理服务器和打印服务器等，所能提供的信息服务功能包括：信息发布、资源共享、交互式通信、支持对 Intranet 的访问、电子交易、管理信息系统等。

Intranet 的特点与 Internet 相似，其核心技术是 WWW。用户可以使用浏览器方式方

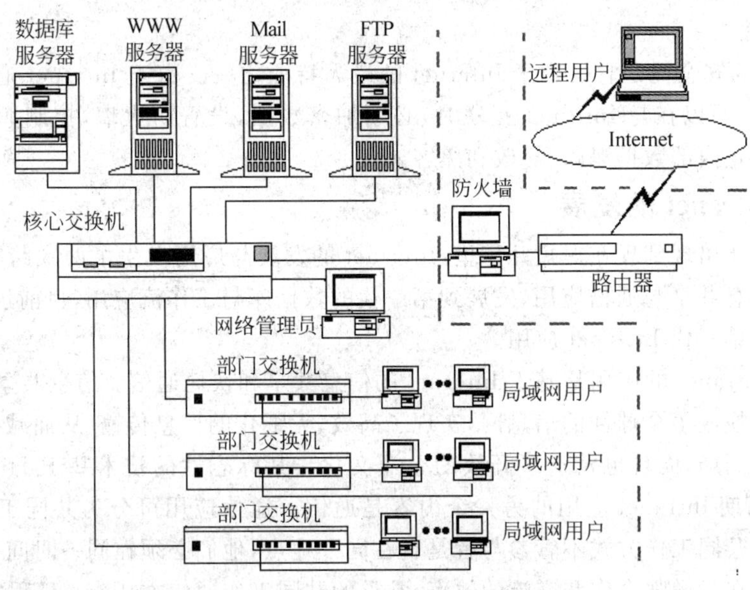

图 8-39　Intranet 网络结构框图

便地访问企业内部网的 Web Server，或者是外部 Internet 上的 Web Server，这将给企业内部网的用户带来很大的方便。并且具有独特的特点。

1. 开放性和可扩展性

由于采用了 Intranet 的 TCP/IP、FTP、HTML、Java 等一系列标准，Intranet 具有良好的开放性，与硬件和软件无关。在相异的平台上，各类应用可以相互移植、相互操作，使它们有机地集成为一个整体。其应用规模也可以增量式扩展，先从关键的小的应用着手，成熟后再加以推广和扩展。

Intranet 的开放性和可扩展性使之对内可将机构内部各自封闭的局域网信息孤岛联成一体，实现机构组织的信息交流、资源共享和业务运作；而对外则可方便接入 Intranet 成为全球信息网的成员，实现世界及信息交流和电子商务。

2. 通用性

利用 TCP/IP、Web、Java 和分布式面向对象技术，Intranet 能支持不同内容应用在不同平台上的集成，这些应用可运行在同一机构组织的不同部门，也可运行在不同机构组织之间。

由于 Intranet 中采用了 WWW、E-mail、FTP 与 Telnet 等标准的 Internet 服务，因此 Intranet 用户可以方便地与企业内部网用户或 Internet 用户通信，实现信件发送、通知发送、资料查询、软件与硬件共享等功能，为企业最终实现无纸办公创造条件。

3. 简易性和经济性

由于 Intranet 采用了友好和统一的用户界面，因此用户在访问不同的信息系统时，可以不需要进行专门的培训。这样，既可以减少用户培训的时间，又可以减少用户培训费用。

Intranet 采用瘦客户机方式，其客户端部存在程序代码，维护更新和管理可以方便地在服务器上进行，因此，维护技术要求简单。

4. 安全性

Intranet 的安全性是它区别于 Internet 的最大特征之一。由于 Intranet 通常主要涉及企业内部信息，所以在与 Internet 互联时，必须加密数据，设置防火墙，控制职员随意接入 Internet，以防止内部数据泄露、篡改和黑客入侵。

8.10.4 Intranet 的发展

从 Intranet 出现到现在短短几年里，Intranet 的发展与应用发生了两次跨时代的飞跃，从第一代的信息共享与通信应用，发展到第二代的数据库与工作流应用，目前进入了以业务流程为中心的第三代 Intranet 应用。

第一代 Intranet 的应用是基于 Internet 的信息共享和快捷通信。信息共享是将机构内部的信息网转换成了全球性的信息网，实现了高效、无纸化的信息传输，从而减少了印刷、分发成本和传播周期，而且也营造了开放的企业文化。其标志性的技术基于 HTML 的静态 Web 技术。初期 Intranet 应用的另一个内容是通信。通信应用可分为共同工作和独立工作两种方式。共同工作方式不管参与者是否在同一地点，他们必须在同一时间一起工作，这类应用的目的在于增强合作和交流的效率，常见的共同工作通信方式有：日程安排、电话会议、视频会议、电子系统、白板系统及交谈系统。独立工作方式则不关心参与者在何时何地进行工作，以电子邮件、讨论组、支持小组工作的文档编辑工具等为工作方式。

第二代 Intranet 的应用是以数据库应用和工作流为主的应用，其技术特点是 Wed 和数据库的结合。通过通用网关接口 CGI(Common gateway interface)将 WWW 与数据库结合起来后便使得无论存取本身和结果都变得更加容易。WWW 提供的友善、统一和易用的界面，使更多的用户乐意去访问数据库。

第三代 Intranet 的应用是以业务流程为中心的应用。其目标是将新的管理理念和先进的 Intranet 技术有机地结合，对现有业务流程进行重新分析、重组、优化和管理，以顾客为中心将流程中和每一项工作综合成一个整体，使之顺畅化和高效化，以协调内部业务关系和活动，提高对外界变化的反应能力，改善服务质量，降低经营和管理成本。第三代 Intranet 集成了包括基于 Wed 的多层客户/服务器技术、数据仓库(DW)、计算机电话集成技术(CTI)、分布对象技术(DOT)、安全和保密技术等在内的多种先进 IT 技术。

最常见的 Intranet 应用实例是：校园网、企业 OA 与信息管理系统等。

第 9 章

数据结构、程序设计与软件工程基础

数据结构、程序设计和软件工程都是计算机学科研究内容。本章介绍数据结构与算法、程序设计方法、软件工程等基础知识，为系统学习计算机技术和后续计算机课程打下基础。

9.1 数据结构与算法基础

计算机要处理大量的数据，就必须要研究怎样在计算机中对这些数据进行合理组织，以便提高数据处理的效率，并节省存储空间。数据结构专门研究这类问题。

9.1.1 数据结构的概念

数据结构是一门研究非数值计算的程序设计问题中计算机的操作对象以及它们之间的关系和操作等的学科。为了更好地理解数据结构的概念，先了解一些基本概念和术语。

(1) 数据(Data)：是对客观事物的符号表示。在计算机科学中，数据是指所有能输入到计算机中并被计算机程序处理的符号的总称。数据可以是数字、字符、字符串、图像、声音等。

(2) 数据元素(Data element)：是数据的基本单位，在计算机程序中通常作为一个整体进行考虑和处理。有时一个数据元素由若干个数据项组成。数据项是数据不可分割的最小单位。

(3) 数据对象(Data object)：相同性质的数据元素的集合。例如，所有整数的集合是一个数据对象。

(4) 数据结构(Data structure)：是指有关联的数据元素的集合。一般情况下，在具有相同特征的数据元素集合中，它们之间存在的某种关系，称为结构。数据结构是研究数据与数据之间关系的一门学科，它的研究包括以下三个方面：

① 数据集合中各数据元素之间所固有的逻辑关系，即为数据的逻辑结构；

② 在计算机对数据处理时各数据元素的存储关系，即为数据的存储结构；

③ 对各种数据存储结构进行的运算。

9.1.2 数据的逻辑结构和存储结构

1. 逻辑结构

数据的逻辑结构是指反映数据元素之间逻辑关系的数据结构，包含了表示数据元素的信息和表示各数据元素之间的前后关系。例如，一年有四季，这四季的数据结构可以

描述为

B=(D,R)

D={春,夏,秋,冬}

R={(春,夏),(夏,秋),(秋,冬)}

春季过完到夏季,夏季过完到秋季,秋季过完到冬季,这是一种"一对一"的关系。再如,某家庭中父亲有一个儿子和一个女儿,是"一对多"的关系,则该家庭的数据结构可描述为

B=(D,R)

D={父亲,儿子,女儿}

R={(父亲,儿子),(父亲,女儿)}

常见的逻辑结构有以下四类基本结构。

- 集合结构:其中的数据元素之间除了同属于一个集合的关系外,别无其他关系;
- 线性结构:结构中的数据元素之间存在"一对一"的关系;
- 树状结构:结构中的数据元素之间存在"一对多"的关系,是非线性结构的;
- 网状结构:结构中的数据元素之间存在"多对多"的关系,是非线性结构的。

2. 存储结构

存储结构是数据结构在计算机存储空间中的具体实现。计算机在数据处理时,被处理的各数据元素不论其是何种逻辑结构,都是要被存放在计算机内存中的,并且,由于多种原因,各数据元素在计算机内存的位置与其逻辑关系不一定是相同的,而且一般也不可能相同。

一种数据结构可以根据需要表示成一种或多种存储结构。常见的存储结构有:顺序存储结构、链式存储结构和索引存储结构。

通常,当计算机对数据结构中的数据处理时,一个数据结构中的元素节点可能是动态变化的:可以在一个数据结构中增加一个新节点(插入运算);也可以删除某个节点(删除运算),除此之外,对数据结构的运算还有查找、分类、合并、分解、复制和修改。

在处理过程中,不仅数据结构中节点的个数在动态变化,而且,各数据元素之间的关系也有可能在动态地变化,例如将无序的集合结构变成有序的线性结构的处理。

9.1.3 线性表的存储结构

1. 线性表的定义

线性表(Linear List)是 $n(n\geqslant 0)$ 个相同类型数据元素构成的有限序列。线性结构是最简单且最常用的一种数据结构。线性结构的基本特点是除第一个和最后一个数据元素外,每个数据元素只有一个前驱和一个后续。下面给出几个线性表的具体例子。

- {A,B,C,D,E,F,…,X,Y,Z}:是一个长度 $n=26$,数据元素为字母的线性表;
- {RED,BLUE,GREEN,YRLLOW}:是一个长度 $n=4$,数据元素为单词的线性表;
- {春,夏,秋,冬}:是一个长度 $n=4$,数据元素为汉字的线性表。

在计算机内,线性表有两种基本的存储结构:顺序存储结构和链式存储结构。

2. 线性表的顺序存储结构

线性表的顺序存储结构也称顺序表,具有两个基本特点:①线性表中所有元素所占的存储空间是连续的;②线性表中各数据元素在存储空间中是按逻辑顺序依次存放的。由此

可以看出，在线性表的顺序存储结构中，其前后元素在存储空间中是紧邻的，且前驱元素一定存储在后继元素的前面。

对于长度为 $n(n\geqslant 0)$ 个相同类型数据元素 $a_0, a_1, \cdots, a_{n-1}$ 构成的顺序表，假设每个数据元素占用 L 字节，其逻辑结构如图 9-1(a)所示。在如图 9-1(b)所示的存储结构中，序号为 0 的数据元素 a_0 的存储地址为 $Loc(a_0)$，则序号为 i 的数据元素 a_i 的存储地址为 $Loc(a_i) = Loc(a_0) + i * L$。

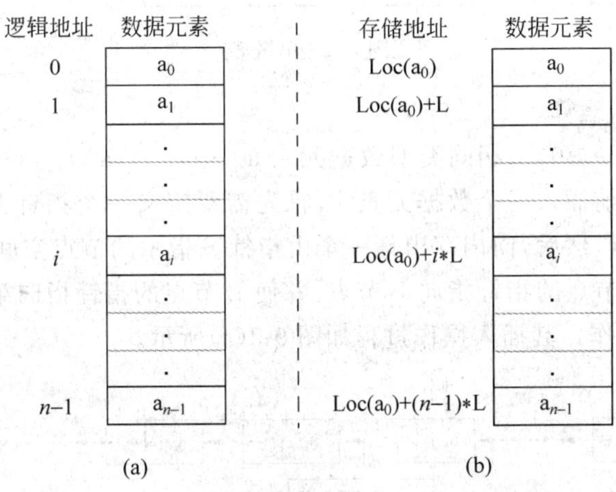

图 9-1　线性表的逻辑顺序结构和顺序存储结构图

对线性表的基本操作包括查找、修改、插入和删除。

(1) 顺序表的查找和修改

这两种处理都比较方便，只要找到它的首地址和要操作的元素序号，即可根据公式 $Loc(a_i) = Loc(a_0) + i * L$ 计算出对应元素的地址，进而找到该元素进行相应的操作。

(2) 顺序表的插入运算

顺序表的插入操作则首先需要将插入位置以后的所有元素从最后一个开始逐个后移，为新插入的元素腾出存储空间，然后再插入新元素。假设顺序表中有 n 个数据元素，则插入操作时平均移动元素的个数为 n/2。

(3) 顺序表的删除运算

对顺序表的删除操作则需要从被删除元素之后的一个元素开始，逐个将其中的每一个元素均依次往前移动一个位置。有 n 个数据元素的顺序表删除操作时平均移动元素个数为 n/2。

3. 线性表的链式存储结构

线性表的链式存储结构是一种物理存储单元上非连续、非顺序的存储结构，各数据元素的先后顺序是由各节点的指针域指示的。因此，链式存储结构的每一个存储节点不仅要存储节点的值，还要存储节点之间的指针。链式存储结构分为单向链表、双向链表和循环链表。

(1) 单向链表

对于长度为 $n(n\geqslant 0)$ 个相同类型数据元素 $a_0, \cdots, a_{i-1}, a_i, a_{i-1}, \cdots, a_{n-1}$ 构成的单向链表

如图 9-2 所示,其中,每个节点的左侧存放数据元素的数据,称为数据域,其右侧存放下一个节点的地址,称为指针域,即节点是由数据域和指针域构成的一种结构体。a_0 是第 1 节点或首节点,是 a_1 节点的直接前驱,或简称前驱;a_1 节点称为 a_0 节点的直接后继,或简称后继,其余类推。a_{n-1} 节点称为尾节点。h 称为头指针,指向单向链表的第 1 个节点,最后一个节点的指针不指向任何节点,为空指针。

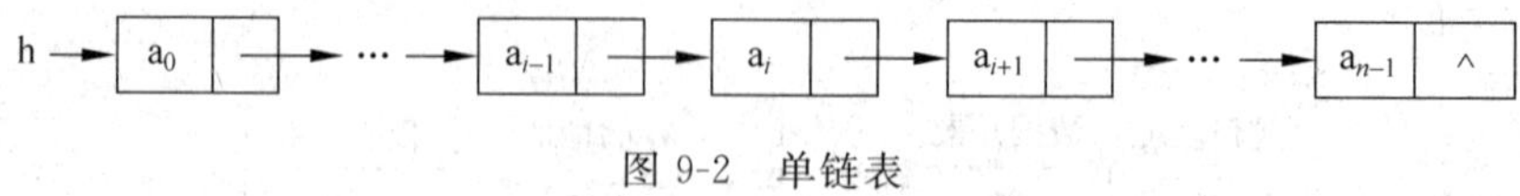

图 9-2 单链表

① 单链表的插入运算。

若要在长度为 $n(n\geqslant 0)$个相同类型数据元素 $a_0,\cdots,a_{i-1},a_i,a_{i-1},\cdots,a_{n-1}$ 构成的单链表中第 i 个数据元素之前插入一个数据元素 B,首先需要定义一个指针 P 并将该指针指向该链表中第 $i-1$ 个节点,然后,向内存申请一个由指针 S 指示的节点空间,并置 B 为其数据域值,然后修改第 $i-1$ 节点的指针指向 B 节点,并使 B 节点的指针指向第 i 个节点,即完成了单链表的一次插入操作。其插入操作过程如图 9-3(a)所示。

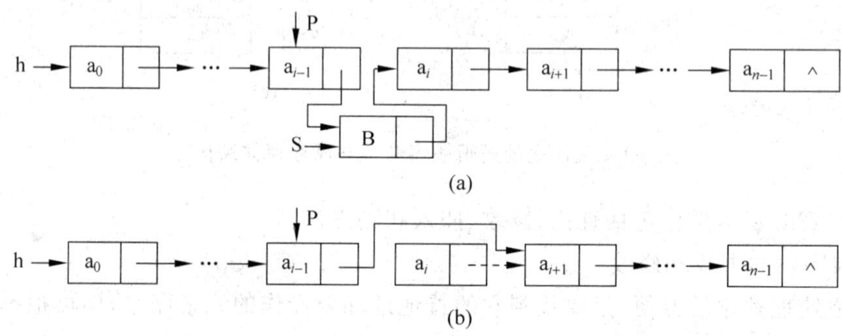

图 9-3 单链表插入与删除

② 单链表的删除运算。

若要在长度为 $n(n\geqslant 0)$个相同类型数据元素 $a_0,\cdots,a_{i-1},a_i,a_{i-1},\cdots,a_{n-1}$ 构成的线性表中删除第 i 个节点,首先要定义一个指针 P,并使指针 P 指向其前驱第 $i-1$ 个节点,然后修改第 $i-1$ 个节点指针使其指向第 $i+1$ 个节点并释放被删除的第 i 个节点空间,即完成了单链表的一次删除操作。其删除操作过程如图 9-3(b)所示。

(2) 单循环链表

单循环链表是单链表的另一种形式,其特点是链表中最后一个节点的指针不再是空的,而是指向头节点或第一个节点,整个链表形成一个环。单循环链表的最大好处是从表中任一节点出发都可找到单循环链表中的其他节点。一个单循环链表如图 9-4(a)所示。

(3) 双向循环链表

双向链表中每个节点除数据域外还包括两个指针域,一个指向其后继,另一个指向其前驱。双向链表的最大好处就是可以方便地寻找到一个节点的前驱和后继。如果最后一个节点的后继指针指向表头节点,表头节点的前驱指针指向最后一个节点,则构成了双向循环链表。一个双向循环链表如图 9-4(b)所示。

线性表是应用最广的数据结构,主要应用于高级语言中的数组、计算机的文件系统和目

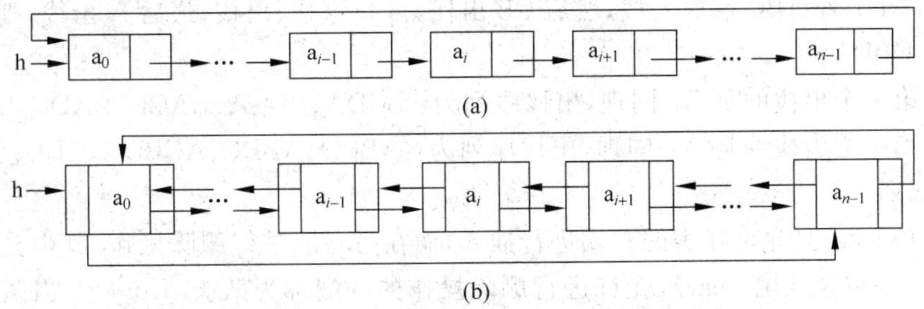

图 9-4　单循环链表和双循环链表

录系统、电话号码查询系统和各种事务处理(均可采用顺序表或单链表结构)。

4. 栈和队列

栈和队列是两种特殊的、重要的线性表,它们都是操作受限的线性表,因此,被称为限定性的数据结构。栈和队列的存储结构分别如图 9-5(a)和图 9-5(b)所示。

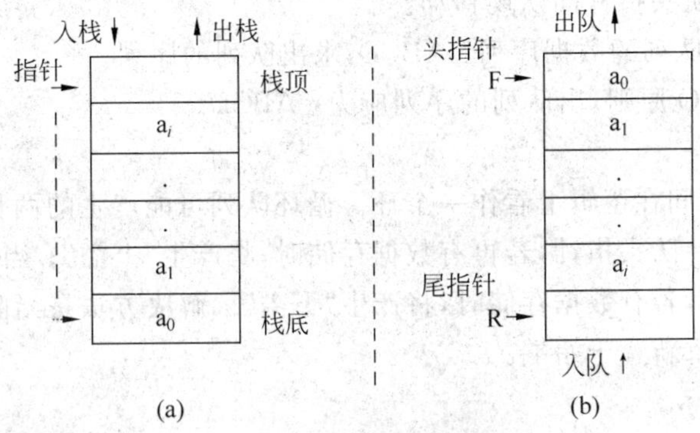

图 9-5　栈和队列示意图

(1) 栈

栈(Stack)是一种只允许在表的尾端进行插入或删除操作的特殊线性表。表中允许进行插入、删除操作的一端(表尾)称为栈顶,表的另一端(表头)称为栈底。当栈中没有数据元素时,称之为空栈。栈的重要特点是数据存取的运算遵循"后进先出"(Last in first out)的模式,即最后存入栈的数据最先取出。栈有入栈、出栈和读栈顶元素三种基本的运算:

- 入栈。入栈的基本算法是首先判断栈是否满,若栈满,则需追加新的存储空间,修改栈的存储空间;若栈未满,则在栈的当前栈顶插入数据元素并让栈顶指针向栈顶移动(始终指向待插入数据的位置)。
- 出栈。出栈的基本算法是首先判断栈是否空,若不空,则删除栈顶元素并返回其值,然后栈顶指针向栈底移动(始终指向待插入数据的位置)。

例 9.1　有入栈数据序列:ABCD,求可能的出栈序列。

该题应该分四种情况考虑,共有 14 种出栈序列。

- 若第一个出栈的为 D:此时 ABCD 顺序入栈,则出栈序列为 DCBA。
- 若第一个出栈的是 C:若 ABC 依次入栈,然后 C 出栈,再 D 入栈,最后都出栈,则出栈序列为 CDBA;若 ABC 依次入栈,然后依次出栈,再 D 入栈出栈,则出栈序列为

CBAD;若 ABC 依次入栈,然后 CB 出栈,再 D 进栈、出栈,最后 A 出栈,则出栈序列为 CBDA。

- 若第一个出栈的是 B:同理,出栈序列为:BCDA、BDCA、BACD、BADC、BCAD。
- 若第一个出栈的是 A:同理,出栈序列为:ABCD、ABDC、ACBD、ACDB、ADCB。

(2) 队列

队列(Queue)只允许在表的一端进行插入,而在另一端进行删除操作,其中允许进行插入操作的一端称为队尾(rear),允许进行删除操作的一端称为队头(front)。当队列中没有数据元素时,称之为空队列。队列数据存取模式遵循"先进先出(FIFO)"操作模式,即最先入队的数据最先取出。队列有三种操作:入队、出队和读队首元素。

① 入队:入队列的基本算法是首先判断队列是否满,若队列满,则需追加新的存储空间,修改队列的存储空间;若队列未满,则在队列的当前队尾插入数据元素并让队尾指针向队尾移动。

② 出队:出队列的基本算法是首先判断队列是否空,若队列不空,则删除当前队头元素并返回其值,并使队头指针向队尾移动。

例 9.2 有入单队列的数据序列:ABCD,求出队列的序列。

根据队列的 FIFO 原则,出队列的序列应为:ABCD。

(3) 循环队列

把队列的存储空间在逻辑上看作一个环。循环队列可能产生的两种溢出:当循环队列已满,此时队尾指针=队头指针,若再有数据存储时,将产生"上溢";当循环队列已空,此时队尾指针=队头指针,若有数据存储时,将产生"下溢"。解决方法是当队尾指针指向存储空间的末端后,就把它重新置于始端。

9.1.4 树

树(Tree)是一类非常重要的非线性数据结构。树形结构用于描述数据元素之间的层次关系。树是 $n(n\geq0)$ 个数据元素的有限集合。当 $n=0$ 时,则称为空树。在一棵非空的树 T 中每个节点只允许有一个直接前驱节点,但允许有一个以上的直接后继节点。并且:

(1) 有一个特殊节点称为树的根节点,它没有前驱节点。

(2) 若 $n>1$,除根节点之外的其余节点可被分成 $m(m>0)$ 个互不相交的集合 T1,T2,…,Tm,其中每一个集合本身又是一棵树,并且称为根的子树。

图 9-6(a)是只有一个根节点的树,图 9-6(b)是一棵具有 13 个节点的树,记为 T={A,B,C,…,L,M},节点 A 为树 T 的根节点。

节点所拥有的子树的个数称为该节点的度。度为 0 的节点称为叶节点。度不为 0 的节点称为分支节点。树中各节点度的最大值称为该树的度。例如,在图 9-6(b)的树 T 中,度为 3 的节点是 A,度为 2 的节点有 B、G 和 D,度为 1 的节点有 E、C 和 I,度为 0 的节点有 J、F、K、L、H 和 M,树的度为 3。

节点的子树的根称为该节点的孩子,该节点称为它的孩子节点的双亲,具有同一个双亲的孩子节点互称为兄弟,例如在图 9-6(b)中,节点 B、C、D 是节点 A 的孩子,节点 A 是节点 B、C、D 的双亲,节点 B、C、D 互为兄弟。

树的根节点层数为 1,其余节点的层数等于它的双亲节点的层数加 1。

树中所有节点的最大层数称为树的深度。图 9-6(b)所示的 T 树的深度为 4。若一棵树

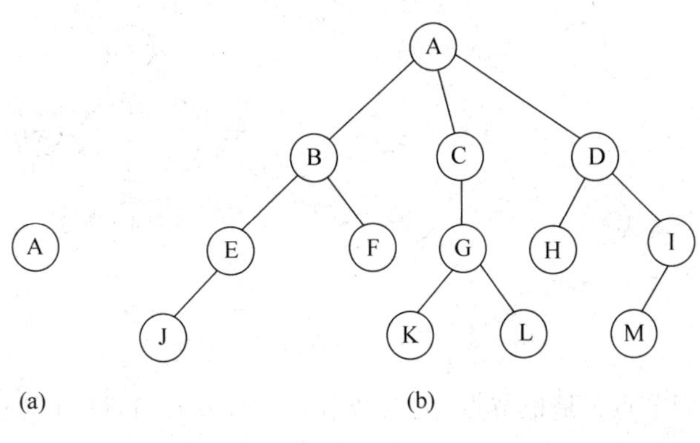

图 9-6　树

中节点的各子树从左到右是有次序的(不能互换)，则称这棵树为有序树，否则，称为无序树。

有限棵不相交的树的集合称为森林，任何一棵深度大于 1 的树，删去根节点就变成森林。

9.1.5　二叉树

1. 二叉树的定义

二叉树(Binary tree)是另一种树型结构，它的特点是每个节点至多只有两棵子树，并且，子树有左右之分，其次序不能任意颠倒。在如图 9-7 所示的二叉树中，节点 A 为根节点，以节点 B 为根节点的二叉树是其他的左子树，以节点 C 为根节点的二叉树是它的右子树。二叉树有两个重要的二叉树形式。

(1) 满二叉树：在一棵二叉树中，除最外层外，所有节点都存在左子树和右子树，并且所有叶节点都在同一层上(均为 0 度)，如图 9-7(a)所示。

(2) 完全二叉树：除最外层只缺少右边的若干节点外，每层上的节点数均达到最大值，则这棵二叉树称为完全二叉树，如图 9-7(b)所示。一棵满二叉树必定是一棵完全二叉树。

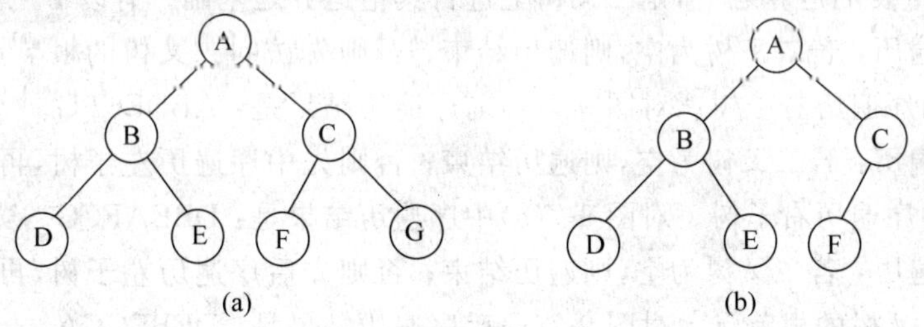

图 9-7　二叉树

2. 二叉树的主要性质

性质 1：二叉树的第 i 层上至多有 2^{i-1} 个节点($i \geqslant 1$)。

性质 2：一棵深度为 k 的二叉树中，最多具有 2^k-1 个节点($k \geqslant 1$)。

性质 3：二叉树上叶节点数(n_0)比度为 2 的节点数(n_2)多 1，即 $n_0=n_2+1$。

性质 4：具有 n 个节点的完全二叉树的深度 $k=\log_2 n+1$。

性质 5：具有 n 个节点的完全二叉树，如果按照从上至下和从左到右的顺序对其中的所有节点从 1 开始顺序编号，则对于序号为 $i(i \leqslant n)$ 的节点，分为 3 种情况，如图 9-8 所示。

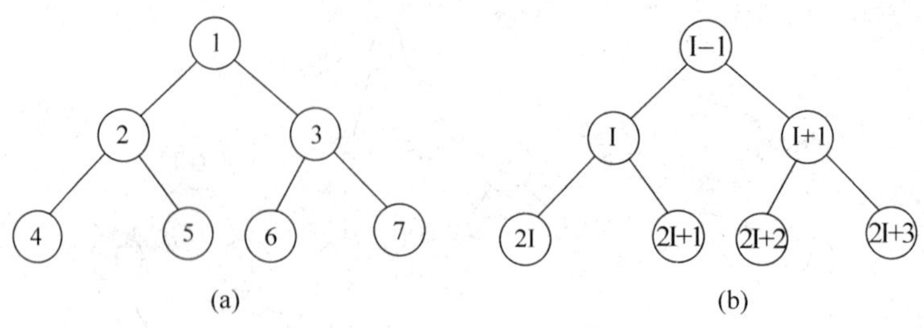

图 9-8 完全二叉树的节点编号

(1) 如果 $i=1$,则节点 i 是根节点,无双亲节点;如果 $i>1$,则节点 i 的双亲节点的编号为 $i/2$。

(2) 如果 $2*i<=n$,则节点 i 的左子节点的序号为 $2*i$;否则,节点 i 无左子节点。

(3) 如果 $2*i+1<=n$,则节点 i 的右子节点的序号为 $2*i+1$;否则,节点 i 无右子节点。

例 9.3 一个有 $n=12$ 个节点的完全二叉树的节点编号如图 9-9 所示,试说明编号为 1、6、8 节点的双亲节点、和左/右子节点。

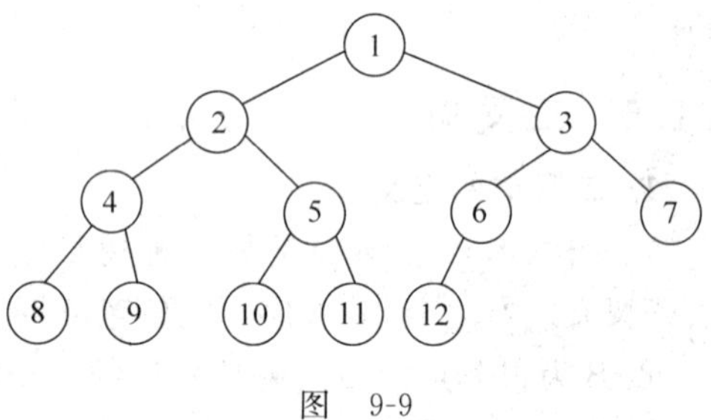

图 9-9

$i=1$ 是根节点,无双亲节点。其左子节点为 $2*i=2$,右子节点为 $2*i+1=3$。

$i=6$ 节点的双亲节点为 $i/2=3$。其左子节点为 $2*i=12$,而 $2*i+1=13>n$,故无右子节点。

$i=8$ 节点的双亲节点为 $i/2=4$。因为 $2*i=16>n$,且 $2*i+1=17>n$,故无左、右子节点。

3. 二叉树的遍历(Traversal)

遍历是指沿某条搜索路线,依次对二叉树中每个节点均做一次且仅做一次访问。遍历是二叉树上最重要的运算之一,是二叉树上进行其他运算之基础。有以下三种遍历算法。

(1) 前序遍历:若二叉树为空,则遍历结束;否则先访问二叉树的根节点,再前序遍历左子树,最后前序遍历右子树。对图 9-7(a)前序遍历结果是:ABDECFG。

(2) 中序遍历:若二叉树为空,则遍历结束;否则先中序遍历左子树,再访问二叉树的根节点,最后中序遍历右子树。对图 9-7(a)中序遍历结果是:DBEAFCG。

(3) 后序遍历:若二叉树为空,则遍历结束;否则先后序遍历左子树,再后序遍历右子树,最后访问二叉树的根节点。对图 9-7(a)后序遍历结果是:DEBFGCA。

9.1.6 算法和算法的度量

1. 算法的基本概念

算法是对特定问题求解步骤的准确和完整的描述。它是指令的有限序列,其中每一条指令表示计算机的一个或多个操作。在这个过程中,无论是形成解题思路(推理实现的算法)还是编写程序(操作实现的算法),都是在实施某种算法。算法不等于程序,也不等于计算机方法,程序的编制不可能优于算法的设计。

算法具体以下五大特征。

(1) 有穷性:对任何合法的输入值,一个算法必须能在执行有穷步骤之后结束。

(2) 确定性：算法的每一条指令含义明确、无二义性。相同的输入只能得出相同的输出。

(3) 可行性：算法中的操作都是可通过已经实现的基本运算执行有限次来实现的。

(4) 输入性：具有 0 个或若干个输入量，这些输入用于描述运算对象的初始状态。

(5) 输出性：产生 1 个或多个的输出。这些输出量与输入有着某些特定的关系。

2. 算法的表示

算法的表示可以有多种形式。

(1) 用传统的图形法如“流程图”或“N-S 图”来描述。例如，求两个自然数的最大公约数的算法(欧几里得辗转相除法)的“流程图”或“N-S 图”如图 9-10 所示。

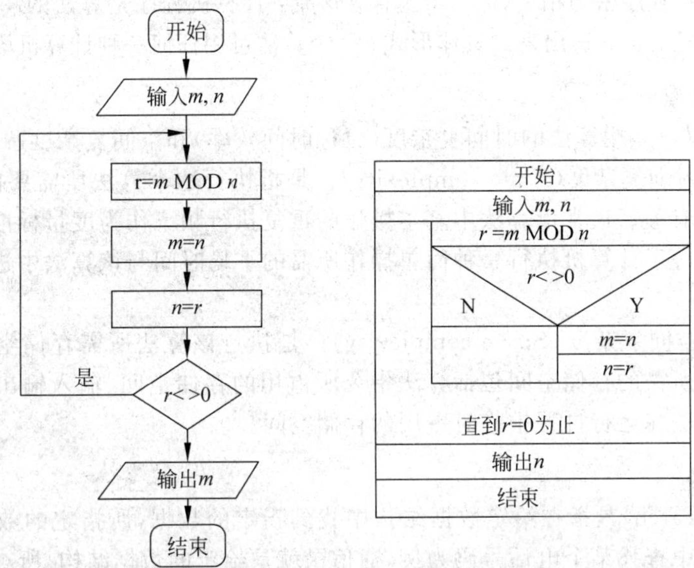

图 9-10　求两个自然数的最大公约数的算法的流程图和 N-S 图

(2) 用近似于编程语言的伪代码来描述。例如，求两个自然数的最大公约数的算法(欧几里得辗转相除法)：

```
1. r = m % n;
2. 循环直到 r = 0;
       2.1    m = n;
       2.2    n = r;
       2.3    r = m % n;
3. 输出 n。
```

(3) 用某种计算机程序设计语言来描述。例如，求两个自然数的最大公约数算法(欧几里得辗转相除法)的 C 语言代码的主要部分描述如下：

```
if (m < n)
{ t = m; m = n; n = t;}
 r = m % n;
 while(r)
  {   m = n;
      n = r;
```

```
    r = m%n; }
printf("%f\n",n);
```

3. 算法设计与分析的基本方法

算法的两个基本要素：

- 对数据对象的运算和操作，主要包括算术运算、关系运算、逻辑运算和数据传输。
- 算法的控制结构，即顺序结构、分支结构和循环结构。

算法设计要实现的目标是确保算法的正确性、可读性、健壮性、高时间效率和低存储量需求。算法基本设计方法包括：穷举法、归纳法、递归法、递推法、减斗递推技术和回溯法。

算法与计算机程序密切相关，但二者也存在区别：计算机程序是算法的一个实例，是将算法通过某种计算机语言表达出来的具体形式；一个算法可用任何一种计算机语言来表达。

4. 算法的度量

算法性能的好坏，用算法的时间复杂度(也称时间效率)和空间复杂度两项指标来度量。

(1) 算法的时间复杂度(Time complexity)。是指执行这个算法所需要的计算工作量，只与问题的规模有关。通常以算法中基本操作的重复执行频率作为度量标准。某个算法的时间复杂度大致等于计算机执行一种简单操作所需的平均时间与该算法中进行该简单操作的次数的乘积。

(2) 算法的空间复杂度(Space complexity)。是执行该算法所需存储空间的量度。某个算法在执行时所需的存储空间包括算法指令所占用的存储空间、输入输出数据所占用的存储空间以及算法在运行过程中临时占用的存储空间。

5. 查找技术

查找技术(Search)是指在给定数据结构中找到指定的数据，所指定的数据被称为关键字。以在通讯录中查找某个电话号码为例，通信录就是给定的数据结构，所查找的电话即为查找关键字。

一种查找算法的性能好坏主要由查找过程中对关键字进行比较的平均次数来衡量。若在给定数据结构中查找到了指定的数据，则称查找成功，否则称查找失败。

根据不同的数据结构，通常采用不同的查找算法。主要有：

(1) 顺序查找(Sequential search)。它也称线性查找，其查找过程为：从线性表中的第一个元素开始，逐个进行数据元素值与关键字相比较。若相等，则查找成功；反之，若查找下一个数据直至最后，仍无相等，则查找失败。当然，也可以从最后一个数据开始向前逐个查找。

对于含有 n 个数据元素的顺序表，在等概率情况下，查找成功时的平均查找长度为 $(n+1)/2$，最差为 n，最好为 1；查找不成功时的次数为 $n+1$。

(2) 二分查找(Binary search)。要求线性表中的数据元素必须是按给定的关键字值 K 的递增或递减顺序排列的。它首先将 K 与表中的中间节点值相比较，若相等则查找完成；否则，这个中间节点将线性表分成了两个子表，再根据 K 与中间节点值的比较大小确定下一步查找哪个子表，这样递归下去，直到找到满足条件的节点或者确定该线性表中没有这样的节点。二分查找在查找成功时和给定值进行比较的数据次数至多为$[\log_2 n]+1$。

例如，在已知一个有序表{7,11,16,21,43,52,67,73,82,87,93}中查找定值 key=21 的二分法算法描述如下。

首先让变量 L 和 H 分别指示表中第一和最后元素的地址，变量 M 指示其中间元素地址，即 $M=(L+H)/2$；接下来让 M 指向的数据与 key 相比较，若大于 key，说明待查元素若存在，且在区间$[L,M-1]$范围内，让 H 指向地址 $M-1$，求新的 $M=(L+H)/2$；仍将 M 指向数据与 key 相比，若数据小于 key，说明待查元素若存在，必在$[M+1,H]$范围内，则令指针 L 指向第 $M+1$ 个元素，求得新的 M；接下来将 M 指向数据与 key 比较，若等于 key，则查找成功！否则查找失败。

6. 排序算法

排序算法(Sorting)是把一个无序的数据元素序列按照排序关键字重新整理成递增或递减有序序列的算法，其基本思想：首先比较两个数据的大小，然后移动或交换两个数据的位置。常用的排序算法见图 9-11。

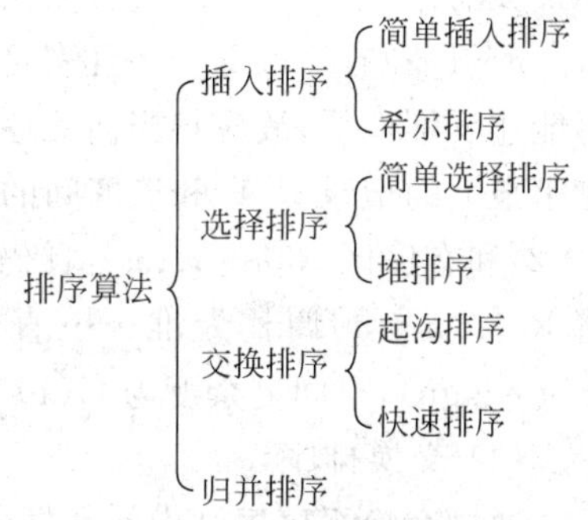

图 9-11　常用的排序算法

(1) 排序算法的基本概念

- 排序关键字：作为排序依据的某个数据项。
- 内排序：在排序过程中，只使用计算机的内存储器的排序。
- 外排序：在排序过程中，因数据量太大而需要使用内存储器和磁盘进行交换的排序。
- 排序的稳定性：如果待排序的文件中，存在有多个关键字相同的数据，经过排序后，这些具有相同关键字的数据之间的相对次序保持不变，则称这种排序方法是稳定的；反之，则称不稳定。

(2) 插入排序

将无序子序列中的一个或几个数据不断地插入到表中的合适位置构成有序序列的排序方法。常用的排序包括简单插入排序和希尔排序两种。

① 简单插入排序。基本思想是：顺序地把待排序的数据元素按其关键字的大小插入到已排序数据元素子集合的适当位置。子集合的数据元素个数从只有一个数据元素开始逐次增大。当子集合大小最终达到全体数据大小时排序完毕。对于有 n 个数据元素的待排序列，要进行 $n-1$ 趟插入操作，最好情况要进行 $n-1$ 次比较，最坏情况要进行 $n(n-1)/2$ 次比较，时间复杂度为$O(n^2)$，空间复杂度为 $O(1)$，是一种稳定的排序算法。简单插入排序适合于 n 较小的情况。

② 希尔排序。基本思想是：把待排序的数据元素分成若干个小组，对同一小组内的数据元素用直接插入法排序；小组的个数逐次缩小；当完成了所有数据元素都在一个组内的排序后排序过程结束，希尔排序又称作缩小增量排序。希尔排序最坏情况的时间复杂度为 $O(n^{1.5})$，空间复杂度为 $O(1)$，希尔排序是一种不稳定的排序算法。

(3) 选择排序

常用的选择排序可分为简单选择排序和堆排序两种。

① 简单选择排序。基本思想是：首先从待排序的数据元素集合中选取关键字最小的数据元素，并将它与原始数据元素集合中的第一个数据元素交换位置；然后从不包括第一个位置上数据元素的集合中，选取关键字词最小的数据元素并将它与原始数据元素集合中的第二个数据元素交换位置；如此重复，直到数据元素集合中只剩下一个数据元素为止。

简单选择排序的时间复杂度为 $O(n^2)$,空间复杂度为 O(1),简单选择排序是一种不稳定的排序算法。

② 堆排序。二叉堆,简称堆,是具有特定条件的顺序存储的完全二叉树,其特点是:任何一个非叶子节点的关键字大于等于(或小于等于)子节点的关键字的值。堆排序利用了大根堆(或小根堆)堆顶记录的关键字最大(或最小)这一特征,使得在当前无序区中选取最大(或最小)关键字的记录变得简单。

基本思想是:先将原始数据 R[1..n]建成一个大根堆,此堆为初始的无序区,再将关键字最大的记录 R[1](即堆顶)和无序区的最后一个记录 R[n]交换,由此得到新的无序区 R[1..$n-1$]和有序区 R[n],且满足 R[1..$n-1$].keys≤R[n].key;由于交换后新的根 R[1]可能违反堆性质,故应将当前无序区 R[1..$n-1$]调整为堆。然后再次将 R[1..$n-1$]中关键字最大的记录 R[1]和该区间的最后一个记录 R[$n-1$]交换,由此得到新的无序区 R[1..$n-2$]和有序区 R[$n-1$..n],且仍满足关系 R[1..$n-2$].keys≤R[$n-1$..n].keys,同样要将 R[1..$n-2$]调整为堆……直到无序区只有一个元素为止。堆排序的时间复杂度为 $O(n*\log n)$,空间复杂度为 O(1)。堆排序是一种不稳定的排序算法。

(4) 交换排序

通过交换无序序列中的数据的位置,从而得到其中关键字最小或最大的数据元素,并将它加入到有序子序列中,以此方法增加数据的有序子序列的长度。常用的包括起泡排序和快速排序两种排序算法。

① 起泡排序(冒泡排序)。基本思想是:设数组 a 中存放了 n 个数据元素,循环进行 $n-1$ 轮如下的起泡排序:第一轮时,依次比较相邻两个数据元素 a[i] ($i=0,1,2,\cdots,n-1$)和 a[j]($j=0,1,2,\cdots,n-1$)的值,若 a[i]>a[j],则交换两个数据元素,否则不交换,这样数值最小的数据元素将被放置在 a[0]中;第二轮时,数据元素个数为 $n-1$,操作方法和第一轮类似,这样 n 个数据元素集合中数值次小的数据元素将被放置在 a[1]中;如此类推,当第 $n-1$ 轮结束时,整个 n 个数据元素集合中次最大的数据元素将被放置在 a[$n-2$]中,a[$n-1$]中放置了最大的数据元素。若交换条件为 a[i]<a[j],则可得到递减的有序序列。起泡排序的时间复杂度为 $O(n^2)$,空间复杂度为 $O(1)$,起泡排序是一种稳定的排序算法。

② 快速排序。基本思想是:对于有 n 个数据元素的数组 a,low 为数组的低端下标,high 为数组高端下标,取 a[low]作为标准,调整数组 a 中各个元素的位置,使排在标准元素前面的关键字均小于标准元素的关键字,排在标准元素后面的关键字均大于等于标准元素的关键字。这样做的作用有两个:一方面将标准元素放在了未排好序的数组中该标准元素应位于的位置上,另一方面将数组中元素以标准元素为中心分成了元素的关键字均小于标准元素的关键字和元素的关键字均大于或等于标准元素的关键字的两个子数组。对这两个子数组中的元素分别再进行方法类同的递归快速排序。递归算法的出口条件是 high>low。快速排序的平均时间复杂度为 $O(n\log_2 n)$,平均空间复杂度为 $O(\log_2 n)$,快速排序是一种不稳定的排序算法。

(5) 归并(Merge)排序

归并排序法是将两个(或两个以上)有序表合并成一个新的有序表,即把待排序序列分为若干个有序的子序列,再把有序的子序列合并为整体有序序列。

基本思想是:比较 a[i]和 a[j]的大小,若 a[i]≤a[j],则将第一个有序表中的元素 a[i]

复制到 r[k]中，并令 i 和 k 分别加上 1，如此循环下去，直到其中一个有序表取完，然后再将另一个有序表中剩余的元素复制到 r 中从下标 k 到下标 t 的单元。

归并排序法的时间复杂度为 $O(n\log n)$，空间复杂度为 $O(n)$，是一种效率高且稳定的算法。

（6）排序算法的选择

各种排序算法各有优缺点，应根据具体情况来选择。通常需考虑的因素有：待排序的数据个数、数据本身的大小和数据的关键值分布情况等。各种排序算法的性能参见表 9-1。

表 9-1　各种排序算法的性能

排序方法	时间复杂度	比较次数	稳定	应用
简单插入排序	$O(n^2)$	$n-1, n(n-1)/2$	√	n 小的正序的表
希尔排序	$O(n^{1.5})$	$n^{1.5}$	×	n 中、小的表
简单选择排序	$O(n^2)$	$n(n-1)/2$	×	与初始数据无关、n 小的表
堆排序	$O(n\log n)$	$n\log n$	×	n 大的表
起泡排序	$O(n^2)$	$n-1, n(n-1)/2$	√	n 小的正序的表
快速排序	$O(n\log_2 n)$	$\log_2 n$ ，$n\log_2 n$	×	n 大的正序表，逆序变成起泡
归并排序	$O(n\log n)$	$(n\log n)/2 \sim n\log n-n+1$	√	n 大的正序的表

9.2　程序设计基础

9.2.1　程序设计基本概念

1. 程序设计概述

程序设计是一门技术，需要相应的理论、技术、方法和工具来支持。程序设计方法是关于以什么观点来研究问题并进行求解，以及如何进行系统构造的软件方法学。程序设计方法和技术的发展经过了程序设计、结构化程序设计和面向对象程序设计阶段。与程序设计技术相关的基本概念有以下几个。

- 指令(Instruction)：由指令集架构定义的单个的 CPU 操作。指令是任何可执行程序的元素的表述，包括一个操作码(opcode)和零个或者更多的操作数(operand)。指令都是基于机器语言的。
- 计算机程序(Computer programs)：简称程序，是指让计算机解决某一问题而编写的一系列指令，通常用某种程序设计语言编写，运行于某种目标体系结构上。程序通常首先用一种计算机程序设计语言编写，然后用编译程序或者解释执行程序翻译成机器语言。
- 程序设计(Program designing)：程序员编写程序的过程。
- 程序设计语言(Program design language，PDL)：是一组用来定义计算机程序的语法规则。它是一种被标准化的交流技巧，用来向计算机发出指令。每一种程序设计语言可以被看作是一套包含语法、词汇和含义的正式规范。

2. 程序设计语言的选择

程序设计语言是人与计算机、计算机与计算机之间对话的工具，是用来书写计算机程序的语言。程序设计语言自计算机诞生以来,已经从机器语言、汇编语言时代进入了高级语言时代。在计算机领域已发明了上千不同的编程语言,而且每年仍有新的编程语言诞生。不同的应用领域需要有与之相应的语言特性:科学计算领域宜采用计算能力强的诸如 Fortran 等语言;Internet 及网络应用采用诸如 Java 等语言;要追求性能和程序的能力、要完全发挥操作系统的能力则宜使用 C/C++;等等。

程序设计语言的选择需要根据具体应用领域的情况、用户要求、设计人员的背景、知识经验和应用环境等方面来综合考虑。程序设计语言按其执行机制可分为编译型语言、解释型语言和虚拟机语言:

- 如果使用编译器将源程序代码作为一个整体编译,产生可运行的二进制代码文件,这种过程称为编译,而完成这种编译的软件称为编译器。C 语言就是一种典型的编译语言。
- 如果源程序代码是在运行时才通过解释器进行即时翻译,每翻译一句就让计算机执行一句,那么这种机制被称作解释。javascript、shell、python 等都是解释程序语言。
- 虚拟机语言运行在虚拟机上,需要被编译成虚拟机代码,由虚拟机执行,比如 java。

3. 程序设计的风格

现代程序设计的风格可以用“清晰第一,效率第二”来概括,强调源程序代码的可读性,一来是便于解理,二来是便于修改。主要涉及以下几个方面。

(1) 源程序文档化。源程序文档化主要包括:标识符应按意取名、程序应适当加注释、程序中适当加入空格/空行和缩进等便于阅读的符号和架构。

(2) 数据说明原则。数据说明原则主要包括:数据说明顺序应规范、各变量名按字典序排列、对于复杂的数据结构要加注释等。

(3) 语句构造原则。语句构造原则主要包括:简单直接、一行一条语句、要避免复杂的判定条件和多重循环嵌套、表达式中使用括号以提高运算优先级和清晰度。

(4) 输入/输出原则。输入/输出原则主要包括:输入操作步骤和输入格式尽量简单、检查输入数据的合法性和有效性、提示信息等。

(5) 追求效率原则。追求效率原则主要包括:建立在不损害程序可读性或可靠性基础上、选择良好的设计方法、良好的数据结构算法。

9.2.2 结构化程序设计

1. 结构化程序设计的原则

结构化程序设计(Structured programming)的概念由 E. W. Dijikstra 在 1965 年提出,成为软件发展的重要里程碑。其主要原则如下。

(1) 自顶向下:程序设计时,应先考虑总体,后考虑细节;先考虑全局目标,后考虑局部目标。避免刚开始就过多追求众多细节,先从最上层总目标开始设计,逐步使问题具体化。

(2) 逐步求精:对复杂问题,应设计一些子目标作过渡,逐步细化。

(3) 模块化:模块化是把程序要解决的总目标分解为分目标,再进一步分解为具体的小目标,把每个小目标称为一个模块。

(4) 用三种基本控制结构编写程序:任何程序都可由顺序、选择、重复三种基本控制结构组成。

(5) 限制使用无条件转移语句：无条件转移语句的使用容易导致程序流程的混乱。

2. 结构化程序设计的基本结构和特点

Boehm 和 Jacopini 在 1966 年证明了程序设计语言仅仅使用三种基本控制结构即可实现任何单入口/单出口的程序。

(1) 顺序结构：即按照程序语句执行的顺序编写程序代码，计算机将“从上至下”逐条执行程序语句，它是最基本、最常用的结构。其流程图如图 9-12(a)所示。

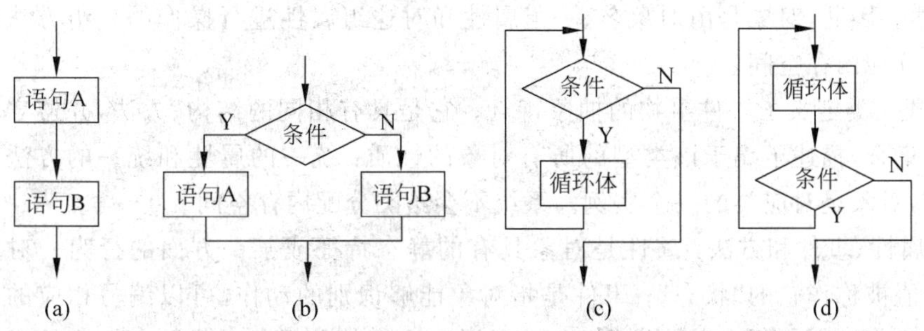

图 9-12　程序设计语言三种控制结构流程图

(2) 选择结构：选择结构又称分支结构，包括简单选择结构和多分支选择结构。该结构可根据设定的条件表达式，来判断计算机应该选择哪一条分支语句序列来执行。其流程图如图 9-12(b)所示。

(3) 循环结构：即根据给定的条件，判断是否需要重复执行某一程序段(循环体)。采用循环结构可大量地减少程序行。循环结构有两类：先判断后执行循环体，称为当型循环结构；先执行循环体，后判断的称为直到型循环结构。其流程图分别如图 9-12(c)和图 9-12(d)所示。

单入口/单出口模式的程序能使处理过程中的数据流控制固定在程序段入口进入，固定的出口返回，不允许在编程中随意使用数据。这能使模块简单化，保证了编程质量。

结构化程序设计的特点是各模块间的关系清晰简单、每一模块内部由基本结构组成，设计出的程序清晰易读、可理解性好、容易验证其正确性、也容易维护。缺点是程序和数据结构松散地耦合在一起。

9.2.3　面向对象的程序设计

1. 面向对象方法的优点

(1) 面向对象方法采用人类思维方式，其对象、类、继承、封装、消息等基本概念符合人类的自然思维方式，面对客观世界建立软件系统模型。

(2) 面向对象方法对需求变化有较好的适应性。

(3) 对象作为系统的基本单位，并把容易发生变化的属性与操作封装在对象之内。对象之间通过接口联系，使得需求变化的影响尽可能地限制在对象的内部。

(4) 面向对象方法支持软件复用。对象的封装性和信息隐蔽等特性以及类可以派生出新类，进而产生实例，实现了对象类数据结构和操作代码的软件复用。

(5) 面向对象开发环境一般预定义了系统动态链接库，提供大量公用程序代码，提高了开发效率和质量。

(6) 面向对象的软件系统可维护性好。

(7) 模块独立性好(对象内部各元素结合紧密、内聚性强),系统出错时容易定位和修改,而且不至于牵一发而动全身。

2. 面向对象的基本概念

(1) 对象:对象是在系统中用来描述客观事物的一个实体,是构成系统的基本单位,它具有静态特征和动态特征。静态特征用属性来描述,而动态特征用一组操作序列(称为方法)来描述。因此,对象是由对象名、一组属性和对这组属性进行操作的一组方法构成。系统给对象分配内存空间。

(2) 类:类定义了一件事物的抽象特点。它是具有相同的结构、方法,并遵守相同规则的对象的集合,描述了属于该类型的所有对象的性质:统一的属性和统一的方法。类是对象的抽象,对象是对应类的一个实例。系统不会给类分配内存空间。

(3) 属性、事件和方法:属性是对象具有的静态特征或某一方面的行为。对象属性的一个具体值被称作它的"状态";事件是指对象能够识别的动作,可以编写相应的代码对此动作进行响应。事件可由系统发生,也可由用户执行某种操作来发生;方法是对象能够执行的操作,是对象具有的功能体现,是实现每条消息具体功能的手段。对一个对象的方法进行调用并不影响其他对象。

(4) 消息:消息是一个实例与另一个实例之间传递的信息。它由提供服务的对象标识、服务标识、输入信息和响应信息等组成。对象接收消息后,根据消息及消息参数调用自己的服务,处理并予以响应,从而实现系统功能。

(5) 封装:封装是将数据和代码捆绑到一起,避免了外界的干扰和不确定性。对象的某些数据和代码可以是私有的,不能被外界访问,以此实现对数据和代码不同级别的访问权限。

(6) 继承:继承是让某个类型的对象获得另一个类型的对象的特征。通过继承可以实现代码的重用:从已存在的类派生出的一个新类将自动具有原来那个类的特性,同时,它还可以拥有自己的新特性。

(7) 多态:多态是指同样的消息被不同对象接收后可导致完全不同的行动的现象。多态机制使具有不同内部结构的对象可以共享相同的外部接口,以减少代码的复杂度。

(8) 动态绑定:是指将一个过程调用与相应代码链接起来的行为。动态绑定是指与给定的过程调用相关联的代码只有在运行期才可知的一种绑定,它是多态实现的具体形式。

3. 面向对象方法的主要特性

(1) 继承性

继承性(Inheritance)是指一个子类会继承一个父类的属性和方法(私有的属性和方法除外),并且也可以包含自己的属性和方法。这意味着对于相同的代码,程序员只需要写一次。继承性体现并扩充了面向对象程序设计方法的共享机制。

(2) 封装性

封装性(Encapsulation)使面向对象程序设计隐藏了某一方法的具体执行步骤,取而代之的是通过消息传递机制传送消息给它。封装具备了包含和隐藏对象信息(如内部数据结构和代码)的能力,使操作对象的内部复杂性与应用程序的其他部分隔离开来,它使各模块具有明显的范围和边界,实现了模块内的高内聚和模块间的低耦合。封装是面向对象技术核心。

(3) 多态性

多态性(Polymorphism)指方法在不同的类中调用可以实现的不同结果。因此,多个类可以对同一消息做出不同的反应。它使得相同的操作可以作用于多种类型的对象上并获得不同的结果,从而增强了系统的灵活性、维护性和扩充性等。

(4) 抽象性

抽象性(Abstraction)指忽略事物中与当前目标无关的非本质特征,更充分地注意与当前目标有关的本质特征。从而找出事物的共性,并把具有共性的事物划为一类,得到一个抽象的概念。

9.3 软件工程基础

9.3.1 软件工程概述

1. 软件的定义与特点

现代软件的正确含义如下。

(1) 运行时能提供所要求的功能和性能的计算机程序或指令的集合。

(2) 能使程序正确处理信息的数据结构。

(3) 描述程序功能以及如何操作使用程序的文档,包括用户文档(用户手册、安装手册、操作手册等)、开发文档(软件需求说明书、数据要求说明书、概要设计、详细设计、测试计划与测试报告等)和管理文档(可行性报告、项目开发计划、开发进度报告、开发总结报告、维护修改报告等)。

由于软件是逻辑产品,所以软件在开发、生产、维护和使用等方面,具有以下特点。

(1) 软件开发依赖开发人员的业务素质和管理,开发成本通常占整个产品成本的大部分。

(2) 软件没有明显的制作过程,软件在开发和研制成功后,可通过拷贝进行大量复制。

(3) 软件在使用过程中的维护比硬件要复杂,在软件维护过程中还可能产生新的错误。

2. 软件工程的产生

长期以来,软件开发工作高度依赖程序员的个人技能和程序设计技巧。随着计算机应用的迅速增长,软件规模越来越大,使得软件本身的复杂性不断增加,软件的研制周期变长,开发费用上涨,而质量得不到保证,生产效率急剧下降。同时大量的已有软件因缺少相关文档而难以维护。这些问题严重阻碍了软件的发展,形成了所谓的“软件危机”。

1968 年首次提出了“软件工程”这个概念,希望用工程化的原则和方法来克服软件危机。为了实现软件优质高产的目标,人们开展了软件开发模型、开发方法、工具与环境等方面研究,提出了多种开发模型和多种开发理论及方法,研发了一批计算机辅助软件工程(Computer aided software engineering,CASE)软件工具,逐渐形成了“软件工程学”这门计算机新学科。

1983 年,IEEE 给出了软件工程的定义:软件工程是开发、运行、维护和修复软件的系统方法。软件工程包括方法、工具和过程 3 个要素:方法为软件开发提供了“如何做”的技术;工具指支持软件开发、管理、文档生成的自动或半自动软件支撑环境;过程指软件开发各个环节的控制与管理。

3. 软件工程的目标和原则

软件工程的目的是提高软件生产率、提高软件质量、降低软件成本。所包含的内容主要有两个方面：软件开发技术(软件开发方法学、软件工具、软件工程环境等)和软件工程管理(软件管理、软件工程经济学等)。

软件工程的目标是在给定的成本、进度的前提下，开发出具有有效性、可靠性、可理解性、可维护性、可适应性、可移植性、可追踪性和可互操作性且满足用户需求的产品。软件工程鼓励研制和采用各种先进的软件开发方法、工具和环境。软件工程需要达到的基本目标应是：付出较低的成本，达到要求的软件功能，取得较好的软件性能，开发的软件易于移植，需要较低的维护费用，能按时完成开发，及时交付使用。

软件工程的基本原则：抽象、信息隐蔽、模块化、局部化(模块间松散，模块内内聚性强)、确定性、一致性、完备性和可验证性。

9.3.2 软件生存周期及开发模型

1. 软件生存周期

软件与自然界很多事物相似，也经历诞生、发展和消亡过程，称为软件生存周期。软件生存周期一般分为计划、开发与维护3个时期，如表9-2所示。每一时期又划分为若干阶段，每个阶段都有确定而有限的任务，这样就简化了每一步的工作内容，使得因为软件规模增长而大大增加的软件复杂性变得容易控制和管理。

表9-2 软件生存周期

生存周期	阶段	任务	文档	参加人员
软件计划	问题定义	理解用户要求，划清工作范围	目标与范围计划说明书	系统分析员、用户
	可行性研究	可行性方案及代价	可行性论证报告	系统分析员
软件开发	需求分析	软件系统目标及应完成的工作	需求规格说明书	系统分析员、用户
	概要设计	系统的逻辑设计	软件概要设计说明书	系统分析员、高级程序员
	详细设计	系统模块设计	软件详细设计说明书	高级程序员、程序员
	软件编码	编写程序代码	程序、数据、注释	高级程序员、程序员
	软件测试	单元测试、综合测试	测试大纲、方案与结果	外单位测试员
软件维护	软件维护	运行和维护	维护后的软件	程序员、高级程序员

2. 软件开发模型

软件开发模型是指根据软件生存周期为各项开发活动流程确定的一个合理的框架。目前软件工程的开发策略，主要有两种：瀑布模型与快速原型模型。

瀑布模型(Waterfall model)也称线性顺序模型或生存周期模型，是W. Royce于1970年首先提出的。在这种模型中，软件开发各个阶段顺序展开，形如瀑布，如图9-13所示。在该模型中，只有当前一阶段的工作完成以后才能开始后一阶段的工作，否则后一阶段的工作也得不到正确的结果。把逻辑设计与物理设计分开，尽可能推迟程序的物理实现是瀑布型的主导思想。瀑布模型的缺点是：若在需求分析阶段有遗漏和错误，将使得开发出的软件很可能不能满足用户的需要，从而不得不返工，为软件开发带来不必要的损失。

快速原型模型(Rapid prototype model)是在需求分析阶段，开发人员根据用户提出的软件要求，快速开发一个简化的系统原型版本，让用户充分了解未来系统的概貌，进而对系统的功能提出相应的改进意见，开发人员据此对原型进行多次改进，最终开发出完全符合用户要求的新系统。图 9-14 给出了快速原型软件开发的生存期模型。由于在需求分析阶段采取了用户的介入和反馈，使得用这种开发方法开发出的系统能够更好地满足用户的需求。但因要对原型系统以用户提出的修改作快速响应，所以对开发人员和环境提出了较高的要求。

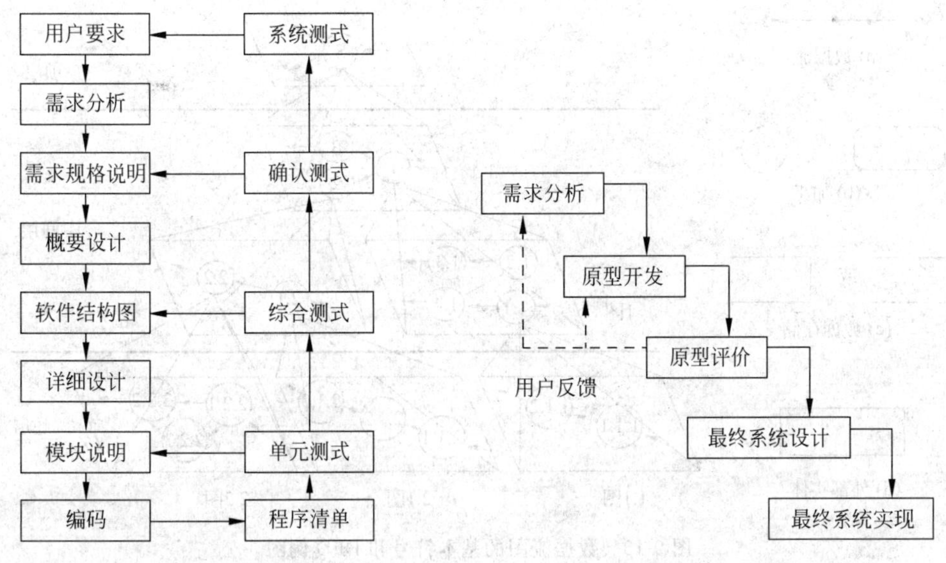

图 9-13　瀑布模型　　图 9-14　快速原型法的生存期模型

9.3.3　需求分析与结构分析的方法

1. 需求分析

软件需求分析(Reguirement analysis)就是把软件计划期间建立的软件可行性分析求精和细化，分析各种可能的解法，并且分配给各个软件元素。需求分析是软件定义阶段中的最后一步，对目标系统提出完整、准确、清晰、具体的要求，也是项目最重要的关键点。

需求分析一般分为需求问题识别、需求分析、制定规格说明和需求评审等 4 个步骤，其任务是导出系统的逻辑模型，解决“做什么”的问题。需求分析方法始终贯穿着吸收、同化、贯彻方法和手段，用商业化行为解决需求与实现之间的矛盾、用户需求与商业化产品融通以及规范与个性化追求。

软件需求分析方法有：结构化分析方法(包括面向数据流的结构化方法(SA)、面向数据结构 Jackson 方法(JSD)、面向数据结构的结构化数据系统开发方法(DSSD)、面向对象的分析方法和面向控制方法等。

(1) 结构化分析方法

结构化分析(Structured analysis，SA)方法的实质是一种着眼于数据流的由外向内、自顶向下、逐层分解的功能分解方法。它以数据流图(Data flow diagram，DFD)和数据字典(Data dictionary，DD)为主要工具，首先用 DFD 表示系统的所有输入/输出，然后反复地对系统求精,每次求精都表示成一更详细的 DFD 从而建立关于系统的一个 DFD 层次;为保存 DFD 中的这些信息,使用 DD 来存取相关的定义、结构及目的。

结构化分析方法的分析结果由以下几部分组成。

① 一套分层的数据流图 DFD,它以图形的方式描绘数据在系统中流动和处理的过程,反映了系统必须完成的逻辑功能,是结构化分析方法中用于表示系统逻辑模型的一种工具,直接支持系统功能建模。数据流图的基本成分及其图形表示方法如图 9-15 所示。

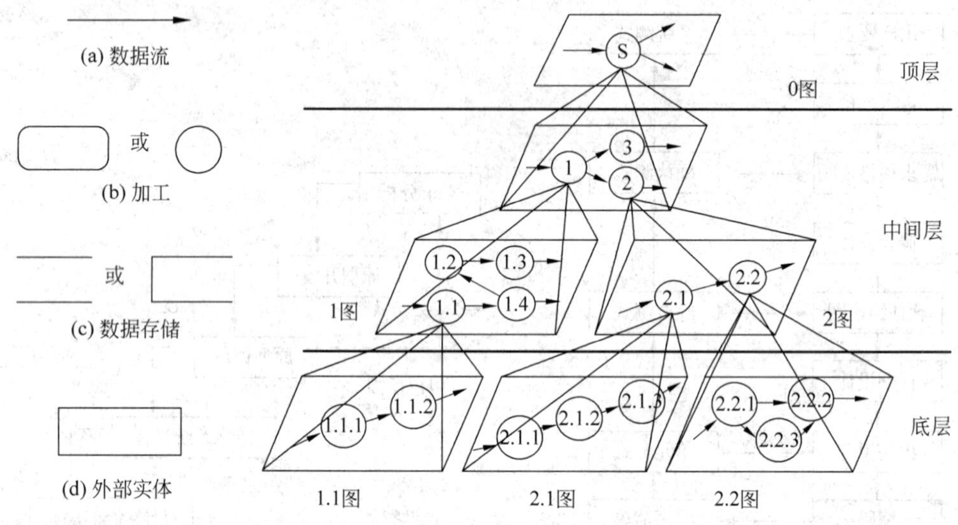

图 9-15 数据流图的基本符号和 DFD 例图

② 一本数据字典 DD,用来对数据流图中的每个数据流、文件以及组成数据流或文件的数据项的具体含义进行准确严格定义,是结构化分析方法的核心。数据字典是各类数据描述的集合,它通常包括数据项、数据结构、数据流、数据存储和处理过程等 5 个部分。它通过对系统相关数据元素有组织的列表以及精确的、详细的、无二义性的说明,使得开发人员和用户对于系统的各组成部分有共同的理解,为软件系统的分析、设计和维护提供依据。常见的数据字典可以用如表 9-3 所示的数据字典表来描述。

表 9-3 数据字典表

<table>
<tr><td colspan="3">编号:</td><td colspan="5">名称:</td></tr>
<tr><td colspan="3">使用频率:</td><td colspan="5">来源/去向:</td></tr>
<tr><td colspan="3">使用权限:</td><td colspan="5">保存时间:</td></tr>
<tr><td>名称</td><td>简称</td><td>键值</td><td>类型</td><td>长度</td><td>值域</td><td>初值</td><td>备注</td></tr>
<tr><td></td><td></td><td></td><td></td><td></td><td></td><td></td><td></td></tr>
<tr><td></td><td></td><td></td><td></td><td></td><td></td><td></td><td></td></tr>
<tr><td></td><td></td><td></td><td></td><td></td><td></td><td></td><td></td></tr>
<tr><td colspan="8">说明:</td></tr>
</table>

③ 一组加工说明(Process specification,PSPEC),用来对数据流图中每个加工所做的说明,由输入数据、加工逻辑和输出数据等组成。加工逻辑阐明把输入数据转换为输出数据的策略,是加工说明的主体。加工说明通常用结构化语言(Structured language)、判定树

(Decision tree，如图 9-16 所示)或判定表(Decision table，如表 9-4 所示)作为描述工具。每个加工说明可以用 IPO(Input-process-output chart)工具来描述，也可用卡片来描述。

- 判定树：当数据流图中的加工依赖于多个逻辑时，宜使用判定树来描述。从问题的定义中确定哪些是判定条件、哪些是判定结论，并根据问题描述材料中的连接词找出判定条件之间的关系(从属、并列或选择)，根据它们构造判定树。
- 判定表：当数据流图中的加工要依赖于多个逻辑条件的取值，即完成该加工的一组动作是由于某一组条件取值的组合而引发的，使用判定表描述比较适宜。

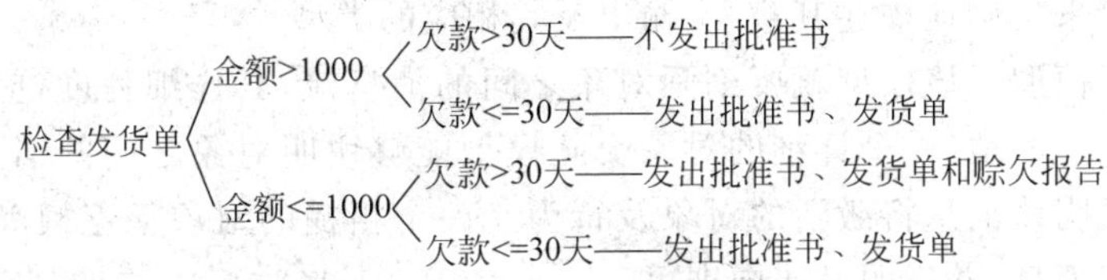

图 9-16 “检查发货单”判定树

表 9-4 “检查发货单”判定表

动作组编号		1	2	3	4
条件	发货单金额	＞1000	＞1000	＜＝1000	＜＝1000
	赊欠情况	＞30 天	＜＝30 天	＞30 天	＜＝30 天
操作	不发出批准书	√			
	发出批准书		√	√	√
	发出发货单		√	√	√
	发出赊欠报告			√	

SA 方法是目前实际应用效力广泛的需求工程技术。它具有较好的分别、抽象能力，为开发小组找到了一种中间语言，易于软件人员所掌握。但它离应用领域尚有一定的距离，难以直接应用领域，并且与软件设计也有一段不小的距离，因而为开发小组的思想交流带来了一定的困难。

需求分析结束时应产生 DFD、DD、判定树、判定表和软件需求规格说明书等文档。

软件需求规格说明书的作用主要有：①便于用户、开发人员进行理解交流；②反映用户问题的结构，以作为软件开发工作的基础和依据；③作为确认测试和验收的依据。因此，软件需求规格说明书的特点主要有：正确性、无歧义性、完整性、可验证性、一致性、可理解性和可追踪性。

(2) 面向对象分析方法

面向对象(Object oriented，OO)方法把分析建立在系统对象以及对象间交互的基础之上，用对象及其属性、分类结构和集合结构等 3 个最基本的方法框架来定义和沟通需求。面向对象的问题分析模型从 3 个方面进行描述：对象模型(对象的静态结构)、动态模型(对象相互作用的顺序)和功能模型(数据变换及功能依存关系)。需求分析的抽象原则、层次原则和分割原则同样适用于面向对象方法，也是从高级到低级、从逻辑到物理，逐级细分。每一级抽象都重复对象建模→动态建模→功能建模的过程，直到每一个对象实例均用程序编码实现为止。

面向对象需求分析(OORA)利用一些基本概念来建立相应模型，以表达目标系统的不同方面。通常使用如下 5 个基本模型来描述软件需求。

- 聚合模型。该模型描述对象(类)是如何由简单的对象(类)构成的。将一个复杂对象(类)描述成一个由交互作用的若干对象(类)构成的结构是 OO 的突出能力。
- 分类模型。该模型描述类之间的继承关系。它说明的是一个类可以继承另一个或另一些类的成分,以实现类中成分的复用。
- 类/对象模型。分析过程必须描述属于每个类的对象所具有的行为,其详细程度可以根据具体情况而定。既可以只说明行为的输入、输出和功能,也可以采用比较形式的途径来精确地描述其输入、输出及其相应的类型。
- 对象交互模型。该模型就要刻画对象之间的消息流,其详细程度,应根据具体情况而选择。一般地,一个详细的对象交互模型能够说明对象之间的消息及其流向,并且同时说明该消息将激活的对象及行为。一个粗糙的对象交互模型可以只说明对象之间有消息,并指明其流向即可。
- 状态模型。该模型将对象的行为描述成其不同状态之间的通路。它也可以刻画动态系统中对象的创建和废除。由对象的创建到对象的废除状态之间的退路为对象的生存期。

与传统的结构化分析相比,面向对象分析(OOA)发生了根本性的变化。面向对象分析则是利用面向对象的概念和方法来构建软件需求模型,更为关注对象的内在性质以及对象的关系与行为。

2. 结构化设计方法

结构化设计方法(Structured design,SD)是以“自顶向下、逐步求精、模块化为基点、以模块化,抽象,逐层分解求精,信息隐蔽化局部化和保持模块独立”为准则的设计软件的数据架构和模块架构的方法学。

结构化设计的步骤为:①评审和细化数据流图;②确定数据流图的类型;③把数据流图映射到软件模块结构,设计出模块结构的上层;④基于数据流图逐步分解高层模块,设计中下层模块;⑤对模块结构进行优化,得到更为合理的软件结构;⑥描述模块接口。

结构化设计方法的设计原则包括:①每个模块执行一个功能(坚持功能性内聚);②每个模块用过程语句(或函数方式等)调用其他模块;③模块间传送的参数作为模块内使用的数据;④模块间共用的信息(如全局参数等)尽量少。

结构化设计方法分为概要设计和详细设计两个阶段。

(1) 概要设计阶段

概要设计也称结构设计或总体设计,包括四大任务:设计软件系统结构(划分功能模块,确定模块间调用关系);数据结构及数据库设计(实现需求定义和规格说明过程中提出的数据对象的逻辑表示);编写概要设计文档(包括概要设计说明书、数据库设计说明书,集成测试计划等);概要设计文档评审(对设计方案是否完整实现需求分析中规定的功能、性能的要求,设计方案的可行性等进行评审)。

概要设计工具——结构图(Structure chart,SC)的基本图符如图 9-17 所示,其功能是把需求分析得到的数据流图 DFD 等变换为系统结构图(SC)。SC 反映系统的功能实现以及模块与模块之间的联系与通信,即反映了系统的总体结构。

概要设计的任务是实现数据流图到结构图的变换。在概要设计中,信息流是一个关键

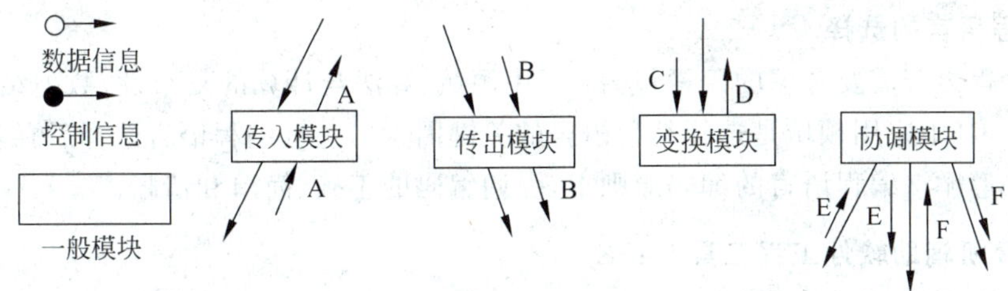

图 9-17 结构图基本图符

考虑。面向数据流的设计方法把信息流映射成软件结构，信息流的类型决定了映射的方法。典型的信息流类型：变换型和事务型。

(2) 详细设计阶段

详细设计的目的是为软件结构图(SC)中的每一个模块确定采用的算法、模块内数据结构，并用某种选定的表达工具(如程序流程图、N-S 图等)给出清晰地描述。

详细设计的设计工具包括：图形工具(程序流程图 PFD、N-S 图、问题分析图(PAD 图)等)，表格工具(类似于判定表)和语言工具(过程设计语言 PDL 等)。

详细设计的内容包括：代码设计、输入设计、输出设计、处理过程设计、用户界面设计和安全控制设计等。详细设计阶段的结果基本上决定了最终的程序代码的质量。

9.3.4 软件开发工具

软件编程是将详细设计的结果转换成用某种程序设计语言书写的源程序。程序的质量主要由详细设计的质量决定，但软件开发工具或程序设计语言使用的语言和编码的风格，对程序的质量也有重要的影响。

1. 程序设计语言与分类

用于软件开发的程序设计语言种类繁多，从软件工程学的角度，可以分为基础语言、结构化语言和面向对象语言 3 大类。

(1) 基础语言

基础语言中有代表性的是汇编语言、BASIC 等，这些语言使用时间较长，已有大量的软件资源。例如，汇编语言至今仍是工业控制计算机软件和设备驱动程序的主要编程语言。

(2) 结构化语言

Pascal、C 语言等是结构化语言的代表。C 语言具有结构化语言的共同特征，如表达简洁、控制结构与数据结构完备，有丰富的运算符和数据类型，此外 C 语言具有移植能力强、编译质量高等特点，这些特点使它不仅能写出效率高的应用软件，也适合编写操作系统、编译程序，如著名的 UNIX 操作系统，有 90%以上的代码是用 C 语言编写的。

(3) 面向对象语言

常用的面向对象语言有 C++、Java 等。C++语言是从 C 语言进化而来的，是 C 语言的超集，C++既可以进行过程化程序设计，也可以进行面向对象程序设计。Java 语言是当今流行的新兴网络编程语言，它具有面向对象、跨平台、分布应用等特点，已逐步从一种单纯的计算机高级语言发展为一种重要的 Internet 平台。另外，诸如 Delphi、Power Builder、Visual Basic 等，也被广泛应用于某些特定的应用领域(如数据库应用、网络开发等)。

2. 编程语言的选择

选择编程语言需要考虑的因素包括：应用领域、算法与计算的复杂性、数据结构的复杂性及效率等，其中应用领域是选择编程语言的关键因素。一旦编程语言选择后，编码风格实际上就是在遵循该编程语言的编码原则上，强调编码的正确、简单和清晰。

3. 计算机辅助软件工程工具 CASE

CASE 的基本思想就是提供一组能够自动覆盖软件开发生命周期各个阶段的集成的、减少劳动力的工具。CASE 工具由许多部分组成，一般按软件开发的不同阶段分为上层 CASE 和下层 CASE 产品。上层 CASE 工具自动进行应用的计划、设计和分析，帮助用户定义需求、产生需求说明、完成与应用开发相关的所有计划工作。下层 CASE 工具自动进行应用系统的编程、测试和维护工作。CASE 工具从应用的角度可分为以下几个。

(1) 分析建模类：主要用于需求分析、设计和数据库设计等方面。常用软件有 Microsoft Visual Visio、Smartdraw、Rational Rose、ERWin、PowerDesgian 等。

(2) 编码工具类：以工程的方式管理原码，提供非常适合再工程的浏览手段。常用软件有 SourceInsigt、SourceNavigator 等。

(3) 测试工具类：包括白盒测试工具 Purify、PureCoverage 和 Quantify；黑盒测试工具 WinRunner、Astra Quicktest、Robot；测试管理工具 TestDirector 、Test Manager、ClearQuest 等；功能测试工具 WinRunner 等。

(4) 配置管理工具类：用于维护文档的统一和可追溯性。最常用到的功能是对程序代码的版本控制，也包括变更的控制、管理和通知。常用软件有 Virsual Source Safe、PVCS、ClearCase 和 CVS 等。

9.3.5 软件测试

软件测试是为了发现错误而执行程序的过程，它是软件开发时期最后一个阶段，成功的测试是发现了至今尚未发现的错误的测试。

1. 软件测试的目的

软件测试的目的是在软件投入运行之前，尽可能多地发现软件中的错误，并希望能以最少的人力和时间来发现在所开发的软件中潜在的各种错误和缺陷，以确保所开发软件系统的质量和可靠性。

2. 软件测试的原则

软件测试的原则主要有：应尽早并不断地进行测试；应避免由原开发人员承担；要确定输入数据和预期输出结果；应加入合理的和不合理的输入条件；要严格检查程序功能；严格按照测试计划进行；妥善保存测试计划、测试用例、出错统计和分析报告，为维护提供方便。

3. 测试方法

软件测试方法一般分静态测试和动态测试两大类。静态测试是指被测试程序不在计算机上运行，而是采用人工检测和计算机辅助静态分析的手段对程序进行检测，包括代码检查、静态结构分析、代码质量度量等；动态测试指通过运行程序发现错误，一般测试大多指动态测试。动态测试分黑盒测试和白盒测试两种。

(1) 黑盒测试：也称为功能测试。这种方法将待测软件看成黑盒子，在不考虑软件内部结构和特性的情况下，测试软件的外部特性。用黑盒技术设计测试用例的方法有：等价类划分法、边界值分析法、错误推测法和因果图法。

(2) 白盒测试：也称为结构测试。这种方法将待测软件看成透明的盒子，根据程序的内部结构和逻辑来设计测试实例，对程序的路径和过程进行测试。主要方法有：逻辑覆盖(包括语句覆盖、判定覆盖、条件覆盖、判定/条件覆盖、条件组合覆盖和路径覆盖)、循环覆盖和基本路径测试。

(3) 测试用例：动态测试时所选定的输入值集和经软件运行后须应得到的输出值集。由于输入值集和输出值集直接关系到软件测试的正确性，因此科学地、合理地选定的输入值集和输出值集，其重要性不言而喻。

4. 软件测试实施

设计测试方案的实施策略是先用黑盒法设计基本的测试方案，再用白盒法补充必要的测试内容。软件测试被分成单元测试、集成测试、确认测试和系统测试 4 个步骤进行。

(1) 单元测试：单元测试是软件测试中的最小单位，是对软件的各个模块分别进行正确性检验的测试。单元测试可采用静态和动态测试法来进行，而动态测试以白盒测试法为主，辅助于黑盒测试。

(2) 集成测试：集成测试是在单元测试的基础上，将所有模块按照设计要求(如根据结构图)组装成为子系统或系统，进行集成测试。其主要目的是发现与接口有关的错误以及组装后的整体功能、性能表现。集成测试方案主要有：自底向上集成测试、自顶向下集成测试、Big-Bang 集成测试、三明治集成测试、核心集成测试、分层集成测试、基于使用的集成测试等。

(3) 确认测试：确认测试也称有效性测试，是在模拟的环境下，运用黑盒测试的方法，用于验证被测软件是否满足需求规格说明书列出的需求。任务是验证软件的功能和性能及其他特性是否与用户的要求一致。

(4) 系统测试：系统测试是将已经确认的软件、计算机硬件、外设、网络等其他元素结合在一起，在实际环境下进行信息系统的各种组装测试和确认测试。系统测试是针对整个产品系统进行的测试，目的是验证系统是否满足了需求规格的定义，找出与需求规格不符或与之矛盾的地方，从而提出更加完善的方案。系统测试是基于系统整体需求说明书的黑盒类测试，需覆盖系统所有联合的部件。系统测试对象包括需测试的软件、软件所依赖的硬件、外设甚至包括某些数据、某些支持软件及其接口等。

9.3.6 软件维护

软件维护是整个软件生存周期中的最后一个阶段，也是持续时间最长的阶段。软件维护就是在软件已经交付使用之后，为了改正错误或满足新的需要而修改软件的过程。软件维护通常包括 4 个方面内容。

(1) 校正性维护：对在测试过程中未发现，而在投入运行后出现的错误，必须加以纠正。

(2) 适应性维护：软件系统为适应不断变化的运行环境(硬件、软件)而进行的修改。

(3) 完善性维护：软件系统运行成功后，根据用户要求新增一些功能，或修改原有功能。

(4) 预防性维护：为提高软件的可维护性和可靠性而进行的修改和扩充。

在软件维护中,影响维护工作量的因素有：系统大小、程序设计语言、系统年龄、数据库技术的应用、先进的软件开发技术等。软件维护中因修改软件而造成的错误或其他不希望出现的情况称为维护的副作用,包括编码副作用、数据副作用和文档副作用。

软件可维护性是指纠正软件系统出现的错误和缺陷,以及为满足新的要求进行修改、扩充或压缩的容易程度。软件工程学的主要目的就是提高软件的可维护性,降低维护的代价。软件的可理解性、可测试性和可修改性是决定软件可维护性的基本因素。

第 10 章

数据库与 Access 应用基础

数据库(Database)是按照数据结构来组织、存储和管理数据的仓库。数据库技术产生于 20 世纪 50 年代。基于数据库技术的各种软件系统在各行各业得到了广泛的应用。本章介绍数据库技术的基本概念、基本方法和 Access 2010 基本操作。

10.1 数据库基础知识

10.1.1 数据库的基本概念

1. 数据

数据(Data)是指能被计算机处理的信息符号。其概念包括两个方面：一是描述事物特性的数据内容；二是存储在某一种媒体上的数据形式。

2. 数据处理

数据处理(Data processing)是指借助计算机对各种形式的数据进行收集、存储、加工和传播等一系列活动的总和,并能从中抽取、推导出有价值的数据作为行动和决策的依据。

3. 数据库

数据库(Database)是存放数据的仓库,是被长期存放在计算机内、有组织的、可以表现为多种形式的可共享的数据集合。数据库技术使数据能按一定格式组织、描述和存储,且具有较小的冗余度,较高的数据独立性和易扩展性,并可为多个用户所共享。

4. 数据库管理系统

数据库管理系统(Database management system,DBMS)是对数据库进行管理的系统软件,是位于用户与操作系统之间的一层数据管理软件。它能实现有效地组织、存储、获取和管理数据,接受及完成用户提出的访问数据的各种请求。主要功能包括数据定义功能、数据操纵功能、数据库运行控制功能、数据库的建立和维护功能。

5. 数据库系统

数据库系统(Database system)是指拥有数据库技术支持的计算机系统,它可以实现有组织地、动态地存储大量相关数据,提供数据处理和资源共享服务。数据库系统不仅包括数据本身,还包括相应的硬件、软件和各类人员。通常把数据库和数据库管理系统(及操作系统)、数据库管理员,以及应用系统(及其开发工具)和用户合称为数据库系统。

6. 数据库管理员

负责管理和维护数据库服务器的人。其主要工作包括：数据库设计、数据库维护、改善系统性能、提高系统效率。

10.1.2 数据管理技术的发展

数据管理技术随着计算机硬件、软件技术和计算机应用的发展而不断发展，经历了人工管理、文件系统和数据库系统三个阶段。

1. 人工管理阶段

20 世纪 50 年代以前，待处理的数据量相对小，没有数据结构的概念，也没有数据管理的理念。被处理的数据依赖于特定的应用程序，只由用户或程序员直接管理。

2. 文件系统阶段

20 世纪 50 年代后期到 60 年代中期，在计算机硬件方面出现了磁鼓、磁盘等直接存取数据的存储设备；在软件方面，操作系统已经初具功能，并且采用称为文件系统的数据管理软件，数据与指令实现了分离存储；在处理方式上不仅能批处理，而且能够联机实时处理。文件系统实现了记录内数据的结构化，但是从整体来看却是无结构的，其数据面向特定的应用程序，因此，数据共享性和独立性差，且冗余度大、管理和维护的代价也很大。

3. 数据库系统阶段

20 世纪 60 年代后期至今，大容量硬盘的出现，外部存储设备的“存储容量/价格”比大大增加，使得多个用户、多个应用程序数据共存和数据共享成为可能。为使数据尽可能多的为应用程序服务，就出现了数据库这样的数据管理技术，其根本目标是解决数据共享问题。数据库系统中的数据不再只针对某一特定应用，而是面向全组织，具有整体结构性、共享性高、数据冗余度小、程序与数据间相对独立和便于实现对数据进行统一控制等特点。

10.2 数据库系统的特点及结构体系

10.2.1 数据库系统的特点

现代数据库系统的基本特点有以下几个。

(1) 数据的集成性：按照多个应用的需要组成全局的、统一的数据结构；数据模式是多个应用共同的、全局的数据结构。

(2) 数据的高共享性与低冗余性：以尽量减少数据的冗余但无法避免冗余。

(3) 数据独立性：数据的物理独立性和逻辑独立性。

(4) 数据统一管理与控制：数据的完整性检查、数据的安全性检查、并发控制。

10.2.2 数据库系统的结构与模式

数据库系统的层次结构如图 10-1 所示，它描述了数据库系统中计算机硬件、操作系统、数据库管理系统、数据库应用系统、系统开发人员、数据库管理员以及用户之间的关系。

模式是数据库中全体数据的逻辑结构和特征的描述，它仅涉及数据的结构及联系，不涉及具体的值。模式是相对稳定的，实例是模式的一个具体值，反映的是数据库某一时刻的状态。同一个模式可以有很多实例，实例是相对变化的。

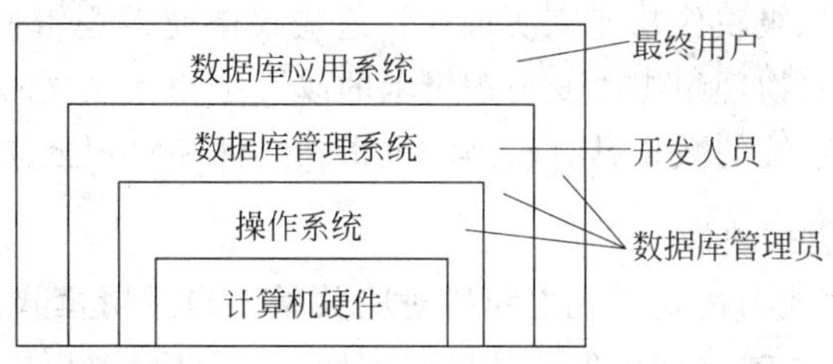

图 10-1　数据库系统的层次结构

数据库系统的内部采用三级模式结构和二级映像。三级模式分别是内模式、逻辑模式和外模式，二级映像分别是外模式/逻辑模式映像和逻辑模式/内模式映像，如图 10-2 所示。

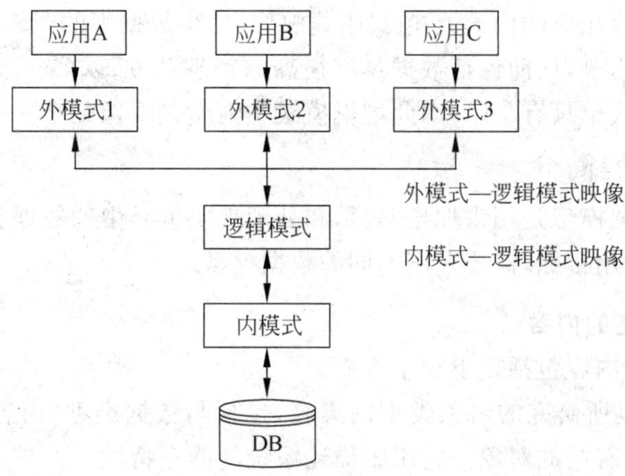

图 10-2　数据库系统的三级模式结构及二级映像

1. 内模式

内模式(Internal schema)也称存储模式，是数据库物理存储结构和存储方式的描述，是数据在数据库内部的表示方式，包括数据存储的文件结构、索引、数据控制方面的细节、存取方式和存取路径等。一个数据库只有一个内模式。

2. 逻辑模式

逻辑模式(Logical schema)也称模式，是数据库中全体数据逻辑结构和特征的描述，是所有用户(应用)的公共数据视图。它既与硬件无关，也与具体的应用程序、所使用的开发工具、高级程序设计语言无关。一个数据库只有一个逻辑模式。

3. 外模式

外模式(External schema)也称用户模式，是数据库用户能够看见和使用的局部数据的逻辑结构和特征的描述，是与某一个应用有关的数据的逻辑表示。一个数据库可以有多个外模式，任意一个外模式对应一个逻辑模式。

三级模式结构反映了模式的三种不同环境及其不同要求：内模式反映了数据在计算机物理结构中的实际存储形式；逻辑模式反映了系统设计者的数据全局逻辑要求；外模式反映了用户对数据的要求。

由于数据库系统的三级模式的结构差别很大，为了实现三个抽象模式之间的联系和转换,DBMS 是通过提供二级映像功能来实现的。这些映像使得逻辑模式与外模式能通过映像而获得其实例,数据的物理组织改变与逻辑上的改变是相互独立的,只需调整映像方式来实现,从而保证数据库系统的数据具有较高的逻辑独立性和物理独立性。

4. 外模式—逻辑模式映像

该映像定义了外模式与逻辑模式之间的对应关系。当逻辑模式发生变化时,通过修改相应的外模式—逻辑模式映像即可保持外模式不变,而不必修改应用程序,保证了数据具有较高的逻辑独立性。每一个外模式都有一个外模式—逻辑模式映像。

5. 逻辑模式—内模式映像

该映像定义了数据库全局逻辑结构与存储结构之间的对应关系。当数据库的存储结构发生变化时,通过修改相应的内模式-逻辑模式映像,使得数据库的逻辑模式不变,其外模式不变,应用程序不用修改,从而保证数据具有很高的物理独立性。对于一个数据库,其逻辑模式只有一个,内模式也只有一个,因此逻辑模式—内模式映像是唯一的。

10.2.3 数据模型简介

在数据库中,数据模型是用来抽象、表示和处理现实世界中的数据和信息的工具。根据不同的使用对象和应用目标,需要采用不同的数据模型。

1. 数据模型描述的内容

数据模型描述的内容包括以下 3 个方面。

(1) 数据结构,是所研究的对象类型的集合,包括与数据类型、内容、性质有关的对象,以及与数据之间联系有关的对象。它用于描述系统的静态特性。

(2) 数据操作,是对数据库中各种对象(型)的实例(值)允许执行的操作的集合,包括操作的含义、符号、操作规则及实现操作的语言等。它用于描述系统的动态特性。

(3) 数据约束(数据完整性),是数据库中的数据及其联系所具有的制约和依存规则的集合,用来限定数据库状态以及状态的变化,以保证数据的正确、有效和相容。

2. 数据模型

数据模型按不同的应用层次分成三种类型。

(1) 概念模型,是现实世界在人脑中的反映。即通过人脑把现实世界抽象成为人所易于理解的一种信息结构,这种信息结构并不依赖于具体的计算机系统。概念模型的主要表现形式有 E-R 模型、扩充的 E-R 模型、面向对象的模型、谓词模型。

(2) 逻辑模型,按计算机系统的观点对数据建模。即把概念模型转换为计算机上某一种数据库管理系统所支持的数据模型。常用的逻辑模型有层次模型、网状模型、关系模型和面向对象模型。

(3) 物理模型,反映数据的存储结构。它不但与数据库管理系统有关,还与操作系统和硬件有关。

3. E-R 模型的基本概念

1) E-R 模型分类

(1) 实体：实体是一个数据的使用者,其代表软件系统中客观存在的实物,例如,一个学生、一门课程、一份合同和一个系统等均可以是实体。而同一类实体就构成了一个实体集。

（2）属性：实体所具有的某一特性。一个实体可由若干个属性来描述。例如，实体“学生”的属性的学号、姓名、性别、年龄、成绩等均可作为属性。

（3）域：属性的取值范围称为该属性的域。例如，“性别”属性的域为(男、女)，“年龄”属性的域为(0～120 的整数)。

（4）联系：包括实体内部的联系和实体之间的联系二种。实体内部的联系是指实体的属性之间的联系。联系也可以有属性，也是实体。同类联系的集合称为联系集。两个实体型之间的联系可以分为三类。

① 1∶1 联系：若有两个实体集 A 和 B，A 中的每个实体在 B 中只能找到唯一的一个实体与之相对应，反之亦然。

② 1∶N 联系：若有两个实体集 A 和 B，A 中的每个实体在 B 中能找到多个实体与之相对应，但 B 中的每个实体在 A 中只能找到唯一的一个实体与之相对应。

③ M∶N 联系：若有两个实体集 A 和 B，A 中的每个实体在 B 中能找到多个实体与之相对应，B 中的每个实体在 A 中也能找到多个实体与之相对应。

2）E-R 模型的图示法

E-R 图的基本组成元素如图 10-3 所示。图 10-4 为学生与课程联系的 E-R 图示例。

（1）实体集表示法：在 E-R 图中用矩形表表示实体集，在矩形内写上实体集名称。

（2）属性表示法：在 E-R 图中用椭圆形表示属性，在椭圆形内写上该属性名称。

（3）联系表示法：在 E-R 图中用菱形（内写上联系名）表示联系。

（4）实体集与属性间的联系关系：属性依附于实体集，其联系关系用无向线段表示。

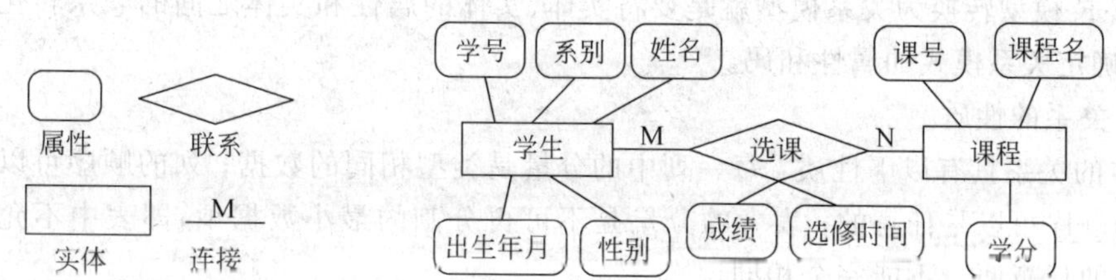

图 10-3　E-R 图基本元素　　图 10-4　学生与课程联系的 E-R 图

4. 层次模型

层次模型是一种树形结构，其特点是每棵树有且仅有一个无双亲节点，称为根；树中除根外所有节点有且仅有一个双亲。层次模型优点是数据结构比较简单、操作也简单；对于实体间联系是固定的且预先定义好的应用系统，有较高的性能；可以提供良好的完整性支持。其缺点是不适合表示非层次性的联系，对于插入和删除操作的限制比较多。

5. 网状模型

网状模型是一种不加任何条件限制的无向图，图中的节点可以有多个双亲。其特点是数据间的联系优于层次模型，但使用时设计系统内部的物理因素较多，用户操作不方便，其数据模式与系统实现难度较大。

6. 关系模型

关系模型对应于一张二维表，由关系数据结构、关系数据操作集合和关系数据完整性三部分组成。

(1) 关系数据结构

表 10-1 是一个关系模型的二维表形式。对其的描述也可以表示为:关系名(属性 1,属性 2,…,属性 n)。关系模型中的常用术语如下。

- 关系:一个关系对应一张二维表;
- 元组:表中的一行即为一个元组;
- 属性:表中的一列即为一个属性;每一个属性都有一个名称,为属性名;
- 候选码:表中的某个属性组,它可以唯一确定一个元组;
- 主码:一个关系有多个候选码,选定其中一个为主码;
- 域:属性的取值范围;
- 分量:元组中的一个属性值。

表 10-1 某校学生表

学　号	姓名	性别	专业	出生日期	高考分数	团员	简况	照片
201304030101	陈海峰	男	工业工程	1994/1/29	619	√		
201305010101	周云飞	男	计算机科学	1995/4/11	510	√		
201305020101	钱丽丽	女	信息管理	1995/1/14	510	√		
201307010103	邓平	男	市场营销	1995/4/5	654	√		
201307020104	吴彩霞	女	会计学	1994/1/25	677	√		

(2) E-R 模型到关系模型的转换

将 E-R 模型转换为关系模型就是要将实体、实体的属性和实体之间的联系转化为关系模式,并确定关系模式的属性和码。

(3) 关系的性质

基本的关系具有以下性质:每一列中的分量是类型相同的数据;列的顺序可以是任意的;行的顺序可以是任意的;表中的分量是不可再分割的最小数据项,即表中不允许有子表;表中的任意两行不能完全相同。

(4) 关系数据完整性

关系模型中有三类完整性约束:即实体完整性、参照完整性和用户定义的完整性。实体完整性和参照完整性是关系模式必须满足的完整性约束条件,由关系系统自动支持;用户定义完整性是由应用系统根据应用环境来决定。

10.2.4 关系操作

关系的操作对象和结果都是集合。关系数据操作包括:投影、选择、连接等查询操作以及插入(并)、删除(交)和修改(差)操作两大部分。

(1) 投影:从所有字段中选取一部分字段及值进行操作,它是一种纵向操作。对于关系 R 内的域指定称为投影运算。如图 10-5 所示,S 关系就是对 R 关系指定 A 和 B 两个域的结果。

(2) 选择:选择运算的结果关系是由关系 R 中那些满足逻辑条件的元组所组成。如图 10-6 所示,S 关系就是 R 关系中满足 A=‘x’的结果。

(3) 连接:自然连接满足两个关系中有公共域,通过公共域的相等值进行连接;而笛卡儿积可建立两个关系的连接，但得到的关系庞大且数据大量冗余。有三个关系 R、S 和 T，通过自然连接运算得到关系 T 如图 10-7 所示；通过笛卡尔积连接运算得到关系 T 如图 10-8 所示。

R

A	B	C
x	2	5
y	3	6
z	4	7

S

A	B
x	2
y	3
z	4

图 10-5　关系的投影运算

R

A	B	C
x	2	5
y	3	6
z	4	7

S

A	B	C
x	2	5

图 10-6　关系的选择运算

R

A	B
x	2
y	3

S

A	B
x	7
y	8

T

A	B	C
x	2	7
y	3	8

图 10-7　关系的自然连接运算

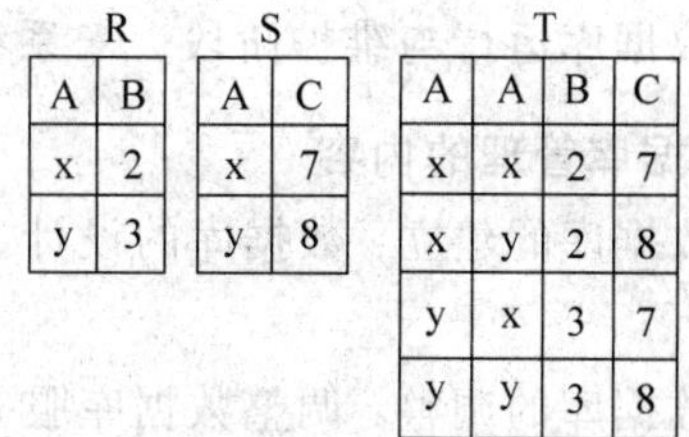

R

A	B
x	2
y	3

S

A	C
x	7
y	8

T

A	A	B	C
x	x	2	7
x	y	2	8
y	x	3	7
y	y	3	8

图 10-8　关系的笛卡尔积运算

（4）并运算：集合的并运算可实现关系的插入或修改运算，插入运算不需要定位。关系 R 和 S 的并运算记作 R∪S，结果为关系 T，如图 10-9 所示。

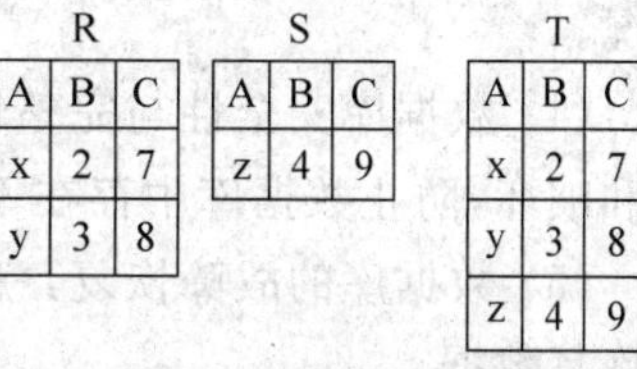

R

A	B	C
x	2	7
y	3	8

S

A	B	C
z	4	9

T

A	B	C
x	2	7
y	3	8
z	4	9

图 10-9　集合的并运算

（5）交运算：集合的交运算可实现关系的删除运算，需要定位。关系 R 和 S 的交运算记作 R∩S，结果为关系 T，如图 10-10 所示。

（6）差运算：集合的差运算可实现关系的删除或修改运算，需要定位。关系 R 和 S 的交运算记作 R-S，结果为关系 T，如图 10-11 所示。

R

A	B	C
x	2	7
y	3	8

S

A	B	C
z	4	9
x	2	7

T

A	B	C
x	2	7

图 10-10　集合的交运算

R

A	B	C
x	2	7
y	3	8

S

A	B	C
y	3	8

T

A	B	C
x	2	7

图 10-11　集合的差运算

10.2.5　数据库设计与管理

1. 数据库设计方法

数据库设计是数据库管理系统开发的核心。数据库设计通常有以下两种方法。

（1）面向数据：以信息需求为主，兼顾处理需求；

（2）面向过程：以处理需求为主，兼顾信息需求。

2. 数据库的生命周期

随着开发数据库管理系统工程的进行，数据库的生命周期也就随之分成如下的阶段。

(1) 需求分析阶段——根据系统需要管理的数据,采用结构分析方法和面向对象的方法,用数据字典来描述各类数据。

(2) 概念设计阶段——分析数据内在语义关系,用 E-R 图来描述实体集及其属性。

(3) 逻辑设计阶段——把 E-R 图转换成与 DBMS 产品所支持的数据模型相符合的逻辑结构。

(4) 物理设计阶段——根据 DBMS 和硬件的特点,为给定的数据库模型确定合理的存储结构和存取方法。

(5) 数据库实施阶段——用 DBMS 提供的数据定义语言和其他实用程序将数据库的逻辑设计和物理设计的结果严格地描述出来,成为 DBMS 可以接受的源代码。再经过调试产生目标模式,然后就可以组织正式数据输入到数据库中。

(6) 数据库运行与维护阶段——系统的运行与数据库的日常维护。

3. 数据库管理的内容

(1) 数据库的建立:数据库的设计、选定数据库的各种参数、定义数据库、准备和装入数据。

(2) 数据库的调整:调整数据库服务器性能、存储空间、网络带宽等配置以达到系统运行要求。

(3) 数据库的重组:不改变数据库原逻辑和物理结构而对部分表重新组织其存储情况。

(4) 数据库安全性与完整性控制:保护数据库以防不法的使用所造成的数据泄露、更改和破坏,防止数据库中存在不符合语义的数据。

(5) 数据库的故障恢复:意外导致数据库损坏时,利用备份或专用工具安全快速有效地恢复数据。

(6) 数据库监控:数据库的运行状况和性能情况的监视。

10.3 Access 2010 数据库管理系统基础

10.3.1 Access 2010 概述

Access 2010 是由微软发布的关系型数据库管理系统,具有强大的数据处理、统计分析能力;Access 可用来开发各类企业管理软件,易学易用。Access 2010 的特色主要有:

(1) 数据库模板丰富,可为数据建立集中化存取平台。

(2) 强大的网络功能,能在任何地方存取应用程序、数据或窗体。

(3) 以拖放方式为数据库加入导航功能。

(4) 全新的 Microsoft Office Backstage™检视取代了传统的档案菜单。

10.3.2 Access 2010 工作界面

1. Backstage 视图

直接启动 Access 2010,即可看到其 Backstage 视图,它是 Access 2010 的功能区中“文件”选项卡的命令集合,如图 10-12 所示。通过该视图,用户可以快速访问常见的诸如“打开”“新建”等 Access 2010 数据库操作命令,还能直接从 Office.com 下载更多 Access 模板,也能通过 SharePoint Server 将数据库发布到 Web、执行文件和数据库维护任务。

图 10-12　Access 2010 的 Backstage 视图

2. 功能区

Access 2010 功能区由一系列选项卡组成。在 Access 2010 中，主要的选项卡包括“文件”“开始”“创建”“外部数据”和“数据库工具”。每个选项卡包含多组命令按钮。每个命令按钮与当前活动状态的对象关联。例如，若在数据表视图中打开了一个表，并单击“创建”选项卡上的“窗体”，那么在“窗体”组中，Access 将根据活动表创建窗体，即活动表将作为新窗体的 RecordSource 属性值。另外，某些功能选项卡只在某些情形下出现。例如，只有在“设计”视图中已打开对象的情况下，“设计”选项卡才会出现。

3. 导航窗格

导航窗格是用于数据库中导航和执行任务的窗口，它默认出现在应用窗口左侧。导航窗格按类别和分组进行组织，既可从多种组织选项中进行选择，也可以从中创建自定义组织方案。在默认情况下，新数据库使用“对象类型”类别，其中包含了各种数据库对象。当然，可以使用“导航选项对话框”对导航窗格中的管理的内容按“自定义”“对象类型”“表和相关视图”“创建日期”“修改日期”和“按组筛选”分组。

导航窗格的操作主要有：

- 显示或隐藏导航窗格——单击导航窗格右上角的导航按钮或按 F11 键。
- 禁止显示导航窗格——单击“文件”菜单→单击“选项”→在“Access 选项”对话框中单击“当前数据库”→清除“显示导航窗格”复选框→单击“确定”按钮。
- 选项卡式文档——单击“文件”选项卡→“选项”命令→在“Access 选项”对话框中单击“当前数据库”组→选择“选项卡式文档”→选中或清除“显示文档选项卡”复选框→单击“确定”按钮。

10.3.3　Access 2010 主体结构

Access 2010 主体结构包括表、窗体、报表、查询、宏和模块等对象，而表是最重要的对象。它们之间的关系如图 10-13 所示。

1. 表

表是 Access 2010 所有其他对象的基础,它存储了 Access 2010 中其他对象执行任务和活动时所需的数据。每个表由若干字段和记录组成,每个字段存放表的不同属性的数据。同一行的字段数据集合称为记录,所有记录都具有相同的字段定义。

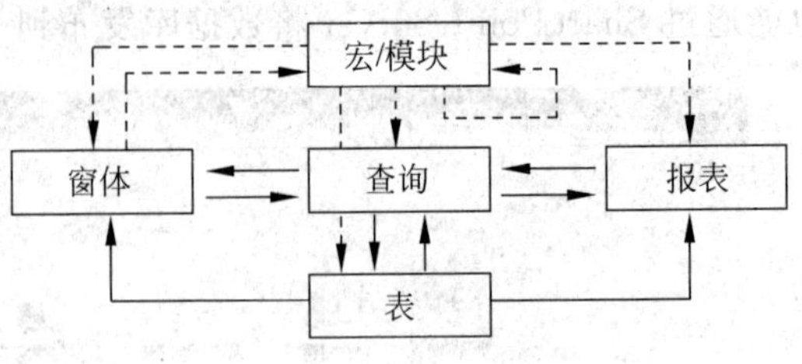

图 10-13　Access 2010 对象的关系

(1) 每个表都必须有主关键字,其值能唯一标识一条记录,以使记录是唯一的。

(2) 表可以建立索引,以加速数据查询。

(3) 当复杂结构的数据无法用一个表表示时,可用多表表示。表与表之间可建立关联。

(4) 每一个字段都包含某种数据类型的信息。数据类型包括文本、数字、货币、日期和时间、是/否、查阅和关系、格式文本、备忘录、附件、超链接等,并把前五种类型作为“计算字段”组。

(5) 对于已有的表,其结构是确定的,以记录的形式向其中添加数据。

表的建立包括两部分,一部分是表的结构(字段),另一部分是表的数据(记录)。先建立表结构再输入数据,如图 10-14 所示。

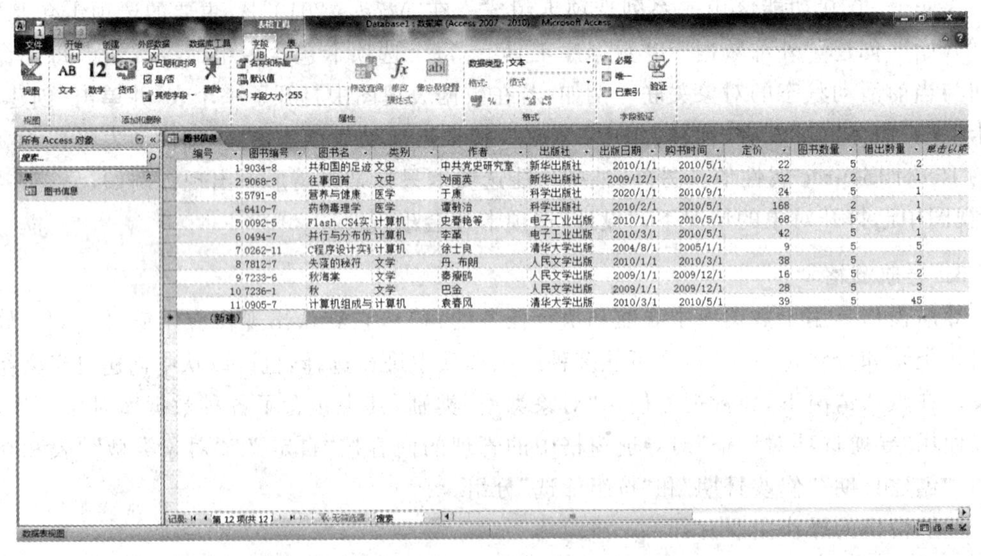

图 10-14　Access 2010 表的建立

2. 查询

查询是按照一定的条件或准则从一个或多个表中获取所需信息的方法,是 Access 2010 的一个重要对象。查询的建立如图 10-15 所示。Access 2010 提供了多种查询方式。

(1) 选择查询:这是最常用的查询类型。其功能是根据用户输入的条件查出相应的信息,也可以对数据表进行统计,包括求和、计数、求平均值等。

(2) 交叉查询:在多个表中找到特定的字段、记录,还可对数据表进行统计汇总。

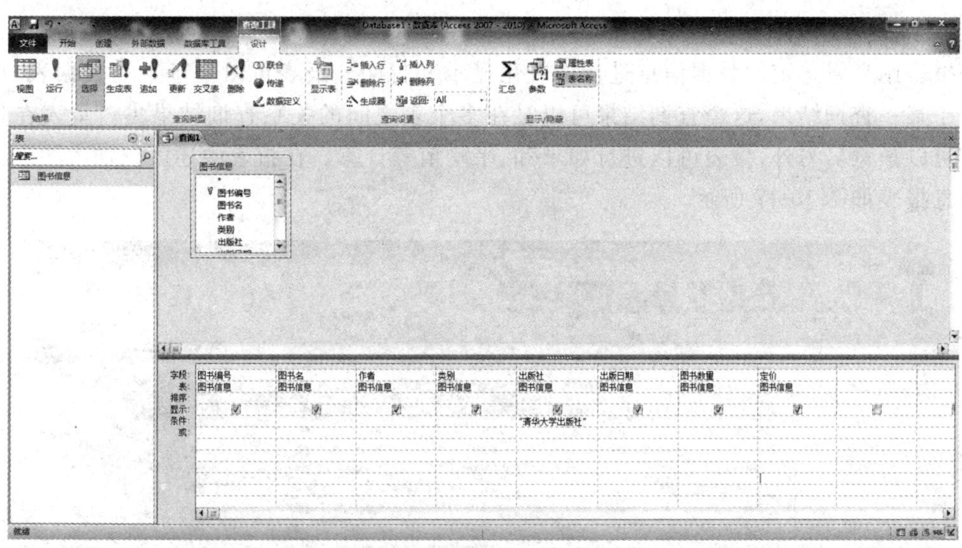

图 10-15　Access 2010 查询的建立

(3) 参数查询：能对一个或多个表设置查询条件参数，显示相应的查询结果。

(4) 操作查询：可以对数据表进行生成、删除、添加和替换等功能的查询。

(5) SQL 查询：使用 SQL 查询语言进行查询，以查询视图的形式显示出来。

3. 窗体

窗体为用户提供一个交互式的图形界面，用于数据的输入、显示及应用程序的执行控制。在窗体中可以运行宏和模块，以实现更加复杂的功能，可设置窗体所显示的内容，还可添加筛选条件来决定窗体中所要显示的内容。窗体显示的内容可以来自一个或多个表，也可以是查询结果等信息。图 10-16 描述一个“图书信息输入窗体”。

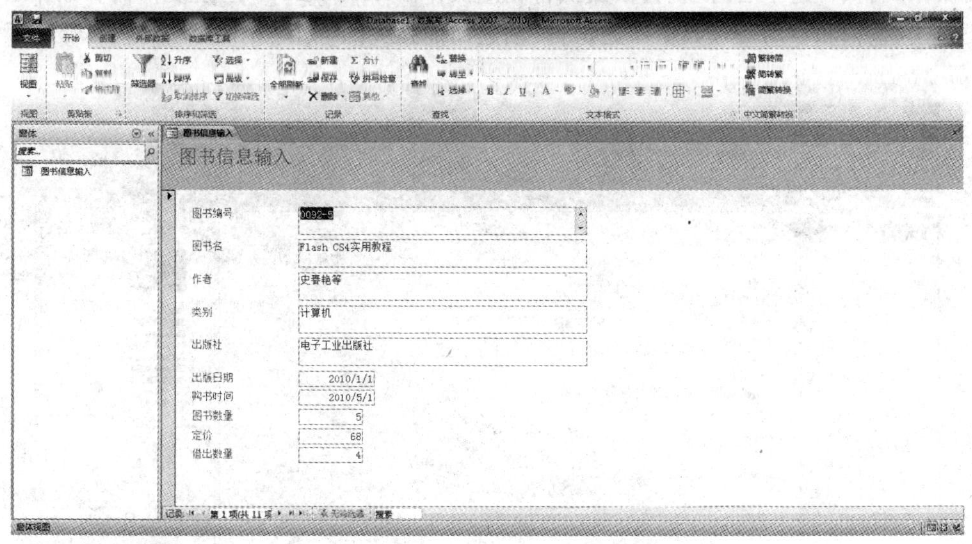

图 10-16　Access 2010 窗体的建立

4. 报表

报表用来将选定的数据信息进行格式化显示和打印。报表可以基于某一数据表,也可以基于某一查询结果,这个查询结果可以是在多个表之间的关系查询结果集。报表在打印之前可以预览。另外,报表可以进行如求和、平均值等计算。在报表中还可以加入图表。图书信息报表如图 10-17 所示。

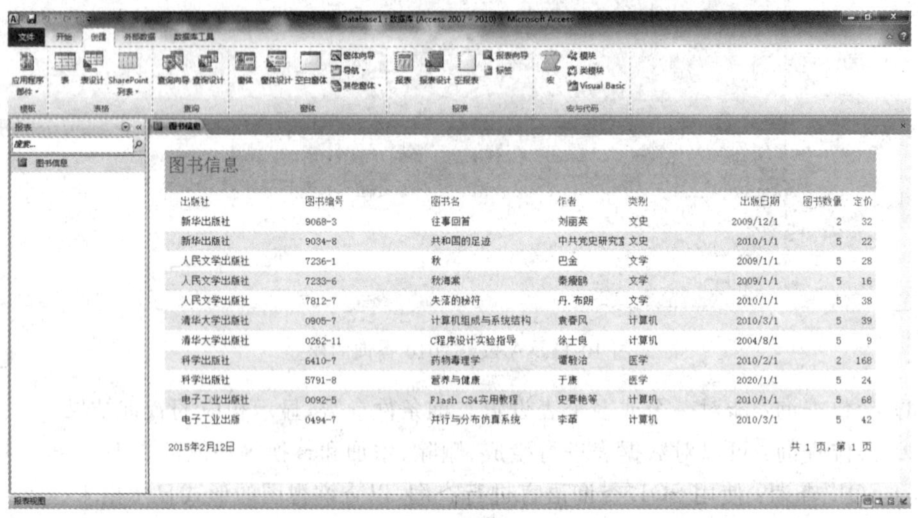

图 10-17 Access 2010 报表的建立

5. 宏

宏是若干个操作的集合,用来实现较复杂功能而建立的可定制对象。宏可以用来完成几乎所有的数据相关操作,也可以运行另一个宏或模块。用户可以设计一个宏来控制一系列的操作,当执行这个宏时,就会依次执行相应操作。Access 2010 的宏设计器和数据宏,能方便创建、编辑和自动处理数据库逻辑,以创建功能强大的应用程序,如图 10-18 所示。

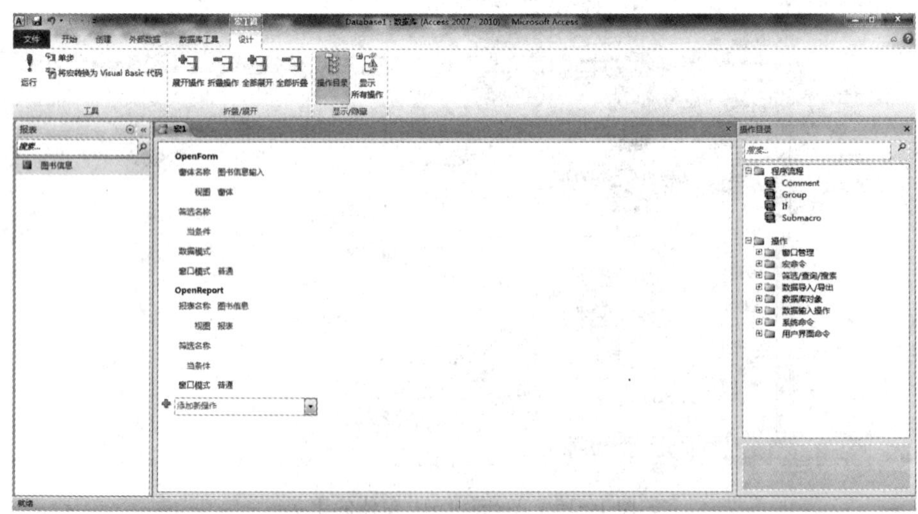

图 10-18 Access 2010 宏的建立

6. 模块

模块由 VBA(Visual basic for application)语言编写,有类模块和标准模块两种类型。模块中每一个过程都是一个函数或一个子程序。模块可与其他对象结合使用,以建立完整的应用程序,如图 10-19 所示。

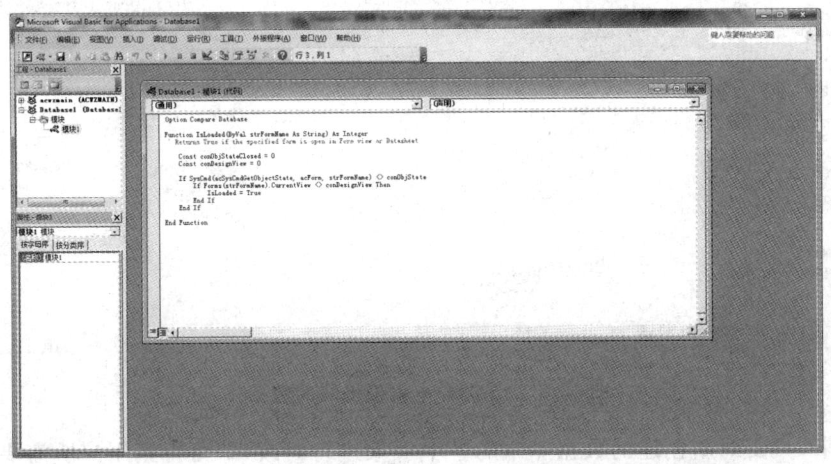

图 10-19　Access 2010 模块的建立

10.3.4　建立一个 Access 2010 数据库

由 Access 2010 创建的数据库文件的扩展名为.accdb。使用 Access 2010 来管理数据,首先必须要创建或打开一个数据库文件。Access 2010 提供了多种创建数据库的方法。

1. 利用"样本模板"创建数据库

Access 2010 提供有多种模板的本机"样本模板"。这些模板或不能完全符合实际要求,但在向导帮助下进行修改,可建立一个适用的数据库。在 Access 2010 的 Backstage 视图"主页"组,选择"样本模板"命令,即打开"样本模板"组,如图 10-20 所示,单击内容相近的模板按钮,并命名后单击"创建"按钮,即存盘并打开新创建数据库,如图 10-21 所示。

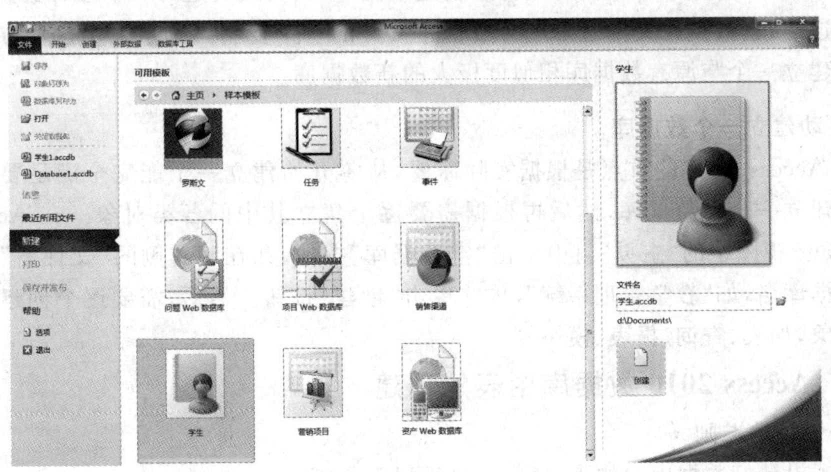

图 10-20　样本模板视图

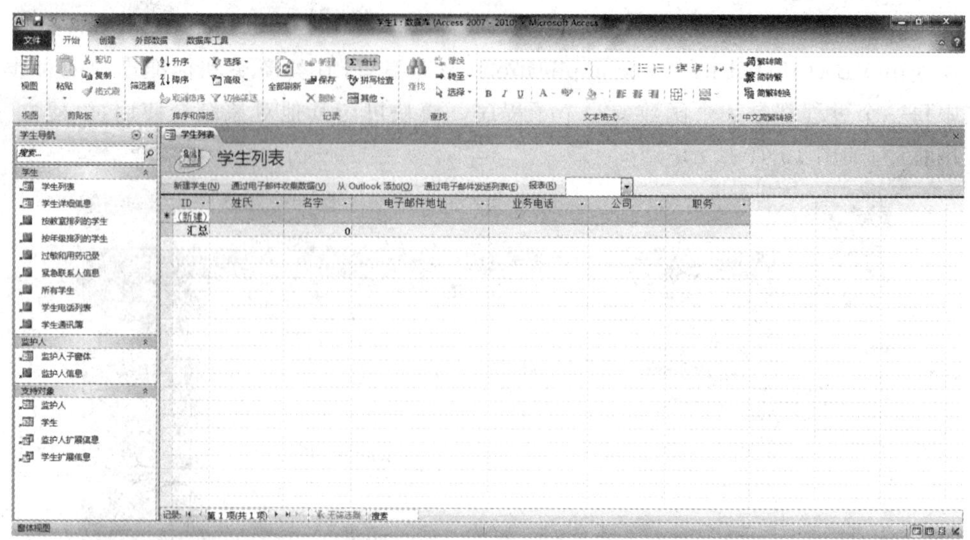

图 10-21 根据样本模板创建的数据库

接下来,只要对新创建的数据库中的各个对象进行修改,即可得到用户所需要的数据库管理系统。通过系统提供的“样本模板”来建立用户数据库虽然简单,但往往不能满足需要。

2. 使用 Office. com 模板创建数据库

Office. com 网站提供 36 类特定功能的 Access 模板。借助这些模板,用户可以创建比较专业的 Access 2010 数据库。在 Access 2010 中使用 office. com 模板的步骤如下。

(1) 确保计算机能浏览互联网。

(2) 在 Access 2010 的 Backstage 视图的“Office. com 模板”组中,选择用户需要数据库模板或模板文件夹并单击相应的模板。在下载 Office. com 模板需要正版验证。

(3) 在 Access 2010 中编辑所下载的数据库模板,以改造成用户最适合的数据库。

3. 根据现有文件新建数据库

Access 2010 也可以根据现有文件来新建数据库,其实质就是对一个已有数据库的复制并改名。这样,新数据库文件就是现有数据库文件的一个复制副本。采用这种方法能以最快的速度建立一个与原有数据库相似度极大的新数据库。

4. 手动建立一个数据库

学习 Access 2010 的重点是根据实际需要,从零开始建立一个能完全满足要求的数据库。首先建立一个空数据库,然后再根据需要逐个建立其中的各类对象。在 Access 2010 的 Backstage 视图中的“主页”组中单击“空数据库”按钮,并在其右侧的“文件名”文本框中输入新数据库名,如“教学管理系统”,再并单击“创建”按钮。然后,需要逐个创建该数据库的各个对象,如表、查询、报表、模块等。

10.3.5 Access 2010 数据库中表的创建

1. 表设计的准则

在为了设计好数据库中的表,通常应遵循以下原则。

(1) 字段唯一性:即表中的每个字段只能含有唯一类型的数据信息。

(2) 记录唯一性：即表中没有完全一样的两个记录。必须建立主关键字。

(3) 功能相关性：即任意一个数据表都应该有一个主关键字段。

(4) 字段无关性：即应能够对任意字段进行修改(非主关键字段)。所有非主关键字段都依赖于主关键字。

2. 表建立的一般步骤

根据以上原则，建立一个性能好的表，步骤如下。

(1) 需求分析：即先分析需要用数据库去管理哪些数据、有哪些需求和功能。然后再决定如何在数据库中各表的结构及数据以节约资源，以将有限资源发挥到最大效用。

(2) 确定数据表：在明确了建立数据库的目的之后，就应将信息分成各个独立的主题，每一个主题就是数据库中的一个表。

(3) 字段设计：确定每个表的字段、数据类型、长度、数据有效性等。

(4) 确定关系：确定每个表中的数据与其他表中的数据之间的关系(通过设置主关键字段等)。必要时，应增加表的字段或创建新表来明确关系。

(5) 调整设计：对设计进一步分析，分析其中的错误。然后创建表，并在表中加入测试数据，以观察表中的结果与目标是否相符。必要时要调整设计甚至于重新设计。

3. 表的字段、数据类型、字段属性

(1) 字段

Access 2010 表的结构是通过在表设计器中选择字段数据类型和输入字段名来建立的。每个字段名可使用大写、小写、大小写混合的字母或汉字，最长可达 64 个字符。

(2) 数据类型

Access 2010 表中字段的数据类型、用途及字符长度如表 10-2 所示。

表 10-2　Access 2010 字段的数据类型、用途及字符长度

数据类型	用　途	长　度	应用举例
文本	存储文本信息	最长为 255 个字符	姓名、地址、电话等
备注	存储长度不固定的文本信息	最长为 64 000 字符	简历、说明等
数字	数值	1、2、4、8 或 16B	成绩、年龄、工资等
日期/时间	存储日期和时间数据	8B	出生日期、入学时间
货币	存储货币数字	8B	工资、奖金等
自动编号	自动插入唯一序号	4B	自动添加编号
是/否	代表两种值：是/否、真/假	1B	若男为"是"女为"否"
OLE 对象	存储图片、音频等	最大可达 1GB	如图片、声音、视频
超链接	存储 Web 地址、邮件地址	最长为 64 000B	如 www.sina.com.cn
附件	存储所有数据类型		如照片、音频等
计算	用于函数、计算等		如实发工资等
查阅与关系	来自其他表或列表的值	通常为 4B	

有些数据类型还可细分，如表 10-3 和表 10-4。对于某一具体数据，其数据类型的选择可以有多种，例如电话号码可使用数字类型，也可使用文本型，通常文本型更为合适。

表 10-3　数字类型分类

数字类型	说　明	小数位数	占用字节
字节	保存 0～255 的整数	无	1
整型	保存－32 768～32 767 的整数	无	2
长整型	保存－2 147 483 647～2 147 483 647 的整数	无	4
单精度型	保存-3.4×10^{38}～-1.4×10^{-45}或1.4×10^{-45}～3.4×10^{-38}	7	4
双精度型	保存-1.8×10^{308}～-4.9×10^{-324}或1.8×10^{308}～4.9×10^{-324}	15	8
同步复制 ID	建立同步复制唯一标识符	无	16

表 10-4　日期类型分类

数字类型	说　明	数字类型	说　明
常规日期	2014/8/20 14:30:25	长时间	14:30:25
长日期	2014 年 8 月 20 日	中时间	2:30　下午
中日期	14-08-20	短时间	14:30
短日期	2014/8/20		

(3) 字段属性

每一个字段都具有一些基本属性。

- 字段大小：不同种类存储类型的数字型，大小范围不一样。
- 格式：利用该属性可在不改变数据存储情况的条件下，改变数据显示与打印的格式。
- 小数位数：0～15 位，只有数字和货币型数据才具有此属性。
- 默认值：新记录在数据表中自动显示的值，允许改变，其作用是为了减少重复输入。
- 有效性规则：用于对字段所接受的值加以限制。有些有效性规则可能是自动的，如检查数值字段的文本或日期值是否合法。有效性规则也可以是用户自定义的。
- 有效性文本：用于在输入的数据违反该字段有效性规则时出现的提示。其内容可以直接在“有效性文本”对话框内输入，或光标位于该文本框时按 Shift＋F2 组合键，打开显示比例窗口。
- 索引：不改变文件中记录的物理顺序，而是按某个索引关键字段(或表达式)来建立记录的逻辑顺序。
- 掩码：为数据的输入提供了一个模板，可确保数据输入表中时具有正确的格式，具体参见表 10-5。

表 10-5　输入掩码分类

掩码	功　能	举　例
0	数字 0～9：必选项，不得使用加减号	(000)0000-0000→(0731)8635-2518
9	数字或空格：非必选项，不得使用加减号	(999)9999-9999→(　　)8635-2518
＃	数字或空格：非必选项，允许使用加减号	＃999→－50；＃999→3000
L	字母 A～Z：必选项	L0L 0L0→A7C 5S2
•	字母 A～Z：非必选项	L???? L000→MAY R125
A	字母或数字：必选项	(000)AAA-AAA→(0731)863-2EH

续表

掩码	功　能	举　例
a	字母或数字：非必选项	(000)aaa-aaa→(0731)863-EH
&	任一字符或空格：必选项	NO:0-&&&&&&&&&-0→NO:5-51655-207-7
＞	使其后所有的字母转换为大写	＞LL0000-000→DB1234-789
＜	使其后所有的字母转换为小写	＞L＜???????? →Maria

为了说明 Access 2010 的应用，首先创建一个简单的教学管理系统，名为"教学管理.accdb"，在后续的内容，针对该数据库管理系统，分别介绍该系统中的各个对象的建立。我们先设计学生表(xsb)(表 10-6)，课程表(kcb)(表 10-7)，成绩表(cjb)(表 10-8)三个表的结构和数据如下。

表 10-6　学生表(xsb)

字段名	数据类型	长　度	字段名	数据类型	长　度
学号	文本	12	高考分数	数字	
姓名	文本	12	团员	是否	
性别	文本	2	简况	备注	
专业	文本	20	照片	OLE 对象	
出生日期	日期时间	短日期			

表 10-7　课程表(kcb)

字段名	数据类型	长　度
课程号	文本	6
课程名	文本	20
学分	数字	
先修课号	文本	6

表 10-8　成绩表(cjb)

字段名	数据类型	长　度
学号	文本	12
课程号	文本	6
学期	数字	
成绩	数字	

每个表中的数据(记录)可以根据具体情况添加。例如，xsb 表中的记录数据如表 10-9，kcb 表中的记录数据如表 10-10，cjb 表中的记录数据如表 10-11 所示。

表 10-9　xsb 表中的记录数据

学号	姓名	性别	专业	出生日期	高考分数	团员	简况	照片
201304030101	陈海峰	男	工业工程	1994/1/29	619	TRUE		
201304030102	朱敏	女	工业工程	1993/2/15	670	TRUE		
201304030202	苏超	男	工业工程	1994/2/10	672	TRUE		
201305010101	周云飞	男	计算机科学	1995/4/11	510	TRUE		
201305010102	秦云	女	计算机科学	1994/5/20	503	TRUE		

续表

学号	姓名	性别	专业	出生日期	高考分数	团员	简况	照片
201305010202	陈招弟	女	计算机科学	1995/6/27	521	TRUE		
201305020101	钱丽丽	女	信息管理	1995/1/14	510	TRUE		
201305020102	孙平	男	信息管理	1995/2/20	501	TRUE		
201305020201	卢秀秀	女	信息管理	1994/1/5	535	TRUE		
201305020202	王强	男	信息管理	1994/4/11	495	TRUE		
201307010101	陈东	男	市场营销	1995/6/24	509	TRUE		
201307010102	李春	女	市场营销	1995/7/10	650	TRUE		
201307010201	张丽	女	市场营销	1996/7/11	560	FALSE		
201307010202	刘光明	男	市场营销	1995/10/19	498	FALSE		
201307020101	陈惠明	女	会计学	1995/5/23	700	TRUE		
201307020102	王军	男	会计学	1994/12/23	691	TRUE		
201307020201	刘文娟	女	会计学	1994/4/9	625	TRUE		
201307020202	赵旻旻	女	会计学	1994/3/21	652	FALSE		
201307030101	史成志	男	企业管理	1995/7/26	634	TRUE		
201307030102	秦守业	男	企业管理	1994/12/4	613	FALSE		
201307030201	李光耀	男	企业管理	1993/7/15	684	TRUE		
201307030202	程宏	男	企业管理	1996/2/14	644	TRUE		

表 10-10 kcb 表中的记录数据

课程号	课程名	学分	先修课号
TS1001	高等数学	4	
TS1002	英语	4	
TS1003	计算机基础	3	
TS1005	C 语言程序设计	4	TS1003
TS1006	VFP 程序设计	4	TS1003
ZY1007	离散数学	3	TS1001
TS1008	哲学	2	

表 10-11 cjb 表中的记录数据

学号	课程号	学期	成绩	学号	课程号	学期	成绩
201304030101	TS1001	1	93	201305010102	ZY1007	4	70
201304030101	TS1002	1	83	201305010201	TS1002	4	68
201304030102	TS1001	1	78	201305010201	TS1001	1	
201304030102	TS1001	1	99	201305010201	ZY1007	4	73
201304030201	TS1001	1	68	201305010202	TS1002	4	78
201304030201	TS1002	1	76	201305010202	TS1001	1	46
201304030202	TS1001	1	94	201305010202	ZY1007	4	56
201304030202	TS1002	3	68	201305020101	TS1002	4	60
201305010101	TS1002	4	87	201305020101	TS1001	1	93
201305010101	TS1001	1		201305020101	ZY1007	4	95
201305010101	ZY1007	4	87	201305020102	TS1002	4	
201305010102	TS1002	4	87	201305020102	TS1001	1	58
201305010102	TS1001	1	96	201305020102	ZY1007	4	68

4. 使用表设计器创建表

Access 2010 的表设计器是创建表的主要工具。使用表设计器来创建表的步骤如下。

(1) 启动 Access 2010 数据库，单击“创建”选项卡“表格”组中的“表设计”按钮，弹出如图 10-22 所示的“表设计”选项卡。该窗格上半部分是“字段名称”“数据类型”以及“字段说明”等内容的编辑区，下半部分是字段属性编辑区，其内容取决于字段数据类型。

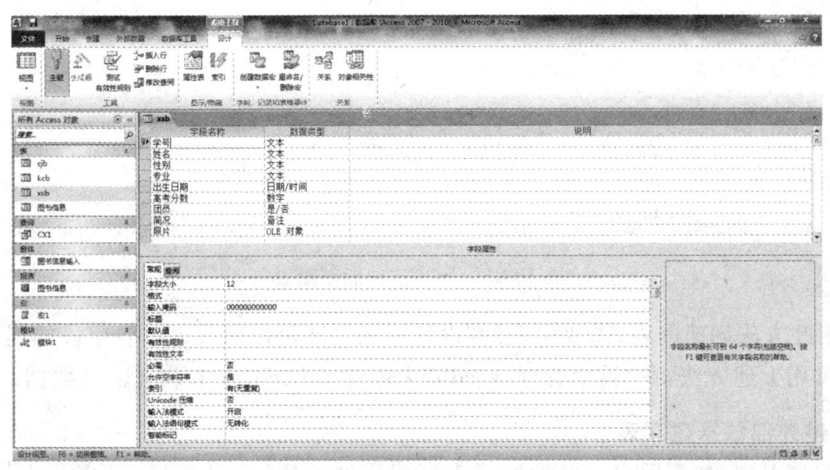

图 10-22　用“表设计器”创建表

(2) 输入表的第一个字段名、设置数据类型。若其为主关键字段，可单击右键从弹出的快捷菜单中选择“主键”命令。

(3) 在其属性编辑区中设置字段大小、默认值、有效性、索引、掩码等属性。

(4) 用同样的方法建立该表的其他字段并设置字段的属性。

(5) 关闭“表设计”选项卡，在弹出保存的表的对话框中输入表名，即可在“所有 Access 对象”导航窗格中看到所创建的表。

(6) 双击“所有 Access 对象”导航窗格中的表，即打开表的浏览视图，可输入记录数据。

5. 通过使用“表”按钮创建表

(1) 启动 Access 2010 数据库，单击“创建”选项卡“表格”命令组中的“表”按钮，弹出如图 10-23 所示的表设计窗格。该窗格中出现名为“表 1”的选项卡，并自动加入了一个自动编号数据类型的、名为“ID”的字段(若不需要该字段，只能在表设计视图中删除)。

(2) 根据所设计的表，先单击 ID 字段右侧“单击以添加”的下拉按钮 ▾，在弹出的数据型列表框中为第一个字段设置数据类型，系统将自动地该字段名更名为“字段 1”并被选中，同时。自动添加一个新的“单击以添加”列。

(3) 输入第 1 个字段的字段名；再单击“单击以添加”列的下拉按钮，编辑第 2 个字段选择数据类型和字段名。如此类推，直到将全部字段的数据类型和字段名添加到“表 1”中。

(4) 随后，既可以将记录数据输入到该表中，也可以暂不输入记录数据。

(5) 关闭表选项卡，在弹出的“是否保存对表’表 1’的设计的更改?”对话框中，单击“是(Y)”按钮，系统将弹出“另存为”对话框，在“表名称”文本框中输入表名，然后单击“确定”按钮，即可在“所有 Access 对象”导航窗格中看到所创建的表。

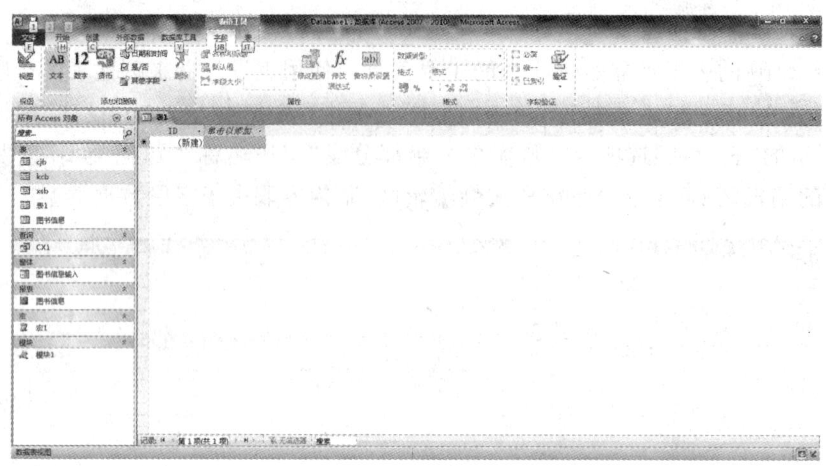

图 10-23 用“表”功能创建表

(6) 用此方法创建的表,需要用表的“设计视图”,才可以修改表中各字段的属性。

读者可用上述方法,在“教学管理.accdb”中创建 xsb、cjb、kcb 表并输入数据。

6. 通过外部数据建立表

在有些情况中,如果用户已经拥有了表所要存储的数据,例如 Excel 电子表格、已有的 Access 数据库、VFP 数据库等。可以使用 Access 2010 提供的“外部数据”功能卡中的“导入并链接”组中的相关按钮功能,并根据向导逐步操作,即可获得创建的数据表。

7. 表的索引

为了更有效地查询数据,需要利用索引来帮助。索引不改变表中记录的物理顺序,而是按某个索引关键字(或表达式)来建立表中记录的逻辑顺序,其中所有关键字值按升序或降序排列,每个值对应原文件中相应记录的记录号。

Access 2010 中可以作为索引字段的数据类型为文本、数字、货币、日期/时间型,每个索引字段提供了 3 个索引选项:无、有(有重复)、有(无重复)。

建立单一字段索引的方法是在表设计视图中单击要创建索引的字段,并在其属性的“常规”选项卡的“索引”下拉列表中选择“有(有重复)”选项或“有(无重复)”选项即可。

建立多字段索引的操作步骤如下:在表的设计视图中单击“表格工具——设计”选项卡“显示/隐藏”组中“索引”按钮,将弹出如图 10-24 所示的“索引”对话框;在其中的“索引名称”列的空白行内输入索引名称;在“字段名称”列的下拉表单中选择对应的字段名称,并且设置排序次序。

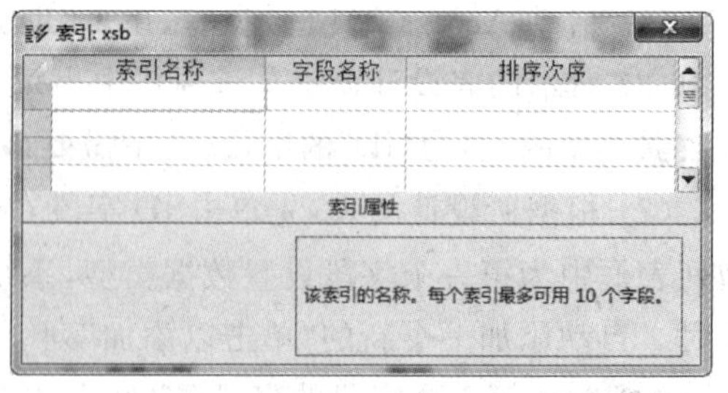

图 10-24 表的多字段索引的建立

8. 表的主关键字

主关键字用来标识数据库表中实体的唯一性,即用来确保表中的每条记录是唯一的,简称主键。主键可以是一个字段,也可以是由若干字段组合而成。作为主键字段的必要条件是其字段值是唯一的且不能为空。主键将自动被设置为“有(无重复)”索引。

建立一个表的主键的方法：在表设计视图中，选中欲做主键的字段并单击右键，在弹出的快捷菜单中选择“主键”命令：当出现钥匙图标则表明主键设置成功；若原有的主键图标消失则表示撤销主键，如图 10-25 所示。

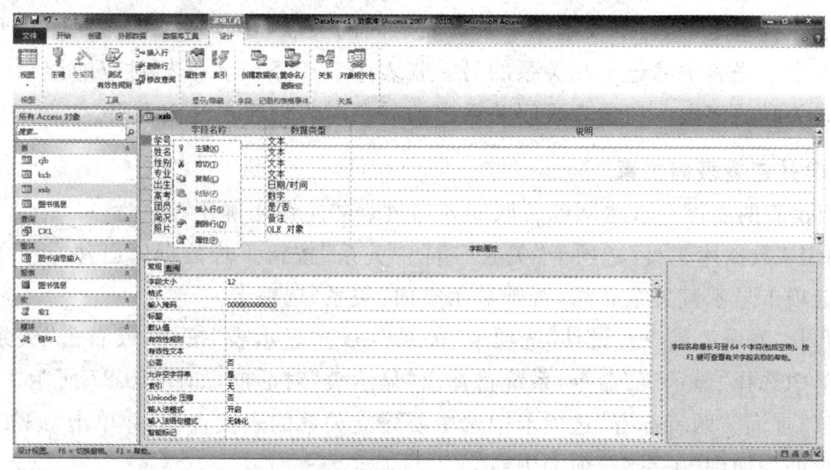

图 10-25　建立表的主键

9. 查阅向导

在表设计视图的“字段属性”子窗格的“查阅”选项卡中，能对文本、数字和是/否类型的字段添加一个“显示控件”属性。该属性提供了文本框、列表框、组合框、复选框的预定义值，用于与其他表(或查询)结合向该字段输入数据。

例如，为 xsb 表中的“专业”字段设置所有专业名称的列表框式的查阅的方法：在 xsb 表设计视图中选择“专业”字段，切换至“字段属性”的“查阅”选项卡，单击“显示控件”属性栏的下拉按钮，从弹出的列表框名中选择“列表框”；在“行来源类型”属性中选择“值列表”；在“行来源”属性栏中输入英文双引号括起来的专业名称并以分号隔开；选择“绑定列”属性为数值 1；选择“列数”属性为数值 1，如图 10-26 所示。最后保存修改即可。

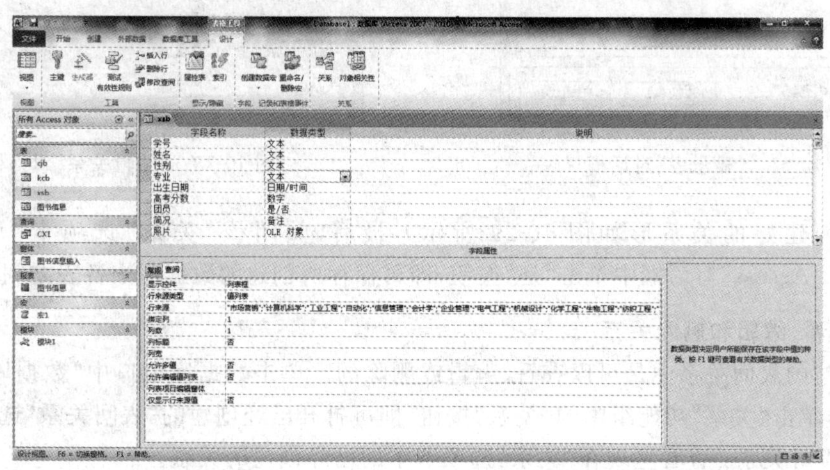

图 10-26　为“专业”字段建立专业查阅

10.3.6 设定表之间的关系

当用户在数据库中创建了多个表之后,各表彼此之间存在或多或少的联系,即“表间关系”,这种“表间关系”要由用户根据需要来设定。表之间可以建立三种类型的关系:一对一、一对多、多对多;而多对多关系可以转化为一对一和一对多关系。建立表间关系是数据库系统的重点技术之一,它不仅确立了数据表之间的关联,还确定了数据库的参照完整性,即要求关系中一张表中的记录在关系的另一张表中有一条或多条相对应的记录,不允许随意更改建立关联的字段。在建立表间关系之前需要对表创建主键或索引。

1. 创建并查看表间关系

(1) 创建表的主键。表之间的关联需要通过表的主键来确定。

(2) 单击“数据库工具”选项卡“关系”组的“关系”按钮。若数据库已建立了关系,则打开“关系”选项卡显示其关系布局,否则显示空白“关系”选项卡。

(3) 单击“关系工具——设计”选项卡“关系”组的“显示表”按钮,或右击“关系”选项卡从快捷菜单中选择“显示表”命令,系统将弹出“显示表”对话框,如图 10-27 所示。从该对话框中的“表”“查询”“两者都有”选项卡中选中要建立关系的表或查询,并单击“添加”按钮,逐个将表或查询添加到“关系”选项卡中。

(4) 拖放一个表的主键到对应的表的相应字段上,即呈现这两个表的“编辑关系”对话框,如图 10-28 所示。在选中相应的参照完整性之后,单击“创建”按钮,即呈现两个表之间的关系连线。根据要求重复此步骤即可完成所有的“关系”创建。

图 10-27 “显示表”对话框

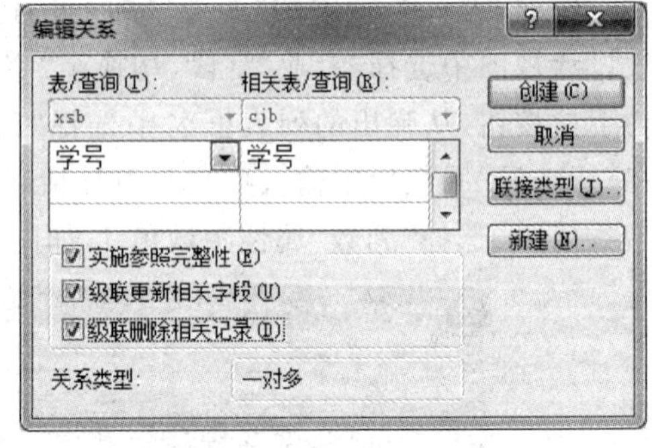

图 10-28 “编辑关系”对话框

(5) 创建好的关系形如图 10-29 所示。最后,关闭该“关系”选项卡,在弹出的“Microsoft Access”对话框中单击“是”按钮,即可保存所创建的数据库中各表之间的关系。

2. 查看、编辑和删除关系

所创建的表间关系中是可以查看、编辑或删除的。单击数据库窗口中“数据库工具”功能选项卡,单击“关系”功能组中的“关系”按钮,即可打开已经创建的“表间关系”选项卡。

(1) 查看关系:查看呈现在“关系”选项卡中的已经创建的关系。

(2) 编辑关系:双击表间的连线,可以在弹出如图 10-28 所示的“编辑关系”对话框,从

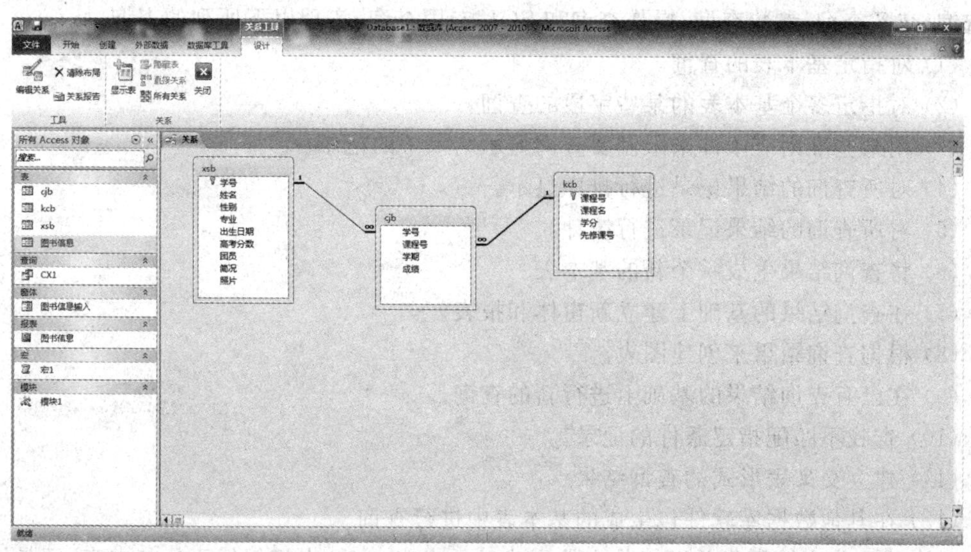

图 10-29　"关系"选项卡

中可编辑所选择的表间关系，包括数据完整性。

(3) 删除关系：右击关系连线，弹出快捷菜单，选择"删除"命令，即可删除关系。

3. 建立完整性规则

Access 2010 提供实体完整性、参照完整性和用户自定义完整性等 3 类规则。其中，实体完整性和参照完整性是关系模型必须满足的完整性规则。Access 2010 参照完整性规则的意义如表 10-12 所示。

表 10-12　Access 2010 参照完整性规则

复选框选项			关系表之间字段的数据关系
参照完整性	级联更新	级联删除	
√			两表中关系字段的内容都不允许更改或删除
√	√		当更新主表中关系字段的内容时，子表的关系字段将自动更新，但仍拒绝直接更改子表的关系字段内容
√		√	当删除主表中关系字段的内容时，子表的相关记录也被删除，但若直接删除子表的记录，则主表不受影响
√	√	√	当更新或删除主表中关系字段的内容时，子表的关系字段将自动更新或删除

实体完整性规则：是指主键不能为空且具有唯一性。

参照完整性规则：若关系 R1 的外键与关系 R2 的主键相符，则 R1 外键的每个值必须在 R2 中主键值中可以找到，不能为空值。

自定义完整性规则：即用户根据需求的实际情况自行定义的完整性。

10.3.7　创建查询

查询是数据库提供的一种功能强大的管理工具，可以按照使用者所指定的各种方式对数据库中的数据进行查找，是数据库的对象之一。Access 2010 中的查询功能分为 5 类：选择查询、交叉查询、参数查询、操作查询和 SQL 专用查询,实现以下所列的查询。

(1) 对指定基本表的查询。

(2) 对指定多个基本表的某些字段的查询。

(3) 用某些准则或条件来限制要查询显示结果中的记录。

(4) 对所查询的结果记录进行排序显示。

(5) 对所查询的结果记录进行统计。

(6) 将查询结果生成一个新的基本表。

(7) 在查询结果的基础上建立新窗体和报表。

(8) 根据查询结果来创建图表。

(9) 在已有查询结果的基础上进行新的查询。

(10) 查找不匹配指定条件的记录。

(11) 建立交叉表形式的查询结果。

(12) 在其他数据库软件包生成的基本表中进行查询。

查询结果称为结果集并以工作表的形式显示出来,它与表相似但不是基本表,而是符合查询条件的记录集合,其内容是动态的(表的内容是静态的)。创建查询的方法如下。

1. 用查询设计器创建查询

Access 2010 查询设计器选项卡分为上下两部分：上半部分为数据环境,放置表或查询及其关系；下半部分为查询设计环境。其设计网格所包含的内容有以下几项。

- 字段：查询工作表中所使用的字段名,即要查询的字段。
- 表：指定要查询的字段所来自的数据表。
- 排序：决定查询结果是否按该字段排序,有“升序”和“降序”两种选择。
- 显示：该字段是否在查询结果表中显示,默认是要显示。
- 条件：指定查询的条件表达式。
- 或：用来提供多个查询条件表达式。

用查询设计器来创建查询的具体方法如下。

- 单击“创建”选项卡“查询”组中“查询设计”按钮,打开“查询 1”选项卡,并弹出“显示表”对话框。
- 从“显示表”对话框中选择表或查询,并单击“添加”按钮,将需要的表或查询加入“查询 1”选项卡上部的数据环境区域,并呈现它们之间的“关系”。
- 从数据环境区域的表或查询中将要查询的字段名添加至设计网格区域的“字段”网格内。有两种方法：①从数据环境所呈现的表或查询中将需要的字段逐一拖曳到“字段”行的不同网格；②单击设计网格的“字段”行的各单元的下拉按钮,从弹出的字段名中单击所需的字段名。
- 若有查询条件,则需要在相应字段的“条件”网格内添加相应的条件表达式；若有多个条件,则需要在“或”网格内添加相应的条件表达式。
- 在需要查询结果排序的字段的“排序”属性栏中进行选择。将在其右端呈现下拉表按钮,可从中选择“升序/降序/不排序”,如图 10-30 所示。
- 设置字段显示属性：一旦选择了查询字段,自动设置为“√”,也可以去掉“√”。
- 最后,单击“查询工具——设计”选项卡中“结果”组的“运行”按钮,系统即可生成并呈现所创建的查询结果。关闭查询时,将弹出“保存查询对话框”,输入该查询的名称即可。

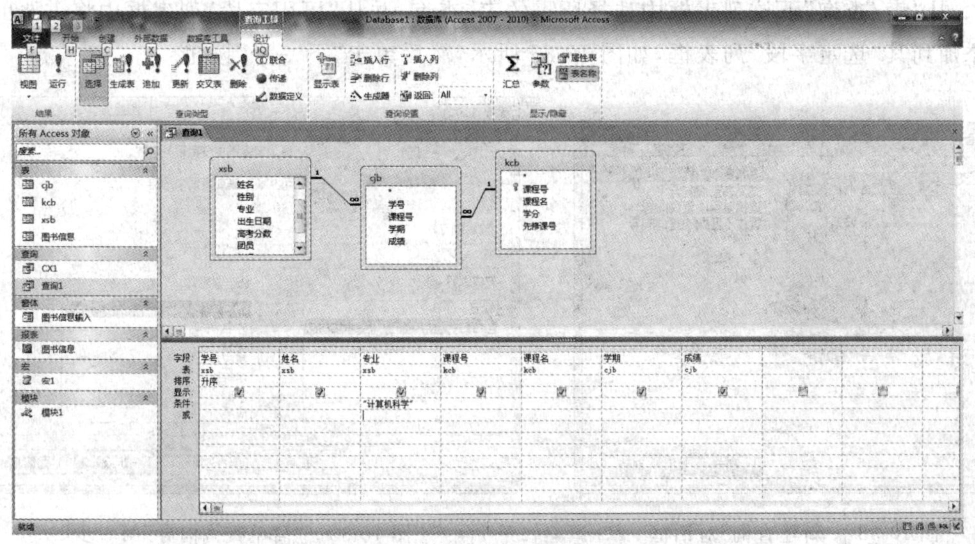

图 10-30 “查询设计器”选项卡

在“查询设计器”选项卡中还可以完成以下高级应用:

(1) 在查询设计器的数据环境中,允许更改表或查询间的关系联以及删除表/查询。

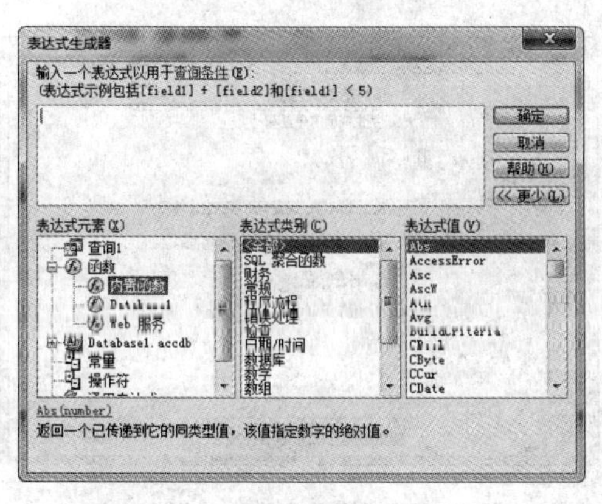

图 10-31 “表达式生成器”对话框

(2) 若查询条件是某个表达式,也可右击“条件”网络,从弹出的快捷菜单中选择“生成器…”命令,弹出如图 10-31 所示的“表达式生成器”对话框,从中编辑条件表达式。

(3) 若在设计视图里的某个字段名的条件框中输入:

Like “*” &[请输入要查询的条件] &“*”

运行该查询时会弹出对话框,要求用户输入该字段相关的查询内容(信息)后,单击“确认”按钮后即可查出相关信息。这就是建立所谓的“参数查询”。

(4) 若查询设计器完成基本设置后,单击“查询工具——设计”选项卡“查询类型”命令组中“生成表”按钮,在弹出“生成表”对话框中添加生成的表名,并选择生成表属于哪个数据库后,单击“确定”按钮,即建立所谓的“生成表查询”。如此类推,可以建立“更新查询”“删除查询”“追加表查询”等多种查询。

2. 用查询向导创建查询

查询向导是 Access 2010 提供的创建查询的便捷工具。单击“创建”选项卡“查询”组的“查询向导”按钮,将弹出如图 10-32 所示的“新建查询”对话框,在其中列出了“简单查询向导”“交叉表查询向导”“查找重复项查询向导”和“查找不匹配项查询向导”四种查询向导,从选择其中一种并单击“确定”按钮,即进入相应查询向导。

(1) 创建“简单查询”

在“新建查询”对话框中,选中“简单查询向导”并单击“确定”按钮,将进入“简单查询向导”。从“表/查询”下拉列表框中选择所需的表/查询,并从“可用字段”列表框中将需要的字段添加到其“选定字段”列表框,如图 10-33 所示,然后单击“下一步”按钮。

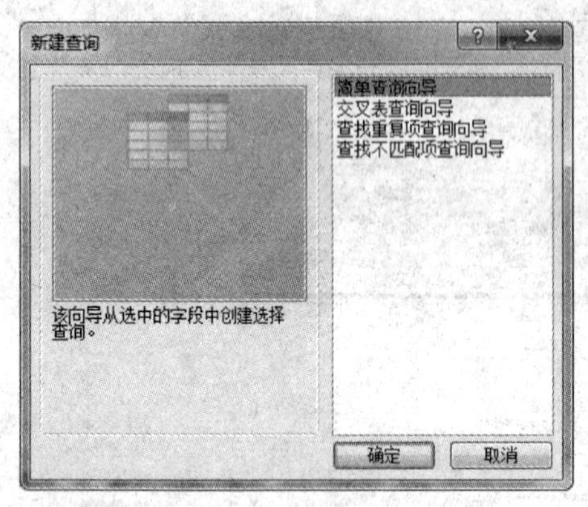

图 10-32 “新建查询”对话框

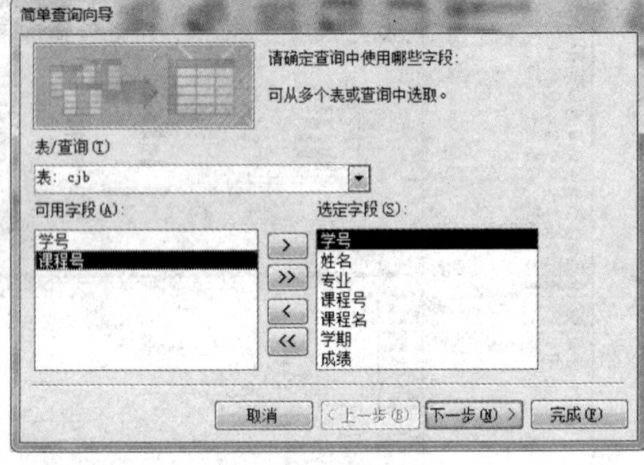

图 10-33 “简单查询向导”第一步

根据需要确定采用明细查询还是汇总查询,如图 10-34 所示,单击“下一步”按钮。

在“请为查询指定标题”的文本框中填写需要的查询标题,如图 10-35 所示,并单击“完成”按钮。系统即显示所建查询结果并以该查询标题为查询名出现在对象网格中。

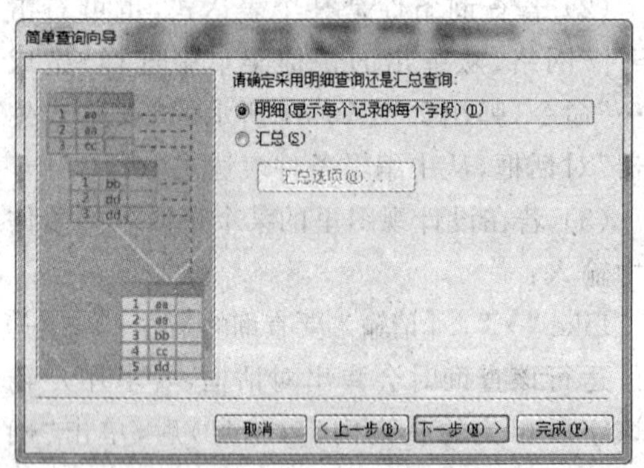

图 10-34 “简单查询向导”第二步

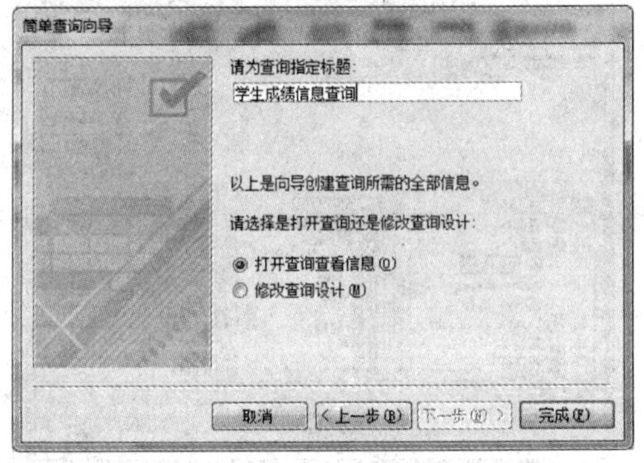

图 10-35 “简单查询向导”第三步

(2) 创建“交叉表查询”

交叉表查询是一种结构化查询,它将表通过字段的内容进行归类形成行、列,重新组成新的表,并可显示表中某个字段的汇总值(如总和、计数和平均)。它将一个字段作为行标题,另一个字段作为列标题,第 3 个字段作为计算字段。具体的步骤如下。

单击“创建”选项卡“查询”组的“查询向导”按钮,弹出“新建查询”对话框,从中选择“交叉表查询向导”项,然后单击“确定”按钮。

在“视图”容器中选择“表”或“查询”或“两者”,然后从列表栏中选择具体的某个表或查询,并单击“下一步”按钮,如图 10-36 所示。

从“可用字段”列表框中,选择一个字段作为“行标题”,如图 10-37 所示,然后单击“下一步”按钮。

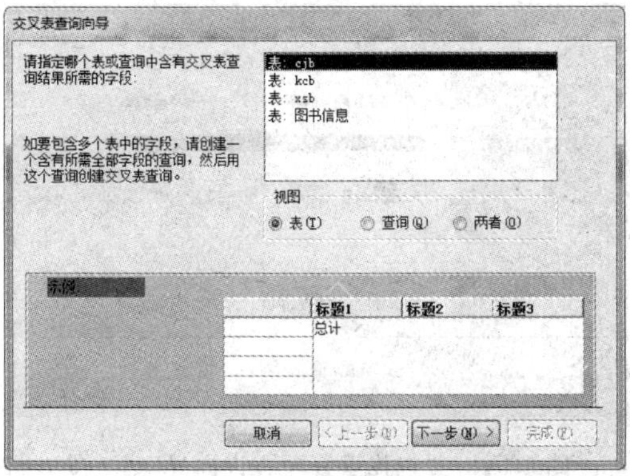

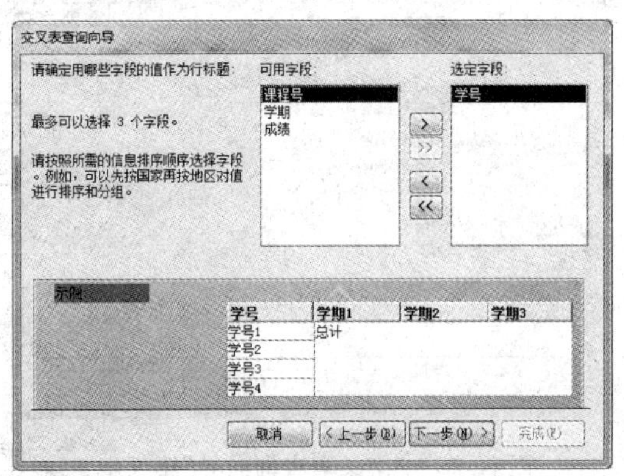

图 10-36　“交叉表查询向导”第一步

图 10-37　“交叉表查询向导”第二步

从字段名列表框中选择一个字段作为“列标题”，如图 10-38 所示，然后单击“下一步”按钮。

确定为每个列和行的交叉点(剩余的某个字段)计算出相应的计算值(某个计算函数)，如图 10-39 所示，然后单击“下一步”按钮。

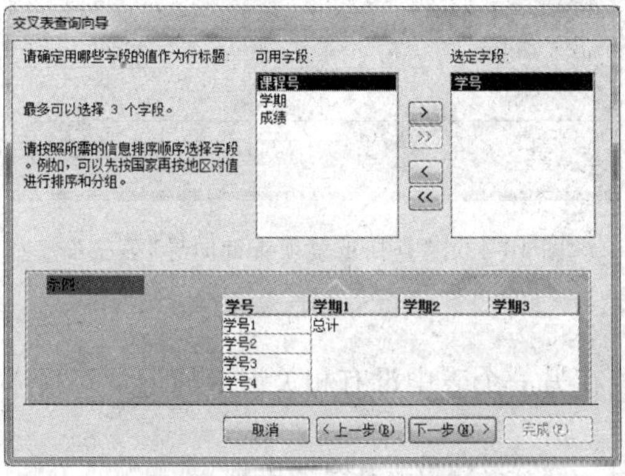

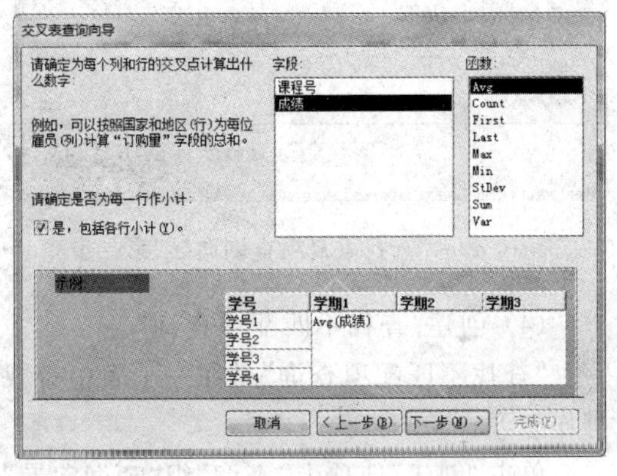

图 10-38　“交叉表查询向导”第三步

图 10-39　交叉表查询向导第四步

在“请指定查询的名称”文本框中输入查询名称，然后单击“完成”按钮，系统将显示所创建的交叉表查询结果，如图 10-40 所示。

(3) 创建“查找重复项查询”

“查找重复查询”是在单一表或查询中查找具有重复字段的记录。具体的操作如下。

单击“创建”选项卡“查询”组“查询向导”按钮，在弹出的“新建查询”对话框中选择“查找重复项查询向导”选项，然后单击“确定”按钮。

在图 10-41 中，在“视图”容器中选择“表”或“查询”或“两者”，然后从列表栏中选择具体的某个表或查询，单击“下一步”按钮。

从“可用字段”列表框中选择重复值字段，如图 10-42 所示，单击“下一步”按钮。

从“可用字段”列表框中选择询字段，如图 10-43 所示，单击“下一步”按钮。

在“请指定查询的名称”文本框中输入查询名称，然后单击“完成”按钮，系统将显示所创建的查找重复项查询的结果，如图 10-44 所示。

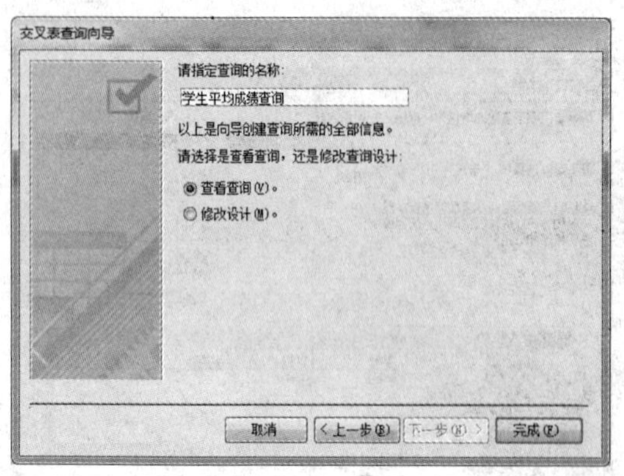

图 10-40　“交叉表查询向导”第五步

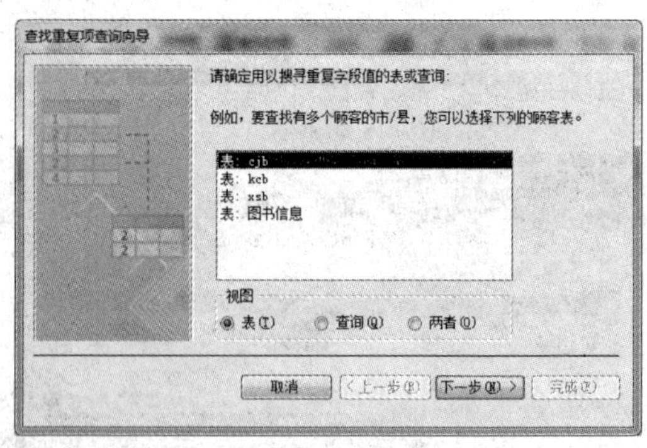

图 10-41　“查找重复项查询向导”第一步

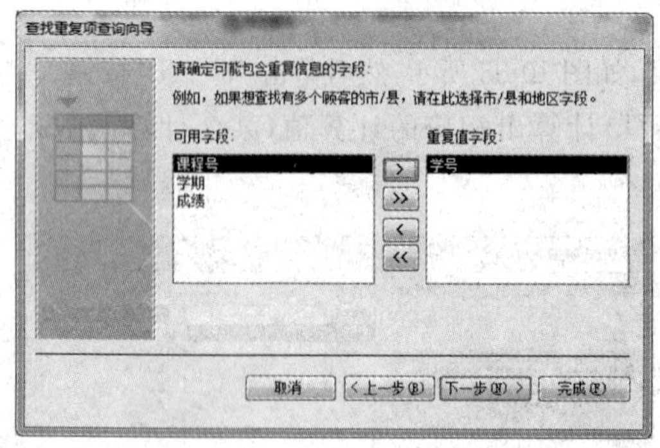

图 10-42　“查找重复项查询向导”第二步

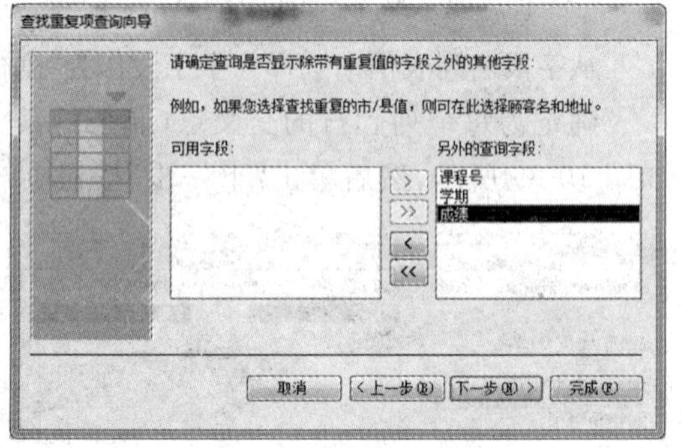

图 10-43　“查找重复项查询向导”第三步

(4) 创建“查找不匹配项查询”

“查找不匹配项查询”是在一个表中查找那些在另一个表中没有相关记录的记录。具体操作如下。

单击“创建”选项卡“查询”组“查询向导”按钮，在“新建查询”对话框中选择“查找不匹配项查询向导”选项，然后单击“确定”按钮。

在图 10-45 中，在“视图”容器中选择“表”或“查询”，从列表栏中选择某个在随后选择的表中没有记录的表或查询，并单击“下一步”按钮。

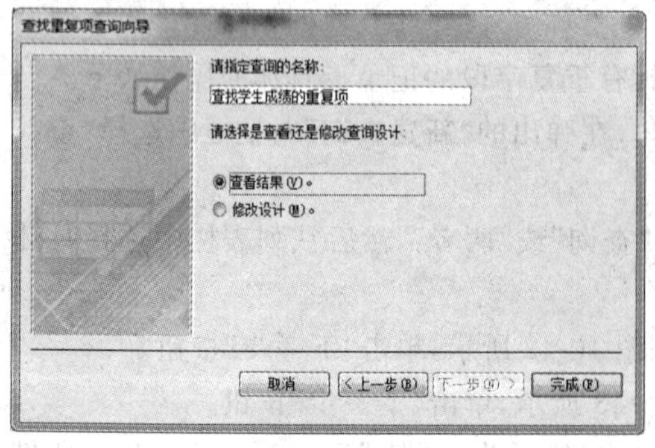

图 10-44　“查找重复项查询向导”第四步

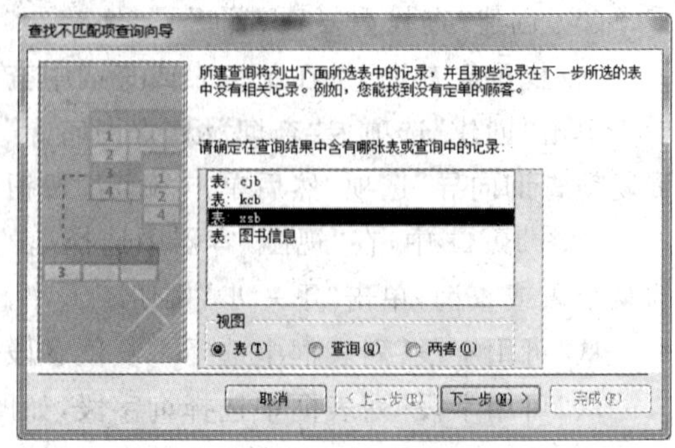

图 10-45　“查找不匹配项查询向导”第一步

从“请确定哪张表或查询包含相关记录:”列表框中，选择相关表，如图 10-46 所示，然后单击“下一步”按钮。

从“请确定在两张表中都有的信息”左右列表框中选择匹配字段，并单击“ <=> ”按钮如图 10-47 所示，然后单击“下一步”按钮。

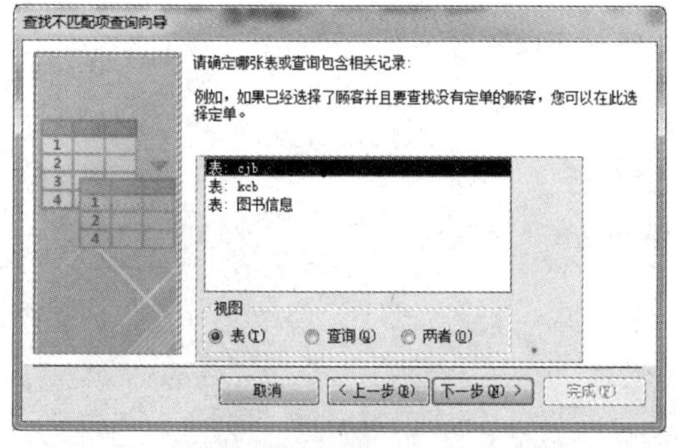

图 10-46　“查找不匹配项查询向导”第二步

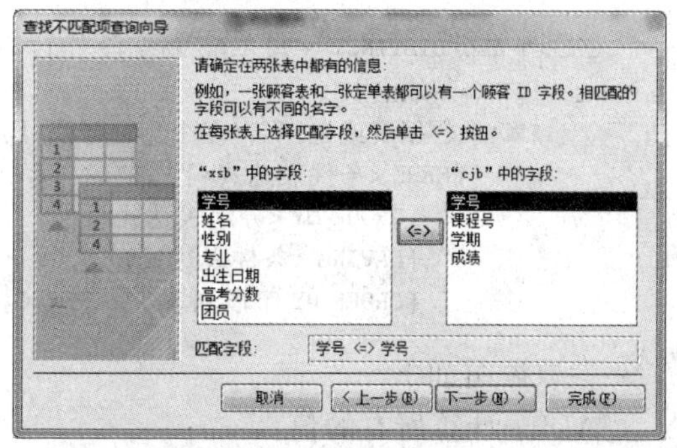

图 10-47　“查找不匹配项查询向导”第三步

在“请选择查询结果所需的字段”列表框中选择所需的字段并添加到右侧的“选定字段”列表框中，然后单击“下一步”按钮，如图 10-48 所示。

在“请指定查询名称”文本框中输入查询名称，单击“完成”按钮，如图 10-49 所示。

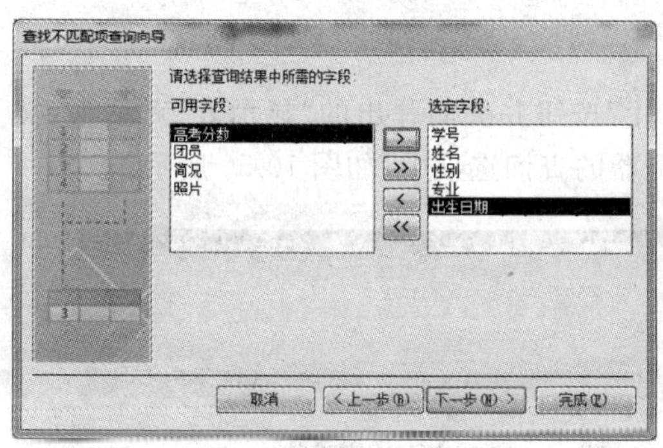

图 10-48　“查找不匹配项查询向导”第四步

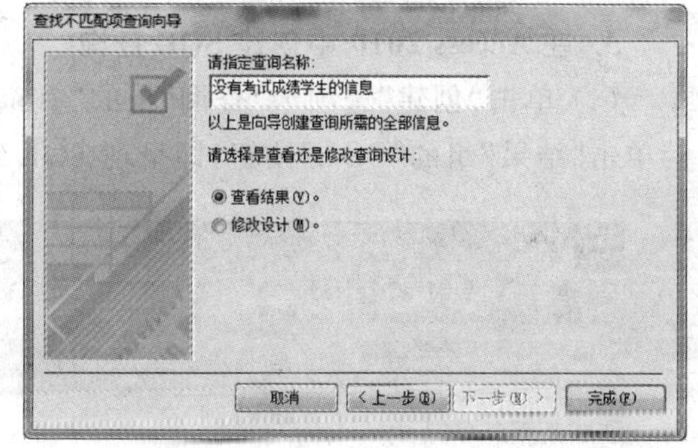

图 10-49　“查找不匹配项查询向导”第五步

10.3.8　SQL 语言与 Access 2010 的 SQL 查询

1986 年 ANSI 和 ISO 颁布了结构化查询语言(SQL 语言)正式标准，它是在数据库系统中应用广泛的数据库查询语言，基于 SQL 的 DBMS 一般都具有良好的可移植性。SQL 包括了数据定义、查询、操纵和控制四大功能。Access 支持 SQL，实际上，前面所述的用查询向导和查询设计器创建的查询均是由 SQL 查询语言编写的。

1. SQL 概述

(1) SQL 可用于关系型数据库系统的定义、查询、更新和管理。

(2) SQL 是一种非过程语言，由近似自然语言的英语单词组成，易学易用。

(3) SQL 能够通过对象事件添加(在窗体或报表设计器中)或查询设计器是嵌入。

(4) SQL 命令不区分大小写，并允许分行书写。

(5) SQL 语言不涉及数据库内部细节，具有良好的通用性。

2. SQL 查询语句格式

SQL 查询语句由若干子句组成。每一个子句都会执行 SQL 语句的某个功能,有些子句是 SELECT 语句所必要的子句而另一些则是可选的。SQL 语句具有下列一般形式,每一个 SELECT 语句最后都要以分号“;”结尾:

```
SELECT ALL/DISTINCT 字段 1 AS 新字段名 1, 字段 2 AS 新字段名 2, …
    [INTO 新表名]
    FROM <数据表或视图名(多个用逗号隔开)>[<别名>]
        [WHERE <条件表达式>]
            [GROUP BY <分组表达式>]
            [HAVING <条件表达式>]
            [ORDER BY 字段列表 [ASC|DESC]];
```

参数说明如下。

ALL:计算所有的值。

DISTINCT:计算时取消指定列的重复值,结果为无重复记录。

AS:把……当作……,表示要输出一个新的字段名。

WHERE:条件语句关键字。多个条件表达式之间用 AND|OR 运算符关联。

ASC:升序(默认)。

DESC:降序。

3. 在 Access 2010 中创建 SQL 查询

(1) 单击“创建”选项卡“查询”组的“查询设计”按钮并关闭弹出的“显示表”对话框,然后单击“结果”组的“SQL”按钮,即呈现 SQL 编辑器的查询选项卡,如图 10-50 所示。

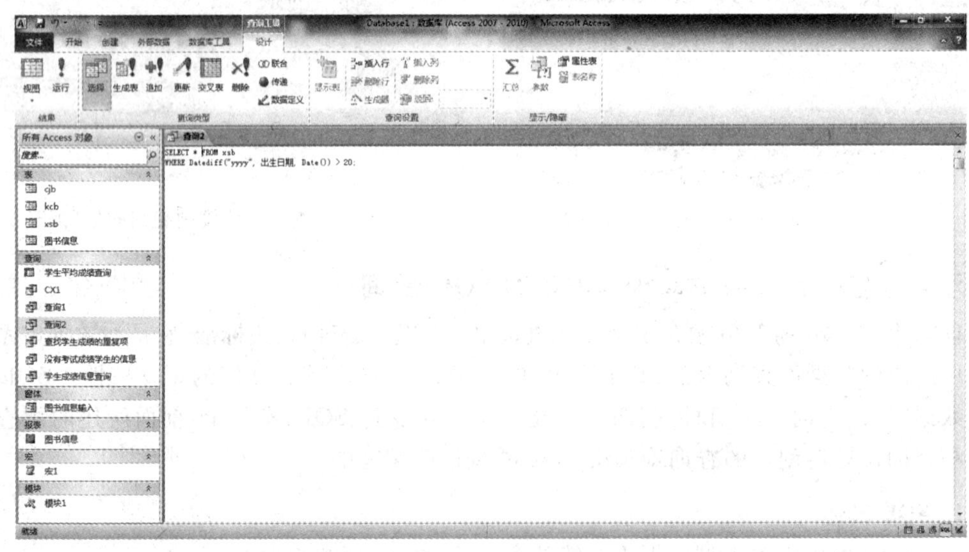

图 10-50　创建 SQL 查询

(2) 在 SQL 编辑器中输入正确的 SQL 语句。

(3) 单击“结果”组的“运行!”按钮,即可执行该 SQL 语句,如图 10-51 所示。

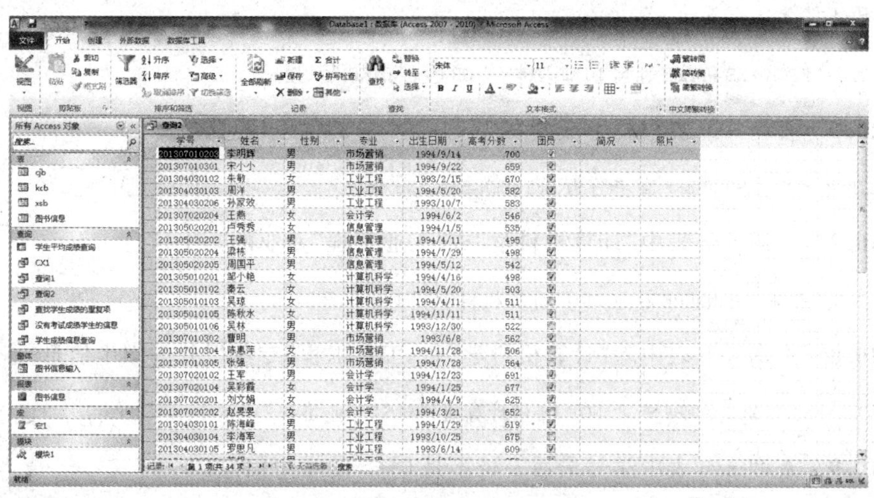

图 10-51　SQL 查询的结果

4. 创建简单的 SQL 查询

例 10.1　查询 XSB 表中的专业信息。

```
SELECT DISTINCT 专业 FROM XSB;
```

例 10.2　用 SQL 语句查询 xsb 表中年龄大于 20 岁学生的全部信息。

```
SELECT * FROM xsb
WHERE DateDiff("yyyy",出生日期, Date()) > 20;
```

其中"*"表示所有字段；WHERE 子句可用关系运算来描述筛选条件，如表 10-13。函数 DateDiff()的功能是求"出生日期"字段与当前日期之差的部分信息（如年份信息"yyyy"）。SQL 内置了许多函数，如 DatePart()、COUNT()、SUM()、AVG ()、MAX()、MIN()等，其功能分别是求数据的部分值、统计个数、求和、求平均、求最大值和求最小值。

表 10-13　WHILE 子句的典型准则范例及描述

准　则	描　述
>25 and <50	适用于数字字段。只有在字段的值大于 25 且小于 50 时，才会纳入这些记录
DateDiff ("yyyy",出生日期, Date()) > 20	适用于日期/时间字段，只有当介于某人生日和当前系统日期之间的年份数字大于 20 时，才会在查询结果中纳入这些记录
Is Null	可用于任何类型的字段，以显示所检测字段的值为空值的记录

例 10.3　用 SQL 语言查询 xsb 表中所有女生的信息。

```
SELECT * FROM XSB WHERE 性别 = "女";
```

例 10.4　查询 xsb 表中 1995 年及以后出生的男生信息。

```
SELECT * FROM XSB WHERE 性别 = "男" AND YEAR(出生日期)> = 1995;
```

例 10.5　查询 xsb 表中所有姓"刘"的学生或姓名中有"强"的信息。

本例需要用到 Access SQL 中的 LIKE 运算符并配合通配符 *（通配符 * 可代表任何字

符,字符数不限):

```
SELECT * FROM XSB WHERE 姓名 LIKE "刘*" OR 姓名 LIKE "*强*";
```

例 10.6 查询 xsb 表中高考成绩在 550～600 分的学生信息。

```
SELECT * FROM XSB WHERE 高考分数 BETWEEN 550 AND 600
```

例 10.7 查询 xsb 表中“计算机科学”或“工业工程”专业的学生信息。

```
SELECT * FROM XSB WHERE 专业 IN ("计算机科学""工业工程");
```

例 10.8 查询 xsb 表中除“计算机科学”和“工业工程”专业以外的学生信息。

```
SELECT * FROM XSB WHERE 专业 NOT IN ("计算机科学""工业工程");
```

例 10.9 查询 xsb 表中学号最后一位不是 0～5 的学生信息。

```
SELECT * FROM XSB WHERE 学号 LIKE "*[!0-5]";
```

例 10.10 查询 xsb 表中的学号、姓名、性别、专业和年龄且年龄小于 20 的学生信息。

```
SELECT 学号,姓名,性别,专业,YEAR(DATE())-YEAR(出生日期) AS 年龄
FROM XSB WHERE YEAR(DATE()) - YEAR(出生日期)< 20;
```

例 10.11 查询缺考学生的学号、课程号、学期、成绩的信息。

```
SELECT * FROM CJB WHERE 成绩 IS NULL;
```

5. 创建按一个或多个字段排序的查询

ORDER BY 子句用于在查询执行时将按指定的字段及方式排序的查询结果。排序方式有升序和降序两种,系统默认为升序,在排列字段后加关键词 DESC,则按降序排序。

例 10.12 查询 xsb 表中的所有市场营销专业学生信息,要求以高考成绩的降序排序。

```
SELECT * FROM XSB WHERE 专业 = "市场营销"
ORDER BY 高考成绩 DESC;
```

例 10.13 查询 cjb 表中成绩在 80 分以上的所有信息,要求以课程号为升序,成绩为降序排序。

```
SELECT * FROM CJB WHERE 成绩 >= 80
ORDER BY 课程号,成绩 DESC;
```

6. 创建汇总数据查询

创建汇总数据查询时,需要使用 GROUP BY 子句或聚合函数。GROUP BY 子句会列出没有套用聚合函数的所有字段。GROUP BY 子句要紧接在 WHERE 子句之后,否则,GROUP BY 子句就要紧接在 FROM 子句之后。SQL 聚合函数格式与功能如下。

```
COUNT (DISTINCT/ALL)列名        //功能是统计一列中值的个数
SUM (DISTINCT/ALL)列名          //功能是计算一列中值的总和
AVG (DISTINCT/ALL)列名          //功能是计算一列中值的平均值
MAX (DISTINCT/ALL)列名          //功能是计算一列中值的最大值
```

```
MIN (DISTINCT/ALL)列名                //功能是计算一列中值的最小值
```

例 10.14 将 xsb 表中的学生按照专业进行分组统计，相应的 SQL 语句是：

```
SELECT 专业,COUNT( * ) AS 学生人数 FROM XSB
GROUP BY 专业;
```

例 10.15 计算 cjb 表中的每门课程的平均分、最高分和最低分，相应的 SQL 语句是：

```
SELECT 课程号, AVG(成绩) AS 平均分,MAX(成绩) AS 最高分,MIN(成绩) AS 最低分 FROM CJB GROUP BY
课程号;
```

HAVING 子句的作用如同 WHERE 子句，但可用于汇总函数(数据)，而 WHERE 子句不能。HAVING 子句只用于 GROUP BY 子句，其功能是从分组中选择满足条件的组。

例 10.16 查询 cjb 表中选修了至少 3 门课程的学生的学号。

```
SELECT 学号 FROM CJB GROUP BY 学号 HAVING COUNT( * )>= 3;
```

例 10.17 查询 cjb 表中考生人数少于 30 人的课程号和学生人数。

```
SELECT 课程号,COUNT( * ) AS 人数 FROM CJB GROUP BY 课程号
HAVING COUNT(成绩)< 30;
```

7. SQL 嵌套查询

SQL 嵌套查询就是查询语句中的条件是另一个查询语句的查询结果，也称为子查询。Access 允许子查询多层嵌套，其执行顺序是“先内后外”。

例 10.18 查询 xsb 表中与“郑刚”同专业的学生信息。

```
SELECT * FROM XSB
WHERE 专业 = (SELECT 专业 FROM XSB WHERE 姓名 = "郑刚") ;
```

例 10.19 查询选修了《离散数学》课程的学生信息。

```
SELECT * FROM XSB
WHERE 学号 IN(SELECT 学号 FROM CJB WHERE 课程号
IN (SELECT 课程号 FROM KCB WHERE KCB.课程名 = "离散数学"));
```

8. SQL 连接查询

连接查询，即所要查询的信息涉及两个或两个以上的表，它是关系数据库中最主要的查询，包括等值连接、自然连接、非等值连接、自身连接、外连接和复合条件连接查询。这要求相关表必须具有相同的字段来进行“关联”。例如，在所举例的“教学管理系统”中的三个表 xsb、cjb、kcb 就具有如此关联关系。

(1) 等值与非等值连接查询及自然连接查询

用来连接两个表的条件称为连接条件或连接谓词，若连接谓词为“=”(等号)，则为等值连接；若为除“=”以外的其他的关系运算符，则为非等值连接。

例 10.20 查询所有学生的信息及其考试信息。

```
SELECT XSB.*,CJB.* FROM XSB,CJB
WHERE XSB.学号 = CJB.学号;
```

在例 10.21 的查询结果中,包括了重复的 XSB 表的学号字段和 CJB 表中的学生字段。若在等值连接中把查询结果中的重复字段去掉,则为自然连接,如例 10.20 至例 10.22。

例 10.21 查询所有学生的学号、姓名、课程号、课程名和成绩。

```
SELECT XSB.学号,姓名,KCB.课程号,课程名,成绩 FROM XSB,KCB,CJB
WHERE XSB.学号 = CJB.学号 AND KCB.课程号 = CJB.课程号;
```

例 10.22 查询选修了《离散数学》课程的学生的学号、姓名、课程号、课程名和成绩。

```
SELECT XSB.学号,姓名,KCB.课程号,课程名,成绩 FROM XSB,KCB,CJB
WHERE XSB.学号 = CJB.学号 AND KCB.课程号 = CJB.课程号 AND
课程名 = "离散数学";
```

例 10.23 查询选修了《离散数学》课程的学生的学号、姓名、课程号、课程名和成绩,并按成绩的降序排序。

```
SELECT XSB.学号,姓名,KCB.课程号,课程名,成绩 FROM XSB,KCB,CJB
WHERE XSB.学号 = CJB.学号 AND KCB.课程号 = CJB.课程号 AND 课程名 =
"离散数学" ORDER BY 成绩 DESC;
```

(2) 自身连接

一个表与其自己进行连接,称为表的自身连接。自身连接必须为该表指定一个别名。

例 10.24 查询选修了课程号为"TS1001"课的学生中,成绩高于学号为"201305010101"的学生该门课程成绩的学生的学号和成绩,并按成绩的降序排序。

```
SELECT a.学号,a.成绩 FROM CJB a,CJB b
WHERE a.课程号 = "TS1001" AND b.学号 = "201305010101"
AND a.成绩> b.成绩 AND a.课程号 = b.课程号
ORDER BY a.成绩 DESC;
```

(3) 内部连接

内部连接也称内连接,其查询结果中只会包含两个联结数据表中满足条件的记录。内连接的方式为"INNER JOIN... ON..."。

注意:内连接中给出的 JOIN 连接的顺序和 ON 条件的顺序正好相反,并且要用括号括起来;INNER JOIN 可以简化为 JOIN;内连接可用 WHERE 子句代替。

例 10.25 查询所有学生的成绩单,要求输出学号、姓名、课程号、成绩。

```
SELECT a.学号,姓名,b.课程号,成绩,课程名 FROM (( XSB a INNER JOIN CJB b ON a.学号 = b.学号)
INNER JOIN KCB c ON b.课程号 = c.课程号);
```

(4) 外部连接

外部连接会返回每个满足第一个(左端)输入与第二个(右端)输入的连接的记录,它还返回任何在第二个输入中没有匹配行的第一个输入中的记录。ACCESS 外部连接又分为左外连接 LEFT JOIN、右外连接 RIGHT JOIN,但不支持全外连接 FULL JOIN。

例 10.26 用左外连接查询所有学生的学号、姓名、性别、专业、课程号、成绩。

```
SELECT XSB.学号,姓名,性别,专业,课程号,成绩 FROM XSB
LEFT JOIN CJB ON XSB.学号 = CJB.学号;
```

例 10.27 用右外连接查询所有学生的学号、姓名、性别、专业、课程号、成绩。

```
SELECT XSB.学号,姓名,性别,专业,课程号,成绩 FROM XSB
RIGHT JOIN CJB ON XSB.学号 = CJB.学号;
```

10.3.9 窗体的设计

窗体是 Access 2010 的主要对象之一，它是与用户交互的界面，除主要用于输入数据之外，窗体还具有以下几种功能。

(1) 数据的显示与编辑：窗体可以显示来自多个数据表中的数据。此外，可以利用窗体对数据库中的相关数据进行添加、删除和修改，并可以设置数据的属性。

(2) 应用程序流控制：窗体可以与函数、VBA 编写的子程序相结合，并利用代码执行相应的功能。

(3) 信息显示和数据打印：窗体可以用来执行打印数据库数据的功能。

1. 窗体类型、视图与结构

(1) 窗体类型

在 Access 2010 中窗体可以分为 6 种类型。

- 单页窗体(纵栏式窗体)：一个窗体中显示一条记录；
- 数据表窗体：一个窗体中按照表格的形式显示多条记录，每条记录占一行；
- 分割窗体：由上半部分数据表和下半部分窗格结合而成，用于表中所选记录的信息；
- 多项目窗体：在一个窗口中显示若干个记录；
- 数据透视图窗体：在窗体中，数据表或查询中的数据以其数据图表的形式呈现；
- 数据透视表窗体：在窗体中呈现以表或查询为源产生一个按行和表统计分析的表格。

(2) 窗体视图

在 Access 2010 中，窗体有 6 种视图：设计视图、窗体视图、数据表视图、数据透视表视图、数据透视图视图和布局视图。打开窗体后，单击“窗体设计工具——设计”选项卡“视图”组的“视图”下拉按钮，从弹出的列表框中选中合适的视图命令，如图 10-52 所示；也可以右击窗体选项卡的“名称”标识区域，从弹出的快捷菜单中单击所需要的视图命令；也可以在不同的视图间相互切换。窗体的 6 种视图功能简述如下：

设计视图——设计视图用于窗体的创建和修改，显示的是各种控件的布局，并不显示数据源数据。

窗体视图——是完成对窗体设计后的运行效果，可浏览窗体所捆绑的数据源数据。在导航窗格的“窗体”列表框中，双击某个窗体名，即以窗体视图方式打开该窗体。

数据表视图——以表格的形式显示表或查询中的数据，用于编辑、添加、删除和查找数据等。只有以表或查询为数据源的窗体才具有数据表视图。

数据透视表视图和数据透视图视图——可以动态地更改窗体的版面(包括重新排列行标题、列标题和筛选字段等)，从而以不同的方法分析数据。每次改变版面布置时，窗体会立即按照新的布置重新计算数据。

布局视图——是用于修改窗体最直观的视图，可对窗体进行修改、调整、调整列宽、放置新的字段、设置窗体及其控件的属性、调整控件的位置和宽度等。在布局视图中，窗体实际

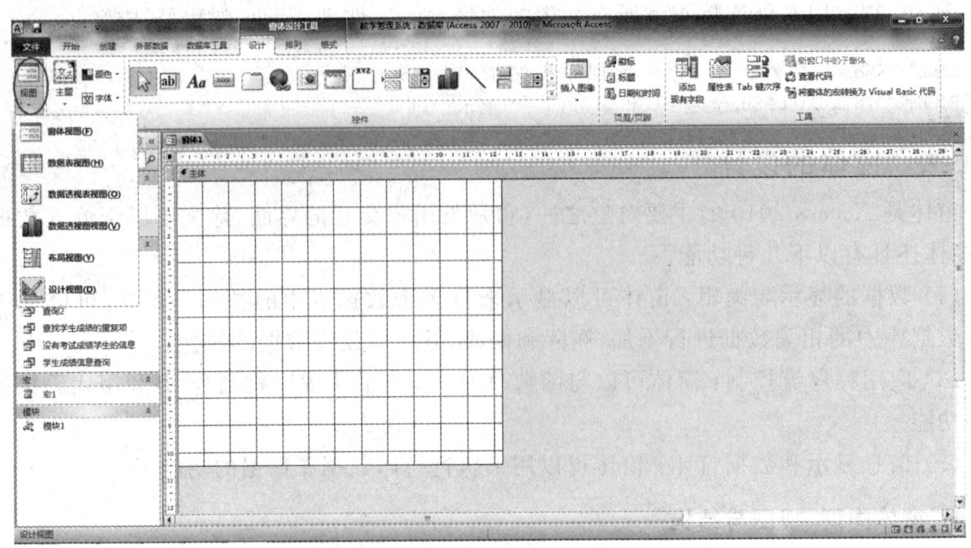

图 10-52　窗体视图菜单

正在运行,因此,其效果与在窗体视图中的显示外观非常相似。

(3) 窗体结构

单击“创建”选项卡“窗体”组的“窗体设计”按钮,就会打开窗体的设计视图,它由 5 个部分组成:窗体页眉、页面页眉、主体、页面页脚和窗体页脚。其中,每一部分称为一个“节区”,每个“节区”都允许调节且有特定的用途,窗体中的信息可以分布在这些节区中,如图 10-53 所示。在主体区中右击鼠标,从弹出的快捷菜单中分别选择“页面页眉/页脚”和“窗体页眉/页脚”命令,可呈现/隐藏“页面页眉/页脚”和“窗体页眉/页脚”。

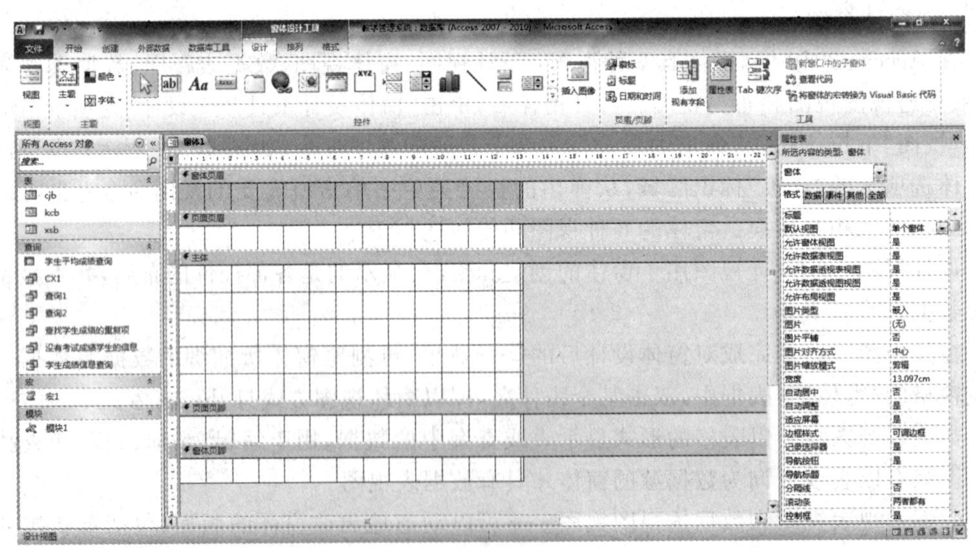

图 10-53　窗体的结构

窗体页眉——出现在运行窗体顶部,其内容在窗体打开期间不会改变,可选;

页面页眉——出现在窗体打印页的顶部,其内容在窗体打开期间不会显示,可选;

主体——窗体设计的主要部分，用户主要是在主体上设计用户界面，必选；

页面页脚——出现在窗体打印页的底部，其内容在窗体打开期间不会显示，可选；

窗体页脚——出现在运行窗体底部，其内容在窗体打开期间不会改变，可选。

2. 窗体的创建

Access 2010 提供了多种窗体创建方式，在数据库窗口的"创建"选项卡中选择"窗体"命令组的相关窗体创建命令按钮，即可自动地快速创建窗体或按窗体向导逐步创建窗体。

(1) 利用"窗体"自动创建纵栏式窗体或分割式窗体

首先，在数据库窗口的导航窗格中，选中要创建窗体的数据源(表或查询)，然后，单击"创建"选项卡中选择"窗体"命令组的"窗体"按钮，即可完成布局显示的窗体。若选中的表没有与其他表建立关联或是被关联的表，系统则自动创建该表的纵栏式窗体的布局视图，如图 10-54 所示；若选中的表已经与其他表建立了关联(主关联表)，系统则自动为该表创建分割式窗体的布局视图，上半部分是该表的一行信息而下半部分是被关联表中与该行信息对应的信息，如图 10-55 所示。在布局视图中，允许对窗体中的控件进行位置移动、文本框的大小调整等修改。

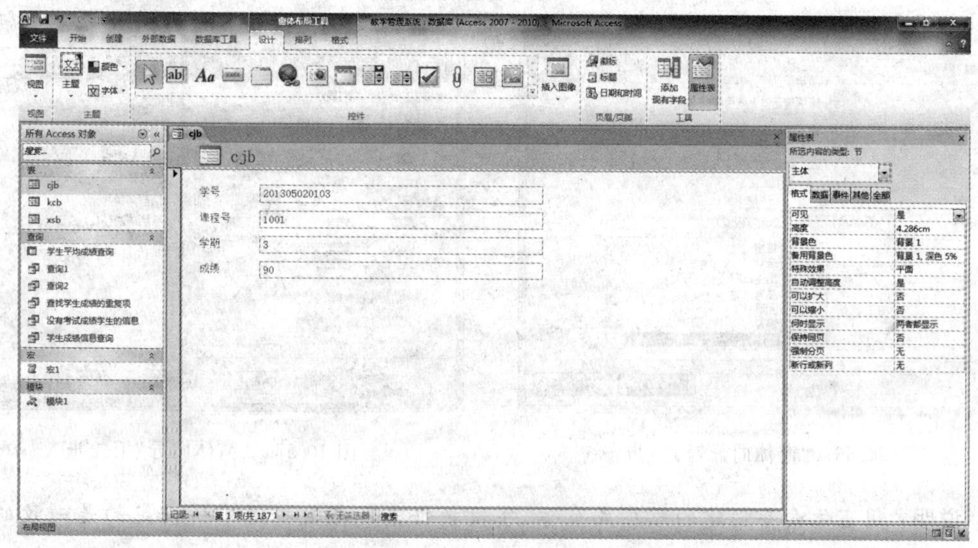

图 10-54　自动创建的纵栏式窗体

(2) 利用"窗体向导"创建窗体。

窗体向导功能强大，可创建纵栏式窗体、表格窗体、带有子窗体的窗体等。

① 使用窗体向导创建纵栏式窗体。

- 单击"创建"选项卡"窗体"组的"窗体向导"按钮，系统将弹出如图 10-56 所示的"窗体向导"对话框；
- 从"表/查询"下拉列表框中选择一个表或查询，在"可用字段"列表框中选择字段，通过单击 [>] 按钮或 [>>] 按钮，将其添加到"选定字段"列表框中；
- 单击"下一步"按钮，在"请确定窗体使用的布局"下选择"纵栏表"，如图 10-57 所示，再单击"下一步"按钮；
- 在"请为窗体指定标题"文本框中输入窗体名，最后单击"完成"按钮。

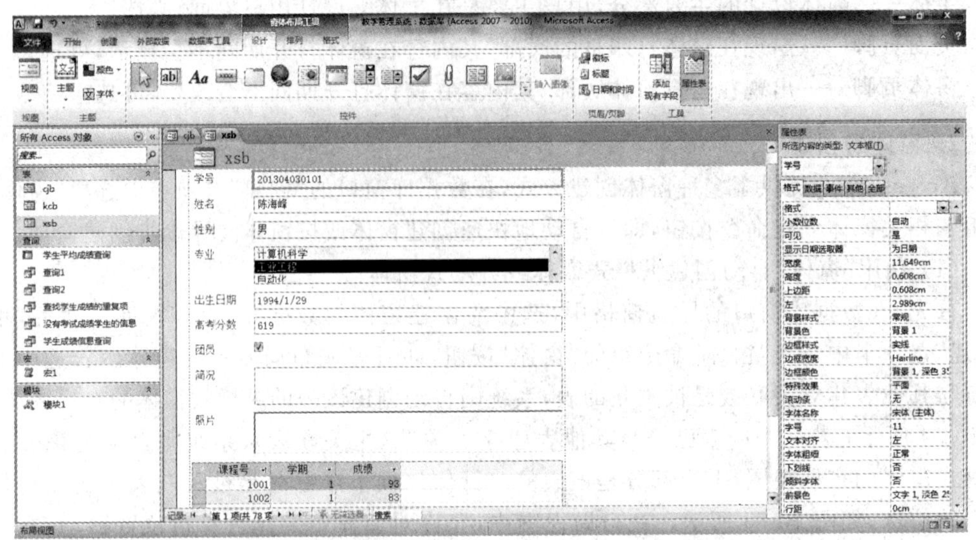

图 10-55　自动创建的分割式窗体

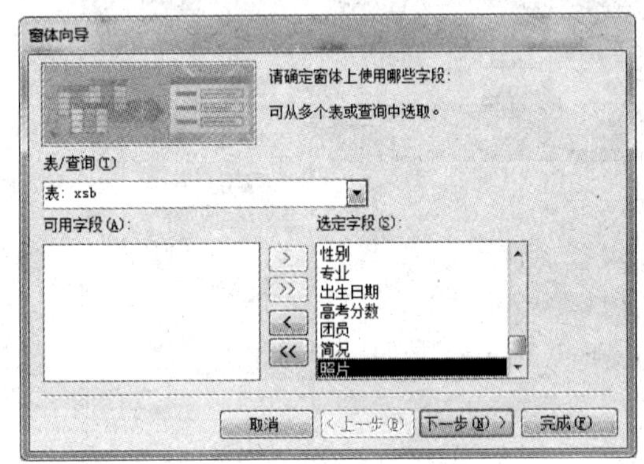

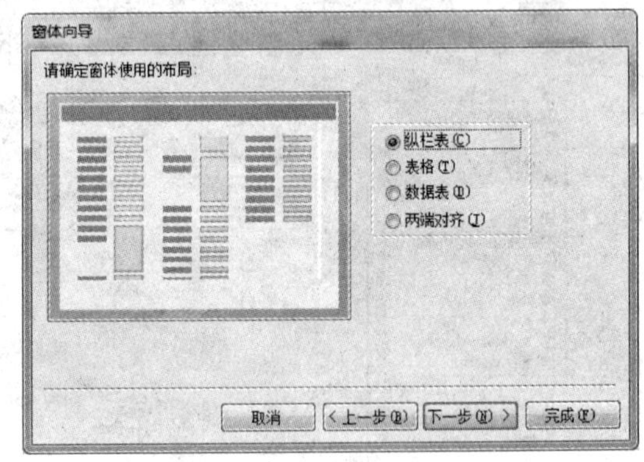

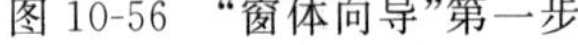

图 10-56　“窗体向导”第一步

图 10-57　“窗体向导”第二步

说明：用窗体向导创建的纵栏式窗体，字段数据宽度与数据源中所设定的是一致的且能够根据窗体的大小将字段自动分栏。

② 使用窗体向导创建表格窗体。

- 单击“创建”选项卡“窗体”组的“窗体向导”按钮；
- 在“窗体向导”对话框中的“表/查询”下拉列表框中选择一个表或查询，在“可用字段”列表框中选择字段，通过单击 > 和 >> 按钮，将其添加到“选定字段”列表框中；
- 单击“下一步”按钮，在“请确定窗体使用的布局：”下选择“表格”，如图 10-58 所示，再单击“下一步”按钮；
- 在“请为窗体指定标题”文本框中输入窗体名，最后单击“完成”按钮，如图 10-59 所示。

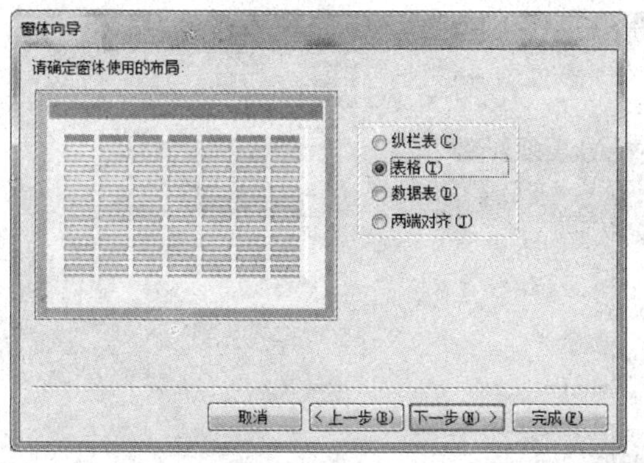

图 10-58　窗体向导创建表格窗体

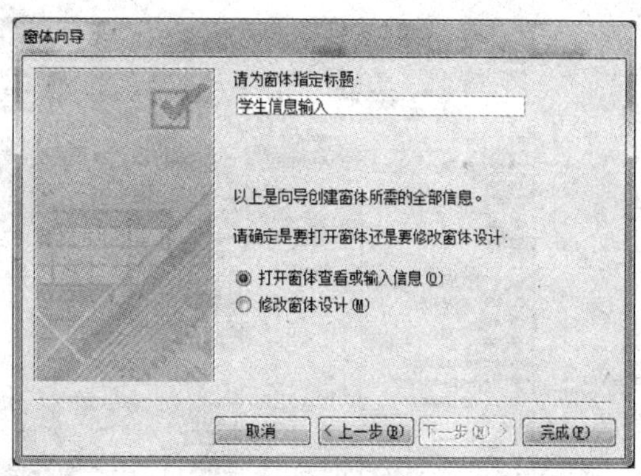

图 10-59　创建后的表格窗体

③ 使用窗体向导创建带有子窗体的窗体。

- 单击“创建”选项卡“窗体”组的“窗体向导”按钮；
- 在“窗体向导”对话框中的“表/查询”下拉列表框中选择多个关联表的所需要的字段，将其添加到“选定字段”列表框中；
- 单击“下一步”按钮，在“请确定查看数据的方式”的列表框中选择一种方式，并选中“带有子窗体的窗体”，如图 10-60 所示，再单击“下一步”按钮；

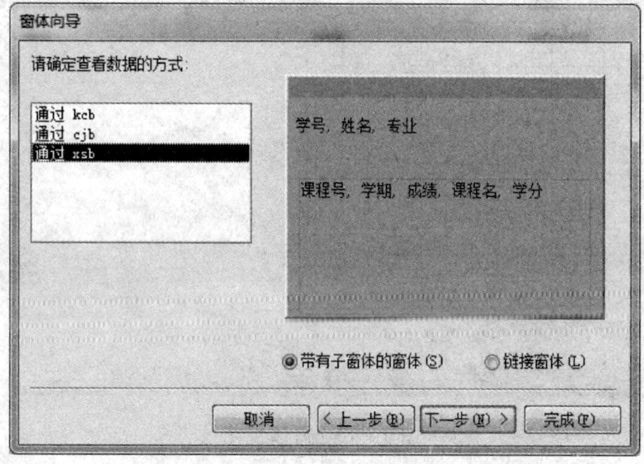

图 10-60　窗体向导创建带有子窗体的窗体

- 在“请确定子窗体使用的布局”有选择按钮组中选择“数据表”，如图 10-61 所示，再单击“下一步”按钮；
- 在“请为窗体指定标题”文本框中输入窗体名，最后单击“完成”按钮。

④ 使用“窗体设计”命令创建窗体。

- 单击“创建”选项卡“窗体”组的“窗体设计”按钮，即在窗体选项卡中呈现待建窗体的设计视图，如图 10-62 所示；
- 右击窗体空白处，从弹出的快捷菜单中选择“属性”，以设置窗体的宽度、高度以及是否居中等属性值；

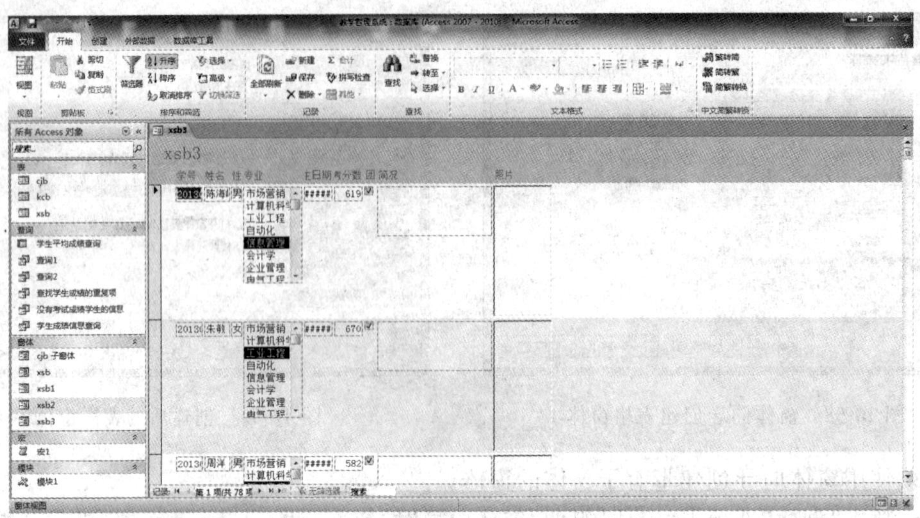

图 10-61 选择带有子窗体的布局

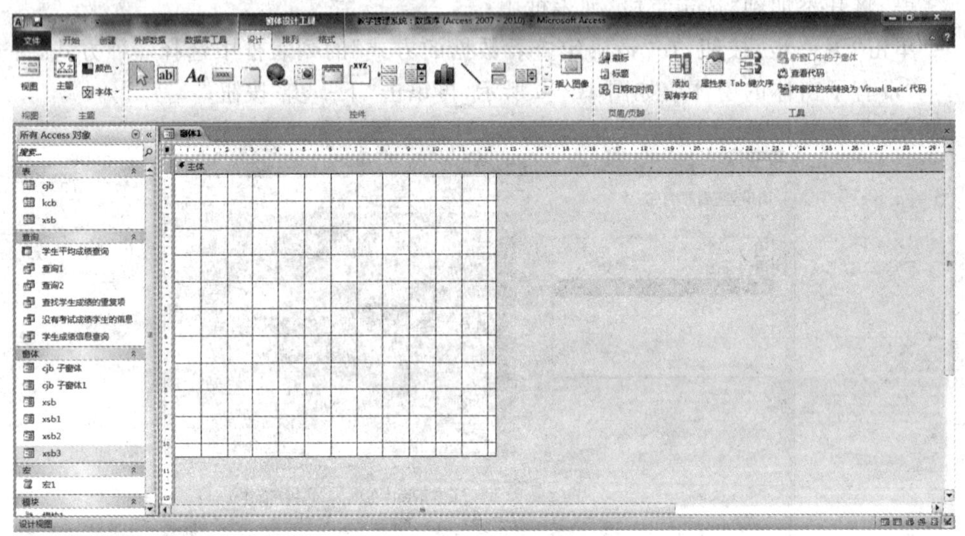

图 10-62 窗体视图

• 从“控件”命令组中选择所需的“控件”添加到窗体中,并完成各控件的属性、方法或事件设置;

• 关闭“窗体”选项卡,在系统弹出的“是否保存对窗体‘XXX’的设计的更改”对话框中单击“是”按钮,并在弹出“另存为”对话框中输入窗体名,单击“确定”按钮即可。

“控件”是窗体上图形化的对象,包括文本框、复选框、滚动条或命令按钮等,如图 10-63 所示。每个控件都有相应的属性、事件和方法。属性是控件固有的特征;由控件发出且能够为某些对象感受到的行为动作称为事件;方法是附属于控件的行为和动作。当某一个事件发生时,方法被执行,这种执行方式称为事件驱动,这也是面向对象程序设计的基本特点。根据控件与数据源的关系,控件可以分为绑定型、未绑定型和计算型 3 种。

• 绑定型控件:与表或查询中的字段相关联,可用于显示、输入、更新数据库中字段。

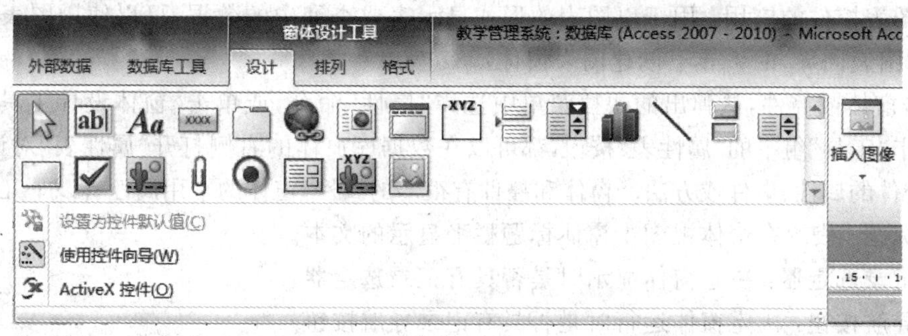

图 10-63　窗体控件命令组的控件按钮

- 未绑定型控件：是无数据源的控件，其“控件来源”属性没有绑定字段或表达式，可用于显示文本、线条、矩形和图片等。
- 计算型控件：用表达式而不是字段作为数据源，表达式可以利用窗体或报表所引用的表或查询字段中的数据，也可以是窗体或报表上的其他控件中的数据。

各种控件的应用原则如下。

- 标签和文本框控件的应用：标签主要用来在窗体或报表上显示说明性文本，它没有数据来源，标签的值不随记录移动而改变；文本框主要用来输入或编辑数据，它是一种交互式控件。文本框分为绑定型、未绑定型和计算型 3 种类型。
- 复选框、选项按钮和切换按钮控件的应用：这几种控件在窗体中均可以作为单独的控件使用，用于显示表或查询中的是/否型数据。当选中或按下控件时，相当于“是”状态，否则相当于“否”状态。
- 选项组控件的应用：是容器控件，由一个组框架及一组复选框、选项按钮或切换按钮组成。可以用来显示一组限制性选项值，只要单击选项组所需的值，就可以为字段选定数据值。在选项组中每次只能选择一个选项，而且选项组的值只能是数字型。
- 列表框与组合框控件的应用：为用户提供包含一些选项的可滚动列表。它们的主要区别在于在列表框中，任何时候都能看到多个选项，但不能直接编辑其中的数据。当列表框不能同时显示所有选项时，会自动添加滚动条，以便用户可以上下或左右滚动列表框来查阅所有选项；在组合框中，平时只能看到一个选项，单击组合框上的向下箭头可以看到多选项的列表，还可以直接输入一个新选项值。
- 命令按钮控件的应用：命令按钮可以执行特定的操作。若要使命令按钮响应窗体中的某个事件（如单击鼠标）来完成某项操作，需要在该按钮属性的“单击”事件中编写相应的宏或事件过程。
- 选项卡控件的应用：在一个窗体中显示多页信息（可按操作或功能分页），操作时只需要单击选项卡上的标签，就可以在多个页面间进行切换。
- 图像控件的应用：用于窗体中的图形标识或美化窗体。在窗体上需要放置图片的大小和位置，并在“插入图片”对话框中找到并选中要使用的图片文件，单击“确定”按钮，即完成了在窗体上设置图片的操作。
- 子窗体/子报表控件的应用：用于关联数据表的数据输入、编辑、显示等。除了使用“窗体向导”同时建立主窗体和子窗体外，也可先建立主窗体，然后添加子窗体控件。

- 图表控件的应用：用于以图表的形式显示表或查询中的数据，可以使用图表控件在“图表向导”的引导下创建图表窗体。

右击窗体或控件，从弹出的快捷菜单中选择“属性”命令，或单击“窗体设计工具——设计”选项卡“工具”组中的“属性表”按钮，都可以在数据库窗体的右侧打开“属性表”对话框，以设置各控件的属性、事件或方法。窗体和控件有很多的属性，窗体的常用属性有以下几种。

- 标题：表示在窗体视图中窗体标题栏上显示的文本。
- 记录选定器：决定窗体显示时是否具有记录选定器。
- 导航按钮：决定窗体运行时是否具有记录导航按钮。
- 记录源：指明该窗体的数据源。
- 允许编辑、允许添加、允许删除：它们分别决定窗体运行时是否允许对数据进行编辑修改、添加或删除操作。
- 数据输入：指定是否允许打开绑定窗体进行数据输入。

不同的控件的常用属性也有所不同，需要根据具体的控件来设置。

- 标签控件的标题：表示标签中显示的文字信息。
- 标签控件的特殊效果：用于设定标签的显示效果。
- 标签控件的背景色、前景色：分别表示标签显示时的底色与标签中文字的颜色。
- 标签控件的字体名称、字号、字体粗细、下划线、倾斜字体：这些属性值用于设定标签中显示文字的字体、字号、字形等参数，可以根据需要适当配置。
- 控件来源：用于设定一个绑定型文本框控件时，它必须是窗体数据源表或查询中的一个字段；用于设定一个计算型文本框控件时，它必须是一个计算表达式；用于设定一个未绑定型文本框控件时，就等同于一个标签控件。
- 文本框控件的输入掩码：用于设定一个绑定型文本框控件或未绑定型文本框控件的输入格式，仅对文本型或日期/时间型数据有效。
- 文本框控件的默认值：用于设定一个计算型文本框或未绑定型文本框控件初始值。
- 文本框控件的有效性规则：用于设定在文本框控件中输入数据的合法性检查表达式。
- 文本框控件的有效性文本：在窗体运行期间，当在该文本框中输入的数据违背了有效性规则时，即显示有效性文本中的提示信息。
- 文本框控件的可用：用于指定该文本框控件是否能够获得焦点。
- 文本框控件的是否锁定：用于指定是否可以在窗体视图中编辑控件数据。

其他控件的属性不在此一一列举了，读者可通过本机或联机帮助获得。

对窗体和控件设置事件过程或宏，是为该窗体或控件设定响应事件的操作流程，也就是为窗体或控件的事件处理方法编程，需要 VBA 编程知识，感兴趣的读者可参考相关的书籍。典型的事件包括键盘事件、鼠标事件、对象事件、窗体事件和操作事件。

如果“控件”命令组中的“使用控件向导”命令处于选中状态，在创建控件时会弹出相应的向导对话框，以方便对控件的相关属性进行设置。否则，创建控件时将不会弹出向导对话框。在默认情况下，“控件向导”命令处于选中状态。

例 10.28 创建一个窗体，窗体内有两个标签和两个文本框，在其中一个文本框中输入圆的半径，就会在另一个文本框中显示球的体积。

操作步骤如下。

- 单击“创建”选项卡“窗体”组的“窗体设计”按钮，弹出“窗体 1”选项卡。
- 单击“控件”组“文本框”按钮，移动鼠标到窗体主体，在合适的位置拖曳出一个区域作为文本框的位置，系统弹出“文本框向导”，从中命名该文本框的名称为 Text0。同样的方法放置另一个文本框 Text1。
- 将两个标签的名称属性分别改为 Label0 和 Label1、标题属性分别为“球半径：”和“球体积：”。拖动各控件左上角的移动柄，调好它们之间的间隔。
- 将 Text1 文本框的“格式”属性设置为“常规数字”，并在其“控件来源”属性的表达式生成器中填写球体积计算公式“=[Text0] * [Text0] * [Text0] * 3.1415926 * 4/3”，也可以将计算公式直接写在 Text1 文本框中，如图 10-64 所示。

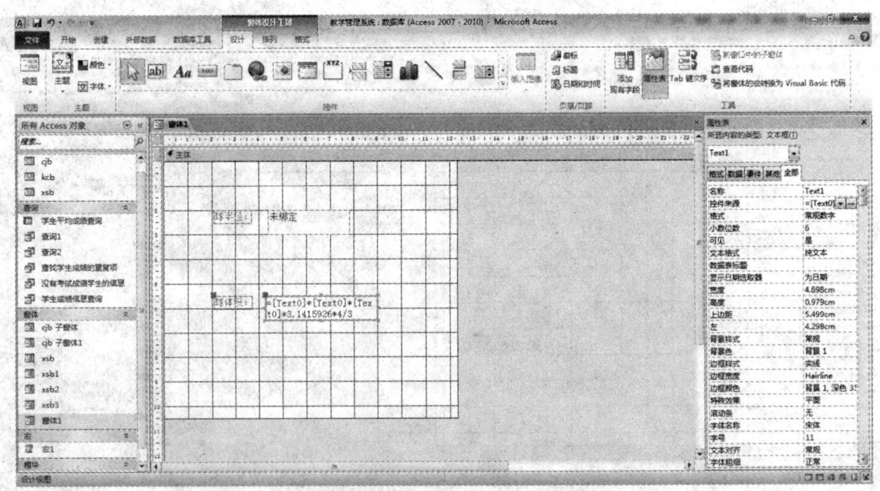

图 10-64　例 10.28 的控件属性设置

- 单击“视图”组的“视图”按钮，在“球半径”文本框中输入球的半径，再次单击“视图”按钮，即可在“球体积”文本框中显示球体积值，如图 10-65 所示。

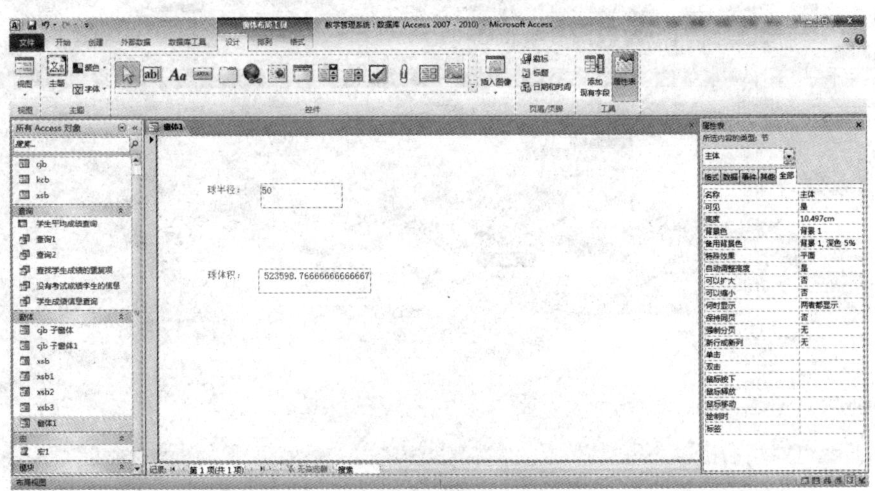

图 10-65　例 10.28 的窗体视图

例 10.29 用复选框、选项按钮、切换按钮来显示 xsb 表中的“团员”字段。

- 单击“创建”选项卡“窗体”组的“窗体设计”按钮,弹出“窗体 2”选项卡。
- 单击“工具”组“添加现有字段”按钮,分别将 xsb 表的学号、姓名拖放到窗体中,然后,再单击“控件”组中“复选框”按钮,在窗体主体节中拖曳出一个复选框。
- 在属性表中设置“窗体”对象的“记录源”属性为 xsb 表。
- 将复选框的附加标签的标题属性改为“团员”,将复选框的“控件来源”属性设置为“团员”;用同样的方法,放置选项按钮和切换按钮,并对它们的属性(控件来源和标题属性)做相应的设置,如图 10-66 所示。
- 切换到窗体视图,即可看到窗体中复选框、选项按钮和切换按钮显示 xsb 表中学生是否是“团员”的状况,如图 10-67 所示。

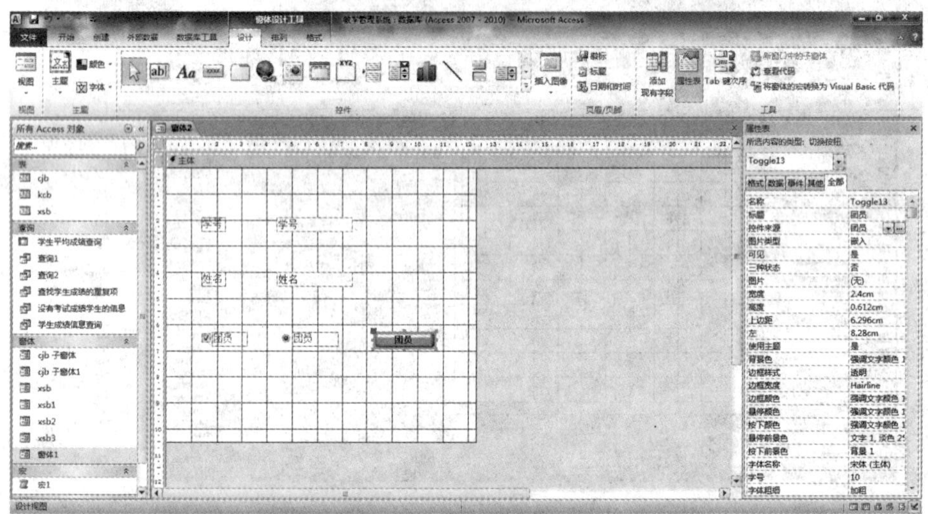

图 10-66 例 10.29 的控件布局

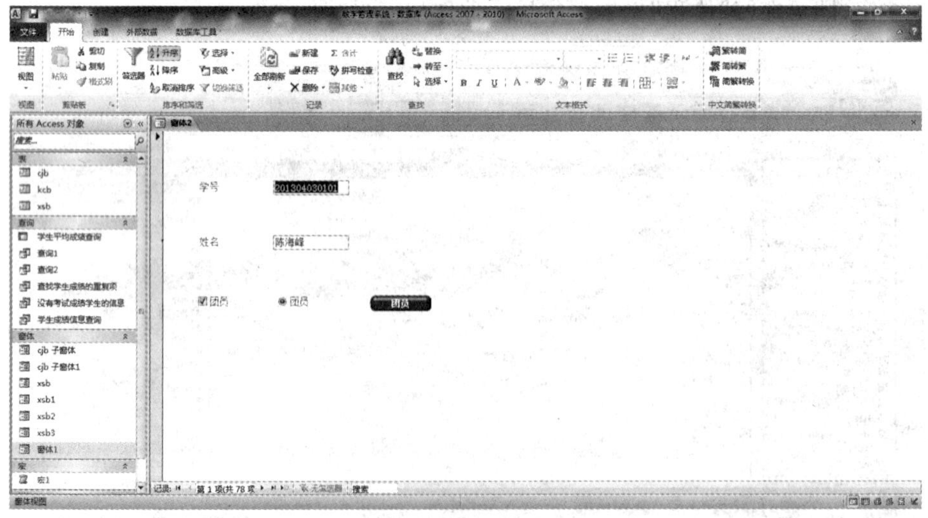

图 10-67 例 10.29 的窗口视图效果

例 10.30　创建学生信息输入(向 xsb 表)的窗口,要求有多种控件。

- 单击"创建"选项卡"窗体"组的"窗体设计"按钮,弹出"窗体 3"选项卡。
- 首先向主体节区的项部添加一个文本框,并输入"学生信息输入"的文字。
- 单击"工具"组的"添加现有字段"按钮,将 xsb 表所有字段拖曳到窗体中,并作适当调整。
- 单击"控件"组的"按钮"按钮,然后在主体节区中画出一个按钮,在弹出的"命令按钮向导"中的"类别"列表框中选择"记录操作",在"操作"列表框中选择"添加新记录",单击"下一步"按钮后,选择"文本"型;再单击"下一步"按钮后,命名为"添加记录",最后单击"完成"按钮,如图 10-68～图 10-70 所示。

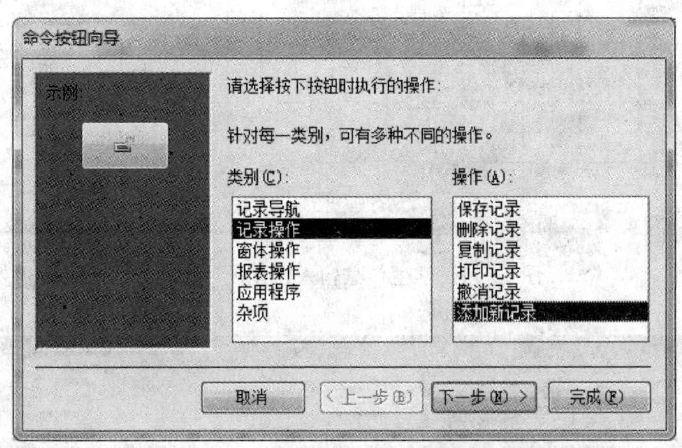

图 10-68　"命令按钮向导"第一步

- "前一记录"按钮、"下一记录"按钮和"关闭窗体"按钮的创建与创建"添加记录"按钮的方法类似,只是在"命令按钮向导"的"类别""操作"以及"命名"的选择和输入有所不同。

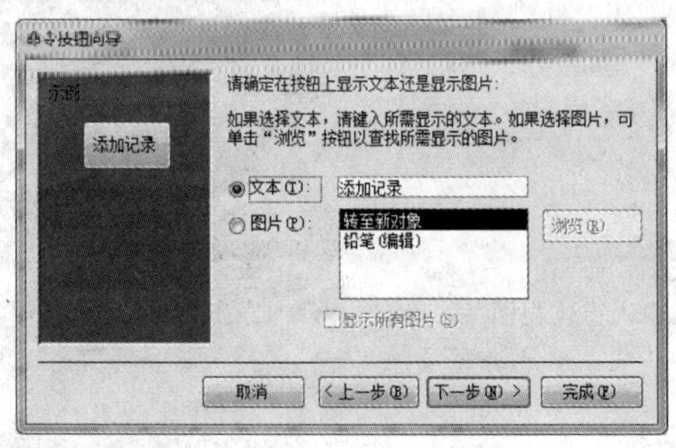

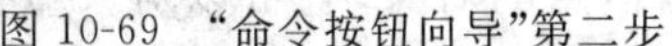

图 10-69　"命令按钮向导"第二步

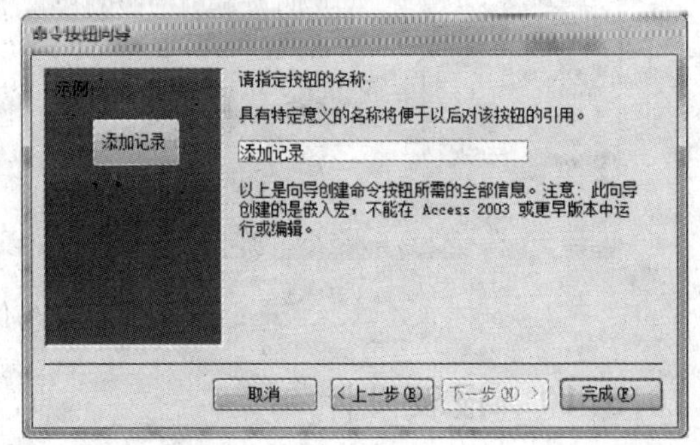

图 10-70　"命令按钮向导"第三步

- 单击"工具"命令组中的"属性表"按钮,从中完成以下对象的属性设置:"窗体"对象的"记录源"属性为 xsb 表(通常已经自动设置)、"导航按钮"属性为"否";标签 Label0 的"标题"属性为"学生信息输入""字体名称"属性为"隶书""字号"属性为 25、"前景色"属性为红色;最后,窗体各控件设置后的效果如图 10-71 所示。

• 切换到窗体视图,即可看到学生信息输入窗体的运行效果,如图 10-72 所示。

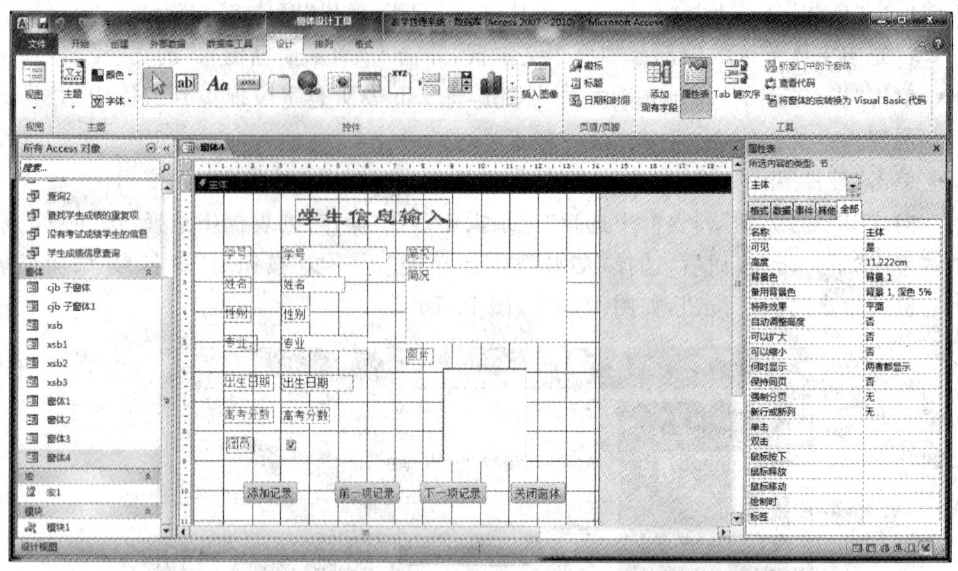

图 10-71　学生信息输入窗体设计视图

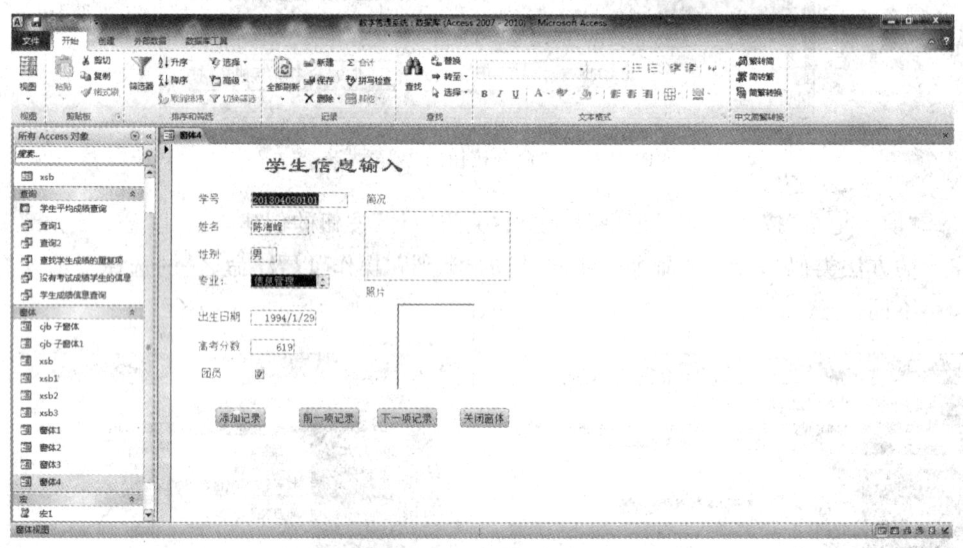

图 10-72　学生信息输入窗体视图

10.3.10　报表设计

报表是 Access 2010 数据库的一种用于打印或显示信息的对象,它可以对大量数据进行分组、计算、排序、汇总和打印,也可以将图片和图像嵌入报表中。

报表的数据源于表、查询和 SQL 语句,是一种动态数据集。报表有 4 种视图方式:报表视图、打印预览、布局视图和设计视图。创建报表有五种方法:“报表(自动创建)”“报表设计”“报表向导”“空报表”和“标签”。

1. 自动创建报表

该方法适合于基于一个表或查询（该查询也可以是基于多表的查询）的所有字段和记录的报表创建。该方法可快速创建报表，但所创建的报表在格式上可能不完全满足格式要求。

例 10.31　创建以学生表（xsb）为数据源的学生信息报表。

- 首先在导航窗格的“表”中选中 xsb 表，然后，单击“创建”选项卡“报表”组的“报表”按钮，系统将弹出呈现以学生表（xsb）为数据源的报表，如图 10-73 所示。
- 关闭 xsb 报表选项卡，系统将弹出“是否保存对报表'xsb'的设计的更改”的对话框，单击“是”按钮，系统又将弹出“另存为”对话框，在“报表名称（N）”的文本框中输入“学生信息报表”，然后，单击“确定”按钮即可。

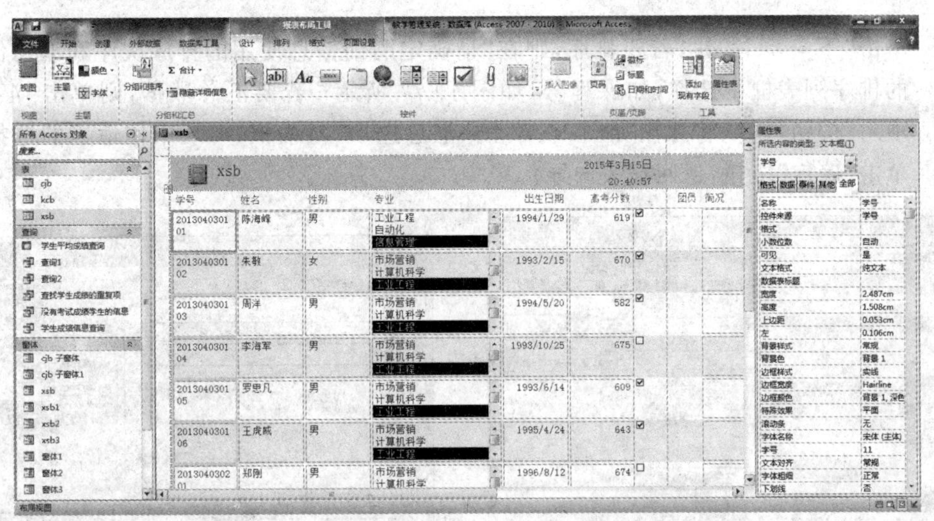

图 10-73　学生信息报表的报表视图

2. 使用向导创建报表

使用报表向导创建报表可以选择字段、指定数据分组和排序方式、多表字段（已关联的）选择等。

例 10.32　创建以学生表（xsb）、成绩表（cjb）和课程表（kcb）为数据源的学生成绩报表。

- 单击“创建”选项卡“报表”组的“报表向导”按钮，弹出“报表向导”对话框，从 xsb、cjb 和 kcb 表选择相关字段添加到“选定字段”列表框，如图 10-74 所示。

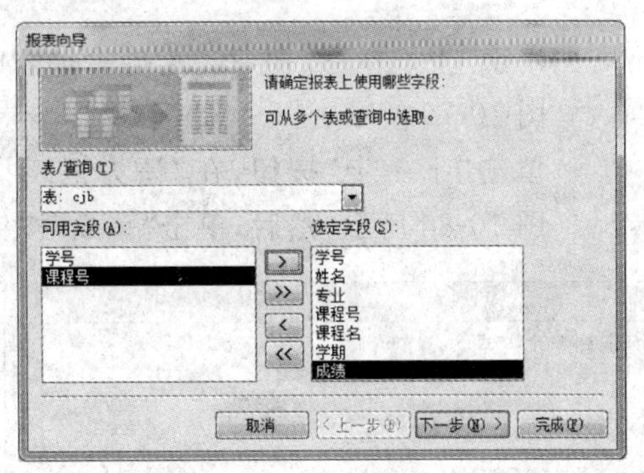

图 10-74　“报表向导”第一步

- 单击“下一步”按钮，在“请确定查看数据的方式”列表框中选择满足要求的格式（在向导右侧的窗格中显示），如图 10-75 所示。
- 单击“下一步”按钮，在“是否添加分组级别？”列表框中选择“学号”字段，然后，单击 [>] 按钮，如图 10-76 所示。

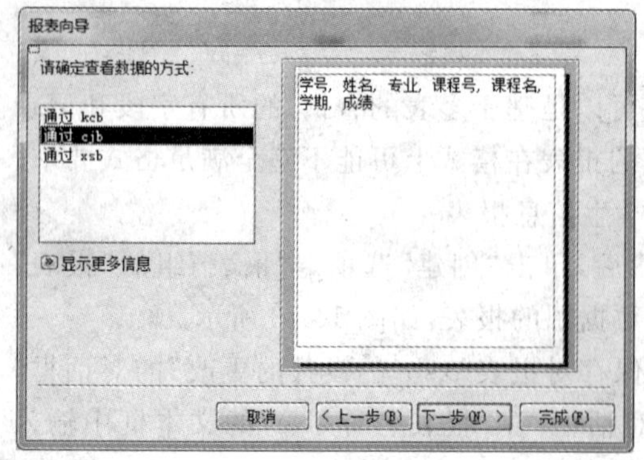

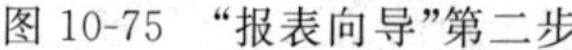
图 10-75 “报表向导”第二步

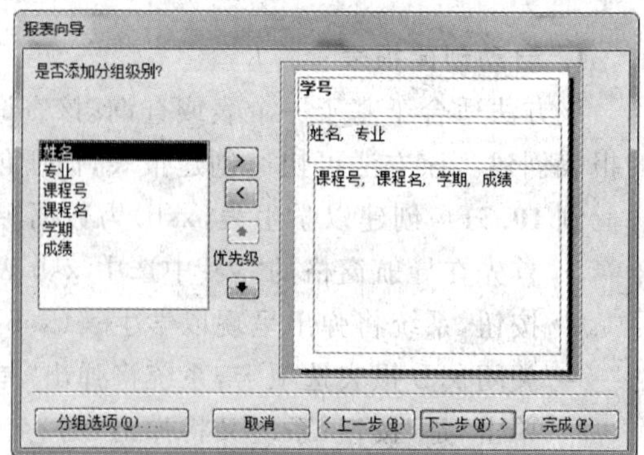

图 10-76 “报表向导”第三步

- 单击“下一步”按钮,若要排序,则在“请确定明细信息使用的排序次序和汇总信息”的排序列表框中选择,如课程号,如图 10-77 所示;若要汇总数据,则单击“汇总选项...”按钮,系统将弹出如图 10-78 的“汇总选项”对话框,可从中作适当的选择,并单击“确定”按钮,返回报表向导。

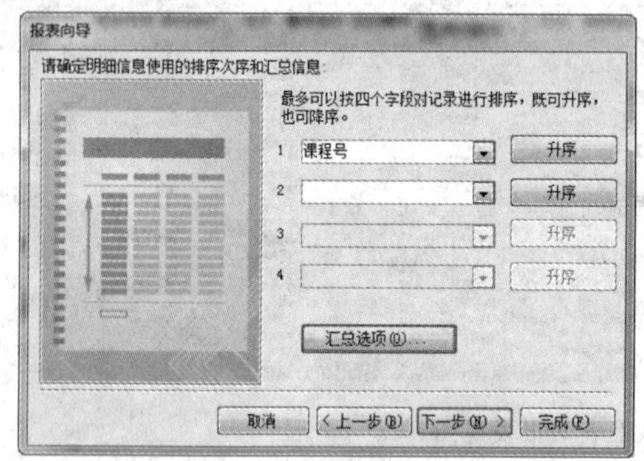

图 10-77 “报表向导”第四步

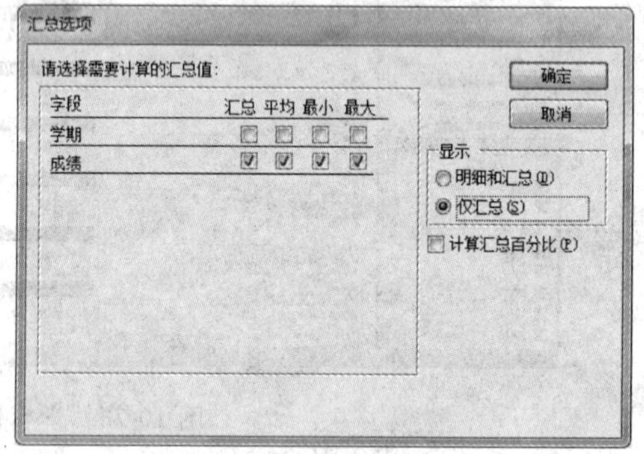

图 10-78 “汇总选项”对话框

- 单击“下一步”按钮,在“请确定报表的布局方式”中,选择“布局”和“方向”的选项,如图 10-79 所示。
- 单击“下一步”按钮,在“请为报表指定标题”的文本框中输入“学生成绩报表”,如图 10-80 所示,然后,单击“完成”按钮,即可生成所创建的报表,如图 10-81 所示。

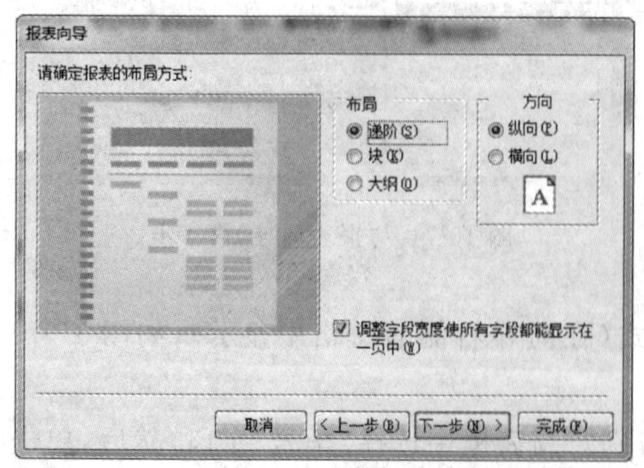

图 10-79 “报表向导”第五步

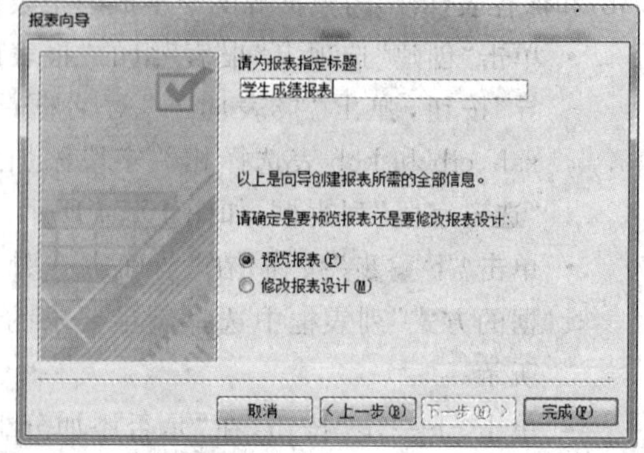

图 10-80 “报表向导”第六步

因篇幅原因,创建报表的其他方法,如“报表设计”“空报表”和“标签”方法,就不在此叙述了,读者可参考窗体创建的类似方法来创建所需要的报表。同样的原因,Access 2010 数据库中的另外两个对象——宏和模块也不在这里介绍了,读者可参考 Access 2010 的专业书籍,以全面了解相关知识。

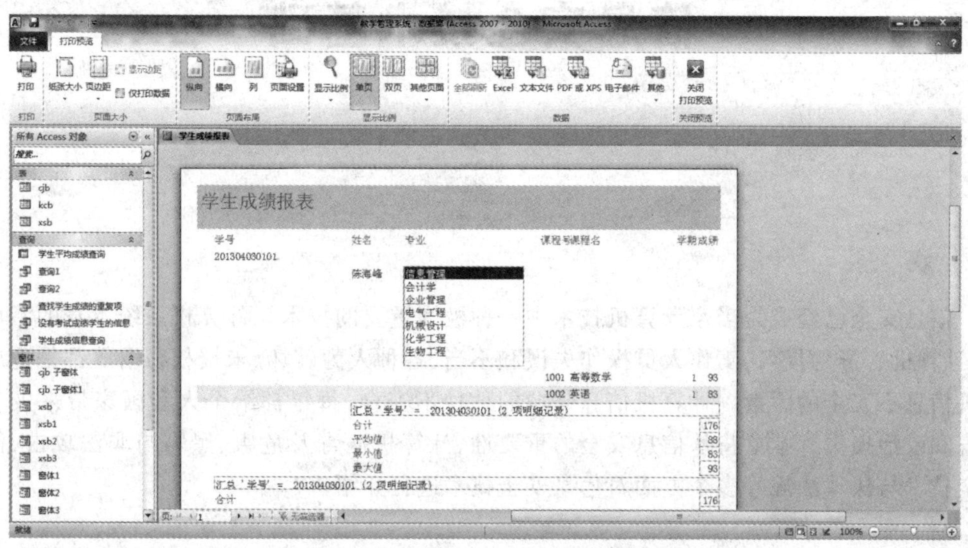

图 10-81　学生成绩报表的报表视图

第11章

信息安全技术基础

信息安全已经成为当今计算机技术中一种极为重要的技术。计算机系统本身的不可靠性、计算机病毒的侵入、工作人员操作失误和不当、各种人为破坏、未授权窃取等都是造成计算机信息不安全的因素。计算机信息领域的种种不安全，每年都给个人和国家带来极大的经济和政治损失。本章将从信息安全的重要性、计算机病毒及危害、黑客与非法攻击、信息安全技术与法律法规等多个方面对信息安全技术进行介绍。

11.1 信息安全概述

11.1.1 计算机信息安全的定义

ISO对“计算机安全”的定义是：“为数据处理系统建立和采取的技术和管理的安全保护，保护计算机硬件、软件、数据不因偶然的和恶意的原因而遭破坏、更改、泄露”；《中华人民共和国计算机信息系统安全保护条例》第一章第三条的定义是：“计算机信息的安全保护，应当保障计算机及其相关的配套设备设施（含网络）的安全，运行环境的健全，保障信息的安全，保障计算机功能的正常发挥以维护计算机信息系统的安全运行。包括：实体安全、软件安全、数据安全和运行安全”。

信息安全是关系国家安全和主权、社会的稳定、民族文化的继承和发扬的重要问题，它涉及计算机科学、网络技术、通信技术、密码技术、信息安全技术、应用数学、数论、信息论等多种学科。其研究目标是确保网络硬件、软件及其系统中的数据受到保护，不受偶然或恶意原因而遭到破坏、更改、泄露，以保护系统连续可靠正常地运行，信息服务不中断。

11.1.2 信息安全所面临的安全隐患

1. 网络通信协议的不安全

网络通信协议是计算机网络的基础。然而，网络协议主要存在诸如网络容易被窃听和欺骗（DNS欺骗和IP地址欺骗）、TCP/IP服务的脆弱性（包括电子邮件服务、FTP服务等）、缺乏安全策略（职员安全意识和网络管理人员技术水平）和Internet脆弱性等不安全因素。

2. 计算机病毒的入侵

计算机病毒是编制者在计算机程序中插入的破坏计算机功能或者数据的代码，能影响计算机使用，能自我复制的一组计算机指令或者程序代码，具有传播性、隐蔽性、感染性、潜伏性、可激发性、表现性或破坏性。若按其入侵的方式有源代码嵌入攻击型、源代码嵌入攻击型、源代码嵌入攻击型、源代码嵌入攻击型等种类；若按病毒的破坏程度则有良性病毒、恶性病毒、极恶性病毒和灾难性病毒等几种。

3. 黑客的攻击

黑客攻击手段可分为非破坏性攻击和破坏性攻击两类。非破坏性攻击一般是为了扰乱系统的运行，并不盗窃系统资料，通常采用拒绝服务攻击或信息炸弹；破坏性攻击是以侵入他人电脑系统、盗窃系统保密信息、破坏目标系统的数据为目的。

4. 操作系统和应用软件的安全漏洞

安全漏洞是指操作系统或应用软件在逻辑设计上的缺陷或错误，被不法者利用，通过网络植入木马、病毒等方式来攻击或控制整个计算机，窃取计算机中的重要资料和信息，甚至破坏系统。在不同种类的软硬件设备，同种设备的不同版本之间，由不同设备构成的不同系统之间，以及同种系统在不同的设置条件下，都会存在各自不同的安全漏洞问题。

例如，Windows 系统从推出之日起，系统中存在的漏洞就被不断暴露出来，尽量微软公司不断发布补丁软件修补，或在以后发布的新版系统中得以纠正，然而，新版系统在纠正了旧版本中的漏洞的同时，也会引入一些新的漏洞和错误。

5. 防火墙自身带来的安全漏洞

防火墙产品的代码中也有导致安全漏洞的弱点。例如思科和赛门铁克的防火墙产品都被发现存在漏洞，而 Java、Adobe Reader 等托管服务提供的平台可能传播安全漏洞。随着越来越多针对防火墙产品的攻击，而自身漏洞仍然未解决，这表明这些漏洞仍是安全软肋。

11.1.3 信息安全的三要素

信息安全的核心是要保障信息的合法持有和使用者能够在任何需要该信息时获得保密的、没有被非法更改过的"原始"信息。其目标通常用保密性(Confidentiality)、完整性(Integrity)和可用性(Availability)来概括，也称为信息安全三要素。

(1) 信息的保密性：是指具有一定保密程度的信息只能让有权读到或更改的人读取和更改。而保密信息可以是国家机密、企业或研究机构的核心知识产权、银行个人账号的用户信息及上网时输入的个人信息。因此，信息保密的问题是每个网民都要面对的。

(2) 信息的完整性：是指在存储或传输信息的过程中，原始信息不能允许被随意更改。这种更改包括无意错误(如输入错误、软件瑕疵)和人为更改及破坏。在设计数据库以及其他信息存储和传输应用软件时，要考虑数据完整性的校验和保障。

(3) 信息的可用性：是指对于信息的合法拥有和使用者，在他们需要这些信息的任何时候，都应该保障他们能够及时得到所需要的信息。比如，对重要的数据或服务器在不同地点作多处备份，若 A 处出现故障或灾难，B 处备用服务器能够马上上线，保证信息服务没有中断。例如，911 事件中摧毁了美国世贸中心大楼中的数家金融机构，但多数银行在事件后极短的时间内就恢复了正常运行，这归功于其数据库系统备份、修复和灾后恢复等功能的强大。

11.1.4 信息安全保障体系

信息安全保障体系涉及两个方面：面向数据和信息的安全，主要是通过安全服务、安全产品来解决;面向访问者(人)的安全主要通过安全咨询来解决。目前,信息安全理论的发展已经从通信加密(数据传输加密、密码与加密技术)发展到安全防护(静态安全防护、网络隔离、访问控制、鉴别与认证和安全审计),进而扩展到保障体系(强调管理、深度多重防御、动态安全)。信息安全保障体系应包括策略、组织、技术和运作等 4 个子系统。

(1) 策略体系:主要工作是安全策略的开发建立、执行、审核修订等。

(2) 组织体系:也称管理体系。主要工作是安全组织建设、第三方管理、外聘专家顾问、职员培训教育、资质认证等。

(3) 技术体系:主要工作包括鉴别和认证(多种鉴别和认证技术的选定和实施)、访问控制(主机、网络设备、安全域的隔离和划分以及防火墙设置等)、内容安全(防治病毒、开设可信信道等)、冗余和恢复(包括冗余备份、业务连续性等)和审计响应(统一时钟服务、日志监控、入侵检测系统等)。

(4) 运作体系:即技术人员的运行与维护体系(包括技术人员的组织建设、工作内容、工作考核)。日常工作包括资产鉴别、周期性风险评估、应急响应体系、定期的评估加固、集中监控维护等。

11.1.5 信息安全技术发展趋势

IT 新技术和攻击手段变化的加快,使得信息安全新思想、新概念、新方法、新技术、新产品将不断涌现。据预测,未来信息安全技术发展趋势具有以下特点。

1. 信息安全技术由单一安全产品向安全管理平台转变

信息系统安全是一个整体概念。只有以安全策略为核心,以有效的安全防护体系为基础,并由安全管理保证安全体系的落实和实施,才能真正提高网络系统的安全性能。

2. 信息安全技术发展从静态和被动向动态和主动方向转变

目前,动态、主动性信息安全技术得到重视和发展,包括应急响应、攻击取证、攻击陷阱、攻击追踪定位、入侵容忍、自动恢复等主动防御技术得到重视和发展。

3. 信息安全防护从基于特征向基于行为转变

黑客技术越来越高,许多新攻击手段很难由基于特征的防护措施实现防护,所以,基于行为的防护技术成为一个发展趋向。

4. 内部网信息安全技术得到重视和发展

内部网的安全威胁影响远大于外部,所谓“堡垒最容易从内部攻破”。因此,内部网络安全技术得到重视和发展,研究内部用户行为模型,以用于安全管理。

5. 信息安全机制构造趋向组件化

以简化信息系统的安全工程复杂建设,通过应用不同的安全构件,实现安全系统自动组合,动态实现“按用户所需”安全机制,快速地适应用户业务的发展要求。

6. 信息安全管理由粗放型向量化型转变

传统的信息网络安全管理好坏取决于管理员的“经验”,缺乏有效证据来说明网络信息系统的安全达到了所要求的安全保护程度。信息安全走向科学化、量化管理已是必然。目前,信息安全保护质量(QoP)理论、相关技术和产品正在研究发展中。

7. 软件安全日趋重要，其安全工程方法及相关产品将会快速发展

通信协议软件、操作系统、数据库、中间件、通用办公软件等信息网络中的基础性软件，一旦存在安全漏洞，将造成不可估量的影响。软件安全问题在软件安全工程、软件功能可信性验证、软件漏洞自动分析工具、软件完整性保护方法中的研究已经得到了加强。

8. 面向SOA的安全相关技术和产品将会快速发展

面向体系服务(Service oriented architecture，SOA)理论得到发展，通过SOA可增强局域网的协作能力、信息共享能力，有利于信息系统综合集成。XML安全协议、SOAP协议安全推出后，支持处理SOAP消息级的XML防火墙产品迅速发展。XML防火墙通过截获SOAP请求包，并对其SOAP请求进行分析，再根据访问控制策略实施服务级访问控制。

11.2 计算机黑客

11.2.1 计算机黑客概述

1. 什么是黑客

黑客(Hacker)原指专门研究、发现计算机和网络漏洞的计算机爱好者。但现在，"黑客"一词被美国的法律机构用于描述那些专业的计算机欺骗和滥用行为，以及涉及"利用""借助""通过"计算机犯罪或"阻挠"计算机的行为。在《中华人民共和国公共安全行业标准》中，"黑客"被定义为"对计算机信息系统进行非授权访问的人员"。

黑客可分为业余计算机爱好者、职业入侵者和骇客(Cracker)等类型；从动机、目的和危害程度来划分，黑客可以分为技术挑战型黑客、戏谑取趣型黑客、捣乱破坏型黑客等。

黑客主要是通过计算机系统(硬件、操作系统、通信协议和应用程序等)存在的缺陷和漏洞，对他人的计算机系统进行攻击的(非授权访问)。黑客对计算机系统的最大威胁不仅在于系统瘫痪，而是通过攻击，获得他人计算机系统的数据、技术经验和技术方法，特别是绕过或逃脱计算机系统管理的网上跟踪的方式和方法。

2. 黑客的攻击方式

一般来说，黑客攻击或者入侵方式分为以下两种。

(1) 主动攻击方式

主动攻击是通过网络主动发送违规或恶意请求，令目标系统失去响应或获得目标系统的控制权，从而达到过进一步破坏的目的。主动攻击包括拒绝服务攻击、信息篡改、资源使用、欺骗等攻击方法。主动攻击行为的基本步骤是：首先，针对特定目标主机搜索其基本信息，包括操作系统类型、开放的服务、网络路径中的关键点(如防火墙、路由器)等信息。尤其是针对目标主机的软硬件较老版本，即使打过一些补丁也难补全漏洞，其漏洞不难找到。当然，如果目标主机采用的是最新的软硬件系统，用户需要一定时间去熟悉新系统的新特性，若这些功能采用默认安装或默认配置，则同样也容易存在安全隐患；第二步，在获取目标主机的基本信息后，利用工具比如Telnet、FTP、IE试探目标是否存在已知的各种漏洞，当然使用最多的还是扫描工具，例如sam、nessus、twww等工具软件，这些工具中集成了大量攻击方法(算法)，并能根据返回信息来判断是探测是否成功，即是否存在已知漏洞；第三步，就是利用漏洞，实施攻击行为，根据黑客的不同目的采取不同行动，主要包括窃取重要资料、植入木马、更改网页或者破坏重要数据库等;第四步,一旦达到目的后,黑客还需要消除相关日志,做到不留痕迹。

(2) 被动攻击方式

被动攻击主要是收集信息而不是进行访问,数据的合法用户对这种活动一点也不会觉察到。被动攻击包括嗅探、信息收集等攻击方法。被动攻击一般采用以下方法:首先,给目标用户发送含恶意代码的电子邮件,当用户使用具有执行脚本能力的电子邮件客户端软件打开电子邮件时,然后利用后门程序使被攻击的计算机失去控制;或者发送带有迷惑性描述并以可执行文件作为附件的电子邮件,当用户执行附件中的可执行文件时使计算机遭到破坏或者攻击;再或者,在文件服务器或者网站上发布含有后门或者病毒的软件,号召大家下载;或者通过含恶意代码的网页脚本,对浏览用户进行 DOS 攻击或者误导,等等。

11.2.2 网络黑客的入侵技术

网络黑客实施入侵和网络攻击的手段非常多,常见的有以下几种。

1. 口令入侵

口令入侵是指使用某些合法用户的账号和口令登录到目的主机,然后再实施攻击活动。这种方法的前提是必须先得到该主机上的某个合法用户的账号,然后再进行合法用户口令的破译。获得用户账号的方法主要有以下几种。

(1) 利用目标主机的 Finger 功能:当用 Finger 命令查询时,主机系统会将保存的用户资料(如用户名、登录时间等)显示在终端或计算机上。

(2) 利用目标主机的 X.500 服务:当主机没有关闭 X.500 的目录查询服务时,也给攻击者提供了获得信息的简易途径。

(3) 从电子邮件地址中收集:有些用户电子邮件地址常会透露其在目标主机上的账号。

(4) 查看主机是否有习惯性的账号:很多系统会使用一些习惯性账号,造成账号的泄露。

2. 放置特洛伊木马

特洛伊木马程序可以直接侵入用户的计算机,它常伪装成工具软件或游戏以诱使用户打开带有特洛伊木马程序的邮件附件或直接从网上下载。一旦用户打开了这些邮件的附件或者执行了这些程序,它们就留在对方计算机中,当这台计算机接到因特网上时,木马程序就会通知攻击者,报告该台计算机的 IP 地址以及预先设定的端口。攻击者在收到这些信息后,再利用这个潜伏在其中的木马程序,就可以任意地修改计算机的参数、复制文件、窥视整个硬盘中的内容等,从而达到控制计算机的目的。

3. WWW 欺骗技术

当用户利用浏览器进行各种各样的 Web 站点的访问时,正在访问的网页可能已经被黑客篡改过,网页上的信息是虚假的!例如黑客将用户要浏览的网页的 URL 改写为指向黑客自己的服务器,当用户浏览目标网页的时候,实际上是向黑客服务器发出请求,那么黑客就可以达到欺骗的目的了。一般 Web 欺骗使用 URL 地址重写技术和相关信息掩盖技术。利用 URL 地址,使这些地址都指向攻击者的 Web 服务器,即攻击者可以将自己的 Web 地址加在所有 URL 的前面。这样,当用户与站点进行安全链接时,就会毫不防备地进入攻击者的服务器，于是用户的所有信息便处于攻击者的监视之中。

4. 电子邮件攻击

电子邮件是互联网上运用得十分广泛的一种通信方式。攻击者可以使用一些邮件弹软件或 CGI 程序向目的邮箱发送大量内容重复、无用的垃圾邮件，从而使目的邮箱无法使用。当垃圾邮件的发送流量特别大时，还有可能造成邮件系统对正常的工作反映缓慢，甚至瘫痪。相对于其他的攻击手段来说，这种攻击方法具有简单、见效快等优点。

5. 网络监听

网络监听是主机的一种工作模式，在这种模式下，主机可以接收到本网段在同一物理通道上传输的所有信息，而不管这些信息的发送方和接收方是谁。因为系统在进行密码校验时，用户输入的密码需要从用户端传送到服务器端，而攻击者就能在两端之间进行数据监听。此时若两台主机进行通信的信息没有加密，则只要使用某些网络监听工具(如 Sniffer)就可轻而易举地截取包括其他用户的口令和账号在内的信息资料。虽然网络监听获得的用户账号和口令具有一定的局限性，但监听者往往能够获得其所在网段的所有用户账号及口令。

6. 黑客软件攻击

利用黑客软件攻击是互联网上比较多的一种攻击手法。“Back office 2000”“冰河”等都是比较著名的特洛伊木马，它们可以非法地取得用户计算机的超级用户的权利，进而对其进行完全控制，除了可以进行文件操作外，还可以进行桌面截图、取得密码等操作。这些黑客软件分为服务器端和用户端，当黑客进行攻击时，会利用黑客软件登录到已经安装了服务器端程序的服务器上，进而开始攻击。这些服务器端程序都比较小，一般会随附带于某些软件(例如一个游戏软件)上，当用户下载了这个游戏软件并运行时，黑客软件的服务器端软件就被安装在该用户的计算机上了(该用户的计算机成了黑客软件的服务器)，而且大部分黑客软件的生命力比较顽强，给用户进行清除造成一定的麻烦。

7. 端口扫描攻击

所谓端口扫描，就是利用 socket 编程与目标主机的某些端口建立 TCP 连接、进行传输协议的验证等，从而探知目标主机的被扫描端口是否是处于激活状态、主机提供了哪些服务、提供的服务中是否含有某些缺陷，等等。

8. 安全漏洞攻击

许多系统都有这样或那样的安全漏洞(Bug)，其中一些是操作系统或应用软件本身具有的，如缓冲区溢出攻击。由于很多系统在不检查程序与缓冲之间变化的情况，就任意接受任意长度的数据输入，只把溢出的数据放在堆栈里，系统还照常继续执行命令。这样，攻击者只要发送超出缓冲区所能处理的数据长度的指令，系统便会进入不稳定状态。若攻击者特别配置一串准备用作攻击的字符，他甚至可以访问根目录，从而拥有对整个网络的绝对控制权。另一些方法是利用协议漏洞进行攻击。如利用 POP3 一定要在根目录下运行的这一漏洞发动攻击以获得超级用户的权限。

11.2.3　网络黑客的防范技术

1. 计算机网络存在漏洞的主要原因

黑客的攻击之所以能够得逞，往往是因为被攻击对象的疏忽大意、安全意识低下、没有建立必要的安全系统或者是网络的安全设置存在漏洞等,主要表现为以下几种。

(1) 目前的许多网络在网络建设之初就较少考虑安全防范措施,没有提出全面的规范的网络安全要求,网络系统管理员的管理水平又没能及时跟上。

(2) 网络系统管理员缺乏安全意识,没有严格按照信息安全的规范对网络定期进行检查、监视和端口检查等。

(3) 网络安全产品技术过时、版本低、系统软件和应用软件存在安全漏洞。

2. 防止黑客攻击的原则

(1) 不要使用简单的密码。密码的长度至少要 8 个字符以上,包含数字、大小写字母和键盘上的其他符号混合;不要简单地用生日、单词或电话号码作为密码;对于不同的网站和程序,要使用不同口令,以防止被黑客破译;要记录好你的 ID 和密码以免忘记,但不要将存有 ID 和密码的文件存放在上网的计算机里;不要为了下次登录方便而保存密码;要经常更改密码和不要向任何人透露密码。

(2) 不要轻易打开电子邮件中的附件,更不要轻易运行邮件附件中的程序,除非知道信息的来源;在电子邮件客户端软件中应限制邮件大小并过滤垃圾邮件,使用远程登录的方式来预览邮件,最好申请数字签名;对电子邮件附件要先用防病毒软件和专业清除木马的工具进行扫描后方可使用。

(3) 使用公共机器上网的用户,一定要注意浏览器的安全性设置:浏览器的自动完成功能在给用户填写表单和输入 Web 地址带来一定便利的同时,也给用户带来了潜在的泄密危险,最好禁用浏览器的自动完成功能;浏览器的历史记录中保存了用户已经访问过的所有页面的链接,在离开之前一定要清除历史记录;浏览器的临时文件夹内保存了用户已经浏览过的网页,通过浏览器脱机浏览特性或是其他第三方的离线浏览软件,其他用户能够轻松地翻阅你浏览的内容,所以离开之前也需删除该路径下的文件。

(4) 不要轻易安装和运行从不知名的网站(特别是不可靠的 FTP 站点)下载的软件和来历不明的软件。有些程序可能是木马程序,如果一旦安装了这些程序,它们就在你不知情的情况下更改你的系统或者连接到远程的服务器或者成为黑客软件的服务器。

(5) 定期升级系统。很多常用的程序和操作系统的内核都会发现漏洞,某些漏洞会让入侵者很容易进入到你的系统,定期检查系统的漏洞并及时安装补丁程序是有效的补救方法。

(6) 安装防火墙软件。防火墙能极大地提高上网计算机和内部网络的安全性,并通过过滤不安全的服务来降低风险。例如禁止不安全的 NFS 协议进出受保护的网络、设置防火墙路由保护功能、将所有安全软件(如口令、加密、身份认证、审计等)配置在防火墙上等。

(7) 禁止文件共享功能。局域网中的用户喜欢将自己的计算机设置为文件共享,以方便相互之间资源共享,但这样也会给黑客留了后门。

(8) 安装入侵检测系统。入侵检测是对计算机网络资源的恶意使用行为进行识别和相应处理、检测其中违反安全策略行为的技术。入侵检测系统能够监视、分析用户及系统活动;对系统构造和弱点进行审计;识别反映已知进攻的活动模式并报警;对异常行为模式的统计分析;评估重要系统和数据文件的完整性;操作系统的审计跟踪管理,并识别用户违反安全策略的行为。

(9) 数据加密。数据加密的目的主要是保护信息系统内部的文件、数据、口令和控制信息等，同时也可以提高网络传输数据的可靠性。经过加密的信息即使被黑客从网络截获，一般也不能轻易得到正确的内容。

11.3　防火墙

11.3.1　防火墙概述

1. 防火墙的定义

防火墙是一种保护计算机网络安全的产品，它可以是软件，也可以是硬件，或两者结合。它在两个网络之间执行访问控制策略，目的是保护网络不被他人侵扰。通常，防火墙位于内部网或不安全的网络（如 Internet）之间，像一堵墙，通过对内部网和外部网之间的数据流量进行分析、检测、筛选和过滤，控制进出两个方向的通信，以达到保护网络的目的。

2. 防火墙的功能

防火墙的功能主要有：①强化网络安全策略；②对网络进行监控；③通过 NAT 方便地部署内部网络的 IP 地址；④集中的安全管理；⑤隔离内外网络，防止内部信息的外泄。另外，防火墙还可以被用来保护企业内部网络某一个部分的安全。例如，一个研究或者会计子网可能很容易受到来自企业内部网络里面的窥探。

3. 防火墙的局限性

尽管防火墙是一种保护网络安全的有效方案，具有强大的功能，但它仍是有局限的，不能解决网络安全的全部问题：①不能防护所有的网络安全问题；②难以防范网络病毒；③降低了网络的可用性；④无法防范通过防火墙以外的其他途径的攻击；⑤自身的可靠性问题，容易成为网络瓶颈。

4. 防火墙的工作原理

在 Internet 中，当在网络与计算机之间加上防火墙后，通过防火墙的数据传输过程如图 11-9 所示。即通信双方的所有的 TCP/IP 数据包均通过防火墙。这样，防火墙就起到了保护诸如电子邮件、文件传输、远程登录、在特定的系统间进行信息交换等安全的作用。从逻辑上讲，防火墙是起分隔、限制、分析的作用，这一点同样可以从图 11-1 中体会出来。

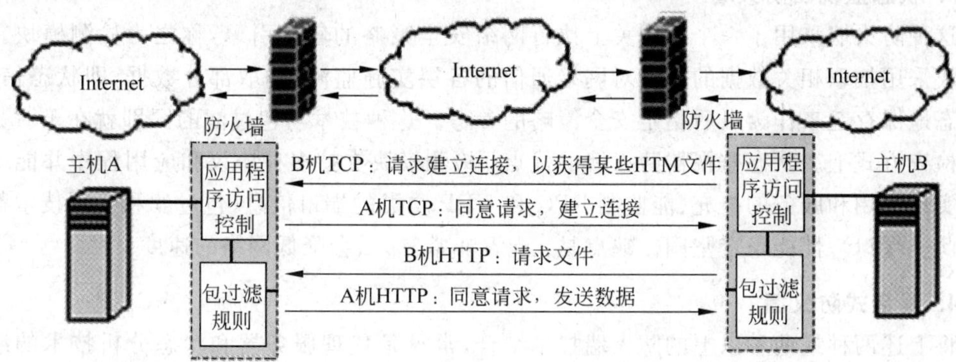

图 11-1　防火墙基本工作原理

11.3.2 防火墙技术的类型

1. 包过滤防火墙

这种防火墙产品通过在网络中的适当位置对数据包进行过滤，根据检查数据流中每个数据包的源地址、目的地址、所有的 TCP 端口号和 TCP 链路状态等要素，并依据一组预定义的规则，以允许合乎逻辑的数据包通过防火墙进入到内部网络，而将不合乎逻辑的数据包加以删除。防火墙包过滤技术有静态包过滤和动态包过滤两种。包过滤一般作用在网络层，故也称网络层防火墙或 IP 过滤器，如图 11-2 所示。包过滤的优点：不用改动应用程序、一个过滤路由器能协助保护整个网络、数据包过滤对用户透明、过滤路由器速度快、效率高。其缺点：不能彻底防止地址欺骗；某些应用协议不适合于数据包过滤(如 UDP 协议)；正常的数据包过滤路由器无法执行某些安全策略；安全性较差；数据包工具存在很多局限性。

2. 代理防火墙

代理防火墙也称应用层防火墙，针对每一个特定应用进行检验，如图 11-3 所示。代理的主要特点是有状态性，它能提供部分与传输有关的状态，能完全提供与应用相关的状态和部分传输方面的信息，代理也能处理和管理信息。代理技术一般有两种：应用级代理技术和电路级网关代理技术。优点是易于配置、能生成各项记录、能完全地灵活控制进出流量和内容、能过滤数据内容、能为用户提供透明的加密机制、可以方便地与其他安全手段集成。代理技术的缺点是：速度较路由器慢、对用户不透明、对于每项服务代理可能要求不同的服务器、不能保证免受所有协议弱点的限制、不能改进底层协议的安全性。

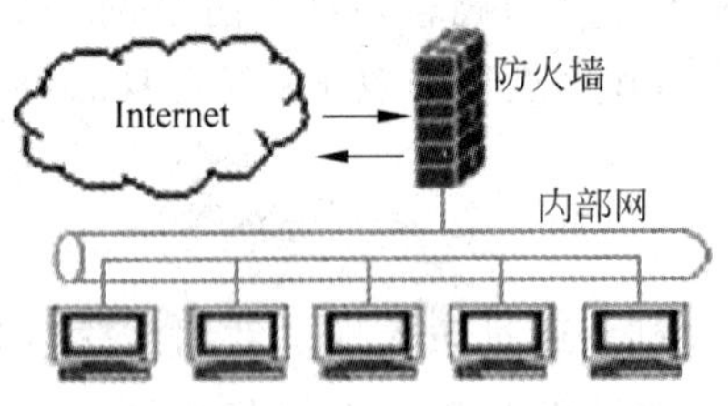

图 11-2　包过滤防火墙结构图

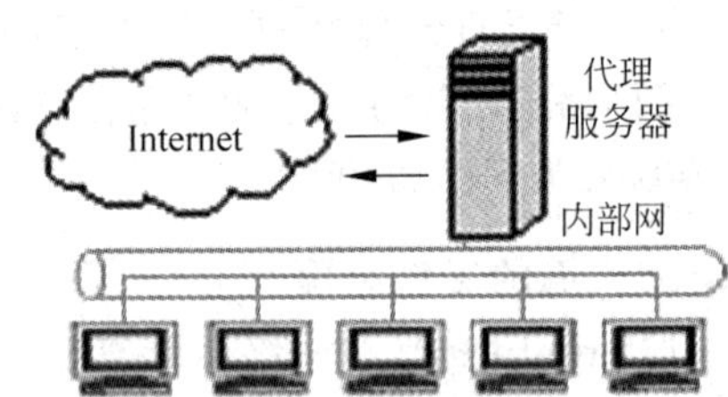

图 11-3　代理防火墙结构图

3. 状态监视器防火墙

这种防火墙采用了一个在网关上执行网络安全策略的软件引擎，称之为检测模块。检测模块采用抽取相关数据的方法对网络通信的各层实施监测，抽取部分数据，即状态信息，并动态地保存起来作为以后指定安全策略的参考。这种技术与包过滤的区别就在于对数据包的检查方式上。状态监视器防火墙的优点：检测模块支持多种协议和应用程序并能很容易地实现应用和服务的扩充、能监测 RPC 和 UDP 之类的端口信息(包过滤和代理技术都不支持此类端口)、性能稳定坚固。缺点是：配置非常复杂、会降低网络的速度。

4. 复合式防火墙

将上述两种或两种以上的防火墙技术结合，常见是代理服务器和状态分析技术的组合构成复合式防火墙。这种防火墙的特点是：具有对一切连接尝试进行过滤的功能；能够提供提取和管理多种状态信息的功能；智能化做出安全控制和流量控制的决策；提供高性能的服务和灵活的适应性；具有网络内外完全透明的特性。

5. 新一代防火墙技术

新一代防火墙的一个最重要的标志就是在防火墙中集成了安全操作系统，并且采用多网卡结构。新一代防火墙产品具有两个或三个独立的网卡，内外两个网卡可不作 IP 转化而串接于内部网与外部网之间，另一个网卡可专用于对服务器的安全保护；采用了透明的代理系统技术，从而降低了系统登录固有的安全风险和出错概率。新一代防火墙采用了两种代理机制，一种采用网络地址转换(NAT)技术用于代理从内部网络到外部网络的连接，另一种采用非保密的用户定制代理或保密的代理系统技术用于代理从外部网络到内部网络的连接。新一代防火墙采用了分组过滤、应用级网关和电路网关的三级过滤措施；能以多种安全的应用服务器(包括 FTP、Finger、mail、News、WWW 等)来实现网关功能，并对所有的文件和命令均要作物理上的隔离；具有十分健全的日志文件审计和告警功能。

11.3.3　防火墙技术的局限性

1. 几种防火墙技术的比较

从以上介绍，我们可以得出几种防火墙技术的性能，如表 11-1 所示。

表 11-1　几种防火墙技术性能比较

防火墙能力	包过滤技术	代 理 技 术	状态检查技术
传输的信息	部分	部分	能
传输状态	不能	部分	能
应用的状态	不能	能	能
信息处理	部分	能	能

2. 防火墙技术的局限性

尽管防火墙技术具有保护网络中脆弱的服务、能实现网络安全性监视和实时报警、增强保密性和强化私有权、实现网络地址转换和实现安全性失效和自动故障恢复等特点，但它不是万能的，是有局限的。因为防火墙不能防范恶劣的知情者(内网用户和内外串通者)、不能防范不经过它的连接、不能防备全部的威胁特别是新产生的威胁以及不能有效地防范病毒的攻击。因此，在网络安装好防火墙后，仍需要加强网络管理以防范恶劣的知情者、确保网络上所有的计算机均能且只能通过防火墙外出访问互联网、及时更新防火墙系统以抗击新的攻击，另外，最重要的是要安装网络杀毒软件并不断升级。

11.4　计算机病毒与防治

只要是使用过计算机或上过网的人，都听说过“计算机病毒”。计算机病毒类似于生物病毒，企图或正在危害我们的计算机和计算机网络，每年由计算机病毒造成的损失都高达上百亿美元。因此，了解计算机病毒的特征、掌握防止和清除计算机病毒的技术和方法，在当今的信息时代尤其显得重要。

11.4.1　计算机病毒的定义与特征

1. 计算机病毒的定义

根据《中华人民共和国计算机信息系统安全保护条例》中对计算机病毒(Computer

virus)的明确定义,计算机病毒是指“编制或者在计算机程序中插入的破坏计算机功能或者破坏数据,影响计算机使用并且能够自我复制的一组计算机指令或者程序代码”。计算机病毒是利用计算机软件与硬件的缺陷,能够通过某种途径潜伏在计算机存储介质(或程序)里,当达到某种条件时即被激活,由被感染机内部发出的破坏计算机数据并影响计算机正常工作的一组指令集或程序代码。

2. 计算机病毒的特点

(1) 寄生性:计算机病毒通常是寄生在其他程序或者文件之中,当执行这个程序或打开这个文件时,病毒就起破坏作用,而在未启动这个程序之前,它是不易被人发觉的。

(2) 传染性:计算机病毒不但本身具有破坏性,更有害的是具有传染性,一旦病毒被复制或产生变种,其速度之快令人难以预防。计算机病毒可以通过各种渠道诸如软盘、U 盘、移动硬件或计算机网络从已被感染的计算机扩散到未被感染的计算机或网络中其他计算机。是否具有传染性是判别一个程序是否为计算机病毒的最重要条件之一。

(3) 潜伏性:有些病毒像定时炸弹一样,让它什么时间发作是预先设计好的。计算机病毒程序潜伏性越好,其在系统中的存在时间就会越长,病毒的传染范围就会越大。潜伏性第一种表现是指,病毒程序不用专用检测程序是检查不出来的,因此病毒可以在磁盘或 U 盘里待上几天,甚至几月,一旦时机成熟,得到运行机会,就又要四处繁殖扩散、为害系统;潜伏性的第二种表现是指,计算机病毒的内部往往有一种触发机制,不满足触发条件时,计算机病毒除了传染外不做什么破坏。触发条件一旦得到满足,就对计算机系统进行危害。

(4) 隐蔽性:计算机病毒具有很强的隐蔽性,甚至使病毒软件检查不出来,有的时隐时现、变化无常,这类病毒处理起来通常很困难。

(5) 破坏性:计算机受到计算机病毒感染或攻击时,轻者会在显示器上显示病毒特征信息或图案,重者可能会导致正常的程序无法运行、把计算机内的文件删除或受到不同程度的损坏,最为严重的是导致计算机硬件(包括主板、硬盘等)损坏。概括起来,计算机病毒的破坏性通常表现为:增、删、改、移和破。

(6) 可触发性:病毒因某个事件或数值的出现,诱使病毒实施感染或进行攻击的特性称为可触发性。计算机病毒既要隐蔽又要维持杀伤力,它必须具有可触发性。病毒的触发机制就是用来控制感染和破坏动作的频率的。病毒具有预定的触发条件,这些条件可能是时间、日期、文件类型或某些特定数据等。病毒运行时,触发机制检查预定条件是否满足,如果满足,启动感染或破坏动作,使病毒进行感染或攻击;如果不满足,使病毒继续潜伏。

11.4.2 计算机病毒的分类

尽管计算机病毒数量众多、变化无常,但仍可以根据其特征对计算机病毒进行分类。

1. 按照计算机病毒存在的媒体进行分类

- 网络病毒:通过计算机网络传播感染网络中的可执行文件;
- 文件病毒:感染计算机中的文件(如:.com,.exe,.doc 等);
- 引导型病毒:感染磁盘/U 盘的启动扇区(Boot)和硬盘的系统引导扇区(MBR);
- 混合型病毒:它是网络病毒、文件病毒和引导型病毒混合体,例如:多型病毒(文件和引导型)感染文件和引导扇区两种目标,这样的病毒通常都具有复杂的算法,它们使用非常规的办法侵入系统,同时使用了加密和变形算法。

2. 按照计算机病毒传染的方法进行分类

- 驻留型病毒感染计算机后，把自身的内存驻留部分放在内存(RAM)中，这一部分程序挂接系统调用并合并到操作系统中去。病毒处于激活状态，一直到关机或重启；
- 非驻留型病毒在激活时并不感染计算机内存。有些病毒的小部分占用内存，但是并不通过存储在内存中这一部分进行传染，这类病毒也被划分为非驻留型病毒。

3. 按照计算机病毒的危害性进行分类

- 无害型：除了传染时减少磁盘的可用空间外，对系统没有其他影响。
- 无危险型：这类病毒仅仅是减少内存，显示病毒相应的文字或图像、发出声音等。
- 危险型：这类病毒在计算机系统操作中造成严重的错误。常常导致计算机系统宕机。
- 非常危险型：这类病毒删除程序、破坏数据、清除系统内存区和操作系统中重要的信息。甚至造成计算机硬件损坏。这些病毒对系统造成的危害，并不是本身的算法中存在危险的调用，而是当它们传染时会引起无法预料的和灾难性的破坏。

4. 根据病毒特有的算法进行分类

(1) 伴随型病毒：这一类病毒并不改变文件本身，它们根据算法产生. exe 文件的伴随体，具有同样的名字和不同的扩展名(. com)，例如：xcopy. exe 的伴随体是 xcopy. com。病毒把自身写入. com 文件并不改变. exe 文件，当 dos 加载文件时，伴随体优先被执行到，再由伴随体加载执行原来的. exe 文件。

(2) "蠕虫"型病毒：通过计算机网络传播，不改变文件和资料信息，利用网络从一台机器的内存传播到其他机器的内存。有时它们在系统存在，一般除了内存不占用其他资源。蠕虫病毒的前缀是 Worm。这种病毒的共有特性是通过网络或者系统漏洞进行传播，很大部分的蠕虫病毒都有向外发送带毒邮件，阻塞网络的特性。

(3) 寄生型病毒：除了伴随和"蠕虫"型，其他病毒均可称为寄生型病毒，它们依附在系统的引导扇区或文件中，通过系统的功能进行传播。

(4) 诡秘型病毒：它们一般不直接修改 DOS 中断和扇区数据，而是通过设备技术和文件缓冲区等 DOS 内部修改，不易看到资源，使用比较高级的技术，利用 DOS 空闲的数据区。

(5) 变形病毒(又称幽灵病毒)：这一类病毒使用复杂的算法，使自己每次传播都具有不同的内容和长度。它们一般是由一段混有无关指令的解码算法和被变化过的病毒体组成。

(6) 木马病毒与黑客病毒：木马病毒其共有特性是通过网络或系统漏洞进入用户的系统并隐藏，然后向外界泄露用户的信息。黑客病毒通常有一个可视界面，能对用户的计算机进行远程控制。木马和黑客病毒往往是成对出现的，即木马病毒负责侵入用户的计算机，而黑客病毒则会通过该木马病毒来进行控制。现在，这两种类型的病毒趋向于整合。例如 QQ 消息尾巴木马 Trojan. QQ3344，以及针对网络游戏的木马病毒如 Trojan. LMir. PSW. 60。

(7) 脚本病毒与宏病毒：脚本病毒的共有特性是使用脚本语言编写，通过网页进行的传播的病毒，如红色代码(Script. Redlof)、欢乐时光(VBS. Happytime)等。宏病毒是也是脚本病毒的一种。其共有特性是能感染 OFFICE 系列文档，然后通过 OFFICE 通用模板进行传播,如:美丽莎病毒(Macro. Melissa)。

11.4.3 计算机病毒的危害性

1. 计算机病毒攻击的目标及破坏部位

计算机病毒的危害性体现于病毒的杀伤能力。病毒破坏行为的激烈程度取决于病毒作者的主观愿望和他所具有的技术能量。根据现有资料,病毒的破坏目标和攻击部位归纳如下。

(1) 攻击系统数据区:攻击部位包括硬盘主引寻扇区、Boot 扇区、FAT 表、文件目录等。

(2) 攻击文件:病毒对文件的攻击方式很多,包括删除、改名、替换内容、丢失部分程序代码、内容颠倒、写入时间空白、变碎片、假冒文件、丢失文件簇、丢失数据文件等。

(3) 攻击内存:包括占用大量内存、改变内存总量、禁止分配内存、蚕食内存等。

(4) 干扰系统运行:主要方式包括不执行命令、干扰内部命令执行、虚假报警、使文件打不开、使内部栈溢出、占用特殊数据区、时钟倒转、重启动、死机、强制游戏等。

(5) 攻击磁盘:攻击磁盘数据、不写盘、改变操作模式、写盘时丢字节、格式化磁盘等。

(6) 扰乱屏幕显示:病毒扰乱屏幕显示的方式包括:字符跌落、环绕、倒置、显示前一屏、光标下跌、滚屏、抖动、乱写、吃字符等。

(7) 干扰键盘操作:包括响铃、封锁键盘、换字、抹掉缓存区字符、重复、输入紊乱等。

(8) 发声攻击:有的病毒通过喇叭发出种种声音,有的病毒能演奏旋律优美的世界名曲。

(9) 攻击 CMOS:病毒攻击时能够对 CMOS 区进行写入动作,破坏系统 CMOS 中的数据,导致不能开机甚至损坏主板。

(10) 干扰打印机:典型现象包括假报警、间断性打印、更换字符等。

2. 全球十大计算机病毒

在计算机病毒史上,出现过十大病毒,给全球带来了极大的破坏:

1998 年 6 月开始爆发的"CIH"病毒,被认为是第一种在全球造成巨大破坏的计算机病毒,由台湾人陈盈豪编写,导致无数台计算机的数据遭到破坏。全球估计损失约 5 亿美元;

1999 年 3 月 26 日星期五爆发的"梅利莎(Melissa)"是个 Word 宏脚本病毒,它感染了全球 15%~20%的商用 PC。全球损失估计约 3 亿~6 亿美元。

2000 年爆发的"爱虫(Iloveyou)"是通过 Outlook 电子邮件系统传播,邮件主题为"I Love You",包含附件"Love-Letter-for-you. txt. vbs"。全球损失估计超过 100 亿美元。

2001 年 7 月爆发的"红色代码(CodeRed)"蠕虫病毒,通过网络服务器和互联网传播。不到一周感染了近 40 万台服务器,100 万台计算机受到感染。全球损失估计约 26 亿美元。

2003 年夏季爆发的"冲击波(Blaster)"会不停地利用 IP 扫描技术寻找网络上系统为 Win2K 或 XP 的计算机。全球损失估计数百亿美元。

2003 年 8 月爆发的"巨无霸(Sobig)"通过局域网传播,它查找局域网上的所有计算机并试图将自身写入网上各计算机的启动目录中进行自启动。全球损失估计 50 亿~100 亿美元。

2004 年 1 月爆发的"MyDoom"是一种比"巨无霸病毒"更厉害的病毒体,它会自动生成病毒文件，修改注册表，通过电子邮件进行传播。全球损失估计约 100 亿美元。

2004 年 4 月 30 日爆发的"震荡波(Sasser)"通过微软的 LSASS 漏洞进行传播，病毒运行后会将自身复制为%WinDir%napatch.exe，会自动运行后门程序。全球损失估计 10 亿美元。

2006 年年底爆发的"熊猫烧香(Nimaya)"能够终止大量的反病毒软件和防火墙软件进程，使用户无法使用 ghost 软件恢复操作系统。多方式进行传播。全球损失估计数亿美元。

2007 年爆发的"网游大盗"是盗取网络游戏账号和密码的病毒。损失估计千万美元。

11.4.4　计算机病毒的传播

1. 计算机病毒的传播途径

计算机病毒的传播渠道通常有以下几种。

(1) 通过 U 盘：通过使用外来被感染的 U 软盘(包括手机存储卡、MP3、MP4 和移动硬盘等)，例如下载各种文件、软件和游戏等是最普遍的传染途径。

(2) 通过硬盘：通过硬盘传染也是重要的渠道，由于带有病毒机器移到其他地方使用、维修等，将干净的软盘或 U 盘传染并再扩散。

(3) 通过光盘：因为光盘容量大，存储了海量的可执行文件，大量的病毒就有可能藏身于光盘，对只读式光盘，不能进行写操作，因此光盘上的病毒不能清除。盗版光盘在制作过程中，极有可能混入或特定写入计算机病毒。当前盗版光盘的泛滥也是病毒快速传播原因。

(4) 通过网络：随着 Internet 的普及，给病毒的传播又增加了新的途径，极容易使病毒成为全球灾难，因此，网络防病毒的任务更加艰巨。网络病毒的传播有两种方式：一种通过文件下载传播，这些下载的文件可能存在或者根本就是病毒；另一种通过电子邮件及其附件。病毒或受病毒感染的文件很可能通过网关和邮件服务器进入企业网络。

2. 计算机病毒的传播方式

计算机病毒传染的一般过程是这样的：当计算机系统运行时，计算机病毒通过病毒载体即系统的外存储器进入系统的内存储器并常驻内存。然后，该病毒在系统内存中监视系统的运行，当它发现有攻击的目标存在并满足条件时，便从内存中将自身存入被攻击的目标，从而将病毒进行传播。另外，病毒也可以利用系统 INT 13H 读写磁盘的中断将其写入系统的外存储器软盘或硬盘中，以感染其他系统。

11.4.5　计算机病毒的防治

1. 计算机病毒的防治措施

如何防治计算机病毒已然成了人们在计算机应用及网络生活中最重要的工作之一。正确防止感染计算机病毒的措施包括以下几点。

(1) 养成良好的工作习惯：例如，对一些来历不明的邮件及附件不要打开，不要上一些不了解的网站、不要执行从 Internet 下载后未经杀毒处理的软件等。

(2) 关闭或删除系统中不需要的服务：默认情况下，许多操作系统会安装一些辅助服务，如 FTP 客户端、Telnet 和 Web 服务器。这些服务为攻击者提供了方便，而又对普通用户没有太大用处，如果删除或关闭它们，就能大大减少被攻击的可能性。

(3) 经常升级安全补丁：据统计，有 80%的网络病毒是通过系统安全漏洞进行传播的，像蠕虫王、冲击波、震荡波等，所以我们应该定期到可靠的网站(相关软件的公司网站、杀毒软件指定网站)去下载最新的安全补丁,以防患未然。

(4) 使用复杂的密码:有许多网络病毒就是通过猜测简单密码的方式攻击系统的,因此使用复杂的密码,将会大大提高计算机的安全系数。

(5) 迅速隔离受感染的计算机:当发现计算机感染病毒或异常时应立刻断网,以防止计算机受到更多的感染,或者成为传播源,再次感染其他计算机。

(6) 安装专业的杀毒软件:使用专业杀毒软件来查杀已知的计算机病毒,是目前防治计算机病毒最为经济、方便和有效的措施。为了能查杀新出现的计算机病毒,用户在安装了杀毒软件之后,应该经常进行升级、以获得最新的病毒库信息和查杀病毒的算法,及时发现新病毒并采取相应措施,并且开启一些主要监控(如邮件监控、磁盘监控、内存监控等)、遇到问题要上报,这样才能真正保障计算机的安全。

(7) 安装个人防火墙软件:由于网络的发展,用户计算机面临的黑客攻击问题也越来越严重,许多网络病毒都采用了黑客的方法来攻击用户计算机,因此,用户还应该安装个人防火墙软件,并将系统中浏览器的安全级别设为中、高,这样才能有效地防止网络上的黑客攻击。

2. 常用防计算机病毒和防火墙软件简介

针对日益猖獗的计算机病毒,人们也进行了大量的研究,国内外涌现出了有不少专门从事信息安全产品研究、开发、生产和销售的公司,其产品代表了当今防治计算机病毒技术的方向和水平。常用的杀毒软件和防火墙软件介绍如下。

(1) 360 杀毒软件

360 杀毒整合了五大领先查杀引擎,包括国际知名的 BitDefender 病毒查杀引擎、小红伞病毒查杀引擎、360 云查杀引擎、360 主动防御引擎以及 360 第二代 QVM 人工智能引擎。

采用人工智能算法,具备"自学习、自进化"能力,无须频繁升级特征库,就能检测到 70%以上的新病毒。360 杀毒具有强大的病毒扫描能力,对于间谍软件、Rootkit 等恶意软件也有极为优秀的检测及修复能力。360 杀毒包含 360 安全中心的主动防御技术,能有效防止恶意程序对系统关键位置的篡改、拦截钓鱼挂马网址、扫描用户下载的文件、防范 ARP 攻击。360 安全中心已建成的云安全网络,采用精湛的海量数据处理技术及大规模并发处理技术,实现用户文件的快速云鉴定。

(2) 金山毒霸

金山毒霸是金山网络旗下研发的云安全智扫反病毒软件。融合了启发式搜索、代码分析、虚拟机查毒等经业界证明成熟可靠的反病毒技术,使其在查杀病毒种类、查杀病毒速度、未知病毒防治等多方面达到先进水平,同时金山毒霸具有病毒防火墙实时监控、压缩文件查毒、查杀电子邮件病毒等多项先进的功能。紧随世界反病毒技术的发展,为个人用户和企事业单位提供完善的反病毒解决方案。

(3) 瑞星杀毒软件

瑞星杀毒软件以瑞星最新研发的变频杀毒引擎为核心,通过变频技术使计算机得到安全保证的同时,又大大降低资源占用,让计算机更加轻便并完美支持 64 位操作系统。最新的版本主要是在原有杀毒引擎的基础上加入了瑞星最先进的决策引擎及基因引擎,将原有的基础引擎和云查杀引擎直接升级为四核。它能够摆脱传统杀毒引擎对病毒截获的依赖,能更加精准地找出病毒程序,快速有效查杀互联网上最新出现的病毒。

(4) 卡巴斯基反病毒软件

卡巴斯基反病毒软件 2015 是最新版本的卡巴斯基杀毒软件，全面支持 Win7、Win8、Win8.1、Win8.1 Update 等平台。通过整合云技术和高级 PC 安全技术，卡巴斯基安全软件能够为用户提供有效的针对恶意软件和其他互联网威胁的高效保护。实时监控和分析潜在威胁，能够在危险行为造成危害之前，完全将其拦截。内嵌的网页保护能够对用户通过 PC 访问的每个网站进行安全检查，确保所访问网站安全，不包含恶意软件。增强了在线交易保护能够让用户安全无忧地通过 PC 进行在线购物、使用在线银行以及进行在线支付和转账。受信任应用程序模式能够限制在 PC＋上运行的程序，阻止未授权文件影响系统。当用户使用物理键盘输入时，保护用户的个人数据安全，使用无法探测的鼠标点击进行输入，还能够避免键盘记录器或截屏软件拦截敏感信息。能够回滚恶意软件行为对系统造成的影响。

(5) 诺顿网络安全特警

诺顿网络安全特警是赛门铁克(Symantec)公司旗下产品的个人信息安全产品之一。该项产品采用 SONAR 主动行为防护可检测文件危险迹象，主动抵御前所未见的威胁。最新的垃圾邮件阻止功能可将不需要的、危险的和欺骗性的电子邮件阻挡在用户的邮箱之外。下载智能分析和 IP 地址智能分析可阻止用户从在诺顿用户社区中信誉评分较低的网站下载文件。采用骗局智能分析和反网页仿冒技术可拦截企图窃取用户个人信息的欺骗性的网页仿冒站点。并能在线身份安全可记住、保护并自动输入您的用户名和密码，以防丢失或遭窃。智能双向防火墙可拦截被确定为不安全的传入通信，从而防止陌生人访问用户的家用网络。诺顿全球智能云防护＋优化的文件复制功能可识别安全文件，并只扫描未知文件。

需要指出的是，目前流行的各种杀毒软件中的任何一种均能很好地保护计算机(网络)系统的信息安全，因此，通常每台计算机只要安装一种杀毒软件，再有针对性地安装某些安全控件(网络银行安全控件、电子交易安全控件等)，并设置好系统的安全级别、补丁系统安全漏洞即可保证计算机系统正常运行，而不需要将所有的杀毒软件都安装在同一台计算机上。

11.5　数据加密与数字签名

11.5.1　数据加密技术概述

数据加密(Data Encryption)可以保证数据的保密性，也可用于验证用户，它是在实现网络安全的重要手段之一。所谓数据加密是指将某个信息(或称明文)经过加密钥匙(Encryption key)及加密函数转换，变成无意义的密文，而接收方则将此密文经过解密函数和解密钥匙(Decryption key)还原成明文。任何一种加密系统都是由明文、密文、密钥和加密算法组成的。

1. 数据加密的功能

为数据加密能提供以下四种服务。

- 数据保密性：这是使用加密的通常的原因。选择适当的加密算法，就可以保证只有合法的接收人才可以查看它真实的信息。
- 数据完整性：对需要更安全的场合来说数据保密是不够的。数据仍能够被非法破解并修改。一种叫 HASH 的运算方法能确定数据是否被改过。

- 认证：数字签名提供认证服务。
- 不可否定性：数字签名允许用户证明一条信息交换确实发生过。金融、证券尤其依赖于这种方式的加密，用于电子货币交易。

2. 数据加密的强度

在加密中，加密强度是衡量加密信息被破译的困难程度，加密强度取决于三个主要因素。

- 加密算法的强度。人们希望加密算法除可能的密钥组合之外都不能用数学方法的使信息被解密。应该使用工业标准的算法，因为它们已经被加密学专家测试过无数次。
- 密钥的保密性。数据的保密程度直接与密钥的保密程度相关。密钥必须保密而算法不需要保密，被加密的数据是先与密钥共同使用，然后再通过加密算法。
- 密钥程度。密钥长度是由"位"为单位，若密钥长度为 n 位，可能密钥总数为 2 的 n 次方。例如，一个 40 位密钥长度的加密配方将有 $2^{40}=1\ 099\ 511\ 627\ 776$ 种可能的不同的密钥。

3. 加密技术分类

应用加密指的是在主机之间建立一个信任关系。在最基本的级别上，一个信任关系包括一方加密的信息，并只有另一方的合作伙伴可以用一些特殊的信息——密钥用于加解密。按加密算法分为专用密钥和公开密钥两种。

(1) 对称密钥加密技术

对称密钥，又称为专用密钥或单密钥，加密和解密时使用同一个密钥，即同一个算法。单密钥是最简单方式，通信双方必须交换彼此密钥：当需给对方发信息时，先用自己的加密密钥进行信息加密，而在接收方接收到数据后，用发送方所给的密钥进行解密。也可以是通信双方预先约定密钥，当一个文本要加密传送时，该文本用该密钥加密构成密文，密文在信道上传送，收到密文后接收方用约定的同一个密钥将密文解出来，还原成明文阅读。

在对称密钥中，密钥的管理极为重要，一旦密钥丢失，密文将无密可保。这种方式在与多方通信时因为需要保存很多密钥会变得很复杂，同时密钥本身的安全就是一个问题。

对称密钥是最古老的加密技术。其优点是对称密钥运算量小、速度快、安全强度高，缺点是容易被黑客在中间拦截并解密数据、不适用于数字签名以及密钥的管理难度大等。常用的 DES(Data encryption standard)和 RC4 等加密算法均属于此类。

随着对称密码的发展，DES 数据加密标准算法由于密钥长度只有 56 位，其穷举空间为 2^{56}，已经不适应当今分布式开放网络对数据加密安全性的要求，因此 1997 年美国国家标准技术研究院(NIST)公开征集新的数据加密标准——高级加密标准(AES)。经过三轮的筛选，比利时 Joan Daeman 和 Vincent Rijmen 提交的 Rijndael 算法被提议为 AES 的最终算法。作为新一代的数据加密标准，AES 汇聚了强安全性、高性能、高效率、易用和灵活等优点。在密钥长度方面，AES 设计有三种分别为 128、192 和 256 位，即加密强度分为三级。相对而言，AES 的 128 密钥比 DES 的 56 密钥强 1021 倍。AES 算法将成为美国新的数据加密标准而被广泛应用在各个领域中，最为典型的应用就是 IPv6 协议采用 AES 加密。因此，在下一代 Internet 网络上会变得更安全。

（2）非对称密钥加密技术

非对称密钥又称公开密钥，非对称加密在加密的过程中使用一对密钥，一对密钥中一个用于加密，另一个用来解密。如用 A 加密，则用 B 解密；如果用 B 加密，则要用 A 解密。因而可以将一个密钥公开（公钥），而将另一个密钥保密（私钥），同样可以起到加密的作用。公开密钥也因此得名。常用的有 RSA 加密算法等。

非对称密钥加密机制能提供良好的保密性，安全性比对称加密要高。因为在加密数据传输过程中，只传数据而不传输密钥，所以即使数据被中途拦截，黑客没有密钥也无法解开数据。这种加密算法支持数字签名。非对称加密的缺点就是加密的速度非常慢、难以鉴别发送者。因为任何得到公开密钥的人都可以生成和发送报文。

11.5.2　网络数据加密方法

密码技术是网络安全最有效的技术之一。加密网络不仅能防止非授权用户的搭线窃听和入侵，而且也是对付恶意软件的有效方法之一。对网络中的数据加密可以在三个层次来实现：链路加密、节点加密和端到端加密。

1. 链路加密

链路加密，又称在线加密。其方法是：在传输之前将所有消息进行加密，在第一个节点对接收到的加密消息用第一链路的密钥进行解密，完成第一段链路加密传输；然后，先使用下一个链路的密钥对消息进行加密，再进行传输，依此类推，直到目标主机。对于在两个网络节点间的某一次通信链路，链路加密能为网上传输的数据提供安全保证。

采用这种加密方法，由于在每一个中间传输节点消息均被解密后重新进行加密，因此，包括路由信息在内的链路上的所有数据均以密文形式出现。这样，链路加密就掩盖了被传输消息的源点与终点。由于填充技术的使用以及填充字符在不需要传输数据的情况下就可以进行加密，这使得消息的频率和长度特性得以掩盖，从而可以防止对通信业务进行分析。

链路加密在计算机网络环境中使用得相当普遍，通常用在点对点的同步或异步线路上。然而，该方法要求先对在链路两端的加密设备进行同步，然后使用一种链模式对链路上传输的数据进行加密，这就给网络的性能和可管理性带来了副作用，主要表现为数据丢失或重传。另外，这种方法中，即使仅某小部分数据需要进行加密，也会使得所有传输数据被加密。要为每一个节点提供加密硬件设备和一个安全的物理环境所需要的费用是比较高的。

2. 节点加密

节点加密能给网络数据提供较高的安全性。其操作方式与链路加密类似：两者均在通信链路上为传输的消息提供安全性；都在中间节点先对消息进行解密，然后进行加密。然而，与链路加密不同，节点加密不允许消息在网络节点以明文形式存在，它先把收到的消息进行解密，然后采用另一个不同的密钥进行加密，这一过程是在节点上的一个安全模块中进行。

节点加密要求报头和路由信息以明文形式传输，以便中间节点能得到如何处理消息的信息。因此这种方法对于防止攻击者分析通信业务是脆弱的。

3. 端到端加密

端到端加密又称脱线加密或包加密，允许数据在从源点到终点的传输过程中始终以密文形式存在。采用端到端加密，消息在被传输时到达终点之前不进行解密，因此，消息在整个传输过程中均受到保护,所以,即使有节点被损坏也不会使消息泄露。

端到端加密系统的特点是价格低且相比链路加密和节点加密更可靠、更容易设计、实现和维护。另外,端到端加密还避免了其他加密系统所固有的同步问题,因为每个报文包均是独立被加密的,所以一个报文包所发生的传输错误不会影响后续的报文包。端到端加密最适宜于单个用户,以便不影响网络上的其他用户。此方法只需要源和目的节点是保密的即可。

端到端加密系统通常不允许对消息的目的地址进行加密,这是因为每一个消息所经过的节点都要用此地址来确定如何传输消息。由于这种加密方法不能掩盖被传输消息的源点与终点,因此它对于防止攻击者分析通信业务也是脆弱的。

11.5.3 数字签名

数字签名机制提供了一种鉴别方法,以解决伪造、抵赖、冒充和篡改等问题。在数字化文档上的数字签名类似于纸张上的手写签名,是不可伪造的。数字签名随文本的变化而变化,数字签名与文本信息是不可分割的。金融、证券尤其依赖于这种方式的加密,用于电子货币交易。在指挥自动化系统中,数字签名技术可用于安全地传送作战指挥命令和文件。

1. 签名和验证过程

(1) 发送方首先用公开的单向函数对报文进行一次变换,得到数字签名,然后利用私有密钥对数字签名进行加密后附在报文之后一同发出。

(2) 接收方用发送方的公开密钥对数字签名进行解密变换,得到一个数字签名的明文。发送方的公钥由可信赖的验证机构(Certification authority,CA)发布的。

(3) 接收方将得到的明文通过单向函数进行计算,同样得到一个数字签名,再将两个数字签名进行对比,如果相同,则证明签名有效,否则无效。

这种方法使任何拥有发送方公开密钥的人都可以验证数字签名的正确性。由于发送方私有密钥的保密性,使得接收方既可以根据验证结果来拒收该报文,也能使其无法伪造报文签名及对报文进行修改,原因是数字签名是对整个报文进行的,是一组代表报文特征的定长代码,同一个人对不同的报文将产生不同的数字签名。这就解决了银行通过网络传送一张支票,而接收方可能对支票数额进行改动的问题,也避免了发送方逃避责任的可能性。

2. 数字签名的相关加密算法

实现数字签名有很多方法,应用最为广泛的三种是:Hash 签名、DSS 签名和 RSA 签名。

(1) Hash 签名

Hash 签名,也称之为数字摘要法(Digital Digest)或数字指纹法(Digital finger print)。Hash 签名不属于强计算密集型算法,算法较快,可以降低服务器资源的消耗,减轻中央服务器的负荷。Hash 签名是将数字签名与要发送的信息紧密联系在一起,它更适合于电子商务活动。将一个商务合同的个体内容与签名结合在一起,比合同和签名分开传递,更增加了可信度和安全性。

数字摘要(Digital digest)加密方法亦称安全 Hash 编码法(Secure hash algorithm,SHA)或 MD5(MD Standard for message digest),该编码法采用单向 Hash 函数将需加密的明文“摘要”成一串 128bit 的密文,这一串密文亦称为数字指纹(Finger print),它有固定

的长度，且不同的明文摘要必定一致。该摘要就成为验证明文是否是原文的“指纹”。

Hash 的主要缺点是接收方必须持有用户密钥的副本以检验签名，因为双方都知道生成签名的密钥，较容易攻破，存在伪造签名的可能。

(2) DSS 和 RSA 签名

数字签名标准(DSS)和 RSA 均采用公钥算法，克服了 Hash 的局限性。RSA 是最流行的一种加密标准，许多产品的内核中都有 RSA 的软件和类库。RSA 与 Microsoft、IBM、Sun 和 Digital 都签订了许可协议，在其软件中加入了类似的签名特性。与 DSS 不同，RSA 既可以用来加密数据也可以用于身份认证。

数字签名的保密性很大程度上依赖于公开密钥。数字认证是基于安全标准、协议和密码技术的电子证书，用以确立一个人或服务器的身份，它把一对用于信息加密和签名的电子密钥捆绑在一起，保证了这对密钥真正属于指定的个人和机构。数字认证由验证机构 CA 进行电子化发布或撤销公钥验证，信息接收方可以从 CA Web 站点上下载发送方的验证信息。Verisign 是第一家 X. 509 公开密钥的商业化发布机构，在它的 Digital ID 下可以生成、管理应用于其他厂商的数字签名的公开密钥验证。

11.5.4　数字证书

数字证书是由权威机构——CA 证书授权(Certificate authority)中心发行的，能提供在 Internet 上进行身份验证的一种权威性电子文档。数字证书不是数字身份证，而是身份认证机构盖在数字身份证上的一个章或印(或者说加在数字身份证上的一个签名)，这一行为表示身份认证机构已认定这个持证人，人们可以在互联网交往中用它来证明自己的身份和识别对方的身份。

数字证书作为一种权威性的电子文档，提供了一种在 Internet 上验证身份的方式，其作用类似于司机的驾驶执照或日常生活中的身份证。当然，在数字证书认证的过程中，证书认证中心(CA)作为权威的、公正的、可信赖的第三方，其作用是至关重要的。国家工业和信息化部以资质合规的方式，陆续向国内多家数字认证中心构颁发了从业资质。

1. 数字证书的特点

数字证书必须具有唯一性。数字证书采用公钥体制，每个用户的私钥用于解密和签名，公钥用于加密和验证签名。当发送一份保密文件时，发送方使用接收方的公钥对数据加密，而接收方则使用自己的私钥解密，这样信息就可以安全无误地到达目的地了。通过数字的手段保证加密过程是一个不可逆过程，即只有用私有密钥才能解密。

数字证书必须具有高可信度。数字证书颁发过程一般为：用户首先产生自己的密钥对，并将公共密钥及部分个人身份信息传送给认证中心。认证中心在核实身份后，将执行一些必要的步骤，以确信请求确实由用户发送而来，然后，认证中心将发给用户一个数字证书，该证书内包含用户的个人信息及其公钥信息，同时附有认证中心的签名信息。

数字证书必须具有不可更改性。数字证书一经形成，该证书内所包含用户的个人信息、公钥信息以及认证中心的签名信息等均必须不能被用户或其他非法获取者对它进行修改。

2. 数字证书的分类

从数字证书的应用角度上，可以分为以下几种。

(1) 服务器证书

服务器证书被安装于服务器上,用来证明服务器的身份和进行通信加密。服务器证书可以用来防止假冒站点。在服务器上安装服务器证书后,客户端浏览器可以与服务器证书建立安全套接字层(SSL)连接,在 SSL 连接上传输的任何数据都会被加密。同时,浏览器会自动验证服务器证书是否有效,以验证所访问的站点是否是假冒站点,服务器证书保护的站点多被用来进行密码登录、订单处理、网上银行交易等。

SSL 证书主要用于服务器(应用)的数据传输链路加密和身份认证,绑定网站域名,不同的产品对于不同价值的数据和要求不同的身份认证。有超真 SSL 和超快 SSL 二种模式。

(2) 电子邮件证书

电子邮件证书可以用来证明电子邮件发件人的真实性。它并不证明数字证书上面 CN 项所标识的证书所有者姓名的真实性,它只证明邮件地址的真实性。当收到具有有效电子签名的电子邮件,即能相信该邮件确实由指定邮箱发出且邮件从被发出后没有被篡改过。

另外,使用接收的邮件证书,我们还可以向接收方发送加密邮件。该加密邮件可以在非安全网络传输,只有接收方的邮件证书持有者才可能打开该邮件。

(3) 客户端个人证书

客户端证书主要被用来进行身份验证和电子签名。安全的客户端证书通常被存储于专用的 Usbkey(U 盾)中。存储于 U 盾中的证书不能被导出或复制,且 U 盾使用时需要输入其保护密码。使用该证书需要物理上获得其存储介质 U 盾,且需要知道 U 盾的保护密码,因此也被称为双因子认证。这种认证手段是目前在 internet 最安全的身份认证手段之一。

3. 数字证书的应用

数字证书主要应用于各种需要身份认证的场合,目前广泛应用于网上银行、网上交易等商务应用外,数字整数还可以应用于发送安全电子邮件、加密文件等方面。最常用的应用有。

(1) 保证网上银行的安全

只要用户申请并使用了银行提供的数字证书,即可保证网上银行业务的安全,即使黑客窃取了你的账户密码,因为他没有你的数字证书,所以也无法进入你的网上银行账户。

(2) 通过证书防范你的网站被假冒

目前许多著名的电子商务网站,为了防范黑客假冒,均申请一个服务器证书并然安装在网站服务器上。安装成功后,将在网站醒目位置将显示“VeriSign 安全站点”签章、并提示浏览者单击验证此签章。浏览者点击验证此签章就会连接 VeriSign 全球数据库验证网站信息,然后显示真实站点的域名信息及该站点服务器证书的状态,这样别人即可知道你的网站使用了服务器证书,是个真实的安全网站。

(3) 发送安全邮件

发送安全邮件是数字证书最常见的应用。利用安全邮件数字证书对电子邮件签名和加密,这样即可保证发送的签名邮件不会被篡改,外人又无法阅读加密邮件的内容。

(4) 使用代码签名证书,维护自己的软件

利用代码签名证书给软件签名,可防止黑客篡改软件(如在软件中添加木马或病毒),维护你的软件名誉。微软的 Authenticode 工具包中的 signcode. exe,专门给软件签名,能对后缀为. exe(PE 文件)、. cab、. dll 、. vbd 和. ocx 的文件进行数字签名。

(5) 保护 Office 文档安全

Office 可以通过数字证书来确认来源的可靠，你可以利用数字证书对 Office 文件或宏进行数字签名，从而确保它们都是你编写的、没有被他人或病毒篡改过。

11.6　计算机犯罪与防范对策

由于数字化技术的特点和管理上的不完善性，计算机网络的安全机制相当薄弱，目前还难以抗拒不法分子的攻击与破坏。另一方面由于网络太复杂、发展又太快、还缺乏科学有效的管理机制，使得一些不法分子利用网络传播的有害信息、非法转移资金等，并且对这些非法活动难以进行有效监控。人类在享受网络化社会所带来的便利的同时，也不得不付出极大的、由网络不安全所酿造的代价。计算机信息系统领域犯罪(简称计算机犯罪)活动猖獗，知识产权和个人隐私和财产受到严峻挑战和威胁，形成全球化重点研究的课题。

11.6.1　计算机犯罪的认定和构成要件

一般认为，对于计算机犯罪的定义有狭义说和广义说两种。狭义说认为计算机犯罪是《中华人民共和国刑法》第 285 条及第 286 所规定的犯罪，我国在 1997 年修订通过的新刑法典中设立了非法侵入计算机信息系统罪和破坏计算机信息系统罪，以保护国家各类秘密不受侵犯；广义说认为计算机犯罪是指行为人以计算机为犯罪工具，或者以计算机资产为攻击对象的犯罪的总称。

1. 非法侵入计算机信息系统罪

我国《刑法》第 285 条规定："非法侵入计算机信息系统罪，是指违反国家规定，侵入国家事务、国防建设、尖端科学技术领域的计算机信息系统的行为。"其主要特征有：

- 它侵犯的客体是国家特定领域的计算机信息系统安全。
- 它在客观方面表现为违反国家规定，侵入国家事务，国防建设，尖端科学技术领域的行为。
- 它的主观方面表现为故意。
- 它的犯罪主体是一般主体，即达到了刑事责任年龄，具有刑事责任能力的自然人。

2. 破坏计算机信息系统罪

破坏计算机信息系统罪是指违反国家规定，对计算机信息系统功能进行删除、修改、干扰，造成计算机信息系统不能正常运行或后果严重的行为；以及故意制作、传播计算机病毒等破坏程序，影响计算机系统正常运行。其主要特征有：

- 它的客体是国家对计算机信息系统的管理秩序。
- 它的客观方面表现为违反国家规定，对计算机信息系统功能进行删除、修改、干扰，造成计算机信息系统不能正常运行或后果严重的行为；以及故意制作、传播计算机病毒等破坏程序，影响计算机系统正常运行，后果严重的行为。
- 它的主体是一般主体。
- 它的主观方面只能是故意。

11.6.2 计算机犯罪的原因

1. 计算机信息系统本身的缺陷是诱发犯罪的主要原因

- 计算机信息系统的脆弱性和计算机技术的开放性,使针对计算机信息系统的犯罪易于发生,而安全防护环节的薄弱又给了犯罪分子可乘之机。
- 计算机信息系统管理的复杂性,使计算机管理难度增大、安全监控难度增大。这必然导致计算机安全的可靠性相对下降,使非法渗透计算机信息系统变得更加容易。
- 计算机普及率的提高,使计算机中信息量和信息的重要程度相应增加,许多信息与财富关联,一些计算机数据和信息的价值远远超过计算机系统本身的价值。

2. 计算机犯罪低风险的诱惑

从犯罪的心理角度分析,犯罪嫌疑人在实施犯罪前关心对该行为刑罚的轻重,更关心受到刑罚的可能性。计算机犯罪由技术含量较高,隐蔽性好,很难被查获。刑罚很重,但受到刑罚微乎其微。这种局面无疑降低了刑罚的威慑作用,趋利避害的侥幸、冒险的投机心理,吸引、支配犯罪人实施犯罪。

3. 计算机道德理念的差异

计算机网络的虚拟环境,也使人们淡化了犯罪意识。在计算机上不经别人允许浏览他人的电子邮件几乎没有人认为是犯罪。不是每个人都能将计算机中自己的文件进行加密。其次,防范计算机犯罪,必须对计算机犯罪的作案手段有所了解,以便对症下药。

11.6.3 计算机犯罪的常用手段

目前,计算机犯罪手段主要包括利用计算机系统实施犯罪和以计算机资产为对象的犯罪的两大类。掌握了计算机犯罪的惯用手段,能有效地预防计算机犯罪的发生。

1. 利用计算机系统实施犯罪主要方法

- 色拉米术:以微小不易察觉的方式侵占,最后达到犯罪目的的方法。
- 冒名顶替:利用各种手段获取别人密码后进入系统,冒充合法用户从事犯罪活动。
- 浏览:利用合法的操作搜寻不允许访问的文件。
- 窃听:利用计算机信息系统的电磁泄露获取信息或搭线截获信息的方法。
- 程序后门:程序开发者在编程中人为的设置的进入系统的后门。
- 伪造:使用计算机伪造也是计算机犯罪的一种形式。

2. 以计算机资产为对象的犯罪

- 数据欺骗:非法篡改输入、输出数据获取个人利益是最普遍的计算机犯罪活动。
- 逻辑炸弹:计算机程序中有意插入的,在特定时间或特定条件下能激活起破坏作用的代码。
- 清理垃圾:从计算机系统周围废弃物中获取信息的一种方法。
- 程序欺骗:又称"特洛伊木马术",是指以软件程序为基础进行欺骗和破坏的方法。

11.6.4 计算机犯罪的防范对策

1. 技术对策

(1) 计算机实体安全防范措施。机房建设要符合安全的要求:达到相关标准规定的防火、防水、防尘、抗地震的标准,加强电磁屏散热性能,建立防盗和监视系统。关键出入口要设立多层次的电子门禁检查,严格数据存储介质(磁盘、磁电、光盘等)的保存和运送制度。

(2) 计算机数据处理功能的安全防范措施。建立计算机安全控制系统,监控数据处理过程中的完整性和正确性,防止计算机病毒和黑客的入侵,严格控制远程终端访问,强化加密、用户鉴别和终端鉴别、口令字等数据的保护和更新制度。

(3) 计算机网络安全防范措施。强化防火墙和防病毒技术、数字签名和数字证书技术、数据加密技术、网络入侵侦查系统、漏洞扫描技术等等,在内部强化虚拟局域网技术。

2. 法律对策

要遏制和对付计算机犯罪,就必须要全面制定包括计算机安全、防止计算机犯罪的法律。一般地说,计算机安全立法包括计算机安全法律和惩治计算机犯罪法律两大类。我国已经颁布了数十个有关的计算机安全的法律和法规,对在我国打击计算机领域的犯罪起到了极大的作用。加大网络监督力度,依法从快从重查处网上违法和不道德行为,打击网络犯罪,维护网络秩序。随着新技术的出现,相应的法律法规也要同步更新和扩充。

3. 教育对策

随着计算机的普及和广泛应用,计算机系统在促进人类进步、技术更新、知识更新等方面提供了新的物质基础和科技基础。而人类现有的各种道德规范在计算机虚拟环境中还不能完全满足其要求,有可能导致原有的道德约束力在网络社会中被消解了。因此,必须在广大网民中积极提倡网络道德,宣传计算机安全的法律法规,做虚拟世界的守法人;网络服务商要弘扬先进文化,在为网民提供丰富内容和便捷服务的同时,以正能量、高品位、高质量的网络文化产品满足人们的精神文化需求,深入开展行业自律、完善行业自律体系,坚决抵制不文明、不道德网络产品和信息。

11.7　网络社会责任与法律法规

作为"第四媒体"的互联网迅猛发展,我国互联网已经稳居世界第一,网民规模数以亿计。网络是一把双刃剑,其强大的生命力给社会长生了强大的正反两面影响。Internet 正式引入我国以来,我国政府在信息立法方面做了大量的工作,制定了三大类的法律法规,为规范我国的 Internet 产业健康快速发展和人们的道德准则树立起到了积极的作用。此外,在刑法和民法中也增加或修改了相关的条款。作为我国的网民,一定要了解、学习和掌握相关法律法规并且要严格遵守。因此,人们在网络时代应当承担哪些社会责任,需要遵循哪里道德规范,确实需要我们进行学习与实践。

1. 互联网相关立法的重要性

互联网为我国培养了3亿～4亿的"作家""摄影家"。这些"草根×家"人人都可以自由地用键盘进行编辑与写作、上传各种照片。因此,网络言论自由已经大势所趋、人心所向,已经给社会带来了一柄双刃剑。一方面,互联网已经成为表达民意的最佳平台之一;另一方面,互联网也可以成为少数人造谣惑众、传播色情、语言暴力、曝光隐私、泄露国家机密的开放平台。若立法与监管远落后于互联网的发展速度,则可能存在着法律真空和监管缺失的现象,久之,就必然会畸形发展,最终导致整个网络社会的彻底崩溃。所以,迅速建立一个良好的、健康的、有序的网络伦理环境与法律环境尤为重要和必要。法律不能"失控",要及时到位,以维护和保障互联网的正常发展。

2. 网络媒体社会责任和行业自律

网络媒体作为大众传播媒体,必须要确立其社会责任和行业自律,其社会责任就和其他大众传播媒体广播电视报纸的标准应该是一样的。"还原真相,消除信息不对称",这是传统媒体多年实践后总结出来的大众媒体的最基本的责任和天职。2010 年 7 月开始执行的《责任侵权法》在责任主体的规定中,对利用网站侵害他人名誉权、隐私权等合法权益,网络服务提供者应当承担的连带责任作了规定,还规定了精神损害赔偿的内容。

3. 网络用户行为规范

各个国家都对网络用户制定了相应的法律法规,以约束人们使用计算机以及在计算机网络上的行为。例如,我国公安部公布的《计算机信息网络国际联网安全保护管理办法》中规定任何单位和个人不得利用国际互联网制作、复制、查阅和传播下列信息。

- 煽动抗拒、破坏宪法和法律、行政法规实施的;
- 煽动颠覆国家政权,推翻社会主义制度的;
- 煽动分裂国家、破坏国家统一的;
- 煽动民族仇恨、破坏国家统一的;
- 捏造或者歪曲事实,散布谣言,扰乱社会秩序的;
- 宣言封建迷信、淫秽、色情、赌博、暴力、凶杀、恐怖,教唆犯罪的;
- 公然侮辱他人或者捏造事实诽谤他人的;
- 损害国家机关信誉的;
- 其他违反宪法和法律、行政法规的。

然而,仅仅靠制定几项法律来制约人们的所有行为是不可能的,社会依靠道德来规定人们普遍认可的行为规范。在使用计算机和网络时应该以诚实的态度、无恶的行为,并要求自身在道德意识和社会责任方面取得进步。

- 不能利用电子邮件作广播型的宣传,这种强加于人的做法会造成别人的信箱充斥无用的信息而影响正常工作;
- 不应该使用他人的计算机资源,除非你得到了准许或者给予了补偿;
- 不应该利用计算机去伤害别人;
- 不能私自阅读他人的通信文件(如电子邮件),不得私自拷贝不属于自己的软件资源;
- 不应该到他人的计算机里去窥探,不得蓄意破译别人口令。

4. 使用正版软件,保护知识产权

早在 1990 年我国就颁布了《中华人民共和国著作权法》,把计算机软件列为享有著作权保护的作品;1991 年又颁布了《计算机软件保护条例》,规定计算机软件是个人或者团体的智力产品,同专利、著作一样受法律的保护任何未经授权的使用、复制都是非法的,按规定要受到法律的制裁。

- 应该使用正版软件,坚决抵制盗版,尊重软件作者的知识产权;
- 不对软件进行非法复制;
- 不要为了保护自己的软件资源而制造病毒保护程序;
- 不要擅自篡改他人计算机内的系统信息资源。